凝煉知識品味閱讀

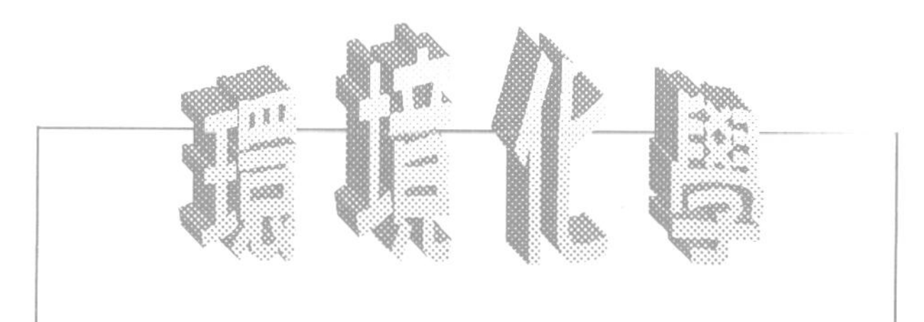

施英隆 著

美國布蘭代斯大學化學所博士
大葉大學環境工程系副教授

五南圖書出版公司 印行

序言

環境問題是現代人類普遍關注的全球性大問題，而環境污染更是人們耳熟能詳的名詞。隨著現代工業生產的迅速發展，環境污染益加嚴重，人們對環境污染的關心也日益提高。在環境污染的眾多因素中，化學因素是最重要的，因此許多污染的成因、過程、影響及解決或降低污染的方法，則有賴於環境化學知識的研究、了解與應用。

環境化學知識在環境污染防治過程中具有特殊的重要性，然而環境化學的內容卻是十分龐雜，學科的綜合性及交互性相當高。況且環境化學是一門剛形成之學科，內容尚無定論。因此，欲在有限篇幅內涵括環境化學之浩瀚知識，實非易事。由於環境問題之多樣性，近年來吸引了許多來自其他工程領域及自然科學背景的學生紛紛投入環境工程與化學之領域。這些學生已具普通化學之基礎，但於銜接基礎普通化學與專業環化之能力則極為薄弱。鑒於以上之理由，因此本書之內容安排著重於引導具有普通基礎化學之學生進入環境工程與化學之領域。本書以基礎理論及防治技術相結合之方式，有系統的介紹污染物之化學轉化過程及反應。安排之內容有化學熱力學平衡理論(第二章)、化學動力學(第三章)及污染物遷移轉化所牽涉之各種反應形態包括酸鹼反應(第四章)、氧化–還原反應(第五章)、溶解–沈澱及複合反應(第六章)。若依污染物在環境介質中之化學反應，本書內容有水污染化學(貫穿於二～六章中)、土壤污染化學(第七章)、大氣污染化學(第八章)。

本書主要對象為大專以上，環境科學、環境工程、公害防治、工業安全衛生、化學、化工或相關科系學生；可作為環境化學、環境工程化學等相關課程之教科書。除此外，近年來不論環境技師、公務員高、普考，甚至環境相關研究所考試或專責人員證照之考試，環境化學皆為必考科目。因此本書亦可提供有志之考生一本實用之參考資料。

本書的編寫雖無重大創新與突破，作者卻也兢兢業業，歷經多時的將各項資料有系統之整理與解說，且力求完整無暇。然而作者水平有限，書中恐有疏忽、遺漏及錯誤處，尚期諸賢達先進不吝指正，作為本書再版之參考。本書之完成，感謝五南圖書出版公司理工主編王海珠小姐鼓勵作者出版。朋友及家人之關心、打氣及體諒亦促使這本書能順利完成。

編者 1999年5月

目錄

Chapter 1

☆ 化學污染與公害

☆ 化學與環境化學

☆ 環境化學之內容

☆ 環境化學常用之濃度單位

1-1 化學污染與公害

到了十八世紀末，人類發現的化學元素總共有二十多種。今天九十四種天然元素已經全部被發現，而且已製成了十多種人造元素。人工合成的各種化合物的種類與年俱增，據估計，現今已知的化學物質約有一千萬種，其中約有三萬五千多種對人體健康及環境有潛在之危險。目前新化學物質的增長速度大約爲每週六百種，已超過了指數的增長。大量人工合成的化學物質包括有毒物質在內進入環境後，在環境中擴散、遷移、累積和轉化，不斷地惡化環境，嚴重影響或危害人類及其他生物的生存。

產業革命前，環境在受到污染後，會在環境之物理、化學和生物的作用下逐步消除污染物而達到自然淨化的過程。產業革命後，工業生產迅速發展，人類排放的污染物大量增加，在各種污染環境之因素中，化學污染物佔80～90％，這些化學污染物排入人類賴以生存之自然環境，包括水圈、大氣圈及土壤圈，而造成多起環境公害事件，造成在短短時間內人群及生物之大量發病及死亡。這些事件按其發生原因分爲：

1. 大氣污染公害事件，是由煤和石油之燃燒排放的大氣污染物造成的。如1940年之洛杉磯光化學煙霧事件，1952年英國倫敦煙霧事件，1961年日本四日市哮喘事件等。

2. 水體污染事件，是由工業生產大量化學物質排入水體造成的。如1953～1956年日本的水俁病事件。

3. 土壤公害事件，是由於工業廢水、廢渣排入土壤造成的。如1978年美國的拉夫運河河谷的土壤污染事件，即由大量工業廢渣所引起。1955～1972年含鎘工業廢水引起的日本富士山縣的痛痛病事件。

4. 食品污染公害事件，是由於有毒化學物質 (食品添加劑) 和致病生物進入食品造成的，如1968年日本的米糠油事件，即是由於多氯聯苯進入米糠油中造成的。

其他尚有1986年蘇聯車諾比核電廠洩漏事故，及1984年2月出現在印度博帕爾市之甲基異氰酸酯洩漏造成兩千餘人喪生之悲慘事件。世界重大公害事件簡況列表1-1。近年來人們關切的臭氧層破壞、全球性溫暖效應及酸雨問題，亦證明與化學污染有關。

化學物質與人類生活息息相關，而化學污染又層出不窮，嚴重影響人類之生活品質及生存。然而人類既不能避免使用化學物質，則必須避免因爲這些化學物質之使用所帶來之危害。因此在防治污染過程中，環境化學知識常具有特殊之實用性。

1-2「化學」與「環境化學」

「化學」是研究物質的性質及其化學變化的規律，其探討的內容爲：⑴物質之組成及特性；⑵物質變化及變化過程所需條件；⑶物質與能量之關係；⑷物質之提煉、精製及合成；⑸物質轉化之反應速率與平衡現象。傳統化學之四大基本領域爲有機化學、無機化學、分析化學及物理化學，近年來由於分工愈細，研究方向日益廣闊，因此新興化學領域有生物化學、農業化學、醫藥化學、毒物化學及極熱門之高分子化學、材料化學等。

化學之本質不外是研究原子、分子、化合物之結構及鍵結；化合物之固相、液相、氣相及溶液相之物理性質；反應之形態包括氧化還原、酸鹼中和、沈澱溶解、複合等；反應時之變化現象—反應速率 (動力學) 、反應能量 (熱力學) 、反應平衡 (平衡化學) 及核變 (核化學) 等等基礎學問。如圖1-1所示。

「環境化學」是新興的化學領域，它是環境科學及化學之分支學科，是在人類維護自然資源與保護自然環境及人體健康的過程中成長及發展起來的。國際上有人稱環境化學是研究物質在開放性介質系統中所發生的化學現象；也有人認爲它是用化學方法研究化學物質在自然環境中的行爲及其對生態系統之影響。

表 1-1 世界重大污染事件（樊邦棠，1994）

名稱	日期	地點	發生原因	主要後果
洛杉磯光化學煙霧	1940 年	美國洛杉磯市	全市 250 多萬輛汽車排出之廢氣在強烈日光照射下產生二次污染物	行人眼睛及喉嚨受刺激，大量煙葉與果樹受害，橡膠製品產生龜裂
倫敦煙霧事件	1952 年 12 月 5～8 日	英國倫敦	燃煤引起空氣污染；粉塵濃度為 4.46mg/m^3，SO_2 濃度為 1.34ppm，SO_2 被 Fe_2O_3 催化生成 H_2SO_4 霧	4天中該城市死亡人數比平時多 4,000 人
水俣病事件	1953～1956 年	日本熊本縣水俣市	含汞廢水污染水域後，轉變為甲基汞，使魚中毒，人食魚而受害	中毒者當時有 283 人，其中 60 多人死亡，至 1987 年，患者達 2842 人，總死亡達 946 人
骨痛病事件	1955～1972 年	日本富山縣神通川流域	鉛鋅冶煉廠排出之含鎘廢水，引起稻米鎘污染	1963～1979 年患者 130 人，其中 81 人死亡
烏拉爾事件	1957 年 9月29日	俄羅斯烏拉爾克什特姆鎮	一個裝有生產鈈剩下之廢料儲存罐爆炸	造成該地區上空形成一塊直徑為 10 公里並帶有 11,000 居里 ^{90}Sr 之雲層，受污染的面比美國康乃狄克州還要大，有 10,000 多名居民撤離，1% 居里 ^{90}Sr 極可能使人得骨癌而死亡
米糠油事件	1968 年 3 月	日本北九州市愛知縣	生產米糠油時用多氯聯苯做脫臭之熱載體，多氯聯苯混入米糠油中，而造成食油中毒	患者超過 1400 人，至 8 月超過 5000 人，其中 16 人死亡，受害者達 13000 人，還有 10 萬隻雞死亡
博帕爾事件	1984 年 12 月 3 日凌晨	印度博帕爾市	美國聯合碳化物公司印度子公司洩漏出46噸劇毒異氰酸甲酯氣體	造成 20 萬人中毒，10 萬人殘廢，40000 人重傷，2850 人死亡
車諾比事件	1986 年 4 月 26 日	俄羅斯烏克蘭車諾比核能電站	4 號核能反應堆發生爆炸，放射性物質洩漏造成放射性污染	當時 31 人死亡，千餘人受傷，受輻射影響者難以計數，13 萬居民疏散，直接損失 20 億盧布，至 1989 年底已有 237人死亡，還使大片土地變為焦土
萊茵河污染事件	1986 年 11 月 1 日	瑞士巴塞爾市	桑多茲化工廠一倉庫爆炸，30多噸有毒化學品隨滅火液體流入萊茵河	大量魚類及水鴨死亡，德國、芬蘭、盧森堡及法國等國家深受其害，井水與自來水禁止使用，有人估計萊茵河將因此受污染達 20 年之久

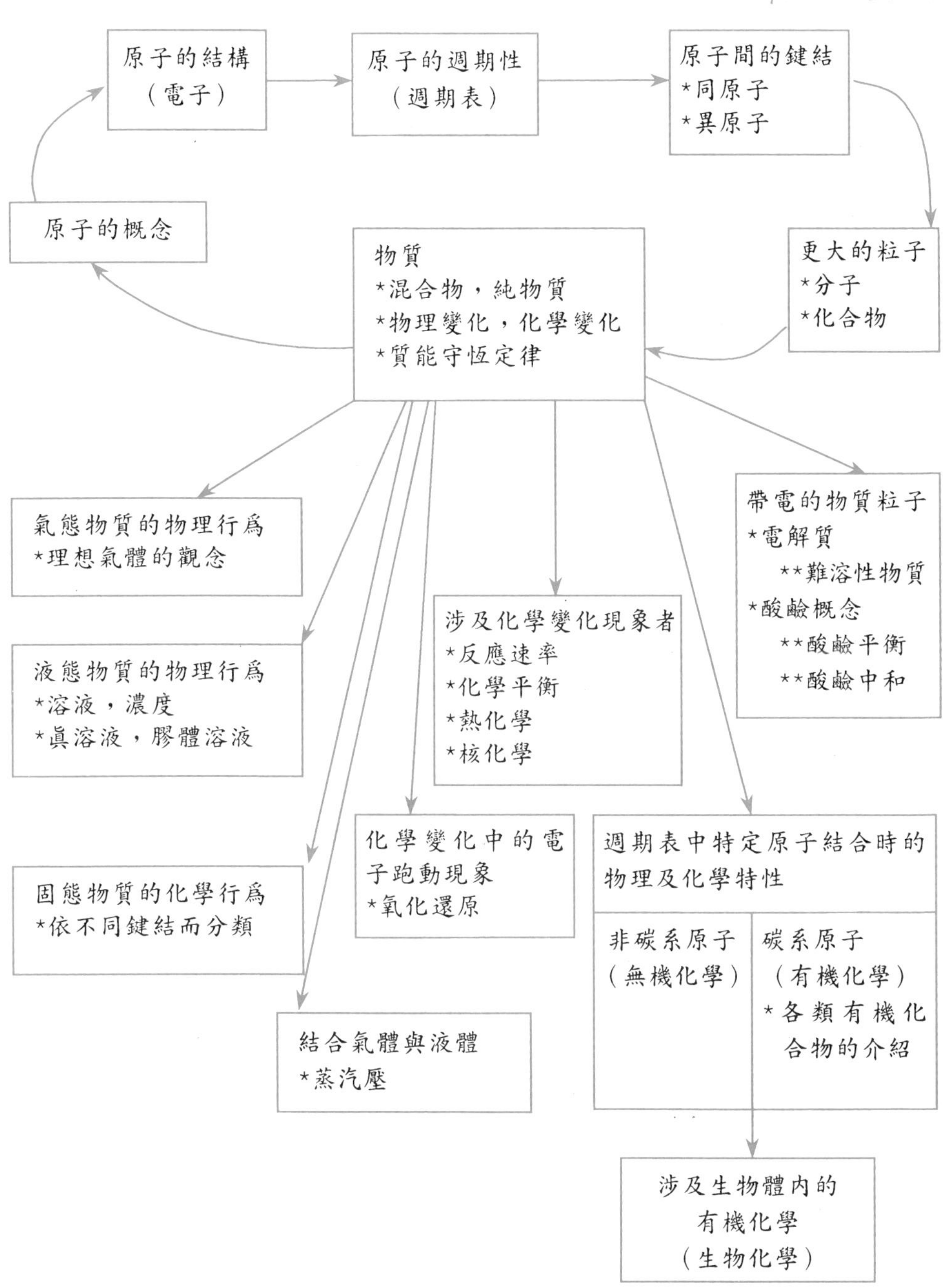

圖 1-1　化學概要架構圖(參考章裕民，1996)

環境化學是一門錯綜複雜之科學，除了上述各化學領域之基礎外亦結合了地質學、氣象學、海洋學…等環境科學領域之學問，因此它的定義及研究範圍也常因研究者的著重點而不同，國內外已有的環境化學專用書所包括之範圍也因而不盡相同。若從化學學科之基礎來考慮，環境化學主要是研究化學物質在自然環境中的性質及變化規律。近兩個世紀以來圍繞著環境污染問題，因此環境化學主要著重於化學污染物在環境中之化學行爲研究。若以化學污染物在自然環境介質來區分則環境污染化學可分爲：大氣污染化學、水污染化學和土壤污染化學。而具體內容有四：(1)研究污染物在環境介質中之存在形態、遷移與累積、反應與平衡、轉化、循環及歸宿問題，可簡稱爲污染物化學。(2)研究污染物對生物、生態的影響及規律，簡稱爲污染物之生物效應。(3)鑑定及量測污染物在環境介質中之來源、含量、分佈規律，簡稱污染物分析化學及監測。(4)研究處理、控制方法，可稱爲環工處理化學。

1-3 環境化學之內容

由上節知目前環境化學之研究內容大致分爲四個領域，茲分述如下。

1-3-1 污染物化學

污染物化學主要是研究化學污染物在環境中的變化，包括存在形態、遷移、轉化過程中的化學行爲、反應機理、累積和歸宿。

1. 污染物之遷移

污染物在環境中之遷移有機械遷移、物理—化學遷移及生物遷移。機械遷移係污染物在水體或大氣中之擴散或被水流、氣流、其他重機械之搬運。生物遷移係通過生物體的吸收、代謝、生長、死亡等過程之遷移，是一種非常複雜的遷移形式，與各種生物的生理、生化和遺傳、變異等作用有關，例如生物通過食物鏈對某些重金屬或有毒有機物的吸取及累積作用則是生物遷移最重要的形式。物理化學遷移則是污染物在環境中遷移的重要形式。對無機物而言，可以簡單離子、複合離子、或可溶性分子的形式在環境中透過種種物理化學作用，包括氧化—還原作用、溶解—沈澱作用、複合及螯合作用、水解作用、吸附及脫附作用進行遷移。對有機物而言，除上述作用外，還有化學分解、光化學分解和生物分解等作用來實現遷移作用。化學污染物之遷移能力往往受到其分子內在因素及外在因素之影響。內在因素即化合物本身之內部鍵結及化合能力、形成離子的能力、水解能力、被複合、螯合和膠凝等能力。這些性質與原子的負電性、離子半徑、電荷、離子電位有密切關係，亦和化合物之鍵性和溶解性等參數有關。一般而言，分子化合物 (如H_2S、CH_4等) 易進行氣相遷移，而離子化合物 (如$NaCN$、$NaNO_3$等) 易進行水相遷移。低價離子的水溶性較高價離子的水溶性高，故水遷移能力亦較高，如下列離子的遷移能力順序為：$Na^+ > Ca^{2+} > Al^{2+}$；$Cl^- > SO_4^{2-} > PO_4^{3-}$。離子半徑差別較大的離子所形成之離子化合物較易溶，遷移能力較大；離子半徑差別較小的離子形成較難溶鹽，遷移能力小。例如由Ba^{2+}、Pb^{2+}、Sr^{2+}(其半徑分別為 1.29Å 、 1.26Å 、 1.10Å) 與 SO_4^{2-} (其半徑為 2.95Å) 和 CrO_4^{2-}(半徑為 3.00Å) 形成之離子化合物較難遷移，而 Mg^{2+}(半徑為 0.65Å) 與 SO_4^{2-} 形成之離子化合物則較易溶於水而遷移。重金屬離子易有空的 d 軌域，因此易接受配位基而形成可溶性複合離子，因此易進行遷移。其次重金屬離子由於有較高的離子電位，因而較易水解而遷移。至於污染物之外在因素，包括環境的酸鹼條件、氧化還原條件、膠體之種類和數目、配位基種類及數目亦會影響其遷移。例如大多數的重金屬在強酸性環境中易溶解，有較高之遷移能力，而在強鹼中則易形成難溶之氫氧化物而沈澱，難以遷移。所以在酸環境中有利於鈣、鍶、鋇、鐳、銅、鋅、鎘、二價鐵、二價錳和二價鎳的遷移；鹼性環境有利於硒、鉬和五價釩的遷移。氧化還原環境對污染物之遷移亦有很大影響，一般而言，氧化環境有利於鉻、釩、硫的遷移；還原環境有利於鐵、錳之遷移。複合及膠體吸附對污染物遷移之影響更是明顯，例如水中腐植酸的存在，明顯的抑制了重金屬以碳酸鹽、硫化物和氫氧化物形式沈澱，故有利其遷移。土壤中無機膠體如蒙脫石、高嶺石、伊利石等黏土礦物對重金屬之吸附，常可阻止上述金屬的遷移。

2. 污染物的轉化

污染物轉化是指污染物在環境中通過物理的、化學的或生物的作用改變形態或轉變成另一種物質的過程。各種污染物轉化的過程取決於他們的物理化學性質和所處的環境條件。大多數情況下污染物以化學轉換爲最主要。污染物的化學轉化以光化學氧化、氧化還原、複合水解等作用最爲常見。例如在大氣中，氮氧化物 (NO_X) 、碳氫化合物 (*HC*) 等氣狀污染物 (一次污染物) 通過光化學氧化作用生成臭氧、過氧乙醯硝酸酯 (*PAN*) 、及其他高氧化劑。或是二氧化硫經光學氧化作用或催化氧化作用後轉化爲硫酸或硫酸鹽。又如在水體中三價鉻及六價鉻之互相轉換，其結果不僅是毒性發生變化，而且遷移能力亦發生變化。其他之環境轉化，有土壤中重金屬離子之轉化，例如砷在旱地氧化條件下以五價 (As^{5+}) 穩定存在，在水田還原條件下則爲三價 (As^{3+}，毒性較大) 。

污染物在環境中的遷移和轉化往往是伴隨進行的，其結果則會影響污染物之存在形態、累積、毒性及歸宿。例如由各途徑進入水環境的汞 (*Hg*) 會累積於沈積物中。元素汞由於比重大、不易溶於水，在靠近排放處便沈澱下來。二價汞離子亦可在遷移過程被無機膠體或腐殖物質吸附而沈澱。沈澱於沈積物之各種形態的汞又可隨水環境之酸鹼、氧化還原條件轉化爲二價汞離子。二價汞離子在微生物作用下，可被甲基化，生成甲基汞 (CH_3Hg^+) 和二甲基汞[$(CH_3)_2Hg$]。甲基汞可溶於水中並由食物鏈而富集於藻類、魚類或其他水生生物中。有機汞亦可通過揮發作用擴散到大氣中。空氣中之有機汞在酸性條件下和紫外線作用將被分解，如果被轉化爲元素汞，又可能隨降雨回到水體及土壤中。因此汞物質可進行全球性之遷移、轉化及循環。

由以上之說明可知研究污染物之遷移、轉化、存在形態、累積、歸宿之問題極為複雜。而了解污染物之各種反應類型包括氧化—還原、酸—鹼、溶解—沈澱、複合及螯合、水解、吸附等則為最基本之要求。污染物在複雜之環境系統中，其化學行為必然要受到整個系統之影響，然而到目前為止，人們尚難以全面地、整體的來描述這個複雜系統，因此簡單之平衡反應模式亦是必須的。化學平衡理論指出，在一定溫度、壓力、濃度等條件下，化學反應總是有確定方向，是由不平衡狀態趨向平衡狀態，知道平衡狀態亦就是化學反應之限度，也就知道反應之方向，此平衡理論必須以化學熱力學為基礎。由於自然環境是一連續流動的開放系統，污染物在此開放系統很難完全達到熱力學上之平衡，因此只用化學熱力學已不能確切描述他們的反應流程，化學動力學因此成為環境化學的重要基礎。

基於上述理由，本書安排之內容有化學熱力學平衡理論 (第二章) 、化學動力學 (第三章) 及污染物遷移轉化所牽涉之各種反應形態包括酸鹼反應 (第四章) 、氧化—還原反應 (第五章) 、溶解—沈澱及複合反應 (第六章) 。若依污染物在環境介質中之化學反應，本書內容有水污染化學 (穿插於二～六章中) 、土壤污染化學 (第七章) 、大氣污染化學 (第八章) 。如此安排之主要目的在引導具有普通化學基礎之讀者進入環境化學之領域。本書著重於銜接普化與專業環化，期望環境工程師能有效的銜接普化觀念至環境工程上，以解決國內燃眉之急的環保問題。

1-3-2 污染物的生物效應

環境污染物的生物效應是當前環境化學領域中十分活躍的研究課題。它研究化學污染物造成之生物效應，如致畸、致突變、致癌的生物化學機制，化學結構與毒性相關性，多種污染物毒性的協合和抵抗作用的化學機制，污染物在食物鏈傳送過程中的生化作用等等。此方面之內容則非本書之重點，因此有興趣之讀者請參閱其他相關書籍。

1-3-3 污染物之分析化學與監測

污染物之分析及監測技術爲環境化學之重要一環。爲了了解污染物在環境中的傳輸途徑、反應機制、最終宿命以及其可能造成之危害，必須有理想的分析技術。爲了解決環境問題，沒有良好的分析與鑑定工具便無法獲知污染的存在與改善後的成效。因此從某種意義上看，環境化學的發展有賴於環境分析和測試技術的發展。環境分析和監測數據同時也是環境品質評估、廢污處理、污染綜合防治等工作的基礎資料，是環境管理的主要依據。環境分析化學近年來發展迅速，無論在超微量分析，複雜體系中有機物的分離、分析、取樣，數據處理方法和技術，儀器自動化等方面都有很大的進展。爲了掌握區域環境的實際污染狀況及其動態變化，自動連續監測和衛星遙感等新技術正全力發展中。本書在此方面亦著墨不多。

1-3-4 環工處理化學

環工處理化學主要是結合化學、生物學及工程學之原理，並充分利用自然淨化能力，如化學降解、生物降解和物理自淨作用來處理污染物。同時亦應用化學方法將都市與工業用水、廢棄物、空氣中之污染物等去除，使成爲乾淨無害之物質。此部份亦非本書之重點，不過對於電鍍廢水中之氰化物及六價鉻的化學處理原理及其他污染物如氨、鐵、錳離子等之化學處理原理則有詳盡探討。

1-4 環境化學常用之濃度單位

1-4-1 當量濃度

溶質濃度以 eq/L 表示即爲當量濃度或規定濃度 (normal concentration)，其係指 1 公升溶液中所含溶質之克當量數，以 N 表示。使用當量重之目的，乃是將具有相同反應能力而重量不一之物質予以等量化。使用當量濃度之優點是，當兩物質反應生成其他物質時，反應物的當量數等於生成物之當量數。知道這點，許多問題即易解決。當量濃度可以下式表示：

$$【當量濃度】N = \frac{溶質之當量數}{[\ 溶液之升數\ ]} \tag{1-1}$$

$$溶質之當量數 = \frac{溶質之質量（克）}{溶質之克當量重} \tag{1-2}$$

上式中溶質之克當量重可以下式表示：

$$溶質之克當量重 = \frac{溶質之分子量}{C_C} \tag{1-3}$$

上式之C_C値爲溶質之化合能力 (combining capacity) 或稱當量數。而C_C 値則視溶質所參與之反應形態而定，計算方法如下：

1. 酸鹼反應：C_C爲溶質之質子轉移數，即可用之氫離子數，或可中和之氫離子數。例如：

$$H_2SO_4之當量重 = \frac{H_2SO_4之分子量}{2} = 49.04\ g/eq$$

$$H_3PO_4之當量重 = \frac{H_3PO_4之分子量}{3} = 32.67\ g/eq$$

$$NaOH之當量重 = \frac{NaOH之分子量}{1} = 40.0\ g/eq$$

2. 氧化還原反應：C_C爲每一莫耳溶質可轉移之電子莫耳數，例如下列反應：

$$Cr_2O_7^{2-} + 14H^+ + 6e^- \rightarrow 2Cr^{3+} + 7H_2O \tag{1-4}$$

每一莫耳 $K_2Cr_2O_7$ 有 6 莫耳電子之轉移，因此$C_C = 6$

$$K_2Cr_2O_7\text{之克當量重} = \frac{K_2Cr_2O_7\text{之分子量}}{6} = \frac{294.2}{6} = 49\ g/eq$$

$$2\ S_2O_3^{2-} \rightarrow S_4O_6^{2-} + 2e^- \qquad (1\text{-}5)$$

每一莫耳 $Na_2S_2O_3$ 有 1 莫耳電子之轉移，因此$C_C = 1$

$$Na_2S_2O_3\text{之克當重量} = \frac{Na_2S_2O_3\text{之分子量}}{1} = \frac{158.11}{1} = 158.11\ g/eq$$

3. 沈澱及錯鹽反應：每一溶質化學式所帶之電荷數，例如下列反應：

$$Cr_2O_7^{2-} + 2Pb^{2+} + H_2O \rightarrow 2PbCrO_4 + 2H^+ \qquad (1\text{-}6)$$

每一莫耳 $Cr_2O_7^{2-}$ 所帶之電荷爲−2，因此$C_C = 2$

$$K_2Cr_2O_7\text{之克當重量} = \frac{K_2Cr_2O_7\text{之分子量}}{2} = \frac{294.2}{2} = 147.1\ g/eq$$

由上述 $K_2Cr_2O_7$ 之例子式 (1-4) 及 (1-6) 可知相同化學物之克當量重不一定相同，端視其所參與之反應而決定。同樣的道理，當配置當量濃度時必須知道物質之反應形態才能決定其當量並配製所希望之規定濃度，否則極可能配製出一不正確當量之溶液。例如欲配製 0.125N $KMnO_4$溶液，需溶解多少克之 $KMnO_4$ 於 1L 水中？

欲回答此問題，須先知道 $KMnO_4$ 所參與之反應。當 $KMnO_4$ 係用於作 COD 分析時依文獻記載其半反應式爲：

$$MnO_4^- + 8H^+ + 5e^- \rightarrow Mn^{2+} + 4H_2O \qquad (1\text{-}7)$$

由 (1-7) 式知 $KMnO_4$ 之結合係數 (當量數) 爲 5，因此其克當量重爲 158/5 = 31.6 g/eq。若製備 0.125N 之溶液需 X 克之 $KMnO_4$ 則依下列方式

計算可得 $X = 3.95g$

$$0.125N = \frac{0.125\text{當量}}{L} = \frac{\frac{KMnO_4\text{克數}}{\text{克當量重}}}{L} = \frac{\frac{X}{31.6}}{L}\text{；}X = 3.95\text{ g}$$

因此，溶解 3.95g 之 $KMnO_4$ 於 1L 蒸餾水中，即得 0.125N 之當量濃度。另一方面當 $KMnO_4$ 係用於鹼性溶液以氧化Fe^{2+}，其半反應式如下：

$$MnO_4^- + 2H_2O + 3e^- \rightarrow MnO_2 + 4OH^-$$

在此情況下 $KMnO_4$ 之克當量重 = 158/3 = 52.67 g/eq。因此製備 0.125N 之溶液所需 Y 克之 $KMnO_4$，可計算如下：

$$0.125N = \frac{0.125\text{當量}}{L} = \frac{\frac{KMnO_4\text{克數}}{\text{克當量重}}}{L} = \frac{\frac{Y}{52.67}}{L}\text{；}Y = 6.58g$$

因此同樣製備 0.125N 之溶液，在此情況下，則需溶解 6.58g 之 $KMnO_4$ 於 1L 溶液中。

由這些例子說明一件事，即當實驗室中有標示 0.125N $KMnO_4$ 之溶液時，除非知道用於何反應，否則將完全無意義。所以標示“當量濃度”並不實際。如果使用莫耳濃度或質量濃度就沒有這種困擾。判斷物質之結合係數（當量數）有時並不容易，但是如果注意亦能妥善處理，例如下列之合成反應中HCO_3^-之當量數爲多少？

$$Ca^{2+} + HCO_3^- \rightarrow CaCO_3 + H^+ \tag{1-8}$$

式 (1-8) 之反應，事實上是下列二反應之合成結果，即

酸鹼反應

$$HCO_3^- \rightarrow H^+ + CO_3^{2-} \tag{1-9}$$

沈澱反應

$$Ca^{2+} + CO_3^{2-} \rightarrow CaCO_{3(s)} \tag{1-10}$$

HCO_3^- 在式 (1-9) 中之當量數爲 1，但是由於 1mole HCO_3^- 之解離可得 1mole CO_3^{2-}，而 CO_3^{2-} 在式 (1-10) 中之當量數爲 2，因此反應 (1-8) 式中之當量數應爲 2，故其克當量重爲 61/2 = 30.5 g/eq。

1-4-2 莫耳濃度及活性度

莫耳濃度（molar concentration）即 1 升溶液中所含有溶質之莫耳數，其符號爲 M。亦即

$$【莫耳濃度】M = \frac{溶質之莫耳數}{升溶液} = \frac{\frac{溶質克數}{溶質分子量}}{溶液之公升數}$$

莫耳濃度亦可稱爲溶液之眞實濃度或分析濃度。在強電解質溶液中，離子的運動會受到周圍離子之牽制，使離子之活動性降低，亦使化學反應相對的減緩。表面看來，似是離子數目減少了，亦即是離子濃度降低了。此時如果用原來的濃度進行化學計算，就會出現一定程度的偏差。爲保證計算之精度，必須對溶液的離子濃度進行校正。校正後的濃度即成爲離子的有效濃度，又叫離子之活性度（activity）。

離子或分子之活性度，即有效濃度，是眞實濃度之函數，一般情況要小於眞實濃度，若以 [C] 代表 C 物質之濃度，而以 {C} 代表 C 物質之活性度，則

$$\{C\} = r\ [C] \tag{1-11}$$

式 (1-11) 中 r 爲莫耳濃度與活性度之校正係數亦稱爲活性係數 (activity coefficient)。活性係數之計算將在第二章中再詳細介紹。

1-4-3 質量濃度

表示溶液中溶質質量濃度（mass concentration）的基本方法有二。第一種是單位體積中的溶質質量，如溶質毫克數／每升溶液 (mg/L) ，或溶質之微克數／立方公尺之溶液 ($\mu g/m^3$) 等。另一種爲一定溶液重量中之溶質重。常見者有每一百克溶液中所含溶質之克數，亦稱爲重量百分率濃度，以 ppd 表示。或每一百萬克溶液中所含溶質之克數，或稱爲百萬分之一濃度，以 ppm 表示之。以上兩種重量濃度之表示法在水質化學中極爲普遍。若已知溶液之密度，兩種濃度表示法甚至可互換，互換方式如下：

$$\text{已知溶液之密度}\ \rho = \frac{\text{溶液重量(kg)}}{\text{溶液體積(L)}}$$

$$\text{ppm} = \frac{\text{溶質之毫克數}}{10^6\text{mg溶液}} = \frac{\text{溶質之毫克數}}{1\text{kg溶液}}$$

$$\text{ppm} \times \rho = \frac{\text{溶質之毫克數}}{1\text{kg 溶液}} \times \frac{\text{溶液重量(kg)}}{\text{溶液體積(L)}} = \frac{\text{溶質之毫克數}}{\text{溶液體積(L)}} = \frac{\text{mg}}{\text{L}}$$

對於稀薄溶液 (或稱理想溶液) ，密度 (ρ) 近似於1，故 mg/L 與 ppm 相等，因此兩種濃度單位可交互使用。

1-4-4 共同組成濃度

在自然環境中同一元素能以不同化合物形式存在，例如元素氮在水環境中常以無機氮之NH_3、NO_2^-、NO_3^- 形式存在，亦可以有機氮存在，如蛋白質、尿素等形式存在。分析水環境中之氮污染物，可得每種成份之質量濃度，通常以 mg/L 表示之。但要決定水之總氮污染量時，則需將不同成份相加。然而相加需要類同之單位，故常須將不同成份以其共同組成成分表示，故氮屬之濃度常常以其所含之氮表示。例如NH_3 之分子量爲 17 ，其中 14/17 爲氮，所以 17mg/L NH_3 相當於 14mg/L 之 N (以 NH_3-N 表示，讀作氨氮) 。

這種以共同組成表示濃度的方法，在水質化學中已廣泛使用，尤其是氮、磷、碳最為普遍。

【例 1-1】

水樣含 36mg/L NH_4^+，124mg/L 硝酸鹽及 2mg/L 之亞硝酸鹽，計算總無機氮濃度。

【解】

$$總無機氮 = NH_4^+ - N + NO_2^- - N + NO_3^- - N$$

$$NH_4^+ - N = \frac{36mg}{L} \times \frac{14}{18} = 28\ mg/L$$

$$NO_3^- - N = \frac{124mg}{L} \times \frac{14}{62} = 28\ mg/L$$

$$NO_2^- - N = \frac{2mg}{L} \times \frac{14}{46} = 0.6\ mg/L$$

$$總無機氮 = 28 + 28 + 0.6 = 56.6\ mg \cdot N/L$$

1-4-5 以 $CaCO_3$ 表示之質量濃度

在環境工程中，常以 $CaCO_3$ 形式表示化學物之濃度，最常見者為水質化學中硬度及鹼度之表示方法。水中的金屬離子除鹼金屬外，理論上均能構成硬度。但實際上天然水之硬度，幾乎全部決定於水中之鈣 (Ca) 與鎂 (Mg) 離子的含量。硬度之成份雖有不同形式，但為方便起見，常將各種形式之硬度轉換成相當之 $CaCO_3$ 之量，因此總硬度常以 mg · $CaCO_3$ /L 來表示。

鹼度是指水中能與強酸起中和作用之物質總量，即水中能接受質子之物質總量。大多數之天然水的鹼度是由氫氧化物、碳酸鹽及碳酸氫鹽三類所組成，按存在的離子而言，主要是OH^-、CO_3^{2-} 與 HCO_3^- 三者。鹼度之個別組成種類很多，但為方便起見常將各種形式之鹼度轉換成相當之 $CaCO_3$ 量。因此總鹼度亦常以 mg · $CaCO_3$ /L 來表示。在將各種硬度或鹼度轉換

成相當之 $CaCO_3$ 量，即以 mg · $CaCO_3$ /L 表示時，常以下列方式計算，例如欲將 A 物質 mg/L 之濃度，換算成 B 物質 mg/L 之相當濃度，其計算公式如下：

$$\frac{A\text{物質(mg)}}{\text{L}} \times \frac{B\text{物質之克當量重}}{A\text{物質之克當量重}} = \frac{B\text{物質(mg)}}{\text{L}} \tag{1-12}$$

【例 1-2】

水樣中含有之 88 mg/L 之 Ca^{2+} 及 38 mg/L 之 Mg^{2+}，試求此水樣之硬度爲多少？試以 mg · $CaCO_3$ /L 表示。

【解】

在硬度之計算中，當量係根據“電荷”

$$Ca^{2+}\text{之克當量重} = \frac{40}{2} = 20\ \text{g/eq}$$

$$Mg^{2+}\text{之克當量重} = \frac{24.3}{2} = 12.15\ \text{g/eq}$$

$CaCO_3$ 之克當量重係根據每 1mole $CaCO_3$ 溶解可釋放 1mole Ca^{2+}，又由於 Ca^{2+} 之當量數爲 2，因此 $CaCO_3$ 之當量數亦爲 2。

$$CaCO_3\text{之克當量重} = \frac{100}{2} = 50\ \text{g/eq}$$

將 Ca^{2+} 及 Mg^{2+} 換算成 $CaCO_3$ 可計算如下

$$\frac{38\text{mg } Mg^{2+}}{\text{L}} \times \frac{CaCO_3\text{之克當量重(50)}}{Mg^{2+}\text{之克當量重(12.15)}} = 156.4\ \text{mg } CaCO_3/\text{L}$$

$$\frac{88\text{mg } Ca^{2+}}{\text{L}} \times \frac{CaCO_3\text{之克當量重(50)}}{Ca^{2+}\text{之克當量重(20)}} = 220\ \text{mg } CaCO_3/\text{L}$$

總硬度 = 156.4 + 220 = 376.4mg $CaCO_3$/L。

【例 1-3】

水樣中含有236mg/L之 HCO_3^- 及38mg/L之 CO_3^{2-}， $pH=9.0$ ，試求水樣之鹼度爲多少？試以 mg · $CaCO_3$ /L表示。

【解】

在鹼度計算中，當量是根據“酸鹼反應”，亦即可中和之質子數。對 HCO_3^-、OH^-、H^+之當量數皆爲1，對 CO_3^{2-} 之當量數爲2，因此

$$HCO_3^- \text{之克當量重} = \frac{61}{1} = 61\ \text{g/eq}$$

$$OH^- \text{之克當量重} = \frac{17}{1} = 17\ \text{g/eq}$$

$$H^+ \text{之克當量重} = \frac{1}{1} = 1\ \text{g/eq}$$

$$CO_3^{2-} \text{之克當量重} = \frac{60}{2} = 30\ \text{g/eq}$$

由於 $pH = 9$ ，因此

$$[H^+] = 1\times10^{-9}\ \text{M} = 1\times10^{-6}\text{mg/L}$$

$$[OH^-] = 1\times10^{-5}\text{M} = 0.17\text{mg/L}$$

將各種鹼度換算成相當量之$CaCO_3$

$$HCO_3^- \text{之鹼度}\ \frac{236\text{mg}}{\text{L}}\times\frac{50}{61} = 193.4\ \text{mg}\cdot CaCO_3\ /\text{L}$$

$$CO_3^{2-} \text{之鹼度}\ \frac{38\text{mg}}{\text{L}}\times\frac{50}{30} = 63.3\ \text{mg}\cdot CaCO_3\ /\text{L}$$

$$OH^- \text{之鹼度}\ \frac{0.17\text{mg}}{\text{L}}\times\frac{50}{17} = 0.5\text{mg}\cdot CaCO_3/\text{L}$$

$$H^+ \text{之酸度}\ \frac{1\times10^{-6}\text{mg}}{\text{L}}\times\frac{50}{1} = 5\times10^{-5}\text{mg}\cdot CaCO_3\ /\text{L}$$

總鹼度＝$193.4+63.3+0.5-5\times10^{-5}=257.2mg\cdot CaCO_3/L$

1-4-6 以O_2表示之質量／體積濃度

在環境工程中，常以氧氣之消耗來表示水中有機物之濃度，例如生化需氧量 (biochemical oxygen demand , BOD) 及化學需氧量 (chemical oxygen demand , COD) 即是。化學需氧量 (或稱化學耗氧量) 是用強氧化劑 (如重鉻酸鉀、高錳酸鉀或砷酸鉀等) 在強酸及加熱回流條件下，對有機物進行氧化，並加入銀離子爲催化劑，再把反應中氧化劑的消耗量換算爲氧量。其單位爲 mg O_2/L。生化需氧量是在好氧條件下，水中有機物由微生物作用進行生物氧化，在一定期間所消耗溶解氧量，其單位亦以 mg O_2/L 表示。

在此二情形，有機物爲還原劑，O_2 則爲氧化劑。因此 COD 及 BOD 皆是將有機物 (還原劑之量) 換算成相當之氧量 (氧化劑之量) 。其換算公式如下：

$$\frac{\text{mg有機物}}{\text{L}}\times\frac{\text{氧氣之克當量重}}{\text{有機物之克當量重}}=mgO_2/L$$

【例 1-4】

一溶液含有 300mg/L 乙醇 (CH_3CH_2OH) ，試問其 COD 爲多少？

【解】

COD 實驗時，CH_3CH_2OH 將會完全氧化成 CO_2 及 H_2O，其半反應方程式如下：

$$3H_2O+CH_3CH_2OH\rightarrow 2CO_2+12H^++12e^-$$

因此

$$CH_3CH_2OH\text{之克當量重}=\frac{CH_3CH_2OH\text{之分子量}}{12}=\frac{46}{12}=3.83\text{ g/eq}$$

若以氧氣當氧化劑，其被還原之半反應式如下：

$$4e^- + O_2 + 4H^+ \rightarrow 2H_2O$$

因此

$$氧氣之克當量重 = \frac{32}{4} = 8\ g/eq$$

將 300mg/L CH_3CH_2OH 換算成相當之氧量，可計算如下：

$$\frac{300mg\ CH_3CH_2OH}{L} \times \frac{O_2之克當量重}{CH_3CH_2OH之克當量重} = \frac{300}{L} \times \frac{8}{3.83}$$

$$= 626\ mg\ O_2/L$$

因此　$COD = 626\ mg\ O_2/L$

本章習題

1. 鐵去除機制係依下列方程式進行：

$$4Fe^{2+}_{(aq)} + O_{2(g)} + 10\,H_2O_{(l)} \rightarrow 4\,Fe(OH)_{3(s)} + 8H^+_{(aq)}$$

若除去 1 mg / L 之 Fe^{2+} 會損失多少鹼度 (alkalinity)，以 mg $CaCO_3$ / L 表示之。

Ans : 1.8 mg $CaCO_3$ / L

2. 若一水樣中之 COD=400mg O_2/L，則 1L 之該水樣以 $K_2Cr_2O_7$ 完全氧化時需消耗多少毫克之 $K_2Cr_2O_7$。

Ans : 2450mg $K_2Cr_2O_7$

3. 已知一水樣之 pH 為 7 而其鹼度為 215mg $CaCO_3$/L，求該水樣之酸度 (以 mg $CaCO_3$/L 表示之)，在 pH 為 7 時若鹼度 = $[HCO_3^-]$，而酸度 = $[H_2CO_3]$，同時 $[H^+]\,[HCO_3^-]\,/\,[H_2CO_3] = 4.3\times10^{-7}$

Ans : 100mg $CaCO_3$/L

4. 如欲製備 10^{-3} eq/L 鹼度於水中，請問應加入多少量之氫氧化鈉，請分別以 mg $CaCO_3$/L 及 mg $NaOH$/L 表示之。

Ans : 40mg $NaOH$/L，50mg $CaCO_3$/L

5. 某水樣 100ml 中含磷酸鹽 (PO_4^{-3}) 10mg，含三聚磷酸鹽 ($P_3O_{10}^{-5}$) 20mg 以及偏磷酸鹽 ($P_3O_9^{-3}$) 10mg，試求出以 P 成份表示值 (ppm)。

Ans : $PO_4^{-3}-P = 32.6$ppm, $P_3O_{10}^{-5}-P = 73.5$ppm, $P_3O_9^{-3}-P = 39.3$ppm

1. 高秋實、袁書玉，環境化學，1991，科技圖書公司，台北。
2. 曲格平，環境科學基礎知識，1993，地景企業股份有限公司，台北。
3. 孫嘉福等譯，環境化學，1986，高立圖書公司，台北。
4. 樊邦棠，環境工程化學，1994，第二版，科技圖書股份有限公司，台北。
5. 章裕民，環工化學，初版，1996，文京圖書有限公司，台北。
6. Soeyink, V.L. and Jenkins, D., Water Chemistry, John Wiley and Sons, Inc., New York, 1980.

化學熱力學平衡理論

Chapter 2

☆ 緒論

☆ 平衡性質與自發反應

☆ 熱力學基礎

☆ 非理想溶液之性質

2-1 緒　　論

一般而言，研究化學反應有兩方面重點須考慮，一爲反應是否會進行、進行到什麼程度，此屬熱力學之問題。二爲反應進行有多快，到達平衡時的時間有多久，此屬動力學問題。動力學將從第三章中再介紹，本章僅探討熱力學之基本定律及其應用。

熱力學是研究隨化學及物理變化所發生的能量變化的學科，其理論及數學基礎相當完備及複雜，非爲本章所欲介紹的。本章僅利用熱力學的基本定律作工具以預測一特定化學反應在一組所予的條件下是否會自然發生，並且預測生成物及反應物達到最終平衡態時之相對量—亦即生成物之最大產率。此方面知識有助於環境學者了解化學物質在自然環境中之變化遷移的可能性，亦對污染物之處理有所幫助，例如它可讓我們回答“Fe^{2+}、Mn^{2+}能否以氧氣來氧化處理？”之問題。除此之外，我們還可把熱力學之原理推廣於其他化學問題，包括熱化學之問題。

熱化學專門討論化學反應及相關物理變化所伴生之熱效應，範圍包括生成熱、燃燒熱、溶解熱、蒸發熱、混合熱等。此等領域對環境工程師相當重要，尤其在熱污染形成問題及廢棄物燃燒熱値之估算等方面皆須熱化學之知識。

2-2 平衡性質與自發反應

2-2-1 化學平衡之動態性質

一般化學計量計算中通常使用莫耳比方法以決定化學反應中物質之消耗量及產生量，此時往往假設所有反應物轉變成產物。但事實是幾乎所有的化學反應或多或少具有某種程度的可逆性，亦即生成物亦會反應變成原來之反應物，故大部份化學反應並不趨於完全。此種形式之反應稱爲可逆反應 (reversible reaction) 。正反應 (趨於右端者) ，及逆反應 (趨於左端者) 乃同時發生，在化學方程式中通常以雙箭號 ($\rightleftharpoons$) 表示此種可逆性。當一反應進行到正反應速率和逆反應速率相等時，此反應稱爲達到平衡 (equilibrium) ，此時若無外力干擾情況下，反應物及產物之濃度將維持恆定而不會隨時間而改變。此時反應物及產物之濃度則稱爲平衡濃度。

茲考慮如下之化學反應通式

$$aA + bB \underset{k_2}{\overset{k_1}{\rightleftharpoons}} cC + dD \tag{2-1}$$

如果式 (2-1) 爲一基本反應 (elementary step) ，而以 V_f 代表正反應之反應速率，而以 V_r 代表逆反應之反應速率，
則正反應之反應速率爲

$$V_f = k_1 [A]^a [B]^b \tag{2-2}$$

而逆反應之反應速率爲

$$V_r = k_{-1} [C]^c [D]^d \tag{2-3}$$

式 (2-2) 及 (2-3) 中，k_1及k_{-1}分別爲正反應及逆反應之反應速率常數 (rate constant) 。

上述反應在反應開始時因爲只有反應物 A 及 B 而無任何產物 C 及 D ，因此反應向正反應方向進行而無逆反應。但當 C 及 D 產生後，其亦會彼此反應而向逆反應方向進行而產生 A 與 B。由於反應初期 A ，B 之濃度較高，而 C 及 D 濃度較低，故由式 (2-2) 及 (2-3) 知正反應之反應速率大於逆反應之反應速率 ($V_f>V_r$) ，但隨著反應進行，逆反應之速率逐漸增加，直到正反應速率等於逆反應速率時，各物種之濃度即不再隨時間變化，此時即達到平衡。故當上述反應達到平衡時 ($V_f=V_r$) ，即

$$k_1\ [A]_{eq}^{a}\ [B]_{eq}^{b} = k_{-1}\ [C]_{eq}^{c}\ [D]_{eq}^{d} \tag{2-4}$$

$[A]_{eq}$、$[B]_{eq}$、 $[C]_{eq}$、$[D]_{eq}$ 爲 A 、 B 、 C 、 D 在平衡時之濃度。
重新整理式 (2-4) 得

$$\frac{[C]_{eq}^{c}\,[D]_{eq}^{d}}{[A]_{eq}^{a}\,[B]_{eq}^{b}} = \frac{k_1}{k_{-1}} \tag{2-5}$$

由於 k_1 及 k_{-1} 在定溫下爲常數，故 k_1 / k_{-1} 亦爲一常數，若用一常數 K_{eq} 表示 k_1 / k_{-1} ，則式 (2-5) 可寫成

$$\frac{[C]_{eq}^{c}\,[D]_{eq}^{d}}{[A]_{eq}^{a}\,[B]_{eq}^{b}} = K_{eq} \tag{2-6}$$

其中K_{eq} 稱爲濃度平衡常數 (concentration equilibrium constant) ，有時亦稱爲外觀平衡常數 (apparent equilibrium constant) 。

以上討論有關式 (2-6) 有一些要點需特別注意：

1. 平衡狀態可由任一方向達成，也就是說反應由反應物 A ， B 開始或由生成物 C 及 D 開始，最後達到平衡狀態是相同的，至於由何方向達到平衡則與反應物 (A,B) ，及生成物 (C,D) 之初濃度有關。若反應物之濃度大於平衡濃度，則隨著反應進行，反應物之濃度將逐漸下降，最後則會達到平衡濃度而不再改變。反應因此由反應物向生成物方向 (即由左向右移動) 達到平衡。反之若生成物之初濃度大於平衡濃度，則反應由生成物向反應物 (由右向左移動) 而達到平衡。

2. K_{eq} 爲定溫下之常數，其值僅隨溫度改變而改變。

3. 式中 A 、 B 、 C 、 D 之濃度爲平衡濃度，但根據不同之平衡狀態，平衡濃度值可以不同，但無論如何其比值等於K_{eq} 。

4. K_{eq} 值之大小無法決定達成平衡之移動方向。K_{eq} 值大僅表示最終平衡達成時，生成物較反應物多，反之K_{eq} 值小表示平衡時反應物較生成物多。

【例 2-1】

設自然之氮循環過程中因厭氧微生物代謝使得氮氣與氫氣作用，其反應式可表成：

$$\frac{1}{2}N_{2(g)} + \frac{3}{2}H_{2(g)} \rightleftharpoons NH_{3(g)}$$

當 35℃平衡時，氨所佔之莫耳分率爲 10.09 %，且總壓力爲 1.0atm ，試求在 35℃時，該反應之平衡常數？

【解】

$$\text{平衡常數 } k_p = \frac{P_{NH_3}}{(P_{H_2})^{\frac{3}{2}}(P_{N_2})^{\frac{1}{2}}}$$

利用分壓定律可計算各氣體分壓

氣體分壓＝總壓力×氣體之莫耳分率

$$P_{NH_3} = 1.0 \times 10.09\% = 0.1009 \text{ atm}$$

$$P_{H_2} + P_{N_2} = 1 - 0.1009 = 0.8991 \text{ atm}$$

$$P_{H_2} = 0.8991 \times \frac{3}{4} = 0.674 \text{ atm}$$

$$P_{N_2} = 0.8991 \times \frac{1}{4} = 0.224 \text{ atm}$$

$$k_p = \frac{0.1009}{(0.674)^{\frac{3}{2}}(0.224)^{\frac{1}{2}}} = 0.385$$

2-2-2 勒沙特略原理

任何化學反應會由最初不平衡狀態經過不可逆之改變而達到最後平衡狀態。當平衡達成時反應物與生成物之濃度不再改變，除非受到外來力量之影響，例如濃度、壓力或溫度之改變。若平衡狀態受到擾動時，原平衡被破壞，但此反應系統會重新調整而達到另一新平衡狀態。反應會向何方向調整而達到另一新平衡狀態可由勒沙特原理 (Lecha telier's principle) 來判斷。此原理稱“於一已達平衡的系統中，若加一足以影響此反應平衡之因素時，反應會向抵銷此影響因素的方向進行”，例如增加反應物濃度或移除生成物時，平衡往生成物方向移動。另外在氣相反應中，增加壓力或減少反應體積，平衡則往莫耳數減少之方向移動。著名之哈柏製氨法式 (2-7) 即爲一例。該反應之反應器體積減少時，反應會向右移動。

$$N_{2(g)} + 3\,H_{2(g)} \rightleftharpoons 2NH_{3(g)} \tag{2-7}$$

另外若一反應爲吸熱反應，則增加反應溫度即會破壞原平衡，此時反應會往吸熱方向移動以達新平衡態。反之若爲放熱反應，溫度升高時反應向逆反應方向 (吸熱方向) 進行。

勒沙特略原理在化工生產上有極大之應用價值。例如在酸及醇反應形成酯類及水之平衡反應，爲增加酯類產率，往往可將水移除。環境工程師則常在均質與非均質方面，利用該原理以轉移平衡所希望之狀態。例如當反應中產生氣體，若使氣體逸散，則反應會往產物方向不斷進行，因此早期利用硫酸將工業廢水中之CN^-的去除反應式 (2-8)

$$2CN^-_{(aq)} + 2H^+_{(aq)} + SO^{2-}_{4(aq)} \longrightarrow 2HCN_{(g)}\uparrow + SO^{2-}_{4(aq)} \tag{2-8}$$

由於所產生之 HCN 可排入大氣中，故反應可完全去除水中之CN^-，但由於 HCN 氣體之污染問題，該法目前已不再使用。

目前採用之鹼性加氯法，如式 (2-9) 所示

$$2CN^-_{(aq)} + 5Cl_{2(aq)} + 8OH^-_{(aq)} \longrightarrow 10Cl^-_{(aq)} + 2CO_{2(g)} + N_{2(g)}\uparrow + 4H_2O \tag{2-9}$$

亦可借 N_2 之排放而達到完全處理之效果。

【例 2-2】

在下列平衡系統中加水達成新平衡時，下列各項之變化如何 (增加、減少或不變)

$$Fe^{3+}_{(aq)} + SCN^{-}_{(aq)} \rightleftharpoons FeSCN^{2+}_{(aq)}$$

(1) Fe^{3+}、SCN^{-}、$FeSCN^{2+}$之莫耳數。

(2) $[Fe^{3+}]$ 、 $[SCN^{-}]$ 、 $[FeSCN^{2+}]$ ，各物質之濃度。

【解】

$$K_{eq} = \frac{[FeSCN^{2+}]}{[Fe^{3+}][SCN^{-}]}$$

由於加水稀釋時， $[Fe^{3+}]$ 、 $[SCN^{-}]$ 、 $[FeSCN^{2+}]$ 三物種濃度皆降低，因此平衡向左移動。因此，Fe^{3+}、SCN^{-}、莫耳數增加，而$FeSCN^{2+}$莫耳數減少；至於濃度因平衡向左移再加上稀釋，故 $[FeSCN^{2+}]$ 濃度降低，雖然此時Fe^{3+}及SCN^{-}之莫耳數增加，但因稀釋關係其濃度仍應降低。因爲溫度不變時，平衡常數值不變，因此 $[FeSCN^{2+}]$ 濃度降低則 $[Fe^{3+}]$ 及 $[SCN^{-}]$ 濃度亦須降低才能維持 K_{eq} 之不變。

2-2-3 平衡位置與自發反應

在 2-2-1 節中我們係以動態理論來說明平衡之現象。事實上平衡之現象亦可以做實驗來觀察，例如下列反應

$$N_2O_{4(g)} \rightleftharpoons 2NO_{2(g)} \quad (2\text{-}10)$$

若反應由$N_2O_{4(g)}$ 氣體開始，反應初始並無任何顏色，但隨著$NO_{2(g)}$ 之產生，則有紅棕色產生。隨著時間增加，則顏色加深，終至不再變化。若反應開始僅有$NO_{2(g)}$ 氣體，則隨著$N_2O_{4(g)}$ 之產生而$NO_{2(g)}$ 之減少，$NO_{2(g)}$ 之顏色將逐漸變淺終至不再變化。當顏色不再變化時，則稱爲達到平衡。

因此，就任一反應

$$aA + bB \rightleftharpoons cC + dD$$

我們可製備一溶液含有A、B、C、D四種物質，而其起始濃度分別為$[A]_o$、$[B]_o$、$[C]_o$、$[D]_o$。當此物質混合時，我們可監測其濃度之變化，此時可能常需借重一些分析儀器。當反應達到平衡則A、B、C、D之濃度不再變化時，此時之濃度即為平衡濃度，以$[A]_{eq}$、$[B]_{eq}$、 $[C]_{eq}$、$[D]_{eq}$表示之。定量分析各物種之平衡濃度，可發現與前述之動力理論得到之結果一致，即

$$\frac{[C]_{eq}^{c}\,[D]_{eq}^{d}}{[A]_{eq}^{a}\,[B]_{eq}^{b}} = K_{eq} \tag{2-11}$$

K_{eq} 即為平衡常數。實驗時，若製備不同之起始濃度，則到達平衡時之平衡濃度亦隨之改變。但無論起始濃度如何變化，最終之平衡濃度一定遵守式 (2-11) 。雖然K_{eq} 值隨溫度變化 (將在後面章節中說明) ，但式 (2-11) 永遠成立。

由於$[A]_{eq}$、$[B]_{eq}$、$[C]_{eq}$、$[D]_{eq}$為反應達到平衡時之最終濃度，因此若一反應之反應物起始濃度$[A]_o$、$[B]_o$大於平衡濃度$[A]_{eq}$、$[B]_{eq}$時，則很明顯的，反應物濃度將逐漸下降，而產物之濃度將逐漸上升，因此反應向產物方向進行 (即向右進行) 。反之，若產物之起始濃度$[C]_o$、$[D]_o$大於平衡濃度$[C]_{eq}$、$[D]_{eq}$，則反應將向反應物方向進行 (向左進行) 。若我們定義

$$\frac{[C]^{c}\,[D]^{d}}{[A]^{a}\,[B]^{b}} = Q \tag{2-12}$$

其中$[A]$、$[B]$、$[C]$、$[D]$為A、B、C、D四種物質之任何濃度。若以平衡濃度$[A]_{eq}$、$[B]_{eq}$、 $[C]_{eq}$、$[D]_{eq}$代入式 (2-12) ，則$Q = K$。故當反應達到平衡時，則Q值等於K值。若$[A]$、$[B]$、$[C]$、$[D]$非為平衡濃度，則$Q \neq K$，因此$Q \neq K$時，表示反應尚未達平衡狀態。此時反應物及產物之濃度必將作適當調整以達平衡濃度。因此，若$Q > K$則$[C]$、$[D]$之濃度需下降，$[A]$、

|B|濃度需上升才能達到平衡狀態 ($Q = K$) ，亦即反應向反應物方向進行。反之，若 $Q < K$ 則|A|、|B|之濃度需下降，|C|、|D|濃度需上升才能達到平衡狀態，亦即反應向產物方向進行。

因此由 Q 值及平衡常數 K 值，可預測反應進行之方向及是否處於平衡態。此處 Q 值可視爲判斷反應狀態之指標，稱之爲反應商數 (reaction quotient) 。表 2-1 即爲 Q 、 K 值與反應狀態之關係。

表 2-1　Q 、 K 值與反應狀態之關係

Q 、 K 值	反應狀態
$Q = K$	平衡狀態
$Q > K$	反應向反應物方向進行 (向左進行)
$Q < K$	反應向產物方向進行 (向右進行)

一般而言，若反應會進行必向平衡方向移動，故反應若無外力干擾而能趨向平衡狀態則該反應稱爲自發反應（spontaneous reaction），某些作者稱此反應爲可行（feasible）。因此對任何新反應，若欲回答“反應是否可行？”之問題，原則上可進行實驗以決定 Q 、 K 值，來作判斷。此方法雖有趣但相當耗時，故非爲一般常用之方法。另外可用來回答“反應是否可行？”之方法，則必須了解平衡熱力學基礎。熱力學可讓我們判斷一反應是否可行；並讓我們回答“什麼趨動力促使反應自發（或可行）？”之問題。平衡之熱力學基礎在環境工程上相當重要。例如在水質處理中，我們可用該熱力學基礎來回答以下之問題“ Fe^{2+} 可用氧氣氧化來處理嗎？”以下將探討簡易之熱力學。

【**例 2-3**】

在 430℃時，下列反應之平衡常數 K_p =1.5 × 10^5

$$2NO_{(g)} + O_{2(g)} \rightleftharpoons 2NO_{2(g)}$$

若一實驗，各氣體之起始分壓 $P_{NO}=2.1\times10^{-3}$atm，$P_{O_2}=1.1\times10^{-2}$atm，$P_{NO_2}=0.14$atm，試預測此反應之反應方向？

【解】

$$Q=\frac{(P_{NO_2})^2}{(P_{NO})^2(P_{O_2})^1}=\frac{(0.14)^2}{(2.1\times10^{-3})^2(1.1\times10^{-2})^1}=4.0\times10^5$$

$$Q\ (4.0\times10^5) > K_p\ (1.5\times10^5)$$

因此反應向左進行。

2-3 熱力學基礎

2-3-1 系統與外界

熱力學係研究一系統 (system) 中能量變化的科學，主要探討熱 (heat) 與功 (work) 之關係，及能量 (energy) 在各系統中變化形式的一門學問。對一化學系統而言，其範圍從小至實驗式的燒杯，大至整個活性污泥廠均屬之。爲便於處理熱力學上的問題，吾人常將宇宙分爲二部份，一爲宇宙中我們所感興趣之部份或是被指明參與反應的部份稱爲系統 (system) ，另一部份即爲系統外之全宇宙則稱爲外界 (surrounding) 。系統若與外界有能量與物質之交換則稱爲開放系統 (open system) ，若只有能量而無物質交換則稱爲密閉系統 (closed system) ，若既無能量亦無物質之交換則稱爲孤立系統 (isolated system) 。

2-3-2 熱力學第一定律

對一密閉系統，其系統內之總能量稱爲此系統之內能(internal energy)，常以 E 表示之。系統之內能包含有各種不同形式之能量，例如分子動能、分子位能、化學能等等。故除非能將各種形式之能量全部算出，否則內能是無法得知的。然而雖然一系統之內能絕對值無法得知，但我們感興趣者爲內能之變化。一系統內能之所以會有變化定是與外界能量交換之結果。但是系統與外界能量之交換則需遵守熱力學第一定律。熱力學第一定律 (first law of thermodynamics)亦 稱爲能量守恆定律 (law of conservation of energy)—能量可以不同形式存在，但能量之總和一定，既不新生亦不消失，且當能量以一種形式消失，必以另一種形式出現。

由熱力學第一定律知若一系統與外界有能量交換，則任何進入或移出系統之能量，都將引起系統內內能之變化。若系統係以熱或功之能量形式與外界作能量交換，則其內能之變化可以下列方程式表示之

$$\Delta E = Q - W \tag{2-13}$$

其中

ΔE：系統之內能（internal energy）變化

Q：系統與外界之熱量 (heat) 交換。熱量流入系統稱為吸熱（endothermic），則 Q 為正值。系統放出熱量稱為放熱（exothermic），則 Q 值為負

W：系統與外界功（work）之交換。系統對外界做功則 W 為正，若外界對系統做功則 W 值為負

在化學系統中，功通常指系統膨脹 (或收縮) 而對外界或接受外界所作之壓力功。可以下式表示

$$W = \int_{V_1}^{V_2} P \cdot dv \tag{2-14}$$

其中 P 爲壓力；dv 爲膨脹或收縮之體積變化。因此

$$\Delta E = Q - \int_{V_1}^{V_2} P \cdot dv = Q - P \cdot \Delta V \tag{2-15}$$

【例 2-4】

18克水在100℃及1atm時沸騰，100℃時水之莫耳體積爲0.018l，假設水蒸汽爲理想氣體，求完全汽化所作之功？

【解】

$$W = P \cdot \Delta V = P\,(V_g - V_l)$$

由理想氣體方程式

$$V_g = \frac{nRT}{P} = \frac{1 \times 0.082 \times 373}{1} = 30.6\text{L}$$

$$V_l = 0.018\text{L}$$

$$\therefore W = P\ (30.6 - 0.018) \cong P \times V_g = nRT = 1 \times 1.987 \times 373 = 741.3\ \text{cal}$$

2-3-3　焓

若上述之化學系統爲一定容系統，亦即反應期間體積維持不變，則式 (2-15) 中

$$\Delta V = 0$$

$$\Delta E = Q_V \qquad (V \text{ 為定值}) \tag{2-16}$$

因此在定容系統中，系統之內能變化等於該系統對外界吸收或放出之熱量，此熱量可以熱卡計來量測 (將在後面章節詳細說明) 。

然而大多數環境工程師所遭遇者多爲開放系統，且在恆壓下進行 (通常在大氣壓下) 。因此式 (2-15) ，在定壓系統變爲下式

$$\Delta E = Q_P - P \cdot \Delta V \tag{2-17}$$

若我們替系統設定一新函數，並稱該函數爲系統之熱含量 (heat content) ，或焓 (enthalpy) ，以 H 表示之，並定義爲

$$H = E + PV \tag{2-18}$$

其中 H 爲系統焓值， E 爲內能， P 爲壓力， V 爲體積。因此

$$\Delta H = \Delta E + \Delta(PV) = \Delta E + P \cdot \Delta V \tag{2-19}$$

比較 (2-17) 與 (2-19) ，得知

$$\Delta H = Q_P \quad (\text{定溫定壓下}) \tag{2-20}$$

因此一系統之焓值，即爲在定溫定壓下，此系統對外界吸收或放出之熱量，此熱量亦可以熱卡計來量測。

【**例** 2-5】

設水蒸氣在 1atm 下之莫耳體積爲 29.73L ，莫耳汽化熱爲 9.713 仟卡，求每莫耳水汽化時，內能之變化。

【**解**】

水之汽化係在恆壓過程中進行，由此

$$\Delta H = Q_P = 9.713 \text{ kcal/mole}$$

又 $\Delta E = \Delta H - P \cdot \Delta V$

$P \cdot \Delta V$ 之單位爲 L · atm ，故得換成卡

$$1 \text{ L} \cdot \text{atm} = 24.22 \text{ cal}$$

$$\therefore \Delta E = 9713 - 1 \times (29.73 - 0.018) \times 24.22 = 9713 - 720 = 8993 \text{ cal}$$

2-3-4 恆壓與恆容之熱容量

使物質溫度升高一度所需之熱量，稱爲該物質的熱容量(heat capacity)，因此在定壓或定容下，每莫耳物質上昇（或下降）ΔT時所吸收（或放出）的熱量爲

$$Q = \bar{C} \cdot \Delta T \tag{2-21}$$

$\bar{C}$：為莫耳熱容量，cal/mole·K

由 2-2-3節中知

定壓過程$Q_P = \Delta H$

定容過程$Q_V = \Delta E$

因此

$$\bar{C}_p = \left(\frac{Q_P}{\Delta T}\right)_p = \left(\frac{\Delta H}{\Delta T}\right)_p = \left[\frac{\Delta(E + pv)}{\Delta T}\right]_p \tag{2-22}$$

$$\bar{C}_v = \left(\frac{Q_V}{\Delta T}\right)_v = \left(\frac{\Delta E}{\Delta T}\right)_v \tag{2-23}$$

由式 (2-22) 及 (2-23) 知

$$\text{在定壓過程 } \Delta H = \bar{C}_p \cdot \Delta T \tag{2-24}$$

$$\text{在定容過程 } \Delta E = \bar{C}_v \cdot \Delta T \tag{2-25}$$

又由式 (2-19) 知

$$\Delta H = \Delta E + \Delta(PV)$$

將式 (2-24) 及 (2-25) 分別代入上式，得

$$\bar{C}_p \cdot \Delta T = \bar{C}_v \cdot \Delta T + \Delta(PV) \tag{2-26}$$

對理想氣體而言$\Delta(PV) = nR\Delta T$，代入式 (2-26) 得

$$\bar{C}_p \cdot \Delta T = (\bar{C}_v + nR) \cdot \Delta T$$

$$\bar{C}_p = \bar{C}_v + nR \tag{2-27}$$

對一莫耳氣體，$n=1$

$$\bar{C}_p - \bar{C}_v = R$$

【例 2-6】

一理想氣體之$C_p = 6.76$ cal/mole·K，若 10 莫耳之該氣體由 0℃加熱至 100℃，則此過程之ΔE及ΔH爲若干。

【解】

對一莫耳氣體

$$\Delta H = Q_P = \bar{C}_p \cdot \Delta T$$

$$= 6.76 \times (373 - 273) = 676 \text{ cal}$$

10 莫耳氣體之 $\Delta H = 6760$ cal

又理想氣體

$$\bar{C}_P - \bar{C}_V = R$$

$$\bar{C}_V = \bar{C}_P - R = 6.76 - 1.987 = 4.773 \text{ cal/mole·K}$$

所以

$$\Delta E = Q_V = \bar{C}_V \Delta T = 4.773 \times (373 - 273) = 477.3 \text{ cal}$$

10 莫耳氣體 $\Delta E = 10 \times 477.3 \ = 4773$ cal

2-3-5 化學反應熱

前面討論之熱力學第一定律的觀念可引申應用於化學反應中。化學反應系統乃由一些物質或混合物所組成，所謂“反應”即是由最初狀態之反應物轉變成最終狀態之產物，可以下列方程式表示之：

$$aA + bB + \cdots\cdots \rightarrow cC + dD + \cdots\cdots \tag{2-28}$$

由於內能係狀態函數 (state function) ，即其量僅與所處之物理狀態有關，與達到該狀態之途徑無關。因此伴隨反應而來的內能改變，應爲最終狀態之內能 (E_f) 與最初狀態之內能 (E_i) 的差。亦可視爲所有產物內能與所有反應物內能之差，可以下式表示之：

$$\Delta E = E_f - E_i = \Sigma\, nE(\text{產物}) \ - \Sigma\, mE(\text{反應物}) \tag{2-29}$$

此處$\Sigma\, nE$(產物) 乃爲所有產物內能之總和，假如有 c 莫耳之 C 產物及 d 莫耳之 D 產物等，則

$$\Sigma\, nE(\text{產物}) = c \times E(C) + d \times E(D) + \cdots\cdots \tag{2-30}$$

同理$\Sigma\, mE$(反應物) 乃爲所有反應物內能之總和，假設有 a 莫耳之 A 反應物及 b 莫耳之 B 反應物等，則

$$\Sigma\, mE(\text{反應物}) = a \times E(A) + b \times E(B) + \cdots\cdots \tag{2-31}$$

此處 n ，m 爲方程式 (2-28) 中之係數，$E(A)$、$E(B)$、$E(C)$、$E(D)$分別爲 A 、B 、C 、D 各物質之內能。

由於系統之焓亦爲狀態函數，因此由反應伴隨系統焓之變化即爲最終態焓值 (H_f) 與最初態焓值 (H_i) 之差，亦即所有產物焓值與所有反應物焓

值之差

$$\Delta H = H_f - H_i = \sum nH(\text{產物}) - \sum mH(\text{反應物}) \tag{2-32}$$

$$\sum nH(\text{產物}) = cH(C) + dH(D) + \cdots\cdots \tag{2-33}$$

$$\sum mH(\text{反應物}) = aH(A) + bH(B) + \cdots\cdots \tag{2-34}$$

此處 n，m 為方程式 (2-28) 中之係數，$H(A)$、$H(B)$、$H(C)$、$H(D)$ 分別為 A、B、C、D 各物質之焓值。

又 $\Delta H = Q_P$，因此 ΔH 即為定壓下由化學反應所伴隨而來系統之熱量變化，故 ΔH 亦稱為化學反應熱，以 ΔH_{rxn} 表示之。ΔH_{rxn} 為正值則反應為吸熱反應，ΔH_{rxn} 為負值則反應為放熱反應。由於 ΔH_{rxn} 與內能一樣為狀態函數，因此其值與反應物及生成物之物理狀態有很大關係，故熱化學方程式必須標明反應物及產物之物理狀態，即其為氣態 (g)、液態 (l)、固態 (s) 或溶液態 (aq)。下列例子說明不同物理狀態，ΔH_{rxn} 之差異

$$H_{2(g)} + \frac{1}{2} O_{2(g)} \rightarrow H_2O_{(l)} \qquad \Delta H^o_{rxn} = -68.32 \text{ kcal} \tag{2-35}$$

$$H_{2(g)} + \frac{1}{2} O_{2(g)} \rightarrow H_2O_{(g)} \qquad \Delta H^o_{rxn} = -57.80 \text{ kcal} \tag{2-36}$$

在熱力學狀態函數中除了內能 (E)，焓 (H) 之外尚有後面章節中會提及之熵 (S)，及自由能 (G) 等。這些與熱 (heat) 或功 (W) 等路徑函數 (path function) 不同，路徑函數之量與其程序有關，不同程序或路徑會得到不同的熱與功。除了物理狀態外，反應條件亦會影響反應之反應熱。若反應在 25℃，1atm 之狀況下進行，熱力學稱此狀態為標準狀態，則此時之反應熱稱為標準反應熱，以 ΔH^o_{rxn} 來表示。

2-3-6 熱卡計

熱卡計 (calorimeter) 或彈卡計 (bomb calorimeter) 為實驗室中常用來

測定化學反應熱，如酸鹼中和熱、有機物燃燒熱等之工具。環境工程師則常以此來測定廢棄物之熱值。

實驗室之熱卡計一般有二種，一種是定壓熱卡計，一種是定容熱卡計。定壓熱卡計之裝置如圖2-1所示，此裝置爲一密閉絕緣裝置，配有一溫度計，反應可於裝置內進行，一般爲水溶液反應。當反應進行時，此系統之總熱量變化 (ΔQ_t) ，應爲此系統各部份熱量變化之總和，包括有化學反應之熱量變化 (ΔQ_{rxn}) ，水之熱量變化 (ΔQ_{H_2O}) 及熱卡計本身之熱量變化 ($\Delta Q_{Calorimeter}$) 。可以下式表示之：

$$\Delta Q_t = \Delta Q_{rxn} + \Delta Q_{H_2O} + \Delta Q_{Calorimeter} \tag{2-37}$$

由於系統本身爲絕緣絕熱系統，因此與外界無任何熱量之交換，因此

$$\Delta Q_t = 0$$

因此上式 (2-37) 爲

$$0 = \Delta Q_{rxn} + \Delta Q_{H_2O} + \Delta Q_{Calorimeter} \tag{2-38}$$

$$\Delta Q_{rxn} = -\left(\Delta Q_{H_2O} + \Delta Q_{Calorimeter}\right) = -\left(m \cdot s \cdot \Delta t + C_{Calorimeter} \cdot \Delta t\right) \tag{2-39}$$

其中$C_{Calorimeter}$爲熱卡計之熱容量，其材質如果爲保麗龍則其值爲零。m爲水之質量 (g) ，而s爲水之比熱 (specific heat capacity) 。物質之比熱乃是將 1g 物質溫度升高 1℃所需之熱量，不同物質之比熱不同，水之比熱爲 1.00 cal/g·℃或 4.184J/g·℃ (15℃下) 。因此式 (2-39) 成爲

$$\Delta Q_{rxn} = -m \cdot s \cdot \Delta t \tag{2-40}$$

亦即反應所伴隨之熱量變化等於水之熱量變化。因此由水溫變化之量測，即可依式 (2-40) 計算反應熱。因爲此反應係在大氣壓下進行，是爲定壓系統，因此

$$\Delta Q_{rxn} = \Delta H_{rxn} \tag{2-41}$$

【例 2-7】

在一定壓熱卡計中將 1.00×10^2 mL，0.500M 之 HCl 溶液與 1.00×10^2 mL，0.500M 之 $NaOH$ 溶液混合。若 HCl 溶液及 $NaOH$ 溶液之初溫皆為 22.50 ℃，而混合液之終溫為 24.90℃。若熱卡計之熱容量為 335 J/℃，則下列反應之中和熱為多少？

$$NaOH_{(aq)} + HCl_{(aq)} \rightarrow NaCl_{(aq)} + H_2O_{(l)}$$

假設混合溶液與純水之密度及比熱皆相同（分別為 1.00 g/mL，4.184 J/g℃）。

【解】

假設沒有任何熱量散失至外界

$$\Delta Q_{system} = \Delta Q_{H_2O} + \Delta Q_{Calorimeter} + \Delta Q_{rxn} = 0$$

$$\Delta Q_{rxn} = -(\Delta Q_{H_2O} + \Delta Q_{Calorimeter})$$

$$\Delta Q_{H_2O} = (1.00 \times 10^2 g + 1.00 \times 10^2 g)(4.184\ J/g°C)(24.90 - 22.50)°C$$

$$= 2.01 \times 10^3 J$$

$$\Delta Q_{Calorimeter} = (335\ J/°C)(24.90 - 22.50)°C = 804\ J$$

$$\Delta Q_{rxn} = -(2.01 \times 10^3 J + 804 J) = -2.81\ KJ$$

由於 $HCl = NaOH = 0.05$ mole

因此當有 1 mole $NaOH$ 與 1 mole HCl 反應時

$$\Delta Q_{rxn} = \frac{-2.81\ KJ}{0.05\ mole} = -56.2\ KJ/mole = \Delta H^o_{rxn}$$

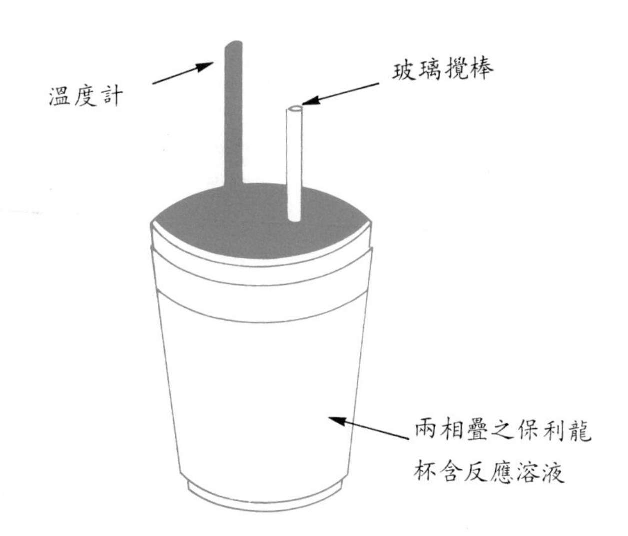

圖 2-1　簡易熱卡計

定容熱卡計常使用於有機物燃燒之測定，其裝置如圖 2-2 所示。一般係以銅製二重壁爲絕熱壁，使整個系統與外界無任何熱量之交換，而化學反應通常置於內部之彈卡燃燒器 (bomb) 中進行。反應所伴隨之熱量通常由燃燒器及水所吸收，故精密的測量水溫之變化，則可計算反應熱。由於系統爲絕熱系統，因此與外界無熱量之交換，故

$$\Delta Q_{system} = \Delta Q_{H_2O} + \Delta Q_{bomb} + \Delta Q_{rxn} \tag{2-42}$$

若將水及燃燒器視爲一體，總稱熱卡計 (calorimeter) 則式（2-42）變爲

$$\Delta Q_{system} = \Delta Q_{Calorimeter} + \Delta Q_{rxn} \tag{2-43}$$

因爲絕熱 $\Delta Q_{system} = 0$ ，所以 $0 = C_{Calorimeter} \cdot \Delta T + \Delta Q_{rxn}$ (2-44)

$$\Delta Q_{rxn} = -C_{Calorimeter} \cdot \Delta T \tag{2-45}$$

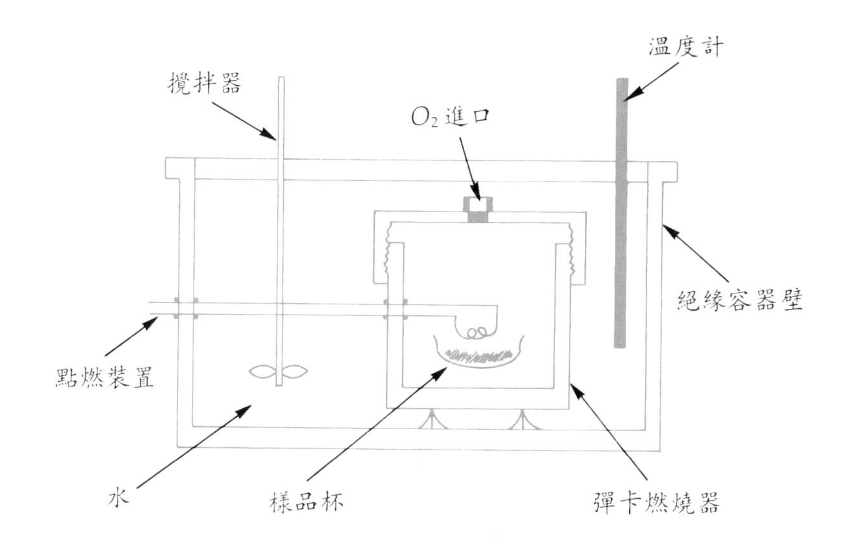

圖 2-2 定容熱卡計

其中 $C_{Calorimeter}$ 爲熱卡計之熱容量，ΔT 爲水溫之變化。

由於此反應係在定容系統下進行，因此$\Delta Q_{rxn} = \Delta E$ 而非ΔH，故必須換算成ΔH。

依據式 (2-19)$\Delta H = \Delta E + P\Delta V$，若爲固相或液相反應，$\Delta V = 0$，因此

$$\Delta H = \Delta E = \Delta Q_{rxn} \tag{2-46}$$

若爲氣相反應，而且氣體爲理想氣體（ideal gas），依據理想氣體方程式即可導出

$$\Delta H = \Delta E + \Delta nRT = \Delta Q_{rxn} + \Delta nRT \tag{2-47}$$

其中 Δn 爲反應中氣相生成物莫耳數與氣相反應物莫耳數之差。

【例 2-8】

在測量一有機廢棄物所含之熱量實驗中，若以 2.40 g 試樣置入卡計之

燃燒室，密封後通入過量氧氣。將燃燒室浸入含 1400mL 水之卡計中，引爆反應，並測得反應前後之水溫分別爲 23.71℃及 28.87℃。

(1) 已知卡計本身之熱容量爲 900 cal/℃，試求 5.00g 之有機物的熱量？

(2) 試求此反應之 ΔH^o_{rxn} = ?

若反應之反應方程式爲

$$C_{57}H_{108}O_{6(s)} + 81O_{2(g)} \rightarrow 57CO_{2(g)} + 54H_2O_{(l)}$$

【解】

(1) 熱卡計之總熱容量 (水 + 燃燒器) 爲：

$$C_T = (1.0 \times 1400) + 900 = 2300\ (\text{cal}/°\text{C})$$

故 $\Delta Q_{rxn} = -C_T \cdot \Delta T = -2300 \times (28.87 - 23.71) = -11868\text{cal}$

此爲 2.40g 試樣之熱量，故 5.00g 之值爲

$$\left(\frac{5.00}{2.40}\right) \times (-11868) = -24725\text{cal}$$

此即為 $\Delta E = -24.7\ K\text{cal}$

(2) 一莫耳有機物燃燒之

$$\Delta n = 57 - 81 = -24\ \text{mole}$$

5.00g 相當於 5.00g/888g/mole = 0.00563 mole

故 5.00g 燃燒之 $\Delta n = 0.00563 \times (-24) = -0.135$ mole

依式 (2-47)

$$\Delta H = \Delta E + \Delta nRT$$

$$\Delta H = -24.7\ K\text{cal} + (-0.135) \times (1.982) \times 10^{-3} \times 298 = -24.7 - 0.08$$

$$= -24.78\ K\text{cal}$$

化學反應之反應熱雖可利用熱卡計來測量，但並非所有之反應熱皆可由實驗量得。對於不易直接由實驗測得之反應熱可由黑斯定律 (Hess law) 求得。

2-3-7 黑斯定律

1780年拉瓦西 (Lavoisier) 與拉普拉其 (Laplace) 認爲：分解一化合物所需之熱量。必等於在同一條件下由各成分組成該化合物時所放出的熱量，因此凡在某一化學反應所放出之熱量必等於其逆反應所吸收之熱量，亦即將一化學方程式倒過來寫時，ΔH 僅需變號即可。1840年黑斯 (Hess) 亦發現：在定壓下，一個化學反應不論中間經過怎樣的步驟，只要其反應物與生成物之初態與終態固定，則總反應熱永遠不變。這兩項原理皆是源於熱力學第一定律，亦因爲焓是狀態函數之結果。利用此定律可計算出不易直接測定之反應熱。例如 (式 2-48) 反應之反應熱

$$C_{(s)} + \frac{1}{2} O_{2(g)} \rightarrow CO_{(g)} \qquad \Delta H^o_{rxn} = ? \tag{2-48}$$

由於碳燃燒時生成不定的CO及CO_2，因此上述反應之反應熱無法直接測定。但是若碳完全燃燒及一氧化碳完全燃燒，則其反應熱可直接測定，因此量得下列二反應之反應熱如下

$$C_{(s)} + O_{2(g)} \rightarrow CO_{2(g)}，\Delta H^o_{rxn} = -393.5\ KJ/mole \tag{2-49}$$

$$CO_{(g)} + \frac{1}{2} O_{2(g)} \rightarrow CO_{2(g)}，\Delta H^o_{rxn} = -282.98\ KJ/mole \tag{2-50}$$

或 $$CO_{2(g)} \rightarrow CO_{(g)} + \frac{1}{2} O_{2(g)}，\Delta H^o_{rxn} = 282.98\ KJ/mole \tag{2-51}$$

若將式 (2-49) 及 (2-51) 相加則得式 (2-48) 。因此式 (2-48) 反應之反應熱即等於式 (2-49) 及式 (2-51) 反應熱之和，即（−393.5 KJ/mole + 282.98KJ/mole），故等於 −110.5 KJ/mole 。

2-3-8 標準生成熱

到目前爲止，我們已知一反應之反應熱可由熱卡計來量測，亦可利用黑斯定理來計算。另外式 (2-32) 亦告訴我們只要我們知道反應物及產物之實際焓值即可計算反應之ΔH值。然而由於物質焓值 (H) 之絕對值無法量測，因此需建立一基礎標準以求其相對值，此觀念與度量一座山之高度須以海平面爲基準一樣。因此若我們規定之基準爲：在25℃、1atm之標準狀態下，各化學元素在最穩定態之焓值爲零。何謂最穩定態即氧爲氣體，汞爲液體，硫爲斜方硫晶體，碳爲石墨等等……。

根據以上之基準，我們可得一結論：

任何化合物 (compound) 之標準焓值即等於其標準生成熱。

以下說明爲何得到此結論。

標準生成熱 (standard enthalpy of formation) 即爲由組成元素生成一莫耳化合物的反應熱，且反應物與生成物均須在標準狀態25℃、1atm下。例如下列反應：

$$H_{2(g)} + \frac{1}{2} O_{2(g)} \rightarrow H_2O_{(l)} \text{，} \Delta H^0{}_f\left(H_2O \right) = -68.32 \text{ Kcal} \tag{2-52}$$

此反應即是在25℃、1atm之標準狀態下，由組成元素$H_{2(g)}$及$O_{2(g)}$生成一莫耳$H_2O_{(l)}$之反應。因此，此反應之標準反應熱ΔH^o_{rxn}又稱爲水之標準生成熱，以$\Delta H^0{}_f(H_2O)$表示之。又依據式 (2-32)，$\Delta H^0{}_f(H_2O)$爲：

$$\Delta H^0{}_f(H_2O) = [1 \times H^o (H_2O)] - [1 \times H^o (H_2) + 1 \times H^o (O_2)] \tag{2-53}$$

由前面之定義知元素之標準焓值等於0，即$H^o(H_{2(g)}) = H^o(O_{2(g)}) = 0$，將此代入式 (2-53) 得

$$\Delta H^0{}_f(H_2O) = H^o(H_2O)$$

由於任何一化合物之標準焓值等於其標準生成熱，因此對於任一下列反應

通式

$$aA + bB + \cdots\cdots \rightleftharpoons cC + dD + \cdots\cdots$$

則反應之標準反應熱，依據式 (2-32) 爲：

$$\Delta H^{o}_{rxn} = \sum n\Delta H^{0}_{f}(\text{產物}) - \sum m\Delta H^{0}_{f}(\text{反應物})$$

或 $\sum n\Delta H^{0}_{f}(\text{產物}) - \sum m\Delta H^{0}_{f}(\text{反應物})$

$$= [c \times \Delta H^{0}_{f}(C) + d \times \Delta H^{0}_{f}(D) + \ldots] - [a \times \Delta H^{0}_{f}(A) + b \times \Delta H^{0}_{f}(B) + \ldots] \quad (2\text{-}54)$$

很多物質之標準生成熱可查表而得 (見表 2-2，或附錄 I)，表 2-2 爲一些物質之熱力學常數 (標準生成熱，標準生成自由能及標準熵值)。

表 2-2 水質化學中重要物質的熱力學常數值

物種	$\Delta\bar{H}^{0}_{f}$(Kcal/mole)	$\bar{S}^{o}$(cal/K · mole)	$\Delta\bar{G}^{0}_{f}$(Kcal/mole)
$Ca^{2+}_{(aq)}$	−129.77	−13.19	−132.18
$CaCO_{3(s)}$，*calcite*	−288.45	22.20	−269.78
$CaO_{(s)}$	−151.9	9.51	−144.4
$C_{(s)}$，*graphite*	0	1.36	0
$CO_{2(g)}$	−94.05	51.05	−94.26
$CO_{2(aq)}$	−98.69	28.99	−92.31
$CH_{4(g)}$	−17.889	44.50	−12.140
$H_2CO^{*}_{3(aq)}$	−167.0	44.79	−149.00
$CO^{-}_{3(aq)}$	−165.18	22.70	−140.31
$CO^{2-}_{3(aq)}$	−161.63	−12.67	−126.22
CH_3COO^{-}，*acetate*	−116.84	20.77	−89.0
$H^{+}_{(aq)}$	0	0	0

表 2-2　水質化學中重要物質的熱力學常數值（續）

物種	$\Delta\bar{H}^0{}_f$(Kcal/mole)	$\bar{S}^o$(cal/K · mole)	$\Delta\bar{G}^0{}_f$(Kcal/mole)
$H_{2(g)}$	0	31.31	0
$Fe^{2+}_{(aq)}$	−21.0	−27.10	−20.30
$Fe^{3+}_{(aq)}$	−11.4	−70.10	−2.52
$Fe(OH)_{3(s)}$	−197.0	19.00	−166.0
$Mn^{2+}_{(aq)}$	−53.3	−20.00	−54.4
$MnO_{2(s)}$	−124.2	12.69	−111.1
$Mg^{2+}_{(aq)}$	−110.41	−28.20	−108.99
$Mg(OH)_{2(s)}$	−221.00	15.08	−199.27
$NO^-_{3(aq)}$	−49.372	34.99	−26.43
$NH_{3(g)}$	−11.04	46.13	−3.976
$NH_{3(aq)}$	−19.32	26.6	−6.37
$NH^+_{4(aq)}$	−31.74	27.1	−19.00
$HNO_{3(aq)}$	−49.372	34.89	−26.41
$O_{2(aq)}$	−3.9	22.72	3.93
$O_{2(g)}$	0	49.00	0
$OH^-_{(aq)}$	−54.957	−2.52	−37.595
$H_2O_{(g)}$	−57.7979	45.106	−54.6357
$H_2O_{(l)}$	−68.3174	16.716	−56.690
$SO^{2-}_{4(aq)}$	−216.90	4.10	−177.34
$HS^-_{(aq)}$	−4.22	14.60	−3.01
$H_2S_{(g)}$	−4.815	49.14	−7.892
$H_2S_{(aq)}$	−9.4	29.16	−6.54

【例 2-9】

豬排泄物可經醱酵作用產生沼氣 (如甲烷)，若加以收集可為燃料。已知$CH_{4(g)}$、$H_2O_{(l)}$及$CO_{2(g)}$之$\Delta H^0{}_f$分別爲−17.89、−68.32及−94.05 Kcal/mole。試問若由豬糞醱酵得到16kg之甲烷，則可產生多少熱量？

【解】

甲烷之燃燒反應

$$CH_{4(g)} + 2O_{2(g)} \rightarrow CO_{2(g)} + 2H_2O_{(l)}$$

$$\Delta H^o_{rxn} = [\Delta H^0{}_f(CO_2) + 2\times\Delta H^0{}_f(H_2O)] - [\Delta H^0{}_f(CH_4) + 2\times\Delta H^0{}_f(O_2)]$$

$$= [(-94.05) + 2(-68.32)] - [(-17.89) + 2\times 0] = -212.80 \text{ Kcal/mole}$$

$$16\text{公斤之甲烷} = \frac{16000\text{g}}{16\text{g/mole}} = 1000 \text{ mole}$$

故得 1000×212.80 Kcal/mole $= 2.13\times 10^5$ Kcal之熱量。

【例2-10】

設某有機廢棄物之乾基組成（重量百分比）爲C：H：O：其他不燃物=24：5：6：65，在25℃完全燃燒時，求其每公斤廢棄物燃燒可產生之最大熱量多少？

【解】

設完全燃燒則反應如下

$$C + \frac{1}{2}O_2 \rightarrow CO_{2(g)}$$

$$2H + \frac{1}{2}O_2 \rightarrow H_2O_{(g)}$$

若有1000公克廢棄物，則有240g之C，50g之H

$$C\text{之莫耳數} = \frac{240}{12} = 20 \text{ mole}$$

$$H\text{之莫耳數} = \frac{50}{1} = 50 \text{ mole}$$

由於$CO_{2(g)}$ 之標準生成熱 =−94Kcal/mole

$H_2O_{(g)}$ 之標準生成熱 =−57.8Kcal/mole

故每 1000g 之廢棄物燃燒熱爲

$$-(20\times 94+50\times 57.8) = -4771\text{Kcal}$$

以上之計算係假設廢棄之有機物，其 C 、 H 、 O 等元素間並無任何鍵結，若考慮其間之鍵結，則最終之燃燒熱將不等於上述計算之−4771Kcal 。

2-3-9 熵與熱力學第二、第三定律

2-3-2 節中曾提及自發反應 (spontaneous reaction) ，所謂自發反應即是當反應物於某些條件下 (某一溫度、壓力及濃度) 混合即可自然反應生成產物。若反應不發生即稱非自發反應 (nonspontaneous reaction) 。在自然界中我們可發現有很多物理或化學過程是自發過程，例如水會自然往低處流，而不往高處流；鹽或糖自然溶於水，但溶解後不會結合成糖塊或鹽塊；鈉遇水則自然產生激烈反應形成氫氣及氫氧化鈉，但反之則不曾發生。因此自然之自發過程皆是單向之不可逆過程。同理可推，化學反應若爲自發反應則必是不可逆過程，僅往單一方向進行反應。到底是什麼因素主導反應之“自發性”？過去認爲是能量因素，因爲自然過程中有很多是放能過程，即趨於低能量過程，例如水往下流即是。另外很多自發之化學反應亦多是放熱反應，例如下列之酸鹼中和過程即爲一例

$$H^+_{(aq)} + OH^-_{(aq)} \rightarrow H_2O_{(l)}\ ,\ \Delta H^o_{rxn} = -56.2\ \text{KJ} \tag{2-55}$$

然而經驗中，我們發現有很多自發反應卻是吸熱反應，例如將硝酸銨溶於水中即是，如下式

$$NH_4NO_{3(s)} \xrightarrow{H_2O} NH^+_{4(aq)} + NO^-_{3(aq)}\ ,\ \Delta H^o = 25\ \text{KJ} \tag{2-56}$$

因此單由放熱或吸熱是無法判斷反應是否為自發。一般而言，放熱有助於反應自發，但並非唯一因素。因此欲判斷反應是否為自發，除了焓值外，我們必須探討另一因素，此因素即為系統之熵值（entropy）。系統之熵值即是系統亂度（randomness）之量度，至於熵值與自發反應有何關係，則由熱力學第二定律定義之。熱力學第二定律（the second of thermodynamics）與第一定律一樣皆是由自然界許多事實歸納而得，其敘述如下：一自然過程（不可逆過程）發生時，則系統與其外界之熵必定增加。換言之，整個宇宙之熵將增加。若是平衡過程 (可逆過程) 則熵值不變。若以ΔS_{univ}代表宇宙之熵變化，ΔS_{sys}代表系統之熵變化，ΔS_{sur}而代表外界之熵變化，則可以下列式子表示：

$$\text{自發過程 } \Delta S_{univ} = \Delta S_{sys} + \Delta S_{sur} > 0 \tag{2-57}$$

$$\text{可逆平衡過程 } \Delta S_{univ} = \Delta S_{sys} + \Delta S_{sur} = 0 \tag{2-58}$$

因此，欲判斷一過程是否自發則需計算ΔS_{sys}及ΔS_{sur}。

1. ΔS_{sys} 之計算

因為熵為狀態函數，因此式 (2-28) 之反應的標準熵值 (ΔS^o) 為：

$$aA + bB + \cdots\cdots \longrightarrow cC + dD + \cdots\cdots \tag{2-28}$$

$$\Delta S^o = \sum nS^o(\text{產物}) - \sum mS^o(\text{反應物})$$

$$= [\, cS^o(C) + dS^o(D) + \ldots \,] - [\, aS^o(A) + bS^o(B) + \ldots \,] \tag{2-59}$$

很多化合物之標準熵值已被量測，水質化學中常見化學物質之標準熵值 (S^o) 即列於表 2-2中。另由熱力學第三定律（third law of thermodynamics）：溫度趨近於絕對零度時，完全晶體 (perfect crystal) 之熵值等於零，因此一切物質都有正熵值，而且熵之絕對值可直接量測，此與內能或焓值不同，它們的絕對值無法直接量得，僅能求得相對值。

2. ΔS_{sur} 之計算

ΔS_{sur}與系統之焓值 (ΔH_{sys}) 及溫度有密切關係。當一系統爲放熱反應時，其對外界所放之熱將引起外界分子之擾動而增加外界之亂度，因此ΔS_{sur}增加。反之若系統爲吸熱反應時，將由外界移除能量，因此外界分子之亂度減少，ΔS_{sur} 減少。因此ΔS_{sur} 與ΔH_{sys}成正比，即

$$\Delta S_{sur} \infty - \Delta H_{sys} \tag{2-60}$$

此處負號是必須的，因爲ΔH_{sys} 放熱 (其值爲負) ，則ΔS_{sur} 增加 (其值爲正) ，反之ΔH_{sys} 吸熱 (其值爲正) ，則ΔS_{sur} 減少 (其值爲負) 。

另外溫度對ΔS_{sur} 亦有影響，如果外界處於高溫狀態，則外界分子亂度已經很高，此時系統放熱或吸熱則對外界分子之亂度影響不大。反之，若外界處於低溫時，系統之放熱或吸熱對外界分子之亂度有很大影響。因此溫度愈高，ΔS_{sur} 愈小。溫度愈低，ΔS_{sur} 愈大，即ΔS_{sur} 與溫度 T 成反比

$$\Delta S_{sur} \infty \frac{1}{T} \tag{2-61}$$

由式 (2-60) 及 (2-61) 合併得

$$\Delta S_{sur} = \frac{-\Delta H_{sys}}{T} \tag{2-62}$$

將式 (2-62) 代入式 (2-57) 及 (2-58) ，得知

$$\text{自發反應} \quad \Delta S_{univ} = \Delta S_{sys} - \frac{\Delta H_{sys}}{T} > 0 \tag{2-63}$$

$$\text{可逆平衡過程} \quad \Delta S_{univ} = \Delta S_{sys} - \frac{\Delta H_{sys}}{T} = 0 \tag{2-64}$$

式 (2-63) 及 (2-64) 可以另一形式表示之，即

自發反應 $\Delta S_{sys} > \dfrac{\Delta H_{sys}}{T}$ (2-65)

可逆平衡過程 $\Delta S_{sys} = \dfrac{\Delta H_{sys}}{T}$ (2-66)

在定壓系統中，由於 $Q_P = \Delta H_{sys}$，因此式（2-66）變爲

$$\Delta S_{sys} = \frac{Q_{rev}}{T} \quad (2\text{-}67)$$

Q_{rev}定義爲可逆過程之熱量變化，此處Q_{rev}即等於 Q_P。
熱力學上對無限小之可逆過程之熵變化。通常定義爲

$$dS = \frac{dQ_{rev}}{T} \quad (2\text{-}68)$$

將之積分得

$$\Delta S = S_2 - S_1 = \int_{T_1}^{T_2} \frac{dQ_{rev}}{T} \quad (2\text{-}69)$$

【例 2-11】

將在0℃、1atm下，9克之固態冰加熱溶解至25℃、1atm之液態水試問此過程之熵變化 ΔS 爲若干？ (在0℃時冰之溶解熱爲80cal/g，即$\bar{C}_P$ =75J/mole·K)

【解】

熔解過程可以下式表示之

$$H_2O_{(s)}(0℃，1atm) \xrightleftharpoons{\Delta S_1} H_2O_{(l)}(0℃，1atm) \xrightleftharpoons{\Delta S_2} H_2O(25℃，1atm)$$

此熔解過程共有兩步驟，第一步驟即在正常熔點（0℃）下，冰溶解爲水，爲可逆恆溫變化。故

$$\Delta S_{sys} = \frac{-\Delta H_{sys}}{T}$$

而冰在0℃之溶解熱為80cal/g

因此 $\Delta S_1 = \frac{9 \times 80}{273} = 2.64\ \text{cal} / \text{K}$

第二步驟恆壓加熱過程

$$\Delta S_2 = S_2 - S_1 = \int_{T_1}^{T_2} \frac{dQ_{rev}}{T} = \int_{T_1}^{T_2} \frac{C \cdot dT}{T} = C_P \ln \frac{T_2}{T_1} = n\bar{C}_P \ln \frac{T_2}{T_1}$$

C_P 為水之熱容量，$\bar{C}_P$ 為莫耳熱容量，n 為莫耳數。

$$\Delta S_2 = 9\text{g}H_2O \times \frac{1\text{mole } H_2O}{18\text{g}H_2O} \times 75\ \text{J/mole} \cdot \text{K} \times \frac{1\text{cal}}{4.184\text{J}} \times \ln \frac{298}{273} = 0.79\ \text{cal/K}$$

總過程之$\Delta S = \Delta S_1 + \Delta S_2 = 2.64\ \text{cal/K} + 0.79\ \text{cal/K} \cong 3.5\ \text{cal/K}$

2-3-10 自由能

由上節之討論，我們知自發性之趨動力（driving force）必須考慮焓值與熵值兩因素之組合。美國物理化學家J.W. Gibbs利用一個系統函數，稱為自由能（Gibbs free energy）來表達此觀念。自由能的符號為 G，其定義如下：

$$G = H - TS \tag{2-70}$$

其中 H 為焓值，單位為焦耳 (J) 或卡 (cal) ，T 為絕對溫度（1K =273.2 ℃）。S 為熵值，其單位為J/K或是cal/K。H 及 S 皆為狀態函數，故 G 亦是狀態函數。H 及 TS 之單位為能量，故 G 之單位亦為能量。在定溫定壓下，反應自由能之變化可表示成

$$\Delta G_{sys} = \Delta H_{sys} - T\Delta S_{sys} \quad (\text{定溫、定壓下}) \tag{2-71}$$

比較式 (2-63) 與式 (2-71) ，得

$$\Delta G_{sys} = -T\Delta S_{univ}$$

因此在定溫、定壓下，一化學變化或任何其他過程達到平衡時，因可向任意方向進行，故

$$\Delta G_{sys} = -T\Delta S_{univ} = 0 \tag{2-72}$$

若爲自發反應過程，則

$$\Delta G_{sys} = \Delta H_{sys} - T\Delta S_{sys} = -T\Delta S_{univ} < 0 \tag{2-73}$$

因此要有利於自發反應之進行，則不但系統之焓值需降低，而且系統之熵值需增加。當熵值及焓值兩項因素互相衝突時，則溫度對反應是否自發將有很大影響，表 2-3 爲在恆溫、恆壓下，僅有 P-V 功時，熵及焓對化學反應之影響。

表 2-3　在恆溫、恆壓下，僅有 P-V 功時，熵及焓對化學反應之影響

ΔH 值	ΔS 值	反應可進行之條件
< 0	> 0	任何溫度
< 0	< 0	當 T 為低溫時
> 0	> 0	當 T 為高溫時
> 0	< 0	任何溫度皆為非自發反應

【例 2-12】

氧化鈣 (CaO) 爲一極有用之無機物，常被用於鋼鐵製造、造船工業、廢水處理及污染防治上。工業上氧化鈣係由碳酸鈣分解而得，如下式

$$CaCO_{3(s)} \rightleftharpoons CaO_{(s)} + CO_{2(g)}$$

試問此反應在標準狀態是否為自發反應？若不是，在何溫度其可自發？

【解】

在標準狀態是否自發須由ΔG^o來判斷

$$\Delta G^o = \Delta H^o - T\Delta S^o$$

$$\Delta H^o = [\ \Delta H_f^o(\ CaO\ ) + \Delta H_f^o(\ CO_2\ )\ ] - [\ \Delta H_f^o(\ CaCO_3\ )\ ]$$

$$= [\ 1\text{mole} \times (\ -635.6\text{KJ/mole}) + 1\text{mole} \times (\ -393.5\text{KJ/mole})\ ]$$

$$-[\ 1\text{mole} \times (\ -1206.9\text{KJ/mole})]$$

$$= 177.8\ \text{KJ}$$

$$\Delta S^o = [\ S^o(\ CaO\ ) + S^o(\ CO_2\ )\ ] - [\ S^o(\ CaCO_3\ )\ ]$$

$$= [\ 1\text{mole} \times (\ 39.8\text{KJ/mole}) + 1\text{mole} \times (\ 213.6\text{KJ/mole})\ ]$$

$$-[\ 1\text{mole} \times (\ 92.9\text{KJ/mole})]$$

$$= 160.5\ \text{J/K}$$

$$\Delta G^o = \Delta H^o - T\Delta S^o = 177.8\text{KJ} - (\ 298\text{K}\ )(\ 160.5\text{J / K})\left(\frac{1\text{KJ}}{1000\text{J}}\right) = 130.0\ \text{KJ}$$

由於$\Delta G^o > 0$，故在標準狀態非為自發反應。另外由於$\Delta H^o > 0$、$\Delta S^o < 0$，故反應必須在高溫下才能自發。因此若升高溫度則ΔG^o將下降至零，如再升溫則ΔG^o將小於零而變成自發反應。因此

$$\Delta G^o = 0 = \Delta H^o - T\Delta S^o$$

$$T = \frac{\Delta H^o}{\Delta S^o} = \frac{(\ 177.8\ )(\ 1000\ )}{160.5} = 1108\ \text{K}$$

當溫度超過 1108K 時，反應即為自發反應。

2-3-11 標準生成自由能

由上節中，我們知道化學反應眞正之趨動力爲自由能之變化（ΔG）。ΔG爲負值則反應自然發生，若 ΔG 爲正值則只有供給能量於此系統，以爲趨使力，反應才可發生。ΔG 爲負之反應稱爲放能反應（exergonic）；ΔG 爲正值的反應稱爲吸能反應（endergonic）。若反應之 ΔG 爲零則反應便在平衡狀態。因此欲判斷反應之可行性，我們必須計算自由能之變化。由於自由能與焓及熵一樣爲狀態函數，因此化學反應之自由能變化乃爲末態自由能 (G_f) 與初態自由能 (G_i) 之差。

$$\Delta G = G_f - G_i \tag{2-74}$$

對一般化學反應，

$$aA + bB + \cdots\cdots \rightleftharpoons cC + dD + \cdots\cdots$$

$$\Delta G = \sum nG(\text{產物}) - \sum mG(\text{反應物}) \tag{2-75}$$

$$\Delta G = [\,cG(C) + dG(D) + \ldots\,] - [\,aG(A) + bG(B) + \ldots\,] \tag{2-76}$$

若反應在標準狀態 (25℃、 1atm) 下進行，則

$$\Delta G^o = [\,cG^o(C) + dG^o(D) + \ldots\,] - [\,aG^o(A) + bG^o(B) + \ldots\,] \tag{2-77}$$

然而自由能與焓值一樣，其絕對值無法實際量測，因此仿照焓之慣例，需建立一基礎標準，以便計算自由能變化。此基礎標準訂爲：在標準狀態下，穩定存在之元素，其標準自由能爲零 (G^o =0) ，此外活性爲 1 之氫離子，其標準自由能亦定爲零。如此則任何物質之標準自由能值 G^o 即等於其標準生成自由能 (standard free energy of formation) ，以$\Delta G^0{}_f$表示。化合物之標準生成能即是由其組成元素形成 1 莫耳該化合物的生成自由能，且反應物及產物皆須在標準狀態。表 2-2 中列舉一些水質化學中常見化合物之$\Delta G^0{}_f$值。

此處之標準狀態即指25℃、1atm下，且定義物質若爲固體必是純固體，液體必須是純液體，而溶液則溶質之活性爲單位活性，氣體則爲1atm。如此反應之標準自由能變化可以下列公式計算

$$\Delta G^o_{rxn} = \sum n\Delta G^0{}_f(\text{產物}) - \sum m\Delta G^0{}_f(\text{反應物})$$

$$= [\,c\times\Delta G^0{}_f(C) + d\times\Delta G^0{}_f(D) + \ldots] - [\,a\times\Delta G^0{}_f(A) + b\times\Delta G^0{}_f(B) + \ldots] \quad (2\text{-}78)$$

2-3-12 非標準狀況ΔG之決定

式 (2-78) 雖然可用來計算標準狀態下反應之自由能變化，然而在環工程序化學中，反應很少在標準狀態發生。通常反應之各反應物及產物皆在非標準狀況下存在，故需計算眞正反應情形之自由能變化，即 ΔG 值。ΔG 值之計算可利用下式計算：

$$\Delta G = \Delta G^o + RT\ln\frac{\{C\}^c\{D\}^d}{\{A\}^a\{B\}^b} \quad (2\text{-}79)$$

其中 ΔG ：反應之自由能變化 (J，或 cal)

ΔG^o ：標準自由能變化 (J，或 cal)

R ：理想氣體常數 =8.314 J/K‧mole=1.982 cal/K‧mole

T ：絕對溫度 (K)

式中之括弧項表示各反應物及產物的活性，式中之 $\frac{\{C\}^c\{D\}^d}{\{A\}^a\{B\}^b}$ 稱爲反應商數 (reaction quotient ,Q) ，若爲稀薄溶液 (或稱理想溶液) ，則

$$Q = \frac{[C]^c[D]^d}{[A]^a[B]^b} \quad (2\text{-}80)$$

代入式 (2-79) ，得

$$\Delta G = \Delta G^{o} + RT \ln Q \tag{2-81}$$ *註

---

*註 $\Delta G = \Delta G^{o} + RT \ln Q$ 公式之推導。

此公式可由理想氣體膨脹，及理想氣體混合推導出。對於理想氣體而言，E 只為 T 之函數，故於恆溫過程中 $\Delta E = 0$

$$\Delta E = q + W \qquad \therefore q = -W$$

對於可逆微小變化則

$$\int dW_{rev} = \int -p \cdot dV = -\int \frac{nRT}{V} dV$$

$$W_{rev} = -nRT \ln \frac{V_f}{V_i} = -q_{rev}$$

又 $\Delta S = \dfrac{q_{rev}}{T} = -nR \ln \dfrac{V_f}{V_i} = nR \dfrac{P_i}{P_f}$

今考慮一莫耳理想氣體，起初標準狀態 $P^0 = 1$，及溫度 T。現將此氣體與另一理想氣體在恆溫下混合，混合後之分壓為 P_1，亦即

$$A_{(g)}(P^0 = 1, T) \rightarrow A_{(g)}(P_1, T)$$

由 $\Delta G = \Delta H - T\Delta S$

由於在恆溫下，理想氣體之混合 $\Delta H = 0$

$$\Delta G = G_1 - G^0 = -T\Delta S = nRT \ln \frac{P_f}{P_i} = nRT \ln \frac{P_1}{P^0}$$

$$G_1 = G^0 + nRT \ln \frac{P_1}{P^0}$$

由於，$P^0 = 1\text{atm}$，

$$\therefore G_1 = G^0 + nRT \ln P_1$$

對任一反應

$$aA_{(g)} + bB_{(g)} \rightleftharpoons cC_{(g)} + dD_{(g)}$$

$$\Delta G = [\ cG(\ C\ ) + dG(\ D\ )\ ] - [\ aG(\ A\ ) + bG(\ B\ )\ ]$$

$$= \{\ c \times [\ G^o(\ C\ ) + cRT\ \ln P_C\ ] + d \times [\ G^o(\ D\ ) + dRT\ \ln P_D\ ]\}$$

$$- \{\ a \times [\ G^o(\ A\ ) + aRT\ \ln P_A\ ] + d \times [\ G^o(\ B\ ) + bRT\ \ln P_B\ ]\}$$

$$= [\ cG^o(\ C\ ) + dG^o(\ D\ )\ ] - [\ aG^o(\ A\ ) + bG^o(\ B\ )\ ] + RT\ \ln \frac{P_C^c\, P_D^d}{P_A^a\, P_B^b}$$

$$= \Delta G^o + RT\ \ln Q$$

當 Q 值與平衡常數 K_{eq} 值相同時，即系統達到平衡，此時自由能之變化 $\Delta G = 0$，故式 (2-81) 成爲

$$\Delta G^o = -RT\ \ln K_{eq} \tag{2-82}$$

此式爲熱力學重要公式，因其代表平衡常數與熱力學參數間之關係。藉由此式，一反應之平衡常數便可由該反應之反應物及產物的熱力學參數計算出來。此對於不易量測平衡濃度之反應，極爲重要。若將式 (2-82) 代入式 (2-81) 得

$$\Delta G = -RT\ \ln K_{eq} + RT\ \ln Q = RT\ \ln \frac{Q}{K_{eq}} \tag{2-83}$$

由式 (2-83)，很明顯的當 $Q > K_{eq}$ 時則 $\Delta G > 0$，因此反應爲非自發反應（亦即反應不向產物方向進行，而向反應物方向進行）；$Q = K_{eq}$ 時則 $\Delta G = 0$，此反應達到平衡狀態；$Q < K_{eq}$ 時則 $\Delta G < 0$，因此反應爲自發反應（亦即反應向產物方向進行）。此結論與 2-2-3 節中，表 2-1 之結論相同。

【例 2-13】

從自來水中去除鐵（*II*）之常用方法爲化學氧化法，亦即將 *Fe*（*II*）氧

化成 Fe (III) ，然後用沉澱方式去除氫氧化物之沉澱，達到去除鐵之目的，反應可用下式表示

$$2Fe^{2+}_{(aq)} + \frac{1}{2} O_{2(g)} + 5\, H_2O \rightleftharpoons 2Fe(OH)_{3(s)} \downarrow + 4H^+_{(aq)}$$

試問利用此方法除鐵是否可行？

【解】

由表 2-2 查出各物種之 $\Delta G^0{}_f$ 分別為：

$Fe^{2+}_{(aq)} = -20.3$ Kcal/mole ，$O_{2(g)} = 0$ Kcal/mole

$H_2O_{(l)} = -56.7$ Kcal/mole ，$Fe(OH)_{3(s)} = 166.0$ Kcal/mole

$H^+_{(aq)} = 0$ Kcal/mole

$$\Delta G^o = \left[4\Delta G^0{}_f(H^+) + 2\Delta G^0{}_f(Fe(OH)_3) \right]$$

$$- \left[2\Delta G^0{}_f(Fe^{2+}) + \frac{1}{2}\Delta G^0{}_f(O_2) + 5\Delta G^0{}_f(H_2O) \right]$$

$$= [4 \times 0 + 2 \times (-166.0)] - \left[2 \times (-20.3) + \frac{1}{2} \times (0) + 5 \times (-56.7) \right]$$

$$= -7.9 \text{ Kcal/mole}$$

由 $\Delta G^o = -RT \ln K_{eq}$

$$-7.9 = -1.982 \times 10^{-3} \times 298 \times \ln K_{eq} \;;$$

$$K_{eq} = 6.2 \times 10^5$$

亦即 $K_{eq} = \dfrac{[H^+]^4}{(P_{O_2})^{\frac{1}{2}} [Fe^{2+}]^2} = 6.2 \times 10^5$

若反應一直保持在 pH = 7 ，P_{O_2} =1atm 代入上式則可得

$$[Fe^{2+}] \cong 7 \times 10^{-13} \text{ mg/L}$$

此即說明反應最後達到平衡之終態時，$[Fe^{2+}]$ 之平衡濃度爲7×10^{-13}mg/L，任何高於此濃度之 Fe^{2+} 離子，都將被去除掉，故此反應是可行的。

【例 2-14】

水溶液中 Mn（II）之去除機制可依下列方程式進行：

$$Mn^{2+}_{(aq)}+\frac{1}{2}O_{2(aq)}+H_2O_{(l)}\rightarrow MnO_{2(s)}+2H^{+}_{(aq)}$$

若在 25℃，當水中最初含 0.6mg/L 的Mn^{+2}，$pH=8.5$。水中之溶氧係以大氣中之氧飽和之，經飽和後 10 天，Mn^{+2}濃度降爲 0.4mg/L，試問(1)假設曝氣期間，pH 維持固定，則第 10 天是否繼續形成沉澱？(2)平衡時Mn^{+2}之濃度爲多少？已知 Mn 之原子量爲 54.9g/mole，而氧之 K_p =1.29×10^{-3}。

【解】

(1) $\Delta G=\Delta G^{o}+RT\ln Q=\Delta G^{o}+RT\ln\dfrac{[H^{+}]^{2}}{[Mn^{2+}][O_2]^{\frac{1}{2}}}$

$[H^{+}]=10^{-8.5}$，因爲 $pH=8.5$

$P_{O_2}=0.21$ atm，因爲大氣中氧佔 0.21 atm

又 $O_{2(g)}\rightleftharpoons O_{2(aq)}$

$$K_p=\frac{[O_2]}{P_{O_2}}=1.29\times10^{-3}$$

因此

$$[O_2]=2.71\times10^{-4}\text{ mole/L}$$

$$[Mn^{2+}]=\frac{0.4\text{mg}}{\text{L}}\times\frac{1\text{ mole}}{54.94\times10^{3}\text{mg}}=7.28\times10^{-6}\text{ mole/L}$$

$$\Delta G^{o}=[2\Delta G^{0}{}_{f}(H^{+})+\Delta G^{0}{}_{f}(MnO_2)]$$

$$-\left[\Delta G^{0}{}_{f}(Mn^{2+})+\frac{1}{2}\Delta G^{0}{}_{f}(O_2)+\Delta G^{0}{}_{f}(H_2O)\right]$$

$$= [\,2\times 0 + (-111.1)\,] - \left[\,(-54.4) + \frac{1}{2}\times 3.93 + (-56.69)\,\right]$$

$$= -1.975 \text{ Kcal}$$

所以

$$\Delta G = -1.975 + 1.982\times 10^{-3}\times 298 \ln \frac{(10^{-8.5})^2}{(7.28\times 10^{-6})(2.71\times 10^{-4})^{\frac{1}{2}}}$$

$$= -15.7 \text{ Kcal}$$

因為 $\Delta G < 0$，故會繼續沉澱。

(2) $\Delta G^o = -RT \ln K_{eq}$

$$-1.975 = -1.982\times 10^{-3}\times 298\times \ln \frac{(10^{-8.5})^2}{(Mn^{2+})(2.7\times 10^{-4})^{\frac{1}{2}}}$$

$$[Mn^{2+}] = 2.15\times 10^{-17}\text{ M} \cong 1.18\times 10^{-12}\text{ mg/L}$$

2-3-13 溫度對平衡常數之影響

在上節中，我們討論了平衡常數與標準自由能變化 ΔG^o 之基本關係，今比較式 (2-82) 及式 (2-71) 得知

$$\Delta G^o = -RT \ln K_{eq} = \Delta H^o - T\Delta S^o \tag{2-84}$$

$$\ln K_{eq} = \frac{-\Delta H^o}{RT} + \frac{\Delta S^o}{R} \tag{2-85}$$

若假設 ΔH^o，及 ΔS^o 於考慮溫度範圍內為常數，則溫度 T_1 時若平衡常數為 K_1，而溫度 T_2 時之平衡常數為 K_2，式 (2-85) 可改為

$$\ln K_1 = \frac{-\Delta H^o}{RT_1} + \frac{\Delta S^o}{R} \tag{2-86}$$

$$\ln K_2 = \frac{-\Delta H^o}{RT_2} + \frac{\Delta S^o}{R} \tag{2-87}$$

若將式 (2-87) 減去式 (2-86) 得

$$\ln K_2 - \ln K_1 = \frac{\Delta H^o}{R}\left(\frac{1}{T_1} - \frac{1}{T_2}\right) \tag{2-88}$$

或 $$\ln \frac{K_2}{K_1} = \frac{\Delta H^o}{R}\left(\frac{1}{T_1} - \frac{1}{T_2}\right) \tag{2-89}$$

式 (2-89) 乃為 Van't Hoff 方程式，由此式可以看出，對放熱反應而言，溫度上升，則平衡常數會降低；相對的，若是吸熱反應，則溫度上升，平衡常數亦上升。若某溫度下的平衡常數為已知，則在另一溫度下之平衡常數可依式 (2-89) 計算出。此觀念可用於任何平衡反應，無論是酸鹼平衡、氧化還原平衡或溶解沉澱平衡等皆通用。

【例 2-15】

碳酸鈣沉澱乃軟化以除鈣之主要機制，可以下列方程式表示：

$$CaCO_{3(s)} \rightleftharpoons Ca^{2+}_{(aq)} + CO^{2-}_{3(aq)}$$

若反應之平衡常數在 25℃時為 $10^{-8.34}$，試決定在 10℃時對鈣之去除有何影響？

【解】

$$\Delta H^o = [\Delta H^o{}_f(CO_3^{2-}) + \Delta H^o{}_f(Ca^{2+})] - [\Delta H^o{}_f(CaCO_3)]$$

$$= [(-161.63) + (-129.77)] - [(-288.45)] = -2.95 \text{ Kcal}$$

又 $$\ln \frac{K_2}{K_1} = \frac{\Delta H^o}{R}\left(\frac{1}{T_1} - \frac{1}{T_2}\right)$$

$$\ln \frac{K_2}{10^{-8.34}} = \frac{-2.95}{1.98 \times 10^{-3}}\left(\frac{1}{298} - \frac{1}{283}\right) \text{ ；} K_2 = 10^{-8.32}$$

由於 K 值增加，所以在 10℃時反應向右移動即增加 $[Ca^{2+}]$ 及 $[CO_3^{2-}]$，故不利 Ca^{2+} 去除。

【例 2-16】

自來水進入用戶溫度爲 15℃，在家庭熱水器加熱至 70℃。如果自來水在 25℃時恰好對 $CaCO_{3(s)}$ 飽和，試問 (1) 進入用戶時 (2) 離開熱水器時，該水之 $CaCO_{3(s)}$ 爲飽和或過飽和狀態？此反應可以下列方程式表示之：

$$CaCO_{3(s)} + H^+_{(aq)} \rightleftharpoons Ca^{2+}_{(aq)} + HCO^-_{3(aq)}$$

【解】

已知 25℃時 Ca^{2+}、HCO_3^-、H^+ 爲飽和濃度，亦即爲平衡濃度，故先求 25℃之平衡常數 K

$$\Delta G^o = [\,\Delta G^o{}_f(HCO_3^-) + \Delta G^o{}_f(Ca^{2+})\,] - [\,\Delta G^o{}_f(CaCO_3) + \Delta G^o{}_f(H^+)\,]$$

$$= [\,(-140.3) + (-132.18)\,] - [\,(-269.78) + 0\,] = -2.71\text{Kcal}$$

又 $\Delta G^o = -RT \ln K_{25°C}$

$$-2.71 = -1.982 \times 10^{-3} \times 298 \ln K_{25°C} \quad ; \; K_{25°C} = 97.7$$

若在 15℃及 70℃時，則其平衡常數可依 Van't Hoff 方程式計算出

$$\Delta H^o = [\,\Delta H^o{}_f(HCO_3^-) + \Delta H^o{}_f(Ca^{2+})\,] - [\,\Delta H^o{}_f(CaCO_3) + \Delta H^o{}_f(H^+)\,]$$

$$= [\,(-165.18) + (-129.77)\,] - [\,(-288.45) + 0\,] = -6.5\text{ Kcal}$$

因此

$$\ln \frac{97.7}{K_{15°C}} = \frac{-6.5}{1.987 \times 10^{-3}} \left(\frac{1}{288} - \frac{1}{298} \right) \quad ; \; K_{15°C} = 141.3$$

$$\ln \frac{97.7}{K_{70°C}} = \frac{-6.5}{1.987 \times 10^{-3}} \left(\frac{1}{343} - \frac{1}{298} \right)$$

$K_{70°C} = 23.0$

由於水在25℃恰好與$CaCO_{3(s)}$形成飽和，此時即表示水中之Q值等於K值，亦即

$Q = 97.7$

因為對同一水質，溫度增加或減少，其Q值不變，但K值則改變。若水中之pH維持不變，則在

1. 15℃時，Q (97.7) ＜ K (141.3) ，即水中之 $[Ca^{2+}]$ 及 $[HCO_3^-]$ 小於平衡值，因此溶液為未飽和。

2. 70℃時，Q (97.7) ＞ K (23.0) ，即水中之 $[Ca^{2+}]$ 及 $[HCO_3^-]$ 大於平衡值，因此溶液為過飽和。

2-4 非理想溶液之性質

在一電解質溶液中，由於溶液中具有正、負離子，這些正、負離子彼此互相束縛，當離子愈多時則此交互作用愈強。由於離子之彼此互相束縛使得溶液中之離子有效濃度將比其實際分析之濃度低。而在溶液中有效濃度才是實際決定這些離子反應性的因素。對一平衡反應，我們在2-2-3節中曾說明當一反應達平衡時，實驗發現各物種之平衡濃度與平衡常數有式 (2-11) 之關係式，亦即

$$\text{理想溶液}\ \frac{[C]_{eq}^{c}\,[D]_{eq}^{d}}{[A]_{eq}^{a}\,[B]_{eq}^{b}} = K \tag{2-11}$$

此時$[A]_{eq}$、$[B]_{eq}$、$[C]_{eq}$、$[D]_{eq}$乃為實際分析濃度。但是實際實驗發現，上式關係式僅在離子濃度極低情況下（亦稱理想溶液狀況下）才成立，若離子濃度很高時（亦稱非理想溶液（nonideal solution）狀況下）則上式不成立。但是當上式A、B、C、D濃度若修正為有效濃度，則上式之關係

式即可成立。有效濃度在熱力學上定義為活性（activity），以 {} 表示之，如此，則式（2-11）可改變成下式

$$\frac{\{C\}_{eq}^{c}\{D\}_{eq}^{d}}{\{A\}_{eq}^{a}\{B\}_{eq}^{b}} = K \tag{2-90}$$

因此有效濃度 (或稱活性) 與實際分析濃度間具有下列之關係

$$\{C\} = r[C] \tag{2-91}$$

其中 $\{C\}$ 為 C 物種之活性，r 為活性係數 (activity coefficient)，$[C]$ 為 C 物種之分析濃度或測定濃度，通常用重量莫耳濃度 (molal concentration)，但在水溶液中密度接近於 1 時，可用體積莫耳濃度 (molar concentration)。

非理想溶液之活性係數 $r < 1$，而理想溶液 (稀薄溶液) 則 $r \cong 1$。因此欲求得一物種之活性，則必須由其分析濃度乘以活性係數。

2-4-1 離子強度與活性係數

電解液之非理想行為乃是由離子與離子及離子與溶劑之交互作用而起，此等作用之大小與很多因素有關，但其中離子之濃度及各離子之電荷影響最大。考慮此二因素所引起電解溶液特性之數據，則稱為此溶液之離子強度 (ionic strength)，以 I 表示之，如此則

$$I = \frac{1}{2}\sum_{i=1}^{i=t} C_i Z_i^2 \tag{2-92}$$

其中 I = 離子強度

C_i = i 離子之分析濃度 (mole/L)

Z_i = i 離子之電荷數

習慣上，離子強度係無因次，但嚴格而言，應與濃度單位一致。

以式 (2-92) 計算離子強度時必須先知道離子之種類、電荷及其濃度，

這對複雜溶液，例如環境工程師常遇到之廢水溶液，則不適用。因此在水質化學中常用水之比導電度 (electrical conductivity, EC) ，或是總溶解固體量 (total dissolved solid, TDS) 來估算離子強度。

Langelier 提出溶液之離子強度與其總溶解固體量 (TDS) 之關係式

$$I = 2.5 \times 10^{-5} TDS \tag{2-93}$$

式中 TDS 為 mg/L，此式適用於 TDS 少於 1000mg/L 之情況。然而須注意的是此式並無顧及溶解有機物質之存在，有機物在 TDS 可能佔很大比例。遇到此情況時則須另作修正。

Russel 則導出離子強度與導電度間之關係為

$$I = (2.5 \times 10^{-5})(EC)(g) \tag{2-94}$$

其中 EC= 在 20℃時之導電度 (μ mho cm^{-1})

g = 比例因子，其值常在 0.55～0.70 之間 (常取 0.67)

因此式 (2-94) 亦常以下式表示之

$$I = 1.6 \times 10^{-5} EC \tag{2-95}$$

2-4-2 活性係數之理論方程式

離子之活性係數與離子強度之關係式是由 Debye 與 Hückel 兩人於 1923 年提出，以下式表示之

$$\log r_i = -AZ_i^2\sqrt{I} \tag{2-96}$$

其中 r_i ：離子之活性係數 (一般以 r_M 代表單價離子之活性係數，r_D 代表雙價離子之活性係數，r_T 代表三價離子之活性係數) 。

Z_i ：離子 i 之電荷數

I ：溶液之離子強度

A ：$1.82 \times 10^6 (DT)^{\frac{-3}{2}}$

T ：溶液之溫度

D ：水之界電常數 (di-electric constant) ，常用 78.3

此式稱爲Debye-Hückel極限定律 (limiting law) ，在25℃時之水溶液，A=0.509 。此式適用於離子強度不超過 0.005M 之溶液。

若離子強度不超過 0.1M 時，在程序化學中常以 Güntelberg 近似式 (2-97) 來估算活性係數r_i。

$$\log r_i = -AZ_i^2\left(\frac{\sqrt{I}}{1+\sqrt{I}}\right) \tag{2-97}$$

式 (2-96) 及 (2-97) 僅適用於離子之活性係數的估算，但若是非離子化合物之活性係數，則以下列之經驗式來估計

$$\log r = K_s I$$

其中 K_S 稱爲鹽析係數 (salting out coefficient) ，必須由實驗決定，一般在 0.01～0.15 範圍。一般而言，當水溶液中離子濃度增加，則非離子化合物之活性係數亦增加，如此溶液中非離子化合物之濃度必須降低，因此該化合物則會從水中析出，此乃爲鹽析現象。

【例 2-17】

氧氣之 K_S = 0.132，若在 I = 0.05 之 $NaCl$ 溶液中，其活性係數爲？又在 I = 0.7 之海水中，則其活性係數爲？若水中之氧氣係與大氣中之氧氣平衡且其 $K_p = 1.29 \times 10^{-3}$(25℃) ，試問何者溶液之溶氧 ($DO$) 較高？

【解】

在 I = 0.05 之 $NaCl$ 溶液中

$$\log r = K_s I = 0.132 \times 0.05$$

$r = 1.02$

在 $I = 0.7$ 之海水中

$$\log r = K_s I = 0.132 \times 0.7$$

$$r = 1.24$$

另外由於 $O_{2(g)} \rightleftharpoons O_{2(aq)}$

$$\frac{\{O_2\}}{P_{O_2}} = K_P$$

$$\{O_2\} = K_P \times P_{O_2}$$

由於兩溶液氧之活性 $\{O_2\}$ 皆一樣

又由

$$\{O_2\} = r\ [O_2]$$

所以 r 愈大，則 $[O_2]$ 愈小，因此在 $I = 0.7$ 之海水中，其溶氧將較 $I = 0.05$ 之 $NaCl$ 溶液之溶氧小。

【例 2-18】

某鈣鹽 (Ca_3X_2) 之溶解度爲 1.3×10^{-4} M，利用 Güntelberg 公式計算其平衡常數。

【解】

此反應可以下列方程式表示

$$Ca_3X_2 \rightarrow 3Ca^{2+} + 2X^{3-}$$

由於溶解度爲 1.3×10^{-4} M，故$[Ca^{2+}] = 3.9 \times 10^{-4}$ M、$[X^{-3}] = 2.6 \times 10^{-4}$M

又 $K = \{Ca^{2+}\}^3\{X^{-3}\}^2 = (r_{Ca^{2+}}[Ca^{2+}])^3(r_{X^{-3}}[X^{-3}])^2$

欲計算 $r_{Ca^{2+}}$ 及 $r_{X^{-3}}$ 需先計算離子強度 I，由式 (2-92)

$$I = \frac{1}{2}\left[\left(3.9\times10^{-4}\right)(2)^2 + \left(2.6\times10^{-4}\right)(3)^2\right] = 1.95\times10^{-3}$$

$$\log r_{Ca^{2+}} = -0.509\times(2)^2 \frac{\sqrt{1.95\times10^{-3}}}{1+\sqrt{1.95\times10^{-3}}}$$

$$\therefore r_{Ca^{2+}} = 0.823$$

$$\log r_{X^{-3}} = -0.509\times(3)^2 \frac{\sqrt{1.95\times10^{-3}}}{1+\sqrt{1.95\times10^{-3}}}$$

$$r_{X^{-3}} = 0.645$$

$$K = \left(0.823\times3.9\times10^{-4}\right)^3\times\left(0.645\times2.6\times10^{-4}\right)^2 = 9.3\times10^{-19}$$

【例 2-19】

水質分析結果如下：$TDS = 200\text{mg/L}$，25℃時 $CaCO_3$ 固體及水相達飽和平衡，平衡之碳酸鹽濃度爲 20mg/L (以 $CaCO_3$ 計)，試求 $[Ca^{2+}]$ 濃度？25℃時 $CaCO_3$ 平衡常數 (活性基準) 爲 4.79×10^{-9}。

【解】

先求得離子強度 I 後，再利用公式求得活性係數，最後求得各離子之活性。

(1) $CaCO_3$ 克當量重爲 50g，CO_3^{2-} 之克當量重爲 30g，將 CO_3^{2-} 之濃度換算成莫耳濃度

$$20\times\left(\frac{30}{50}\right) = 12\ \text{mg/L} = \left[CO_3^{2-}\right]$$

$$\frac{12\text{mg}}{\text{L}}\times\frac{1\text{g}}{1000\text{mg}}\times\frac{\text{mole}}{60\text{g}} = 2\times10^{-4}\text{M} = \left[CO_3^{2-}\right]$$

(2) 估算離子強度 I

$$I = 2.5\times10^{-5}\times TDS = 2.5\times10^{-5}\times200 = 0.005\text{M}$$

(3) $CaCO_{3(s)}$ 之溶解平衡式

$$CaCO_{3(s)} \rightleftharpoons Ca^{2+}_{(aq)} + CO^{2-}_{3(aq)}$$

$$K_{eq} = \{Ca^{2+}\}\{CO_3^{2-}\} = r_D^2 |Ca^{2+}||CO_3^{2-}|$$

(4) 離子強度＜0.1M 利用 Güntelberg 式求解

$$\log r_D = -AZ_i^2\left(\frac{\sqrt{I}}{1+\sqrt{I}}\right) = -0.509\times(2)^2\times\frac{\sqrt{0.005}}{1+\sqrt{0.005}} = -0.134$$

故 $r_D = 0.73$

由於 Ca^{2+} 及 CO_3^{2-} 皆爲兩價離子故 r_D 相同，將 r_D 代入平衡式

$$4.79\times10^{-9} = (0.73)^2 |Ca^{2+}|\times 2\times10^{-4}$$

$$|Ca^{2+}| = 4.49\times10^{-5}\ \text{mole/L}$$

(5) 將 $[Ca^{2+}]$ 之莫耳濃度換算成以 $CaCO_3$ (mg/L) 計

$$[Ca^{2+}] = \frac{4.49\times10^{-5}\ \text{mole}}{\text{L}}\times\frac{40\text{g}}{1\text{mole}}\times\frac{1000\text{mg}}{1\text{g}}\times\frac{50}{20}$$

$$= 4.49\text{mg}\ CaCO_3/\text{L}$$

本章習題

1. 碳酸鈣沈澱乃軟化以除鈣之機制其方程式如下

$$CaCO_{3(s)} \rightleftharpoons Ca^{2+}_{(aq)} + CO^{2-}_{3(aq)}$$

若 25 ℃時，其平衡常數 $(K_a)_{(eq)}$ 為 $10^{-8.34}$。試決定在 35℃時對鈣之去除有何影響？

Ans : $(K_a)_{(eq)}$ 減少，反應向左進行，有利鈣之去除

2. 為了減輕石灰軟化廠的成本，操作員決定依下列反應

$$CaCO_{3(s)} \rightleftharpoons CaO_{(s)} + CO_{2(g)}$$

使碳酸鈣泥漿重新變成 $CaO_{(s)}$；在重新形成 $CaO_{(s)}$ 之前把泥漿置於開放大氣容器。已知 $P_{CO_2} = 10^{-3.5}$ atm， $CaCO_{3(s)}$會依所定方向分解嗎？

Ans : $\Delta G > 0$, 反應向左進行

3. $CaCO_{3(s)} \rightleftharpoons CaO_{(s)} + CO_{2(g)}$ 反應在 800℃進行，已知自由能資料 (25℃)：$CaCO_{3(s)}$, $CaO_{(s)}$, $CO_{2(g)}$ 之 $\Delta G^0{}_f$ 分別為 −269.78 , −144.4 , −94.26 (kcal / mole) 試求 CO_2之分壓？（另知 $\Delta H^0 = +42.5$ Kcal）

Ans : 0.487atm

4. 氯氣常在自來水中用作消毒，大部分之處理廠中常以氯氣為基本消毒劑，當氯氣通過水時，會產生次氯酸 $HOCl$。(1)試決定此反應在標準狀況下之平衡常數 (2)假設除 H^+ 外，其餘反應物及生成物皆在標準狀況，溶液之 pH 為 7，試判斷反應向何方向進行？反應方程式及反應之方程式如下

$$Cl_{2(g)} + H_2O_{(l)} \rightleftharpoons HOCl_{(aq)} + H^+_{(aq)} + Cl^-_{(aq)}$$

Ans : $(K_a)_{(eq)}$ 為 2.69×10^{-5}, $\Delta G = -3.3$Kcal

5. 碳酸鈣沈澱乃軟化以除鈣之機制，當 pH 增加時碳酸鈣之溶解度即減少，但若有形成 $CaCO_3^o$ 離子對時則餘鈣濃度會增加，其全過程如下

$$CaCO_{3(s)} \rightleftharpoons Ca^{2+}_{(aq)} + CO^{2-}_{3(aq)} \quad (K_a)_{(eq)} = 10^{-8.34}$$

$$Ca^{2+}_{(aq)} + CO^{2-}_{3(aq)} \rightleftharpoons CaCO^o_{3(aq)} \quad (K_a)_{(eq)} = 10^{3.2}$$

其中 $[CO_3^{2-}] = 10^{-5}$ mole/ L ；$[Ca^{2+}] = 10^{-2.5}$ mole/ L ；$[CaCO_3^o] = 10^{-5.5}$ mole/ L

25 ℃ 時，試計算全過程之 ΔG。

Ans : $\Delta G = -0.49$Kcal

6. 在 1atm，25℃下用卡計測得苯 1 莫耳燃燒放出 780.09kcal 熱量，試求苯之莫耳燃燒熱 (ΔH) 為若干 kcal/mole？

Ans :−781 kcal/mole

7. 一理想氣體之 $\bar{C}_P$=6.76 cal/mole・°K，若 10 莫耳之理想氣體由 0℃加熱至 100℃，則此過程之 ΔE 及 ΔH 為若干？

Ans : $\Delta H = 6760$cal, $\Delta E = 4773$cal

8. 14 克之氮氣自 27℃被加熱至 127℃，試問此過程之熵變化 (ΔS) 為若干？其 $\bar{C}_V$=4.94 cal/mole・°K

Ans : 恆容加熱 $\Delta S = 0.711$cal/°K 恆壓加熱 $\Delta S = 0.996$cal/°K

9. 計算 $CO_{2(g)}$ 在 25℃時於水中之溶解常數。

Ans : K= 0.0371

10. (1) 計算 1 mole 醋酸，在好氣與厭氣情形下進行生物分解時的標準反應自由能。

好氣情形 $CH_3COO^-_{(aq)} + 2O_{2(g)} \rightarrow HCO^-_{3(aq)} + H_2O_{(aq)} + CO_{2(g)}$

厭氣情形 $CH_3COO^-_{(aq)} + H_2O_{(aq)} \rightarrow HCO^-_{3(aq)} + CH_{4(g)}$

(2) 對定量的醋酸廢液，何種系統足以支持大量生物的成長？為什麼？

Ans : (1) 好氣情形 − 846.4kJ/mol, 厭氣情形 − 28.49kJ/mol

(2) 好氣提供較多能量

11. 試計算下列各溶液之離子強度：

(1) 0.01M KCl

(2) 0.01M H_2SO_4

(3) 0.01M $AlCl_3$

(4) 0.006M $CaCl_2$ 和 0.015M KBr 之混合物

(5) 溶液之電導度 (Conductivity) 為 0.87m mho/cm

Ans： 1.$I = 0.01$, 2. $I = 0.03$, 3. $I = 0.06$, 4. $I = 0.033$, $I = 1.41 \times 10^{-2}$

12. 有一受鹽化的地下水，其主要離子莫耳濃度（M）為：Na^+ =0.0 2, Mg^{+2}=0.005，Ca^{+2} =0.01, K^+ =0.001, Cl^- = 0.025, HCO_3^- =0.001, NO_3^- =0.002, SO_4^{-2} = 0.012 求離子強度（ionic strength）為何？

Ans：0.0785

13. 用下列之 Extended Debye-Huckel公式計算存在 0.05M $CaCl_2$ 之10^{-3} M HCl 溶液的 pH 值：

$$\log r_i = -0.5\, Z^2 \left(\frac{\sqrt{I}}{1 + 3\sqrt{I}} \right) \quad \text{(適用於氫離子)}$$

Ans：$pH = 3.09$

14. 於 25℃，離子強度 10^{-3} 之平衡溶液，求碳酸根與碳酸氫根的分子濃度比值．已知 $K_{a_2} = 10^{-10.3}$ ，$pH = 10$

Ans：0.56

15. 若溶液之組成及分析結果如下：

離　子	濃 度 (mg/L)
Ca^{2+}	40.0
Mg^{2+}	24.3
Na^{1+}	22.9
CO_3^{2-}	100as $CaCO_3$
SO_4^{2-}	100as $CaCO_3$

由以上數據求 $CaCO_{3(s)} \rightleftharpoons Ca^{2+}_{(aq)} + CO^{2-}_{3(aq)}$ 之 K_{eq} (活性) 。

Ans：K_{eq}（活性）$=4.7\times10^{-7}$

16. 製備 1.0×10^{-3} M $NaOCl$ 之 1L 溶液，平衡時其組成及分析結果如下

離　子	濃 度 (mole/L)
H^+	5.6×10^{-10}
OH^-	1.78×10^{-5}
Na^{1+}	1.0×10^{-3}
ClO^-	1.0×10^{-3}

若 $HOCl$ 之 K_a（活性）$=1.0\times10^{-7.5}$，而 K_w（活性）$=1.0\times10^{-14}$，$HOCl$ 之 $\gamma=1$，則 K_a（濃度）＝？ K_w（濃度）＝？

Ans：K_a（濃度）$=3.43\times10^{-8}$，K_w（濃度）$=1.08\times10^{-14}$

17. 由下列熱力學數據，試證明純水在25℃時，其中性值之 $pH=7$，而溫度為50℃之純水，其中性值之 pH 為多少？

物 種	ΔG^o_f (Kcal/mole)	ΔH^o_f (Kcal/mole)
$H_2O_{(l)}$	−56.69	−68.32
$H_3O^+_{(aq)}$	−56.69	−68.32
$OH^-_{(aq)}$	−37.60	−54.96

Ans：$\Delta G^o=19.09$Kcal, 中性 pH（50℃）$=6.62$

參考資料

1. 黃汝賢等，環工化學，1996，三民書局，台北。
2. 黃定加，史宗淮，物理化學，1985，三民書局，台北。
3. 劉東昇譯，大一化學，1986。五南圖書公司，台北。
4. 蕭蘊華，傅崇德譯，環境工程化學，1995，滄海書局，台中。
5. 楊萬發譯，水及廢水處理化學，1987，茂昌圖書有限公司，台北。
6. 章裕民，環工化學，1996，文京圖書有限公司，台北。
7. 樊邦棠，環境工程化學，1994，科技圖書股份有限公司，台北。
8. Benefield, L. D., Judkins, J. F. and Weand, B. L., Process Chemistry for Water and Wastewater Treatment, Prentice Hall, Inc., New Jersey, 1982.
9. Sawyer, C. N. and McCarty, P. L., Chemistry for Environmental Engineering, 3rd ed., McGraw-Hill, Inc., New York, 1978.
10. Smith, J. M. and Van Ness, H. C., Introduction to Chemical Engineering, 3rd ed., McGraw-Hill, Inc., New York, 1978.
11. Snoeyink, V. L. and Jenkins, D., Water Chemistry, John Wiley and Sons, Inc., New York, 1980.
12. Stumm, W. and Morgan, J. J., Aquatic Chemistry, Wiley-Interscience, New York, 1981,

化學動力學

Chapter 3

☆ 緒論

☆ 反應速率式

☆ 積分速率式

☆ 經驗速率式

☆ 反應速率之溫度效應

☆ 動力學其他應用例—鐵、錳之氧化動力學

3-1 緒　論

前一章中我們了解熱力學可幫助我們預測一化學反應是否可行。例如利用分子態氧把 Fe^{+2} 氧化成 Fe^{+3} 之氧化反應（例題 2-13），從平衡計算，預測水中有溶氧時，反應可達完全。然而實際經驗發現，即使供應純氧，Fe^{+2} 仍然十分穩定，尤其在低 pH 時更甚。於 $pH < 4$，每天僅少於 0.1% 之 Fe^{+2} 氧化，但在高 pH 時（$pH > 7 \sim 8$）則 Fe^{+2} 氧化速率極快。本章即是探討影響化學反應速率之因素及化學反應速率之表示法。

眾所周知，化學動力學（chemical kinetics）是研究反應進行的條件——溫度、壓力、濃度、介質以及催化劑對反應速率之影響，及探討反應進行過程（反應機構，mechanism）的科學。化學動力學對環境工程亦是非常重要的，例如鐵（*II*）、錳（*II*）的化學氧化，有機物受到氯及臭氧的化學氧化，以及磷酸鈣、碳酸鈣的沈澱，這些反應速率控制著處理程序的設計及其處理效率。另外動力學模式可應用於複雜反應之廢水系統中，例如生化需氧量（BOD）之資料處理，該資料可用於決定廢水強度、受水體有機物污染程度、河流中溶氧之變化。其次活性污泥固體之生長速率亦可以動力學模式處理。

3-2 反應速率式

通常一化學反應之反應速率（reaction rate，r），可藉由分析單位時間內任一反應物減少之量（反應物之消耗速率），或任一生成物增加之量（生成物之產生速率）來表示。例如下列反應

$$2NO + O_2 \rightarrow 2NO_2 \tag{3-1}$$

$$r_{NO} = -\frac{\Delta[NO]}{\Delta t} = \text{反應物 } NO \text{ 之消耗速率} \tag{3-2}$$

$$r_{O_2} = -\frac{\Delta[O_2]}{\Delta t} = \text{反應物 } O_2 \text{ 之消耗速率} \tag{3-3}$$

$$r_{NO_2} = \frac{\Delta[NO_2]}{\Delta t} = \text{生成物 } NO_2 \text{ 之產生速率} \tag{3-4}$$

由於上述反應中，NO及O_2均爲無色氣體，而NO_2爲紅棕色氣體。隨著反應進行，NO_2的量逐漸增加，而顏色變深。故可由其顏色變化的速率來表示其反應速率。但由於視覺的限度，而對其顏色變化速率之觀察並不準確，故通常需定量量測濃度、壓力、或體積之變化來表示。以上各式（3-1）至（3-4）式只表示反應中之某一化學物之反應變化速率，不能代表整個反應之反應速率。各化學物之相對變化速率，可以平衡式之克分子係數決定（例如NO之消耗較O_2之消耗快兩倍）。因此化學反應之總速率可以某一化學物之變化速率，除以平衡式之克分子係數來表示。據此上述反應之反應速率如下：

$$\text{反應速率} = -\frac{1}{2}\frac{\Delta[NO]}{\Delta t} = -\frac{\Delta[O_2]}{\Delta t} = \frac{1}{2}\frac{\Delta[NO_2]}{\Delta t} \tag{3-5}$$

同理，對一通式如下之一般不可逆反應

$$aA + bB \rightarrow dD + eE \tag{3-6}$$

則其反應速率可表示如下：

$$\text{反應速率 } (r) = -\frac{1}{a}\frac{\Delta[A]}{\Delta t} = -\frac{1}{b}\frac{\Delta[B]}{\Delta t} = \frac{1}{d}\frac{\Delta[D]}{\Delta t} = \frac{1}{e}\frac{\Delta[E]}{\Delta t} \tag{3-7}$$

實驗可證明，如上之一般不可逆反應，其反應速率常與反應物或產物濃度有關，其間之關係可以下式之定量關係式表示：

$$\text{反應速率 } (r) = k[A]^m[B]^n[D]^x[E]^y \tag{3-8}$$

此反應速率與反應物濃度（或壓力、分壓）之定量關係式，稱爲反應速率式（rate law），其中 k 爲反應速率常數（reaction rate constant），而 m, n, x, y 值表示成分 A，B，C 及 D 之反應次數，而 m+n+x+y 爲總反應次數。反應速率式或反應次數係由實驗得知，不是憑空臆測或是由平衡方程式之係數得知。但若上述反應爲一基本反應（elementary reaction），則 m, n, x, y 值分別等於平衡方程式之係數 a, b, d, e。

事實上欲完整表達出一個反應的反應速率式，必須知其反應詳細步驟，而表示反應的詳細步驟稱爲反應機構（reaction mechanism）。正確之反應機構，可幫助我們找出反應速率與濃度之關係式。然而探討正確之反應機構往往需應用一些較複雜之實驗技巧如同位素、光譜分析等，這些技巧對工程人員並不重要。現僅舉一例說明反應機構；過氧二硫酸根離子（peroxydisulfate ion）$S_2O_8^{2-}$ 及碘離子 I^- 之化學反應：

$$S_2O_8^{2-} + 2I^- \rightarrow 2SO_4^{2-} + I_2 \tag{3-9}$$

經實驗結果知其反應速率 (r) $= k\left[S_2O_8^{2-}\right]^1\left[I^-\right]^1$，上述反應實際上包括下列二步驟：

$$(1) S_2O_8^{2-} + I^- \rightarrow SO_4^{2-} + SO_4I^- \quad （慢） \tag{3-10}$$

$$(2) SO_4I^- + I^- \rightarrow SO_4^{2-} + I_2 \quad （快） \tag{3-11}$$

由上述反應機構可知，每個反應步驟均是兩分子互相碰撞。$S_2O_8^{2-}$ 與 I^- 反應形成之 SO_4I^- 迅速的在步驟 (2) 中消失，此種在反應過程中所形成之物質稱爲中間產物（intermediate）。由於步驟 (1) 之反應速率比步驟 (2) 慢，因此總反應之反應速率係由步驟 (1) 所控制，此在反應機構中最慢的反應步驟，稱爲速率決定步驟（rate-determining step）。因此，總反應並不表示反應機構，而反應機構亦不能由總反應推知，須由實驗而得。

至於反應速率的單位，若物質是氣體，消耗或生成之量可用濃度（莫耳／公升，mole/L=M），亦可用分壓（atm 或 mmHg）表示；若在溶液中，通常用 mole/L，即 M 表示。而時間單位則視反應快慢而定，通常可用秒（sec, s）、分（min）、小時（hr）、天（day）或年（yr）表示。因此反應速率單位可爲 M/s，M/min，M/hr，mmHg/s，atm/s，atm/hr……。

【例 3-1】

氨（NH_3）在天然水及廢水中常存在著，在溶液中當氨與 $HOCl$ 反應形成 NH_2Cl 之反應如下：

$$NH_3 + HOCl \rightarrow NH_2Cl + H_2O$$

在 25℃，由實驗可得速率定律式爲

$$r = -\frac{\Delta[HOCl]}{\Delta t} = k[HOCl][NH_3] \tag{3-12}$$

其中 $k = 5.1 \times 10^6 \frac{1}{(\mathrm{s} \cdot \mathrm{M})}$。試問：

(1) 總反應階次爲何？

(2) 若每種反應 濃度減少 25％，則反應速率減少多少％？

(3) 若濃度單位爲 mg/L 而非 mole/L 時，k 值爲何

【解】

(1) 由速率定律式得知，反應速率均爲 $HOCl$ 及 NH_3 之 1 階反應，故總反應階次爲 2 $(1 + 1 = 2)$。

(2) 設最初之 NH_3 及 $HOCl$ 之濃度分別爲 C_1 及 C_2，則反應速率 $r = kC_1C_2$；當 NH_3 及 $HOCl$ 之濃度均減少 25％時，NH_3 及 $HOCl$ 之剩餘濃度分別爲 $\frac{3}{4}C_1$ 及 $\frac{3}{4}C_2$

因此，反應速率 $= k \cdot \frac{3}{4}C_1 \cdot \frac{3}{4}C_2 = \frac{9}{16}k\,C_1\,C_2$

即反應速率減少了 $\left(1 - \frac{9}{16}\right) \times 100\% = 43.75\%$

(3) 由 $k = 5.1 \times 10^6 \frac{1}{s \cdot M} = 5.1 \times 10^6 \frac{L}{s \cdot mole}$ ，並由（3-12）式可知，k 單位中之 mole/L 係指 mole NH_3/L，由於 1 mole NH_3/L = 17000 mg/L，因此

$$k = 5.1 \times 10^6 \frac{1}{1.7 \times 10^4 mg / L \cdot (s)} = 300 \ L / mg \cdot s$$

3-3 積分速率式

前述反應速率式告訴我們一個反應在某一時刻反應速率與反應物濃度之關係，然而我們如果欲預測反應物經過多久時間才能消耗 90％？或一污染物分解 50% 需花多少時間？例如以氧氣處理 Fe^{+2} 反應，在某一反應條件下需花多少時間才能將 Fe^{+2} 去除 90％？回答此類問題則需有一反應物濃度隨時間變化之數學式，此數學式可以以簡單之微積分處理反應速率式而得。

根據此一反應物濃度隨時間變化之數學式，我們可將實驗數據加以繪圖分析，由此繪圖分析可決定反應速率常數及反應階次，反應速率定律式的積分式很有用處。以下舉例說明：首先考慮不可逆反應

A → 生成物

反應速度式爲

$$-\frac{\Delta[A]}{\Delta t} = k[A]^n \quad (3\text{-}13)$$

當 $\Delta t \rightarrow 0$ 時，反應速率定律式則以微分式表示

$$-\frac{d[A]}{dt} = k[A]^n \quad (3\text{-}14)$$

3-3-1 零次反應

若反應速率與任何反應物之濃度無關，則式（3-14）之 $n=0$，此反應即爲零次反應（zero-order reaction），因此式（3-14）變爲

$$-\frac{d[A]}{dt}=k \tag{3-15}$$

若起始濃度在時間 $t=0$ 時爲 $[A_0]$，則在一段時間後物質濃度減少爲 $[A]$，將式（3-15）積分得

$$[A]=[A_0]-kt \tag{3-16}$$

依上式若以 $[A]$ 對 t 作圖，可得一直線，其斜率爲（$-k$），如圖 3-1 所示。

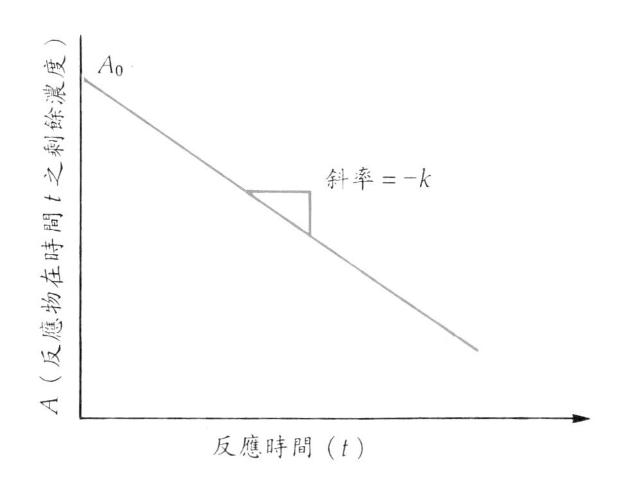

圖 3-1 零次反應之濃度與時間之關係圖

因此若於反應中之不同時間 t，量測反應物之剩餘濃度 $[A]$，並將實驗數據 $[A]$ 對 t 作圖，所得圖形若與圖 3-1 相符，則可判斷該反應爲零次反應，同時速率常數 k 可由實驗直線圖之斜率求得。另一方面，當一反應已確知爲零次反應，而且速率常數已知爲 k，則由式（3-16）可推測反應一段時

間後反應物之剩餘濃度 $[A]$ ，反之由反應物之剩餘濃度可推測所須之反應時間。當 A 之濃度反應至最初濃度之一半時，即達 $[A]=0.5[A_0]$ ，所需之時間，一般稱爲半衰期或半生期（half-life），通常以 $t_{1/2}$ 表示。因此將 $[A]=0.5[A_0]$ 代入式（3-16）得

$$t_{\frac{1}{2}}=\frac{0.5[A_0]}{k}$$

3-3-2 一次反應

若反應速率與某一反應物之濃度成正比，則式（3-14）之 $n=1$ ，此反應即爲一次反應（first-order reaction），則反應速率式爲

$$-\frac{d[A]}{dt}=k[A] \tag{3-17}$$

將式（3-17）重新排列並積分之

$$\int_{[A]_0}^{[A]}\frac{d[A]}{[A]}=-k\int_0^t dt$$

得 $$\ln[A]=\ln[A]_0-kt \tag{3-18}$$

或 $$[A]=[A]_0e^{-kt} \tag{3-19}$$

依上式若以 $\ln[A]$ 對 t 作圖，可得一直線，其斜率爲（$-k$），如圖 3-2 所示。因此若於反應中之不同時間 t 量測反應物之剩餘濃度 $[A]$，並將實驗數據之 $\ln[A]$ 對 t 作圖，所得圖形若與圖 3-2 相符，則可判斷該反應爲一次反應，同時速率常數 k 可由實驗直線圖之斜率求得。另一方面，當一反應已確知爲一次反應，而且速率常數已知爲 k，則由式（3-19）可推測反應一段時間後反應物之剩餘濃度 $[A]$，反之由反應物之剩餘濃度可推測所須之反應時間。當 A 之濃度反應至最初濃度之一半時，將 $[A]=0.5[A_0]$ 代入式（3-

19）得半衰期或半生期 $t_{1/2}$ 爲

$$t_{\frac{1}{2}}=\frac{\ln 2}{k}=\frac{0.693}{k}$$

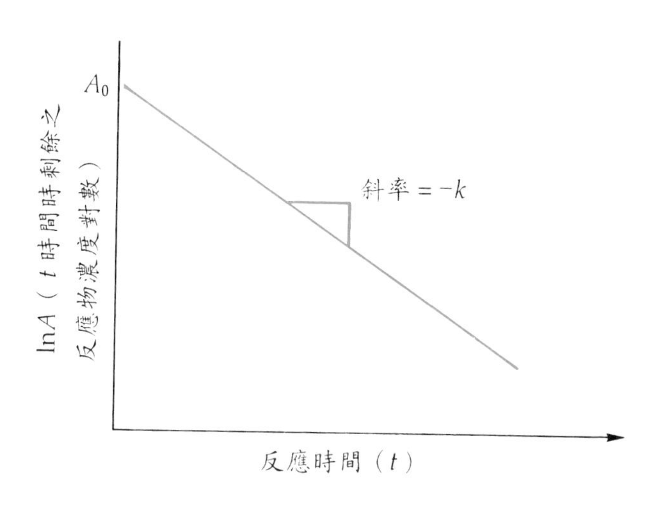

圖 3-2　一次反應之半對數圖

環境工程師遇到很多狀況，例如放射性活性衰減、曝氣、有機物水解等問題，常以一階反應模式處理。土壤中除草劑之半衰期亦可利用簡單的一階反應動力學求得。其它一些複雜情形，雖非一階反應，仍可以一階反應模式作粗略估計，例如細菌因消毒或因排入海水中而死亡之減衰率，即可視爲一階反應，其死亡速率正比於存活之微生物量。

$$[A]=[A]_0 e^{-kt}$$

其中　$[A]$　：經過 t 時間後之細菌濃度

$[A]_0$　：最初細菌濃度

k　：細菌減衰速率常數

另外在 BOD 分析中有機物被微生物分解之速率正比於水中有機物之濃度，

故可視爲一階反應，此將於後面章節中詳加說明。

【例 3-2】

評估下列資料，決定反應級數，並求取其速率常數。

時間（時）	濃度（mg/L）
0	100
0.5	61
1	37
2	14
3	5.0
5	0.67

【解】

零次反應時$\frac{A}{A_0}$對 t 作圖應爲斜率$-k$之直線

一次反應時 $\ln\frac{A}{A_0}$對 t 作圖應爲斜率$-k$之直線

二次反應時$\frac{1}{A}$對 t 作圖應爲斜率 $+k$之直線

t (hr)	A (mg/L)	$\frac{A}{A_0}$	$\ln\frac{A}{A_0}$	$\frac{1}{A}$
0	100	1	0	0.010
0.5	61	0.61	−0.494	0.016
1	37	0.37	−0.994	0.027
2	14	0.14	−1.966	0.071
3	5.0	0.05	−2.996	0.200
5	0.67	0.0067	−5.006	1.490

分別作圖發現 $\ln\frac{A}{A_0}$對 t 作圖爲一斜率負之直線如下圖（圖 3-3）

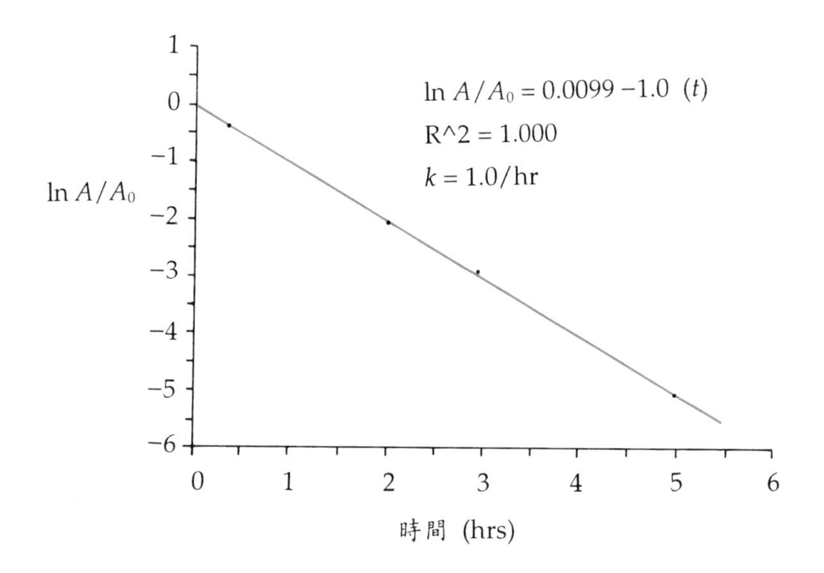

圖 3-3 例題 3-2 之繪圖（一次反應）

此爲第一階次反應，由斜率知其速率常數 k 值 $= 1.0\ \text{hr}^{-1}$。

【例 3-3】

某放射性物質之半衰期爲 1 年，含有該物質之放射性廢料，其放射性強度爲 20 居里，必須儲存多少時間，其放射強度才能降爲 1 居里。

【解】

由於放射性物質之衰減反應爲一次反應，故半衰期

$$t_{\frac{1}{2}} = \ = \frac{0.693}{k} = 1\ \text{yr}$$

$$k = 0.693\ \text{yr}^{-1}$$

因此若欲使其放射強度降爲 1 居里，即 A=1 ， A_0 =20 代入一次方程式

$$\ln A = \ln A_0 - kt$$

$$\ln 1 = \ln 20 - 0.693 \times t$$

$$t = 4.32 \text{ yr}$$

【例 3-4】

廢水中之一氯氨 NH_2Cl 之衰化很慢，在完全無陽光下其 8 小時內有 20％之衰化，其數據符合一次反應速率。若在陽光下則其衰化速率可顯著增加，此時亦遵守一次反應，而其速率常數爲 0.3/hr。若一處理過之排放水含有 2mgNH_2Cl/ L，完全混合後達 1：10 稀釋比（1 份排放水加 9 份承受水）。假設 NH_2Cl 超過 0.002mg / L 時即對鱒魚有毒性。⑴問在完全無陽光下，排放後多少時間，受水體對於鱒魚才沒有毒性。⑵假設 12hr 無陽光，接著 12hr 在陽光下，如此交替，則要多少時間受水體對於鱒魚才沒有毒性。

【解】

由於一次反應速率式爲

$$A = A_0 e^{-kt}$$

若在無陽光下，其速率常數爲 k_1，則當 $A = 0.8A_0$時需經 8hr，代入上述方程式

$$0.8A_0 = A_0 e^{-k_1 8}$$ ，得

$$k_1 = 0.028\text{hr}^{-1}$$

⑴當完全無陽光下，需多少時間才會分解至 0.002 mg NH_2Cl/L？即 A = 0.002 mg/L

$$A_0 = 2 \text{ mg/L} \times \frac{1}{10} = 0.2 \text{ mg/L}$$ ←由於稀釋之故

又已求出 $k_1 = 0.028\text{hr}^{-1}$

代入公式$A = A_0 e^{-k_1 t}$

$$0.002 = 0.2 \times e^{-0.028t}$$

$$t = 165 \text{ hr} = 6.9 \text{ days}$$

(2) 當有陽光與無陽光交替分解時，可分段處理：
最初濃度為 0.2mg/L，經過無陽光分解 12 小時剩餘多少？

① $A_1 = A_0 e^{-k_1 t}$

$$A_1 = 0.2 \times e^{-0.028 \times 12} = 0.1429 \text{ mg/L}$$

② 由於超過 0.002 mg/L，故仍有毒性，必須繼續分解。但此段分解乃為有陽光分解，其速率常數為 $k = 0.3\text{hr}^{-1}$，因此分解 12 小時後剩餘多少？

$$A_2 = 0.1429 \times e^{-0.3 \times 12} = 0.0039 \text{ mg/L}$$

③ 由於仍超過 0.002mg/L，故必須繼續分解，但此段為無陽光分解，

$k = 0.028\text{hr}^{-1}$

$$A_3 = 0.0039 \times e^{-0.028 \times 12} = 0.00278 \text{ mg/L}$$

④ 仍超過 0.002mg/L，因此繼續以有陽光分解

$$A_4 = 0.00278 \times e^{-0.3 \times 12} = 0.0000759 \text{ mg/L} < 0.002\text{mg/L}$$

此時已經少於 0.002mg/L，因此可知此段過程不需 12 小時就已達排放標準。若剛好達到 0.002mg/L 則需花多少時間？

$$0.002 = 0.00278 \times e^{-0.3 \times t}$$

$$t = 1.1 \text{ hr}$$

所以從初濃度 0.2 mg/L 降至 0.002 mg/L 時共花之時間爲

$$12 + 12 + 12 + 1.1 = 37.1 \text{ hr}$$

3-3-3 n 次反應

當式（3-14）之 n ＞ 1，則反應速率式爲

$$-\frac{d[A]}{dt} = k[A]^n \tag{3-20}$$

將式（3-20）重新排列並積分之

$$\int_{[A]_0}^{[A]} \frac{d[A]}{[A]^n} = -k\int_0^t dt \tag{3-21}$$

得 $$\frac{1}{[A]^{n-1}} = \frac{1}{[A]_0^{n-1}} + (n-1)kt \tag{3-22}$$

當 n = 2，即爲二次反應，則積分式爲

$$\frac{1}{[A]} = \frac{1}{[A]_0} + kt \tag{3-23}$$

因此，對於反應是否爲二次反應可由縱軸爲 $\frac{1}{[A]}$，橫軸爲 t 之實驗直線圖中判斷。若爲二次反應，則可得斜率爲（$+k$）之一直線，如圖 3-4 所示。同時速率常數 k 可由實驗直線圖之斜率求得，而反應物之剩餘濃度 $[A]$ 及反應時間則可由式（3-23）計算出。將 $[A] = 0.5\ [A_0]$ 代入式（3-23）得二次反應之半衰期或半生期 $t_{1/2}$ 爲

$$t_{\frac{1}{2}} = \frac{1}{k[A]_0}$$

各級反應速率式、積分式及半生期列於表 3-1。

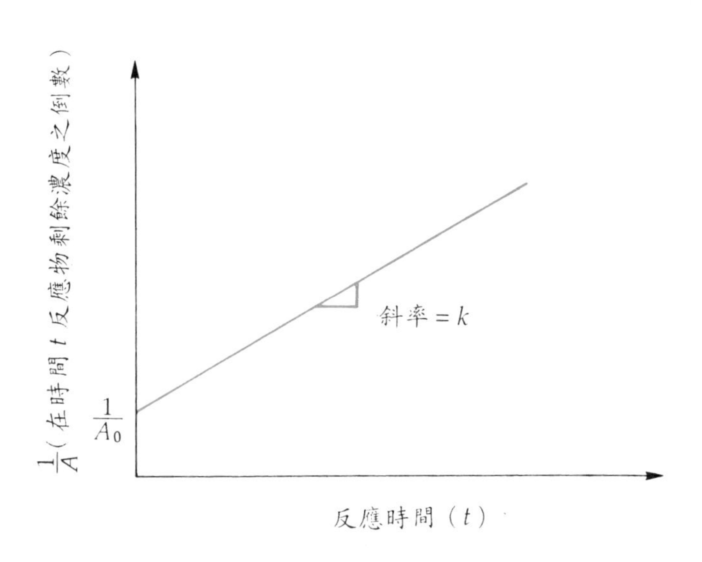

圖 3-4 二次反應之濃度與時間關係圖

表 3-1 各級反應速率式、積分式及半生期之比較

n（反應次數）	方程式	半生期 $t_{1/2}$
0	$[A]=[A_0]-kt$	$t_{\frac{1}{2}}=\frac{0.5[A_0]}{k}$
1	$\ln[A]=\ln[A]_0-kt$	$t_{\frac{1}{2}}=\frac{\ln 2}{k}$
2	$\frac{1}{[A]}=\frac{1}{[A]_0}+kt$	$t_{\frac{1}{2}}=\frac{1}{k[A]_0}$
3	$\frac{1}{[A]^2}=\frac{1}{[A]_0^2}+2kt$	$t_{\frac{1}{2}}=\frac{3}{2k[A]_0^2}$
n	$\frac{1}{[A]^{n-1}}=\frac{1}{[A]_0^{n-1}}+(n-1)kt \quad n\neq 1$	$t_{\frac{1}{2}}=\frac{2^{n-1}-1}{(n-1)k[A]_0^{n-1}}$

【例 3-5】

廢水中 NH_2Cl 於有光環境下有顯著的衰化速率，且其衰化動力式爲二級反應，反應之速率常數爲 1L/mg· day。設某處理廠在排放含 NH_2Cl 廢水之前，設置一完全混合槽讓 NH_2Cl 衰化後再排放，若原廢水 NH_2Cl 濃度爲 10mg/L，廢水流量爲 40m³/day，反應槽容積爲 10m³，計算反應槽放流水之 NH_2Cl 濃度？

【解】

因爲是二次反應，其反應動力方程式爲

$$\frac{1}{A}=\frac{1}{A_0}+kt$$

$$k = 1\ \text{L/mg}\cdot\text{day}$$

$$A_0 = 10\ \text{mg/L}$$

$$t=\frac{10\ \text{m}^3}{40\ \text{m}^3/\text{day}} = 0.25\ \text{day}$$

$$\frac{1}{A}=\frac{1}{10}+1\times 0.25$$

$$A = 2.857\ \text{mg/L}$$

3-3-4 兩種反應物之二次反應

對於兩種反應物之二次反應，亦即反應速率各與 A 及 B 之濃度的一次方成正比，可寫成爲：

$$A+B \rightarrow \text{生成物}$$

反應速率式爲

$$-\frac{d[A]}{dt}=k[A][B] \tag{3-24}$$

若此反應爲計量反應（stoichiometry），可就下述情況分別討論之：

1. $[A]_0 = [B]_0$，即反應物 A 及 B 之起始濃度相同；又由於該反應爲計量反應，即每個 A 分子反應時亦有一個 B 分子參與反應，因此 $[A] = [B]$，故式（3-24）可改寫爲

$$-\frac{d[A]}{dt} = k[A]^2$$

此式即爲前述之二次反應，將之積分則得式（3-23），因此可以前述同樣之作圖方法處理實驗數據。

2. $[A]_0 \neq [B]_0$，即反應物 A 及 B 之起始濃度不同，又如果其中一反應物之濃度超出另一反應物之濃度很多，例如 $[B]_0 >> [A]_0$，則可將該濃度很大的反應物濃度視爲常數，如此式（3-24）可改寫爲

$$\frac{d[A]}{dt} = k'[A] \tag{3-25}$$

其中 $k' = k[B]_0$

式（3-25）即爲一次反應，積分可得

$$\ln[A] = \ln[A]_0 - k't \quad \text{或} \ [A] = [A]_0 e^{-k't} \tag{3-26}$$

依（3-26）式，以 $\ln[A]$ 爲縱軸，t 爲橫軸作圖，所得實驗直線之斜率爲 k'。由 $k' = k[B_0]$ 即可求得速率常數 k。此種反應雖非一次反應，但可以一次反應方式處理，故稱之爲假一階反應（pseudo first-order reaction）。

假一階反應在環境中之應用例子相當多，例如式（3-27）蔗糖之水解反應，或氯甲苯之水解反應皆是。這些皆由於稀薄水溶液中，水是以高濃度存在，其濃度（～55M）在整個反應過程改變極小，亦即 $[B] = [B]_0$～55M。

$$\underset{\text{蔗糖}}{C_{12}H_{22}O_{11}} + H_2O \rightarrow \underset{\text{葡萄糖}}{C_6H_{12}O_6} + \underset{\text{果糖}}{C_6H_{12}O_6} \tag{3-27}$$

又在描述一些極微濃度（＜1mg/L）的含氯有機物或一般有機物之生物轉化或降解過程，由於微生物之濃度於生物轉化或降解過程可視爲定值，故可以假一階反應方式處理。

【例3-6】

含氯有機物（如1,1,1三氯乙烷）之生物轉化反應可以二階速率反應表示之。下列之數據爲1,1,1三氯乙烷被100mg/L之細菌在生物轉化下濃度降解之實驗的結果，試求反應之假一階反應速率常數及二階之反應速率常數。

時間（時）	濃度（mg/L）
0	0.50
2	0.48
5	0.45
10	0.41
24	0.30
48	0.18

【解】

由假一階之速率式$\ln A = \ln A_0 - k't$，其中$k' = k[B_0]$。k爲二階反應之速率常數，B在此例爲細菌濃度等於100mg/L，因此以$\ln\frac{A}{A_0}$對t作圖，應可得斜率爲$-k$之一直線，如圖3-5。

t (hr)	A (mg/L)	$\ln\frac{A}{A_0}$
0	0.50	0
2	0.48	−0.041
5	0.45	−0.105
10	0.41	−0.198
24	0.30	−0.511
48	0.18	−1.022

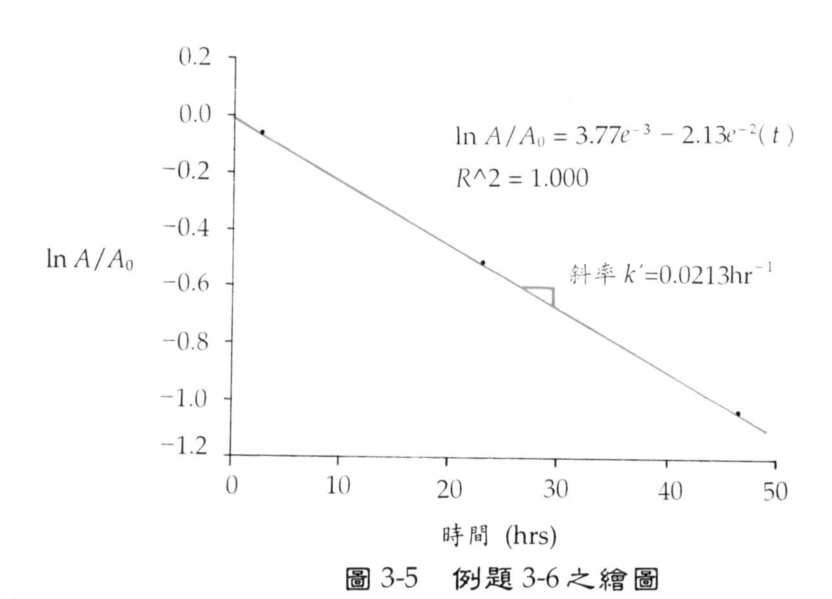

圖 3-5 例題 3-6 之繪圖

由斜率得 $k' = 0.0213\,\text{hr}^{-1}$

$$\text{二次反應速率常數}\ k = \frac{k'}{B_0} = \frac{0.0213}{100} = 2.13 \times 10^{-4}\text{L/mg} \cdot \text{hr}$$

在廢水處理尚有其他例子適用假一階動力反應式，例如以氧氣來氧化鐵 (II) 離子之氧化處理亦可以假一階反應方式處理，此將在後面再詳加說明。

3. $[A]_0 \neq [B]_0$，即反應物 A 及 B 之起始濃度不同，又該反應爲計量反應，則當反應經過一段時間後反應物 A 及 B 之濃度分別如下：

$$[A] = [A]_0 - x \tag{3-28}$$

$$[B] = [B]_0 - x \tag{3-29}$$

其中 x 爲反應物消耗之濃度。將式（3-28）微分可得

$$-\frac{d[A]}{dt}=\frac{dx}{dt} \tag{3-30}$$

將式（3-28）、式（3-29）及式（3-30）代入式（3-24）中可得

$$\frac{dx}{dt}=k([A]_0-x)([B]_0-x) \tag{3-31}$$

重新整理式（3-31）可得

$$\int\frac{dx}{([A]_0-x)([B]_0-x)}=k\int dt \tag{3-32}$$

將上式積分之*，並將 $t=0$， $x=0$ 之條件代入，並重新整理可得

$$\ln\frac{[B]}{[A]}=\ln\frac{[B]_0}{[A]_0}+([B]_0-[A]_0)kt \tag{3-33}$$

依（3-33）式，以 $\ln\frac{[B]}{[A]}$ 爲縱軸，t 爲橫軸作圖，所得實驗直線之斜率即爲 $([B]_0-[A]_0)$ k，由此可求得速率常數 k。

【例 3-7】

若二級澄清池的放流水之 pH =8.3，NH_3 之濃度爲 34mg/L，加入 10^{-3}M $HOCl$ 則反應可以下列方程式考慮 $NH_3+HOCl\rightarrow NH_2Cl+H_2O$，其速率式爲 $d[NH_3]/dt=-k[NH_3][HOCl]$ 此處 $k=5.5\times10^6$ L/mole · sec，溫度爲 15℃，計算當 90％ $HOCl$ 反應所需之時間爲何？

【解】

由二級反應之動力方程式（3-33）

---

*二次積分式

$$\int\frac{dx}{(ax+b)(cx+d)}=\frac{1}{bc-ad}\ln\left|\frac{cx+d}{ax+b}\right|+C \quad (bc-ad\neq0)$$

$$\ln\frac{B}{A}=\ln\frac{B_0}{A_0}+(B_0-A_0)kt$$

$$B_0=[NH_3]_0=34\ \text{mg/L}=2\times10^{-3}\text{M}$$

$$A_0=[HOCl]_0=10^{-3}\text{M}$$

當反應 90％，即剩下 10％，因此

$$A=0.1\text{A}_0=10^{-4}\ \text{M}$$

由反應方程式之計量關係，知當 90％$HOCl$ 反應時，NH_3 亦將消耗掉 0.9×10^{-3}。因此剩下之 NH_3 濃度，設爲 B。

$$B=2\times10^{-3}-0.9\times10^{-3}=1.1\times10^{-3}\ \text{M}$$

將 $A=10^{-4}$M，$B=1.1\times10^{-3}$M，$A_0=10^{-3}$ M，$B_0=2\times10^{-3}$M 及 $k=5.5\times10^{6}$ 代入方程式中

$$\ln\frac{1.1\times10^{-3}}{0.1\times10^{-3}}=\ln\frac{2\times10^{-3}}{1\times10^{-3}}+(2\times10^{-3}-10^{-3})\times5.5\times10^{6}\times t$$

$$2.40=0.693+5.5\times10^{3}t$$

$$t=3.1\times10^{-4}\text{sec}$$

3-3-5 列續反應

列續反應（consecutive reaction）即是一個反應的生成物成爲下一個反應之反應物，如下式所示：

$$A\xrightarrow{k_1}B\xrightarrow{k_2}C \tag{3-34}$$

k_1，k_2 分別爲 A 反應成 B，及 B 反應成 C 之速率常數。假定其反應都爲一

次，且 $t=0$ 時，$[A]=[A]_0$， $[B]=0$， $[C]=0$，則反應速率式可表示爲

$$-\frac{d[A]}{dt}=k_1[A] \tag{3-35}$$

$$\frac{d[B]}{dt}=k_1[A]-k_2[B] \tag{3-36}$$

$$\frac{d[C]}{dt}=k_2[B] \tag{3-37}$$

式（3-35）即一次反應，積分後得

$$[A]=A_0\,e^{-k_1t} \tag{3-38}$$

將式（3-38）代入式（3-36）得

$$\frac{d[B]}{dt}=k_1\left(A_0\,e^{-k_1t}\right)-k_2[B] \tag{3-39}$$

式（3-39）重新整理並以一次微分方程 **（first order differential equation）處理得

$$[B]=\frac{k_1[A]_0}{k_2-k_1}\left[e^{-k_1t}-e^{-k_2t}\right] \tag{3-40}$$

今$[A]$，$[B]$均解出，則$[C]$可以$[C]=[A]_0-[A]-[B]$求得，得

$$[C]=[A]_0\left[1+\frac{1}{k_1-k_2}\left(k_2\,e^{-k_1t}-k_1\,e^{-k_2t}\right)\right] \tag{3-41}$$

環境工程師經常在廢水處理中以列續反應動力模式來說明有機物之降解速率，例如厭氧廢水處理中之有機物之降解情形。另外氨在水中受微生物轉化亦可以列續反應動力模式來描述，如式（3-42）氨先爲亞硝酸菌（nitrosomonas）氧化爲亞硝酸根，而亞硝酸根則接著被硝酸菌（nitrobacter）

氧化為硝酸根。若假定其反應都為一階且 $t=0$，$[NO_2^-]=0$，$[NO_3^-]=0$，則硝化作用之各種含氮物質濃度可分別以式（3-39），（3-40），（3-41）描述。圖 3-6 即為硝化作用之各種含氮物質濃度之變化圖形。

$$NH_3 \xrightarrow{\text{亞硝酸菌}} NO_2^- \xrightarrow{\text{硝酸菌}} NO_3^- \tag{3-42}$$

** 一階微分方程（first order differential equation）

式（3-39）整理後得

$$\frac{d[B]}{dt}+k_2[B]=k_1[A]_0\,e^{-k_1t}$$

兩邊各乘 e^{k_2t} 得

$$e^{k_2t}\frac{d[B]}{dt}+k_2[B]e^{k_2t}=k_1\left([A]_0\,e^{k_2t-k_1t}\right)$$

$$\frac{d[B]e^{k_2t}}{dt}=k_1\left([A]_0\,e^{k_2t-k_1t}\right)$$

$$\int d[B]e^{k_2t}=k_1[A]_0\int\left[e^{(k_2-k_1)t}\right]dt$$

$$[B]e^{k_2t}=\frac{k_1[A]_0}{k_2-k_1}e^{(k_2-k_1)t}+C$$

$t=0$，$B=0$ 代入上式得

$C=-\dfrac{k_1[A]_0}{k_2-k_1}$ 將 C 代回上式並重新整理後得

$$[B]=-\frac{k_1[A]_0}{k_2-k_1}\left[e^{-k_1t}-e^{-k_2t}\right] \tag{3-40}$$

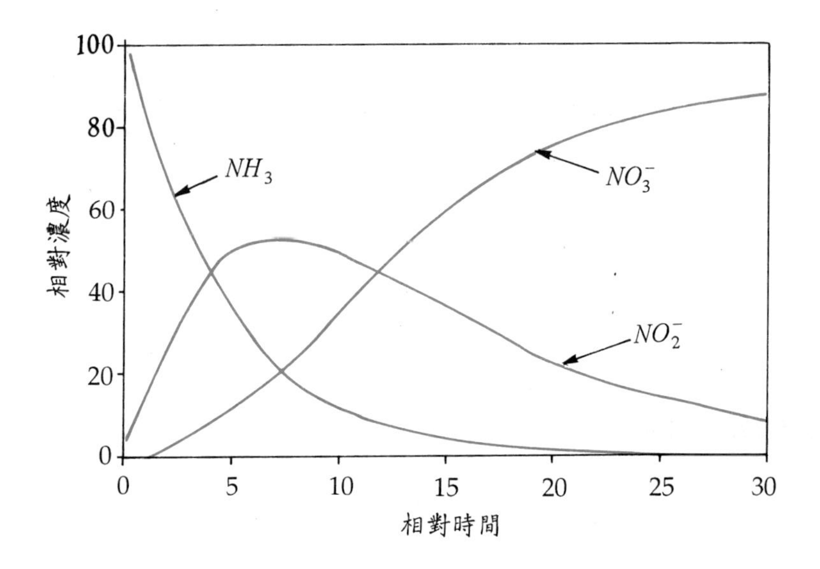

圖 3-6　列續反應動力模式；硝化作用之各種含氮物質濃度之變化圖形

3-4　經驗速率式

在前面 3-3 節中討論者皆是以動力學來描述一明確之化學反應，但在環工程序中有很多過程是極其複雜的，例如有機物被微生物分解之過程。眾所皆知此種分解過程牽涉多種酵素催化反應步驟，非爲單一明確之化學反應步驟。爲了能以一簡單之數學模式來分析此種複雜的過程所產生之數據，我們仍可假設此種反應爲一簡單之一階或二階反應，如此導出之速率式稱爲經驗速率式（empirical rate laws）。以下爲幾個實例。

3-4-1 *BOD* 之反應模式

1. 生化需氧量

BOD（Biochemical Oxygen Demand）即爲生化需氧量（或稱生化耗氧量）。生化需氧量是指在有氧情況（aerobic）下，水中有機物由微生物作用進行氧化分解爲 CO_2 及 H_2O，在一定期間內所消耗之溶解氧量。其單位爲 mg/L。有機物之耗氧分解雖爲一連串複雜之酵素催化反應，非爲單一明確之化學反應步驟，但若將微生物視爲有機物被分解爲 CO_2 及 H_2O 之媒介，則所需之耗氧量與有機物之量有一定量關係。可以下式表示：

$$C_nH_aO_bN_c + \left(n + \frac{a}{4} - \frac{b}{2} - \frac{3c}{4}\right)O_2 \rightarrow nCO_2 + \left(\frac{a}{2} - \frac{3c}{2}\right)H_2O + cNH_3 \quad (3\text{-}43)$$

因此水中可分解有機物愈多，則其被微生物分解時之耗氧量愈多，亦即生化需氧量愈高。因此 BOD 爲表示廢水中可分解性有機污染的最重要而簡單之指標。

根據費爾普斯（Phelps）之研究，當有過量溶氧時，上述反應之反應速率屬於“一階反應”，亦即其反應速率與任何時間殘留之可分解性有機物量成正比。此處必須注意的是，由於水中可分解性有機物極多，而其性質及各別衰化速率亦不同。因此這裏指的是一總的經驗式，此反應之經驗速率式以下式

$$\frac{dL}{dt} = -kL \quad (3\text{-}44)$$

其中 L ＝任何時間可被分解的有機物濃度 (mg/L)

或時間 t 後剩餘之可被分解的有機物濃度 (mg/L)

k ＝反應速率常數 (1/day)

積分得 $L = L_0 e^{-kt}$ (3-45)

其中　L_0 ＝被分解的有機物之初濃度 (mg/L)

因此若分析不同時間（t）之可被分解的有機物濃度（L），由此數據以繪圖方式即可求得反應速率常數（k）及有機物之初濃度（L_0）。但由於水中可分解性有機物種類極多，有機物濃度（L）無法以簡單之分析方法測定，因此需以一能直接測定之參數取代之。溶氧爲實驗室可分析之項目（參閱環保署之水質標準檢驗方法），又由式（3-43）知耗氧量與有機物之分解量有定量關係，耗氧量愈多即表示廢水中之可分解性有機物愈多，因此可以分析耗氧量來取代有機物之分析。

若有機物之初濃度爲 L_0，而經過一段時間（t）後剩餘之可被分解的有機物濃度爲 L，則任何時間有機物之消耗量即爲L_0-L，或以 y 表示之。又由式（3-45）知$L = L_0 e^{-kt}$，因此 y 可以表示爲式（3-46）。

$$y = L_0 - L = L_0 \left(1 - e^{-kt} \right) \tag{3-46}$$

其中　y ＝時間 t 後已被分解的有機物濃度 (mg/L)

由於溶氧消耗量與有機物之消耗量成正比，故視溶氧消耗量等於有機物消耗量，如式（3-47）所示。

$$y = DO_0 - DO_t = L_0 - L = L_0 \left(1 - e^{-kt} \right) \tag{3-47}$$

其中　DO_0 ＝起始之溶氧 (mg/L)
　　　DO_t ＝第 t 天之剩餘溶氧量 (mg/L)
　　　$DO_0 - DO_t$ 溶氧之消耗量 (即為 BOD)

依據式（3-47），當 $t = \infty$時則剩餘之可被分解的有機物濃度（L）等於零。因此理論上有機物要被微生物完全氧化之時間是無限長。實際上微生物之生物氧化大約需一百天以上，但一般經二十天後已經變化不大。爲實際工作上方便常以5天生物氧化時間，這樣測得之耗氧量稱爲5日生化需氧量，以 BOD_5 表示。因此在20℃，5天之耗氧量為目前BOD之試驗標準。但需謹記5天之BOD值僅代表總BOD值（BOD_T）的一部份，而正常之百分率則視植種之菌種及有機物之特性而定，一般只能用實驗來決定。對於生活廢水及許多工業廢水而言，BOD_5 為 BOD_T 之70～80％。

因此若進行生物分解試驗，並於不同時間（t）分析溶氧之消耗量（y），則理論上依據式（3-47）繪圖可得圖3-7中之曲線(a)，但實際數據分析常得圖3-7中之曲線(b)。主要之差異係因微生物分解氨氮並將之轉換為硝酸鹽會消耗溶氧之故，其計量方程式可以式（3-48）及（3-49）表示之。

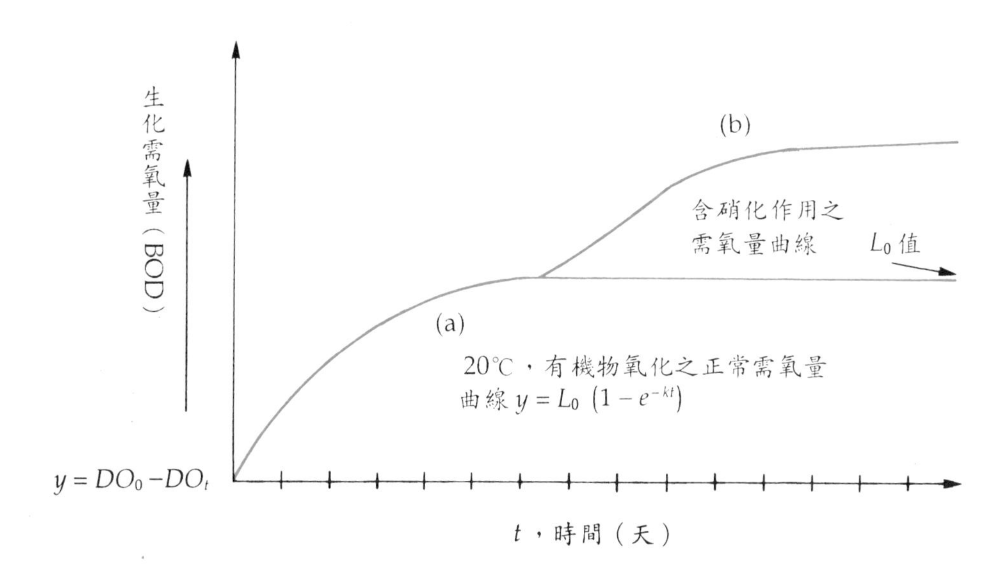

圖3-7 BOD曲線(a)有機物氧化之正常需氧量曲線(b)含硝化作用之需氧量曲線

$$2NH_3 + 3O_2 \xrightarrow{\text{亞硝酸菌}} 2\,NO_2^- + 2H^+ + 2H_2O \tag{3-48}$$

$$2NO_2^- + O_2 \xrightarrow{\text{硝酸菌}} 2NO_3^- \tag{3-49}$$

一般而言硝化菌在20℃下繁殖速率極低，故在實驗進行8至10天內，硝化菌不會有可觀之需氧量，但一旦硝化菌增長則會使BOD實驗產生極大誤差，因此採用5日生化需氧量（BOD_5）亦可將氨氧化所造成之干擾減至最小。若在有大量之硝化菌之情況下，例如汙水處理單元流出之放流水，由於硝化菌耗用可觀之溶氧量，因此要求出正確之BOD值則須先分析廢水中各種型態之含氮化合物，並利用式（3-48）及（3-49）求出硝化作用之耗氧量以加以修正。此對污水廠處理效率之評估極為重要。

2. k值及L_0值之計算

雖然BOD_5值可顯示水中有機污染物之程度，但其非為有機污染物之總值（L_0）。另外由於反應速率不同則BOD之反應程度亦不同，例如依據式（3-47）計算，當k =0.1/day則BOD_5佔BOD_T之39 %，但k = 0.25/day則BOD_5佔BOD_T之72%，因此欲由BOD_5值估算最終之BOD值（或L_0值）則必先求出k值。另外在作河川溶氧模擬時k值及L_0值亦必先求得。有許多方法可求得k及L_0，其中Thomas斜率法最簡明。此方法可發展出近似y及t關係式之直線方程式。該方法說明如下：

首先展開$1-e^{-kt}$得

$$1-e^{-kt}=kt\left[1-\frac{kt}{2}+\frac{(kt)^2}{6}-\frac{(kt)^3}{24}+\ldots\right]$$

又由下列展開式

$$kt\left(1+\frac{kt}{6}\right)^{-3}=kt\left[1-\frac{kt}{2}+\frac{(kt)^2}{6}-\frac{(kt)^3}{21.6}+\ldots\right]$$

兩式比較，得知

$$1-e^{-kt}\cong kt\left(1+\frac{kt}{6}\right)^{-3}$$

代入式（3-46）得

$$y = L_0 kt \left(1 + \frac{kt}{6} \right)^{-3} \tag{3-50}$$

將式（3-50）整理可得

$$\left(\frac{t}{y} \right)^{1/3} = \left(L_0 k \right)^{-1/3} + \left(\frac{k^{2/3}}{6L_0^{1/3}} \right) t \tag{3-51}$$

令 $a = \left(L_0 k \right)^{-1/3}$　　　$b = \dfrac{k^{2/3}}{6L_0^{1/3}}$

因此由$\left(\frac{t}{y} \right)^{1/3}$與 t 作圖之斜率 b 及截距 a 值，即可求出 k 及 L_0 值，即

$$k = \frac{6b}{a} \;；\; L_0 = \frac{1}{6a^2 b}$$

以上係當式（3-46）以自然對數 e 爲底，而速率常數爲 k 之結果。若式（3-46）改爲以常用對數 10 爲底（亦即 $y = L_0\left(1 - 10^{-k't} \right)$），則其速率常數爲 k'。兩者之關係 $k = 2.3k'$。

【例 3-8】

根據下列 BOD 數據，求出 L_0 及 k 值。

t (days)	BOD, y, (mg/L)
1	122
2	117
3	184
4	193
5	203
6	205
7	207

【解】

T (days)	BOD, y, (mg/L)	$\left(\frac{t}{y}\right)^{1/3}$
1	122	0.202
2	117	0.258
3	184	0.254
4	193	0.276
5	203	0.292
6	205	0.307
7	207	0.324

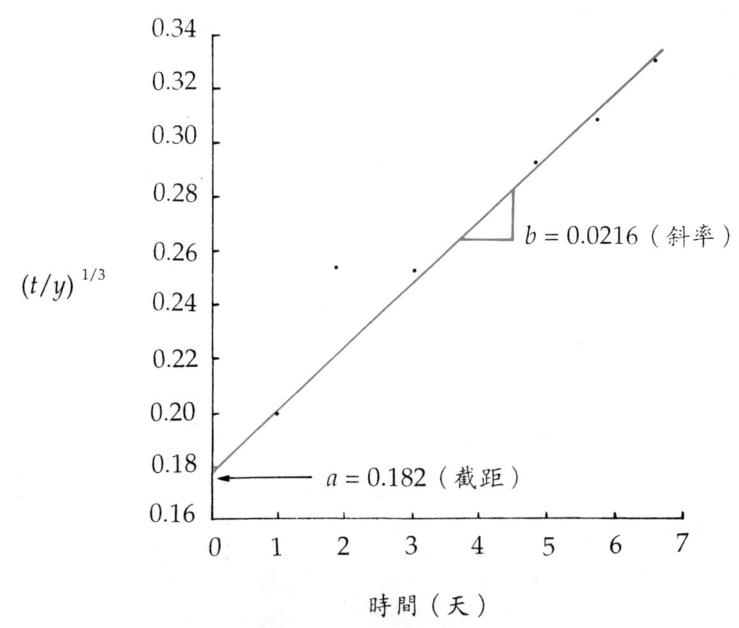

圖 3-8　例 3-8 之繪圖，決定 k 及 L_0 值之 $\left(\frac{t}{y}\right)^{1/3}$ 對 t 之曲線

依（3-5）先求出 $\left(\frac{t}{y}\right)^{1/3}$ 值，其之結果如上表所示，並畫出 $\left(\frac{t}{y}\right)^{1/3}$ 與 t 之

圖形，如圖 3-8 所示，由圖中求得

斜率 $b = 0.0216$

截距 $a = 0.182$

$$k = \frac{6b}{a} = \frac{6 \times 0.0216}{0.182} = 0.71 \ (1/\text{day})$$ 以 e 爲底；

$$\frac{k}{2.3} = k' = 0.31$$ 以 10 爲底

$$L_0 = \frac{1}{6a^2b} = \frac{1}{6(0.182)^2(0.0216)} = 234\text{mg/L}$$

【例 3-9】

由於時間關係，無法測定 5 日 20 ℃之 BOD，而 2 日之 BOD 爲 10mg/L，試據以推算 BOD_5，假設反應常數 $k = 0.1$（以 10 爲底或以 e 爲底）。[各以 10 爲底或以 e 爲底分別計算]

【解】

(1) 以 e 爲底，由 BOD 公式

$$BOD = L_0(1 - e^{-kt})$$

$$BOD_2 = 10 = L_0(1 - e^{-0.1 \times 2})$$

$$BOD_5 = L_0(1 - e^{-0.1 \times 5})$$

$$\frac{10}{BOD_5} = \frac{1 - e^{-0.1 \times 2}}{1 - e^{-0.1 \times 5}}$$

$$BOD_5 = 21.71 \text{ mg/L}$$

(2) 以 10 爲底，由 BOD 公式

$$BOD = L_0(1 - 10^{-kt})$$

$$BOD_2 = 10 = L_0(1 - 10^{-0.1 \times 2})$$

$$BOD_5 = L_0\left(1 - 10^{-0.1\times5}\right)$$

$$\frac{10}{BOD_5} = \frac{1 - 10^{-0.1\times2}}{1 - 10^{-0.1\times5}}$$

$$BOD_5 = 18.5\ \text{mg/L}$$

3-4-2 有機污染物對河川溶氧之影響

當高含量之有機物如原污水（raw sewage）注入河川時，從注入點起之河段將引發溶氧之變化。由於有機物受微生物分解會消耗水中溶氧，稱爲脫氧作用（deoxygenation），因此水中會成缺氧狀態。然而由於與空氣接觸，所以水中溶氧亦可由空氣中補充，稱爲再氧化作用（reaeration）。水中最終之溶氧量即由此兩作用決定。脫氧速率（rate of deoxygenation）與再氧化速率（rate of reaeration）兩者皆可以一階動力模式描述。因此

$$\text{脫氧速率} = \text{單位時間內之耗氧量} = \frac{dD}{dt} \tag{3-52}$$

D：因有機物分解之耗氧量，亦即在時間 t 之河川缺氧量（飽和溶氧量與實際溶氧量之差）。

依式（3-47）

$$D = DO_0 - DO_t = y = L_0 - L$$

因此

$$\text{脫氧速率} = \frac{dD}{dt} = -\frac{dL}{dt}$$

再與式（3-44）及（3-45）比較，得知

$$\text{脫氧速率} = \frac{dD}{dt} = -\frac{dL}{dt} = k_1L = k_1\left(L_0\,e^{-k_1\times t}\right)$$

k_1：有機物分解速率常數，此處亦可稱為脫氧係數

另外河川之再氧化速率應與其缺氧量 (D) 成正比，因此再氧化速率定義如下：

$$-\frac{dD}{dt}=k_2D \tag{3-53}$$

k_2：再氧化速率常數

Streeter -Phelps 藉脫氧 - 再氧化模式決定，河川之總缺氧速率＝脫氧速率－再氧化速率，即

$$\frac{dD}{dt}=k_1L-k_2D$$

$$\frac{dD}{dt}=k_1\left(L_0\,e^{-k_1\times t}\right)-k_2D \tag{3-54}$$

以一次微分方程處理式（3-54），得

$$D=\frac{k_1L_0}{k_2-k_1}(e^{-k_1t}-e^{-k_2t})+D_0\,e^{-k_2t} \tag{3-55}$$

D：於任何時間 t 下之河川缺氧量 (mg/L)

將式（3-55）繪圖得圖 3-9，圖 3-9 中實線之曲線爲河川之缺氧曲線。由於污染初期脫氧速率大於再氧化速率，因此溶氧量下降。但當再氧化速率大於脫氧速率時，溶氧量上升。此曲線因此稱爲“氧垂曲線”（dissolved oxygen sag curve）。此曲線之最低點即爲河川之最大缺氧處（或最小溶氧處）。若令$\frac{dD}{dt}=0$，由式（3-55）可求出達到最大缺氧處所須經過時間（稱爲臨界時間；critical time；t_c）

$$t_c=\frac{1}{k_2-k_1}\ln\left[\frac{k_2}{k_1}\left(1-\frac{D_0\,(k_2-k_1)}{k_1\,L_0}\right)\right] \tag{3-56}$$

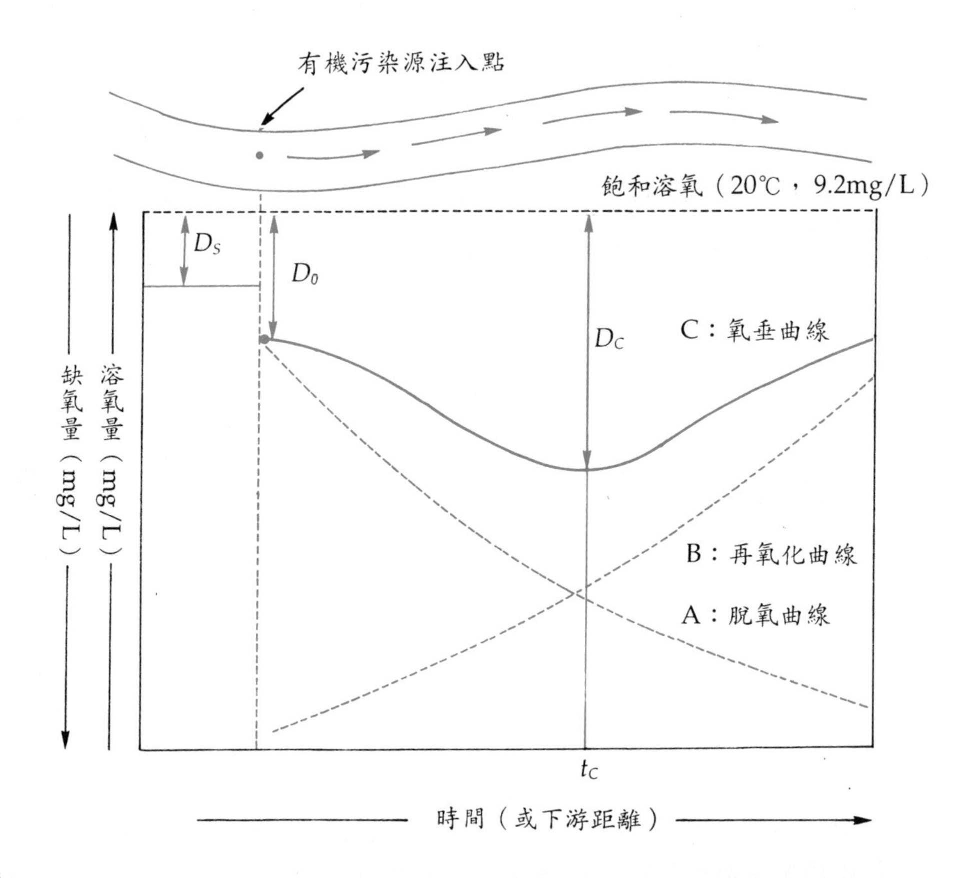

圖 3-9　氧垂曲線；一有機污染源下游之溶氧狀況。曲線 A 為脫氧曲線，曲線 B 為再氧化曲線，曲線 C 為氧垂曲線。D_S 為河川之最初缺氧量；D_0 為河川與污染物混合後之河川缺氧量；D_C 為河川之最大缺氧量

應用氧垂曲線公式（3-55），可以預測河流中下游任何地點之溶氧及生化需氧量之情形，並可估計廢污水所應採用之處理程序。

【例 3-10】

某一河川之再氧化速率常數 k_2 為 0.4/day，流速是每小時 5 哩，有機污染物注入點之河川飽和溶氧為 10mg/L。廢水流量遠低於河川流量，因此混合處河川仍假設為飽和溶氧態，其最終生化需氧量為 20mg/L。脫氧係數已知為 0.2/day。則從污染注入點下游 30 哩處的溶氧值為多少？

【解】

流速 =5 哩 / 小時，流經 30 哩需時 30/5 = 6hr = 0.25day

因為混合處河川仍假設為飽和溶氧溶氧態 $D_0 = 0$

依據式 (3-55) $D = \dfrac{k_1 L_0}{k_2 - k_1}(e^{-k_1 t} - e^{-k_2 t}) + D_0 e^{-k_2 t}$

經過 0.25 天之缺氧量

$$D = \frac{(0.2)(20)}{0.4-0.2}[e^{-0.2(0.25)} - e^{-0.4(0.25)}] + 0 \times e^{-0.4(0.25)} = 1.0\text{mg/L}$$

$$DO = DO_0 - D = 10 - 1.0 = 9.0\ \text{mg/L}$$

3-4-3 好氧生物處理／活性污泥法動力理論基礎

廢水及水污染管制領域中廣泛使用的另一種經驗速率式即為生物之生長動力學。當廢水中之有機物被分解成 CO_2 及 H_2O，其中一部份高能量之有機物則用來製造新的微生物，這種有機物在生物處理動力學上稱為基質。法國微生物學家 Monod 導出微生物生長速率與基質濃度間之關係式。然而欲了解此關係式則需先了解酵素動力學。

1. 酵素動力學— Michaelis-Menten 模式

廢水中之有機物之所以被微生物分解，主要係由於微生物體內之酵素催化作用反應之結果。 Michaelis-Menten 首先提出酵素催化有機物（基質）分解反應動力模式。該反應模式可簡化如下：

$$E + S \underset{k_2}{\overset{k_1}{\rightleftharpoons}} ES \xrightarrow{k_3} E + P \tag{3-57}$$

此模型稱基質（S）被分解成產物，必須先與酵素（E）以速率常數 k_1 結合成酵素-基質複合物（Enzyme-Substrate Complex，ES）。

然而 ES 極不穩定，因此會馬上以速率常數 k_2 回到 E 及 S，或是以速率常數 k_3 分解成酵素（E）及產物（P）。當 ES 之瞬間濃度形成後，其形成及分解持續進行，因此一段時間後 ES 之濃度維持恆定，此時稱爲穩定狀態（steady state）。

此模式之反應速率（V）可以 $\frac{dP}{dt}$ 表示，因此

$$V = \frac{dP}{dt} = k_3\,(ES) \tag{3-58}$$

而 ES 之形成速率爲

$$\frac{d\,(ES)}{dt} = k_1\,(E)\,(S) - k_2\,(ES) - k_3\,(ES) \tag{3-59}$$

由於達穩定狀態時 ES 之濃度維持恆定，故不會隨時間而改變，因此 $\frac{d\,(ES)}{dt} = 0$ 代入式（3-59）得

$$0 = k_1\,(E)\,(S) - k_2\,(ES) - k_3\,(ES) \tag{3-60}$$

若最初之酵素之初濃度爲 E_0，而反應一段時間後，酵素之剩餘量（E）應爲 E_0 減掉 ES 之濃度，即

$$E = E_0 - ES \tag{3-61}$$

將式（3-61）代入式（3-60）得

$$0 = k_1\,(E_0 - ES)\,(S) - k_2\,(ES) - k_3\,(ES) \tag{3-62}$$

整理後得

$$\left[k_1 (S) + k_2 + k_3 \right] (ES) = k_1 E_0 (S) \tag{3-63}$$

$$(ES) = \frac{k_1 E_0 (S)}{\left[k_1 (S) + k_2 + k_3 \right]} = \frac{E_0 (S)}{(S) + \dfrac{k_2 + k_3}{k_1}} \tag{3-64}$$

令 $K_m = \dfrac{k_2 + k_3}{k_1}$，則式（3-64）變爲

$$(ES) = \frac{E_0 (S)}{S + K_m} \tag{3-65}$$

將（3-65）式代入（3-58）式得

$$V = \frac{k_3 E_0 (S)}{S + K_m} \tag{3-66}$$

由於 S 必須與 E 形成 ES 才會進行轉換，因此 ES 愈多則速率愈快，若當所有酵素（E_0）轉變成 ES 時，此時反應速率應達到最高值。即

$$E_0 = ES \quad \text{時 } V = V_{\max} \tag{3-67}$$

將（3-67）式代入式（3-58），得

$$V_{\max} = k_3 (E_0) \tag{3-68}$$

代入（3-66）式得

$$V = \frac{V_{\max} (S)}{S + K_m} \tag{3-69}$$

式（3-69）即爲 Michaelis-Menten 方程式，以 V 對 S 作圖可得如圖 3-10 之關係圖。式（3-69）可分三種情形討論。

⑴ 當 $S >> K_m$，此即表示當基質濃度很大時（即大於K_m）時，式（3-69）變為

$$V = V_{max}$$

在此種情況反應速率達到最大值，且與基質無關，這即是零次反應速率式，見圖 3-10。

⑵ 當 $S << K_m$ 時，即基質濃度遠小於 K_m 時，式（3-69）成為

$$V = \frac{V_{max}}{K_m}(S) \tag{3-70}$$

由於 V_{max} 及 K_m 皆為常數，故V_{max}/K_m 亦為一常數令其為 k'，因此式（3-70）成為

$$V = k'(S)$$

此時反應速率與基質之一次方成正比，因此這即是一次反應速率式，見圖 3-10。

⑶ 當 $S = K_m$ 時，式（3-69）成為

$$V = \frac{V_{max}}{2}$$

因此 K_m 即是當反應速率到達最大速率一半時之基質濃度，所以 K_m 又稱為半速率常數（half velocity constant）或稱為 Michaelis-Menten 常數，見圖 3-10。

其次式（3-69）可以另一種形式表示，若將式（3-69）取倒數並重新整理，可得如式（3-71）之方程式。

$$\frac{1}{V} = \frac{K_m}{V_{max}} \times \frac{1}{[S]} + \frac{1}{V_{max}} \tag{3-71}$$

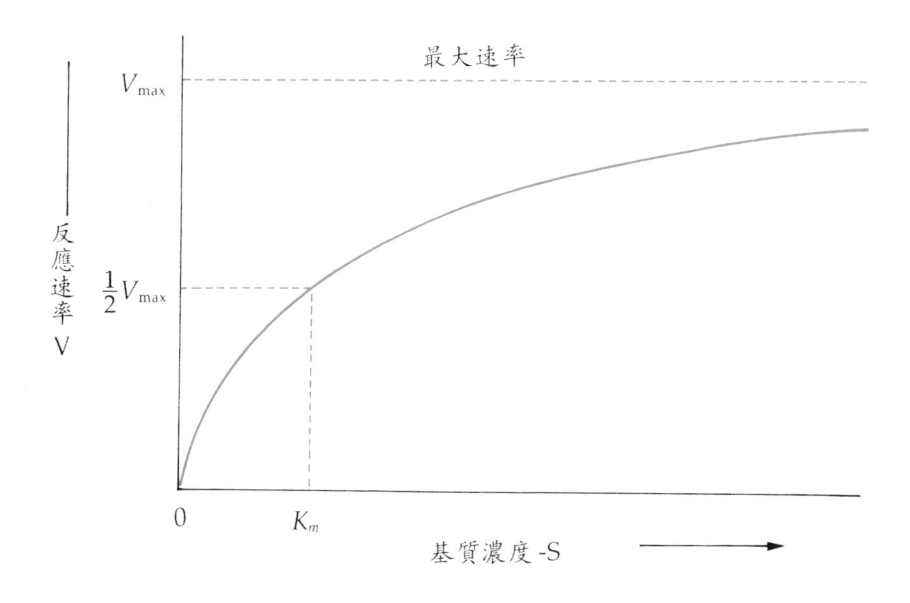

圖 3-10 酵素反應中基質濃度與反應速率間的關係圖

由式（3-71）知，當分析基質（S）在不同濃度下之反應速率（V），並將實驗數據之 $\frac{1}{V}$ 對 $\frac{1}{S}$ 作圖，即可得一直線。直線之斜率為 $\frac{K_m}{V_{max}}$，而截距為 $\frac{1}{V_{max}}$。因此可由圖中求得 K_m 及 V_{max} 值。

【**例 3-11**】

若有一毒性有機物可為酵素分解，而其分解遵循 Michaelis & Menten 反應動力模式。請根據下列毒性有機物濃度與分解速率數據，求半速率常數 K_m 與分解最大速率 V_{max}。

[S]mole/L	V (M/min)
0.025	26.6
0.050	40.0
0.100	53.3
0.200	64.0

【解】

由式 (3-71)

$$\frac{1}{V}=\frac{K_m}{V_{max}}\times\frac{1}{[S]}+\frac{1}{V_{max}}$$

若以 $\frac{1}{V}$ 對 $\frac{1}{[S]}$ 作圖，應得一直線，此直線之斜率為 $\frac{K_m}{V_{max}}$，而與 $\frac{1}{V}$ 軸（縱軸）之交點即為 $\frac{1}{V_{max}}$ 而與 $\frac{1}{[S]}$ 軸（橫軸）之交點即為 $\frac{-1}{K_m}$，分析數據如下

$[S]$	V	$\frac{1}{[S]}$	$\frac{1}{V}$
0.025	26.6	40	0.0376
0.050	40.0	20	0.0250
0.100	53.3	10	0.0187
0.200	64.0	5	0.0156

依此數據繪得圖 3-11。

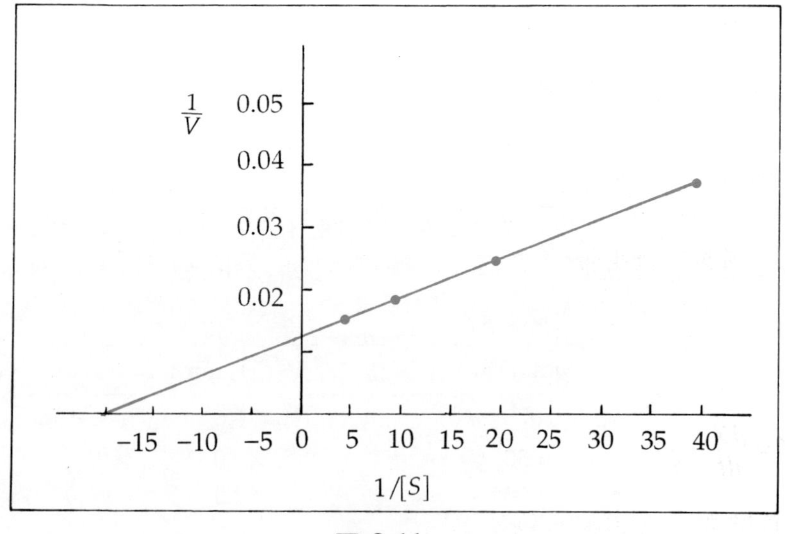

圖 3-11

由上圖知直線與 $\frac{1}{V}$ 軸之交點爲 0.0125，因此

$$\frac{1}{V_{\max}} = 0.0125$$

所以 $V_{\max} = 80$ M/min

與 $\frac{1}{[S]}$ 軸之交點爲−18

所以 $\frac{-1}{K_m} = -18$

$K_m = 0.055$ mole/L

2. 微生物生長速率式

微生物分解有機物時，由於作用之酵素皆存在於微生物體內，故我們可假設酵素即等於微生物。而基質其實就是微生物之養分，可使微生物生長並製造更多新的微生物，因此新的微生物可視爲此反應之產物，如此則 Michaelis-Menten 的酵素模式可修改爲

$$\text{微生物} + \text{基質}(S) \underset{k_2}{\overset{k_1}{\rightleftharpoons}} (\text{微生物}-\text{基質})\text{複合物} \xrightarrow[k_3]{} \text{新微生物}$$

因此，微生物之生長速率 V 可定義如下：

$$V = \frac{\text{所製造微生物之量}}{\text{單位時間內}} \tag{3-72}$$

亦即

$$V = \frac{dX}{dt} \tag{3-73}$$

此處 t 爲時間，X 爲微生物量。

由式（3-68）及（3-69）知 Michaelis-Menten 模式之速率方程式爲

$$V = \frac{dX}{dt} = \frac{V_{max} \times S}{K_m + S} = \frac{k_3 E_0 S}{K_m + S} \tag{3-74}$$

由於酵素存在於微生物體內，因此酵素之總量（E_0）與微生之量（X）成正比。因此式（3-68），即 $V_{max} = k_3 E_0$，可改寫爲

$$V_{max} = \bar{\mu} X \quad \text{day}^{-1} \tag{3-75}$$

此處 X：爲微生物量；$\bar{\mu}$：最大生長速率常數（day^{-1}）；將（3-75）式代入（3-74）得

$$V = \frac{dX}{dt} = \frac{\bar{\mu} X \cdot S}{K_m + S} \tag{3-76}$$

重新整理（3-76）式得

$$\frac{dX / dt}{X} = \frac{\bar{\mu} \cdot S}{K_m + S}$$

令 $\mu = \frac{dX / dt}{X}$，則

$$\mu = \frac{\bar{\mu} \cdot S}{K_m + S} \tag{3-77}$$

此處 μ ：稱為微生物之比生長速率（單位微生物量之微生物生長速率）

X ：微生物量

$\frac{dX}{dt}$ ：微生物生長速率

$\bar{\mu}$ ：最大生長速率常數

以上即爲 Monod 之微生物生長速率模式。而式（3-77）即爲 Monod 之微生物生長速率式。另外由於微生物之生長係由消耗基質所產，因此微生物之生長速率（$\frac{dX}{dt}$）應與基質之消耗速率（以 $\frac{dS}{dt}$ 表示之）成正比。可以下

式表示：

$$\frac{dX}{dt} = Y \cdot \frac{dS}{dt}\text{；因此 } Y = \frac{dX}{dS}$$

Y即為單位質量基質所能產生微生物之量，故亦稱為產量或生長係數。

3. Monod模式應用於迴流活性污泥系統

Monod之動力模式可應用於迴流活性污泥系統，該系統爲有機廢水進入反應槽，受到微生物分解後，再進入沈澱池，沈澱池之微生物沉澱後再迴流至反應槽之系統，而乾淨水則放流，如圖3-12所示。圖3-12中S_0代表進流之有機物（以BOD表示），S代表出流之有機物濃度，X代表曝氣下微生物之量（以MLSS表示），X_e代表出流之微生物（通常此系統假設X_e=0）。

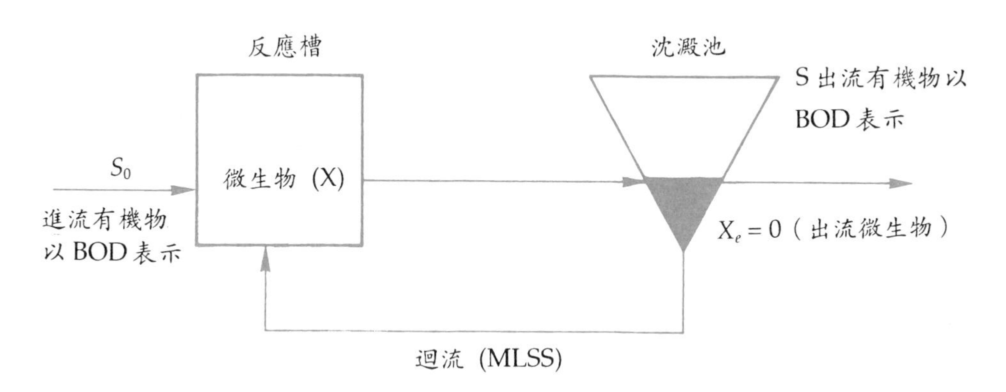

$S_0 - S$：進流之BOD—出流之BOD

X：微生物量，通常以混合液體之懸浮固體量（MLSS）代表曝氣下之微生物量

圖3-12 迴流之活性污泥系統

此系統基質之去除情形通常以基質去除速率（q）來表示，q定義爲

$$q=\frac{\text{被去除之基質量}}{(\text{曝氣下之微生物量})\ (\text{時間})}$$

以下式表示之

$$q=\frac{S_0-S}{X\bar{t}}$$

由 Monod 之模式

$$\mu=\frac{\bar{\mu}\cdot S}{K_m+S}=\frac{dX/dt}{X}=\frac{\text{所製造微生物量}}{(\text{曝氣下之微生物量})\ (\text{反應時間})}$$

$$Y=\frac{dX}{dS}=\frac{\text{所製造微生物量}}{\text{被去除之基質量}}$$

$$\frac{\mu}{Y}=\frac{\text{被去除之基質量}}{(\text{曝氣下微生物量})\ (\text{反應時間})}=q=\frac{S_0-S}{X\bar{t}}$$

$$S_0-S=\frac{X\bar{t}}{Y}\mu$$

$$=\frac{X\bar{t}}{Y}\cdot\frac{\bar{\mu}\cdot S}{K_m+S}$$

$$=\frac{\bar{\mu}SX\bar{t}}{Y\left(K_m+S\right)} \tag{3-78}$$

【例 3-12】

有一 BOD 爲 500mg/L 之工業廢水，廢水流量爲 100m³/day，以完全混合曝氣連續污泥迴流之方式處理，曝氣槽體積爲 500m³，計算出流 BOD 濃度爲何？此種廢水在實驗室測得微生物之生長速率與 BOD 濃度之關係可以用 Monod 模式表示，並且 $\bar{\mu}=0.4\text{day}^{-1}$，$K_m=80\text{mg/L}$，$Y\cong 0.5$，而且 $MLSS=100\text{mg/L}$。

【解】

由公式 (3-78)

$$S_0 - S = \frac{\bar{\mu} S X \bar{t}}{Y(K_m + S)}$$

$$500 - S = \frac{0.4 \times S \times 100 \times \dfrac{500\text{m}^3}{100\text{m}^3/\text{day}}}{0.5(80 + S)}$$

$$(500 - S)(80 + S) = 400S$$

S ≅ 210 mg/L，此即爲出流之 BOD。

3-4-5 催化反應動力基礎

上節中所討論之酵素動力學即是以酵素爲催化劑的酵素催化反應。所謂催化劑係指某一物質當其加入一化學反應，會參與反應並使反應之速率增加，但該物質本身不被消耗。催化劑之所以能增加反應速率主要因素是當其加入反應中，由於參與反應，因此改變了反應途徑，同時降低反應之活化能（E_a）之故。

在同溫層中臭氧受到氧原子之催化而分解提供了一個很好的例証。由於氟氯碳化物（CFC）之大量使用，使得同溫層中臭氧快速減少，因此紫外線指數持續昇高，造成對人類之傷害。這主要原因是因 CFC 受到太陽照射斷裂而產生氯原子（Cl），氯原子當作催化劑催化下列之臭氧分解反應。

$$(1)\ Cl_{(g)} + O_3 \rightarrow ClO_{(g)} + O_{2(g)}$$

$$(2)\ ClO_{(g)} + O_{(g)} \rightarrow Cl_{(g)} + O_{2(g)}$$

$$(3)\ O_{3(g)} + O_{(g)} \rightarrow 2O_{2(g)}$$

在上面之反應機制中，$Cl_{(g)}$ 在第 (1) 反應中消耗了但在第 (2) 反應中又出現了。因此其參與反應，但是本身不消耗。若無氯原子之參與，臭氧必須直接與 $O_{(g)}$ 反應，此反應之活化能較高，如圖 3-13 所示。若有氯原子催化時，則反應以不同途徑進行即爲上述第 (1) 及第 (2) 反應。而此二反應之活化能均較第 (3) 反應之活化能低，故全反應之活化能降低，反應速率增加，而最終產物則是相同的。在環境中有很多反應是有催化劑催化之反應。例如家庭廢水中之縮磷酸鹽水解成正磷酸鹽爲酵素催化反應，臭氧氧化氰化物爲金屬離子之催化反應。很多有機物之水解或水合反應爲酸鹼催化反應，例如二甲基丙烯之水合作用即爲酸催化反應，如下列之反應方程

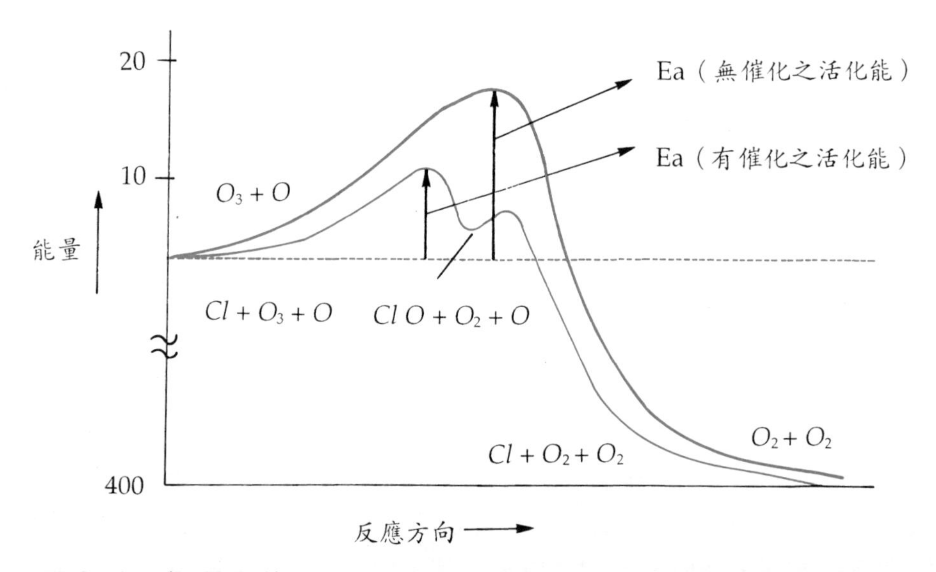

圖 3-13　氯原子催化及無氯原子催化臭氧分解反應之活化能比較

$$(CH_3)_2C = CH_2 + H_2O \rightarrow (CH_3)_3COH$$

此反應之反應速率式如下

$$\text{速率 } R = k[(CH_3)_2C = CH_2][H^+]$$

其反應機構如下：

$$(CH_3)_2C = CH_2 + H^+ \xrightarrow{k_1 \quad 慢} (CH)_2\overset{\oplus}{C} - CH_3 \text{（速率決定步驟）}$$

$$(CH_3)_2 - \overset{\oplus}{C} - CH_3 + H_2O \xrightarrow{快速} (CH_3)_3COH + H^+$$

由以上反應機構知 H^+ 爲催化劑。

以下將列舉幾種環工常見之催化反應類型，並探討其反應速率式。

1. 以氫離子爲觸媒

發生於水溶液中之反應，若由氫離子作爲觸媒，可寫成如下之通式：

$$A + nH^+ \rightarrow P + nH^+ \tag{3-79}$$

式（3-79）之反應速率爲

$$-\frac{d[A]}{dt} = k_H [H^+]^n [A] \tag{3-80}$$

式中 k_H 爲反應速率常數。由於在反應過程中氫離子並未消耗，可視 $[H^+]$ 爲常數。今定義一觀察速率常數（observed rate constant）。

$$k_{obs} = k_H [H^+]^n \tag{3-81}$$

則（3-80）式改寫爲

$$-\frac{d[A]}{dt} = k_{obs} [A] \tag{3-82}$$

故知，以氫離子爲觸媒反應，乃屬假一階反應（pseudo first-order reaction），可以前面3-3-4節討論之方式處理。

將（3-81）式兩側各取對數，得

$$\log k_{obs} = \log k_H + n \log [H^+] \tag{3-83}$$

或

$$\log k_{obs} = \log k_H - \text{n}pH \tag{3-84}$$

繪製 $\log k_{obs}$ 與 pH 之對應圖，可得一直線，其斜率爲−n。

2. 以氫氧離子爲觸媒

氫氧離子爲觸媒之反應式可寫成如下之通式：

$$A + nOH^- \rightarrow P + nOH^- \tag{3-85}$$

式（3-85）之反應速率爲

$$-\frac{d[A]}{dt} = k_{OH}[OH^-]^n[A] \tag{3-86}$$

式中 k_{OH} 爲反應速率常數

$$\text{令 } k_{obs} = k_{OH}[OH^-]^n \tag{3-87}$$

將式（3-87）代入式（3-86）

$$-\frac{d[A]}{dt} = k_{obs}[A] \tag{3-88}$$

此亦爲假一階反應（pseudo first-order reaction），可以前面 3-3-4 節討論之方式處理。若將式（3-87）兩端各取對數

$$\log k_{obs} = \log k_{OH} + (pH - 14)\,\text{n} \tag{3-89}$$

繪製 $\log k_{obs}$ 與 pH 之對應圖，可得一直線，其斜率等於 n。

3. 自催反應

某一反應之產物可作爲該反應之催化劑，此種反應稱爲自催化反應（autocatalytic reactions）。例如乙酸甲酯的水解反應：

$$CH_3COOCH_3 + H_2O \xrightarrow[H^+]{k} CH_3COOH + CH_3OH$$

此反應即屬自催化反應，因其所生成之酸會解離產生 H^+，以作爲催化劑而加速反應之進行。自催化反應可以下列最簡單之型式來討論：

$$A + P \xrightarrow{k} P + P \tag{3-90}$$

其速率方程式爲

$$r = \frac{-d\,C_A}{dt} = k\,C_A\,C_P \tag{3-91}$$

k ：速率常數

C_A ：A 之濃度

C_P ：P 之濃度

由於當 A 消耗時生成相等量莫耳數的 P，故 A 與 P 之總莫耳數保持一定，等於其初濃度總和，令爲 C_0：

$$C_0 = C_A + C_P = C_{A0} + C_{P0} \tag{3-92}$$

C_0：任何時間，反應物＋生成物之總濃度

C_{A0}：反應物之初濃度

C_{P0}：產物之初濃度

將式（3-92）代入式（3-91）得

$$r = \frac{-d\,C_A}{dt} = k\,C_A\left(C_0 - C_A\right) \tag{3-93}$$

將式（3-93）重新整理得

$$\frac{-d\,C_A}{C_A\,(\,C_0 - C_A\,)} = k \cdot dt \tag{3-94}$$

兩邊積分 **註，並設 t = 0 ，$C_A = C_{A0}$

$$\int_{C_{A0}}^{C_A} \frac{-d\,C_A}{C_A\,(\,C_0 - C_A\,)} = \int_{t=0}^{t} k \cdot dt \tag{3-95}$$

$$\frac{1}{C_0} \ln \left. \frac{C_0 - C_A}{C_A} \right|_{C_{A0}}^{C_A} = kt \Big|_{t=0}^{t} \tag{3-96}$$

$$\ln \frac{C_0 - C_A}{C_A} - \ln \frac{C_0 - C_{A0}}{C_{A0}} = k\,C_0\,t \tag{3-97}$$

$$\ln \frac{C_{A0}\,(\,C_0 - C_A\,)}{C_A\,(\,C_0 - C_{A0}\,)} = C_0\,kt \tag{3-98}$$

由式（3-92）$C_0 = C_{A0} + C_{P0}$ 代入式（3-98），得

$$\ln \frac{C_{A0}\,(\,C_0 - C_A\,)}{C_A\,(\,C_0 - C_{A0}\,)} = (\,C_{A0} + C_{P0}\,)\,k \cdot t \tag{3-99}$$

或

$$\ln \frac{C_P/C_{P0}}{C_A/C_{A0}} = (\,C_{A0} + C_{P0}\,)\,k \cdot t \tag{3-100}$$

由式（3-100）知，以 $\ln \frac{C_{A0}\,C_P}{C_A\,C_{P0}}$ 對 t 作圖，可得一直線，如圖 3-14 所示，其斜率爲 $(\,C_{A0} + C_{P0}\,)k$ 或 $C_0\,k$。故檢查濃度比對數值對於時間之圖線，是否通過原點可判斷是否爲自催反應。

**註 $\int \frac{1}{(\,ax+b\,)(\,cx+d\,)} \cdot dx = \frac{1}{bc-ad} \ln \left| \frac{cx+d}{ax+b} \right| + C$

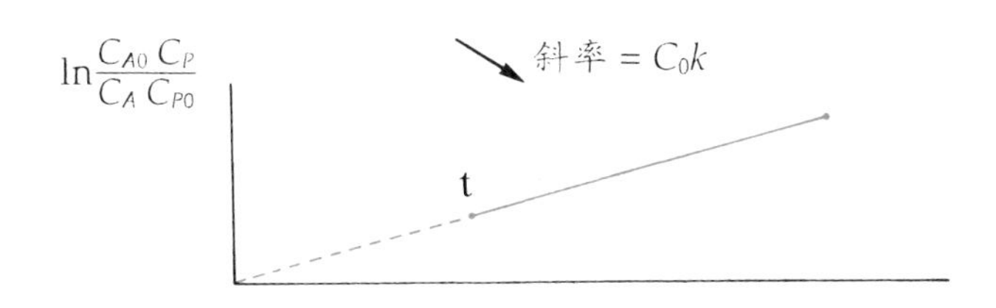

圖 3-14 自催反應之濃度比對數值對時間的關係圖

【例 3-13】

乙酸甲酯的水解反應如下：

$$CH_3COOCH_3 + H_2O \rightarrow CH_3COOH + CH_3OH$$

所生成之乙酸會解離產生 H^+，可做爲催化劑而加速水解反應。若乙酸甲酯及乙酸之初濃度分別爲 500 及 50mole/m³，經過 5.4×10^3 秒後，70％轉化，試求此反應之速率常數。

【解】

此反應可視爲自催反應：

$$A + P \longrightarrow P + P$$

由式（3-100）知

$$\ln\frac{C_P/C_{P0}}{C_A/C_{A0}} = (C_{A0} + C_{P0})k\cdot t$$

$$C_{A0} = 500\text{mole/m}^3$$

$$C_{P0} = 50\text{ mole/m}^3$$

又 70％轉化因此

由於 $C_P = 70\%\ C_{A0} = 350\ \text{mole/m}^3$

$C_A = 30\%\ C_{A0} = 150\ \text{mole/m}^3$

$$\ln \frac{350/50}{150/500} = (500 + 50) \times k \times 5.4 \times 10^3$$

$$k = 1.06 \times 10^{-6}\ (\text{m}^3/\text{mole})\ (S)^{-1}$$

3-5 反應速率之溫度效應

碰撞理論認為化學反應之發生需具備幾個條件 (1) 分子需經碰撞 (2) 碰撞分子需具正確方位 (3) 碰撞分子需具超過發生反應之最低限能（即活化能）。因此分子碰撞頻率愈高，方位愈正確則反應速率愈快。又一般經驗及實驗皆證明化學反應之速率常隨溫度之增高而增加，主要因素為溫度增高，反應分子之動能增加，使超過發生反應之最低限能（即活化能）的分子數增加，反應速率增快。據此 Arrhenius 於 1889 年提出反應速率常數與活化能及溫度之經驗式

$$k = A\, e^{-E_a/RT} \tag{3-101}$$

其中 k ＝反應速率常數

E_a ＝活化能（焦耳，J）

R ＝氣體常數（8.31 J/more・°K）

T ＝絕對溫度 (°K)

A ＝頻率因子（frequency factor），對於特定反應，不因溫度改變，通常當做常數。

由式（3-101）可知，反應速率常數係隨活化能及溫度大小而變。活化能愈大，則反應速率常數小，即反應速率變慢；活化能愈小，則反應速率

常數大，即反應速率變快。若將式（3-101）兩邊取自然對數，則得

$$\ln k = \ln A - \frac{E_a}{R} \cdot \frac{1}{T} \qquad (3\text{-}102)$$

根據式（3-102），利用分批式反應器系統之數據，可繪圖決定某一反應之活化能，如圖 3-15 所示。$\ln k$ 與 $\frac{1}{T}$ 圖中，直線斜率＝$-E_a/R$，縱軸截距爲 $\ln A$，因此可由圖中求出活化能及常數 A。當一特定反應之活化能已知時，而其在 T_1 溫度之反應速率常數爲 k_1，則當溫度由 T_1 變爲 T_2 時之 k_2 可依式（3-102）計算：

$$\ln k_1 = \ln A - \frac{E_a}{R\,T_1} \qquad (3\text{-}103)$$

$$\ln k_2 = \ln A - \frac{E_a}{R\,T_2} \qquad (3\text{-}104)$$

由式（3-104）－式（3-103）得

$$\ln \frac{k_2}{k_1} = -\frac{E_a}{R}\left(\frac{1}{T_2} - \frac{1}{T_1}\right) = \frac{E_a}{R}\left[\frac{T_2 - T_1}{T_2\,T_1}\right] \qquad (3\text{-}105)$$

方程式（3-105）可用以決定很多反應在某一範圍內之溫度效應。

在環境工程所涉及之程序中，大多在常溫下進行，且溫度範圍很小，故 T_1T_2 可視爲定值，因此 $E_a/R\ T_1T_2$ 可視爲一常數 θ'，而式（3-105）可改寫爲

$$\ln\left[\frac{k_2}{k_1}\right] = \theta'\,(T_2 - T_1) \text{ 或 } k_2 = k_1\,e^{\theta'(T_2 - T_1)} \qquad (3\text{-}106)$$

BOD 試驗之反應速率常數亦受溫度之影響，可以下式表示之

$$k_2 = k_1\,\theta^{(T_2 - T_1)}$$

此處 $\theta = e^{\frac{E_a}{RT_1T_2}}$，$\theta$ 值在 20～30℃時爲 1.056，在 4～20℃時爲 1.135，

惟據Phelps及Streeter之研究，一般家庭汙水之 θ 值在10～37℃時爲1.047。至於20℃時汙水之 k_1 值範圍爲0.05～0.3 day^{-1}(以10爲底)，一般常用 $k_1 = 0.1\ day^{-1}$(以10爲底)。

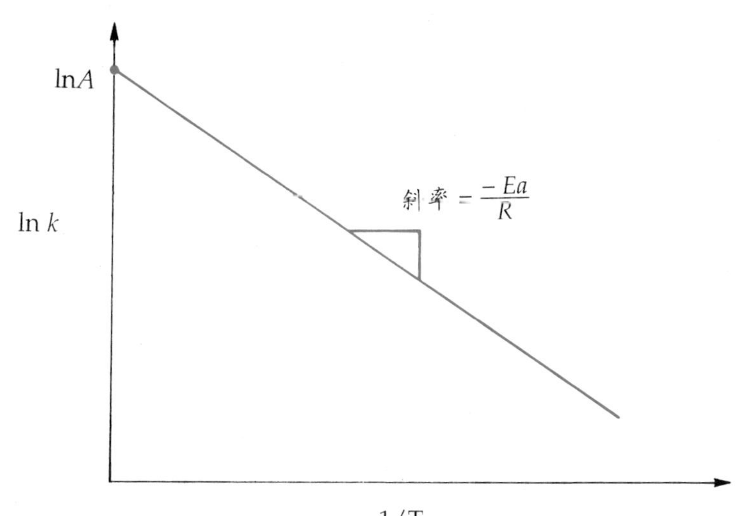

圖 3-15 速率常數 k 與 T 溫度之關係圖

【例 3-14】

當溫度由25℃增至35℃時，試問反應速率增加幾倍？（設 $E_a = 58.17$KJ/mole）

【解】

$$T_1 = 25℃ = 25 + 273.2 = 298.2\ °K$$

$$T_2 = 35℃ = 35 + 273.2 = 308.2\ °K$$

並分別依式（3-102）列出其Arrhenius方程式：

$$\ln k_1 = \ln A - \frac{E_a}{R\,T_1} \tag{3-103}$$

$$\ln k_2 = \ln A - \frac{E_a}{R\,T_2} \tag{3-104}$$

由式（3-104）－式（3-103）得

$$\ln\frac{k_2}{k_1}=-\frac{E_a}{R}\left(\frac{1}{T_2}-\frac{1}{T_1}\right)=\frac{E_a\,(T_2-T_1)}{RT_2T_1}$$

$$=\frac{58.17\times1000\,(308.2-298.2)}{8.31\times298.2\times308.2}=0.762$$

$$\frac{k_2}{k_1}=2.1\text{，}k_2=2.1k_1$$

即，反應速率常數增加之倍數$\frac{k_2-k_1}{k_1}=\frac{2.1k_1-k_1}{k_1}=1.1$。

因此反應速率增加1.1倍。由這裡也說明，一般而言，溫度在室溫附近，溫度每升高10℃，其反應速率約增加一倍。

【例 3-15】

利用氧氣處理 Fe^{2+} 之反應中，已知在20.5℃之 k 爲 $8\times10^{13}\ L^2\cdot mole^{-2}\cdot atm^{-1}\cdot min^{-1}$，在15℃時之速率常數爲多少？（若 $E_a=23$ Kcal/mole）

【解】

由式（3-105） $\ln\frac{k_1}{k_2}=\frac{E_a}{R}\left(\frac{T_1-T_2}{T_1T_2}\right)$

$$\ln\frac{k_1}{8\times10^{13}}=\frac{23}{1.98\times10^{-3}}\left(\frac{288-293.5}{288\times293.5}\right)$$

$$k_1=3.75\times10^{13}L^2\cdot mole^{-2}\cdot atm^{-1}\cdot min^{-1}$$

3-6 動力學其他應用例 --- 鐵、錳之氧化動力學

鐵、錳等金屬之單獨存在或共同存在，常會引起公共給水上之問題，飲用水中含有這類金屬雖然對人體無害，但在美學觀點上往往令人無法接

受，例如鐵、錳被氧化時會造成水質呈現混濁狀。在清洗衣服時常會在衣服上形成污垢。鐵和錳會與水中的腐植物質形成安定錯合物，使其氧化速率變緩。鐵會促使鐵細菌在給水系統中大量繁殖，造成紅水問題。因此飲用水常必須處理至0.3mg/L之飲用水標準。

3-6-1 鐵（II）之氧化動力學

鐵之氧化反應可以下列方程式表示之：

$$4Fe^{2+}_{(aq)} + O_{2(g)} + 10\,H_2O_{(l)} \rightarrow 4Fe(OH)_{3(s)} + 8\,H^{+}_{(aq)}$$

Stumm及Lee於1961曾研究鐵（II）氧化之反應，他們發現pH值超過5.5以上，亞鐵氧化之速率式爲

$$\frac{d[Fe^{2+}]}{dt} = -k[Fe^{2+}][OH^{-}]^{2} \cdot P_{O_2} \qquad (3\text{-}107)$$

此處 k ：速率常數 $= 8.0 \times 10^{13}\ L^2/mole^2 \cdot atm \cdot min$ (20℃)

P_{O_2}：氧分壓，atm

從式（3-107）知，亞鐵離子之氧化速率對氧及Fe^{2+}各爲一次反應，對OH^{-}爲二次反應。

重新整理式（3-107）得

$$\frac{d[Fe^{2+}]}{[Fe^{2+}]} = -k[OH^{-}]^{2} \cdot P_{O_2}\,dt \qquad (3\text{-}108)$$

因$[OH^{-}] = \frac{K_w}{[H^{+}]}$，代入式（3-108）得

$$\frac{d[Fe^{2+}]}{[Fe^{2+}]} = -k\frac{K_w^2}{[H^{+}]^2} \cdot P_{O_2}\,dt \qquad (3\text{-}109)$$

在式（3-109）中 k 爲常數，K_w 亦爲常數，P_{O_2} 及 $[H^+]$ 在程序化學中爲可以控制之參數，若反應器曝露於空氣中則 P_{O_2} 通常爲 0.21atm，$[H^+]$ 通常可由 pH 控制器（pH controller）所控制。因此這些參數皆可視爲常數。所以定義外觀速率常數 k_{app} 爲

$$k_{app} = \frac{k\,P_{O_2}\,(K_w)^2}{[H^+]^2} \tag{3-110}$$

程序化學中常假定 $P_{O_2} = 0.21\text{atm}$，$K_w = 1 \times 10^{-14}$（雖然 20℃ 時之 $K_w = 6.91 \times 10^{-15}$），並將其代入式（3-110），得

$$k_{app} = \frac{1.68 \times 10^{-15}}{[H^+]^2} \tag{3-111}$$

將式（3-110）代入式（3-109），得

$$\frac{d[Fe^{2+}]}{[Fe^{2+}]} = -k_{app} \cdot dt$$

積分後得 $\ln[Fe^{2+}] = \ln[Fe^{2+}]_0 - k_{app} \cdot t$ (3-112)

從以上說明，可知此反應乃屬假一階反應（pseudo first − order reaction）。因此在一定之 pH 值下，以 $\ln[Fe^{2+}]$ 對時間 t 作圖，應得一直線，其斜率爲 $-k_{app}$。

【**例** 3-16】

若以氧氣來氧化 Fe^{2+} 以處理自來水之過量 Fe^{2+}，若氧氣係由大氣而來（$P_{O_2} = 0.21\text{atm}$），且 pH 控制在 7，反應在 20℃下進行。以此條件欲將 $[Fe^{2+}]$ 由 5mg/L 降至 0.1mg/L 時需耗多少時間。

【**解**】

由於此反應爲假一階反應，且

$$\ln[Fe^{2+}] = \ln[Fe^{2+}]_0 - k_{app} \cdot t \qquad (3\text{-}112)$$

$$k_{app} = \frac{1.68 \times 10^{-15}}{[H^+]^2} = \frac{1.68 \times 10^{-15}}{[10^{-7}]^2} = 0.168\ \text{min}^{-1}$$

代入式（3-112）

$$\ln 0.1 = \ln 5 - (0.168) \times t$$

$$t = 23.3\ \text{min}$$

3-6-2 錳（*II*）之氧化動力學

錳之氧化反應可以下列方程式表示：

$$2Mn^{2+}_{(aq)} + O_{2(g)} + 2\,H_2O_{(l)} \rightarrow 2MnO_{2(s)} + 4\,H^+_{(aq)}$$

此反應與 Fe（*II*）之氧化還原非常相似，因此 Morgan 等人原先認爲此反應之動力式應與 Fe（*II*）氧化之動力式相同。Stumm 及 Morgan 發現此反應之速率的確與 P_{O_2} 之一次方成正比，而與 OH^- 之二次方成正比，此現象與 Fe（*II*）之氧化相同。如果其與 Fe^{2+} 之氧化一樣亦是一階反應，則其速率式應爲

$$\frac{-d[Mn^{2+}]}{dt} = k\,P_{O_2} \cdot [OH^-]^2 \cdot [Mn^{2+}]^1$$

此處 k 爲 Mn^{2+} 之去除速率常數，若如此則與 Fe（*II*）之氧化一樣可以假一階反應處理，而且若以 $\ln[Mn^{2+}]/[Mn^{2+}]_0$ 對 t 作圖，應得一直線，但實際上發現，並非如此。如圖 3-16 所示，所得皆爲曲線而非直線。

事實上 Morgan 於 1967 年發現，此反應之動力數據與自催反應之動力模式一致。

因爲由 3-4-5 節中已知自催反應之積分動力模式（式 3-99）爲

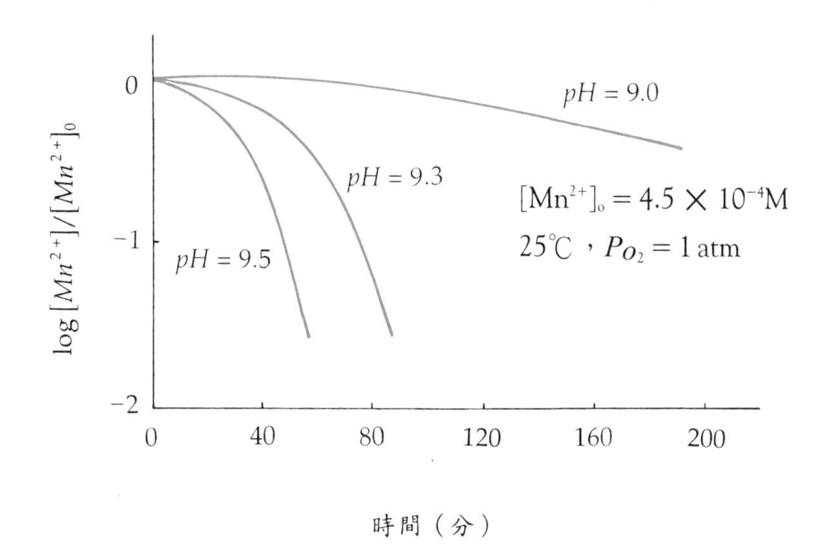

圖 3-16 以氧氣氧化 Mn（II），以假一階動力方式處理之圖形
（修正自 Stumm 和 Morgan，1967）

$$\ln \frac{C_{A0}(C_0 - C_A)}{C_A(C_0 - C_{A0})} = (C_{A0} + C_{P0})\, k_a \cdot t \tag{3-99}$$

式中 C_{A_0}：反應物之初濃度，此處即為$[Mn^{2+}]_0$

C_{P_0}：產物之初濃度，此處即為$[MnO_2]_0$

C_0：任何時間反應物及產物之濃度和

C_A：任何時間反應物之濃度，此處即為$[Mn^{2+}]$

C_P：任何時間產物之濃度，此處即為$[MnO_2]$

式（3-99）可重新整理

$$\log\left(\frac{C_{A_0}}{C_0 - C_{A_0}}\right)\left(\frac{C_0 - C_A}{C_A}\right) = \frac{(C_{A_0} + C_{P_0})\, k_a}{2.3}\, t \tag{3-113}$$

式中 k_a 稱爲自催反應速率常數，此處 $k_a = k \cdot P_{O_2} \times [\,OH^-\,]^2$

令 $$k_{app} = \frac{(\,C_{A_0} + C_{P_0}\,)\,k_a}{2.3} = \frac{(\,C_{A_0} + C_{P_0}\,)\,k \cdot P_{O_2} \times K_W^2}{2.3\,[\,H^+\,]^2} \tag{3-114}$$

將式（3-114）代入式（3-113）中，得

$$\log\left(\frac{C_{A_0}}{C_0 - C_{A_0}}\right) + \log\left(\frac{C_0 - C_A}{C_A}\right) = K_{app} \cdot t \tag{3-115}$$

由於 C_{A_0}、C_0 皆爲常數，因此 $\log\left(\frac{C_{A_0}}{C_0 - C_{A_0}}\right)$ 爲常數

令其等於 C，則式（3-115）可變爲

$$C + \log\left(\frac{C_0 - C_A}{C_A}\right) = K_{app} \cdot t \tag{3-116}$$

由式（3-116）知，若以 $\log\left(\frac{C_0 - C_A}{C_A}\right)$ 對 t 作圖，應得一直線，其斜率爲K_{app}，此正可檢驗反應是否爲自催反應。

由於 $C_0 = C_{P0} + C_{A0}$，因此 $\log\left(\frac{C_0 - C_A}{C_A}\right) = \log\frac{C_{P_0} + C_{A_0} - C_A}{C_A}$

由於反應剛開始時並無產物 MnO_2 因此 $C_{P_0} \cong 0$，所以式（3-116）變爲

$$\log\frac{C_{A_0} - C_A}{C_A} = K_{app} \cdot t - C$$

在此處即是 $\log\frac{[\,Mn^{+2}\,]_0 - [\,Mn^{+2}\,]}{[\,Mn^{+2}\,]} = K_{app} \cdot t - C$。因此若以 $\log\frac{[\,Mn^{+2}\,]_0 - [\,Mn^{+2}\,]}{[\,Mn^{+2}\,]}$對 t 作圖應得一直線，如此則可知此反應爲自催反應。圖 3-17 即爲實際實驗之繪圖。（其中$[\,Mn^{+2}\,]_0 = 4.5 \times 10^{-4}$M，$P_{O_2} = 1$atm，25℃）

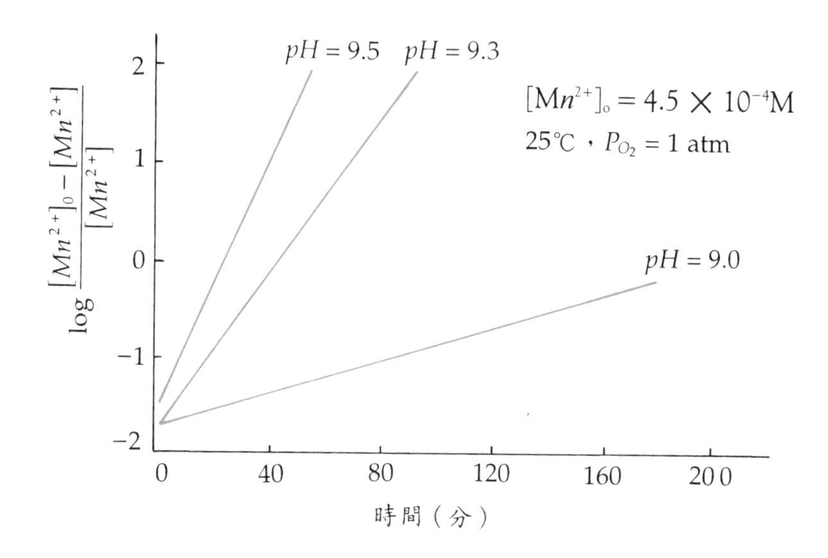

圖 3-17 以氧氣氧化 Mn（II），依自催反應模式之繪圖。

（摘並修正自 Stumm 和 Morgan，1967）

由圖 3-17 得知，Mn^{2+}之氧化反應確實為自催反應。

【例 3-17】

水樣中含錳（II）2mg/L，若在 25℃以氧氣氧化處理至濃度為 0.05 mg/L，處理期間 pH 控制在 10，$P_{O_2}=0.21$atm，試決定反應所需之時間。已知速率常數值 $k=9.63\times 10^{11}$，且 MnO_2 之初濃度以污泥循環方式維持在 50mg/L。

【解】

$C_{A_0}=2$ mg/L

$C_{P_0}=50$ mg/L

$$C_A = 0.05 \text{ mg/L}$$

$$C_0 = C_{A_0} + C_{P_0} = 52 \text{ mg/L}$$

由式（3-115）

$$\log \frac{C_{A_0}(C_0 - C_A)}{C_A(C_0 - C_{A_0})} = K_{app} \cdot t$$

$$\log \frac{2(52 - 0.05)}{0.05(52 - 2)} = \frac{(C_{A_0} + C_{P_0})k \cdot P_{O_2} \times K_W^2}{2.3[H^+]^2}$$

$$= \frac{52 \times (9.63 \times 10^{11}) \times (0.21) \times (1 \times 10^{-14})^2}{2.3(10^{-10})^2} \cdot t$$

$$t = 3.75 \times 10^{-5} \text{ min}$$

本章習題

1. 一河川流速 2 mph 不含 BOD，但缺氧情形為 6 mg/L，當其流動 10 英里後因吸收大氣中氧使其缺氧情形降為 4 mg/L，假設其再氧化速率與缺氧情形成正比，問自原來地點流動 35 英里後其缺氧情形為何?

   Ans : 1.45mg/L

2. 若二級澄清池的放流水之 $pH = 8.3$，NH_3濃度 34mg/L，加入10^{-3}M $HOCl$，則反應可以下列方程式考慮

   $$NH_3 + HOCl \rightarrow NH_2Cl + H_2O$$

   反應速率定律式為

   $$\frac{d[NH_3]}{dt} = -\mathrm{k}[NH_3][HOCl]$$

   其中 $k = 5.0 \times 10^6$L/mole，溫度為 15 ℃，，試計算

   (1)90 % $HOCl$反應所需之時間為何？

   (2) 如果溫度 40℃時之 $k = 1 \times 10^8$L/mole·sec，活化能為何

   Ans : $t = 3.1 \times 10^{-4}$sec, $E_a = 20.8$Kcal

3. 下列之數據為對給水所做之加氯消毒實驗的結果，假設為一階反應，試求反應速率常數。

時間（分鐘）	大腸菌殘餘百分比
0	100
10	70
20	21
30	6.3
60	0.60

Ans : k=0.089/min

4. 某放射性物質之半衰期為10天，請計算20天之輻射強度衰減百分比。

   Ans : 衰減為原來之1/4

5. 細菌的死亡可以一階反應描述之，若對一典型的異營菌，20℃時之一階反應速率常數k為0.1day^{-1}， 如果θ=1.05，T_2=303°K，試求反應速率常數k及E_a值

   Ans : k=0.163 day^{-1}, E_a =36012 J/mole

6. 下列之數據係得自分批式反應器系統，當T_1=288°K，T_2=313°K試決定θ值

溫度（℃）	反應速率常數k (day^{-1})
15.0	0.53
20.5	0.99
25.5	1.37
31.5	2.80
39.5	5.40

   Ans : 1.100

7. 如果二次反應最初速率於20℃為5×10^{-7} mole/ L· sec，兩反應物質最初濃度各為0.2 M，k值（ L/mole·sec）為何？如果活化能20Kcal / mole，30℃ 時之k值為為何？

   Ans : 20℃ k=1.25×10^{-5} L/mole · sec，30℃ 時之k值，k=3.89×10^{-5} L/mole · sec

8. BOD數據如下，

t ／day	2	4	6	8	10
BOD, mg/L	11	18	22	24	26

   (1) 求L_0及k（以e及10為底）

   (2) 並求15天之BOD=? mg/L

   Ans : L_0=29.2mg/L, k (e base) =0.23, k (10 base) = 0.1

9. 若20℃時有機物之半衰期為一天，五天後有機物被消耗掉的百分比為何？若你很匆忙，如何以量度一天的需氧量推算BOD_5。

Ans : 96.9%, $BOD_1/BOD_5 = 1 - e^{-\ln 2 \times 1} / 1 - e^{-\ln 2 \times 5}$

10. 由實驗結果顯示，在廢水濃度很高時，1g 細菌分解廢水中有機物之最大速率為 20g/day，相等量細菌在廢水濃度為 15mg/L 時，分解廢水中有機物之速率為 10g/day。試問有 2g 細菌，而廢水濃度為 5mg/L 時，細菌分解廢水中有機物之速率為？

Ans : 10g/day

11. 在 25℃，pH = 9.3 時，錳之去除數據如下表所示。 (1) 試證明其遵守自催反應模式（Autocatalysis）； (2) 若 $K_{app} = C_0\, k\ (P_{O_2})\ (K_W)^2 / 2.3[H^+]^2$，氧之分壓為 1atm, MnO_2 之初濃度可略而不計時，反應速率常數 $k =$?

時間 (分)	$[Mn^{2+}]$ (mole/ L)
0	4.5×10^{-4}
40	2.76×10^{-4}
60	2.15×10^{-5}
80	7.12×10^{-7}
100	2.26×10^{-8}

Ans : $k = 9.63 \times 10^{11}$

參考資料

1. 黃汝賢等，環工化學，1996，三民書局，台北市。
2. 楊萬發譯，水及廢水處理化學，1987，國立編譯館，台北市。
3. 朱進興等，反應工程，1993，高立圖書有限公司，台北市。
4. 劉東山、黃正賢譯，環境工程學，1989，曉園出版社，台北市。
5. 陳國誠，廢水生物處理學，1991，國立編譯館，台北市。
6. Sawyer, C.N. and McCarty, P.L., Chemistry for Environmental Engineering, 3rd ed., McGraw-Hill, Inc., New York, 1978.
7. Snoeyink, V.L. and Jenkins, D., Water Chemistry, John Wiley and Sons, Inc., New York, 1980.
8. Stumm, W. and Morgans, J.J., Aquatic Chemistry, John-Wiley and Sons, New York, 1996.

酸鹼化學

Chapter 4

☆ 緒論

☆ 酸鹼之基本性質

☆ 酸鹼平衡計算

☆ 緩衝溶液及緩衝強度

☆ 酸鹼滴定及滴定曲線

☆ 酸度／鹼度及碳酸根系統

4-1 緒　　論

酸鹼物質可能是我們最常見之化學物質，日常生活中常見者有食醋（醋酸溶液）、檸檬酸、乳酸等；胃裏有鹽酸；清潔用品中有氨、氫氧化鈉等鹼性物質，可謂不可勝數。而酸鹼化學亦可說是最常見之化學反應，酸鹼化學影響我們至深，從個人健康、環境品質、國家經濟皆有影響。酸鹼之些許不平衡對人體健康有極大威脅—例如胃酸過多引起胃潰瘍。酸雨所導致之酸鹼不平衡，甚至危害到建築、植物、水中生物等之環境衝擊。除此酸鹼反應在環境工程領域，尤其是水質化學上亦極重要。*pH*質之控制在環工化學程序上如化學混凝（coagulation）、消毒（disinfection）、水軟化（water softening）和腐蝕上（corrosion）等皆爲必須考慮之因素。在生物程序之廢水處理，*pH*值亦須控制在適合特殊微生物生長範圍內。毒性物質之氧化還原處理（如氰離子CN^-之處理），重金屬離子之沉澱處理亦受水中酸鹼度之影響極大，其他如硬度（鈣、鎂）去除所需之化學藥品計量亦受到待處理水溶液之酸鹼性質影響。*pH*值對水域中污染物之毒性有明顯之影響，例如*pH*值增高時，Cr^{6+}及$CuSO_4$的毒性降低；*pH*值降低時，氰化物或硫化物的毒性增高。因此徹底了解酸鹼化學之原理及應用，對環境工程師而言極其重要。

本章將詳細討論酸鹼性質、種類、酸鹼平衡計算原理、碳酸根系統、鹼度及緩衝溶液。

4-2 酸鹼之基本性質

4-2-1 酸鹼定義及共軛酸鹼對

過去人們對酸鹼之認識大都憑藉經驗及實際上之特性，因此不同人對酸鹼之認知即不盡相同，有人認爲酸即是吃起來有酸味之物質，有人會認爲是使石蕊試紙由藍變紅之物質即是酸，另可能有人認爲加入小蘇打會產生氣泡即是，認知莫衷一是。鹼亦是相同，有人會認爲鹼即是可使石蕊試紙由紅變藍，或是具有滑膩感之物質等。直到阿瑞尼士（Arrhenius）提出之酸鹼學說，酸鹼才有共同之定義。目前已知酸鹼定義，有三種較爲大家所接受。

1. 阿瑞尼士之酸鹼學說

阿瑞尼士（Arrhenius）之酸（acid）是在水溶液中能解離出氫離子（hydrogen ion）之物質，例如 HCl 、 HNO_3 、 H_2SO_4 等。鹼（base）是在水溶液中能解離氫氧離子（hydroxide ion）之物質，例如 $NaOH$ 、$Mg(OH)_2$ 等。

此定義很顯然限定了只在水溶液中才能判斷物質是否爲酸或鹼，到非水溶液中則不適用，因此布朗士特（Brönsted）提出了質子轉移學說。

2. 布朗士特之質子轉移學說

布朗士特（Brönsted）之酸乃指可提供質子之物質，亦稱質子提供者（proton donor）；鹼（base）乃指可接受質子之物質，亦稱質子接受者（proton acceptor）。

此定義較阿瑞尼士學說更爲廣泛，其適用範圍不限定於水溶液中，而且此定義自然引起了共軛酸鹼對（conjugate acid-base pair）之觀念，可由下式說明

$$\underset{\text{鹼 1}}{B^-} + \underset{\text{酸 1}}{HA} \rightleftharpoons \underset{\text{酸 2}}{HB} + \underset{\text{鹼 2}}{A^-} \tag{4-1}$$

式（4-1）中，HA 因提供一質子 H^+ 給陰離子 B^-，因此 HA 爲酸，B^- 爲鹼。然而當陰離子 B^- 接受質子 H^+ 後形成 HB ，而 HA 失去質子後，則形成

陰離子 A^-，由於酸鹼反應之可逆性，因此此反應向左進行，此時 HB 成爲酸，而 A^- 即成爲鹼。因此 HB、B^- 及 HA、A^- 各成爲一對共軛酸鹼對（conjugate acid-base pair）。

另一常見之酸鹼定義即爲路易士（Lewis）所提出之電子對轉移學說。

3. 路易士電子轉移學說

美國化學家路易士認爲物質若爲電子對之所接受者（electron pair acceptor）即爲酸，若爲電子對之提供者（electron pair donor）即爲鹼。

這三種定義以路易士酸鹼定義所涵蓋之範圍最爲廣泛，布朗士特定義次之，而阿瑞尼士定義最爲狹義。雖然路易士之酸鹼定義最爲廣泛，但在水溶液中，仍以利用阿式和布式的定義較爲方便。

4-2-2 水的解離及 pH 值

依據布朗士特之定義，酸爲氫離子提供者而鹼爲氫離子接受者，因此有些物質即可能既是酸又是鹼，此種物質乃稱爲兩性物質（Ampholytes），水即是一例。

在純水中，水分子雖然大部份以分子型態存在，但會有微量水分子解離出氫離子 H^+，該 H^+ 即爲其他水分子所接受形成水合質子（hydrate proton）或稱爲鋞離子（hydronium ion），通常 H_3O^+ 以 $H_9O_4^+$ 或等表示，依其水合程度而定，但爲簡化起見大都只以 H_3O^+ 表示。此解離反應可以下列平衡方程式表示之

$$H_2O_{(l)} + H_2O_{(l)} \rightleftharpoons H_3O^+_{(aq)} + OH^-_{(aq)} \tag{4-2}$$

依據此式，水之作用既爲布朗士特酸，亦爲布朗士特鹼。但爲方便起見，式（4-2）又可簡化爲

$$H_2O_{(l)} \rightleftharpoons H^+_{(aq)} + OH^-_{(aq)} \tag{4-3}$$

由於此為平衡反應，因此其平衡常數 K 為

$$K=\frac{\{H\}\{OH^-\}}{\{H_2O\}}=\frac{r_{H^+}[H^+]r_{OH^-}[OH^-]}{r_{H_2O}[H_2O]} \tag{4-4}$$

由於純水中之離子濃度很低，故活性係數 $r \cong 1$，又純水濃度經計算為（1000/18）55.5 mole/l。在稀水溶液中 H_2O 之濃度可視為常數，因此在式（4-4）中併入常數得

$$K[H_2O]=[H^+][OH^-] \tag{4-5}$$

令 $K[H_2O]=K_W$ 則式（4-5）為

$$K_W=[H^+][OH^-] \tag{4-6}$$

此處 K_W 稱為水之離子度積（ion product of water），在 25℃時接近於 1×10^{-14}。此 K_W 值可由反應式（4-3）中之標準自能變化 ΔG_o（計算方式參考第 2 章），及 $\Delta G_o=-RT\ln K_W$ 之公式計算出。因為 K_W 值為平衡常數，故其值隨溫度而變化，例如在 10℃時之 K_W 值為 0.30×10^{-14}（見表 4-1）。不同溫度之 K_W 值可由 Van't Hoff 方程式（參考第二章）計算出。

不管溫度多少，不管溶質為何，水溶液中之 H^+ 及 OH^- 濃度維持一定之平衡，其乘積遵守式（4-6）之關係式。水溶液中若 $[H^+]=[OH^-]$，則我們稱此溶液為中性；若 $[H^+]>[OH^-]$，我們稱此溶液為酸性；若 $[H^+]<[OH^-]$，則為鹼性。因此中性之水溶液 $[H^+]=[OH^-]$ 代入式（4-6），則

$$[H^+]^2=K_W=1\times10^{-14} \quad (25℃) \tag{4-7}$$

即 $$[H^+]=[OH^-]=1\times10^{-7}M\ (25℃) \tag{4-8}$$

由於純水中之氫離子濃度極小，用莫耳濃度（molar concentration）來表示相當麻煩，為了克服這個困難，因此 Sorenson 於 1909 年提出用負對數

來表示常數之方法，並定義如下：

$$p(X) = -\log X \tag{4-9}$$

$$pH = -\log[H^+] \tag{4-10}$$

$$pOH = -\log[OH^-] \tag{4-11}$$

$$pK = -\log K \tag{4-12}$$

因此中性水溶液，在25℃時 $pH = pOH = 7$。式（4-6）亦可改寫爲

$$p\,K_W = pH + pOH \tag{4-13}$$

$$14 = pH + pOH \quad (25℃) \tag{4-14}$$

然而不同溫度時，$p\,K_W \neq 14$，因此中性水溶液之 pH 亦不等於 7（見表 4-1）

表 4-1　不同溫度下之 K_W 值及中性水溶液之 pH 值

溫度（℃）	K_W值	中性水溶液之 pH 值
0	0.12×10^{-14}	7.47
10	0.30×10^{-14}	7.26
15	0.45×10^{-14}	7.18
20	0.68×10^{-14}	7.08
25	1.00×10^{-14}	7.00
40	2.95×10^{-14}	6.76
100	48×10^{-14}	6.16

一般而言，多數天然水之 pH 值約爲7.2至8.0。正常海水之 pH 值爲8.5。淡水 pH 值爲 6.0 至 7.5，礦井水與地下水之 pH 值爲 3.0 至 4.0。土壤 pH 值爲 4.0 至 8.50。

4-2-3 水溶物質之酸度及鹼度常數（K_a及K_b）

當酸或鹼溶入水中，我們可依其在水溶液中之解離程度來決定其酸鹼之強弱。強酸（strong acid），即在水溶液中能解離愈多之氫離子者，如HCl、HNO_3、H_2SO_4等之水溶液幾乎是100％解離。另外醋酸CH_3COOH則具少部份解離，故爲弱酸（weak acid）。鹼之強弱係以其在水溶液中解離氫氧根離子OH^-之程度而定，如$NaOH$、KOH之水溶液幾乎是100％解離，故爲強鹼（strong base），但氨水（NH_4OH）則只有少部份解離，屬弱鹼（weak base）。弱酸在水溶液中之解離反應可以下列平衡方程式表示之

$$HA + H_2O \rightleftharpoons H_3O^+ + A^- \tag{4-15}$$

其平衡定律式爲

$$K = \frac{[H_3O^+][A^-]}{[H_2O][HA]} \tag{4-16}$$

因爲爲稀薄溶液，故 $[H_2O]$ 爲定值55.5M，因此是（4-16）可改爲

$$K[H_2O] = K_a = \frac{[H_3O^+][A^-]}{[HA]} \tag{4-17}$$

式（4-15) 通常簡化如下

$$HA \rightleftharpoons H^+ + A^- \tag{4-18}$$

$$K_a = \frac{[H^+][A^-]}{[HA]} \tag{4-19}$$

K_a通常稱爲弱酸HA之解離常數。當K_a值愈大，表示該酸解離H^+愈多，即爲強酸。反之K_a值愈小，即爲弱酸。

弱鹼在水溶液之解離反應可以下列平衡方程式表示之

$$A^- + H_2O \rightleftharpoons HA + OH^- \tag{4-20}$$

其平衡定律式爲

$$K = \frac{[HA][OH^-]}{[A^-][H_2O]} \tag{4-21}$$

$[H_2O]$ 爲常數，併入常數項得

$$K[H_2O] = K_b = \frac{[HA][OH^-]}{[A^-]} \tag{4-22}$$

K_b 值稱爲弱鹼 A^- 之解離常數。K_b 值愈大表示解離愈多OH^-，故爲強鹼。K_b 值愈小，即爲弱鹼。表 4-2 爲環工化學常見物質之解離常數。

表 4-2 常見之共軛酸鹼解離常數值

酸		$-\log K_a = pK_a$	共軛鹼		$-\log K_b = pK_b$
$HClO_4$	過氯酸	−7	ClO_4^-	過氯酸離子	21
HCl	鹽酸	～−3	Cl^-	氯離子	17
H_2SO_4	硫酸	～−3	HSO_4^-	硫酸氫離子	17
HNO_3	硝酸	−0	NO_3^-	硝酸離子	14
H_3O^+	鋞離子	0	H_2O	水	14
HIO_3	碘酸	0.8	IO_3^-	碘酸離子	13.2
HSO_4^-	硫酸氫離子	2	SO_4^{2-}	硫酸離子	12
H_3PO_4	磷酸	2.1	$H_2PO_4^-$	磷酸二氫離子	11.9
$Fe(H_2O)_6^{3+}$	鐵酸	2.2	$Fe(H_2O)_5OH^{2+}$	水基鐵 (III) 錯鹽	11.8
HF	氫氟酸	3.2	F^-	氟離子	10.8
HNO_2	亞硝酸	4.5	NO_2^-	亞硝酸離子	9.5
CH_3COOH	醋酸	4.7	CH_3COO^-	醋酸離子	9.3
$Al(H_2O)_6^{3+}$	鋁離子	4.9	$Al(H_2O)_5OH^{2+}$	水基鋁 (III) 錯鹽	9.1

表 4-2　常見之共軛酸鹼解離常數值（續）

酸		$-\log K_a = pK_a$	共軛鹼		$-\log K_b = pK_b$
$H_2CO_3^*$	二氧化碳及碳酸	6.3	HCO_3^-	碳酸氫離子	7.7
H_2S	硫化氫	7.1	HS^-	硫化氫離子	6.9
$H_2PO_4^-$	磷酸二氫鹽	7.2	HPO_4^{2-}	磷酸氫離子	6.8
$HOCl$	次氯酸	7.5	OCl^-	次氯酸離子	6.4
HCN	氰酸	9.3	CN^-	氰離子	4.7
H_3BO_3	硼酸	9.3	$B(OH)_4^-$	硼離子	4.7
NH_4^+	銨離子	9.3	NH_3	氨	4.7
H_4SiO_4	正矽酸	9.5	$H_3SiO_4^-$	矽酸三氫離子	4.5
C_6H_5OH	酚	9.9	$C_6H_5O^-$	酚離子	4.1
HCO_3^-	碳酸氫離子	10.3	CO_3^{2-}	碳酸離子	3.7
HPO_4^{2-}	磷酸氫鹽	12.3	PO_4^{3-}	磷酸離子	1.7
H_3SiO_4	矽酸三氫鹽	12.6	$H_2SiO_4^{2-}$	矽酸二氫離子	1.4
HS	硫化氫離子	14	S_2^-	硫離子	0
H_2O	水	14	OH^-	氫氧離子	0
NH_3	氨	～23	NH_2^-	胺離子	9
OH^-	氫氧離子	～24	O_2^-	氧離子	−10

將式（4-18）與（4-20）相加得

$$H_2O \rightleftharpoons H^+ + OH^- \quad (4\text{-}23)$$

將式（4-19）與（4-22）相乘得

$$K_a \times K_b = [H^+] \times [OH^-] = K_W \quad (4\text{-}24)$$

利用式（4-24），若一酸之 K_a 值為已知則可計算其共軛鹼之 K_b 值，

當一酸之 K_a 值愈大，則其共軛鹼之 K_b 值愈小。因此強酸之共軛鹼爲弱鹼；而弱酸之共軛鹼爲強鹼。

以上各關係式中皆以濃度代替活性，此乃假設溶液爲稀薄溶液（理想溶液），若在非理想溶液中則必須考慮離子強度，故應以活性代替濃度。

酸鹼之分類除可以依其在水中解離度之外，另外酸亦可依其在水溶液中解離 H^+ 之數目，分爲單子酸（mono protic acid）、雙質子酸（diprotic acid）、三質子酸（triprotic acid）。碳酸 H_2CO_3 即爲雙質子酸，其在水溶液中可做兩階段解離，其解離反應如下式：

$$H_2CO_3 + H_2O \rightleftharpoons H_3O^+ + HCO_3^- \qquad K_{a1} \tag{4-25}$$

$$HCO_3^- + H_2O \rightleftharpoons H_3O^+ + CO_3^{2-} \qquad K_{a2} \tag{4-26}$$

K_{a1} 、 K_{a2} 分別爲碳酸之第一解離常數及第二解離常數。

【例 4-1】

利用下列活性係數公式計算存在於 0.05M $CaCl_2$ 之 10^{-3}M HCl 溶液之 pH 值：

$$\log r = -0.5\, Zi^2 \frac{\sqrt{I}}{1+3\sqrt{I}}$$

【解】

由於 HCl 爲強酸，故其完全解離

$$HCl \rightarrow H^+ + Cl^-$$

10^{-3}M　10^{-3}M　10^{-3}M

由於此溶液濃度極高，因此

$$pH = -\log\{H^+\} = -\log r_{H^+}[H^+]$$

故需求活性係數 r，又

$$CaCl_2 \rightarrow Ca^{2+} + 2Cl^-$$

0.05M　　0.05M　　2 × 0.05M

$$I = \frac{1}{2}\sum_{i=1}^{t} CiZi^2$$

$$I = \frac{1}{2}[(0.05)\times 2^2 + (0.05\times 2 + 0.001)\times 1^2 + (0.001)\times 1^2] = 0.151$$

$$\log r_{H^+} = -0.5\times 1^2 \frac{\sqrt{0.151}}{1+3\sqrt{0.151}} = -0.090$$

$$r_{H^+} = 0.813$$

$$pH = -\log r_{H^+}[H^+] = -\log 0.813\times 10^{-3} = 3.09$$

【例 4-2】

$HOCl$ 為比 ClO^- 為更強之殺菌劑，水中 $HOCl$ 比例愈高殺菌效果愈強 ⑴ 當溫度為20℃時，$HOCl$ 之 $K_a = 2.7\times 10^{-8}$，求 $pH = 7$ 及 $pH = 8$ 時，$HOCl$ 對 OCl 之比例為何？⑵ 當溫度提高至30℃時，$HOCl$ 對 OCl 之比例為何？⑶ 試說明溫度與 pH 對殺菌效果之影響？（各物種之標準生成熱分別為 $\Delta H_f^o(HOCl) = -27.83$Kcal/mole；$\Delta H_f^o(H^+) = 0$；$\Delta H_f^o(ClO^-) = -25.6$ Kcal/mole。不考慮離子強度之影響。）

【解】

$HOCl$ 之解離方程式

$$HOCl \rightleftharpoons H^+ + ClO^-$$

$$K_a = \frac{[H^+][OCl^-]}{[HOCl]} = 2.7\times 10^{-8}$$

$$\frac{[OCl^-]}{[HOCl]} = \frac{K_a}{[H^+]}$$

⑴ 當 $pH = 7$ 時 $[H^+] = 10^{-7}$

$$\frac{[OCl^-]}{[HOCl]} = \frac{2.7 \times 10^{-8}}{10^{-7}} = 0.27$$

當 $pH = 8$ 時 $[H^+] = 10^{-8}$

$$\frac{[OCl^-]}{[HOCl]} = \frac{2.7 \times 10^{-8}}{10^{-8}} = 2.7$$

⑵ 溫度 30℃時，根據 Van't Hoff 方程式

$$\ln \frac{K_1}{K_2} = \frac{\Delta H^o}{R}\left(\frac{1}{T_1} - \frac{1}{T_2}\right)$$

$$\Delta H^o = [\Delta H_f^o(OCl^-) + \Delta H_f^o(H^+)] - [\Delta H_f^o(HOCl)]$$

$$= (-25.6 + 0) - (-27.83) = 2.23 \text{ Kcal/mole}$$

$$\ln \frac{2.7 \times 10^{-8}}{K_2} = \frac{2.23}{1.982 \times 10^{-3}}\left(\frac{1}{303} - \frac{1}{293}\right) = -0.127$$

$$K_2 = 3.06 \times 10^{-8}$$

當 $pH = 7$ 時 $\frac{[OCl^-]}{[HOCl]} = \frac{3.06 \times 10^{-8}}{10^{-7}} = 0.306$

當 $pH = 8$ 時 $\frac{[OCl^-]}{[HOCl]} = \frac{3.06 \times 10^{-8}}{10^{-8}} = 3.06$

⑶ pH 值增加，$HOCl$ 所佔比例大幅減低，殺菌效果降低。溫度增加，$HOCl$ 所佔比例亦減低，殺菌效果略降低。

【例 4-3】

試由基本熱力學數據計算並說明在 25℃時硝酸（HNO_3）為強酸，而亞硝酸（HNO_2）為弱酸。各物種之標準生成能 ΔG_f^o（Kcal/mole）分別為：$\Delta G_f^o(NO_3^-) = -26.43$；$\Delta G_f^o(NO_2^-) = -8.9$；$\Delta G_f^o(HNO_3) = -26.41$；$\Delta G_f^o(H^+)$

$= 0$：$\Delta G_f^o(HNO_2) = -13.30$

【解】

酸之強弱可以其解離常數 K_a 值來判斷。故可計算25℃時 HNO_3 及 HNO_2 之 K_a 值

$$HNO_3 \rightleftharpoons H^+ + NO_3^-$$

$$\Delta G^o = [\Delta G_f^o(NO_3^-) + \Delta G_f^o(H^+)] - [\Delta G_f^o(HNO_3)]$$

$$= [(-26.43 + 0)] - [(-26.41)] = -0.02 \text{ Kcal}$$

$$\Delta G^o = -RT \ln K_a$$

$$-0.02 = -1.982 \times 10^{-3} \times 298 \ln K_a$$

$$K_a(HNO_3) = 1.03$$

$$HNO_2 \rightleftharpoons H^+ + NO_2^-$$

$$\Delta G^o = [\Delta G_f^o(NO_2^-) + \Delta G_f^o(H^+)] - [\Delta G_f^o(HNO_2)]$$

$$= [(-8.9 + 0)] - [(-13.3)] = 4.4 \text{ Kcal}$$

$$\Delta G_o = -RT \ln K_a$$

$$4.4 = -1.982 \times 10^{-3} \times 298 \ln K_a$$

$$K_a(HNO_2) = 5.9 \times 10^{-4}$$

由於 HNO_3 之 K_a 值較 HNO_2 之 K_a 值大許多，故 HNO_3 為強酸而 HNO_2 為弱酸。

4-3 酸鹼平衡計算

酸鹼在水溶液中之解離相當快速，又 H^+ 及 OH^- 之中和反應速率相當快，皆在幾秒或更少時間內完成。酸、鹼反應速率係由擴散控制（diffusion control）所支配，當離子擴散後，H^+ 及 OH^- 互相接觸反應即刻產生，因此酸鹼反應一般要求良好之攪拌。由於反應速率太快，因此自然水與廢水處理過程，比較不注重酸鹼反應之速率問題而注重平衡之計算。在酸鹼平衡計算（equilibrium calculations for acids and bases）技巧中，主要是要確認欲解之物種濃度的數目，並尋找可使用之方程式，亦即有 n 個欲解之物種濃度，則需有 n 個方程式，以便聯立解 n 個未知參數。而尋找可用之方程式，可從四個方向著手，分別是 ⑴ 平衡關係式（equilibrium relationship），⑵ 質量平衡（mass balance, MB），⑶ 電荷平衡（charge balance, CB），⑷ 質子條件（proton condition, PC）。本節中將先說明質量平衡、電荷平衡、質子條件之意義，再以一些例子說明平衡計算之方法，並以圖解法來幫助解決較複雜之問題。

4-3-1 質量平衡式

質量平衡式是溶液中不同成分間平衡濃度的相互關係。此乃源於質量不滅定律—亦即反應前後物質之質量必須為一定值。茲以 0.05M 醋酸（$HOAc$）之水溶液來說明：

由於醋酸於水溶液中，有部份會解離成 H^+ 及 OAc^-，因此 $HOAc$ 之剩餘濃度即小於 0.05M，而減少部份已解離成 H^+ 及 OAc^-。如此則醋酸原來之總濃度以 C_T 或 C_{HOAc} 表示，C_T 即等於 $HOAc$ 剩餘濃度和所解離出 OAc^- 濃度之和，如下式：

$$C_T = C_{HOAc} = 0.05\text{M} = [HOAc] + [OAc^-] \tag{4-27}$$

通常以下式表示質量平衡式：

$$C_T = \sum_{i=1}^{i=n} C_i \tag{4-28}$$

C_T：化學物質之總莫耳濃度 (M)

C_i：含有該等物質之各單一物質之濃度 (M)

4-3-2　電荷平衡式

電解質溶液含有許多正負離子，但是溶液總維持電中性。電中性是由於正電荷之莫耳濃度總是等於負電荷之莫耳濃度。因此電荷平衡方程式通常以下式表示：

$$\sum_{i=1}^{i=n}\left[P_i\left(C_i^{P_i}\right)\right]=\sum_{i=1}^{i=n}\left[N_i\left(A_i^{Ni}\right)\right] \quad (4\text{-}29)$$

$C_i^{P_i}$　：某一含正電荷（+p）之陽離子物質之莫耳濃度（M）

A_i^{Ni}　：某一含負電荷（−n）之陰離子物質之莫耳濃度（M）

P_i，N_i 即為電荷數之絕對值

因此 $NaCl$ 水溶液之電荷平衡是可以下式表示

$$1\times[Na^+]+1\times[H_3O^+]=1\times[Cl^-]+1\times[OH^-] \quad (4\text{-}30)$$

而 $MgCl_2$ 水溶液之電荷平衡式為

$$2\times[Mg^{+2}]+1\times[H_3O^+]=1\times[Cl^-]+1\times[OH^-] \quad (4\text{-}31)$$

4-3-3　質子條件

質子條件是以適當物質為基準水平，其他物質（在平衡時）相對於此基準的質子質量平衡。亦即某一物質相對於基準物質所多餘之質子，需由另一物質相對於基準物質所短缺之質子所平衡。茲以下面例子說明：

醋酸溶液之質子條件為何？我們可以下面方式考慮；在醋酸溶液中，若未解離則 CH_3COOH 及 H_2O 為基準物質，當醋酸及水解離而達成平衡時，則會產生新物質如 CH_3COO^-、H_3O^+、OH^-，此三種物質稱為平衡態物質。CH_3COO^- 是比基準物質 CH_3COOH 短缺一質子，短缺之質子濃度以 $[H^+]_{缺}$表示。又 CH_3COOH 解離時會產生等量之 H^+ 及 CH_3COO^-，因此短

缺之質子濃度（$[H^+]_{缺}$）與 CH_3COO^- 濃度相等，即

$$[H^+]_{缺} = [CH_3COO^-] \tag{4-32}$$

另外 H_3O^+ 是比基準物質 H_2O 多出質子，所多出之質子濃度以 $[H^+]_{多}$ 表示，因為 H_2O 獲得一質子即產生等量之 $[H_3O^+]$ ，因此 $[H^+]_{多}$ 與 H_3O^+ 濃度相等。即

$$[H^+]_{多} = [H_3O^+] \tag{4-33}$$

同理 OH^- 是比基準物質 H_2O 短缺一質子，短缺之質子之濃度以 $[H^+]_{缺}$ 表示之，因為 H_2O 失去一質子則產生等量之 OH^-，故 $[H^+]_{缺}$ 等於 OH^- 之濃度。即

$$[H^+]_{缺} = [OH^-] \tag{4-34}$$

由於短缺之質子需由多餘之質子平衡，因此

$$[H^+]_{多} = [H^+]_{缺}$$

故由（4-32），（4-33），（4-34），得

$$[H_3O^+] = [CH_3COO^-] + [OH^-] \tag{4-35}$$

上面觀念亦可以質子平衡圖示表示之，因此醋酸水溶液可以下圖（圖 4-1）表示：

超過基準態之質子物種的總濃度，與少於基準態之質子物種的總濃度應相等，因此質子條件為 $1 \times [CH_3COO^-] + 1 \times [OH^-] = 1 \times [H_3O^+]$。

再以 H_2CO_3 之水溶液為例，在此溶液中 H_2CO_3 及 H_2O 即為基準物質，而 H_2CO_3 及 H_2O 解離達到平衡時產生 HCO_3^-，CO_3^{2-}，H_3O^+，OH^- 等物質。HCO_3^- 較基準物質 H_2CO_3 短缺一質子，所短缺之質子濃度以 $[H^+]_{缺1}$ 表示之，

又 H_2CO_3 失去一質子時則產生等量之HCO_3^-，因此

$$[H^+]_{缺1} = [HCO_3^-] \tag{4-37}$$

平衡態（多一質子，+1）		H_3O^+
		↑
基準態	CH_3COOH	H_2O
	↓	↓
平衡態（缺一質子，−1）	CH_3COO^-	OH^-

圖 4-1　CH_3COOH，H_2O 之質子平衡圖示

其次 CO_3^{2-} 較基準物質 H_2CO_3 缺 2 質子，其所缺質子濃度以$[H^+]_{缺2}$表示，又 H_2CO_3 解離時產生之 H^+ 濃度爲 CO_3^{2-} 濃度之 2 倍，因此

$$[H^+]_{缺2} = 2\ [CO_3^{2-}] \tag{4-38}$$

至於 H_3O^+ 及 OH^- 與上述醋酸溶液中之情況相同，即

$$[H^+]_{缺} = [OH^-] \tag{4-39}$$

$$[H^+]_{多} = [H_3O^+] \tag{4-40}$$

短缺之質子需由多餘質子平衡，因此其質子平衡式爲

$$[H_3O^+] = [OH^-] + [HCO_3^-] + 2[CO_3^{2-}] \tag{4-41}$$

若以質子平衡圖示表示，如圖 4-2。
因此質子條件爲：

$$1 \times [H_3O^+] = 1 \times [OH^-] + 1 \times [HCO_3^-] + 2[CO_3^{2-}]$$

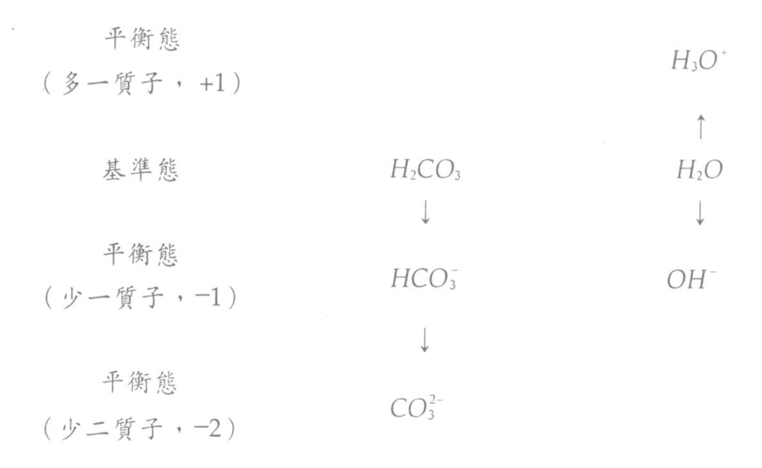

圖 4-2 H_2CO_3，H_2O 之質子平衡圖示

由上述討論可知若欲尋找質子條件，則需確定基準物質及平衡態物質，再建立平衡圖示。質子條件式之建立之原則乃根據超過基準態之質子物種的總濃度與少於基準態之質子物種總濃度應相等，可以下式表示：

$$\Sigma n\,(C_i)_{缺} = \Sigma m\,(C_i)_{多} \tag{4-42}$$

$(C_i)_{缺}$、$(C_i)_{多}$ 分別為相對於基準物質之缺質子物質及多質子物質之濃度

n，為 i 質子物質所缺之質子數（相對於基準物質）

m，為 i 質子物質所多之質子數（相對於基準物質）

4-3-4 酸鹼之平衡解法

一般解決平衡問題之步驟如下：

1. 列出系統中平衡時所有可能物質之種類。
2. 列出所有有關之平衡化學方程式。
3. 寫出第 2 步驟中所有有關之平衡常數式。並查平衡常數表找出其常數值。

4. 寫出系統之質量平衡式。

5. 寫出系統之電荷平衡式及質子條件式。

6. 步驟 3、4、5 所立方程式數目須等於或多於第 1 步驟之各物質之數目。

7. 解上述聯立方程式，以便解出步驟 1 之各物質之平衡濃度。

上述步驟 7 若爲極複雜之問題，即必須作適當之假設以簡化問題。除了這些方法外，圖解法亦爲常用簡化問題之方法。當然電腦程式之應用亦可幫助解決非常複雜之問題。

以下將列舉幾個例子說明上述解決平衡問題步驟之應用。

【例 4-4】

假設溶液爲理想溶液，溫度 25℃時，10^{-2} mole 的 HCl 加入 1L 蒸餾水中，求此溶液之$[H^+]$、$[OH^-]$、$[Cl^-]$？又 pH 值爲何？ HCl 爲強酸。

【解】

解題方法可分爲精確解法及簡化解法。

⑴ 精確解法：按照上述平衡問題之解決步驟

① 溶液中平衡時可能出現之物質有

H_2O、H^+、OH^-、HCl、Cl^-

② 列出所有有關之平衡方程式

$$HCl \rightleftharpoons H^+ + Cl^- \tag{4-43}$$

$$H_2O \rightleftharpoons H^+ + OH^- \tag{4-44}$$

③ 列出各反應之平衡常數式，並查表得其常數値

$$K_a = \frac{[H^+][Cl^-]}{[HCl]} = 10^3 \tag{4-45}$$

$$K_W = [H^+][OH^-] = 1 \times 10^{-14} \quad (4\text{-}46)$$

④ 列出質量平衡式

$$C_T = [HCl] + [Cl^-] \quad (4\text{-}47)$$

⑤ 寫出電荷平衡式

$$1 \times [H^+] = 1 \times [Cl^-] + 1 \times [OH^-] \quad (4\text{-}48)$$

⑥ 寫出質子條件

平衡態 (+1)		H_3O^+
		↑
基準態	HCl	H_2O
↓	↓	↓
平衡態 (-1)	Cl^-	OH^-

質子條件為 $[H_3O^+] = [Cl^-] + [OH^-]$ (4-49)

⑦ 解聯立方程式

由步驟⑤或⑥之式（4-48）或（4-49）解出

$$[Cl^-] = [H^+] - [OH^-] \quad (4\text{-}50)$$

代入（4-47）式得

$$[HCl] = C_T - ([H^+] - [OH^-]) \quad (4\text{-}51)$$

將式（4-50）及（4-51）代入（4-45）式

$$K_a = \frac{[H^+]([H^+] - [OH^-])}{C_T - ([H^+] - [OH^-])} \quad (4\text{-}52)$$

又由（4-46）式知 $[OH^-]=\frac{K_W}{[H^+]}$ 代入（4-52）式得

$$K_a=\frac{[H^+]\left([H^+]-\frac{K_W}{[H^+]}\right)}{C_T-\left([H^+]-\frac{K_W}{[H^+]}\right)} \tag{4-53}$$

重新整理得

$$[H^+]^3+K_a[H^+]^2-(K_aC_T+K_W)[H^+]-K_aK_W=0 \tag{4-54}$$

解此三次方程式或利用試誤法可解出 $[H^+]\cong\times 10^{-2}$M

⑵ 簡化解法：此法係是先作一些合理之假設以簡化問題，對於強酸強鹼溶液通常可作幾項假設

① 強酸及強鹼視爲完全解離，因此沒有分子態之強酸或強鹼存在，只有離子存在，因此 $[Cl^-]>>[HCl]$ 依此假設則（4-47）式成爲

$$C_T=[Cl^-]=10^{-2} \tag{4-55}$$

② 水之電離可忽略不計，即水解離之 $[H^+]$ 較酸解離者小，而水解離之 $[OH^-]$ 亦較酸解離之 $[H^+]$ 爲小

依此假設，則 $[H^+]>>[OH^-]$ (4-56)

將式（4-55）及（4-56）代入式（4-48），得

$$[H^+]=[Cl^-]=C_T=10^{-2}\text{M}$$

代入式（4-45）及（4-46）得

$$[HCl]\cong 10^{-7}\text{M}$$

$$[OH^-] = 10^{-12}M$$

而 $pH = -\log[H^+] = -\log 10^{-2} = 2$

驗証假設：由於

$$[Cl^-] \cong 10^{-2}\,M > HCl \cong 10^{-7}M$$

$$[H^+] = 10^{-2}M > [OH^-] = 10^{-12}M$$

因此以上之假設正確。

一般而言假設是否正確，可將求出之各值代入質子條件，或任何假設方程式，驗算是否能滿足5％以內之偏差以作判斷。若不能滿足，則必須作不同的簡化假設，或不用假設而解多元方程式直接解題。以此例子而言將各值代入質子條件式中：

$$[H^+] = [Cl^-] + [OH^-]$$

$$10^{-2} = 10^{-2} + 10^{-12}$$

左邊及右邊之誤差小於5％故假設是合理的。

【例4-5】

若假設爲理想溶液，則 10^{-2}M 醋酸溶液在25℃平衡時，各物種之平衡濃度爲何？

【解】

(1) 精確解法

① 平衡時存在之各物種有

$CH_3COOH[HAc]$、$CH_3COO^-(Ac^-)$、H_2O、H^+、OH^-

② 列出所有有關之平衡方程式

(a) $HAc \rightleftharpoons H^+ + Ac^-$ (4-57)

(b) $H_2O \rightleftharpoons H^+ + OH^-$ (4-58)

③ 列出各反應之平衡常數式，並查表得其常數值

$$(a)\ K_a = \frac{[H^+][Ac^-]}{[HAc]} = 1.8 \times 10^{-5} \quad (4\text{-}59)$$

$$(b)\ K_W = [H^+][OH^-] = 1 \times 10^{-14} \quad (4\text{-}60)$$

④ 列出質量平衡式

$$C_T = [HAc] + [Ac^-] = 10^{-2}\text{M} \quad (4\text{-}61)$$

⑤ 寫出電荷平衡式

$$[H^+] = [OH^-] + [Ac^-] \quad (4\text{-}62)$$

⑥ 寫出質子條件

$$[H_3O^+] = [OH^-] + [Ac^-] \quad (4\text{-}63)$$

⑦ 解聯立方程式

由式（4-62）得

$$[Ac^-] = [H^+] - [OH^-] \quad (4\text{-}64)$$

代入式（4-61）得

$$[HAc] = C_T - ([H^+] - [OH^-]) \quad (4\text{-}65)$$

代入式（4-59），得

$$K_a = \frac{[H^+]([H^+]-[OH^-])}{C_T-([H^+]-[OH^-])} \tag{4-66}$$

又由式（4-60）知$[OH^-] = \frac{K_W}{[H^+]}$代入式（4-66），並重新整理得

$$[H^+]^3 + K_a[H^+]^2 - (K_aC_T + K_W)[H^+] - K_aK_W = 0 \tag{4-67}$$

解式（4-67）得

$[H^+] = 4.37 \times 10^{-4}\text{M}$

$[OH^-] = 2.30 \times 10^{-11}\text{M}$

$[HAc] = 9.56 \times 10^{-3}\text{M}$

$[Ac^-] = 4.37 \times 10^{-4}\text{M}$

⑵ 簡化解法：由於 HAc 爲弱酸，可作下列假設

①HAc 爲弱酸，因此解離很少，所以假設

$[HAc] >> [Ac^-]$

② 此水溶液是酸性，故假設 $[H^+] >> [OH^-]$
依據以上二假設，因此（4-61）式可簡化爲

$$C_T = [HAc] = 10^{-2}\text{M} \tag{4-68}$$

而式（4-62）變爲

$$[H^+] = [Ac^-] \tag{4-69}$$

將式（4-68）、（4-69）代入式（4-59）得

$$K_a = \frac{[H^+]^2}{10^{-2}} = 1.8 \times 10^{-5}$$

得$[H^+] = 4.47 \times 10^{-4}$M代入式（4-69）、（4-60）及（4-59）

得 $[OH^-] = 2.24 \times 10^{-11}$M

$[HAc] = 9.95 \times 10^{-3}$M

$[Ac^-] = 4.47 \times 10^{-4}$M

驗証假設，將上述值代入質子條件

$$(4.47 \times 10^{-4}) = (2.24 \times 10^{-11}) + (4.47 \times 10^{-4})$$

兩邊誤差＜5％，故以上假設成立。

【例 4-6】

H_3AsO_4爲三質子酸，$pK_{a1} = 2.22$，$pK_{a2} = 6.98$且$pK_{a3} = 11.53$。若將KH_2AsO_4加入水中後總濃度爲0.001M，則在25℃時，其pH值爲何？（不計離子濃度）。

【解】

⑴平衡時存在之各物種

H_3AsO_4、$H_2AsO_4^-$、$HAsO_4^{2-}$、AsO_4^{3-}、H^+、OH^-、K^+

⑵平衡方程式（省略）

⑶平衡常數式

$$K_W = [H^+][OH^-] = 1 \times 10^{-14} \quad (4\text{-}70)$$

$$\frac{[H^+][H_2AsO_4^-]}{[H_3AsO_4]} = K_{a1} = 10^{-2.22} \quad (4\text{-}71)$$

$$\frac{[H^+][HAsO_4^{2-}]}{[H_2AsO_4^-]} = K_{a2} = 10^{-6.98} \quad (4\text{-}72)$$

$$\frac{[H^+][AsO_4^{3-}]}{[HAsO_4^{2-}]} = K_{a3} = 10^{-11.53} \quad (4\text{-}73)$$

(4)M.B

$$C_{T,AsO_4} = 0.001\text{M} = [H_3AsO_4] + [H_2AsO_4^-] + [HAsO_4^{2-}] + [AsO_4^{3-}] \quad (4\text{-}74)$$

(5)C.B

$$[K^+] + [H^+] = [OH^-] + [H_2AsO_4^-] + 2[HAsO_4^{2-}] + 3[AsO_4^{3-}] \quad (4\text{-}75)$$

(6)P.C. 基準物H_2O、$H_2AsO_4^-$

$$[H^+] + [H_3AsO_4] = [OH^-] + [HAsO_4^{2-}] + 2[AsO_4^{3-}] \quad (4\text{-}76)$$

首先必先作假設以簡化問題，假設如下：
由平衡式

$$H_2AsO_4^- \rightleftharpoons HAsO_4^{2-} + H^+ \text{，} pK_{a2} = 6.98 \quad (4\text{-}77)$$

$$H_2AsO_4^- + H_2O \rightleftharpoons H_3AsO_4 + OH^- \text{，} pK_{b1} = (14 - 2.22) = 11.78 \quad (4\text{-}78)$$

由於$pK_{a2} << pK_{b1}$，所以 $H_2AsO_4^-$ 之酸性質較鹼性質強，故溶液呈酸性因此假設

$$[H^+] >> [OH^-] \quad (4\text{-}79)$$

$$[HAsO_4^{2-}] >> [H_3AsO_4] \quad (4\text{-}80)$$

又因爲以 $H_2AsO_4^-$ 加入水中，所以$[AsO_4^{3-}]$應很小（已經是第二次解離之產物），故假設

$$[AsO_4^{3-}] \approx 0 \qquad (4\text{-}83)$$

根據以上之假設，即（4-79）、（4-80）及（4-81）等各式，因此（4-76）式可簡化為

$$[H^+] \cong [HAsO_4^{2-}] = X \qquad (4\text{-}82)$$

（4-74）式可簡化為

$$[H_2AsO_4^-] = 0.001 - [HAsO_4^{2-}]$$

即 $[H_2AsO_4^-] = 0.001 - X$ (4-82)

將（4-82）及式（4-83）代入（4-72）式得

$$\frac{(X)(X)}{0.001 - X} = 10^{-6.98}$$

得 $X^2 + 1.05 \times 10^{-7}X - 1.05 \times 10^{-10} = 0$

$$X = [H^+] = [HAsO_4^{2-}] = 1.02 \times 10^{-5}$$

所以 pH = 4.99

其他各物種，可分別將$[H^+] = [HAsO_4^{2-}] = 1.02 \times 10^{-5}$ 代入（4-73）、（4-72）、（4-71）求出

$$[AsO_4^-] = 2.95 \times 10^{-12}$$

$$[H_2AsO_4^-] = 9.94 \times 10^{-4}$$

$$[H_3AsO_4] = 1.68 \times 10^{-6}$$

驗證假設：

可將上述各值代入 pC，即式（4-76）：

$$[H^+]+[H_3AsO_4]=[OH^-]+[HAsO_4^{2-}]+2[AsO_4^{3-}]$$

再以下式計算誤差百分率

$$誤差百分率=\left(1-\frac{等式右方}{等式左方}\right)\times 100$$

利用上式計算，在 $pH=4.99$ 時，其誤差百分率爲 15.1％，因爲大於 5％故無法接受，因此可將 pH 做適當修正，再重新計算誤差百分率，下表爲 pH 修正後之誤差百分率

pH	誤差百分率
4.99	+15.1％
5.01	+6.9％
5.02	+2.6％
5.03	−2.00％
5.025	+0.3％

因此，此溶液之 pH 值應爲 5.025。

【例 4-7】

試証明當 $C_T>10^{-3}$M，$NaHCO_3$ 溶液之 $[H^+]$ 可由 $[H^+]=\sqrt{K_{a1}K_{a2}}$ 之公式計算之，K_{a1} 及 K_{a2} 分別爲碳酸之第一及第二解離常數。

【解】

(1) 平衡方程式

$$HCO_3^- \rightleftharpoons H^+ + CO_3^{2-}，K_{a2}=10^{-8.3}(25℃)$$

$$H_2CO_3 \rightleftharpoons H^+ + HCO_3^-，K_{a1}=10^{-6.3}(25℃)$$

$$H_2O \rightleftharpoons H^+ + OH^-，K_W=1\times 10^{-14}(25℃)$$

(2) 平衡常數式

$$\frac{[H^+][CO_3^{2-}]}{[HCO_3^-]} = K_{a2} \tag{4-84}$$

$$\frac{[H^+][HCO_3^-]}{[H_2CO_3]} = K_{a1} \tag{4-85}$$

$$[H^+][OH^-] = K_W \tag{4-86}$$

(3) M.B. $C_T = [H_2CO_3] + [HCO_3^-] + [CO_3^{2-}]$ (4-87)

(4) C.B. $[Na^+] + [H^+] = [OH^-] + [HCO_3^-] + 2[CO_3^{2-}]$ (4-88)

(5) P.C. $[H^+] + [H_2CO_3] = [OH^-] + [CO_3^{2-}]$ (4-89)

(6) 進行簡化：

$HCO_3^- \rightleftharpoons H^+ + CO_3^{2-}$，$pK_{a2} = 8.3$

$HCO_3^- + H_2O \rightleftharpoons H_2CO_3 + OH^-$，$pK_{b2} = 14 - 8.3 = 5.7$

$pK_{b2} << pK_{a2}$ 所以 HCO_3^- 鹼性較酸性強，因此假設

$$[H^+] << [OH^-]$$

故式（4-89）可簡化為

$$[H_2CO_3] = [OH^-] + [CO_3^{2-}] \tag{4-90}$$

又由於 $K_{a2}(10^{-8.3})$ 及 $K_{b2}(10^{-5.7})$ 均不大，因此可假設 $[HCO_3^-]$ 轉換成 $[CO_3^{2-}]$ 及 $[H_2CO_3^*]$ 不多，因此式（4-87）變為

$$C_T \cong [HCO_3^-] \tag{4-91}$$

由（4-85）、（4-86）及（4-84）分別求得 $[H_2CO_3]$、$[OH^-]$ 及 $[CO_3^{2-}]$ 代入式（4-90）得

$$\frac{[H^+][HCO_3^-]}{K_{a1}} = \frac{K_W}{[H^+]} + \frac{[HCO_3^-]\cdot K_{a2}}{[H^+]} \tag{4-92}$$

$$[H^+]^2\frac{[HCO_3^-]}{K_{a1}} = K_W + K_{a2}[HCO_3^-]$$

$$[H^+]^2 = \frac{K_{a1}\cdot K_W}{[HCO_3^-]} + \frac{K_{a1}K_{a2}[HCO_3^-]}{[HCO_3^-]}$$

$$[H^+]^2 = \frac{K_{a1}\cdot K_W}{C_T} + K_{a1}K_{a2}$$

$$[H^+] = \sqrt{K_{a1}\times\frac{K_W}{C_T} + K_{a1}K_{a2}} \tag{4-93}$$

當 $C_T >> 10^{-3}$ 時 $\frac{K_W}{C_T} << K_{a2}$ 所以（4-93）可簡化為

$$[H^+] = \sqrt{K_{a1}K_{a2}} \tag{4-94}$$

需注意的是以上各例題計算時，都假設為理想溶液，因此以濃度代替活性，若非理想溶液時則需考慮離子強度效應，因為在兩種不同情況則計算出之 $[H^+]$ 會不相同，此現象可以下面例子說明。

【例 4-8】

未游離之 HCN 對魚類有害，設其對某特定魚類的毒性濃度為 10^{-6}M，在總氰化物的濃度為 10^{-5} M 下，試求下列情況下，HCN 溶液在何 pH 時才會對魚類產生毒性？(1) 離子強度為 0 (2) 離子強度為 0.1M。（假設 HCN 之活性係數 $r=1$，HCN 之 $K_a = 4.8\times10^{-10}$，25℃）

【解】

$$HCN \rightleftharpoons CN^- + H^+ \text{，} K_a = \frac{\{CN^-\}\{H^+\}}{\{HCN\}} = 4.8\times10^{-10}$$

$C_T = [HCN] + [CN^-] = 10^{-5}M$

當 $[HCN] = 10^{-6}M$ 對魚類有毒性

此時 $[CN^-] = 10^{-5} - 10^{-6} = 9 \times 10^{-6}M$

(1) 當 $I = 0$ 、 $r = 1.0$ 此時

$\{CN\} = [CN]$ ，$\{H^+\} = [H^+]$ ，$\{HCN\} = [HCN]$

$$4.8 \times 10^{-10} = \frac{(9 \times 10^{-6})(H^+)}{(10^{-6})}$$

$$(H^+) = 5.33 \times 10^{-11}$$

$pH \leqq 10.27$ 時對魚類有毒性

(2) 當 $I = 0.10M$ ，則活性係數可由下列公式求得

$$\log r = -0.5(-1)^2 \left[\frac{\sqrt{0.1}}{1 + \sqrt{0.1}} \right] = -0.120$$

$r = 0.758$ $r_{H^+} = r_{CN^-} = 0.758$

$$K_a = \frac{\{CN^-\}\{H^+\}}{\{HCN\}} = \frac{r_{CN^-}[CN^-]\, r_{H^+}[H^+]}{r[HCN]} = 4.8 \times 10^{-10}$$

$$\frac{(0.758)(9 \times 10^{-6}) \times (0.758)(H^+)}{1 \times 10^{-6}} = 4.8 \times 10^{-10}$$

$$[H^+] = \frac{(1 \times 10^{-6})(4.8 \times 10^{-10})}{(0.758)^2(9 \times 10^{-6})} = 9.3 \times 10^{-11}$$

$pH \leqq 10.03$ 時對魚類有毒性。

【例 4-9】

某污水處理廠利用厭氧槽進行廢水 BOD 之去除處理，已知槽內廢水之 $pH = 7.9$ ，總氨態氮濃度（包括 $NH_4^+ - N$ 及 $NH_3 - N$ ）爲 1400mg/L，試計

算並評估槽內厭氧菌是否已遭受氨氮的抑制（文獻上已記載當總氨氮濃度＞3000mg/L或自由態氨氮濃度＞55mg/L，會對厭氧菌產生抑制）。若調節 pH 值時，在何 pH 值將不會有抑制作用產生（$NH_4^+ - N$ 之 $pK_a = 9.56$，N 之原子量爲14g/mole）

【解】

$NH_4^+ - N$ 之解離方程式爲

$$NH_4^+ - N \rightleftharpoons NH_3 - N + H^+$$

$$\frac{[NH_3 - N][H^+]}{[NH_4^+ - N]} = K_a = 2.75 \times 10^{-10}$$

$$\frac{[NH_3 - N]}{[NH_4^+ - N]} = \frac{2.75 \times 10^{-10}}{[H^+]} = \frac{2.75 \times 10^{-10}}{10^{-7.9}} = 2.18 \times 10^{-2}$$

由M.B

$$[NH_4^+ - N] + [NH_3 - N] = 1400\ \text{mg/L} = \frac{1.4\text{g}}{\text{L}} \times \frac{1\ \text{mole}}{14\text{g}} = 0.1\text{M}$$

$$\frac{[NH_3 - N]}{2.18 \times 10^{-2}} + [NH_3 - N] = 0.1\text{M}$$

$$[NH_3 - N] = 0.00213\text{M}$$

$$[NH_3 - N] = \frac{0.00213\ \text{mole}}{\text{L}} \times \frac{14\text{g}}{\text{mole}} \times \frac{1000\text{mg}}{1\text{g}} = 2.98\ \text{mg/L}$$

因爲 $[NH_3 - N] = 29.8\ \text{mg/L} < 55\ \text{mg/L}$，所以無抑制作用。

若欲將 $NH_3 - N$ 提升則需升高其 pH 值，使 $NH_3 - N$ 高於55mg/L，則會有抑制作用。

因此當 $[NH_3 - N] = 55\ \text{mg/L}$ 時，$[NH_4^+ - N] = 1400 - 55 = 1345\ \text{mg/L}$

$$[NH_3 - N] = \frac{55\ \text{mg/L}}{\text{L}} \times \frac{1\text{g}}{1000\text{mg}} \times \frac{1\ \text{mole}}{14\ \text{g}} = 3.93 \times 10^{-3}\ \text{M}$$

$$[NH_4^+ - N] = \frac{1345\ \text{mg}}{\text{L}} \times \frac{1\text{g}}{1000\text{mg}} \times \frac{1\ \text{mole}}{14\ \text{g}} = 9.61 \times 10^{-2}\ \text{M}$$

$$\frac{[NH_3 - N][H^+]}{[NH_4^+ - N]} = 2.75 \times 10^{-10}$$

$$\frac{3.93 \times 10^{-3}[H^+]}{9.6 \times 10^{-2}} = 2.75 \times 10^{-10}$$

$$[H^+] = \frac{2.75 \times 10^{-10} \times 9.6 \times 10^{-2}}{3.93 \times 10^{-3}} = 6.72 \times 10^{-9}$$

$$pH = 8.17$$

將 pH 降至 8.17 以下則不會有抑制作用。

4-3-5 酸鹼之平衡圖解

由上節之酸鹼平衡計算法中，我們很清楚知道必須使用假設以簡化問題，因爲以直接之數學運算則往往牽涉多次元之方程式運算，如不藉助電腦幫助，將很難求解。然而在複雜之平衡問題中，簡化法亦不單純，往往何種物質可忽略不計，很難判斷，勉強假設則誤差極大，而且驗證程序極爲複雜。爲探討 pH 值對各物種濃度之影響及快速解複雜平衡問題，遂有圖解（graphic representation）方法之發展，此方法係由 Bjerrum 首先介紹，最近再由 Sillen 所發展出來。此方法主要做法是將物種濃度表示成 pH 或已知常數（如 K_W、K_a、C_T）之相關方程式。再以各物質濃度之對數對 pH 值作圖，即可得酸鹼 - 平衡之解，因此又稱濃度對數圖（以 pC-pH 圖表示之）。以下將先介紹強酸、單質子弱酸、雙質子弱酸之繪圖方式，再舉例說明以圖解方式解平衡問題。爲方便計，溶液全部假設爲理想溶液，不計其離子強度。

1. 強單質子酸之平衡圖

⑴列出平衡式及平衡常數式

$$HA \rightarrow H^+ + A^- \text{（強酸完全解離）} \tag{4-95}$$

$$H_2O \rightarrow H^+ + OH^- \tag{4-96}$$

⑵列出質量平衡式
因爲完全解離所以

$$C_T = [A^-] \tag{4-97}$$

⑶定出系統中平衡時之化學物質

$[A^-]$、$[H^+]$、$[OH^-]$

⑷推導出上列各物質之繪圖方程式
①由式（4-97）取對數，便得 $[A^-]$ 之繪圖方程式

$$-\log[A^-] = -\log C_T \tag{4-98}$$

②由定義 $-\log[H^+] = pH$ (4-99)

此式即爲 $[H^+]$ 之繪圖方程式
③由（4-96）

$$K_W = [H^+][OH^-]$$

$$[OH^-] = \frac{K_W}{[H^+]}$$

$$-\log[OH^-] = -\log\frac{K_W}{[H^+]} = pK_W - pH = 14 - pH \tag{4-100}$$

⑸將式（4-98）、（4-99）及（4-100）。分別以 $-\log$[化學物種] 對 pH

作圖即得圖 4-3 之平衡圖。該圖爲 5×10^{-5} MHCl 水溶液之 pC-pH 圖。

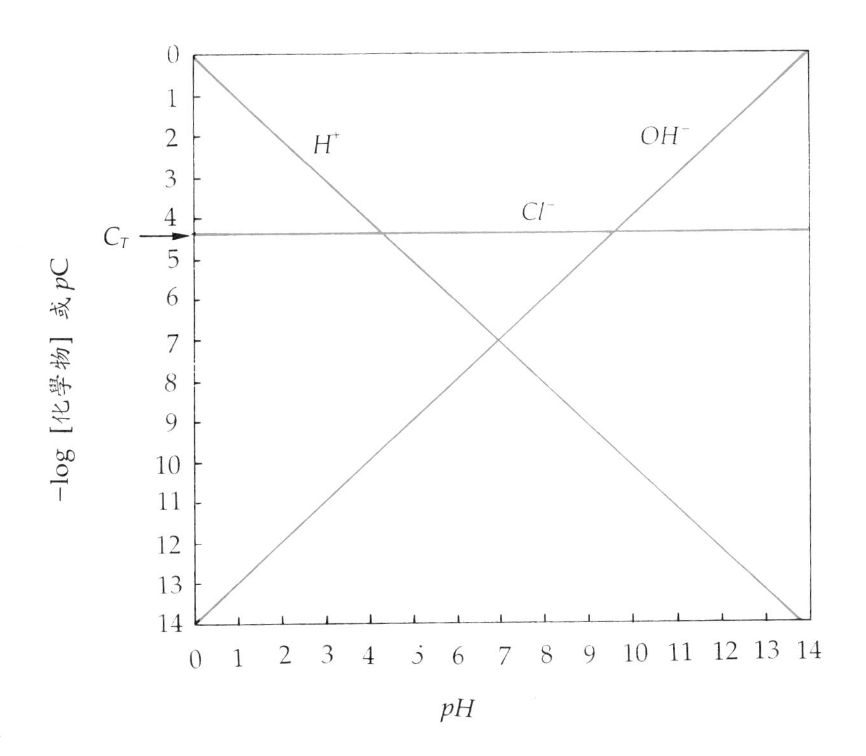

圖 4-3　單質子强酸，5×10^{-5} MHCl 水溶液之 pC-pH 圖

2. 單質子弱酸之平衡圖

(1) 列出平衡式及平衡常數式

$$HA \rightleftharpoons H^+ + A^- \qquad K_a = \frac{[H^+][A^-]}{[HA]} \tag{4-101}$$

$$H_2O \rightleftharpoons H^+ + OH^- \qquad K_W = [H^+][OH^-] \tag{4-102}$$

(2) 列出質量平衡式

$$C_{T,A} = [HA] + [A^-] \tag{4-103}$$

⑶ 定出系統中平衡時之化學物質

$[HA]$、$[A^-]$、$[H^+]$、$[OH^-]$

⑷ 推導出上列各物質之繪圖方程式

① 推導 C_T *vs* pH 之繪圖方程式

由於 C_T 與 pH 值無關，因此

$$-\log C_T = 常數 \tag{4-104}$$

在 pC-pH 圖中應爲一與橫軸平行之直線（圖 4-4 中之線 1）

② $[H^+]$ 及 $[OH^-]$ 之繪圖方程式與單質子強酸中一樣，即

$$-\log[OH^-] = pK_W - pH = 14 - pH \tag{4-105}$$

在 pC-pH 圖中爲斜率 -1 之直線（圖 4-4 中之線 2）。

$$-\log[H^+] = pH \tag{4-106}$$

在 pC-pH 圖中爲斜率 +1 之直線（圖 4-4 中之線 3）

③ 推導 $[A^-]$ 之繪圖方程式

由式（4-101）知 $K_a = \dfrac{[H^+][A^-]}{[HA]}$ 重新整理得

$$[HA] = \frac{[H^+][A^-]}{K_a} \tag{4-107}$$

將式（4-107）代入式（4-103）

$$C_T = \frac{[H^+][A^-]}{K_a} + [A^-] \tag{4-108}$$

將式（4-108）之 $[A^-]$ 提出並移項得

$$[A^-]=\frac{C_T\cdot K_a}{[H^+]+K_a} \tag{4-109}$$

取對數

$$-\log[A^-]=\log([H^+]+K_a)-\log K_a-\log C_T \tag{4-110}$$

此式爲曲線，而非直線，我們可依下列步驟簡化處理。

a. 現在檢查$[H^+]>>K_a$，即$pH<<pK_a$之範圍內，在此範圍內式（4-110）變爲

$$-\log[A^-]=\log([H^+])-\log K_a-\log C_T=-pH+pK_a+pC_T \tag{4-111}$$

即當 pH 較 pK_a 小一單位以上時，（4-111）式爲斜率−1之直線（圖4-4中之線4）。

b. 現在檢查$[H^+]<<K_a$，即$pH>>pK_a$之範圍內，在此範圍內式（4-110）變爲

$$-\log[A^-]=\log(K_a)-\log K_a-\log C_T=-\log C_T\ （常數） \tag{4-112}$$

當 pH 較 pK_a 大一單位以上時，（4-112）式爲與橫軸平行之水平線（圖4-4中之線5）。

④推導$[HA]$之繪圖方程式

由（4-101）式知

$$K_a=\frac{[H^+][A^-]}{[HA]}$$

重新整理得

$$[A^-]=\frac{K_a[HA]}{[H^+]} \tag{4-113}$$

將式（4-113）代入式（4-103）得

$$C_T = [HA] + \frac{K_a[HA]}{[H^+]} \quad (4\text{-}114)$$

提出 $[HA]$ 並移項得

$$[HA] = C_T \times \left(\frac{[H^+]}{[H^+]+K_a}\right) \quad (4\text{-}115)$$

取對數後

$$-\log[HA] = \log([H^+]+K_a) - \log C_T - \log[H^+] \quad (4\text{-}116)$$

此式爲曲線，非直線，我們可依下列步驟簡化處理。

a. 現在檢查 $[H^+] >> K_a$，即 $pH << pK_a$ 之範圍內，在此範圍內式（4-116）變爲

$$-\log[HA] = \log[H^+] - \log C_T - \log[H^+] = -\log C_T\text{（常數）} \quad (4\text{-}117)$$

當 pH 較 pK_a 小一單位以上時，（4-117）式爲與橫軸平行之水平線（圖 4-4 中之線 6）。

b. 現在檢查 $[H^+] << K_a$，即 $pH >> pK_a$ 之範圍內，在此範圍內式（4-116）變爲

$$-\log[HA] = \log K_a - \log C_T - \log[H^+] = -pK_a + pC_T + pH \quad (4\text{-}118)$$

當 pH 較 pK_a 大一單位以上時，式（4-112）爲斜率 +1 之直線（圖 4-4 中之線 7）。

⑤將上面導出之繪圖方程式，分別繪圖，即得圖 4-4，（該圖係以 10^{-3}M HCN 爲例）。

⑥定出構圖點，並完成平衡圖。

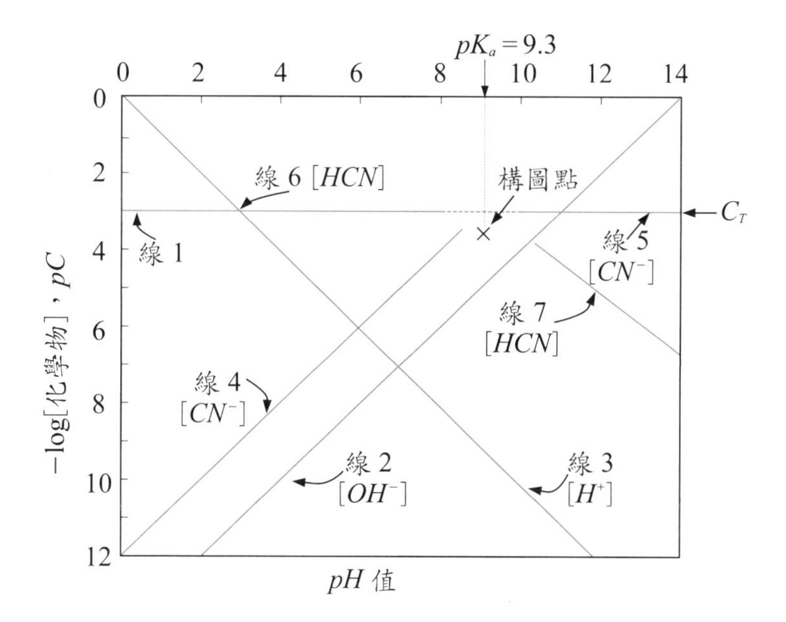

圖 4-4 弱單子酸（10^{-3}M HCN）之不完全平衡圖

以上之簡略方法係在 $pH >> pK_a$ 或 $pH << pK_a$ 之範圍內（亦即 $pH = pK_a \pm 1$ 之範圍之外）才能成立。在 $pH = pK_a \pm 1$ 之範圍內，$-\log$[化學物] 對 pH 之關係非爲線性，但此時 $[HA]$ 及 $[A^-]$ 有一關係可以簡化曲線之繪製。即當 $[H^+] = K_a$ 時（或 $pH = pK_a$ 時）。

式 (4-109) 得 $[A^-] = \dfrac{C_T \cdot K_a}{[H^+] + K_a} = \dfrac{C_T K_a}{2K_a} = \dfrac{C_T}{2}$

式 (4-115) 得 $[HA] = \dfrac{C_T \cdot H^+}{[H^+] + K_a} = \dfrac{C_T K_a}{2K_a} = \dfrac{C_T}{2}$

因此 $-\log[A^-] = -\log[HA] = \log 2 - \log C_T = 0.3 - \log C_T$ (4-119)

故當 $pH = pK_a$ 時即表示 $[HA]$ 及 $[A^-]$ 二曲線一起通過同一點（稱爲構圖點）；此點位於 $-\log C_T$ 之水平線下 0.3 單位，通過此點作曲線分別將 $[HA]$ 之濃度線（即圖 4-4 之線 4 及線 5）及 $[A^-]$ 之濃度線（即圖 4-4 之線 6 及線 7）連貫起來，即完成完整之平衡圖。如圖 4-5 所示（該圖係以 10^{-3}M HCN 爲例）。

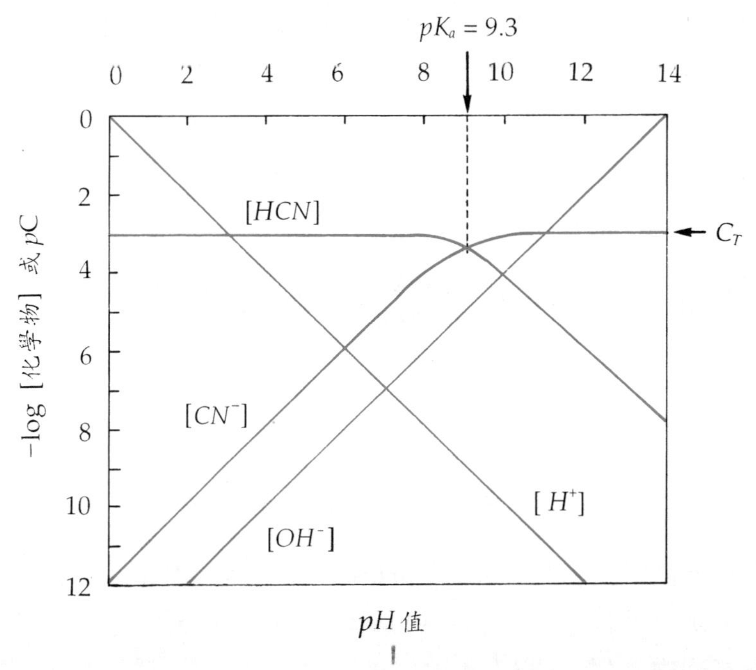

圖 4-5　弱單質子酸之完全平衡圖（10^{-3}M，$pK_a = 9.3$，25℃）

3. 雙質子弱酸之平衡圖

(1) 列出平衡式及平衡常數式

$$H_2CO_3 \rightleftharpoons H^+ + HCO_3^- \qquad K_{a1} = \frac{[H^+][HCO_3^-]}{[H_2CO_3]} \tag{4-120}$$

$$HCO_3^- \rightleftharpoons H^+ + CO_3^{2-} \qquad K_{a2} = \frac{[H^+][CO_3^{2-}]}{[HCO_3^-]} \tag{4-121}$$

(2) 列出質量平衡式

$$C_{T,CO_3} = [H_2CO_3] + [HCO_3^-] + [CO_3^{2-}] \tag{4-122}$$

(3) 定出系統中平衡時之化學物質，含有

$[H_2CO_3]$、$[HCO_3^-]$、$[CO_3^{2-}]$、$[H^+]$、$[OH^-]$

(4) 推導出上列各物質之繪圖方程式

①C_T、$[H^+]$、$[OH^-]$之繪圖方程式與單質子弱酸一樣，即

$$-\log C_T = 常數 \tag{4-123}$$

$$-\log[H^+] = pH \tag{4-124}$$

$$-\log[OH^-] = 14 - pH \tag{4-125}$$

② 導出 H_2CO_3 之繪圖式

由式 (4-120）求得 $[HCO_3^-] = K_{a1}[H_2CO_3]/[H^+]$，將其代入式（4-121）得知 $[CO_3^{2-}] = K_{a1}K_{a2}[H_2CO_3]/[H^+]^2$ 。將 $[HCO_3^-] = K_{a1}[H_2CO_3]/[H^+]$ 及 $[CO_3^{2-}] = K_{a1}K_{a2}[H_2CO_3]/[H^+]^2$ 代入式（4-122）得

$$C_T = [H_2CO_3] + \frac{K_{a1}[H_2CO_3]}{[H^+]} + \frac{K_{a1}K_{a2}[H_2CO_3]}{[H^+]^2} \tag{4-126}$$

提出 $[H_2CO_3]$ 並移項得

$$[H_2CO_3] = \frac{C_T[H^+]^2}{[H^+]^2 + [H^+]K_{a1} + K_{a1}K_{a2}} \tag{4-127}$$

取對數並整理得

$$-\log [H_2CO_3] = \log ([H^+]^2 + [H^+]K_{a1} + K_{a1}K_{a2}) - \log C_T + 2pH \quad (4\text{-}128)$$

式（4-128）可依下列步驟簡化處理：

a. 檢查 $[H^+] >> K_{a1}$，即 $pH << pK_{a1}$（或 $pH \leq pK_{a1} - 1$）

此時 $([H^+]^2 + [H^+]K_{a1} + K_{a1}K_{a2})$ 中凡含 K_{a1} 或 K_{a2} 者因值太小，故皆可忽略不計。因此式（4-128）可簡化爲

$$-\log [H_2CO_3] = -\log C_T \quad (4\text{-}129)$$

此式意指在 pH 值小於 pK_{a1} 值一單位以外之範圍內，應爲一水平線

b. 檢查 $K_{a1} >> [H^+] >> K_{a2}$，即 $pK_{a1} << pH << pK_{a2}$

此時 $([H^+]^2 + [H^+]K_{a1} + K_{a1}K_{a2})$ 中之 $[H^+]^2$ 及 $K_{a1} \times K_{a2}$ 皆可不計，因此式（4-128）可簡化爲

$$-\log [H_2CO_3] = pH - pK_{a1} - \log C_T \quad (4\text{-}130)$$

式（4-130）意指當 pH 小於 pK_{a2} 值一單位以下，且大於 pK_{a1} 值一單位以上者，可適用此式，而此式爲斜率 +1 之直線。

c. 檢查即 $[H^+] << K_{a2}$ 即 $pH >> pK_{a2}$

此時 $[H^+]^2$ 及 $[H^+]K_{a1}$ 可忽略不計，因此式（4-128）可簡化爲

$$-\log [H_2CO_3] = 2pH - pK_{a1} - pK_{a2} - \log C_T \quad (4\text{-}131)$$

式（4-131）意指當 pH 大於 pK_{a2} 值一單位以上的範圍內，應爲斜率 +2 之直線。

③推導 $[HCO_3^-]$ 之繪圖式

由式（4-120）求得 $[H_2CO_3] = [H^+][HCO_3^-]/K_{a1}$，而由式（4-121）求得 $[CO_3^{2-}] = K_{a2}[HCO_3^-]/[H^+]$。將其代入式（4-122）得

$$C_T = [HCO_3^-]\left(1 + \frac{[H^+]}{K_{a1}} + \frac{K_{a2}}{[H^+]}\right) \quad (4\text{-}132)$$

移項整理後

$$[HCO_3^-]=\frac{C_T\times K_{a1}[H^+]}{[H^+]^2+[H^+]K_{a1}+K_{a1}K_{a2}} \tag{4-133}$$

取對數並整理得

$$-\log[HCO_3^-]=\log\left([H^+]^2+[H^+]K_{a1}+K_{a1}K_{a2}\right)+pH+pK_{a1}-\log C_T$$

再以上述相同方式分段處理，並予以簡化後可得下面之結果。

a. 檢查 $pH<<pK_{a1}$ 之範圍，簡化後得

$$-\log[HCO_3^-]=-pH+pK_{a1}-\log C_T \tag{4-134}$$

此為斜率−1之直線（在 pH 值小於 pK_{a1} 值一單位以外之範圍內）。

b. 檢查$pK_{a1}<<pH<<K_{a2}$，得

$$-\log[HCO_3^-]=-\log C_T \tag{4-135}$$

此為一水平線（在 $pK_{a1}+1\le pH\le pK_{a2}-1$ 之範圍內）。

c. 檢查 $pH>>K_{a2}$ ，得

$$-\log[HCO_3^-]=pH-pK_{a2}-\log C_T \tag{4-136}$$

此為斜率 +1 之直線（在 pH 值大於 pK_{a1} 值一單位以上之範圍內）。

④ 推導 $[CO_3^{2-}]$ 之繪圖式

依上述推導 H_2CO_3 及 HCO_3^- 繪圖式之類似方式處理，將式（4-120）及（4-121）中之 $[H_2CO_3]$ 及 $[HCO_3^-]$ 化成含 $[CO_3^{2-}]$ 之方程式，再代入式（4-122），可得下面方程式

$$[CO_3^{2-}]=\frac{C_T K_{a1}K_{a2}}{[H^+]^2+K_{a1}[H^+]+K_{a1}K_{a2}} \tag{4-137}$$

取對數整理後得

$$-\log[CO_3^{2-}] = \log([H^+]^2 + [H^+]K_{a1} + K_{a1}K_{a2}) + pK_{a1} + pK_{a2} - \log C_T \tag{4-138}$$

以上述方式分段處理，予以簡化後可得下面結果之範圍，並簡化式（4-138）後得

a. 檢查得 $pH >> K_{a2}$ 得

$$-\log[CO_3^{2-}] = -\log C_T \tag{4-139}$$

此為一水平線（在 pH 值大於 K_{a2} 值一單位範圍內）。

b. 檢查 $pK_{a1} << pH << K_{a2}$ 之範圍並簡化式（4-138）得

$$-\log[CO_3^{2-}] = -pH + pK_{a2} - \log C_T \tag{4-140}$$

此為一直線（在 $pK_{a1} + 1 < pH < pK_{a2} - 1$ 之範圍內）。

c. 檢查 $pH << pK_{a1}$，得

$$-\log[CO_3^{2-}] = -2\,pH + pK_{a2} + pK_{a1} - \log C_T \tag{4-141}$$

此為斜率−2之直線（pH 值小於 pK_{a1} 值一單位以上之範圍內）。

(5) 定出構圖點，並完成平衡圖

當 $pH = pK_{a1}$ 時代入式（4-127）及式（4-133）得

$$H_2CO_3 = [HCO_3^-] = \frac{C_T}{2}$$

取對數得 $-\log[H_2CO_3] = -\log[HCO_3^-] = -\log C_T + 0.3$

此二線通過同一點，該點在 pK_{a1} 垂直線及 $-\log C_T$ 水平線交叉點下0.3單位之處。

當 $pH = pK_{a2}$ 時代入式（4-133）及式（4-137）得

$$[HCO_3^-]=[CO_3^{2-}]=\frac{C_T}{2}$$

取對數得 $\log[HCO_3^-]=-\log[CO_3^{2-}]=-\log C_T+0.3$

此二線通過同一點，該點在 pK_{a2} 垂直線及 $-\log C_T$ 水平線交叉點下 0.3 單位之處。

此平衡圖如圖 4-6 所示，該圖以 10^{-3}M H_2CO_3 溶液為例。

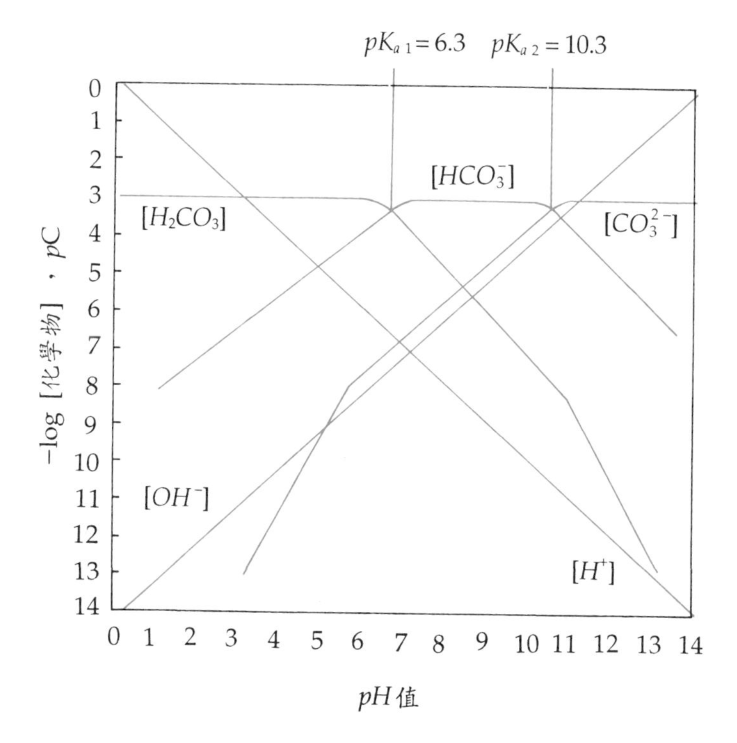

圖 4-6　雙質子弱酸之濃度對數圖（10^{-3}M H_2CO_3，$pK_{a1}=6.3$，$pK_{a2}=10.3$，25℃）

4-3-6　平衡圖之速解法

依據前節中推導方程式之方法，繪圖方式可簡述如下：

1. 單質子酸

⑴將縱軸（即$-\log$[化學物] 軸或 pC 軸）由上而下定爲 0 — 14，橫軸（即 pH 軸）由左而右定爲 0 — 14。

⑵通過 $-\log[C]$ 軸上之 $-\log C_T$ 點作一與橫軸平行之水平虛線。

⑶在 pH 軸上 pK_a 點作一與橫軸垂直之虛線，兩虛線之交點稱爲一系統點（system point）

⑷過此系統作兩條45° 虛線，其中一線斜率爲 +1，另一斜率爲−1，兩線需在水平 C_T 線之下。

⑸定出構圖點，此點在過 pK_a 之垂直虛線上，並位於系統點以下 0.3 單位。

⑹過構圖點作兩曲線，每一曲線應分別與 C_T 水平線和 45° 斜線各相交，相交點分別爲距 pK_a 垂線 +1pH 單位及 −1pH 單位處。

⑺過（0,0）及（14,14）點作 $[H^+]$ 線，再過（14,0）、（0,14）點作 $[OH^-]$ 線即完成。

2. 雙質子酸

⑴將雙質子酸之電離，視爲兩不同單質子酸之電離處理。

⑵各單質子酸之 C_T 假設與雙質子酸之 C_T 值相等。

⑶假設其中一單質子酸之$pK_a = pK_{a1}$，另一單質子酸之 $pK_a = pK_{a2}$。

⑷再依上述單質子酸之繪圖速解法，分別繪圖。

⑸注意 $[A^{2-}]$ 及 $[H_2A]$ 後段（即在 $pH \le pK_{a1} - 1$ 及 $pH \ge pK_{a2} + 1$ 之範圍內）之斜率爲 +2，或 −2，非爲 +1 或−1。

4-3-7 單質子鹼之平衡圖

單質子弱鹼平衡圖之繪製方法與單質子弱酸之步驟相同，需由平衡式、平衡常數式及質量平衡式之關係導出各物種之繪圖方程式，再予以繪製即可。其亦可使用速解法來繪製，不過此時系統點與單質子弱酸不同，單質子弱酸之系統點，係 $-\log C_T$ 水平線與 $pH = pK_a$ 垂直線之交點。在單質子弱鹼中即是 $-\log C_T$ 水平線與 $pH = (pK_W - pK_b)$垂直線之交點。以氨為例，其 pK_b 為 4.74 。因此 $pK_W - pK_b = 9.26$ 故其系統點為 $-\log C_T$ 水平線與 $pH = 9.26$ 垂直線之交點。圖 4-7 為 10^{-2} M 氨水溶液之濃度對數圖。

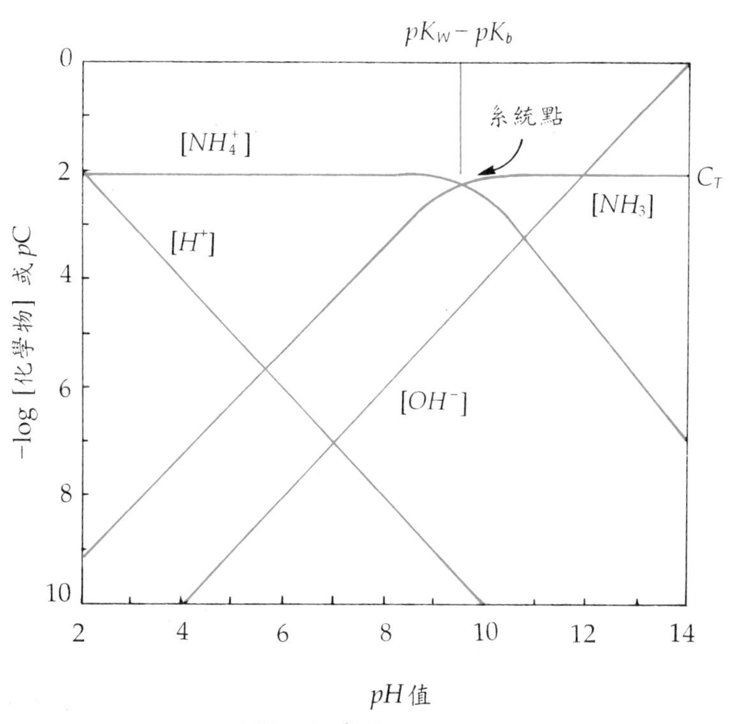

圖 4-7　10^{-2}M 氨水溶液之平衡圖

4-3-8　以平衡圖解酸鹼平衡問題

以平衡圖來解酸鹼平衡問題之主要技巧是先建構平衡圖後再從圖中尋找滿足質子條件或電荷平衡式之點，該點即稱為平衡點，而該點之 pH 值即為該溶液之 pH 值。以下舉例說明：

【例 4-10】

試由平衡圖方法計算 0.01M 醋酸溶液 $K_a = 1.8 \times 10^{-5}$，25℃之 pH 值，不計離子強度。

【解】

⑴ 以上節方法建構平衡圖，如圖 4-8 所示

⑵ 找出質子條件

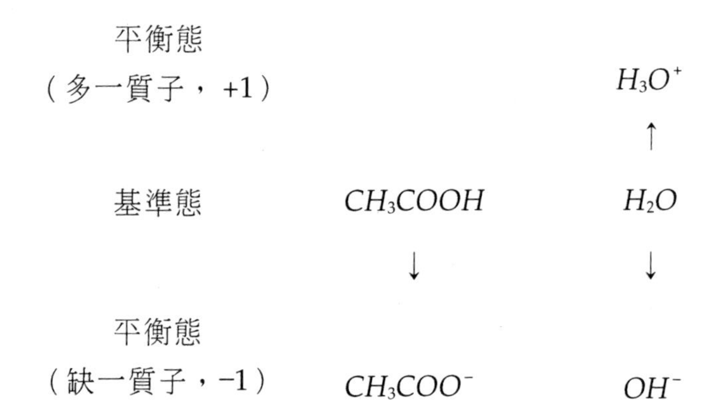

質子條件 $[H_3O^+] = [CH_3COO^-] + [OH^-]$

⑶ 決定滿足質子條件之點

⑴ 由平衡圖我們檢查 $pH > 12$ 以上之範圍，由圖上知 $[OH^-]$ 線在 $[CH_3COO^-]$ 線之上，亦即

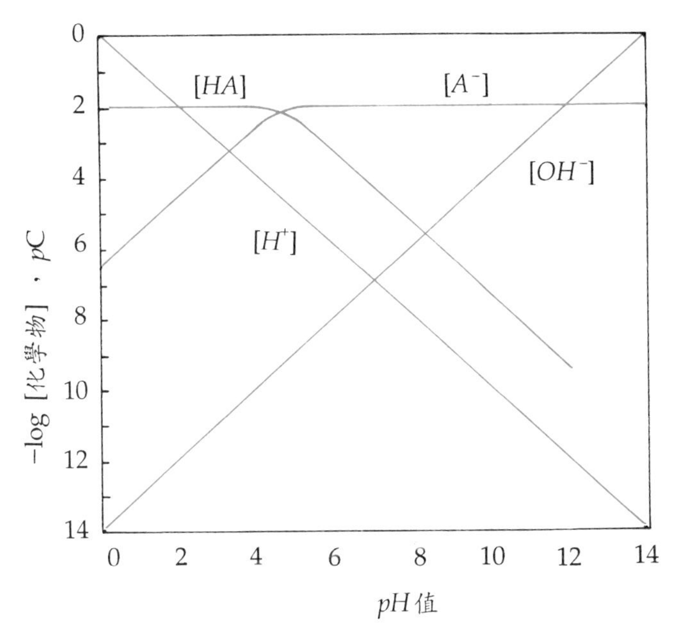

圖 4-8 10^{-2}M醋酸水溶液之平衡圖

$[OH^-] >> [CH_3COO^-]$

因此質子條件可簡化為 $[H_3O^+] = [OH^-]$

此即代表 H_3O^+ 及 OH^- 之兩線交點即為平衡點，但由圖中發現此點並不落在 $pH > 12$ 以上之範圍，因此上面假設矛盾，故此點非為平衡點。

(2) 我們檢查 $pH < 12$ 以下之範圍

由圖上知 $[CH_3COO^-]$ 線在 $[OH^-]$ 線之上

因此 $[CH_3COO^-] >> [OH^-]$

故質子條件可簡化為 $[H_3O^+] = [CH_3COO^-]$

此即代表 H_3O^+ 及 CH_3COO^- 之兩線交點即為平衡點，此點之 $pH = 3.6$，的確落在 $pH < 12$ 之內，故滿足質子條件，因此此點即為眞正之平衡點，

故此溶液之 $pH = 3.6$。

【例 4-11】

試以平衡圖求 0.01M H_2CO_3溶液，在 25℃時之 pH 值（不計離子強度，$pK_{a1} = 6.3$，$pK_{a2} = 10.3$）。

【解】

⑴ 以上節方法建構平衡圖，如圖 4-9 所示

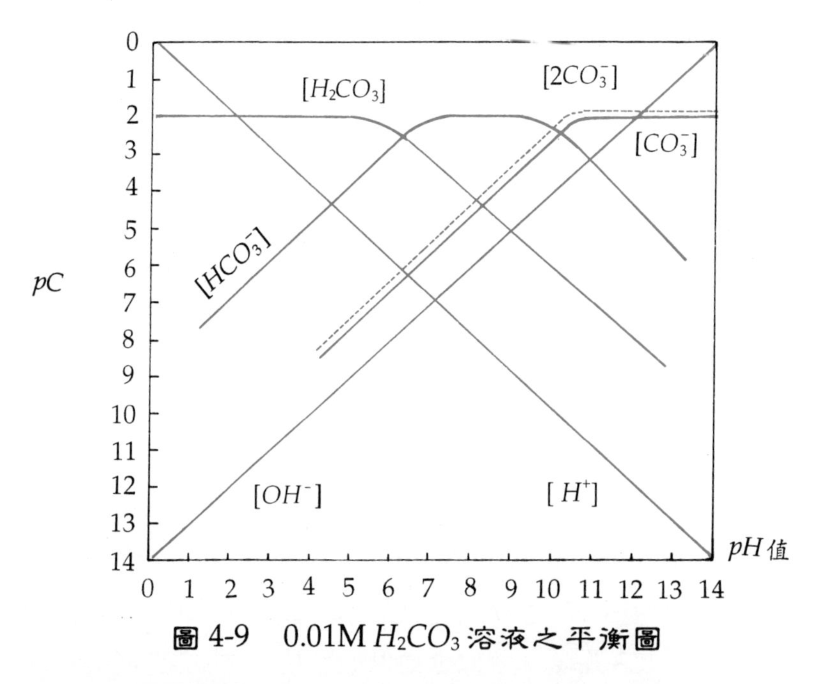

圖 4-9　0.01M H_2CO_3 溶液之平衡圖

注意：圖中之虛線代表 $2[CO_3^{2-}]$ 之線，其由 $[CO_3^{2-}]$ 之線向上平移 0.3 單位，此係因為取負對數後 $-\log 2[CO_3^-] = -\log[CO_3^{2-}] - 0.3$ 之故。

⑵ 找出質子條件

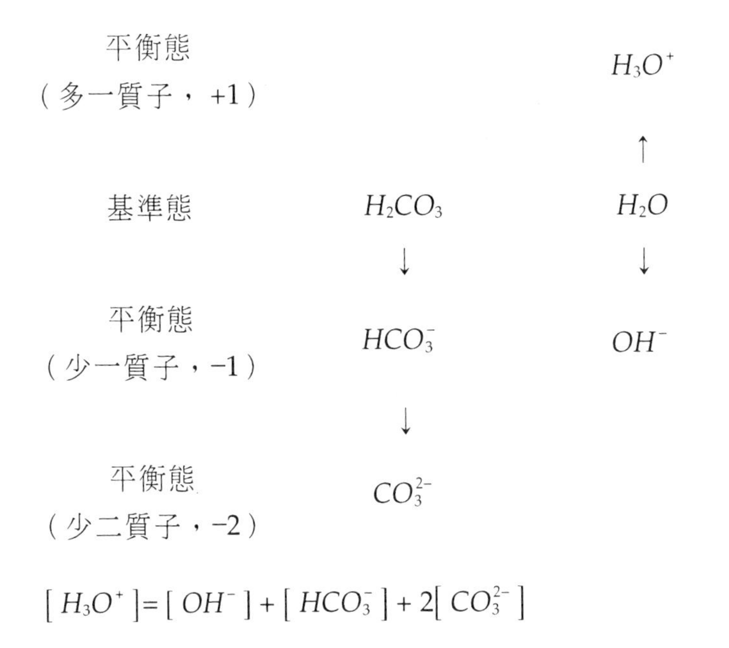

$$[H_3O^+] = [OH^-] + [HCO_3^-] + 2[CO_3^{2-}]$$

(3) 尋求滿足質子條件之點

① 我們檢查 $pH > 12$ 以上之範圍，由圖中發現在此範圍內 $[OH^-]$ 之線在各線之上，因此

$$[OH^-] >> [HCO_3^-]$$

$$[OH^-] >> 2[CO_3^{2-}]$$

因此質子條件可簡化為 $[H_3O^+] = [OH^-]$

此即代表 H_3O^+ 及 OH^- 兩線交點即為平衡點，但由圖中發現此點並不落在 $pH > 12$ 之範圍內，故矛盾。

② 檢查 $10 < pH < 12$ 之範圍，發現 $2[CO_3^{2-}]$ 之線在各線之上。

因此 $2[CO_3^{2-}] > [OH^-]$

$$2[CO_3^{2-}] > [HCO_3^-]$$

質子條件可簡化為 $[H_3O^+] = 2[CO_3^{2-}]$

亦即此兩線之交點為平衡點，但由圖中發現此點並不落在 $10 < pH < 12$ 之範圍內，故矛盾。

③ 檢查 $pH < 10$ 之範圍，發現 HCO_3^- 線在 OH^- 及 $2[CO_3^{2-}]$ 線之上，故

$$[HCO_3^-] >> [OH^-]$$

$$[HCO_3^-] >> 2[CO_3^{2-}]$$

因此質子條件可簡化為 $[H_3O^+] = [HCO_3^-]$

此兩線之交點在 $pH = 4.2$，的確落在 $pH < 10$ 之範圍內，因此此點即為平衡點，故此溶液 $pH = 4.2$。

【例 4-12】

某運動飲料之製備方法係於糖水中加入 200mg/L 之碳酸氫鈉，再以高壓之二氧化碳加入此溶液，使其 $[H_2CO_3]$ 之濃度一直保持在 3.16×10^{-2}M。以平衡圖解之方法，求出此飲料之 pH 為何？（已知 $pK_{a1} = 6.3$，$pK_{a2} = 10.3$）

【解】

(1) $NaHCO_3$：$200\ mg/L \times \dfrac{1\ mole}{84\ g} = 2.38 \times 10^{-3}M$

(2) 質量平衡式 $C_{T,Na} = [Na^+] = 2.38 \times 10^{-3}M$

(3) 電荷平衡式：$[Na^+] + [H^+] = [OH^-] + [HCO_3^-] + 2[CO_3^{2-}]$

(4) 繪製平衡圖

$$K_{a1} = \frac{[H^+][HCO_3^-]}{[H_2CO_3^*]} = 10^{-6.3} \because H_2CO_3^* \text{ 維持定值}$$

$$[H^+][HCO_3^-] = 3.16 \times 10^{-2} \times 10^{-6.3} = 3.16 \times 10^{-8.3}$$

兩邊取 $-\log$

$$-\log[H^+][HCO_3^-] = -\log 3.16 \times 10^{-8.3}$$

$$pH - \log[HCO_3^-] = 7.8$$

$$-\log[HCO_3^-] = 7.8 - pH$$

由$K_{a2} = \dfrac{[H^+][CO_3^{2-}]}{[HCO_3^-]}$又$[HCO_3^-] = \dfrac{K_{a1}[H_2CO_3^*]}{[H^+]}$

所以$[CO_3^{2-}] = \dfrac{[H_2CO_3^*]K_{a1}K_{a2}}{[H^+]^2} = \dfrac{3.16 \times 10^{-2} \times 10^{-6.3} \times 10^{-10.3}}{[H^+]^2}$

取 –log 後，得

$$-\log[CO_3^-] = 18.1 - 2\,pH$$

繪出平衡圖如圖 4-10。

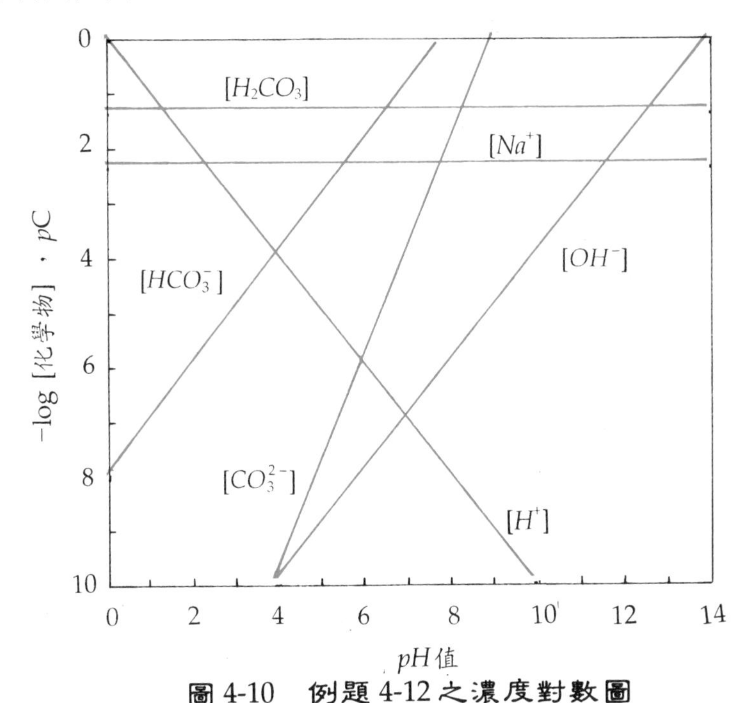

圖 4-10 例題 4-12 之濃度對數圖

(5) 由平衡圖中作區段檢查，發現

$4 < pH < 6$ 間

$[Na^+] >> [H^+]$

$[HCO_3^-] >> [OH^-]$ 及 $2[CO_3^{2-}]$

所以電荷平衡式可簡化爲

$$[Na^+] = [HCO_3^-] = 2.38 \times 10^{-3}$$

此即代表這兩線之交點即爲平衡點，此時之 $pH = 5.18$ 確實介於 4～6 間，因此此溶液之 $pH = 5.18$ 。

(6) 將 $pH = 5.18$ 代入 K_{a1} 及 K_{a2} 式中

求得 $[CO_3^{2-}] = 1.58 \times 10^{-8}$

因此 $[Na^+] >> [H^+]$；$[HCO_3^-] >> [OH^-]$ 及 $2[CO_3^{2-}]$ 兩者之假設皆合理。

4-4 緩衝溶液及緩衝強度

直到目前爲止本章所討論的都是酸及鹼單獨加入蒸餾水之情形。若我們於蒸餾水中同時加入弱酸及其共軛鹼之鹽類時，則此溶液稱爲緩衝溶液（buffer solution）。緩衝溶液最主要之功能是當加入少量酸或鹼於此溶液時可阻止或減少溶液之 pH 値產生劇烈的變化。在水及廢水處理之生物及化學程序中，往往會由於 pH 之控制不當而影響處理效果。例如化學混凝劑水合反應往往使溶液之 pH 下降，因此溶液中須有良好之緩衝效果，以減少 pH 之改變而降低處理效果。另外氧化除氨反應亦須有良好之緩衝劑以減少 pH 之降低。其他還有生物處理時，有機化合物之氧化亦會產生有機酸之中間物，若是緩衝能力不足，將導致 pH 下降，而抑制微生物之生長。諸如此類皆顯示緩衝溶液對環境工程師之重要性。

4-4-1 緩衝溶液之 pH 值

緩衝溶液 pH 值之計算與前節中酸鹼之平衡計算方法相同。茲以單質子弱酸（HA）及其共軛鹼（NaA）為例做一說明。假設最初加入之 HA 濃度為C_a，而最初加入 NaA 之濃度為 C_b。依平衡計算方法，其步驟如下：

1. 列出平衡式及平衡常數式

$$HA \rightleftharpoons H^+ + A^- \qquad K_a = \frac{[H^+][A^-]}{[HA]} \tag{4-142}$$

$$H_2O \rightleftharpoons H^+ + OH^- \qquad K_W = [H^+][OH^-] \tag{4-143}$$

2. 質量平衡式（M.B）

$$C_{T,A} = [HA] + [A^-] = C_a + C_b \tag{4-144}$$

$$C_{T,Na} = [Na^+] = C_b \tag{4-145}$$

3. 電荷平衡式（C.B）

$$[Na^+] + [H^+] = [A^-] + [OH^-] \tag{4-146}$$

將式（4-145）代入式（4-146），並重新整理可得

$$[A^-] = [H^+] - [OH^-] + C_b \tag{4-147}$$

將式（4-147）代入式（4-144），並重新整理可得

$$[HA] = C_a + [OH^-] - [H^+] \tag{4-148}$$

將式（4-147）及式（4-148）代入式（4-142）式得

$$[H^+] = \frac{[HA]}{[A^-]} K_a = \frac{C_a + [OH^-] - [H^+]}{C_b + [H^+] - [OH^-]} K_a \qquad (4\text{-}149)$$

如果將 $[OH^-] = \dfrac{K_W}{[H^+]}$ 代入（4-149），並展開，得到一元三次方程式，爲便於求解，在一般情況下需做簡化處理。

⑴ 如果緩衝體系在酸性範圍（$pH < 6$），則 $[H^+] >> [OH^-]$ 式（4-149）可簡化爲

$$[H^+] = \frac{C_a - [H^+]}{C_b + [H^+]} K_a \qquad (4\text{-}150)$$

⑵ 如果緩衝體系在鹼性範圍（$pH > 8$），則 $[OH^-] >> [H^+]$ 式（4-149）可簡化爲

$$[H^+] = \frac{C_a + [OH^-]}{C_b - [OH^-]} K_a \qquad (4\text{-}151)$$

⑶ 如果 C_a、C_b 遠較溶液之 $[H^+]$ 及 $[OH^-]$ 大時，既可以忽略水的解離，又可在考慮總濃度時忽略弱酸及其共軛鹼的解離，因此式（4-149）可簡化爲

$$[H^+] = \frac{C_a}{C_b} K_a \qquad (4\text{-}152)$$

將（4-152) 式兩邊取 $-\log$，得

$$pH = pK_a + \log \frac{C_b}{C_a} \qquad (4\text{-}153)$$

即 $$pH = pK_a + \log \frac{\text{共軛鹼}}{\text{弱酸}} \qquad (4\text{-}154)$$

式（4-154）即爲 Henderson-Hasselbalch 方程式，此方程式在計算弱酸及其

共軛鹼所組成緩衝液之 pH 時極爲有用。

4-4-2 緩衝能力

一切之緩衝液，只能在加入一適量的強酸或強鹼，或適當稀釋時，才能保持溶液的 pH 值不產生劇烈變化。每一種緩衝液只具有一定的緩衝能力。緩衝能力的大小取決於兩因素，一爲弱酸及其共軛鹼之濃度，濃度愈大緩衝能力愈大，此可從表 4-3 中之實驗 1、2 及 3 看出（表 4-3 爲加入 0.001mole HCl 至 1 升之 CH_3COOH/CH_3COONa 緩衝液的 pH 變化）。另外例題 4-13 爲一計算實例，可佐證此現象。另一因素爲弱酸及其共軛鹼之成分比，兩者成分的濃度比愈接近 1：1，緩衝能力愈大。據此，由式（4-154）知當 $pH = pK_a$ 時，緩衝能力最大。成分比例之影響在表 4-3 中之實驗 4 至 9 中可明白看出，緩衝成分的濃度比離 1：1 愈遠，緩衝能力愈小，甚至可能失去緩衝作用。因此任何緩衝溶液的緩衝作用都有一個有效的 pH 範圍，這個有效的 pH 範圍叫做緩衝範圍。它大約在 pK_a 兩側各一個 pH 單位之內，即

$pH = pK_a \pm 1$ 之範圍內

例如 $CH_3COOH - CH_3COONa$ 之緩衝液，$pK_a = 4.74$，其緩衝範圍是 $pH = 3.74 - 5.74$。超過此範圍則醋酸緩衝液之緩衝效果不理想。

【例 4-13】

若加入 100mL 之 0.001M HCl 至 A 緩衝液（含 0.05M 醋酸及 0.05M 醋酸鈉，100mL）其 pH 變化爲何？又當上述之 HCl 溶液加入 B 緩衝液（含醋酸 0.005M 及 0.005M 醋酸鈉）則其 pH 變化又爲何？

【解】

利用 Henderson-Hasselbach 方程式解溶液之 pH 值

(1) A 緩衝液

加入 HCl 前之 pH 值爲：

$$pH = pK_a + \log \frac{鹼}{酸} = 4.76 + \log \frac{0.05}{0.05} = 4.76$$

當加入 100mL 之 0.001M HCl 至此溶液時，加入後之 HCl 濃度爲

$$\frac{0.001 \times 0.1}{0.1 + 0.1} = 0.005 \text{ M}$$

加入 HCl 後之 $HOAc$ 及 OAc^- 濃度

	OAc^-	+	H^+	→	$HOAc$
中和前	$\frac{0.05 \times 0.1}{0.1 + 0.1}$		0.0005		$\frac{0.05 \times 0.1}{0.1 + 0.1}$
變化	−0.0005		−0.0005		+0.0005
中和後	0.0245		0		0.0255

$$pH = 4.76 + \log \frac{0.0245}{0.0255} = 4.764$$

因此加入 HCl 後溶液由 $pH = 4.76$ 降爲 4.74

⑵ B 緩衝液

未加入 HCl 時溶液之 pH 值爲：

$$pH = 4.76 + \log \frac{0.005}{0.005} = 4.76$$

加入 HCl 後之 $HOAc$ 及 OAc^- 之變化

	OAc^-	+	H^+	→	$HOAc$
中和前	0.0025		0.0005		0.0025
變化	−0.0005		−0.0005		+0.0005
中和後	0.0020		0		0.0030

$$pH = 4.76 + \log \frac{0.0020}{0.0030} = 4.58$$

此緩衝溶液由 $pH = 4.76$ 降爲 $pH = 4.58$

由以上計算可清楚看出弱酸及其共軛鹼初濃度之影響，濃度愈大緩衝能力愈強。

表 4-3 加 0.001 mole HCl 至 1L 之 CH_3COOH / CH_3COONa 緩衝液之影響

實驗	[CH_3COOH]M	[CH_3COO^-]M	比例	加入前之 pH	加入後之 pH	氫離子濃度改變之 %
1	0.01	0.01	1	4.757	4.670	20
2	0.10	0.10	1	4.757	4.748	2.0
3	1.00	1.00	1	4.757	4.756	0.2
4	1.00	0.01	100	2.757	2.711	10
5	1.00	0.10	10	3.757	3.752	1.0
6	1.00	1.00	1	4.757	4.756	0.2
7	0.01	1.00	0.01	6.757	6.711	10
8	0.10	1.00	0.1	5.757	5.752	1.0
9	1.00	1.00	1	4.757	4.756	0.2

4-4-3 緩衝强度（緩衝容量）或緩衝指數

由於緩衝能力受到緩衝成分之濃度及比例之影響，因此每種緩衝溶液只有一定之緩衝能力。在1922年Van Slyke提出以緩衝強度（Buffer intensity）或緩衝容量（Buffer capacity），亦稱緩衝指數（Buffer index）來作爲衡量緩衝溶液緩衝能力大小的尺度。其定義爲：將一升溶液之 pH 改變一單位所需之強酸或強鹼之量。其可用數學式表示爲

$$\beta = \frac{dC_b}{dpH} = \frac{-dC_a}{dpH}$$

式中 β 爲緩衝強度，dC_b 和 dC_a 分別代表強酸或強鹼物質的量；dpH 爲 pH 改變值。由於 β 總是保持正值，而 pH 則隨酸之加入而降低，故第二個等式前須引入負號。緩衝液之 β 值可由滴定曲線上求得（滴定曲線將在後節中說明），亦可由一已知成分溶液中以計算法求出。以下以一弱酸（HA）及共軛鹼（NaA）所形成之緩衝液來說明。當有一緩衝液含 HA 及 NaA，並加入 HCl（其濃度爲C_a），則依平衡計算法，其步驟如下：

1. 列出平衡式及平衡常數式

$$HA \rightleftharpoons H^+ + A^- \qquad K_a = \frac{[H^+][A^-]}{[HA]} \tag{4-155}$$

$$H_2O \rightleftharpoons H^+ + OH^- \qquad K_W = [H^+][OH^-] \tag{4-156}$$

2. 列出質量平衡（MB）

$$C_A = [Cl^-] \tag{4-157}$$

$$C_{T,A} = [HA] + [A^-] \tag{4-158}$$

3. 電荷平衡

$$[Na^+] + [H^+] = [A^-] + [OH^-] + [Cl^-] \tag{4-159}$$

將式（4-157）代入式（4-159）

$$C_A = [Na^+] + [H^+] - [A^-] - [OH^-] \tag{4-160}$$

由定義 $\beta = \dfrac{-dC_A}{dpH} = \dfrac{-dC_A}{d[H^+]} \cdot \dfrac{d[H^+]}{dpH}$ （4-161）

$$\beta = -\left(\frac{d[Na^+]}{d[H^+]} + \frac{d[H^+]}{d[H^+]} - \frac{d[A^-]}{d[H^+]} - \frac{d[OH^-]}{d[H^+]}\right) \cdot \left(\frac{d[H^+]}{dpH}\right) \tag{4-162}$$

$$\frac{d[Na^+]}{d[H^+]} = 0 \text{ ，} \frac{d[H^+]}{d[H^+]} = 1 \tag{4-163}$$

由式（4-155）及（4-158）可得

$$[A^-] = \frac{K_a C_T}{[H^+] + K_a} \tag{4-164}$$

$$[HA] = \frac{[H^+] \cdot C_T}{[H^+] + K_a} \tag{4-165}$$

所以 $\dfrac{-d[A^-]}{d[H^+]} = \dfrac{C_T K_a}{([H^+] + K_a)^2}$ (4-166)

由式（4-156）得

$$[OH^-] = \frac{K_W}{[H^+]} \tag{4-167}$$

$$\frac{-d[OH^-]}{d[H^+]} = \frac{K_W}{[H^+]^2} \tag{4-168}$$

而 $\dfrac{d[H^+]}{dpH} = \dfrac{d[H^+]}{d(-\log[H^+])} = \dfrac{d[H^+]}{d\left(\dfrac{-\ln[H^+]}{2.3}\right)} = -2.3[H^+]$ (4-169)

將（4-163）、（4-166）、（4-168）、（4-169）、代入式（4-162）得

$$\beta = -\left(0 + 1 + \frac{C_T K_a}{([H^+] + K_a)^2} + \frac{K_W}{[H^+]^2}\right)(-2.3[H^+])$$

$$= 2.3\left([H^+] + [OH^-] + \frac{[H^+] C_T K_a}{([H^+] + K_a)^2}\right) \qquad (4\text{-}170)$$

利用式（4-164）及（4-165）運算得

$$\frac{[HA][A^-]}{[HA] + [A^-]} = \frac{[H^+] C_T K_a}{([H^+] + K_a)^2} \qquad (4\text{-}171)$$

將式（4-171）代入式（4-170）得

$$\beta = 2.3\left([H^+] + [OH^-] + \frac{[HA][A^-]}{[HA] + [A^-]}\right) \qquad (4\text{-}172)$$

若定義 $\alpha_0 = \frac{[HA]}{C_T}$、$\alpha_1 = \frac{[A^-]}{C_T}$，則式（4-172）可改寫爲

$$\beta = 2.3([H^+] + [OH^-] + \alpha_0 \alpha_1 C_T) \qquad (4\text{-}173)$$

由此類推，一般多質子酸 H_nA 之 β 爲

$$\beta = 2.3\left([H^+] + [OH^-] + \frac{[H_nA][H_{n-1}A^-]}{[H_nA] + [H_{n-1}A^-]} + \frac{[H_{n-1}A^-][H_{n-2}A^{2-}]}{[H_{n-1}A^-] + [H_{n-2}A^{2-}]} + \ldots\right) \qquad (4\text{-}174)$$

或是

$$\beta = 2.3([H^+] + [OH^-] + \alpha_0 \alpha_1 C_T + \alpha_1 \alpha_2 C_T + \ldots) \qquad (4\text{-}175)$$

若緩衝溶液中有二對以上之共軛酸鹼對，則

$$\beta = 2.3\left(\left[H^+ \right] + \left[OH^- \right] + \frac{\left[HA \right]\left[A^- \right]}{\left[HA \right] + \left[A^- \right]} + \frac{\left[HB \right]\left[B^- \right]}{\left[HB \right] + \left[B^- \right]} + \ldots \right)$$

或 $\beta = 2.3\left(\left[H^+ \right] + \left[OH^- \right] + \alpha_{0,A}\,\alpha_{1,A}\,C_{T,A} + \alpha_{0,B}\,\alpha_{1,B}\,C_{T,B} + \ldots \right)$

其中$C_{T,A}$、$C_{T,B}$為 HA 及 HB 之總濃度，$\alpha_{0,A}$、$\alpha_{1,A}$是 HA 及 $[A^-]$ 的 α 值，而 $\alpha_{0,B}$、$\alpha_{1,B}$是 HB 及$[B^-]$的 α 值。

4-4-4 緩衝溶液之選擇及配製

由於當緩衝溶液之 pH 與弱酸之 pK_a 值相等時緩衝能力最好，因此配製緩衝液時則應視所要緩衝之 pH 值範圍而選擇適當之酸／共軛鹼組合，所選擇酸之值 pK_a 應等於或接近於所需要之 pH ，再依 Hendelson-Hassalbach 方程式計算酸及共軛鹼之比例。當然酸及共軛鹼之濃度應足夠，以增加其緩衝能力。除此之外，所選擇之酸／鹼須在整個過程中不與其它物質起化學變化。表 **4-4** 為常用緩衝溶液系統。

【**例 4-14**】

欲在實驗室中配製一緩衝溶液，以便在進行下列反應時使反應槽內之 pH 隨時保持在 7.0 ± 0.3 之間

$$NH_4^+ + 2O_2 \rightarrow NO_3^- + 2H^+ + H_2O$$

(1) 若氮是以 NH_4Cl 之形式存在，且無其他弱酸、弱鹼存在，試選擇適當之共軛酸鹼對作為緩衝溶液。當氨氮（$NH_4^+ - N$）濃度為 50 mg/L 時，試求所需緩衝溶液之濃度？

(2) 此緩衝溶液之緩衝強度？

【**解**】

由表 **4-4** 中$H_2PO_4^-/HPO_4^{2-}$、H_2S/HS^-、 $HOCl/OCl^-$皆為可能之選擇，因為其 pK_a 值很接近 pH 值，但是H_2S/HS^-及 $HOCl/OCl^-$為不佳選擇，因為會分別與氧氣及 NH_3 反應。故選擇$H_2PO_4^-/HPO_4^{2-}$

表 4-4　常用緩衝溶液體系

緩衝溶液	酸的存在形式	鹼的存在形式	pK_a
胺基乙酸— HCl	$^{+}NH_3CH_2COOH$	$^{+}NH_3CH_2COO^-$	2.35（pK_{a1}）
一氯乙酸— NaOH	$CH_2ClCOOH$	CH_2ClCOO^-	2.86
磷苯二甲酸氫鉀— HCl	— COOH — COOH	— COO^- — COOH	2.95（pK_{a1}）
甲酸— NaOH	HCOOH	$HCOO^-$	3.76
HAc — NaAc	HAc	Ac^-	4.74
六次甲基四胺— HCl	$(CH_2)_6N_4H^+$	$(CH_2)_6N_4$	5.15
NaH_2PO_4—Na_2HPO_4	$H_2PO_4^-$	HPO_4^{2-}	7.21（pK_{a2}）
二乙醇胺— HCl	$^{+}HN(CH_2CH_2OH)_3$	$N(CH_2CH_2OH)_3$	7.76
Tris — HCl	$^{+}NH_3C(CH_2OH)_3$	$NH_2C(CH_2OH)_3$	8.21
$Na_2B_4O_7$— HCl	H_3BO_3	$H_2BO_3^-$	9.24（pK_{a1}）
$Na_2B_4O_7$— NaOH	H_3BO_3	$H_2BO_3^-$	9.24（pK_{a1}）
NH_3—NH_4Cl	NH_4^+	NH_3	9.26
乙醇胺— HCl	$^{+}NH_3CH_2CH_2OH$	$NH_2CH_2CH_2OH$	9.50
胺基乙酸— NaOH	$^{+}NH_3CH_2COO^-$	$NH_2CH_2COO^-$	9.60（pK_{a2}）
$NaHCO_3$—Na_2CO_3	HCO_3^-	CO_3^{2-}	10.25（pK_{a2}）
H_2S— NaOH	H_2S	HS^-	7.04（pK_{a1}）
HOCl — NaOH	HOCl	OCl^-	7.54（pK_{a1}）

* Tris —三（羥甲基）胺基甲烷

(1) 由於 $pH = pK_a + \log \frac{鹼}{酸}$

若緩衝液配製爲 $pH = 7.0$
則依上式

$$7.0 = 7.21 + \log \frac{鹼}{酸}$$

$$-0.21 = \log \frac{鹼}{酸}$$

$$\frac{鹼}{酸} = 0.617$$

假設酸濃度爲 X 則鹼濃度爲 $0.617X$
若以此緩衝液進行反應，由於酸之產生會使 pH 値略降低，但降低 0.3 單位爲可接受者。
因此反應液之 $pH = 7-0.3 = 6.7$ ，又由於酸之產生，所以原溶液中之酸、鹼濃度會依所產生之酸而改變比例。
產生之酸濃度爲

$$\frac{50\text{mg } NH_4^+ - N}{\text{L}} \times \frac{1\text{ g}}{1000\text{mg}} \times \frac{1\text{ mole}}{14\text{ g}} \times \frac{2\text{ mole } H^+}{1\text{ mole } NH_4^+ - N} = 7.14 \times 10^{-3}\text{ M}$$

因此酸產生後之弱酸濃度變爲 $X + 7.14 \times 10^{-3}$ M

鹼之濃度變爲 $0.617X - 7.14 \times 10^{-3}$ M

代入 Hendelson-Hassalbach 方程式

$$7 - 0.3 = 7.21 + \log \frac{0.617X - 7.14 \times 10^{-3}}{X + 7.14 \times 10^{-3}}$$

$$X = [\ H_2PO_4^-\ ] = 3.03 \times 10^{-2}\text{ M}$$

$$\left[HPO_4^{-2} \right] = 1.87 \times 10^{-2}\ \text{M}$$

(2)

$$\beta = 2.3\left(\left[H^+ \right] + \left[OH^- \right] + \frac{\left[酸 \right]\left[鹼 \right]}{\left[酸 \right] + \left[鹼 \right]} \right)$$

$$= 2.3\left(10^{-7} + 10^{-7} + \frac{\left(3.03 \times 10^{-2} \right)\left(1.87 \times 10^{-2} \right)}{\left(3.03 \times 10^{-2} \right) + \left(1.87 \times 10^{-2} \right)} \right)$$

$$\beta = 2.66 \times 10^{-2}$$

【例 4-15】

某一緩衝液包含 0.2M 醋酸與 0.1M 醋酸鈉，若欲以 $NaOH$ 調整此溶液至 $pH = 5.0$，需加多少 $NaOH$（醋酸之$pK_a = 4.74$）。

【解】

β 爲變化一個單位 pH 值所需添加之酸或鹼莫耳數，又由式（4-170）

$$\beta = 2.3\left(\left[H^+ \right] + \left[OH^- \right] + \frac{\left[H^+ \right] C_T K_a}{\left(\left[H^+ \right] + K_a \right)^2} \right)$$

先求溶液之 [H+] 濃度

$$pH = pK_a + \log\frac{鹼}{酸} = 4.74 + \log\frac{0.1}{0.2} = 4.44$$

將$\left[H^+ \right] = 10^{-4.44}$、$\left[OH^- \right] = 10^{-9.56}$代入以求$\beta$

$$\beta = 2.3\left(10^{-4.44} + 10^{-9.56} + \frac{10^{-4.44} \times \left(0.2 + 0.1 \right) \times 1.8 \times 10^{-5}}{\left(10^{-4.44} + 1.8 \times 10^{-5} \right)^2} \right) = 0.153$$

又 $\Delta pH = 5.0 - 4.44 = 0.56$

改變 1 單位 pH 需鹼 0.153M，因此改變 0.56 單位需 $0.56 \times 0.153 = 0.086$ M 之 $NaOH$。

【例 4-16】

若有一強酸性廢水之 pH =1.8，而排放前應先中和至 pH =6，若水中之緩衝強度太低，則於加入 $NaOH$ 中和時會有 pH 值在 4-11 之廣大範圍間變動，此時應添加多少 $NaHCO_3$ 以便保有β 爲 0.75mM/L之緩衝強度，此緩衝溶液需加入多少 $NaOH$ 中和才能使放流水保持在 pH =6 附近。忽略離子強度（pH =6 時 $\alpha_0 = 0.666$、$\alpha_1 = 0.334$、$\alpha_2 = 0$）

【解】

$$\beta = 2.3\left([H^+] + [OH^-] + \alpha_0\,\alpha_1\,C_T + \alpha_1\,\alpha_2\,C_T\right)$$

$$0.75 \times 10^{-3} = 2.3\left(10^{-6} + 10^{-8} + (0.666)(0.334) \times C_T + (0.334 \times 0)\,C_T\right)$$

$$C_T = 1.42 \times 10^{-3}\ \text{M}$$

即每 L 廢水中應加入 1.42×10^{-3} mole 之 $NaHCO_3$ 則可達到 $\beta = 0.75$mM/L 之緩衝強度。

由於原廢水之 $pH = 1.8$，故知其中有 1.58×10^{-2} 之 H^+，而最終 H^+ 之濃度要求爲 1×10^{-6} M（$\because pH = 6$）

故需中和之 $[H^+] = 1.58 \times 10^{-2} - 1 \times 10^{-6} = 1.58 \times 10^{-2}$M

又由方程式 $HCO_3^- + H^+ \rightarrow H_2CO_3^*$

知道 $[H_2CO_3^*]$ 之產生是由相對量之 HCO_3^- 中和 H^+ 而來

在 pH =6 時

$$[H_2CO_3^*] = \alpha_0\,C_T = 0.666 \times 1.42 \times 10^{-3} = 9.46 \times 10^{-4}\ \text{M}$$

因此由 HCO_3^- 所中和之 H^+ 濃度爲 9.46×10^{-4}M，而由 $NaOH$ 之 H^+ 濃度則爲$1.58 \times 10^{-2} - 9.46 \times 10^{-4} = 1.48 \times 10^{-2}$M

因此需消耗 1.48×10^{-2}M $NaOH$

4-5 酸鹼滴定及滴定曲線

前節之緩衝溶液係將固定比例之酸及其共軛酸鹼混合而成。但若將酸或鹼緩緩加入溶液中，則原水溶液之酸或鹼即會被中和（neutralization）而形成水及鹽類。此種做法稱爲酸鹼滴定（acid-base titration）。酸鹼滴定時，隨著酸或鹼之滴入則溶液之 pH 值亦隨之改變。若以酸或鹼滴定之體積對溶液之 pH 值作圖，則可得一曲線，即爲滴定曲線。由滴定曲線，可清楚看出酸或鹼滴入後溶液 pH 值之變化情形，由滴定曲線可看出當量點之 pH 值變化，因此可用來作選擇指示劑之參考，亦可決定緩衝區，同時亦可決定緩衝強度。酸鹼滴定對環境工程師亦極其重要。污染物分析中之氨氮分析，水中之酸度、鹼度分析皆是酸鹼滴定之應用。在廢水處理應用，如鉻廢水處理中 $Ca(OH)_2$ 加藥量之計算，或酸性廢水處理時鹼之加藥量計算皆需先進行酸鹼滴定實驗。

4-5-1 當量點及指示劑

酸鹼滴定之過程通常是將欲滴定之酸或鹼溶液置於燒杯中，並加入適當指示劑（indicator），再由滴定管中加入已知濃度的溶液於待測溶液，直到指示劑變色，此時即是酸之當量等於鹼之當量，故稱爲當量點（equivalent point）。若以 N_A 和 N_B 分別表示酸和鹼之當量濃度，在達到滴定當量點時所用去酸或鹼之體積分別爲 V_A 和 V_B，則當量點時酸之當量等於鹼之當量，可以下列公式表示

$$N_A V_A = N_B V_B \qquad (4\text{-}176)$$

因酸和鹼的溶液皆是透明無色的，故無法判定何時達到當量點。因此利用一種物質來指示當量點，此種物質稱爲指示劑，指示劑主要是弱酸或弱鹼

物質，其共軛酸、鹼通常顏色不同，當溶液之 pH 質改變時，共軛酸、鹼比例亦隨著改變，因而引起溶液顏色發生變化。

但是，並不是溶液之 pH 值稍有變化或任意改變，都能引起指示劑顏色的變化，指示劑的變化是在一定的 pH 值範圍內進行的。現以弱酸型指示劑（HIn）爲例來討論。HIn 在溶液中之解離平衡爲

$$(HIn) \rightleftharpoons H^+ + In^- \tag{4-177}$$

酸式色　　　　鹼式色

$$K_{HIn} = \frac{[H^+][In^-]}{[HIn]} \tag{4-178}$$

重新整理得

$$\frac{[In^-]}{[HIn]} = \frac{K_{HIn}}{[H^+]} \tag{4-179}$$

溶液中之 H^+ 濃度決定了 In^- 對 HIn 之比例，當 $[H^+]$ 大則 $[HIn] >> [In^-]$，溶液呈 HIn 之顏色；如果 $[H^+]$ 小則 $[In^-] >> [HIn]$ 而溶液呈 In^- 的顏色。然而人類眼睛之靈敏度有限，一般在 HIn 與 In^- 比相差 10 倍以上，才能察覺顏色之變化。例如

$\frac{[HIn]}{[In^-]} \geq 10$ 亦即 $[H^+] \geq 10K_{HIn}$（或 $pH \leq pK_a - 1$）則指示劑趨向 HIn 顏色

$\frac{[HIn]}{[In^-]} \leq 10$ 亦即 $[H^+] \leq 10K_{HIn}$（或 $pH \geq pK_a + 1$）則指示劑趨向 In^- 顏色

$\frac{[HIn]}{[In^-]} = 1$ 亦即 $[H^+] = 10K_{HIn}$（或 $pH = pK_a$）則指示劑呈現中間顏色

因此指示劑可用之 pH 值範圍有一定限制，由於指示劑對於 pH 值變化的敏感度範圍是介於 $pH = pK_a \pm 1$ 內，因此若一指示劑 HIn 之 pK_a 值等於

7，則其顏色之變化區在之 $pH7 \pm 1$ 範圍內。若一溶液當量點前之 $pH \leq 6$，而當量點後之 $pH \geq 8$，此即是當量點之 pH 介於 6-8 之間，則此指示劑可適用。表 4-5 列出常用之指示劑及其有效範圍。

表 4-5　常用指示劑之適用 pH 值範圍和顏色變化

指示劑	離標值	顏色變化	指示劑溶液的製備
甲基紫（methyl violet）	0.1 ～ 1.5	黄→藍	0.25% 水溶液
苯紅紫（benzopurpurin）	1.3 ～ 4.0	藍→紅	0.1% 水溶液
甲基橙（methyl orange）	3.1 ～ 4.4	紅→黄	0.1% 水溶液
剛基紅（congo red）	3.0 ～ 5.2	藍→紅	0.1% 水溶液
甲基紅（methyl red）	4.2 ～ 6.2	紅→黄	0.1 克溶於 18.6mL 的 0.02 N NaOH 中，再稀釋至 250mL
石蕊（litmus）	4.5 ～ 8.3	紅→藍	0.5% 水溶液
酚紅（phenol red）	6.8 ～ 8.4	黄→紅	0.1 克溶於 14.20mL 的 0.02 N NaOH 中，再稀釋至 250mL
酚（phenophthaleih）	8.2 ～ 10	無→紅	1% 酒精溶液
茜素黄（alizarin yellow R）	10.2 ～ 12	黄→紅	0.1% 水溶液
靛胭脂（indigo carmine）	11.6 ～ 14	藍→黄	0.25% 在 50% 酒精中

*顏色變化為由酸性變成鹼性時的變化

通常由滴定曲線當量點附近 pH 之變化範圍即可選出適當之指示劑。滴定曲線之繪製，則需計算滴定時之 pH 值變化，以下就介紹酸鹼滴定之 pH 值計算。

4-5-2 強酸、強鹼的滴定

強酸、強鹼滴定的pH值計算方式與前面強酸或強鹼溶液之計算法類似。其步驟即寫出描述酸鹼混合後溶液的方程式；作簡化假設；解方程式；驗算假設。茲舉例說明如下：假設HCl的濃度爲$C_{T,Cl}$(0.1M)、體積V_a(20mL)；$NaOH$的濃度爲$C_{T,Na}$(0.1M)，滴定時加入體積爲V_b(mL)。

強酸強鹼假設完全解離，解題所需方程式

$$K_W = [\,H^+\,][\,OH^-\,] = 10^{-14} \tag{4-180}$$

$$\text{M.B} \qquad C_{T,Cl} = [\,Cl^-\,] = \frac{0.02l \times 0.1 \text{ mole/L}}{V_a + V_b} \tag{4-181}$$

$$C_{T,Na} = [\,Na^+\,] = \frac{V_b \times 0.1 \text{ mole/L}}{V_a + V_b} \tag{4-182}$$

$$\text{C.B} \qquad [\,Na^+\,] + [\,H^+\,] = [\,Cl^-\,] + [\,OH^-\,] \tag{4-183}$$

整個滴定過程可分爲以下四個階段來考慮。

1. 滴定前（$V_b = 0$）

滴定前溶液之pH值是決定於HCl之起始濃度，即

$$[\,H^+\,] = [\,Cl^-\,] = C_{T,Cl} = \frac{0.02 \times 0.1}{0.02} = 0.1 \text{ M}$$

即 $pH = 1$

2. 滴定開始至當量點前（$V_a > V_b$），例如$V_b = 19.98$mL，隨著$NaOH$不斷加入，溶液之$[\,H^+\,]$逐漸減小，但是HCl還是較$NaOH$爲多，故溶液呈酸性，故假設$[\,H^+\,] >> [\,OH^-\,]$

因此式（4-183）可簡化爲

$$[\,Na^+\,] + [\,H^+\,] = [\,Cl^-\,]$$

$$[H^+]=[Cl^-]-[Na^+]=\frac{V_a\times 0.1}{V_a+V_b}-\frac{V_b\times 0.1}{V_a+V_b}$$

$$=\frac{20\times 0.1}{20+19.98}-\frac{19.98\times 0.1}{20+19.98}=5.00\times 10^{-5}\ \text{M}$$

$$pH=4.30$$

3. 當量點時

依電荷平衡式

$$\frac{20\times 0.1}{20+20}+[H^+]=\frac{20\times 0.1}{20+20}+[OH^-]$$

所以 $[H^+]=[OH^-]=10^{-7}$

因此 $pH=7$

4. 當量點後（$V_b>V_a$）例如 $V_b=20.02$ mL

由於溶液呈鹼性，所以假設 $[OH^-]>>[H^+]$

因此式（4-183) 可簡化為 $[Na^+]-[Cl^-]=[OH^-]$

$$\frac{20.02\times 0.1}{20+20.02}-\frac{20\times 0.1}{20+20.02}=[OH^-]=5.00\times 10^{-5}\ \text{M}$$

$$pOH=4.30$$

$$pH=9.70$$

檢驗各假設皆在5％誤差內，故屬合理。

其他各點可參照上述方法去逐一計算，計算結果列於表4-6中。以 $NaOH$ 之滴入體積（mL）為橫座標，以其對應 pH 的值為縱座標作圖，得強酸、強鹼之滴定曲線，如圖 4-11 。

表 4-6　0.1M *NaOH* 滴定 20mL，0.1M *HCl* 溶液 *pH* 的變化（室溫下）

0.1M *NaOH* 加入體積 (mL)		*HCl* 中和比例	$[H^+]$	*pH*
加入量	過量	(%)	mole/L	
0.00	0	0	1.00×10^{-1}	1.00
18.00	0	90	5.26×10^{-3}	2.28
19.80	0	99	5.03×10^{-4}	3.30
19.96	0	99.8	1.00×10^{-4}	4.00
19.98	0	99.9	5.00×10^{-5}	4.30
20.00	0	100	1.00×10^{-7}	7.00
20.02	0.02	100	2.00×10^{-10}	9.70
20.04	0.04	100	1.00×10^{-10}	10.00
20.20	0.20	100	2.00×10^{-11}	10.70
22.00	2.00	100	2.01×10^{-12}	11.70
40.00	20.00	100	3.00×10^{-13}	12.50

由圖 **4-11** 滴定曲線知，滴定初時 *pH* 上昇緩慢，在曲線中間區域 *pH* 急速上昇，突躍範圍 3.3～10.7，然後又緩慢稍增。在當量點前後，微量（1～2 滴）之 *NaOH* 就足夠引起 *pH* 劇增，因此變色範圍落在此突躍範圍之內指示劑皆可適用，例如甲基紅及酚皆適用。

4-5-3　弱酸弱鹼的滴定

弱酸及弱鹼不會完全解離，因此較爲複雜，通常可用簡略法及圖解法來解，茲以 0.1M 強鹼 *NaOH* 滴定 1L，10^{-3}莫耳之醋酸溶液（醋酸之 $pK_a=4.7$）爲例說明，試問加入 (1) $V_a=0$mL；(2) $V_b=5$mL；(3) $V_b=10$mL 之鹼時

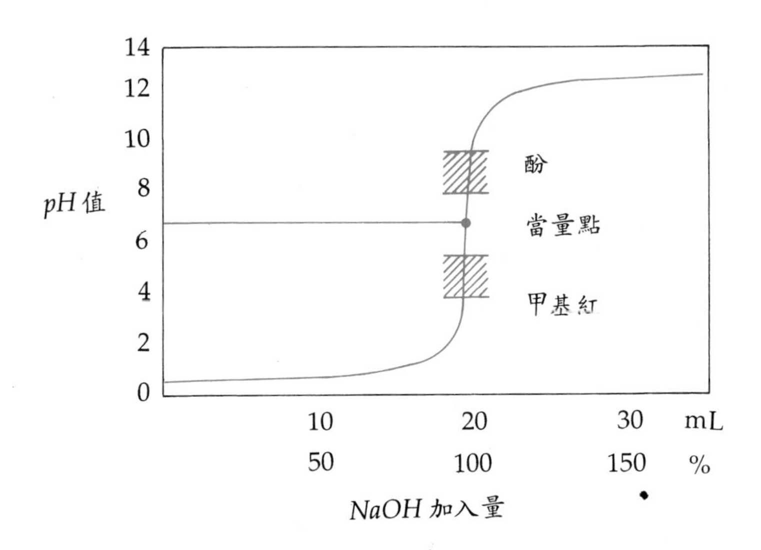

圖 4-11　0.1M $NaOH$ 滴定 20mL，0.1M HCl 的滴定曲線

pH 各爲多少？

解題所需方程式

$$K_W = [H^+][OH^-] = 10^{-14} \tag{4-184}$$

$$K_a = \frac{[H^+][Ac^-]}{[HAc]} \tag{4-185}$$

M.B　$C_{T,Ac} = [HAc] + [Ac^-] = 10^{-3}\,\text{M}$　（設鹼體積不大時）　(4-186)

$$C_{T,Na} = [Na^+] = \frac{V_b \times 0.1}{1\text{L} + V_b} \tag{4-187}$$

C.B　$[Na^+] + [H^+] = [OH^-] + [Ac^-]$　(4-188)

可分幾個階段逐步討論

1. $V_b = 0mL$（滴定前或滴定起點）

在此狀況 $C_{T,Na} = [Na^+] = 0$，因溶液呈酸性，假設 $[H^+] >> [OH^-]$所以式（4-188）可簡化爲

$$[H^+] = [Ac^-] \tag{4-189}$$

將（4-189）式代入（4-185）式得

$$K_a = \frac{[H^+]^2}{[HAc]} \tag{4-190}$$

$$H^+ = \sqrt{K_a[HAc]} = \sqrt{K_a(C_{T,Ac} - [Ac^-])} \tag{4-191}$$

由於 K_a 很小，假設解離很少，故 $C_{T,Ac} >> [Ac^-]$

$$[H^+] \cong \sqrt{K_a \cdot C_T} \tag{4-192}$$

$$pH = -\log[H^+] = \frac{1}{2}(pK_a - \log C_T) \tag{4-193}$$

$$pH = \frac{1}{2}(4.7 + 3) = 3.85$$

必須檢驗假設是否在5％之誤差範圍內，此例各假設皆合理。

2. $V_b = 5mL$（滴定中點）

$$C_{T,Na} = [Na^+] = \frac{0.005L \times 0.1M}{1L + 0.005L} = 5 \times 10^{-4}\,M = \frac{1}{2}C_{T,Ac}$$

假設$[Na^+] >> [H^+]$

$$又[Na^+] = [Ac^-] = \frac{1}{2}C_{T,Ac} \tag{4-194}$$

且溶液呈酸性故可假設$[H^+] >> [OH^-]$

因此$[Ac^-]>>[OH^-]$

可將式（4-188）簡化為

$$[Na^+]=[Ac^-]=\frac{1}{2}C_{T,Ac} \tag{4-195}$$

（4-195）式代入（4-185）式得

$$K_a=\frac{[H^+][Ac^-]}{C_{T,Ac}-[Ac^-]}=\frac{[H^+]\left(\frac{1}{2}C_{T,Ac}\right)}{\frac{1}{2}C_{T,Ac}}=[H^+] \tag{4-196}$$

即 $pH=pK_a=4.7$ (4-197)

必須檢驗假設是否合乎5％之誤差範圍，此例各假設皆合理。

3. $V_b=10mL$（滴定當量點）

$$C_{T,Na}=[Na^+]=\frac{0.01L\times0.1M}{1L+0.01L}=10^{-3}\,M=C_{T,Ac}$$

(4-188）式變為

$$C_{T,Ac}+[H^+]=[OH^-]+[Ac^-] \tag{4-198}$$

當量點時假設溶液為鹼性，所以可假設$[H^+]<<[OH^-]$，故（4-198）式可簡化為

$$C_{T,Ac}=[OH^-]+[Ac^-] \tag{4-199}$$

$$C_{T,Ac}-[Ac^-]=[OH^-] \tag{4-200}$$

由式（4-186）知$C_{T,Ac}-[Ac^-]=[HAc]$，將之代入式（4-200）得

$$[HAc]=[OH^-]=\frac{K_W}{[H^+]} \tag{4-201}$$

將式（4-201）代入式（4-185）得

$$[H^+] = \left(\frac{K_W \times K_a}{[Ac^-]} \right)^{\frac{1}{2}} \tag{4-202}$$

在當量點時 $[Ac^-] \cong C_{T,Ac}$
式（4-202）成爲

$$[H^+] = \left(\frac{K_W \times K_a}{C_{T,Ac}} \right)^{\frac{1}{2}} \tag{4-203}$$

$$pH = \frac{1}{2}(\log C_{T,Ac} + pK_a + pK_W) \tag{4-204}$$

由上可得結論：以強鹼滴定弱酸時，滴定起點、滴定中點、滴定當量點之 pH 各如下：

滴定起點 $pH = \frac{1}{2}(pK_a - \log C_T)$

滴定中點 $pH = pK_a$

滴定當量點 $pH = \frac{1}{2}(\log C_T + pK_a + pK_W)$

以同樣方式可求得強酸滴定弱鹼時，三點之 pH 各如下

滴定起點 $pH = pK_W - \frac{1}{2}pK_b + \frac{1}{2}\log C_T$

滴定中點 $pH = pK_W - pK_b$

滴定當量點 $pH = \frac{1}{2}(pK_W - pK_b - \log C_T)$

以上各點之 pH 值亦可借助 $pC - pH$ 圖解法來求。圖解法與 4-3-8 節之方法相同。從建構平衡圖開始，再由質子條件或電荷平衡式，在適當假設

條件下，找出滿足質子條件或電荷平衡式之點，再驗算假設條件是否合理即可。此例子之平衡圖如圖 4-12 所示。其乃由弱酸（醋酸）之 $pC-pH$ 圖，與強鹼之 $pC-pH$ 圖所共同組成，其中強鹼由於完全解離因此

$$C_{T,Na}=[Na^{+}]=\frac{V_b\times 0.1}{1\text{L}+V_b} \tag{4-205}$$

所以加入之 V_b 量不同時，則 $[Na^{+}]$ 濃度亦改變。

圖 4-12 中之 $[Na^{+}]$ 線是在加入 $V_b=0.0025\text{L}$ 時所繪出之線，因此加入不同量之鹼時，此線隨時在變化。

依據圖 4-12，現檢視上述三種狀況，即起點、終點、當量點之位置。

1. 在起點時（$V_b=0$）

$[Na^{+}]=0$，即在平衡圖中無 $[Na^{+}]$ 之平衡線，當假設 $[H^{+}]>>[OH^{-}]$ 時，由式（4-189）知

$$[H^{+}]=[Ac^{-}] \tag{4-206}$$

式（4-206）即表示在平衡圖中 $[H^{+}]$ 之線與 $[Ac^{-}]$ 之線的交點即為平衡點，故此溶液之 $pH=4$。

檢驗假設，發現 $[H^{+}]>>[OH^{-}]$ 之假設合理。

2. 在中點時（$V_b=5\text{mL}$）

$$[Na^{+}]=\frac{1}{2}C_{T,Ac}=[Ac^{-}]=[HAc]=5\times 10^{-4}\text{M} \tag{4-207}$$

故在平衡圖中 $[Na^{+}]$ 之線即為 $-\log 5\times 10^{-4}=3.30$，並與橫軸平行之平行線。

由（4-207）知 $[Ac^{-}]=[HAc]$ (4-208)

式（4-208）即表示平衡圖中 $[Ac^{-}]$ 線及 $[HAc]$ 線之交點即為平衡點，故此溶液之 $pH=4.7$。

3. 當量點時（$V_b = 10\text{mL}$）

$[Na^+] = C_{T,Ac} = [HA] + [Ac^-]$ 代入電荷平衡式（4-188），得

$$[HA] + [Ac^-] + [H^+] = [Ac^-] + [OH^-]$$

當量點時，假設溶液爲鹼性，即 $[H^+] << [OH^-]$ 因此上式，可簡化爲

$$[HA] = [OH^-] \qquad (4\text{-}209)$$

式（4-209）即表示 $[HA]$ 與 $[OH^-]$ 兩線之交點即爲平衡點，因此

$$pH = 7.85$$

檢驗假設，發現 $[H^+] << [OH^-]$ 之假設合理。

由以上討論可得一結論：強鹼滴定弱酸時，滴定起點、中點、當量點之 pH 值，可由平衡圖中曲線交點之近似值表示，即

滴定起點為 $[H^+]$ 及 $[Ac^-]$ 之兩曲線之交點
滴定中點為 $[Ac^-]$ 與 $[HAc]$ 之兩曲線之交點
滴定當量點為 $[HA]$ 與 $[OH^-]$ 之兩曲線之交點

其他各點則較爲複雜，若以加入 0.25mL 之 $NaOH$ 時爲例，則

$$[Na^+] = \frac{0.0025 \times 0.1}{1\text{L}} = 2.5 \times 10^{-4}\ \text{M}$$

代入電荷平衡式（4-188），則

$$[2.5 \times 10^{-4}] + [H^+] = [Ac^-] + [OH^-] \qquad (4\text{-}210)$$

若假設，$[Na^+] >> [H^+]$，$[OH^-] << [Ac^-]$
則（4-210）可簡化爲

$$[Na^+]=[Ac^-]$$

因此$[Na^+]=2.5\times10^{-4}$及$[Ac^-]$兩曲線之交點即爲平衡點，即溶液之$pH=4.3$。檢驗假設時發現

$$[OH^-]<<[Ac^-] \text{合理}$$

但$[Na^+]>>[H^+]$不合理（大於5％誤差），因此式（4-210）僅可簡化爲

$$[Na^+]+[H^+]=[Ac^-]$$

此式代表爲$[Na^+]+[H^+]$及$[Ac^-]$兩曲線之交點即爲平衡點，因此必須在$pH=4.3$附近利用平衡圖建立$[Na^+]$及$[H^+]$之曲線（如圖4-12所示）。

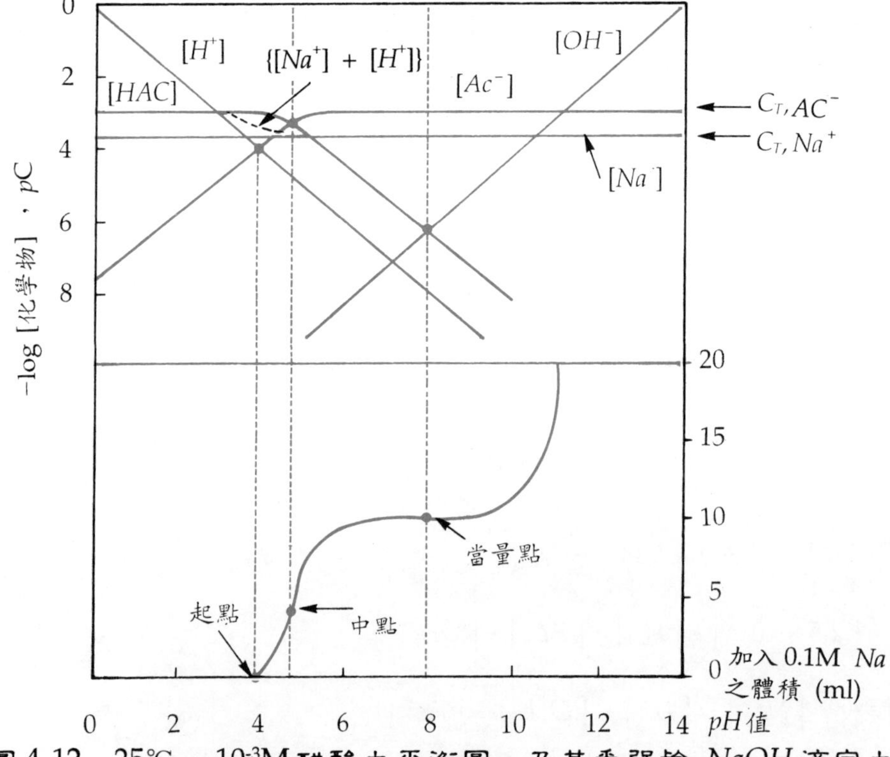

圖4-12　25℃，10^{-3}M醋酸之平衡圖，及其受强鹼 *NaOH* 滴定之滴定曲線（修改自Jenkins'，1980）

再尋得 $[Na^+]+[H^+]$ 及 $[Ac^-]$ 兩線之交點，發現該點之 $pH = 4.4$。

當各點求出後，則可繪出滴定曲線，如圖4-12之滴定曲線圖（下半圖）。

由圖 4-12 可看出，在當量點附近之 pH 變化不如強酸、強鹼滴定之 pH 變化劇烈。而且在滴定中點時，由於弱酸及其共軛鹼之量相等，因此緩衝能力最佳。在當量點時，其緩衝能力極差。

【例 4-17】

當 0.01M $HAc(K_a = 1.8 \times 10^{-5})$，以 0.1M $NaOH$ 滴定時 (1) 試以平衡圖求其滴定之起點、中點、當量點之 pH；(2) 又當 HAc 之濃度改變爲 0.1M 時，則此三點之 pH 有何改變。

【解】

(1) 起點爲 $[H^+]$ 及 $[Ac^-]$ 兩線之交點，$pH = 3.6$

中點爲 $[Ac^-]$ 與 $[HAc]$ 兩線之交點，$pH = 4.7$

當量點爲 $[HA]$ 與 $[OH^-]$ 兩線之交點，$pH = 8.3$

(2) 當 HA 濃度增加時，整個平衡圖之形狀不變，僅是往上平移（如圖 4-13 之虛線）。當濃度由 0.01M 變爲 0.1M 則整個平衡圖往上平移一個單位。因此

起點之 pH 下降

中點之 pH 不變

當量點之 pH 上升

4-6 酸度/鹼度及碳酸根系統

鹼度（alkalinity）乃是水對強酸中和能力之度量，而酸度（acidity）是指水對強鹼中和能力的度量。水中之鹼度常與水中之鹼性（basicity）混淆，水中之鹼性乃指水溶液之 pH ＞ 7，亦即其 $[H^+] < 10^{-7}$ 而言，因此鹼性常以高 pH 值表示。水之鹼度與鹼性之區別可由例題 4-18 之說明而更加清楚。

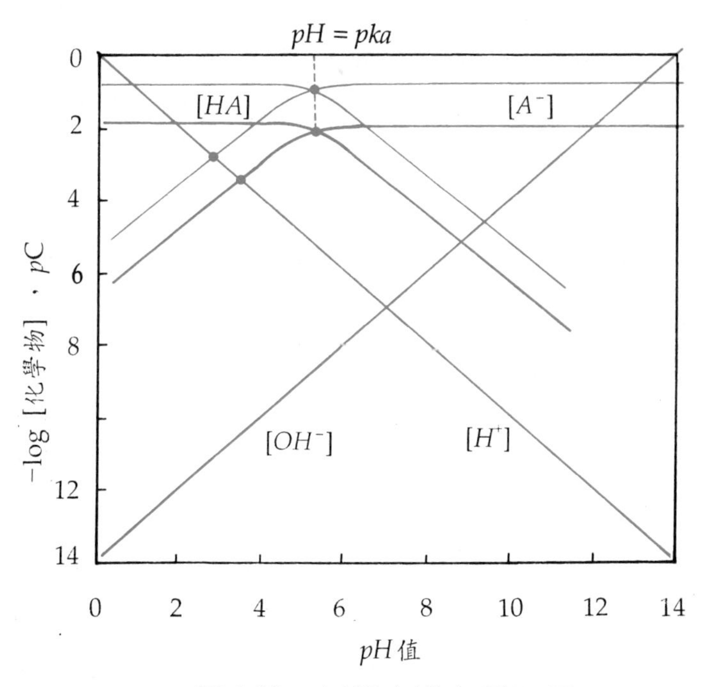

圖 4-13　例題 4-17 之平衡圖

【例 4-18】

試比較 1.00×10^{-3}M $NaOH$ 和 0.1M $NaHCO_3$ 之鹼性和鹼度之大小？［已知 $NaHCO_3$ 之 $pK_1 = 6.3$ ，$pK_2 = 10.3$］

【解】

1.00×10^{-3}M $NaOH$ 的 $pH = 14 - 3 = 11$

0.1M $NaHCO_3$ 之 pH 可以

$$[H^+] = \sqrt{K_1 K_2} = \frac{1}{2}pK_1 + \frac{1}{2}pK_2 = \frac{1}{2}\times 6.35 + \frac{1}{2}\times 10.33 = 8.34$$

故 1.00×10^{-3}M $NaOH$ 之鹼性高於 0.1M $NaHCO_3$

但是 0.1M $NaHCO_3$ 可中和 0.1M H^+ ，而 1×10^{-3}M $NaOH$ 僅能中和 1×10^{-3}M H^+，故 $NaHCO_3$ 的鹼度爲 $NaOH$ 之 100 倍。

自然水的鹼度主要是由強鹼（此處以 OH^- 表示，以利簡化），HCO_3^-、CO_3^{2-}及其他弱酸之共軛鹼如硼酸鹽、矽酸鹽、磷酸鹽等構成，但一般除 OH^-、HCO_3^-、CO_3^{2-}外其他之含量極少常可忽略。自然水的酸度則常由強酸、$H_2CO_3^*$、HCO_3^-及其他弱酸，如磷酸、H_2S、脂肪酸，和酸性金屬離子，但為實際操作方便，除了強酸、$H_2CO_3^*$及HCO_3^-外其餘常省略。鹼度之數據在環境工程應用上極其重要，可用於水的軟化、水污染物之化學凝集、水的腐蝕性控制及工業廢水之處理等用途。另外水的化學鹼度多寡，亦影響水裡藻類的繁殖。酸度數據亦是很重要，大部份工業酸性廢水，先要中和才能放流。而處理化學品之量、儲存空間及費用均需由實驗室之酸度數據來決定。地下水源之處理，亦需酸度數據來決定處理方式。雖然會引起水中鹼度及酸度之物質很多，但在構成自然水之鹼度及酸度主要是以強鹼及強酸以及碳酸或碳酸鹽為主。而水中之碳酸或碳酸鹽主要是由大氣中之二氧化碳或水中有機物分解所產生之二氧化碳溶解而來，而這些CO_2在水中與HCO_3^-、CO_3^{2-}及碳酸鈣固體構成一個完整系統，稱為碳酸根系統。因此欲了解酸度、鹼度，則需先了解碳酸根系統。

4-6-1 碳酸根系統

碳酸根系統即是由氣態二氧化碳，$CO_{2(g)}$；溶解之二氧化碳，$CO_{2(aq)}$；碳酸，$H_2CO_{3(aq)}$；碳酸氫根，$HCO_{3(aq)}^-$；碳酸根 $CO_{3(aq)}^{2-}$ 及含碳酸根之固體所構成之系統，且彼此間互相平衡的存在，如下圖所示。
此系統包含下面之平衡方程式

$$CO_{2(g)} \rightleftharpoons CO_{2(aq)}\text{；}K_H = 3.16 \times 10^{-2}\text{，}K_H\text{為亨利常數} \quad (4\text{-}211)$$

$$CO_{2(ag)} + H_2O_{(l)} \rightleftharpoons H_2CO_{3(aq)}\text{；}K_m = 1.58 \times 10^{-3} \quad (4\text{-}212)$$

$$H_2CO_{3(aq)} \rightleftharpoons H^+_{(aq)} + HCO^-_{3(aq)}\text{；}K_1 = 3.16 \times 10^{-4} \quad (4\text{-}213)$$

由式（4-212），因為 K_m 並不大，因此溶解之 CO_2 大部份以 $CO_{2(aq)}$ 形態存在於水中，而僅少部份以 H_2CO_3 形態存在，但為方便計通常將 $CO_{2(aq)}$

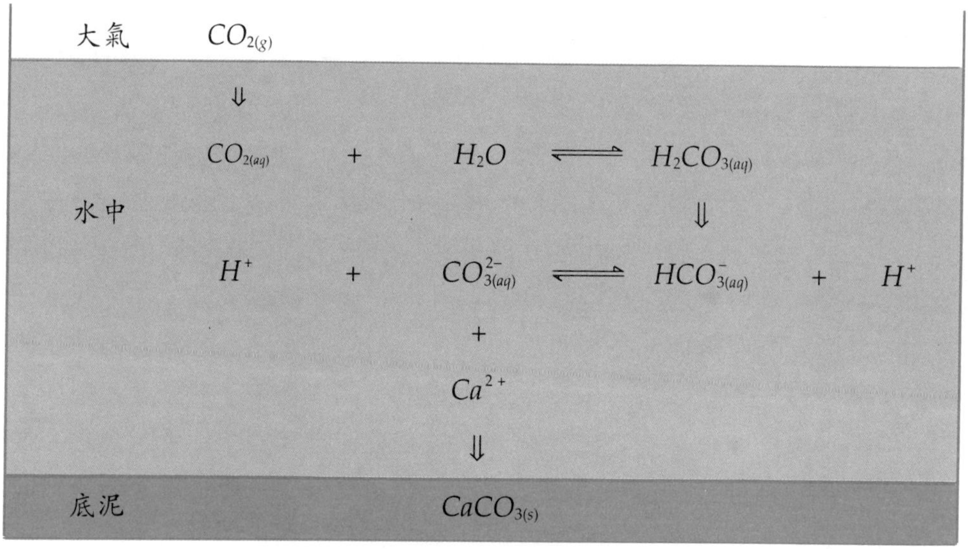

大氣 $CO_{2(g)}$

$\Downarrow$

$CO_{2(aq)} + H_2O \rightleftharpoons H_2CO_{3(aq)}$

水中

$\Downarrow$

$H^+ + CO_{3(aq)}^{2-} \rightleftharpoons HCO_{3(aq)}^- + H^+$

$+$

Ca^{2+}

$\Downarrow$

底泥 $CaCO_{3(s)}$

碳酸根系統

全部視爲H_2CO_3，並以$H_2CO_3^*$表示之。因此式（4-212）及式（4-213）可以合併爲下式

$$H_2CO_{3(aq)}^* \rightleftharpoons H_{(aq)}^+ + HCO_{3(aq)}^- \;;\; K_{a1} = 5.00 \times 10^{-7} = 10^{-6.3} \tag{4-214}$$

其他平衡式尚有

$$HCO_{3(aq)}^- \rightleftharpoons H_{(aq)}^+ + CO_{3(aq)}^{2-} \;;\; K_{a2} = 10^{-10.3} \tag{4-215}$$

$$CaCO_{3(s)} \rightleftharpoons Ca_{(aq)}^{2+} + CO_{3(aq)}^{2-} \;;\; K_{sp} = 4.6 \times 10^{-9} \tag{4-216}$$

以上系統因爲與大氣平衡故亦稱開放系統。雖然環境工程系統多爲開放系統，如活性污泥處理廠之曝氣池，但若不考慮與大氣平衡，則該系統稱爲密閉系統。本節以下之討論主要考量密閉系統。

由於系統中各成分彼此互相平衡，因此某一成分的濃度改變，自然會引起平衡之變動，而使其他物質的濃度亦隨之改變，最後亦改變 pH 值。

相反的，pH 的改變亦會使平衡移動。各物質隨 pH 之變化可以物種分佈圖（distribution of species diagram）表示，如圖 4-14 所示。

圖 4-14 為密閉系統中碳酸物種（$H_2CO_3^*$、HCO_3^-、CO_3^{2-}）之分佈與其 pH 之關係。圖中縱軸乃為各物種之解離百分率（ionization fraction，或α值），而橫軸為 pH 值。解離百分率 α 值代表特殊物種濃度 C_T 對總濃度之比例，其可由質量平衡式及平衡方程式決定。碳酸根系統中各物質之解離百分率定義如下：

$$\alpha_0 = \frac{[H_2CO_3^*]}{C_T} \tag{4-217}$$

$$\alpha_1 = \frac{[HCO_3^-]}{C_T} \tag{4-218}$$

$$\alpha_2 = \frac{[CO_3^{2-}]}{C_T} \tag{4-219}$$

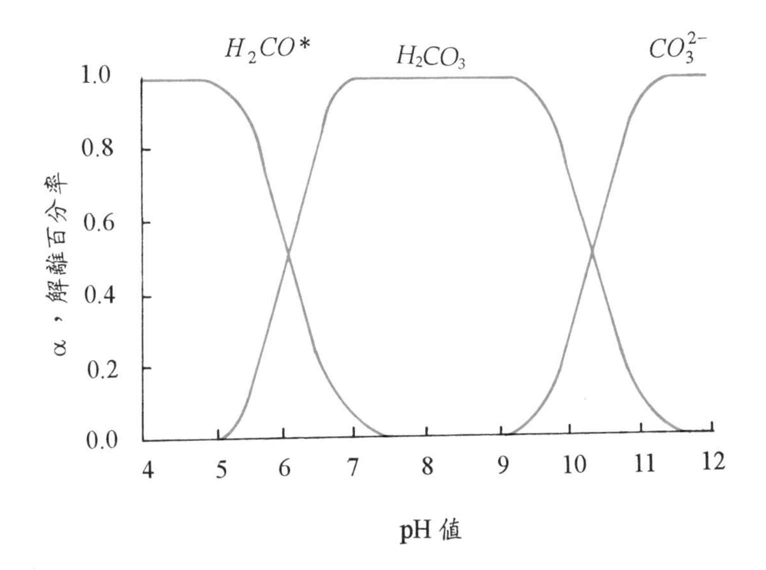

圖 4-14　水中碳酸、碳酸氫根、碳酸根之物種分佈圖

其中 α_0 表示總碳酸物種以 $H_2CO_3^*$ 存在的百分率，α_1 爲以 HCO_3^- 存在的百分率，α_2 爲以 CO_3^{2-} 存在的百分率。其中

$$C_T = [H_2CO_3^*] + [HCO_3^-] + [CO_3^{2-}]$$

$$\alpha_0 + \alpha_1 + \alpha_2 = 1$$

又由式（4-127）、（4-133）、（4-137）知

$$[H_2CO_3^*] = \frac{C_T [H^+]^2}{[H^+]^2 + K_{a1}[H^+] + K_{a1}K_{a2}} \quad (4\text{-}220)$$

$$[HCO_3^-] = \frac{C_T K_{a1}[H^+]}{[H^+]^2 + K_{a1}[H^+] + K_{a1}K_{a2}} \quad (4\text{-}221)$$

$$[CO_3^{2-}] = \frac{C_T K_{a1}K_{a2}}{[H^+]^2 + K_{a1}[H^+] + K_{a1}K_{a2}} \quad (4\text{-}222)$$

因此

$$\alpha_0 = \frac{[H^+]^2}{[H^+]^2 + K_{a1}[H^+] + K_{a1}K_{a2}} \quad (4\text{-}223)$$

$$\alpha_1 = \frac{[H^+]K_{a1}}{[H^+]^2 + K_{a1}[H^+] + K_{a1}K_{a2}} \quad (4\text{-}224)$$

$$\alpha_2 = \frac{K_{a1}K_{a2}}{[H^+]^2 + K_{a1}[H^+] + K_{a1}K_{a2}} \quad (4\text{-}225)$$

由（4-223）、（4-224）及（4-225）各式，可繪製圖 4-14 之物種分佈圖，並可得當 pH 在特殊情況下之物種分佈情形如下：

1. 當 $pH \ll pK_{a1}$ 或 $pH \ll 6.3$ 時，由於 $[H^+] \gg K_{a1}$ 得 $\alpha_0 = 1$、$\alpha_1 = \alpha_2 = 0$，因此 $H_2CO_3^*$ 爲優勢物種。

2. 當 $pH = pK_{a1}$ 時，$\alpha_0 = \alpha_1$、$\alpha_2 = 0$ 即 H_2CO_3 與 HCO_3^- 等量存在，而無

CO_3^{2-} 存在。

3. 當 $pH >> pK_{a2}$ 或，$pH >> 10.3$，$\alpha_2 = 1$、$\alpha_0 = \alpha_1 = 0$，CO_3^{2-} 為優勢物種。

4. 當 $pH = pK_{a2}$ 時，$\alpha_1 = \alpha_2$、$\alpha_0 = 0$，CO_3^{2-} 與 HCO_3^- 等量存在，而無 $H_2CO_3^*$ 存在。

5. 當 $pH = \frac{1}{2}(pK_{a1} + pK_{a2}) = 8.3$ 時 $\alpha_0 = 1$、$\alpha_0 = \alpha_2 = 0$，HCO_3^- 為優勢物種。

因此在中性水體中，HCO_3^- 為主要優勢物種，而酸性水體中，$H_2CO_3^*$ 佔優勢，鹼性水體中大部份以 CO_3^{2-} 存在。

以上同理推論可推導出多質子酸之各物種與 pH 之分佈圖，對 n 質子酸（HnZ）而言，其解離百分率如下：

$$\alpha_0 = \frac{[H^+]^n}{[H^+]^n + K_1[H^+]^{n-1} + K_1K_2[H^+]^{n-2} + \ldots\ldots + K_1K_2\ldots\ldots K_n} \quad (4\text{-}226)$$

$$\alpha_1 = \frac{K_1[H^+]^{n-1}}{[H^+]^n + K_1[H^+]^{n-1} + K_1K_2[H^+]^{n-2} + \ldots\ldots + K_1K_2\ldots\ldots K_n} \quad (4\text{-}227)$$

$$\alpha_2 = \frac{K_1K_2[H^+]^{n-2}}{[H^+]^n + K_1[H^+]^{n-1} + K_1K_2[H^+]^{n-2} + \ldots\ldots + K_1K_2\ldots\ldots K_n} \quad (4\text{-}228)$$

$$\alpha_n = \frac{K_1K_2\ldots\ldots K_n}{[H^+]^n + K_1[H^+]^{n-1} + K_1K_2[H^+]^{n-2} + \ldots\ldots + K_1K_2\ldots\ldots K_n} \quad (4\text{-}229)$$

由以上各式即可繪得多質子質之物種分佈圖，圖 4-15 即為多質子磷酸（H_3PO_4）之物種分佈圖。

【例 4-19】

空氣污染造成酸雨問題，一般而言當雨水 pH 小於 5.68 時，可視為酸雨。試說明為何 $pH = 5.68$ 為正常雨水之標準。（正常大氣中 CO_2 之含量為 $10^{-3.5}$ atm）。

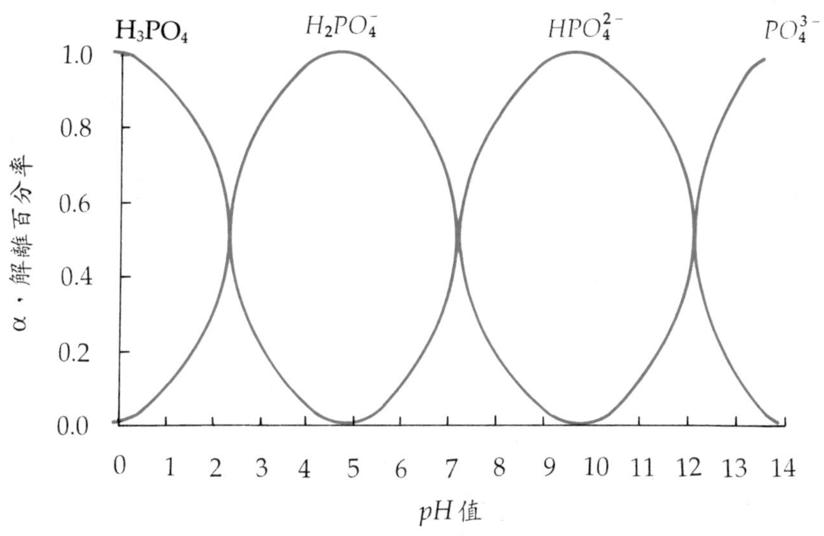

圖 4-15　多質子磷酸（H_3PO_4）之物種分佈圖

【解】

由於正常雨水與大氣平衡，因此

$$CO_{2(g)} \rightleftharpoons CO_{2(aq)} \qquad K_H = 3.16 \times 10^{-2}$$

又 $CO_{2(aq)} \cong [\,H_2CO_3^*\,]$

$$H_2CO_3^* \rightleftharpoons H^+ + HCO_3^- \qquad K_{a1} = 10^{-6.3}$$

$$HCO_3^- \rightleftharpoons H^+ + CO_3^{2-} \qquad K_{a2} = 10^{-10.3}$$

$$H_2O \rightleftharpoons H^+ + OH^- \qquad K_W = 1 \times 10^{-14}$$

由電荷平衡式

$$[\,H^+\,] = [\,OH^-\,] + [\,HCO_3^-\,] + 2\,[\,CO_3^{2-}\,]$$

假設 $[HCO_3^-] >> [OH^-]$ 及 $[CO_3^{2-}]$

電荷平衡式可簡化為

$$[H^+] \cong [HCO_3^-]$$

由 $K_{a1} = \frac{[H^+][HCO_3^-]}{[H_2CO_3^*]} = 10^{-6.3}$

$$[H^+][HCO_3^-] = 10^{-6.3} \times [H_2CO_3^*]$$

又 $\frac{[CO_2]_{aq}}{CO_{2(g)}} = 3.16 \times 10^{-2}$

$$[CO_2]_{aq} = P_{CO_2} \times 3.16 \times 10^{-2} = 10^{-3.5} \times 3.16 \times 10^{-2} \cong 1.00 \times 10^{-5}$$

一般視 $[CO_2]_{aq} = [H_2CO_3^*] = 1.00 \times 10^{-5}$ 代入前式求得

$$[H^+] = [HCO_3^-] = 2.1 \times 10^{-6}\ \text{M}$$

$$[OH^-] = 4.68 \times 10^{-9}$$

$$[CO_3^{2-}] = 4.69 \times 10^{-11}$$

檢驗證明前述之假設成立（小於5％之誤差）。
因此 $pH = -\log 2.1 \times 10^{-6} = 5.68$

【**例 4-20**】

某工廠之廢水含有碳酸鹽 100mg H_2CO_3/L，及氨鹽 10mg NH_3/L，且其 pH 為 9.5。若在放流前 pH 值需調整至 9.0，則每噸廢水需加入多少 30％之鹽酸？（不考慮離子強度）

【**解**】

$$\frac{100\text{mg } H_2CO_3}{\text{L}} \times \frac{1\text{ g}}{1000\text{ mg}} \times \frac{1\text{ mole } H_2CO_3}{62\text{ g } H_2CO_3} = 1.61 \times 10^{-3}\ \text{M}$$

$$\frac{10\text{mg } NH_3}{\text{L}} \times \frac{1\text{ g}}{1000\text{ mg}} \times \frac{1\text{ mole } NH_3}{17\text{ g } NH_3} = 5.88 \times 10^{-4}\text{ M}$$

又查 H_2CO_3 及 NH_4^+ 之解離常數知

H_2CO_3 之 $pK_{a1} = 10^{-6.3}$，$pK_{a2} = 10^{-10.3}$

NH_4^+ 之 $pK_{a1} = 10^{-9.2}$

而碳酸物種之解離率可由式（4-223）至（4-225）計算出

$$\alpha_0 = \frac{(10^{-9.5})^2}{(10^{-9.5})^2 + (10^{-6.3})(10^{-9.5}) + (10^{-6.3})(10^{-10.3})} = 5.44 \times 10^{-4}$$

$$\alpha_1 = \frac{(10^{-6.3})(10^{-9.5})}{(10^{-9.5})^2 + (10^{-6.3})(10^{-9.5}) + (10^{-6.3})(10^{-10.3})} = 0.863$$

$$\alpha_2 = \frac{(10^{-6.3})(10^{-10.3})}{(10^{-9.5})^2 + (10^{-6.3})(10^{-9.5}) + (10^{-6.3})(10^{-10.3})} = 0.137$$

又氨物種之解離率

$$\alpha_0 = \frac{(10^{-9.5})}{(10^{-9.5}) + (10^{-9.2})} = 0.334$$

$$\alpha_1 = \frac{(10^{-9.2})}{(10^{-9.5}) + (10^{-9.2})} = 0.666$$

求緩衝強度 β

$$\beta = 2.3\left([H^+] + [OH^-] + \alpha_0\alpha_1 C_{T,A} + \alpha_0\alpha_1 C_{T,B} + \ldots\right)$$

$$\beta = 2.3[10^{-9.5} + 10^{-4.5} + (5.44 \times 10^{-4}) \times (0.863) \times (1.61 \times 10^{-3}) +$$

$$(0.863) \times (0.137) \times (1.61 \times 10^{-3}) + (0.334) \times (0.666) \times (5.88 \times 10^{-4})]$$

$$= 8.13 \times 10^{-4}$$

$$\beta = \frac{\Delta C_A}{\Delta pH} \quad \Delta C_A = \Delta pH \times \beta$$

$$\Delta C_A = (\,9.5 - 9\,) \times 8.13 \times 10^{-4} = 4.07 \times 10^{-4}\ \text{M}$$

$$\frac{4.07 \times 10^{-4}\ \text{mole}\ HCl}{\text{L}} \times \frac{36.5\ \text{g}}{1\ \text{mole}} \times \frac{1000\text{L}}{\text{噸}} \times \frac{100}{30} = 49.5\ \text{g}/\ \text{噸之}\ 30\,\%\ HCl$$

【例 4-21】

有一含磷酸鹽之工業污水，其總磷濃度爲 31mg P/L，其 pH 值爲 12，若放流前需中和至 $pH = 7$，則每噸污水需加 98％之硫酸多少莫耳？

【解】

$$\frac{31\ \text{mg}\ P}{\text{L}} \times \frac{1\ \text{g}}{1000\ \text{mg}} \times \frac{1\ \text{mole}\ P}{31\ \text{g}\ P} = 1\times 10^{-3}\text{M}$$

查 H_3PO_3 之解離常數爲 $K_{a1} = 10^{-2.1}$，$K_{a2} = 10^{-7.2}$，$K_{a3} = 10^{-12.3}$

又由圖 4-15 知在 pH =12 時 H_3PO_4 及 $H_2PO_4^-$可忽略不計，因此

$$C_{T1} = [\,HPO_4^{2-}] + [\,PO_4^{3-}] = 10^{-3}$$

由 $K_{a3} = 10^{-12.3} = \dfrac{[\,PO_4^{3-}][\,H^+\,]}{[\,HPO_4^{2-}]}$

$$\frac{[\,PO_4^{3-}][\,10^{-12}\,]}{[\,HPO_4^{2-}]} = 10^{-12.3}$$

得 $[\,HPO_4^{2-}] = 2[\,PO_4^{3-}]$ 代入 C_{T1}

得 $[\,PO_4^{3-}] = 3.3 \times 10^{-4}\text{M}$

$$[\,HPO_4^{2-}] = 6.7 \times 10^{-4}\text{M}$$

當中和至 $pH = 7$ 時由圖 4-15 知 H_3PO_4 及 PO_4^{3-} 可忽略。

$$C_{T2} = [H_2PO_4^-] + [HPO_4^{2-}] = 1 \times 10^{-3}$$

又由 $K_{a2} = \dfrac{[HPO_4^{2-}][H^+]}{[H_2PO_4^-]} = 10^{-7.2}$

$$\frac{[HPO_4^{2-}][10^{-7}]}{[H_2PO_4^-]} = 10^{-7.2}$$

$[HPO_4^{2-}] = 0.63\,[H_2PO_4^-]$ 代入 C_{T2}

得 $[H_2PO_4^-] = 6.13 \times 10^{-4}$

$$[HPO_4^{2-}] = 3.87 \times 10^{-4}$$

此處可假設最終之 $H_2PO_4^-$ 係全部由 PO_4^{3-} 轉換而來，而 HPO_4^{2-} 係由原來之 HPO_4^{2-} 再加上部分由 PO_4^{3-} 轉換而來，因此所需加入之 $[H^+]$ 量爲

$$(6.13 \times 10^{-4} \times 2) + (3.87 \times 10^{-4} - 6.7 \times 10^{-4}) = 9.45 \times 10^{-4} \text{ mole } H^+/\text{L}$$

$$\frac{9.45 \times 10^{-4} \text{ mole } H^+}{\text{L}} \times \frac{1 \text{ mole } H_2SO_4}{2 \text{ mole } H^+} \times \frac{100}{98} \times \frac{1000\text{L}}{\text{噸}} = 0.482 \text{ 莫耳 / 噸}$$

之 98 % H_2SO_4

【例 4-22】

加氯消毒時，氯氣於水中係以 $HOCl$ 或 OCl^- 存在，且 $HOCl$ 之殺菌效率大約爲 OCl^- 之 100 倍。若在 $pH = 7$ 時 1mg Cl_2/L 之氯劑足以殺死大部份細菌，現將 pH 調爲 8.5 則需要多少劑量才能達到相同殺菌效果。溫度 25℃、$pH = 7$ 時 $\alpha_{Cl_2} = 0$，$\alpha_{HOCl} = 0.76$，$\alpha_{OCl^-} = 0.24$；$pH = 8$ 時 $\alpha_{Cl_2} = 0$，$\alpha_{HOCl} = 0.09$，$\alpha_{OCl^-} = 0.91$。

【解】

$$C_{T,Cl} = 1 \text{ mg } Cl_2/\text{L}$$

在 $pH=7$ 時

$$\alpha_{HOCl}=\frac{[HOCl]}{C_{T,Cl}}$$

$$[HOCl]=1\times0.76=0.76\text{ mg }Cl_2/\text{L}$$

$$\alpha_{OCl^-}=\frac{[OCl^-]}{C_{T,Cl}}$$

$$[OCl^-]=1\times0.24=0.24\text{ mg }Cl_2/\text{L}$$

當 $pH=8$ 時

$$\alpha_{HOCl}=\frac{[HOCl]}{C_{T,Cl}}，\alpha_{OCl^-}=\frac{[OCl^-]}{C_{T,Cl}}$$

$$[HOCl]=1\times0.09=0.09\text{ mg }Cl_2/\text{L}$$

$$[OCl^-]=1\times0.91=0.91\text{ mg }Cl_2/\text{L}$$

$pH=7$ 時之殺菌效率為

$$0.76\times100\%+0.24\times1\%=76\%$$

$pH=8.5$ 時之殺菌效率為

$$0.09\times100\%+0.91\times1\%=9.9\%$$

因此在 $pH=8.5$ 時需用 $\frac{76\%}{9.9\%}\times1\text{mg }Cl_2/\text{L}=7.7\text{mg }Cl_2/\text{L}$ 才能達到相同殺菌效果。

4-6-2 酸度與鹼度的表示法

大多數自然水的鹼度是由強鹼之氫氧化物、碳酸鹽及碳酸氫鹽三類所組成。按存在之離子而言，主要爲OH^-、CO_3^{2-}、HCO_3^-三者。此三者所構成之鹼度可在實驗室以化學分析法求得，並由實驗數據分別推算各物種之鹼度，此種由實驗方法求得之鹼度可稱爲實驗鹼度。另外根據鹼度之定義，並以數學方法表示水中各物質所能消耗質子之總當量的方程式，則可稱爲數學鹼度。同理推論，實驗酸度係以化學分析方法測定由強酸、H_2CO_3及HCO_3^-所構成之酸度。而數學酸度則是依酸度定義，並以數學方法表示水中各物質所能提供質子之總當量。以下將分別介紹這些觀念。

1. 實驗鹼度與酸度

實驗鹼度或酸度係以酸鹼滴定之方式進行分析。分析鹼度時係以標準硫酸溶液（通常是$\frac{1}{50}N$），對一已知體積之水樣進行滴定，其滴定曲線如圖 4-16 所示，可分三階段討論。

(1) 由 $pH > 11$ 滴定至 $pH \cong 11$（即由 CO_3^{2-} 之當量點以上滴至 CO_3^{2-} 之當量點）

一般而言，若水中有強鹼存在，則其 pH 值往往大於 11 以上，因此以硫酸滴定時，水溶液之 pH 會開始降低，此時硫酸中和之物質皆是強鹼之氫氧化物，其基本反應如下

$$H^+ + OH^- \rightarrow H_2O \tag{4-230}$$

當參考強酸、強鹼之滴定曲線則會發現 $pH = 11$ 左右時所有之強鹼皆被中和完畢。又參考圖 4-14，發現此時之 CO_3^{2-} 尚未被中和，因此滴定至此點所消耗強酸之量則完全用於中和強鹼，故稱爲苛性鹼度。然而實驗室裏不易測定達到此點所需之酸量，因爲當量點不明顯之故。

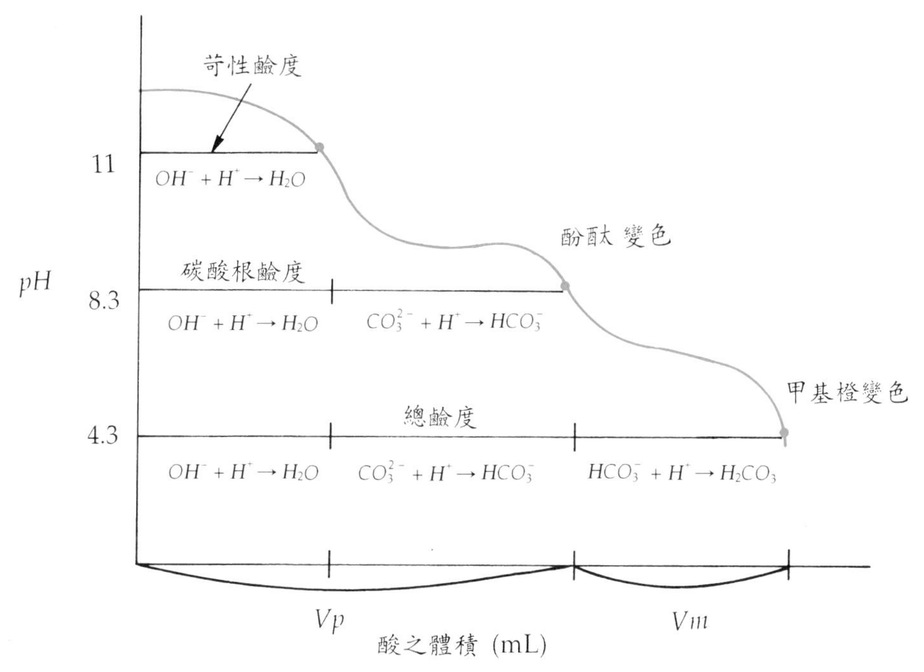

圖 4-16 氫氧根－碳酸根混合液之滴定曲線

(2) 由 $pH > 8.3$ 滴定至 $pH = 8.3$（由 HCO_3^- 之當量點以上滴至 HCO_3^- 之當量點）

當滴定繼續時則硫酸開始中和 CO_3^{2-}，基本反應如下 $CO_3^{2-} + H^+ \rightarrow HCO_3^-$，當滴定至 $pH = 8.3$ 附近，此時 CO_3^{2-} 全部轉換成 HCO_3^-，此點即是碳酸根轉換成 HCO_3^- 之當量點。此點通常在實驗室係由酚酞(phenolphthalein) 指示劑之變色（由紅變無色）決定。因此由 $pH > 8.3$ 滴至酚酞變色所消耗硫酸量則稱為碳酸根鹼度或酚酞鹼度。當酚酞變色時記錄硫酸消耗之體積（V_P），則可依下式計算酚酞鹼度。實際鹼度通常以 mg $CaCO_3$/L 來表示。

$$\text{酚　鹼度}(\text{mg } CaCO_3/L) = \frac{V_P \times N \times 50000}{\text{水樣體積(mL)}} \tag{4-231}$$

式中之 N 爲硫酸之當量濃度，50000 爲 $CaCO_3$ 之克當量重（以 mg 表示），體積以 mL 計。

(3) 由 $pH > 4.3$ 滴定至 $pH = 4.3$（即由 $H_2CO_3^*$ 之當量點以上滴至 $H_2CO_3^*$ 之當量點）

當由 $pH = 8.3$ 繼續滴定時，則硫酸開始中和 HCO_3^-，基本反應如下：

$$HCO_3^- + H^+ \rightarrow H_2CO_3^* \tag{4-232}$$

當滴定至 $pH = 4.3$ 左右時，此點即是碳酸氫根轉換爲碳酸之當量點，在實驗室裏係以甲基橙（methyl orange）變紅色來決定。因此由原水樣滴定至甲基橙變色總共消耗之酸量稱爲總鹼度亦稱甲基橙鹼度。記錄由酚酞變色至甲基橙變色所消耗之硫酸體積（V_m），則可依下式計算總鹼度：

$$\text{總鹼度（mg } CaCO_3/\text{L）} = \frac{(V_P + V_m) \times N \times 50000}{\text{水樣體積(mL)}} \tag{4-233}$$

V_P、N 及 50000 之定義如上。

以上爲實驗室所能得到之二個數據，一爲酚酞鹼度，另一爲總鹼度。若要由此二數據分別計算各物種之鹼度（OH^-、HCO_3^-、CO_3^{2-} 之個別鹼度）則需做一簡略假設：即 OH^-、HCO_3^-、CO_3^{2-} 三者不可能同時在水樣中，因存在著下列互相作用之關係：

$$HCO_3^- + OH^- \rightleftharpoons CO_3^{2-} + H_2O \tag{4-234}$$

此三種鹼度在水域中存在之組合形式有五種 (1) 僅有 OH^-；(2) 僅有 CO_3^{2-}；(3) 僅有 HCO_3^-；(4) OH^-、CO_3^{2-} 共存；(5) CO_3^{2-}、HCO_3^- 共存。當各組合水樣以硫酸滴定時，其情形可以滴定示意圖（圖 4-17）表示之。

茲分別討論如下：

(1) 僅有 OH^-：水樣僅有 OH^- 鹼度時，其 pH 值通常高於 11，當滴定至酚酞變色即完成滴定，因此 $V_m = 0$，而苛性鹼度可計算如下：

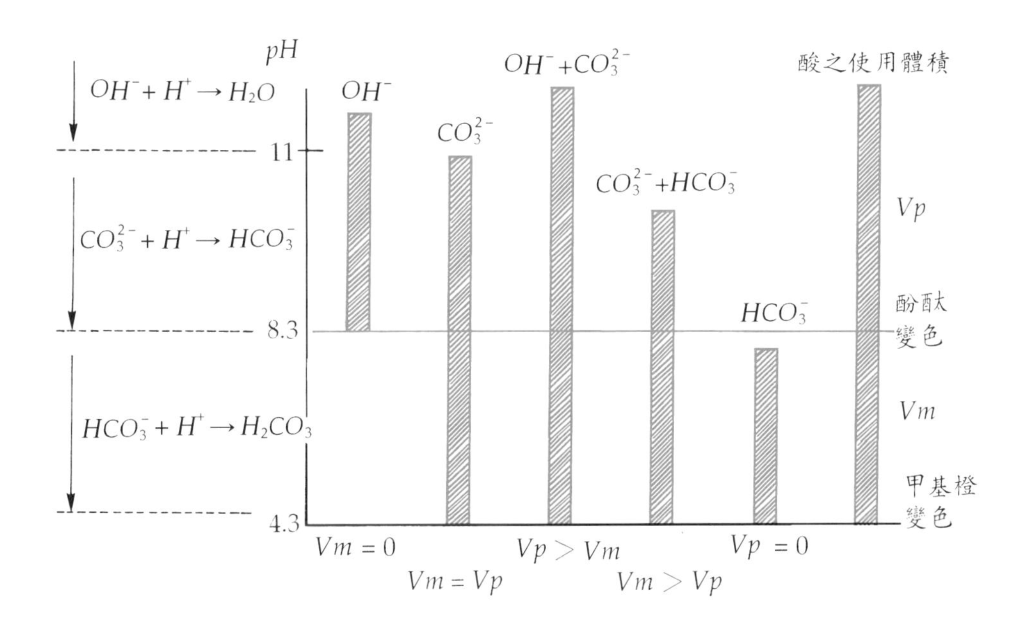

圖 4-17 不同鹼度組成之滴定示意圖

$$苛性鹼度（mg\ CaCO_3/L）= \frac{V_P \times N \times 50000}{水樣體積(mL)} \tag{4-235}$$

需注意的是，此計算出來之苛性鹼度較眞正苛性鹼度高，但由於實驗上限制，僅能如此。

(2) 僅有CO_3^{2-}：水樣僅有 CO_3^{2-} 時，其 pH 應大於 8.3 以上。當滴定至酚酞變色，恰好達全部滴定之一半，亦即 $V_m = V_P$。因此 CO_3^{2-} 貢獻之鹼度即爲總鹼度，計算如下：

$$CO_3^{2-}\ 鹼度（mg\ CaCO_3/L）= \frac{(V_P + V_m) \times N \times 50000}{水樣體積(mL)} \tag{4-236}$$

(3)$OH^- + CO_3^-$ 組合：因有 OH^- 存在，故 $pH > 11$，滴定時應得 $V_P > V_m$，而 CO_3^{2-} 及 OH^- 所貢獻之鹼度可分別計算如下：

$$CO_3^{2-} \text{鹼度}（\text{mg } CaCO_3/\text{L}）= \frac{2V_m \times N \times 50000}{\text{水樣體積(mL)}} \quad (4\text{-}237)$$

$$OH^- \text{鹼度}（\text{mg } CaCO_3/\text{L}）= \frac{(V_P - V_m) \times N \times 50000}{\text{水樣體積(mL)}} \quad (4\text{-}238)$$

(4)$CO_3^{2-} + HCO_3^-$ 組合：此情況之最初 pH 應在 8.3 至 11 之間，滴定時 $V_m > V_P$，而 CO_3^{2-} 及 HCO_3^- 引起之鹼度分別計算如下：

$$CO_3^{2-} \text{鹼度}（\text{mg } CaCO_3/\text{L}）= \frac{2V_P \times N \times 50000}{\text{水樣體積(mL)}} \quad (4\text{-}239)$$

$$HCO_3^- \text{鹼度}（\text{mg } CaCO_3/\text{L}）= \frac{(V_m - V_P) \times N \times 50000}{\text{水樣體積(mL)}} \quad (4\text{-}240)$$

(5)僅有HCO_3^-：此情況之最初 pH 應在8.3以下，滴定時 $V_P = 0$，而 HCO_3^- 鹼度即爲總鹼度，可計算如下：

$$HCO_3^- \text{鹼度}（\text{mg } CaCO_3/\text{L}）= \frac{V_m \times N \times 50000}{\text{水樣體積(mL)}} \quad (4\text{-}241)$$

應注意的是當水域的 pH 值在 7.0 至 8.4 時水中之 CO_3^{2-} 及 OH^- 幾乎已不存在，此時最主要存在之物質爲 HCO_3^-。而自然水域之 pH 值一般在 6.5 至 8.5 間，故自然水域之鹼度多半以 HCO_3^- 形式存在。換言之，水中 HCO_3^- 的含量實際上常爲水的總鹼度。

酸度之滴定觀念與鹼度剛好相反，其通常係以強鹼（$NaOH$，$\frac{1}{50}N$）之標準溶液滴定，亦可分三階段討論：

(1) 原水樣滴定至 $pH = 4.3$（H_2CO_3 當量以下滴定至 H_2CO_3 之當量點）若有強酸時原水樣之 pH 應小於 4.3，以強鹼滴定至 $pH = 4.3$ 即爲 H_2CO_3 之

當量點，亦為甲基橙變色之點。所需之強鹼量，稱為強酸酸度（礦酸酸度），基本反應為

$$H^+ + OH^- \rightarrow H_2O$$

若消耗之體積為 $V_m^{'}$，則

$$\text{礦酸度（mg } CaCO_3/\text{L）} = \frac{V_m^{'} \times N \times 50000}{\text{水樣體積(mL)}} \quad (4\text{-}242)$$

(2) 原水樣滴定至 $pH = 8.3$（由 HCO_3^- 當量點以下至 HCO_3^- 之當量點）若原水樣滴定至酚酞變色（$pH = 8.3$），所需之鹼量，則稱為二氧化碳酸度（CO_2酸度），其基本反應如下：

$$H^+ + OH^- \rightarrow H_2O$$

$$H_2CO_3 + OH^- \rightarrow HCO_3^- + H_2O$$

若甲基橙變色至酚酞變色所消耗鹼之體積為 $V_P^{'}$，則

$$CO_2\text{ 酸度（mg } CaCO_3/\text{L）} = \frac{\left(V_P^{'} + V_m^{'}\right) \times N \times 50000}{\text{水樣體積(mL)}} \quad (4\text{-}243)$$

(3) 原水樣滴定至 $pH = 11$（由 CO_3^{2-} 當量點以下至 CO_3^{2-} 之當量點）將原水樣滴定至 CO_3^{2-} 之當量點所需之鹼量稱為總酸度，其基本反應為

$$H^+ + OH^- \rightarrow H_2O$$

$$H_2CO_3 + OH^- \rightarrow HCO_3^- + H_2O$$

$$HCO_3^- \; OH^- \rightarrow CO_3^{2-} + H_2O$$

總酸度可由以上三種反應所消耗鹼之體積估算，第一個反應所消耗鹼之體積即為 $V_m^{'}$，第二反應所消耗鹼之體積即為 $V_P^{'}$，兩者皆易由實驗獲得。

第三反應所消耗鹼之體積則實驗上很難測定，必須另行估算。第三反應中之HCO_3^-一部分實爲第二反應中 H_2CO_3 轉變而來，此部分之 HCO_3^- 被轉化成 CO_3^{2-} 時需消耗鹼之體積爲 V_P'；另一部分係水樣中原就存在之 HCO_3^-，此部分之 HCO_3^- 被轉化成 CO_3^{2-} 時需消耗鹼之體積則必須由分析水樣之鹼度來決定。因爲此水樣爲酸性水樣，OH^-及CO_3^{2-}不存在，因此 HCO_3^- 爲原水樣唯一可能存在之鹼度。鹼度分析時水樣所消耗 H_2SO_4 之體積(即將 HCO_3^- 轉成 H_2CO_3 所需消耗酸之體積）則等於在酸度滴定時將原水樣之 HCO_3^- 轉變爲 CO_3^{2-} 所需鹼之體積，若其爲 V_b'，則第三反應總共消耗鹼之體積爲 $V_m' + V_b'$，因此總酸度之計算如下：

$$總酸度（mg\ CaCO_3/L）= \frac{V_P' + V_m' + \left(V_m' + V_b'\right) \times N \times 50000}{水樣體積(mL)} \quad (4\text{-}244)$$

2. 數學鹼度與酸度

數學鹼度係以數學方法表示水中各鹼性物質所能消耗質子之總當量數。據此定義，若水中有強鹼（OH^-）、碳酸鹽（CO_3^{2-}）及碳酸氫鹽（HCO_3^-）之鹼度，由於 1M 之 OH^- 可中和 1 當量濃度之 H^+；而 1M 之 CO_3^{2-} 可中和 2 當量濃度之 H^+；HCO_3^- 可中和 1 當量濃度之 H^+，因此可消耗之質子總當量即總鹼度爲

$$總鹼度（eq/L）= [HCO_3^-] + 2[CO_3^{2-}] + [OH^-] - [H^+] \quad (4\text{-}245)$$

由於水中存在 1M H^+則會消耗 1 當量濃度之鹼度，因此必須減去該 H^+ 之影響。

此種數學鹼度亦可由質子條件導出。由上節討論中，總鹼度係將 pH 在 H_2CO_3 當量點以上之水溶液利用強酸滴定至 H_2CO_3 之當量點所需之酸之當量。由於在 H_2CO_3 當量點時溶液中含有 H_2CO_3 及 H_2O，而且達到一平衡狀態，因此必須滿足質子平衡條件，即是以 H_2CO_3 及 H_2O 爲基準物質所推

導出來之質子條件必須成立。此質子條件之推導已於 4-3-3 節中討論過。以 H_2CO_3 及 H_2O 爲基準物質所推導出之質子條件如下

$$[H_3O^+]=[HCO_3^-]+2[CO_3^{2-}]+[OH^-] \tag{4-246}$$

當此質子條件兩邊不相等時，例如鹼大於酸時，則需加強酸來中和以滿足質子條件之平衡要求，此多出來之鹼即是水溶液中之鹼度，因此

$$\text{總鹼度（eq/L）}=[HCO_3^-]+2[CO_3^{2-}]+[OH^-]-[H_3O^+] \tag{4-247}$$

依此推論，碳酸根鹼度可以 HCO_3^- 及 H_2O 爲基準物質，而苛性鹼度可以 CO_3^{2-} 及 H_2O 爲基準，並由質子條件推導出來。同樣推論亦適用酸度之推導，酸度即爲在質子條件中酸減去鹼所多出之酸量。各數學鹼度之方程式列於表 4-6 中。若將 α_0、α_1、α_2 之定義，即

$$[H_2CO_3^*]=\alpha_0 C_T \quad ,[HCO_3^-]=\alpha_1 C_T \quad ,[CO_3^{2-}]=\alpha_2 C_T$$

此處 $C_T=[H_2CO_3^*]+[HCO_3^-]+[CO_3^{2-}]$，及 $[OH^-]=\frac{K_W}{H^+}$ 代入表 4-6 中之各方程式即得表 4-7 中之各方程式。

表 4-6 鹼度及酸度方程式及平衡點之 pH

平衡點	平衡點 pH	基準物質	方程式 eq/L
$pH_{H_2CO_3}$	4.3	$H_2CO_3^*$ 及 H_2O	總鹼度 $=[HCO_3^-]+2[CO_3^{2-}]+[OH^-]-[H^+]$
			礦酸度 $=[H^+]-[HCO_3^-]-2[CO_3^{2-}]-[OH^-]$
$pH_{HCO_3^-}$	8.3	HCO_3^- 及 H_2O	碳酸根鹼度 $=[CO_3^{2-}]+[OH^-]-[H_2CO_3]-[H^+]$
			CO_2 酸度 $=[H^+]+[H_2CO_3]-[CO_3^{2-}]-[OH^-]$
$pH_{CO_3^{2-}}$	11	CO_3^{2-} 及 H_2O	苛性鹼度 $=[OH^-]-[HCO_3^-]-2[H_2CO_3]-[H^+]$
			總酸度 $=[H^+]+[HCO_3^-]+2[H_2CO_3]-[OH^-]$

表 4-7 以 C_T 及 α 值表示鹼度與酸度 *

參　數	方程式
總鹼度	$C_T(\alpha_1+2\alpha_2)+\frac{K_W}{[H^+]}-[H^+]$
碳酸根鹼度	$C_T(\alpha_2-\alpha_0)+\frac{K_W}{[H^+]}-[H^+]$
苛性鹼度	$\frac{K_W}{[H^+]}-[H^+]-C_T(\alpha_1+2\alpha_0)$
總酸度	$C_T(\alpha_1+2\alpha_0)+[H^+]-\frac{K_W}{[H^+]}$
CO_2 酸度	$C_T(\alpha_0-\alpha_2)+[H^+]-\frac{K_W}{[H^+]}$
礦酸度	$[H^+]-\frac{K_W}{[H^+]}-C_T(\alpha_1+2\alpha_2)$

*$C_T=[H_2CO_3^*]+[HCO_3^-]+[CO_3^{2-}]$

【例 4-23】

有一工業廢水之受水體 $pH=8.3$，總鹼度 $AlK=2\times10^{-3}$ eq/L，若排入廢水含有 5×10^{-3}M H_2SO_4，且受水體之 pH 不得低於 $pH=6.3$，(1) 求廢水排放之最大稀釋比爲何；(2)$pH=6.3$ 時水體之緩衝強度爲多少。若碳酸根爲主要之緩衝系統而 $K_{a1}=10^{-6.3}$、$K_{a2}=10^{-10.3}$ 。

【解】

(1) 依據式（4-247)

$$[Alk]=2\times10^{-3}\ \text{eq/L}=2[CO_3^{2-}]+[HCO_3^-]+[OH^-]-[H^+]$$

又　$C_T=[H_2CO_3^*]+[HCO_3^-]+[CO_3^{2-}]$

由圖 4-14 知

當 $pH=8.3$時，$[HCO_3^-]$ 爲主要存在物質。

$$C_T = [HCO_3^-] = 2\times 10^{-3}$$

又 $[H^+] = 10^{-8.3}$ 而 $[OH^-] = 10^{-5.7}$ 兩者皆小於 2×10^{-3}

故式（4-247) 可簡化爲

$$[Alk] = 2\times 10^{-3} = [HCO_3^-] = C_T$$

當 $pH = 6.3$ 時，部分之 HCO_3^- 被轉化爲 $H_2CO_3^*$，其反應如下

$$HCO_3^- + H^+ \rightleftharpoons H_2CO_3^*$$

$$\frac{[HCO_3^-][H^+]}{[H_2CO_3^*]} = K_{a1} = 10^{-6.3}$$

$$\frac{[HCO_3^-]}{[H_2CO_3^*]} = \frac{K_{a1}}{[H^+]} = \frac{10^{-6.3}}{10^{-6.3}} = 1$$

所以 $[HCO_3^-] = [H_2CO_3^*]$

當 $pH = 6.3$ 時 CO_3^{2-} 不存在

$$C_T = [HCO_3^-] + [H_2CO_3^*] = 2\times 10^{-3}$$

所以 $[HCO_3^-] = 1\times 10^{-3}$ M，$[H_2CO_3^*] = 1\times 10^{-3}$ M

故所加入之 $[H^+] = 1\times 10^{-3}$ M

若假設受水體爲 1L，可承受之 H_2SO_4 爲 XL

則 $X \times 5 \times 10^{-3} \times 2 = 1 \times 10^{-3} \times 1$

$$X = 0.1\text{L}$$

故體積比 $= \frac{0.1}{1} = 1：10$

(2) 由式（4-175）

$$\beta = 2.3\left([H^+] + [OH^-] + \alpha_0\,\alpha_1\,C_T + \alpha_1\,\alpha_2\,C_T\right)$$

$$\alpha_0 = \frac{[H_2CO_3^*]}{C_T} = \frac{10^{-3}}{2\times 10^{-3}} = 0.5$$

$$\alpha_1 = \frac{[HCO_3^-]}{C_T} = \frac{10^{-3}}{2\times 10^{-3}} = 0.5$$

$$\alpha_2 = 0$$

$$\beta = 2.3\left(10^{-6.3} + 10^{-7.7} + 0.5\times 0.5\times 2\times 10^{-3} + 0\right) = 1.15\times 10^{-3} \quad \text{mole/L}$$

【例 4-24】

若一水體之 $Alk = 1.00\times 10^{-3}$ eq/L，計算此水體在 pH =7 及 pH =10時，$[HCO_3^-]$、$[H_2CO_3^*]$、$[CO_3^{2-}]$各爲多少？而 C_T 各爲多少？$K_{a1} = 4.45\times 10^{-7}$、$K_{a2} = 4.69\times 10^{-11}$ 。

【解】

在 $pH = 7$ 由於 $[HCO_3^-] >> [CO_3^{2-}]$ 又 $[H^+] = [OH^-]$

因此，由 $[Alk] = 2[CO_3^{2-}] + [HCO_3^-] + [OH^-] - [H^+]$

$$[HCO_3^-] = 1.00\times 10^{-3}\,\text{M}$$

$$K_{a1} = \frac{[HCO_3^-][H^+]}{[H_2CO_3^*]} = 4.45\times 10^{-7}$$

$$\frac{(1\times 10^{-3})(10^{-7})}{[H_2CO_3^*]} = 4.45\times 10^{-7}$$

$$[H_2CO_3^*] = 2.25\times 10^{-4}\,\text{M}$$

$$K_{a2} = \frac{[CO_3^{2-}][H^+]}{[HCO_3^-]} = 4.69\times 10^{-11}$$

$$\frac{[CO_3^{2-}](10^{-7})}{1\times10^{-3}} = 4.69\times10^{-11}$$

$$[CO_3^{2-}] = 4.69\times10^{-7}\ \text{M}$$

$$C_T = 1.00\times10^{-3} + 2.25\times10^{-4} + 4.69\times10^{-7} \cong 1.22\times10^{-3}\ \text{M}$$

在 pH =10時

$$[Alk] = 2[CO_3^{2-}] + [HCO_3^-] + [OH^-] - [H^+]$$

$$= 2[CO_3^{2-}] + [HCO_3^-] + 10^{-4} - 10^{-10}$$

$$= 1\times10^{-3}$$

$$[HCO_3^-] + 2[CO_3^{2-}] = 9\times10^{-4}$$

又由 $K_{a2} = \frac{[CO_3^{2-}][H^+]}{[HCO_3^-]} = 4.69\times10^{-11}$

得 $[CO_3^{2-}] = 0.469[HCO_3^-]$，代入上式

得 $[HCO_3^-] = 4.64\times10^{-4}\ \text{M}$

$$[CO_3^{2-}] = 2.18\times10^{-4}\ \text{M}$$

$$[OH^-] = 1\times10^{-4}\ \text{M}$$

$$C_T = 4.64\times10^{-4} + 2.18\times10^{-4} + 0 = 6.82\times10^{-4}\ \text{M}$$

由上面計算知 $pH = 7$時鹼度主要由 HCO_3^- 供應，而在 pH =10時鹼度主要由 OH^-、CO_3^{2-}、HCO_3^- 而來。由計算得知 pH =10.0溶解性之無機碳濃度僅爲 pH =7.0時之一半，其減少之部分主要係供水體中之藻類行光合作用。因此可知當藻類行光合作用而消耗無機碳物質時，水之 pH 値會增高，而鹼度則往往不改變。

【例 4-25】

以 0.02N H_2SO_4 滴定之 50mL 自然水樣，滴定至 $pH = 8.3$ 需 10mL 之 H_2SO_4，至 $pH = 4.3$ 時需 22mL 之 H_2SO_4，由此數據求(1)碳酸根鹼度；(2)總鹼度；(3)苛性鹼度。

【解】

由數據知 $V_P = 10\text{mL}$、$V_m = 12\text{mL}$

由於 $V_m > V_P$ 所以此溶液含有 HCO_3^- 及 CO_3^{2-} 兩種鹼度

(1)碳酸根鹼度係由 $pH > 8.3$ 滴定至 $pH = 8.3$ 所需酸之當量，可依式（4-231）計算如下：

$$\frac{10 \times 0.02 \times 50000}{50} = 200 \quad \text{mg } CaCO_3/\text{L}$$

(2)總鹼度係由 $pH > 4.3$ 滴定至 $pH = 4.3$ 所需酸之當量，可依式（4-233）計算如下：

$$\frac{(10 + 12) \times 0.02 \times 50000}{50} = 440 \quad \text{mg } CaCO_3/\text{L}$$

(3)由於沒有 OH^- 故無苛性鹼度。

【例 4-26】

某些湖水由於含碳酸鹽極少，因此鹼度極低，當大氣污染物 SO_2 遇水形成酸雨，常造成這些湖水 pH 降低而危害魚類生存。需要多少 $pH = 4.0$ 之雨水才會使湖水之 pH 降至6.7以下？假設湖水容積爲 2000m^3，$pH = 7.0$，而且鹼度爲 30mg/L之 $CaCO_3$。

【解】

$$\text{鹼度 } 30\text{mg } CaCO_3/\text{L} = \frac{30 \text{ mg}}{\text{L}} \times \frac{1 \text{ eq}}{50000 \text{ mg}} = 6 \times 10^{-4} \quad \text{eq/L}$$

在 $pH = 7$ 時

$$\frac{[HCO_3^-][10^{-7}]}{[H_2CO_3^*]} = 10^{-6.3}$$

$$\frac{[HCO_3^-]}{[H_2CO_3^*]} = 5$$

$$[HCO_3^-] = 5[H_2CO_3^*]$$

$$[Alk] = 2[CO_3^{2-}] + [HCO_3^-] + [OH^-] - [H^+]$$

$pH = 7$ 時 $[CO_3^{2-}] \cong 0$ ，且 $[OH^-] = [H^+]$

因此 $[HCO_3^-] = [Alk] = 6\times 10^{-4}$

$$[H_2CO_3^*] = 1.2\times 10^{-4}$$

$$C_T = 6\times 10^{-4} + 1.2\times 10^{-4} = 7.2\times 10^{-4}\ \text{M}$$

當 pH =6.7 時

$$\frac{[HCO_3^-][H^+]}{[H_2CO_3^*]} = 10^{-6.3}$$

$$\frac{[HCO_3^-][10^{-6.7}]}{[H_2CO_3^*]} = 10^{-6.3}$$

$$[HCO_3^-] = 2.51\times[H_2CO_3^*]$$

又 $C_T = [HCO_3^-] + [H_2CO_3^*] + [CO_3^{2-}] = 7.2\times 10^{-4}$

在 pH =6.7 時　$[CO_3^{2-}] \cong 0$

所以 $[HCO_3^-] + [H_2CO_3^*] = 7.2\times 10^{-4}$

因此可求得

$$[H_2CO_3^*] = 2.05\times 10^{-4}$$

由 $pH=7$ 降至 $pH=6.7$ 時

$$[H_2CO_3^*] \text{ 增加了 } 2.05\times10^{-4}-1.2\times10^{-4}=0.85\times10^{-4}\text{ M}$$

此增加之 $[H_2CO_3^*]$ 係由 $[HCO_3^-]$ 依下列反應式中和而得

$$HCO_3^- + H^+ \rightarrow H_2CO_3^*$$

因此依計量關係得知須加 $[H^+]=0.85\times10^{-4}$ moleH^+/L

由於雨水之 $pH=4$ 亦即 $H^+=10^{-4}$ moleH^+/L

若需加之雨水為 XL，則依稀釋公式

$$X\times10^{-4}=0.85\times10^{-4}\times2000\text{ m}^3\times\frac{10^3\text{ L}}{1\text{ m}^3}$$

$$X=1.7\times10^6\text{ L}=1700\text{ m}^3 \text{ 之雨水}$$

3. 容量圖

於表 4-7 中，我們得知總鹼度以 C_T、α 等值表示時，其方程式為：

$$[Alk]=C_T(\alpha_1+2\alpha_2)+\frac{K_W}{[H^+]}-[H^+] \tag{4-248}$$

若一 pH 值固定，則 $\frac{K_W}{[H^+]}$ 及 $[H^+]$ 為定值，因此式（4-248）中 Alk 與 C_T 成一線性關係。Deffeyes 於 1965 年利用 Alk、C_T 及 pH 間之關係，繪製一系列 pH 值下鹼度與 C_T 之關係圖。如圖 4-18 所示，該圖稱為容量圖（capacity diagram），利用此圖可幫助解決一些平衡計算之問題。由圖中知道，pH、C_T 及 Alk 任二項值已知，則必能求得第三者之值。此圖最大的特性是改變溶液組成，則代表溶液組成特性之點在圖上將依規律性之方向移動。由於溶液之 $C_{T,CO_3}=[H_2CO_3^*]+[HCO_3^-]+[CO_3^{2-}]$，且 $[Alk]=2[CO_3^{2-}]+[HCO_3^-]+[OH^-]-[H^+]$，因此當添加強酸強鹼於溶液中，由於

C_T 不變（因爲是密閉系統之故），而僅 *Alk* 改變，故溶液組成特性之點在圖中僅作垂直上下移動。加 $NaHCO_3$ 於溶液中，由於 C_T 及 HCO_3^- 兩者變化量相等，故溶液組成在圖中以 45° 方向往上移動；添加 CO_3^{2-} 於溶液中時鹼度增加二單位，而 C_T 僅增加一單位，故溶液組成在圖中往 60° 方向往上移動；加入 CO_2 時僅改變 C_T，並不影響 *Alk*，故溶液組成在圖中水平移動；若稀釋時則 C_T 及 *Alk* 改變量皆相等，故溶液組成在圖中以 45° 方向往下移動。此圖之應用可以下面例子說明。

【例 4-27】

若一地表面水之 *pH* 爲 6.5（25°），而其鹼度（*Alk*）= 1meq/L，若以下列三種方式將其 *pH* 提高至 8.3，則最終溶液之 C_T 及 *Alk* 各是多少？(1) 加入 *NaOH*；(2) 加入 Na_2CO_3；(3) 移除 CO_2。

【解】

由圖中知當 $pH_i = 6.5$、$[Alk]_i = 1$meq/L 則 $C_{T,i} = 1.7\times 10^{-3}$ M 圖中代表此溶液組成特性之點將隨下列組成改變而變化

(1) 當無 CO_2 交換時，加入 *NaOH* 時將不改變 C_T 但增加 *Alk*，因此溶液組成特性之點會垂直向上移動，當垂直向上移動至 $pH_1 = 8.3$ 則由圖中知 $[Alk]_1 = 1.7$ meq/L，因此所需加之 *NaOH* = 0.7 mmole/L。

(2) 當加入 Na_2CO_3 時改變了 C_T 及 *Alk*，且 *Alk* 增加 2 單位而 C_T 僅增加 1 單位，因此該點往60° 方向向上移動至 $pH = 8.3$，由圖中知此時溶液之$[Alk]_2 = 2.4$meq/L，而 $C_{T,2} = 2.4$mM，因此需加 0.7mM 之 Na_2CO_3。

(3) 當減少 CO_2 時，改變了C_T，但 *Alk* 不改變，因此水平移動至 $pH = 8.3$ 時，$[Alk]_3 = 1$ meq/L，$C_{T,3} = 1$mM，因此需移除 0.7mM 之 CO_2。

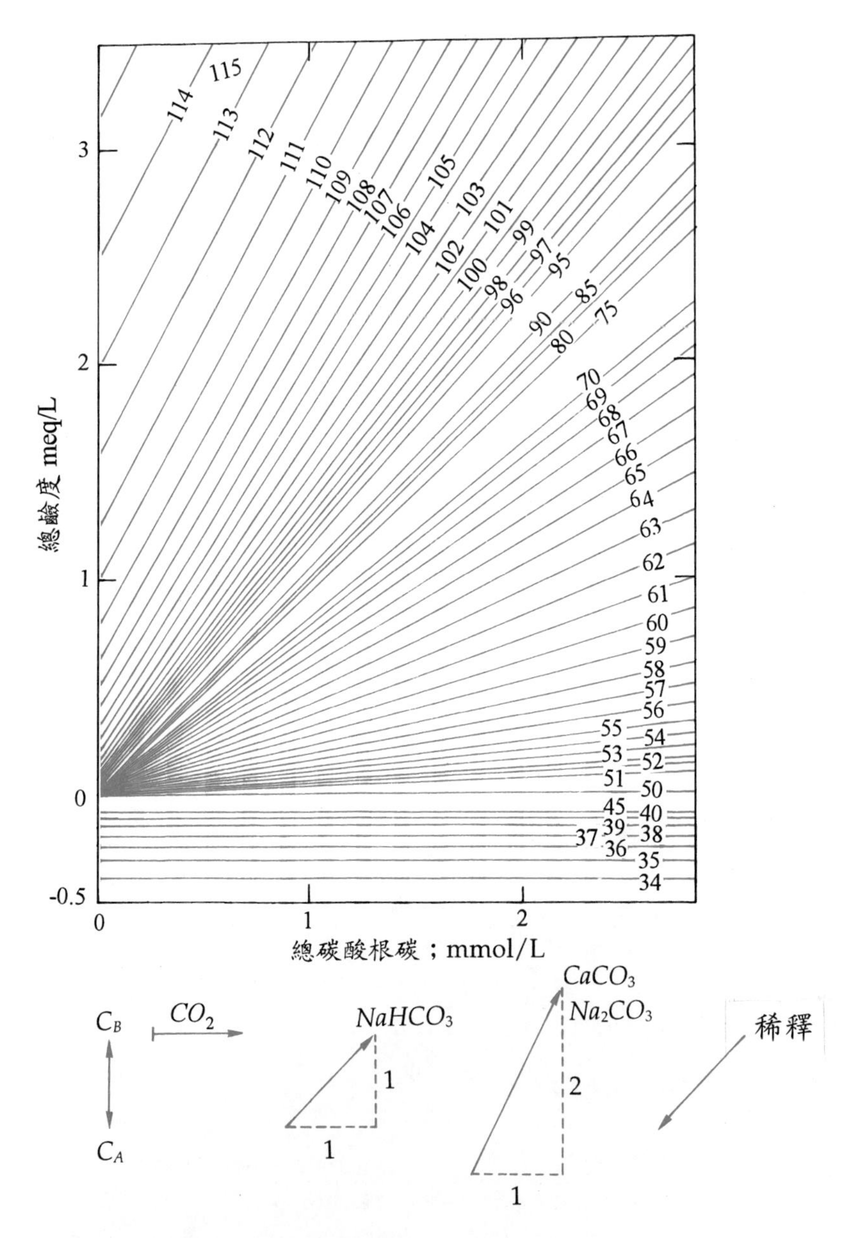

圖 4-18　容量圖（C_T, *Alk*, *pH* 之關係圖）

此例各點之組成狀況如下表

每L溶液之改變	pH	C_T(mM)	Alk (meq/L)
起始溶液	6.5	1.7	1.0
(1)+0.7mM $NaOH$	8.3	1.7	1.7
(2)+0.7mMNa_2CO_3	8.3	2.4	2.4
(3)−0.7mM CO_2	8.3	1.0	1.0

【例4-28】

若廢水含有3.5mg NH_3-N/L，今以氯氣來處理，其反應依下列方程式進行

$$2NH_3+3Cl_2\rightarrow N_2+6H^++6Cl^-$$

若處理前水之鹼度爲82.5mg $CaCO_3/L$，而且 $pH=8.0$，則

(1)處理後之 pH、Alk 及 C_T 各爲何？

(2)若欲將此處理過之水調整成 $pH=9$、$C_T=2.0$mM再放流，則需 $NaOH$: $NaHCO_3$ 要之組合比例爲何？

【解】

(1)82.5mg/L之 $CaCO_3=\dfrac{82.5\text{ mg }CaCO_3}{\text{L}}\times\dfrac{1\text{ meq }CaCO_3}{50\text{ mg }CaCO_3}$

$[Alk]=1.65$ meq/L

由反應方程式知3.5mgNH_3-N/L 產生之[H^+]爲

$$\frac{3.5\text{ mg }NH_3-N}{\text{L}}\times\frac{17\text{ mg }NH_3}{14\text{ mg }NH_3-N}\times\frac{1\text{ mmole }NH_3}{17\text{ mg }NH_3}\times\frac{6\text{ mmole }H^+}{2\text{ mmole }NH_3}$$

$= 0.75\ \text{mmole}\ H^{+}/\text{L} = 0.75\ \text{meq/L}$

處理前 $pH_i = 8.0$、$[Alk]_i = 1.65\ \text{meq/L}$、$C_{T_i} = 1.65\ \text{mM}$

由於處理時產生了強酸 $[H^{+}] = 0.75\ \text{meq/L}$，因此處理後之 $[Alk]_1 = 1.65 - 0.75 = 0.9\ \text{meq/L}$，而處理後之 C_{T1} 則不變，其值為 $C_{T1} = 1.65\ \text{mM}$，再由容量圖知其 $pH_1 = 6.4$。

(2) 若欲調成 $pH_2 = 9$、$C_{T2} = 2.0\ \text{mM}$ 則由容量圖知 $[Alk]_2 = 2.0\ \text{meq/L}$ 由於加入 $NaOH$ 不改變 C_T，故 C_T 之改變必是由 $NaHCO_3$ 加入而來。
因此

$$[NaHCO_3] = 2.0\text{mM} - 1.65\ \text{mM} = 0.35\text{mM}$$

Alk 之改變係由 $NaOH$ 及 $NaHCO_3$ 所提供
因此 $2.0 - 0.9 = 0.35 + [NaOH]$

$$[NaOH] = 0.75\ \text{mM}$$

本章習題

1. 在 25℃時，試求 0.001M 鹽酸水溶液中，水之解離度。

   Ans : 1.8×10^{-11} %

2. 於 25℃下，加 Na_2HPO_4 於水中至總濃度為10^{-4}M，設其完全溶解，試求平衡時之 pH 值。

   Ans : $pH=8.60$

3. 若酸雨定義為 $pH=5.67$ 以下之降雨，請依下列條件，推算自然降雨之 pH 值為 5.67 。

   (1) CO_2 所占之空氣體積比為 0.314 %，其亨利常數 (K_h) 為$10^{-1.5}$mole/L-atm。

   (2) H_2CO_3 $Pk_1=6.3$, $pK_2=10.3$

4. 0.1M $NaNO_2$ 水溶液， HNO_2 之 $pK_a=3.29$

   (1) 繪製濃度對數圖

   (2) 在 25℃ 時該溶液之 $pH=?$

   (3) 若溶液改為 0.01M $NaNO_2$ ，則溶液之 $pH=?$

   Ans : (2)$pH=8\sim8.2$, (3) $pH=7.8\sim8$

5. 一水溶液含有 0.1M NH_4^+ 及 0.1M $HOAc$（醋酸），繪製其濃度對數圖，並求其 $pH=?$

   Ans : $pH=2.8$

6. 用對數濃度圖，求 10^{-1} M 醋酸與 2×10^{-1} M $NaHCO_3$溶液的 pH 值。

   Ans : $pH=6.4$

7. (1) 作10^{-3} M H_2S 溶液的濃度對數圖。(2) 由上圖決定加入以下諸化合物的 pH：①$10^{-3}$ M H_2S； ②$10^{-3}$M Na_2S； ③$0.5\times10^{-3}$M HS^- 及 0.5×10^{-3} M S^{2-}；④$0.5\times10^{-3}$M H_2S 與0.5×10^{-3} M HS^- 。

   Ans : $pH=0.5, pH=10.9, pH=12.9, pH=7.0$

8. (1) 對10^{-4} M 的次氯酸溶液 (25℃) 作其濃度對數圖。(2) 由上圖決定：① 10^{-4} M

次氯酸平衡時的 pH 值；② 於 1 L 溶液中加入 0.5×10^{-4} mole $NaOH$ 後的 pH 值；③ 加入 10^{-4}mole/ L $NaOH$ 後的 pH。

Ans : $pH = 5.75, pH = 7.5, pH = 8.7$

9. 一水溶液含有 0.1M NH_4^+ 及 0.1M OAc^-（醋酸根），繪製其濃度對數圖，並求其 $pH=$?

Ans : $pH=7$

10. 試以繪圖或計算之方式求出 0.01M 單質子酸（$K_a = 1.8\times10^{-5}$）於滴定 (1) 起始點；(2) 中點；(3) 當量點之 pH

Ans : (1) $pH = 3.6$, (2) $pH = 4.7$, (3)$pH = 8.3$.

11. 當 0.02 M HAc（$K_a =1.8\times10^{-5}$）, 1L, 以 0.1M $NaOH$ 滴定時，(1) 以濃度對數圖求 ① 起始點；② 中點；③ 當量點之 pH (2) 若 HAc 之濃度為 0.1M 利用濃度對數圖說明上述三點之 pH 有何改變？

Ans : (1)① 起始點 $pH = 2.5$, ② 中點 $pH = 4.74$, ③ 當量點之 $pH = 8.5$

(2)① 起始點 pH 降低 ,② 中點 pH 不變 , ③ 當量點之 pH 增加

12. 當 0.1moleH_2CO_3 投入一公升水中，以 0.1M $NaOH$ 滴定時，以濃度對數圖找出第一游離之滴定起始點、中點及當量點之 pH 值。（H_2CO_3 $pK_1 = 6.3, pK_2 = 10.3.$）

Ans : (1) 起始點 $pH = 3.7$, (2) 中點 $pH = 6.4$, (3) 當量點之 $pH = 8.4$

13. 若在水樣中加入下列物質後，試問會增加、減少或不會改變水樣之總鹼度？(1)HCl；(2)NH_3；(3)NH_4Cl；(4)H_3PO_4；(5)CO_2；(6)$FeCl_3$

Ans : (1) 減少 ,(2) 增加 ,(3) 減少 ,(4) 減少 ,(5) 不會改變 ,(6) 不會改變

14. 一工業廢水的受水體 $pH = 8.3$，$C_{T,CO_3} =3\times10^{-3}$mole/L。排入廢水含有 1×10^{-2} M H_2SO_4，且受水體之 pH 不得低於 6.7，求每 L 水流之水所能承受最大廢水量及相當稀釋比為何？

Ans : 0.0413L, 0.0413 : 1

15. 由煙道氣體中除去 NO_X 所得硝酸溶液的 $pH = 2.7$。忽略離子強度效應，溫度 25℃。

(1) 排放前應加入多少 Na_2CO_3 以中和此溶液（最後 $pH = 8.3$。假設溶液中沒有弱酸）。

(2)最後溶液的緩衝強度為何？提示：$pH = 8.3$ 的主要碳酸物種為何？

Ans：$Na_2CO_3 = 2\times10^{-3}$ M, β =9.6×10^{-5} mole/L

16. 試估算 1mole之 H_3PO_4 在 pH = 7.2時，有多少成份之磷酸係以 PO_4^{-3} 型式存在，即 $[PO_4^{-3}]$ / $[H_3PO_4]_{total}$ 之比例為何? $pK_{a1} = 2.2, pK_{a2} = 7.0, pK_{a3} = 12.0$

Ans：9.87×10^{-7}

17. 某水樣水質如下：$[CO_3^{-2}] = 0.01M$，$[HCO_3^-] = 0.01M$，已知 H_2CO_3 之 K_2 值為 4.7×10^{-11}（25℃），試計算 (1)OH^-, CO_3^{-2}, HCO_3^- 鹼度（以 $CaCO_3$ 表示）；(2)如欲將 pH 調整至 8.3，每 1m³ 水量需多少 1N H_2SO_4 或 $NaOH$？

Ans：OH^-, CO_3^{-2}, HCO_3^- 鹼度分別為 0, 1000mg/L as $CaCO_3$, 500mg/L as $CaCO_3$；

需 1N H_2SO_4 10 L

18. 一自然水的部分分析如下：

$pH = 8.3$ $[Ca^{2+}] = 5\times10^{-4}$ M

$[HCO_3^-] = 3\times10^{-3}$ M $[Mg^{2+}] = 1\times10^{-4}$ M

$[CO_{2(aq)}] = 3\times10^{-5}$ M $[SO_4^{-2}] = 1\times10^{-4}$ M

(1)水樣 100ml，總鹼度滴定時需要 0.02 N H_2SO_4 體積為何？

(2)總鹼度為何？以 eq / L 及 mg $CaCO_3$ / L 表示。

(3)含10^{-2} mole $NaOH$ / L 的廢水排入此水體。每 1L 的自然水最多只能加入多少體積的廢水？pH 不得高於 9.5。

Ans：(1) 0.015L,(2) 3×10^{-3} eq / L , 150 mg $CaCO_3$ / L , (3)0,04L

19. 有二水體 A 與 B，A之鹼度 Alk =1.0 meq/L, $pH = 6.1$（25 ℃），B之鹼度 Alk = 2.0meq/L, $pH = 9$（25℃）(1)假設無 CO_2 交換時，若將 A 與 B 以 2:1 之比例混合則 pH_{mix} = ? (2)若此混合水體欲調理成之最終之 $pH = 9.0$，而 $C_{T,final}$ =2.6，則應加入 $NaOH$：$NaHCO_3$ 之組合比例為何？

Ans：(1) $pH_{mix} = 6.4$, (2) $NaHCO_3$: $NaOH = 0.1 : 1.17$

20. 在25℃，試求以下各溶液之 pH 及緩衝指數 (Buffer index) (25 %)

(1)0.1M $HOAc$ 加 0.1M $NaOAc$

(2)0.19M $HOAc$ 加 0.01M $NaOAc$

Ans：(1) $\beta = 0.115$mole/L, (2) $\beta = 0.022$mole/L

21. 當 100ml⑴0.05M $NaOH$ 或 ⑵0.05M HCl 加入 400ml 緩衝溶液中（含 0.20M NH_3 與 0.30M NH_4Cl）後，計算緩衝溶液之 pH 變化量，$K_b = 1.76\times10^{-5}$。

 Ans：加入 $NaOH$ pH 增加 0.04 單位；加入 HCl pH 減少 0.05 單位

22. 何謂緩衝容量（buffer capacity）？求 50mL 之 0.25M 醋酸與 35mL 之 0.15M 醋酸鈉混合液之 pH 值（已知：醋酸之 $K_a = 10^{-4.74}$）。

 Ans：$pH = 4.37$

23. 某 0.02M 單質子酸之 $K_a = 3.89\times10^{-7}$，⑴試計算於滴定終點時，該溶液之 pH 值。⑵如欲以此種酸及其鈉鹽配出 $pH = 6.7$ 之溶液，則其［鹼］／［酸］之比例為若干？

 Ans：$pH = 9.8$, ［鹼］／［酸］$= 2.0$

24. 欲在實驗室配製一緩衝溶液，以便進行折點加氯（氨由氯氧化）實驗時，pH 希望維持在 $pH = 8$ 的 0.5 單位內。假設所有氨均為 NH_4^+ 形式（既然 NH_4^+ 之 $pK_a = 9.3$，本問題之 $pH = 8$，則此假設合理）。反應進行如下：

$$3\,Cl_2 + 2NH_4^+ \rightarrow N_{2(g)} + 8\,H^+ + 6\,Cl^-$$

 ⑴選取適當的共軛酸鹼以為緩衝溶液。

 ⑵當 NH_4^+-N 量為 12.5 mg / L（0.89×10^{-3} mole/L）試決定反應 pH 控制在 8.0 的 0.5 單位內所需緩衝溶液濃度。

 ⑶決定此溶液的緩衝強度。忽略離子強度效應；溫度 = 25℃

 Ans：⑴$H_2PO_4^-$ / HPO_4^{-2} 可為緩衝劑，⑵$H_2PO_4^- = 2.49\times10^{-3}$ M, $HPO_4^{-2} = 1.49\times10^{-2}$ M,⑶$\beta = 5.12\times10^{-3}$ mole/L

25. 50mL 之水樣用 1/50N 之 H_2SO_4 滴定液滴定以測定鹼度，酚酞滴定終點共滴 5mL 之 H_2SO_4 滴定液，計算此水樣之酚酞鹼度。

 Ans：2 meq/L

26. 250mL 的井水新鮮水樣 $pH = 6.7$，添加 5.8mL 0.1N $NaOH$ 使 $pH = 8.3$，同一水樣，添加 12.2mL，0.1NHCl，使 $pH = 4.5$，試求：⑴總鹼度；⑵總酸度；⑶CO_2 酸度。

Ans：(1) 總鹼度 $= 4.88\times 10^{-3}$ eq/L(2) 總酸度 $= 9.5\times 10^{-3}$ eq/L(3)CO_2酸度 $=2.3\times 10^{-3}$ eq/L

27 10^{-4} mole NaH_2PO_4 加入 1L 蒸餾水的 pH 為何？溫度 = 25℃；假設加入後的 $I=10^{-2}$。比較考慮及忽略離子強度效應所得之值。

Ans：$I=0, pH=5.6$；$I=10^{-2}, pH=5.50$

參考資料

1. 黃汝賢，環工化學，1996，三民書局股份有限公司，台北市。
2. 章裕民，環境工程化學，1995，文京股份有限公司，台北市。
3. 石清陽，環境化學概論，1995，台灣復文興業股份有限公司，台南市。
4. 李俊義，分析化學，1980，科技圖書股份有限公司，台北市。
5. Manahan, S. E., Fundamentals of Environmental Chemistry, Lewis Publishers, Michigan, 1993.
6. Sawyer, C. N. and McCarty, P. L., Chemistry for Environmental Engineering, 3rd ed., McGraw-Hill, Inc., New York, 1978.
7. Snoeyink, V. L. and Jenkins, D., Water Chemistry, John Wiley and Sons, Inc., New York, 1980.
8. Stumm, W., Aquatic Chemical Kinetics, John Wiley and Sons, Inc., New York, 1990.
9. Stumm, W. and Morgan, J. J., Aquatic Chemistry, Wiley-Interscience, New York, 1981.

氧化還原化學及應用

Chapter 5

☆ 緒論

☆ 氧化還原之計量計算

☆ 氧化還原平衡

☆ 化學能與電能之轉換

☆ 自然環境中之氧化還原反應

☆ 平衡圖解法

☆ 氧化還原反應在環工上之應用

5-1 緒　論

在自然環境及日常生活中，氧化還原（oxidation-reduction）現象到處可見，例如綠色植物之光合作用。在光合作用中含氧物質一方面釋出氧，並同時加入氫而形成有機物，所以是一個還原過程。相對的，呼吸作用則利用氧氣來氧化有機物質，故屬氧化反應。鐵之生鏽腐蝕係氧氣將金屬鐵氧化成 Fe^{3+} 。其他如燃燒、醱酵、爆炸等皆是氧化還原反應。氧化還原反應爲環境工程中最重要的反應之一，許多水及廢水處理程序皆是氧化還原原理之應用，例如加氯或臭氧之消毒，加氯去除氨及氰化物等有毒物質之過程。生物處理程序之有機物降解、硝化及脫硝作用等則屬於微生物媒介之氧化還原反應。其他如鉻系廢水之還原沉澱法，鐵、鋁之氧化沉澱法亦皆是氧化還原之應用。另外環境工程中所使用之污染物分析試驗法亦常應用氧化還原反應，例如水中溶氧（DO）及生化需氧量（BOD）之溫克勒（Winkler）分析法；化學需氧量（COD）分析之重鉻酸鉀或高錳酸鉀法等皆是。氧化還原反應對於自然水中或土壤中重金屬之遷移和存在型態亦有重要影響。空氣污染物在大氣中的化學行爲亦大都屬於氧化還原反應。本章將介紹氧化還原之計量方程式、平衡反應、水體中氧化還原環境對水中化學物種之存在型態及分佈改變之影響，另外亦將討論氧化還原應用於六價鉻、氨、氰化物等有毒物質之處理。另外COD及電化學之分析法亦將一併討論。

5-2 氧化還原之計量計算

5-2-1 氧化數

在化學反應之類型中，氧化還原反應佔最多數。一個氧化還原反應必包含兩個部分反應或半反應（half reaction），一爲氧化反應（oxidation reaction），另一爲還原反應（reduction reaction）。氧化反應係爲物質失去電子之反應，還原反應係物質得到電子之反應。由於一個原子獲得或失去電子之數目稱爲該原子之氧化數，因此一氧化還原反應必將伴隨原子氧化數之變化。物質氧化則其氧化數將增加，物質還原則其氧化數將減少。因此由氧化數是否改變則可判斷反應是否爲氧化還原反應。在判斷一物質內各組成原子之氧化數時，通常將物質內原子與原子間之鍵結視爲離子鍵，而共用電子對則由較高負電性之原子獲得。如此各原子之氧化數則可確定，其規則如下：

1. 元素之氧化數定爲零，例如 H_2、O_2 中 H 及 O 之氧化數爲 0。
2. 單原子離子之氧化數等於其所帶電荷值，例如 Fe^{+3} 其氧化數爲 +3。
3. 當氫存在化合物中時，其氧化數定爲 +1，在金屬氫化物中則爲−1。
4. 在化合物中氧之氧化數爲−2，但過氧化物中氧原子之氧化數則爲−1。
5. 化合物中鹼金屬（ⅠA族）之氧化數爲 +1，鹼土族（ⅡA族）爲 +2。
6. 氟在化合物中之氧化數爲−1。其他鹵素（Cl、Br、I）通常之氧化數亦爲（−1），但若與氧結合則其氧化數爲正值。
7. 中性化合物中各原子氧化數之和爲零。
8. 多原子離子中各原子氧化數之和等於該離子所帶之電荷。

氧化還原反應中常以氯氣氧化二價鐵（II），使形成$Fe(OH)_3$（III）沉澱以去除鐵，此反應可以下列方程式表示之，由方程式中氧化數之變化可明顯知該反應確實爲氧化還原反應。

必須注意的是，由於“自由”電子不能獨立存在於溶液中，電子必須被其他物質所吸收，因此平衡方程式中氧化過程所失去的電子應等於還原過程所獲得之電子。此事實於平衡氧化還原反應之方程式時須予以考慮。

Fe^{2+}氧化，氧化數增加

$$Fe^{2+}_{(aq)} + 2\,HCO^{-}_{3(aq)} + Cl_{2(g)} + H_2O_{(l)} \rightleftharpoons Fe(OH)_{3(s)} + 2\,CO_{2(g)} + 2\,Cl^{-} + H^{+}_{(aq)}$$

氧化數 +2 +1+4−2 0 +1−2 +3 +4 −1

氯原子還原，氧化數減少 (5-1)

5-2-2 平衡氧化還原方程式

任何一種反應若欲作計量計算或平衡計算之前，必須確定反應物及生成物種類，並且反應物及生成物之各原子必須遵守質量守恆定律，因此反應式必須予以平衡。平衡化學方程式有多種方法，然而對於氧化-還原反應，半反應法（half-reaction method）爲一相當方便且常用之方法，半反應法又可稱爲質量-電荷法（mass-charge method）。在此方法中係將總反應分爲兩個半反應，一爲氧化反應，一爲還原反應。二半反應分別將質量及電荷平衡後，再將二半反應相加以得總反應。其基本步驟如下：

1. 將反應分成氧化及還原兩半反應，並分別進行質量-電荷平衡。
2. 先行平衡氫及氧二元素之外的其他元素。
3. 使用 H_2O 平衡氧原子。
4. 使用 H^+ 平衡氫原子。
5. 使用電子以平衡半反應之電荷。
6. 各半反應乘以適當整數，使兩半反應之電子數相同。
7. 若已知反應在鹼性溶液中進行，則在第 4 步驟後，需要添加一步驟，即在半反應中有任何 H^+ 出現時須在左右兩邊加 OH^- 以中和 H^+。
8. 將兩半反應相加以得到總反應式，並檢查質量及電荷是否已平衡。

茲討論如下之反應來說明上述方法之應用：

$MnO_4^- + I^- \rightarrow MnO_2 + I_2$ （鹼性條件）

在此反應中MnO_4^-(氧化數+7）被還原成MnO_2(氧化數+4），故其稱爲氧化劑，而I^-(氧化數−1）被氧化成I_2(氧化數0），故其稱爲還原劑。平衡如下：

(1)將反應分成二半反應：

氧化反應 $I^- \rightarrow I_2$

還原反應 $MnO_4^- \rightarrow MnO_2$

(2)平衡氫及氧之外的元素：

氧化半反應需在方程式左邊×2以平衡I

$2\ I^- \rightarrow I_2$

還原反應之Mn已經平衡

$MnO_4^- \rightarrow MnO_2$

(3)使用H_2O平衡每一半反應之氧：

氧化半反應因無氧，故不必平衡氧

$2\ I^- \rightarrow I_2$

還原半反應需加$2H_2O$於方程式右邊

$MnO_4^- \rightarrow MnO_2 + 2H_2O$

(4)加H^+平衡每一半反應之氫：

氧化半反應無氫，不必平衡氫

$2\ I^- \rightarrow I_2$

還原半反應需加 $4H^+$ 於方程式左邊

$$4H^+ + MnO_4^- \rightarrow MnO_2 + 2H_2O$$

⑸由於反應在鹼性溶液，因此還原半反應兩邊各加 $4OH^-$ 以刪除 H^+ 。
氧化半反應

$$2I^- \rightarrow I_2$$

還原半反應

$$4OH^- + 4H^+ + MnO_4^- \rightarrow MnO_2 + 2H_2O + 4OH^-$$

將 H^+ 及 OH^- 合併成 H_2O，得

$$2H_2O + MnO_4^- \rightarrow MnO_2 + 4OH^-$$

⑹以電子平衡兩半反應之電荷

$$2I^- \rightarrow I_2 + 2e^-$$

$$2H_2O + MnO_4^- + 3e^- \rightarrow MnO_2 + 4OH^-$$

⑺乘以適當整數，使兩半反應之電子數相等

$$6I^- \rightarrow 3I_2 + 6e^-$$

$$4H_2O + 2MnO_4^- + 6e^- \rightarrow 2MnO_2 + 8OH^-$$

⑻兩半反應相加

$$6I^- + 2MnO_4^- + 4H_2O \rightarrow 3I_2 + 2MnO_2 + 8OH^- \quad (5\text{-}2)$$

檢查（5-2）式左右兩邊之原子數及電荷數發現皆已平衡。

【例 5-1】

COD 分析時，水中之有機物為重鉻酸鉀氧化，若一水樣中只含丙腈（CH_3CH_2CN）為唯一之有機物，已知丙腈可被重鉻酸鉀完全氧化成 CO_2 及 NH_3 (1) 寫出此反應之全反應式（已知此反應中$Cr_2O_7^{2-}$ 被還原成 Cr^{3+}，而且反應在酸中進行）(2) 若此水中有 100mg/L 之丙腈，則其 COD 相當於多少 mgO_2/L(3) 若反應瓶中有 10mL 之 500mg/L 丙腈溶液，現加入 10mL、0.25N $Cr_2O_7^{2-}$ 之溶液，並將總容積稀釋至 50mL，則完全反應後 $Cr_2O_7^{2-}$ 之莫耳濃度為多少？

【解】

(1) 平衡總反應式

① 分成兩個半反應

$$CH_3CH_2CN \rightarrow CO_2 + NH_3$$

$$Cr_2O_7^{2-} \rightarrow Cr^{3+}$$

② 平衡 H、O 之外元素

$$CH_3CH_2CN \rightarrow 3\ CO_2 + NH_3$$

$$Cr_2O_7^{2-} \rightarrow 2\ Cr^{3+}$$

③ 以 H_2O 平衡氧，以 H^+ 平衡氫

$$6\ H_2O + CH_3CH_2CN \rightarrow 3\ CO_2 + NH_3 + 14\ H^+$$

$$14\ H^+ + Cr_2O_7^{2-} \rightarrow 2\ Cr^{3+} + 7\ H_2O$$

④ 以電子平衡電荷

$$6\ H_2O + CH_3CH_2CN \rightarrow 3\ CO_2 + NH_3 + 14\ H^+ + 14\ e^-$$

$$6\ e^- + 14\ H^+ + Cr_2O_7^{2-} \rightarrow 2\ Cr^{3+} + 7\ H_2O$$

⑤ 乘以適當整數使兩半反應電子數相等

$$18\,H_2O + 3\,CH_3CH_2CN \rightarrow 9\,CO_2 + 3\,NH_3 + 42\,H^+ + 42\,e^-$$

$$42\,e^- + 98\,H^+ + 7\,Cr_2O_7^{2-} \rightarrow 14\,Cr^{3+} + 49\,H_2O$$

⑥ 兩半反應相加

$$3\,CH_3CH_2CN + 7\,Cr_2O_7^{2-} + 56\,H^+ \rightarrow 9\,CO_2 + 3\,NH_3 + 14\,Cr^{3+} + 31\,H_2O \tag{5-3}$$

(2)

$$\frac{100\text{ mg } CH_3CH_2CN}{\text{L}} \times \frac{O_2\text{ 之克當量重}}{CH_3CH_2CN\text{ 之克當量重}}$$

$$\frac{O_2\text{ 之克當量重}}{CH_3CH_2CN\text{ 之克當量重}} = \frac{\dfrac{O_2\text{ 之分子量}}{\text{結合係數}}}{\dfrac{CH_3CH_2CN\text{ 之分子量}}{\text{結合係數}}} = \frac{\dfrac{32}{4}}{\dfrac{55}{14}}$$

$$\frac{100\text{mg } CH_3CH_2CN}{\text{L}} \times \frac{32 \times 14}{4 \times 55} = 204\text{ mg } O_2/\text{L}$$

(3) 完全反應時

氧化劑之當量 = 還原劑之當量

CH_3CH_2CN 之當量濃度爲：

$$\frac{500\text{ mg}}{\text{L}} \times \frac{1\text{ g}}{1000\text{ mg}} \times \frac{1\text{ 當量}}{\text{克當重量}} = \frac{500\text{ mg}}{\text{L}} \times \frac{1\text{ g}}{1000\text{ mg}} \times \frac{1\text{ 當量}}{\frac{55}{14}\text{ g}} = 0.127\text{N}$$

$$CH_3CH_2CN\text{ 之當量} = 10\text{ mL} \times 0.127\text{N} = 1.27\text{ meq}$$

$$Cr_2O_7^{2-}\text{ 之當量} = 10\text{ mL} \times 0.25\text{N} = 2.5\text{ meq}$$

$$Cr_2O_7^{2-}\text{ 剩餘之當量} = 2.5 - 1.27 = 1.23\text{ meq}$$

$$Cr_2O_7^{2-}\text{剩餘之莫耳數} = 1.23\text{ meq} \times \frac{\frac{216}{6}\text{ mg}}{1\text{ meq}} \times \frac{1\text{ mmole}}{216\text{ mg}} = 0.205\text{ mmole}$$

$$Cr_2O_7^{2-}\text{之濃度} = \frac{0.205\text{ mmole}}{50\text{mL} \times \frac{1\text{ L}}{1000\text{ mL}}} = 4.1\text{ mmole/L}$$

利用上述之方法平衡反應式後，即可根據方程式之分子比（或莫耳比）進行計量計算，茲以下例來說明：

【例 5-2】

以化學法進行大氣臭氧（O_3）分析時，係將空氣樣品抽氣並溶入含 KI 之溶液中，此溶液再以硫代硫酸鈉（$Na_2S_2O_3$）滴定至澱粉指示劑由藍色變成無色。若 27.84g 之空氣樣品溶於 KI 溶液，則需要 17.84mL、2.00×10^{-3} M 之 $Na_2S_2O_3$ 溶液才能滴定至當量點；試問此空氣樣品中之臭氧（O_3）所佔之重量百分比為何？

【解】

此反應牽涉兩個氧化還原反應，一為

$$O_{3(g)} + I^-_{(aq)} \rightarrow O_{2(aq)} + I_{2(aq)}$$

另一為 $S_2O^{2-}_{3(aq)} + I_{2(aq)} \rightarrow S_4O^{2-}_{6(aq)} + I^-_{(aq)}$

分別將此二反應平衡，依據上述之半反應平衡法，可得如下之反應式

$$\text{氧化 } 2\,I^- \rightarrow I_2 + 2\,e^- \qquad (5\text{-}4)$$

$$\text{還原 } 2\,e^- + 2\,H^+ + O_3 \rightarrow O_2 + H_2O \qquad (5\text{-}5)$$

$$O_{3(g)} + 2\,I^-_{(aq)} + 2\,H^+_{(aq)} \rightarrow O_{2(aq)} + I_{2(aq)} + H_2O_{(l)} \qquad (5\text{-}6)$$

$$\text{氧化}\ 2\,S_2O_3^{2-} \rightarrow S_4O_6^{2-} + 2\,e^- \tag{5-7}$$

$$\text{還原}\ 2\,e^- + I_{2(aq)} \rightarrow 2\,I^- \tag{5-8}$$

$$2\,S_2O_{3(aq)}^{2-} + I_{2(aq)} \rightarrow S_4O_{6(aq)}^{2-} + 2\,I_{(aq)}^- \tag{5-9}$$

依據方程式之莫耳比可做計量計算如下：

$$17.84\ \text{mL} \times \frac{1\text{L}}{1000\text{mL}} \times \frac{2.00\times10^{-3}\ \text{mole}\ Na_2S_2O_3}{1\ \text{L}} \times \frac{1\ \text{mole}\ S_2O_3^{2-}}{1\ \text{mole}\ Na_2S_2O_3}$$

$$\times \frac{1\ \text{mole}\ I_2}{2\ \text{mole}\ S_2O_3^{2-}} \times \frac{1\ \text{mole}\ O_3}{1\ \text{mole}\ I_2} \times \frac{48\ \text{g}\ O_3}{1\ \text{mole}\ O_3} = 8.563\times10^{-4}\ \text{g}\ O_3$$

$$\frac{8.563\times10^{-4}\ \text{g}}{27.84\ \text{g}} \times 100\% = 0.0031\%$$

【例 5-3】

以化學法分析溶氧（O_2）時，一般方法係將水中溶氧先以 Mn^{2+} 氧化成 $MnO_{2(s)}$，然後 $MnO_{2(s)}$ 再與 I^- 反應形成 $I_{2(aq)}$，之後再利用硫代硫酸鈉（$Na_2S_2O_3$）滴定至澱粉指示劑變色。若滴定 300mL 含氧水樣，則需使用 0.1M $Na_2S_2O_3$ 3mL。問水樣中之溶氧濃度爲多少？

【解】

此反應共牽涉三個步驟，分別爲

$$Mn^{2+} + O_2 \rightarrow MnO_2 + H_2O$$

$$MnO_2 + I^- \rightarrow Mn^{2+} + I_2$$

$$I_2 + S_2O_3^{2-} \rightarrow S_4O_6^{2-} + I^-$$

分別將此三反應平衡，依據半反應平衡法可得如下之反應式

$$2 \times \left(Mn^{2+}_{(aq)} + 2\,H_2O \rightleftharpoons MnO_2 + 4\,H^+_{(aq)} + 2\,e^- \right) \tag{5-10}$$

$$4\,e^- + 4\,H^+_{(aq)} + O_{2(aq)} \rightleftharpoons 2\,H_2O_{(l)} \tag{5-11}$$

$$2\,Mn^{2+}_{(aq)} + O_{2(aq)} + 2\,H_2O_{(l)} \rightleftharpoons 2\,MnO_{2(s)} + 4\,H^+_{(aq)} \tag{5-12}$$

$$2\,I^-_{(aq)} \rightleftharpoons I_{2(aq)} + 2\,e^- \tag{5-13}$$

$$MnO_{2(s)} + 4\,H^+_{(aq)} + 2\,e^- \rightleftharpoons Mn^{2+}_{(aq)} + 2\,H_2O_{(l)} \tag{5-14}$$

$$MnO_{2(s)} + 2\,I^-_{(aq)} + 4\,H^+_{(aq)} \rightleftharpoons I_{2(aq)} + Mn^{2+}_{(aq)} + 2\,H_2O_{(l)} \tag{5-15}$$

$$2\,S_2O^{2-}_{3(aq)} \rightleftharpoons S_4O^{2-}_{6(aq)} + 2\,e^- \tag{5-16}$$

$$2\,e^- + I_{2(aq)} \rightleftharpoons 2\,I^-_{(aq)} \tag{5-17}$$

$$I_{2(aq)} + 2\,S_2O^{2-}_{3(aq)} \rightleftharpoons S_4O^{2-}_{6(aq)} + 2\,I^-_{(aq)} \tag{5-18}$$

依據方程式之莫耳比可做計量計算如下：

$$3\text{mL} \times \frac{1\text{ L}}{1000\text{ mL}} \times \frac{0.1\text{ mole } Na_2S_2O_3}{1\text{ L}} \times \frac{1\text{ mole } S_2O_3^{2-}}{1\text{ mole } Na_2S_2O_3} \times \frac{1\text{ mole } I_2}{2\text{ mole } S_2O_3^{2-}}$$

$$\times \frac{1\text{ mole } MnO_2}{1\text{ mole } I_2} \times \frac{1\text{ mole } O_2}{2\text{ mole } MnO_2} \times \frac{32\text{ g } O_2}{1\text{ mole } O_2} \times \frac{1000\text{ mg } O_2}{1\text{ g } O_2} = 2.4\text{ mg } O_3$$

$$\frac{2.4\text{ mg}}{300\text{ mL} \times \frac{1\text{L}}{1000\text{ mL}}} = 8\text{ mg/L}$$

5-3 氧化還原平衡

在第二章中，我們討論了化學反應之平衡性質，並且討論如何以熱力學參數來判斷一化學反應之可行性。氧化還原反應既是常見之化學反應，因此第二章中平衡的熱力學處理方式亦可適用於氧化還原之反應中。現舉例說明此方面之應用。

【例5-4】

⑴在例題5-3中之溶氧分析，試計算各步驟之平衡常數值；⑵水樣中若有溶氧8mg/L，且當溶氧（DO）與 Mn^{2+} 完全形成 $MnO_{2(s)}$ 時，已有一半 $MnO_{2(s)}$ 被 I^- 還原成 Mn^{2+}（I^- 本身氧化成 $I_{2(aq)}$），在此情況下，第二步驟（即式5-15）是否會繼續進行。已知反應中 $[H^+]=1M$。分析時使用之藥劑及濃度如下：

⑴$MnSO_4 \cdot 2H_2O$：每300 mL水樣使用2 mL之400g/L溶液。

⑵KI：每300 mL水樣使用2mL之150g/L溶液。

【解】

⑴欲計算平衡常數 K_{eq} 值，可先計算反應之 ΔG^o 值，再由 $\Delta G^o = -RT\ln K_{eq}$ 計算出 K_{eq} 值。對第一步驟（即式5-12）：

$$\Delta G^o = [\,2\,\Delta G_f^o(\,MnO_2\,) + 4\,\Delta G_f^o(\,H^+\,)\,]$$

$$-[\,2\times\Delta G_f^o(\,Mn^{2+}\,) + 1\times\Delta G_f^o(\,O_2\,) + 2\,G_f^o(\,H_2O\,)]$$

$$= [\,2\times(-111.1\,) + 4\times 0\,] - [\,2\times(-54.4\,) + 1\times 3.93 + 2\times(-56.69\,)\,]$$

$$= (\,-222.2\,) - (\,-218.25\,) = -3.95\ \text{Kcal}$$

$$\Delta G^o = -RT\ln K_{eq}$$

$$-3.95 = -1.982\times 10^{-3}\times 298\ln K_{eq}$$

$$\ln K_{eq1} = 6.69$$

$$K_{eq1} = 802$$

對第二步驟：

$$\Delta G^o = [\ \Delta G_f^o(\ I_2\ ) + \Delta G_f^o(\ Mn^{2+}\ ) + 2\ \Delta G_f^o(\ H_2O\ )\ ]$$
$$-[\ \Delta G_f^o(\ MnO_2\ ) + 2\ \Delta G_f^o(\ I^-\ ) + 4\ G_f^o(\ H^+\ )\ ]$$

$$= [\ (\ 3.93\ ) + (-54.4\ ) + 2\times(-56.69\ )\ ] - [\ (-111.1\ ) + 2\ (-12.35\ ) + 4\times(\ 0\ )\ ]$$

$$= (-163.85\ ) - (-135.80\ ) = -28.05\ \text{Kcal}$$

$$\Delta G^o = -RT\ \ln K_{eq2}$$

$$-28.05 = -1.982\times 10^{-3}\times 298\times \ln K_{eq2}$$

$$K_{eq2} = 4.22\times 10^{20}$$

$$K_{eq2} = \frac{[\ I_2\ ]_{eq}\ [\ Mn^{2+}\ ]_{eq}^1}{[\ H^+\ ]_{eq}^4\ [\ I^-\ ]_{eq}^2} = \frac{[\ I_2\ ]_{eq}\ [\ Mn^{2+}\ ]_{eq}}{1^4\ [\ I^-\ ]_{eq}^2} = 4.22\times 10^{20}$$

由於 K_{eq2} 值相當大，因此 $[I^-]$ 將很低，而 $[I_2]$ 及 $[Mn^{2+}]$ 將很高，也就是說反應將趨於完全。

第三步驟

$$\Delta G^o = [\ \Delta G_f^o(\ S_4O_6^{2-}\ ) + 2\ \Delta G_f^o(\ I^-\ )\ ] - [\ \Delta G_f^o(\ I_2\ ) + 2\times \Delta G_f^o(\ S_2O_3^{2-}\ )\ ]$$

$$= [\ (\ -246.3\ ) + 2\times(\ -12.35\ )\ ] - [\ (\ 3.93\ ) + 2\times(\ -127.2\ )\ ]$$

$$= (\ -271.0\ ) - (\ -250.47\ ) = -20.53\ \text{Kcal}$$

$$\Delta G^o = -RT\ \ln K_{eq3}$$

$$K_{eq3} = 1.25\times 10^{15}$$

由於 K_{eq3} 值很大，因此反應將趨於完全。

⑵欲判斷反應是否會進行，則需由 ΔG 值來判斷，又

$$\Delta G = \Delta G^o + RT\ \ln Q$$

$$\Delta G = \Delta G^o + RT \ln \frac{[I_2][Mn^{2+}]}{[H^+]^4[I^-]^2}$$

由計量方程式可計算各物質之濃度，若忽略添加 $MnSO_4$ 及 KI 溶液時之體積改變，則

①Mn^{2+}之濃度

Mn^{2+}之初濃度

$$\frac{400\ \text{g}\ MnSO_4 \cdot 2\ H_2O}{\text{L}} \times \frac{1\ \text{mole}}{187\ \text{g}} \times \frac{1\ \text{mole}\ Mn^{2+}}{1\ \text{mole}\ MnSO_4 \cdot 2\ H_2O} \times 2\ \text{mL} \times \frac{1}{300\ \text{mL}}$$

$$= 1.43 \times 10^{-2}\ \text{M}$$

第一步驟消耗之 $[Mn^{2+}]$

$$\frac{8\ \text{mg}\ DO}{\text{L}} \times \frac{1\ \text{g}}{1000\ \text{mg}} \times \frac{1\ \text{mole}}{32\ \text{g}} \times \frac{2\ \text{mole}\ Mn^{2+}}{1\ \text{mole}\ DO}$$

$$= 5.0 \times 10^{-4}\ \text{M}$$

第二步驟產生之 $[Mn^{2+}]$

$$\frac{8\ \text{mg}\ DO}{\text{L}} \times \frac{1\ \text{g}}{1000\ \text{mg}} \times \frac{1\ \text{mole}}{32\ \text{g}} \times \frac{2\ \text{mole}\ MnO_2}{1\ \text{mole}\ DO} \times \frac{1}{2} \times \frac{1\ \text{mole}\ Mn^{2+}}{1\ \text{mole}\ MnO_2}$$

$$= 2.5 \times 10^{-4}\ \text{M}$$

$[Mn^{2+}]$ 最後濃度

$$= 1.43 \times 10^{-2} - 5.0 \times 10^{-4} + 2.5 \times 10^{-4} = 1.4 \times 10^{-2}\ \text{M}$$

②I_2 之濃度

$$\frac{8\ \text{mg}\ DO}{\text{L}} \times \frac{1\ \text{g}}{1000\ \text{mg}} \times \frac{1\ \text{mole}}{32\ \text{g}} \times \frac{2\ \text{mole}\ MnO_2}{1\ \text{mole}\ DO} \times \frac{1}{2} \times \frac{1\ \text{mole}\ I_2}{1\ \text{mole}\ MnO_2}$$

$= 2.5 \times 10^{-4}$ M

③I^- 之濃度

I^- 之初濃度

$$\frac{150\ \text{g}\ KI}{\text{L}} \times \frac{1\ \text{mole}}{166\ \text{g}\ KI} \times \frac{2\ \text{mL}}{300\ \text{mL}} = 6 \times 10^{-3}\ \text{M}$$

第二步驟消耗之 I^- 濃度

$$\frac{8\ \text{mg}\ DO}{\text{L}} \times \frac{1\ \text{g}}{1000\ \text{mg}} \times \frac{1\ \text{mole}}{32\ \text{g}} \times \frac{2\ \text{mole}\ MnO_2}{1\ \text{mole}\ DO} \times \frac{1}{2} \times \frac{2\ \text{mole}\ I^-}{1\ \text{mole}\ MnO_2}$$

$= 5.0 \times 10^{-4}$ M

I^- 之最終濃度 $= 6 \times 10^{-3} - 5.0 \times 10^{-4} = 5.5 \times 10^{-3}$ M

由 $\Delta G = \Delta G^o + RT \ln \dfrac{[I_2][Mn^{2+}]}{[H^+]^4[I^-]^2}$

$$\Delta G = -28.05 + 1.982 \times 10^{-3} \times 298 \ln \frac{(2.5 \times 10^{-4})(1.4 \times 10^{-2})}{(1)^4 \times (5.5 \times 10^{-3})^2}$$

$= -29.32$ Kcal

由於 ΔG 爲負值，因此反應在此狀況下應繼續進行。MnO_2 將繼續與 I^- 反應形成 Mn^{2+} 直到 MnO_2 幾乎反應完全。

上述討論之ΔG、ΔG^o等熱力值的計算方式，雖針對全反應式，但在氧化還原之反應中，亦可用於半反應式，例如上面5-3、5-4例題中，硫代硫酸鈉（$Na_2S_2O_3$）滴定 $I_{2(aq)}$ 之反應，半反應式之 ΔG^o 值可以相同方法計算：

氧化半反應

$$2\,S_2O_3^{2-} \rightleftharpoons S_4O_6^{2-} + 2\,e^-$$

$$\Delta G^o_{(1)} = [\,\Delta G^o_f(\,S_4O_6^{2-}\,) + 2\,\Delta G^o_f(\,e^-\,)\,] - [\,2 \times \Delta G^o_f(\,S_2O_3^{2-}\,)\,]$$

若設 $\Delta G^o_f(\,e^-\,) = 0$，則

$$\Delta G^o_{(1)} = [\,(-246.3) + 2 \times 0\,] - [\,2 \times (-127.2)\,] = 8.1\ \text{Kcal}$$

還原半反應

$$2\,e^- + I_2 \rightleftharpoons 2\,I^-$$

$$\Delta G^o_{(2)} = [\,2\,\Delta G^o_f(\,I^-\,)\,] - [\,\Delta G^o_f(\,I_2\,) + 2 \times \Delta G^o_f(\,e^-\,)\,]$$

$$= [\,2 \times (-12.35)\,] - [\,(3.93) + 0\,] = -28.63\ \text{Kcal}$$

由於 ΔG^o 爲狀態函數（state function），因此全反應之 ΔG^o 爲兩半反應 ΔG^o 之和，即

$$\Delta G^o = \Delta G^o_{(1)} + \Delta G^o_{(2)} = 8.1\ \text{Kcal} + (-28.63\ \text{Kcal}) = -20.53\ \text{Kcal}$$

以上計算結果與例題5-4中由全反應計算出來之 ΔG^o 值相同。

在第二章中亦曾討論過 ΔG 之意義，當 $\Delta G < 0$ 時表示反應未達平衡狀態，因而反應會往產物方向進行以達到平衡狀態，亦即達到 $\Delta G = 0$ 之狀態。而此變化過程所釋放出來的自由能（$-\Delta G$），即可進行“有用之功”。此觀念可說明如下：

由自由能定義

$$G = H - TS \tag{5-19}$$

在恆溫下，故

$$\Delta G = \Delta H - T\Delta S \tag{5-20}$$

在恆壓下，由式（2-19）知

$$\Delta H = \Delta E + P\Delta V \tag{5-21}$$

將式（5-21）代入式（5-20）

$$\Delta G = \Delta E + P\Delta V - T\Delta S \tag{5-22}$$

由熱力學第一定律知

$$\Delta E = Q - W \tag{5-23}$$

將式（5-23）代入式（5-22）得

$$\Delta G = Q - W + P\Delta V - T\Delta S \tag{5-24}$$

根據式（2-67）知在可逆程序中

$$Q = Q_{rev} = T\Delta S \tag{5-25}$$

將式（5-25）代入式（5-24）中

$$\Delta G = T\Delta S - W + P\Delta V - T\Delta S = -W + P\Delta V \tag{5-26}$$

已知在可逆程序時系統所能作之功最大。若以W_{max}表示所能作之最大功則式（5-26）可另表示爲

$$\Delta G = -W_{max} + P\Delta V \tag{5-27}$$

兩邊取負號，得

$$-\Delta G = W_{\max} - P\Delta V = W_{useful} \tag{5-28}$$

式（5-28）中之 W_{useful} 稱為“有用的功”，即為系統可作之最大功扣除所消耗之壓力-容積功所剩下之“有用的功”。此“有用的功”也就是系統之 Gibbs 自由能的降低量（$-\Delta G$）。所以一自發反應可產生“有用的功”，此有用的功即可轉變成其他能量，如電能。

5-4 化學能與電能之轉換

5-4-1 賈法尼電池及 Nernst 方程式

在上節中硫代硫酸鈉（$Na_2S_2O_3$）滴定$I_{2(aq)}$之反應，其 $\Delta G < 0$，亦即該反應為自發反應，又其所放出之自由能（$-\Delta G$）可用來進行“有用的功”，但是若僅將 $Na_2S_2O_3$ 滴定至 $I_{2(aq)}$ 之溶液中，則反應所放出之自由能最終僅轉變成熱能，而非進行有用之功。若要有效利用此能量，並將其轉換成電功，則需有一適當之裝置，才能達到目的。此裝置如圖 5-1。

圖 5-1 係由硫代硫酸根及碘所構成之賈法尼電池（Galvanic cell），主要之構造係將硫代硫酸根之氧化半反應與 $I_{2(aq)}$ 之還原半反應分開來，使不直接接觸，兩半反應再以貴金屬片（如鉑片）置入，並以鉑線經一伏特計相連結，並於兩溶液中間置一電解質溶液（鹽橋）以保持電中性。如此當反應進行，則電子將經由鉑線由氧化反應端（陽極，anode）流至還原反應端（陰極，cathode），而伏特計將記錄兩極之電位差以ε表示。此狀況下所產生之電能為：

$$電能 = 電量 \times 電位差 = nF\varepsilon \tag{5-29}$$

式 (5-29) 中　ε：兩極之電位差（單位為伏特 V）

n：為流過伏特計之電子莫耳數

F：一莫耳電子所帶之電量 = 96500 庫倫（庫倫以 C 表示）

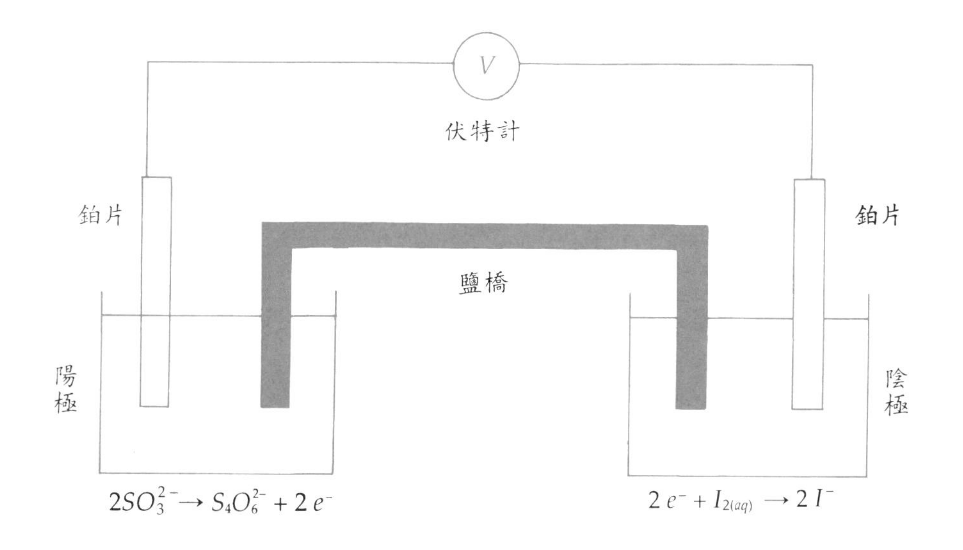

圖 5-1　硫代硫酸根／碘電池

電量之單位為庫倫（C），而電位差之單位為伏特（V），因此電能之單位為焦耳（J）。此電能即為化學反應所放出之自由能$-\Delta G$所轉化而來，所以

$$\Delta G = -nF\varepsilon \tag{5-30}$$

若反應係在標準狀態，則

$$\Delta G^o = -nF\varepsilon^o \tag{5-31}$$

又由式（2-81）已知

$$\Delta G = \Delta G^o + RT\ln Q \tag{5-32}$$

將式（5-30）、（5-31）代入（5-32），得

$$-nF\varepsilon - = -nF\varepsilon^o + RT\ln Q \tag{5-33}$$

$$\varepsilon = \varepsilon^{o} - \frac{RT}{nF}\ln Q \tag{5-34}$$

式（5-34），即爲 Nernst 方程式，若溫度爲 25℃（即 T = 298K），且 F = 96500 庫倫、$R = 8.314\mathrm{J/mole}$，並將自然對數換成以 10 爲底，則式（5-34）可簡化爲

$$\varepsilon = \varepsilon^{o} - \frac{0.059}{\mathrm{n}}\log Q \tag{5-35}$$

因爲 $\Delta G = 0$ 時 $\varepsilon = 0$，此時即爲平衡狀態，亦即 $Q = K_{eq}$，代入式（5-34）中，得

$$\varepsilon^{o} = \frac{RT}{nF}\ln K_{eq} \tag{5-36}$$

由以上之討論可知，若 ΔG^{o}、K 及 ε^{o} 三者中任一值爲已知，則其他兩者即可由式（5-31）及（5-36）中求得，我們可將此三者之關係，以及在標準狀態下自然發生之電池反應的方向，綜合呈現於表 5-1。

表 5-1　ΔG^{o}、ε^{o}、K 和電池反應行為間之關連性

ΔG^{o}	K	ε^{o}	在標準狀況下電池之反應
<0	>1	>0	向右自發進行
0	1	0	達平衡狀態
>0	<1	<1	向右為非自發反應

5-4-2　標準電極電位

由於電池係由兩個半反應所組成，若氧化半反應之標準自由能變化以 ΔG^{o}_{ox} 表示，則還原半反應之標準自由能變化可以 ΔG^{o}_{re} 表示之。由此兩半反應所構成之電極，陽極之標準電位以 ε^{o}_{ox} 表示，稱爲標準氧化電位；而陰極之標準電位可以 ε^{o}_{re} 表示，稱爲標準還原電位。由於 ΔG 爲狀態函數，因此

$$\Delta G = \Delta G^o_{ox} + \Delta G^o_{re} \tag{5-37}$$

$$-nF\varepsilon = -nF\varepsilon^o_{ox} + \left(-nF\ \varepsilon^o_{re}\right) \tag{5-38}$$

$$\varepsilon = \varepsilon^o_{ox} + \varepsilon^o_{re} \tag{5-39}$$

因此欲計算一電池之標準電位，須先求電池兩極之標準電位，即 ε^o_{ox} 及 ε^o_{re} 再依式（5-39）計算即可。然而電極之標準電位的絕對值是無法量測，僅有兩電極之電位差值是實驗上可測的。因此若指定一專斷的選擇值爲一特定電極的標準電位，則任何電極與此參考電極連結，即可求出該電極之標準電位。慣用上選出之參考電極是標準氫電極（Standard Hydrogen Electrode, SHE）—在 25℃，1atm 下— H_2 氣體壓力爲 1atm，而且氫離子濃度爲 1M，所構成之電極（如圖 5-2 所示）。此電極之半反應爲

$$H^+_{(aq)} + e^- \rightleftharpoons \frac{1}{2} H_{2(g)} \tag{5-40}$$

此電極之標準電位 ε^o 定爲 0。

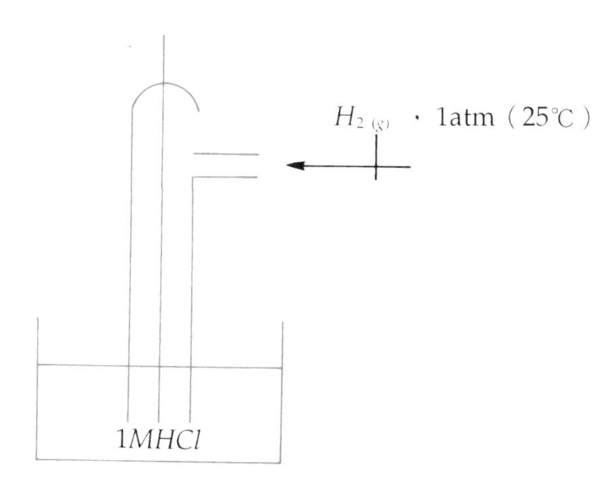

圖 5-2　標準氫電極

當欲求半反應 $2S_2O_3^{2-} \rightarrow S_4O_6^{2-} + 2\,e^-$所構成電極之標準電位，則可將

此電極與標準氫電極相連結，而構成如圖 5-3 所示之電池。

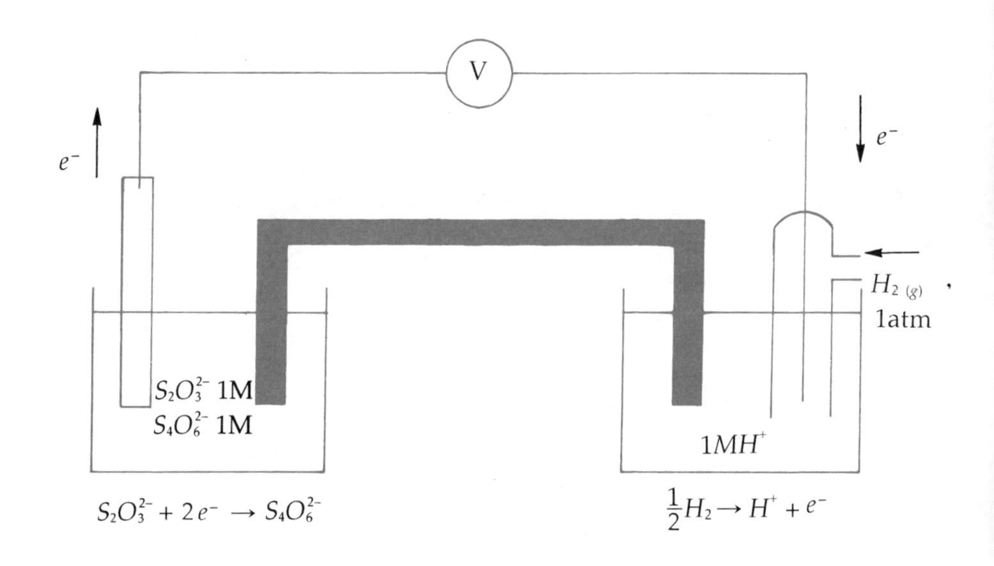

圖 5-3　訂定$S_2O_3^{2-}$ / $S_4O_6^{2-}$電極之標準電位的電池裝置

該電池之二半反應式及全反應式如下：

$$\frac{1}{2}H_2 \rightarrow H^+ + e^- \qquad \Delta G^o_{ox} = -nF\varepsilon^o_{ox} \tag{5-41}$$

$$S_4O_6^{2-} + 2e^- \rightarrow 2S_2O_3^{2-} \qquad \Delta G^o_{re} = -nF\varepsilon^o_{re} \tag{5-42}$$

$$S_4O_6^{2-} + H_2 \rightarrow 2H^+ + 2S_2O_3^{2-} \qquad \Delta G^o = -nF\varepsilon^o_{cell} \tag{5-43}$$

此反應之標準自由能變化為

$$\Delta G^o = 2\,\Delta G^o_{ox} + \Delta G^o_{re} \tag{5-44}$$

$$-nF\varepsilon^o_{cell} = 2\left(-nF\varepsilon^o_{ox}\right) + \left(-nF\varepsilon^o_{re}\right) \tag{5-45}$$

$$-2F\varepsilon^o_{cell} = 2\left(-1F\varepsilon^o_{ox}\right) + \left(-2F\varepsilon^o_{re}\right) \tag{5-46}$$

$$\varepsilon^o_{cell} = \varepsilon^o_{ox} + \varepsilon^o_{re} \tag{5-47}$$

因為氫電極之標準還原電位定為0，因此其標準氧化電位亦為0，亦即此處之 $\varepsilon^o_{ox} = 0$。另外由電位計讀出電池之標準電位 $\varepsilon^o_{cell} = 0.18V$，所以由式（5-47）知 $S_4O_6^{2-}/S_2O_3^{2-}$ 電極之標準還原電位為 $\varepsilon^o_{re} = 0.18V$，而其標準氧化電位即為−0.18V。以此種方法可求得各種電極之標準還原電位，表5-2為常見反應之標準還原電位。

表 5-2　25℃之標準還原電位（摘自 Sillen， 1970）

反　　應	E^o volt	$p\varepsilon^o\left(=\frac{1}{n}\log K\right)$
$H^+ + e^- \rightleftharpoons \frac{1}{2}H_{2(g)}$	0	0
$Na^+ + e^- \rightleftharpoons Na_{(s)}$	−2.72	−46.0
$Mg^{2+} + 2e^- \rightleftharpoons Mg_{(s)}$	−2.37	−40.0
$Cr_2O_7^{2-} + 14H^+ + 6e^- \rightleftharpoons 2Cr^{3+} + 7H_2O$	+1.33	+22.5
$Cr^{3+} + e^- \rightleftharpoons Cr^{2+}$	−0.41	−6.9
$MnO_4^- + 2H_2O + 3e^- \rightleftharpoons MnO_{2(s)} + 4OH^-$	+0.59	+10.0
$MnO_4^- + 8H^+ + 5e^- \rightleftharpoons Mn^{2+} + 4H_2O$	+1.51	+25.5
$Mn^{4+} + e^- \rightleftharpoons Mn^{3+}$	+1.65	+27.9
$MnO_{2(s)} + 4H^+ + 2e^- \rightleftharpoons Mn^{2+} + 2H_2O$	+1.23	+20.8
$Fe^{3+} + e^- \rightleftharpoons Fe^{2+}$	+0.77	+13.1
$Fe^{2+} + 2e^- \rightleftharpoons Fe_{(s)}$	−0.44	−7.4
$Fe(OH)_{3(s)} + 3H^+ + e^- \rightleftharpoons Fe^{2+} + 3H_2O$	+1.06	+17.9

表 5-2　25℃之標準還原電位（摘自 Sillen，1970）（續）

反　　應	E^o volt	$p\varepsilon^o\left(=\frac{1}{n}\log K\right)$
$Cu^{2+} + e^- \rightleftharpoons Cu^+$	+0.16	+2.7
$Cu^{2+} + 2e^- \rightleftharpoons Cu_{(s)}$	+0.34	+5.7
$Ag^{2+} + e^- \rightleftharpoons Ag^+$	+2.0	+33.8
$Ag^+ + e^- \rightleftharpoons Ag_{(s)}$	+0.8	+13.5
$AgCl_{(s)} + e^- \rightleftharpoons Ag_{(s)} + Cl^-$	+0.22	+3.72
$Au^{3+} + 3e^- \rightleftharpoons Au_{(s)}$	+1.5	+25.3
$Zn^{2+} + 2e^- \rightleftharpoons Zn_{(s)}$	−0.76	−12.8
$Cd^{2+} + 2e^- \rightleftharpoons Cd_{(s)}$	−0.40	−6.8
$Hg_2Cl_{2(s)} + 2e^- \rightleftharpoons 2Hg_{(l)} + 2Cl^-$	+0.27	+4.56
$2Hg^{2+} + 2e^- \rightleftharpoons Hg_2^{2+}$	+0.91	+15.4
$Al^{3+} + 3e^- \rightleftharpoons Al_{(s)}$	−1.68	−28.4
$Sn^{2+} + 2e^- \rightleftharpoons Sn_{(s)}$	−0.14	−2.37
$PbO_{2(s)} + 4H^+ + SO_4^{2-} + 2e^- \rightleftharpoons PbSO_{4(s)} + 2H_2O$	+1.68	+28.4
$Pb^{2+} + 2e^- \rightleftharpoons Pb_{(s)}$	−0.13	−2.2
$NO_3^- + 2H^+ + 2e^- \rightleftharpoons NO_2^- + H_2O$	+0.84	+14.2
$NO_3^- + 10H^+ + 8e^- \rightleftharpoons NH_4^+ + 3H_2O$	+0.88	+14.9
$N_{2(s)} + 8H^+ + 6e^- \rightleftharpoons 2NH_4^+$	+0.28	+4.68
$NO_2^- + 8H^+ + 6e^- \rightleftharpoons NH_4^+ + 2H_2O$	+0.89	+15.0

表 5-2 25℃之標準還原電位（摘自 Sillen，1970）（續）

反　　應	E^o volt	$p\varepsilon^o \left(=\frac{1}{n}\log K\right)$
$2\,NO_3^- + 12\,H^+ + 10\,e^- \rightleftharpoons N_{2(s)} + 6\,H_2O$	+1.24	+21.0
$CNO^- + H_2O + 2\,e^- \rightleftharpoons CN^- + 2\,OH^-$	−0.97	−16.4
$O_{3(s)} + 2\,H^+ + 2\,e^- \rightleftharpoons O_{2(g)} + H_2O$	+2.07	+35.0
$O_{2(g)} + 4\,H^+ + 4\,e^- \rightleftharpoons 2\,H_2O$	+1.23	+20.8
$O_{2(aq)} + 4\,H^+ + 4\,e^- \rightleftharpoons 2\,H_2O$	+1.27	+21.5
$SO_4^{2-} + 2\,H^+ + 2\,e^- \rightleftharpoons SO_3^{2-} + H_2O$	−0.04	−0.68
$S_4O_6^{2-} + 2\,e^- \rightleftharpoons 2\,S_2O_3^{2-}$	+0.18	+3.0
$S_{(s)} + 2\,H^+ + 2\,e^- \rightleftharpoons H_2S_{(g)}$	+0.17	+2.9
$SO_4^{2-} + 8\,H^+ + 6\,e^- \rightleftharpoons S_{(s)} + 4\,H_2O$	+0.35	+6.0
$SO_4^{2-} + 10\,H^+ + 8\,e^- \rightleftharpoons H_2S_{(g)} + 4\,H_2O$	+0.34	+5.75
$SO_4^{2-} + 9\,H^+ + 8\,e^- \rightleftharpoons HS^- + 4\,H_2O$	+0.24	+4.13
$2\,HOCl + 2\,H^+ + 2\,e^- \rightleftharpoons Cl_{2(aq)} + 2\,H_2O$	+1.60	+27.0
$OCl^- + H_2O + 2\,e^- \rightleftharpoons Cl^- + 2\,OH^-$	+0.89	+15.08
$Cl_{2(g)} + 2\,e^- \rightleftharpoons 2\,Cl^-$	+1.36	+23.0
$Cl_{2(aq)} + 2\,e^- \rightleftharpoons 2\,Cl^-$	+1.39	+23.5
$2\,HOBr + 2\,H^+ + 2\,e^- \rightleftharpoons Br_{2(l)} + 2\,H_2O$	+1.59	+26.9
$Br_2 + 2\,e^- \rightleftharpoons 2\,Br^-$	+1.09	+18.4
$2\,HOI + 2\,H^+ + 2\,e^- \rightleftharpoons I_{2(s)} + 2\,H_2O$	+1.45	+24.5

表 5-2 25℃之標準還原電位（摘自 Sillen，1970）（續）

反　　應	E^o volt	$p\varepsilon^o\left(=\frac{1}{n}\log K\right)$
$I_{2(aq)} + 2e^- \rightleftharpoons 2I^-$	+0.62	+10.48
$I_3^- + 2e^- \rightleftharpoons 3I^-$	+0.54	+9.12
$ClO_2 + e^- \rightleftharpoons ClO_2^-$	+1.15	+19.44
$CO_{2(g)} + 8H^+ + 8e^- \rightleftharpoons CH_{4(g)} + 2H_2O$	+0.17	+2.87
$6CO_{2(g)} + 24H^+ + 24e^- \rightleftharpoons C_6H_{12}O_{6(glucose)} + 6H_2O$	−0.01	−0.20
$CO_{2(g)} + H^+ + 2e^- \rightleftharpoons HCOO^-$ (*formate*)	−0.31	−5.23

此處有幾點值得注意之事項：

1. 表 5-2 所列出之反應皆為還原型態，因此電位為標準還原電位，其逆反應之標準氧化電位為標準還原電位取負號即可。

2. 電位為一種“強度量”（intensive properties），即其值與反應之計量式值無關。因此當

$$S_4O_6^{2-} + 2e^- \rightarrow 2S_2O_3^{2-} \qquad \varepsilon^o = 0.18V$$

若改寫成

$$2S_4O_6^{2-} + 4e^- \rightarrow 4S_2O_3^{2-}$$

則其 ε^o 仍為 0.18V。

此性質與 ΔG、ΔH、ΔS 等不同，該三項為“其強度量”（extensive properties），其值與化學計量式成正比。

3. 當半反應合併成總反應時，其總反應之 ΔG、ΔH、ΔS 值由於是狀態

函數，可由各半反應之值直接合併。總反應之ε值則不能由各半反應之值直接合併，除非每一半反應及總反應之電子轉移數目皆相等時才可。以下例題可以說明此觀念。

【例5-5】

已知$MnO_4^- + 8\,H^+ + 5\,e^- \rightleftharpoons Mn^{+2} + 4\,H_2O$；$\varepsilon_1^0 = 1.51\text{V}$ (5-48)

$Mn^{+2} + 2\,H_2O \rightleftharpoons 2\,e^- + 4\,H^+ + MnO_2$；$\varepsilon_2^0 = -1.23\text{V}$ (5-49)

則 $4\,H^+ + MnO_4^- + 3\,e^- \rightleftharpoons MnO_2 + 2\,H_2O$；$\varepsilon_3^0 = ?$ (5-50)

【解】

由於式（5-50）是由式（5-48）及（5-49）合併，因此（5-50）式之ΔG^o值可由（5-48）式之ΔG_1^o值及（5-49）式之ΔG_2^o值合併計算，得

$$\Delta G^o = \Delta G_1^o + \Delta G_2^o$$

$$-nF\varepsilon_3^o = (-nF\,\varepsilon_1^o) + (-nF\,\varepsilon_2^o)$$

$$-3\,F\varepsilon_3^o = (-5\,F\,\varepsilon_1^o) + (-2\,F\,\varepsilon_2^o)$$

$$\varepsilon_3^o = \frac{5\,\varepsilon_1^o + 2\,\varepsilon_2^o}{3} = \frac{5\times(1.51) + 2\times(-1.23)}{3} = 1.70\text{V}$$

因此可知 $\varepsilon_3^o \neq \varepsilon_1^o + \varepsilon_2^o$

【例5-6】

例題5-4中，試決定第二步驟之ε值。

【解】

由Nernst方程式，即（5-35）式

$$\varepsilon = \varepsilon^o - \frac{0.059}{2}\log Q = \varepsilon^o - \frac{0.059}{2}\log\frac{[I_2][Mn^{2+}]}{[I^-]^2[H^+]^4}$$

$$\varepsilon^o = \varepsilon^o_{ox} + \varepsilon^o_{re} = -0.62 + 1.23 = 0.61\text{V}$$

$$\varepsilon = 0.61 - \frac{0.059}{2}\log\frac{(2.5\times10^{-4})(1.4\times10^{-2})}{(5.5\times10^{-3})^2(1)^4} = 0.64\text{V}$$

由於 $\varepsilon > 0$，因此 MnO_2 將繼續氧化 I^-。

【例 5-7】

已知下列半反應如下（25℃）：

(1) $HOCl + H^+ + 2e^- \rightarrow Cl^- + H_2O$；$\varepsilon^o = 1.50\text{V}$

(2) $HOCl \rightarrow OCl^- + H^+$；$K_a = 10^{-7.5}$

則 (3) $OCl^- + 2H^+ + 2e^- \rightarrow Cl^- + H_2O$ 之 ε^o 值爲何？

【解】

由於第 (3) 反應式係由 (1) − (2) 式合併而成，因此

$$\Delta G^o_3 = \Delta G^o_1 - \Delta G^o_2 = (-nF\varepsilon^o_1) - (-RT\ln K_a)$$

$$= (-2\times96500\times1.50)\text{焦耳}\times\frac{1\text{ cal}}{4.18\text{焦耳}} - (-1.982\times298\times\ln10^{-7.5})\text{ cal}$$

$$= -7.94\times10^4\text{ cal}$$

$$\Delta G^o_3 = -nF\varepsilon^o_3$$

$$-7.94\times10^4\text{ cal}\times\frac{4.184\text{ J}}{1\text{ cal}} = -2\text{ mole}\times96500\text{ V/J}\cdot\text{mole}\times\varepsilon^o_3$$

$$\varepsilon^o_3 = 1.72\text{V}$$

【例 5-8】

四氯化碳類之含氯溶劑可由還原去氯反應予以去除，其反應式如下：

$$CCl_4 + H^+ + 2e^- \rightleftharpoons CHCl_3 + Cl^- \;;\; \varepsilon^o = 0.67V$$

在實際現場中，醋酸根之類的電子提供者可提供電子促使CCl_4之還原，試問CCl_4可作爲醋酸根的電子接受者嗎？

醋酸根之氧化式如下：

$$\frac{1}{8}CH_3COO^- + \frac{1}{4}H_2O \rightleftharpoons \frac{1}{4}CO_2 + \frac{7}{8}H^+ + e^- \;;\; \varepsilon^o = -0.075V$$

【解】

(1) $CCl_4 + H^+ + 2e^- \rightleftharpoons CHCl_3 + Cl^- \;;\; \varepsilon_1^o = 0.67V$

(2) $\frac{1}{4}CH_3COO^- + \frac{1}{2}H_2O \rightleftharpoons \frac{1}{2}CO_2 + \frac{7}{4}H^+ + 2e^- \;;\; \varepsilon_2^o = -0.075V$

---

(3) $CCl_4 + \frac{1}{4}CH_3COO^- + \frac{1}{2}H_2O \rightleftharpoons CHCl_3 + Cl^- + \frac{1}{2}CO_2 + \frac{3}{4}H^+ \;;\; \varepsilon_3^o$

由於第(3)反應係由第(1)及第(2)反應合併，而且第(1)及第(2)反應之電子數互相抵消，因此

$$\varepsilon_3^o = \varepsilon_1^o + \varepsilon_2^o = 0.67V + (-0.075V) = 0.595V$$

由於$\varepsilon^o > 0$，故CCl_4可作爲醋酸根之電子接受者。

【例5-9】

以次氯酸來氧化處理電鍍廢水中之氰化物（CN^-）。其反應式如下：

(1) $HOCl \rightleftharpoons H^+ + OCl^- \;;\; K_a = 3 \times 10^{-8}$

(2) $CN^- + OCl^- \rightleftharpoons CNO^- + Cl^-$

若反應係在25℃，$pH = 8$之條件下進行，廢水中CN^-之初濃度爲100mg/L，排放前需處理至濃度爲0.1mg/L。計算所需之氯劑量，又程序控制係以

電位計監控反應，在何電位時反應可停止？

【解】

所加入含氯物質於處理完成時乃以OCl^-、Cl^-、$HOCl$三者存在

$$C_{T,Cl} = [\,HOCl\,] + [\,OCl^-\,] + [\,Cl^-\,]$$

故需計算反應最終之 $[OCl^-]$ 、 $[Cl^-]$ 、 $[HOCl]$ 即可知所需加入之氯劑量。

①計算 Cl^- 之最終濃度

由反應(2)知處理1分子之 CN^- 會產生1分子CNO^-及1分子之Cl^-，因此計算 CN^- 所消耗之濃度即可知 Cl^- 及CNO^-之最終濃度。

CN^- 之初濃度

$$[\,CN^-\,]_i = \frac{100\text{ mg}}{\text{L}} \times \frac{1\text{ mole}}{26000\text{ mg}} = 3.8 \times 10^{-3}\text{ M}$$

CN^- 之最終濃度

$$[\,CN^-\,]_f = \frac{0.1\text{ mg}}{\text{L}} \times \frac{1\text{ mole}}{26000\text{ mg}} = 3.8 \times 10^{-6}\text{ M}$$

總共消耗之 $[\,CN^-\,] = 3.8 \times 10^{-3} - 3.8 \times 10^{-6} \cong 3.8 \times 10^{-3}\text{ M}$

因此產生之 $[\,Cl^-\,]_f = [\,CNO^-\,]_f = 3.8 \times 10^{-3}\text{ M}$

②計算 OCl^- 之最終濃度

由反應(2)知 $K_{eq} = \dfrac{[\,CNO^-\,]_f[\,Cl^-\,]_f}{[\,CN^-\,]_f[\,OCl^-\,]_f}$

$$[\,OCl^-\,]_f = \frac{[\,CNO^-\,]_f[\,Cl^-\,]_f}{K_{eq}\cdot[\,CN^-\,]_f} = \frac{(3.8 \times 10^{-3})(3.8 \times 10^{-3})}{K_{eq} \times 3.8 \times 10^{-6}}$$

K_{eq}可由 $\Delta G^o = -RT\ln K_{eq}$ 計算

$$\Delta G^o = [\, \Delta G_f^o(CNO^-) + \Delta G_f^o(Cl^-) \,] - [\, \Delta G_f^o(CN^-) + \Delta G_f^o(OCl^-) \,]$$

$$= [\,(-23.3) + (-31.37)\,] - [\,(41.2) + (-8.8)\,] = -87.07 \text{ Kcal}$$

$$-87.07 \text{ Kcal} = -1.982 \times 10^{-3} \times 298 \ln K_{eq}$$

$K_{eq} = 1.05 \times 10^{64}$代入上式，得

$$[\, OCl^- \,] = \frac{(3.8 \times 10^{-3})^2}{(1.05 \times 10^{64}) \times (3.8 \times 10^{-6})} = 3.61 \times 10^{-64}$$

③計算

由反應(1)式知

$$\frac{[\, OCl^- \,]_f [\, H^+ \,]_f}{[\, HOCl \,]_f} = K_a$$

$$\frac{(3.61 \times 10^{-64})(10^{-8})}{[\, HOCl \,]_f} = 3 \times 10^{-8}$$

$$[\, HOCl \,] = 1.20 \times 10^{-64} \text{ M}$$

④計算總氯量

$$C_{T,Cl} = [\, HOCl \,] + [\, OCl^- \,] + [\, Cl^- \,]$$

$$= 1.20 \times 10^{-64} \text{ M} + 3.61 \times 10^{-64} \text{ M} + 3.8 \times 10^{-3} \text{ M} \cong 3.8 \times 10^{-3} \text{ M}$$

若以氯氣計則需

$$\frac{3.8 \times 10^{-3} \text{ mole}}{\text{L}} \times \frac{2 \times 35.5 \text{ g}}{1 \text{ mole } Cl_2} \times \frac{1000 \text{ mg}}{1 \text{ g}} = 269 \text{ mg } Cl_2/\text{L}$$

⑤計算ε值

$$\varepsilon = \varepsilon^{o} - \frac{0.059}{n}\log Q$$

$CN^- + OCl^- \rightleftharpoons CNO^- + Cl^-$，可分成二半反應，即

$CN^- + 2\,OH^- \rightleftharpoons CNO^- + H_2O + 2\,e^-$；$\varepsilon^{o}_{ox} = 0.97\text{V}$

$OCl^- + H_2O + 2\,e^- \rightleftharpoons Cl^- + 2\,OH^-$；$\varepsilon^{o}_{re} = 0.89\text{V}$

$$\varepsilon^{o} = \varepsilon^{o}_{ox} + \varepsilon^{o}_{re}$$

$$\varepsilon^{o} = 0.97 + 0.89 = 1.86\text{V}$$

$$\varepsilon = 1.86\text{V} - \frac{0.059}{2}\log\frac{[CNO^-]_f[Cl^-]_f}{[CN^-]_f[OCl^-]_f}$$

$$= 1.86\text{V} - \frac{0.059}{2}\log\frac{(3.8\times10^{-3})(3.8\times10^{-3})}{(3.8\times10^{-6})\times(3.61\times10^{-64})}$$

$$= 0\text{V}$$

5-5 自然環境中之氧化還原反應

自然環境中存在著很多之氧化劑及還原劑，因此構成了一自然之氧化還原環境（Redox Environment）。當氧化性物質或還原性物質進入此氧化還原環境則將進行不同程度之氧化-還原反應，而最終以不同型態存在自然環境中。例如一正常水域環境可依其與氧接觸與否分爲三種不同氧化還原環境。在水表面，因與空氣接觸，故其溶氧充足，屬於氧化環境，其中好氧菌活躍，物質多以氧化態形式存在。在水域底層由於與空氣隔離，其中缺氧，厭氧菌很活躍，物質多以還原型態存在。在中間之水層雖溶氧不足，但不是完全缺氧，屬過渡性環境。自然之氧化還原不僅受環境中氧化劑和還原劑之種類及濃度影響，亦受其溶液中之 pH 值影響，這是因爲在很多系統中，氧化還原反應進行時有氫離子參加，氫離子的濃度會影響反應物之

解離度。例如在酸性溶液中，MnO_4^- 依下述方程式變為 Mn^{2+} 離子：$MnO_4^- + 8H^+ + 5e^- \rightleftharpoons Mn^{2+} + 4H_2O$。在這情況下，$\varepsilon$ 值與 H^+ 之濃度有下式之關係：

$$\varepsilon_{MnO_4^-/Mn^{2+}} = \varepsilon^o + \frac{0.059}{5}\log\frac{[MnO_4^-][H^+]^8}{[Mn^{2+}]} \tag{5-50}$$

在不同之氧化-還原環境中及不同 pH 值下，$[MnO_4^-]$ 與 $[Mn^{2+}]$ 存在之比例將改變。本節即在探討各種氧化-還原物質在自然環境中之變化及穩定性質。

5-5-1 電子活性及 $p\varepsilon$

自然環境之氧化還原特性，近年來不僅用氧化還原電位表示，更常用 $p\varepsilon$ 和 $p\varepsilon^o$ 值來表示。$p\varepsilon$ 的概念是電子活性度（electron activity）的負對數值，即

$$p\varepsilon = -\log\{e\} \tag{5-51}$$

這與 $pH = -\log\{H^+\}$ 是相對應的。水溶液中雖然不含自由氫離子和自由電子，但是我們仍定義氫離子及電子之活性度，並且以 pH 來代表一溶液接受或轉移質子之趨勢，在酸性溶液（即 pH 低）中，接受質子之趨勢低，在鹼性溶液中（即 pH 高）中，接受質子之趨勢高。相同的，我們可以 $p\varepsilon$ 值來代表一溶液接受電子或轉移電子的趨勢。對一高度還原溶液中，提供電子之趨勢高，亦即電子活性高（$p\varepsilon$ 值低）；在一高度氧化溶液中，提供電子之趨勢低，亦即電子活性低（$p\varepsilon$ 值高）。因此 $p\varepsilon$ 被用來表達環境體系的氧化還原特性，當 $p\varepsilon$ 是大或正值，體系之電子活性低，是一種氧化環境；而當 $p\varepsilon$ 是小或負值時，體系的電子活性高，是一種還原環境。

在自然環境中氧化還原反應可以下列通式表示之

$$\text{氧化劑} + ne^- \rightleftharpoons \text{還原劑}$$

此反應之平衡常數

$$K=\frac{\{還原劑\}}{\{氧化劑\}\{e\}^n}=\frac{[還原劑]}{[氧化劑][e]^n}(在理想溶液時以濃度代替活性) \quad (5\text{-}52)$$

重新整理式（5-52），得

$$\{e\}^n=\frac{1}{K}\frac{\{還原劑\}}{\{氧化劑\}} \quad (5\text{-}53)$$

兩邊取 $-\log$

$$-\log\{e\}=\frac{1}{n}\log K-\frac{1}{n}\log\frac{\{還原劑\}}{\{氧化劑\}} \quad (5\text{-}54)$$

令 $p\varepsilon=-\log\{e\}$ (5-55)

$$p\varepsilon^o=\frac{1}{n}\log K \quad (5\text{-}56)$$

$$p\varepsilon=p\varepsilon^o-\frac{1}{n}\log\frac{\{還原劑\}}{\{氧化劑\}} \quad (5\text{-}57)$$

又此反應之 Nernst 方程式爲

$$\varepsilon=\varepsilon^o-\frac{RT}{nF}\ln\frac{\{還原劑\}}{\{氧化劑\}} \quad (5\text{-}58)$$

重新整理式（5-58），得

$$\left(\frac{F}{2.3RT}\right)\varepsilon=\left(\frac{F}{2.3RT}\right)\varepsilon^o-\frac{1}{n}\log\frac{\{還原劑\}}{\{氧化劑\}} \quad (5\text{-}59)$$

比較（5-57）及（5-59）式，得知

$$p\varepsilon=\frac{F\varepsilon}{2.3RT} \quad (5\text{-}60)$$

$$p\varepsilon^o = \frac{F\varepsilon^o}{2.3RT} \tag{5-61}$$

由於 R、F爲常數，故在 25℃時

$$p\varepsilon = \frac{\varepsilon}{0.059} \tag{5-62}$$

$$p\varepsilon^o = \frac{\varepsilon^o}{0.059} \tag{5-63}$$

自然環境中的化學反應極爲複雜，有些化學反應之 ε^o 值經常不能直接從手册中查得，ε 值亦不易測得。在這種情況下，可從反應之平衡常數或標準自由能變化（即ΔG^o）求得 $p\varepsilon$ 及 $p\varepsilon^o$ 值。茲說明如下

已知 $$\Delta G = -nF\varepsilon \tag{5-64}$$

$$\Delta G^o = -nF\varepsilon^o \tag{5-65}$$

將（5-64）、（5-65）式分別代入（5-60）及（5-61）式中

$$p\varepsilon = \frac{-\Delta G}{2.3nRT} \tag{5-66}$$

$$p\varepsilon^o = \frac{-\Delta G^o}{2.3nRT} \tag{5-67}$$

又 $$\Delta G^o = -RT\ln K_{eq} \tag{5-68}$$

$$-nF\varepsilon^o = -RT\ln K_{eq} \tag{5-69}$$

$$\log K_{eq} = \frac{nF\varepsilon^o}{2.3RT} \tag{5-70}$$

以上之各關係式列於表 5-3。表 5-3 中之公式，可用於計算氧化還原環境之 $p\varepsilon$ 值，並可探討氧化還原物質在此環境中之穩定性質。下面所舉之例

題即爲這方面之應用。

表 5-3 $p\varepsilon$ 之關係式

寫成還原反應之多電子轉移反應
氧化劑 + ne^-→ 還原劑
$p\varepsilon = p\varepsilon^o - \frac{1}{n}\log\frac{\{還原劑\}}{\{氧化劑\}}$
$p\varepsilon = -\log\{e^-\}$；$p\varepsilon^o = \frac{1}{n}\log K_{eq}$
$p\varepsilon = \frac{F\varepsilon}{2.3RT}$；$p\varepsilon^o = \frac{F\varepsilon^o}{2.3RT}$
25℃時 $p\varepsilon = \frac{\varepsilon}{0.059}$；$p\varepsilon^o = \frac{\varepsilon^o}{0.059}$
$p\varepsilon = \frac{-\Delta G}{2.3nRT}$；$p\varepsilon^o = \frac{-\Delta G^o}{2.3nRT}$
$\log K_{eq} = \frac{nF\varepsilon^o}{2.3RT}$

【例 5-10】

試計算下列平衡系統之 $p\varepsilon$ 值及 ε 值，（25℃，I = 0）

(1)一酸性溶液含 10^{-5}MFe^{3+} 及 10^{-3}MFe^{2+}。

(2)一自然水含10^{-5}MMn^{2+}，在 $pH = 8$，與 $rMnO_{2(s)}$平衡。

(3)一正常未受污染之充氧水域（如河川之表面，其與大氣平衡且 P_{O_2} = 0.21 atm，$pH = 7.5$）。

(4)厭氧水體（如河川底泥）中，微生物在水中進行厭氧分解作用，並產生甲烷和二氧化碳，若 $P_{O_2} = P_{CH_4}$，$pH = 7$。

【解】

以上各平衡系統之平衡式如下：

(1) $Fe^{3+} + e^- \rightleftharpoons Fe^{2+}$　　$K = 1.26 \times 10^{13}$

(2) $rMnO_{2(s)} + 4\,H^+ + 2\,e^- \rightleftharpoons Mn^{2+} + 2\,H_2O_{(l)}$　　$K = 3.98 \times 10^{41}$

(3) $\frac{1}{2}\,O_{2(g)} + 2\,H^+ + 2\,e^- \rightleftharpoons H_2O_{(l)}$　　$K = 3\,.55 \times 10^{41}$

(4) $\frac{1}{8}\,CO_2 + H^+ + e^- \rightleftharpoons \frac{1}{8}\,CH_{4(g)} + \frac{1}{4}\,H_2O_{(l)}$　　$K = 7.41 \times 10^2$

以上各方程式已提供平衡常數，若無平衡常數，可先由標準生成自由能（ΔG_f^o）求出ΔG^o，再計算 K 值或 ε^o 值。$p\varepsilon^o$ 值可由式（5-56）計算，而 $p\varepsilon$ 值可由（5-57）計算，以上各平衡系統之 $p\varepsilon$ 及 $p\varepsilon^o$ 值計算如下：

(1) $p\varepsilon^o = \frac{1}{n}\log K = \frac{1}{1}\log 1.26 \times 10^{13} = 13.1$

$$p\varepsilon = p\varepsilon^o - \frac{1}{n}\log\frac{\{Fe^{2+}\}}{\{Fe^{3+}\}} = 13.1 - \frac{1}{1}\log\frac{10^{-3}}{10^{-5}} = 11.1$$

$$\varepsilon = 0.059 \times p\varepsilon = 0.059 \times 11.1 = 0.65$$

(2) $p\varepsilon^o = \frac{1}{n}\log K = \frac{1}{2}\log 3.98 \times 10^{41} = 20.8$

$$p\varepsilon = p\varepsilon^o - \frac{1}{n}\log\frac{\{Mn^{+2}\}}{\{H^+\}^4} = 20.8 - \frac{1}{2}\log\frac{10^{-5}}{(10^{-8})^4} = 20.8 - 13.50 = 7.3$$

$$\varepsilon = 0.059 \times p\varepsilon = 0.059 \times 7.3 = 0.431$$

(3) $p\varepsilon^o = \frac{1}{n}\log K = \frac{1}{2}\log 3.55 \times 10^{41} = 20.78$

$$p\varepsilon = p\varepsilon^o - \frac{1}{2}\log\frac{1}{(P_{O_2})^{1/2}\{H^+\}^2} = 20.78 - \frac{1}{2}\log\frac{1}{(0.21)^{1/2}(10^{-7.5})^2} = 13.11$$

$$\varepsilon = 0.059 \times p\varepsilon = 0.059 \times 13.11 = 0.77$$

(4) $p\varepsilon^o = \frac{1}{n}\log K = \frac{1}{1}\log 7.41\times 10^2 = 2.87$

$$p\varepsilon = p\varepsilon^o - \frac{1}{1}\log\frac{(P_{CH_4})^{1/8}}{(P_{CO_2})^{1/8}\{H^+\}^1} = 2.87 - \frac{1}{1}\log\frac{1}{10^{-7}} = 2.87 - 7 = -4.13$$

由於$p\varepsilon$為負值，因此為一還原環境，在此環境中氧氣應會被還原而無法存在，此可由(3)之方程式計算證明

$$p\varepsilon = p\varepsilon^o - \frac{1}{2}\log\frac{1}{(P_{O_2})^{1/2}\{H^+\}^2}$$

$$-4.13 = 20.78 - \frac{1}{2}\log\frac{1}{(P_{O_2})^{1/2}(10^{-7.5})^2}$$

$$P_{O_2} = 2.3\times 10^{-70}\text{ atm}$$

此即證明氧氣之分壓非常小，亦即在此狀況下氧氣幾乎不存在。

【例5-11】

下列各溶液皆與大氣平衡（$P_{O_2} = 0.21\text{atm}$），計算各物質之平衡濃度（25℃，$I = 0$）。

(1) 一含有總鐵濃度 $Fe_T = 10^{-4}$ M 之酸性溶液（$pH = 2$）。

(2) 含 Mn^{2+} 之自然水（$pH = 7$），且 Mn^{2+} 與 $rMnO_2$ 平衡。

【解】

在氧氣環境中，其反應式如下：

(1) $\frac{1}{2}O_{2(g)} + 2H^+ + 2e^- \rightleftharpoons H_2O_{(l)}$ $\qquad K = 3.55\times 10^{41}$

$p\varepsilon^o = \frac{1}{n}\log K \qquad p\varepsilon^o = 20.78$

$$p\varepsilon = p\varepsilon^o - \frac{1}{n}\log\frac{1}{(P_{O_2})^{1/2}\{H^+\}^2} = 20.78 - \frac{1}{2}\log\frac{1}{(0.21)^{1/2}(10^{-2})^2}$$

$$= 20.78 - 2.17 = 18.6$$

在此氧化環境中，Fe^{2+} 應大部分轉換爲 Fe^{3+}，可由下面計算證實，半反應式如下：

$$Fe^{3+} + e^{-} \rightleftharpoons Fe^{2+} \qquad K = 1.26 \times 10^{13}$$

$$p\varepsilon^{o} = \frac{1}{n}\log K = \frac{1}{1}\log 1.26 \times 10^{13} = 13.1$$

$$p\varepsilon = p\varepsilon^{o} - \frac{1}{n}\log\frac{[Fe^{2+}]}{[Fe^{3+}]}$$

$$18.6 = 13.1 - \frac{1}{1}\log\frac{[Fe^{2+}]}{[Fe^{3+}]}$$

$$\frac{[Fe^{2+}]}{[Fe^{3+}]} = 10^{5.5}$$

$$[Fe^{2+}] + [Fe^{3+}] = 10^{-4}$$

$$[Fe^{2+}] \cong 10^{-4}\text{ M、}[Fe^{3+}] \cong 10^{-9.4}\text{ M}$$

(2) 同 (1)，先計算環境之 $p\varepsilon$ 值

$$p\varepsilon = p\varepsilon^{o} - \frac{1}{n}\log\frac{1}{(P_{O_2})^{1/2}\{H^{+}\}^{2}} = 20.78 - \frac{1}{2}\log\frac{1}{(0.21)^{1/2}(10^{-7})^{2}} = 13.9$$

在 $p\varepsilon = 13.9$ 之氧化環境中，Mn^{2+} 之濃度應相當低，可計算如下，半反應式爲

$$rMnO_{2(s)} + 4\,H^{+} + 2\,e^{-} \rightleftharpoons Mn^{2+} + 2\,H_2O_{(l)} \qquad K = 3.98 \times 10^{41}$$

$$p\varepsilon^{o} = \frac{1}{n}\log K = \frac{1}{2}\log 3.98 \times 10^{41} = 20.8$$

$$p\varepsilon = p\varepsilon^o - \frac{1}{n}\log\frac{[Mn^{2+}]}{[H^+]^4}$$

$$13.9 = 20.80 - \frac{1}{2}\log\frac{[Mn^{2+}]}{(10^{-7})^4}$$

$$6.9 = \frac{1}{2}\log\frac{[Mn^{2+}]}{10^{-28}}$$

$$[Mn^{2+}] = 6.31\times10^{-15}\ \mathrm{M}$$

【例 5-12】

在厭氧條件下，試求 25℃ 時，環境中 NO_3^- 轉化為 NH_4^+ 的反應之 ε^o、$p\varepsilon^o$ 及 K 值。

【解】

$$\frac{1}{8}NO_3^- + \frac{5}{4}H^+ + e^- \rightleftharpoons \frac{1}{8}NH_4^+ + \frac{1}{4}H_2O_{(l)}$$

$$\Delta G^o = \left[\frac{1}{8}\times\Delta G_f^o(NH_4^+) + \frac{3}{8}\times\Delta G_f^o(H_2O)\right] - \left[\frac{1}{8}\times\Delta G_f^o(NO_3^-) + \frac{5}{4}\times\Delta G_f^o(H^+)\right]$$

$$= \left[\frac{1}{8}(-79.50) + \frac{3}{8}(-237.19)\right] - \left[\frac{1}{8}(-110.50) + \frac{5}{4}(0)\right]$$

$$= -85.08\ \mathrm{KJ/mole}$$

$$\Delta G^o = -nF\varepsilon^o$$

$$-85.08\times10^3 = -1\times96500\times\varepsilon^o$$

$$\varepsilon^o = 0.88\ \mathrm{V}$$

$$\log K = \frac{nF\varepsilon^o}{2.3RT} = \frac{1\times96500\times0.88}{2.3\times298\times8.314} = 14.91$$

$$K = 8.13\times10^{14}$$

$$p\varepsilon^{o} = \frac{\varepsilon^{o}}{0.059} = \frac{0.88}{0.059} = 14.92$$

5-6 平衡圖解法

在上節之例題5-11中，我們知道不同氧化還原環境中，物種之平衡濃度會隨$p\varepsilon$值之變化而改變。此就如同酸鹼反應中，各物種之平衡濃度隨pH值之變化而改變一樣。在酸鹼平衡反應中我們可利用圖解法（亦即$pC-pH$圖）來解複雜之酸鹼問題。因此我們亦可利用圖解法（亦即$p\varepsilon-pC$圖）來解複雜之氧化還原問題。

5-6-1 $p\varepsilon-pC$圖

$p\varepsilon-pC$圖為僅考慮電子轉移反應之簡單圖形，亦即物種在不同$p\varepsilon$環境之濃度變化。有些書本中亦有以電位代替$p\varepsilon$之$\varepsilon-pC$圖。現以酸性溶液中（$pH=2$）Fe^{2+}及Fe^{3+}之氧化還原平衡為例（$C_{T,Fe}=1\times10^{-3}$）：
此系統涉及之氧化還原平衡為：

$$Fe^{3+} + e^{-} \rightleftharpoons Fe^{2+} \qquad K = 1.26\times10^{13}\ ;\quad \varepsilon^{o} = 0.77$$

$$p\varepsilon = p\varepsilon^{o} - \frac{1}{1}\log\frac{[Fe^{2+}]}{[Fe^{3+}]} \tag{5-70}$$

質量平衡式

$$[Fe^{2+}] + [Fe^{3+}] = C_{T,Fe} = 1\times10^{-3}\ \text{M} \tag{5-71}$$

由（5-70）式，知

$$p\varepsilon - p\varepsilon^{o} = -\log\frac{[Fe^{2+}]}{[Fe^{3+}]} \tag{5-72}$$

此平衡系統可分為三部分討論

1. $p\varepsilon < p\varepsilon^o$時，$Fe^{2+}$為主要物種，即$|Fe^{3+}| >> |Fe^{2+}|$代入（5-71）式，得

$$[Fe^{2+}] \cong C_{T,Fe} = 1.0 \times 10^{-3} \tag{5-73}$$

$$\log[Fe^{2+}] = \log C_{T,Fe} = -3 \tag{5-74}$$

將式（5-74）代入式（5-72），得

$$\log[Fe^{3+}] = \log C_{T,Fe} + p\varepsilon - p\varepsilon^o = -3 + p\varepsilon - 13.1 = -16.1 + p\varepsilon \tag{5-75}$$

2. 當$p\varepsilon > p\varepsilon^o$時，$Fe^{3+}$ 為主要物種，即$[Fe^{3+}] >> [Fe^{2+}]$代入（5-71）式，得

$$[Fe^{3+}] \cong C_{T,Fe} = 1.0 \times 10^{-3}$$

$$\log[Fe^{3+}] = \log C_{T,Fe} = -3 \tag{5-76}$$

將式（5-76）代入式（5-72），得

$$\log[Fe^{2+}] = \log C_{T,Fe} - p\varepsilon + p\varepsilon^o = -3 + 13.1 - p\varepsilon = 10.1 - p\varepsilon \tag{5-77}$$

3. 當 $p\varepsilon = p\varepsilon^o$ 時，代入（5-72）式

$$\log[Fe^{2+}] = \log[Fe^{3+}] \tag{5-78}$$

將式（5-74）、（5-75）、（5-76）、（5-77）、（5-78）繪圖得圖 5-4。

圖 5-4 中之 P_{H_2} 及 P_{O_2} 兩線乃代表水之氧化還原邊界，此乃由於物種是在水溶液中，而水本身亦可進行氧化還原反應，其反應式如下：

1. 水的還原半反應可以表示如下

$$2\,H^+_{(aq)} + 2\,e^- \rightleftharpoons H_{2(g)} \qquad K = 1 \tag{5-79}$$

或

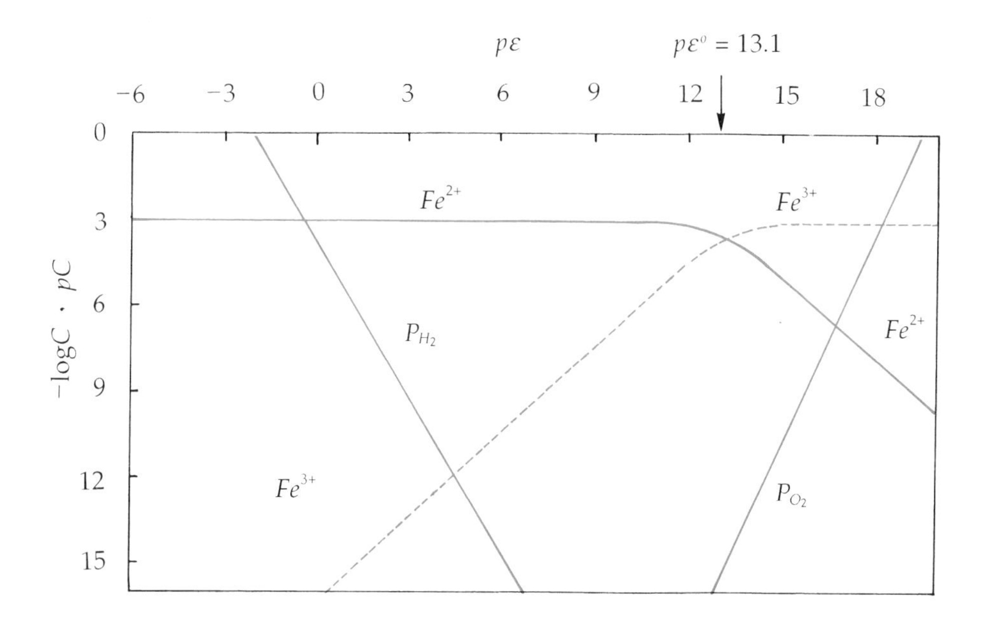

圖 5-4　$Fe^{2+}-Fe^{3+}$ 水中平衡圖（$C_{T,Fe}=1\times10^{-3}$），$pH=2$

$$2\,H_2O_{(l)}+2\,e^-\rightleftharpoons H_{2(g)}+2\,OH^-_{(aq)}\qquad K=10^{-28}\tag{5-80}$$

2. 水的氧化半反應可以表示如下

$$O_{2(g)}+4\,H^+_{(aq)}+4\,e^-\rightleftharpoons 2\,H_2O_{(l)}\qquad K=10^{83.1}\tag{5-81}$$

或

$$O_{2(g)}+2\,H_2O_{(l)}+4\,e^-\rightleftharpoons 4\,OH^-_{(aq)}\qquad K=10^{27.1}\tag{5-82}$$

由（5-79）式，其 $p\varepsilon$ 值如下

$$p\varepsilon=p\varepsilon^o-\frac{1}{2}\log\frac{P_{H_2}}{[H^+]^2}\tag{5-83}$$

由（5-80）式，其 $p\varepsilon$ 值如下

$$p\varepsilon = p\varepsilon^{o} - \frac{1}{2}\log\frac{P_{H_2}[OH^-]^2}{1} \tag{5-84}$$

由式（5-83）或式（5-84）兩者運算整理後，得到下列方程式

$$\log P_{H_2} = 2\,p\varepsilon^{o} - 2\,pH - 2\,p\varepsilon = 0 - 2\,pH - 2\,p\varepsilon \tag{5-85}$$

以同樣方式處理（5-81）或（5-82）式得

$$\log P_{O_2} = -83.1 + 4\,pH + 4\,p\varepsilon \tag{5-86}$$

將（5-85）及（5-86）二式繪圖並併入圖 5-4 中，圖中兩條直線分別代表水被還原或氧化之 $p\varepsilon$ 值，若水溶液中的 $p\varepsilon$ 值位於 P_{H_2} 線左方，表示水中之物質將被還原，同時會使水分解而放出 H_2。若水溶液中的 $p\varepsilon$ 值位於 P_{O_2} 線右方，表示水中之物質將被氧化，同時會使水分解而放出 O_2。

利用平衡圖可決定在何狀況下，Fe^{2+} 及 Fe^{3+} 能成爲優勢物種。例如一與大氣平衡之水域中（$P_{O_2} = 0.21$ atm），當 $pH = 2$，此水域之 $p\varepsilon$ 值由（5-86）式計算爲 $p\varepsilon = 18.6$，因此由圖 5-4 知 Fe^{3+} 爲優勢物種。當 Fe^{2+} 爲優勢物種時，例如 $[Fe^{2+}]$ 約爲 $[Fe^{3+}]$ 之 10^5 倍時，由圖 5-4 中知 $p\varepsilon \cong 8$，在此情況下，由式（5-86）可計算出 $P_{O_2} \cong 10^{-43}$atm，因此只在氧氣分壓極小情況下亦即還原環境時，Fe^{2+} 才穩定。

【**例** 5-13】

一水溶液含有 SO_4^{2-}、HS^-，其總濃度 $C_{T,S} = 10^{-4}$M，在 25℃、$pH = 10$ 時，繪製其 $p\varepsilon - pC$ 圖。

【**解**】

反應之平衡方程式有

$$SO^{2-}_{4(aq)} + 9\,H^+_{(aq)} + 8\,e^- \rightleftharpoons HS^-_{(aq)} + 4\,H_2O_{(l)} \tag{5-87}$$

及水之氧化還原方程式

$$2\,H_2O_{(l)} + 2\,e^- \rightleftharpoons H_{2(g)} + 2\,OH^-_{(aq)} \qquad K = 10^{-28} \qquad (5\text{-}88)$$

$$O_{2(g)} + 4\,H^+_{(aq)} + 4\,e^- \rightleftharpoons 2\,H_2O_{(l)} \qquad K = 10^{83.1} \qquad (5\text{-}89)$$

質量平衡方程式

$$C_{T,S} = [\,SO_4^{2-}\,] + [\,HS^-\,] = 10^{-4} \qquad (5\text{-}90)$$

由式（5-87），得知 $p\varepsilon$ 之方程式爲

$$p\varepsilon = p\varepsilon^o - \frac{1}{8}\log\frac{[\,HS^-\,]}{[\,SO_4^{2-}\,][\,H^+\,]^9} \qquad (5\text{-}91)$$

由$p\varepsilon^o = \frac{1}{n}\log K$，因此可查該反應之 K 值，即可計算 $p\varepsilon^o$，若無法查得亦可由ΔG_f^o 計算。

$$\Delta G^o = [\,4\,\Delta G_f^o(H_2O) + \Delta G_f^o(HS^-)\,] - [\,\Delta G_f^o(SO_4^{2-}) + 9\,\Delta G_f^o(H^+) + 8\,\Delta G_f^o(e^-)]$$

$$\Delta G^o = [\,4 \times (-237.2) + (12.6)\,] - [\,(-742.0) + 0 + 0\,] = -194.2\ \text{KJ}$$

$$\Delta G^o = -RT\ln K$$

$$-194.2 \times 1000 \times \frac{1}{4.184} = -1.982 \times 298 \times \ln K$$

$$K = 1.35 \times 10^{34}$$

$$p\varepsilon^o = \frac{1}{8}\log 1.35 \times 10^{34} = 4.27$$

代入（5-91）式，得

$$p\varepsilon = 4.27 - 1.125\,pH + \frac{1}{8}\log[\,SO_4^{2-}\,] - \frac{1}{8}\log[\,HS^-\,] \qquad (5\text{-}92)$$

$pH = 10$時

$$p\varepsilon = -7 + \frac{1}{8}\log[SO_4^{2-}] - \frac{1}{8}\log[HS^-] \qquad (5\text{-}93)$$

又　$C_{T,S} = [SO_4^{2-}] + [HS^-] = 10^{-4}$

可分三階段討論

⑴當時 $p\varepsilon < -7$，HS^- 為主要物種

$$[HS^-] \cong C_{T,S} = 1 \times 10^{-4} \qquad (5\text{-}94)$$

$$\log[HS^-] = -4 \qquad (5\text{-}95)$$

代入（5-93）式，得

$$\log[SO_4^{2-}] = 8p\varepsilon + 52 \qquad (5\text{-}96)$$

⑵當 $p\varepsilon > -7$ 時，SO_4^{2-} 為主要物種

$$[SO_4^{2-}] \cong C_{T,S} = 1 \times 10^{-4} \qquad (5\text{-}97)$$

$$\log[SO_4^{2-}] = -4 \qquad (5\text{-}98)$$

代入（5-93）式，得

$$\log[HS^-] = -8p\varepsilon - 60 \qquad (5\text{-}99)$$

⑶當 $p\varepsilon = -7$ 時

$$\log[SO_4^{2-}] = \log[HS^-] \qquad (5\text{-}100)$$

此代表兩線相交在 $p\varepsilon = -7$。

又水之氧化還原，同前述（5-85）及（5-86）式

$$\log P_{H_2} = 0 - 2pH - 2p\varepsilon \qquad (5\text{-}85)$$

$$\log P_{O_2} = -83.1 + 4\,pH + 4\,p\varepsilon \tag{5-86}$$

將式（5-95）、（5-96）、（5-98）、（5-99）、（5-85）、（5-86）繪圖得圖 5-5。

由 5-5 圖知，在有氧存在下，僅硫酸根 SO_4^{2-} 可存在。例如在 P_{O_2} = 0.21atm、$pH = 10$ 時，由式（5-86）知 $p\varepsilon$ 值等於 10.6，因此 SO_4^{2-} 爲主要物種。若 $p\varepsilon < -7$ 時，由圖 5-5 知 HS^- 爲主要物種，此時由式（5-86）計算得知 $P_{O_2} < 10^{-72}$atm，很明顯的幾乎無氧狀態才有還原現象產生。

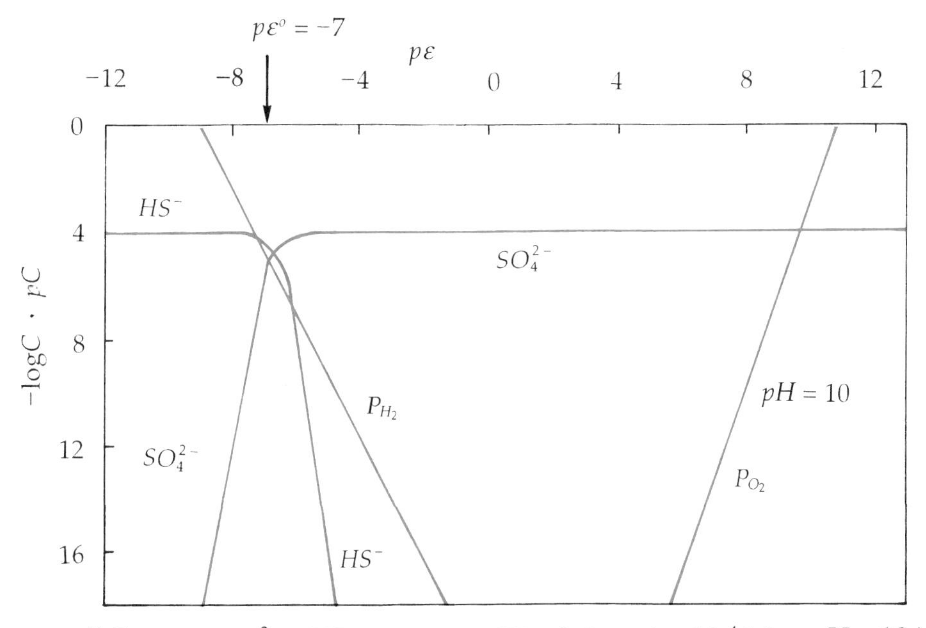

圖 5-5　水中 $SO_4^{2-} - HS^-$ 平衡 $p\varepsilon - pC$ 圖（$C_{T,S} = 1 \times 10^{-4}$ M、$pH = 10$）

5-6-2　$p\varepsilon - pH$ 穩定場圖

前節中之 $p\varepsilon - pC$ 圖，僅考慮電子轉移對物種濃度之影響，然而氧化還原反應除電子轉移會影響物種濃度外，pH 值之改變、複合反應或沉澱反應之進行亦會影響物種之濃度，因此平衡圖往往極複雜。氧化還原平衡圖中，往往須考慮以上這些狀況，才能得到眞實圖形。本節中將繪製 $p\varepsilon-pH$ 圖或稱穩定場圖來表示 $p\varepsilon$、 pH 與氧化還原系統中最穩定物種間之關係。此圖可用來顯示電子及質子如何同時的在不同條件下轉移平衡，並指示在一定 $p\varepsilon$ 及 pH 條件下何種物種最穩定（或最優勢存在）。

$p\varepsilon-pH$ 圖之繪製方法可遵照下面幾個步驟：

1. 列出系統中各平衡物質間之平衡方程式，包括氧化還原反應、酸鹼反應、複合、沉澱等反應及水的氧化還原反應。

2. 列出各反應之平衡常數關係式，並利用此關係式導出繪圖方程式，即 $p\varepsilon/pH$ 之關係式。由繪圖方程式以 $p\varepsilon$ 爲縱軸， pH 爲橫軸繪圖。

3. 由於每一方程式僅爲兩物種之平衡，因此繪圖線即爲兩物種之界線，此界線即爲兩者濃度相等處。界線兩邊則各有一主要物種。物種在界線那一邊的決定原則爲 (1) 高氧化數者在低氧化數者上部；(2) 溶液相在固相之左側；(3) 固相碳屬在固相氫氧化物之左側。

4. 將部分繪圖線擦去即可完成穩定場圖：其原則是針對每一物種，並由決定此物種穩定存在的各界線來決定此物種共同存在之區域，在此區域外之界線則擦去。另外超過水之氧化還原邊界者亦全部擦去即可完成。現舉水中三氮之平衡爲例以茲說明：

(1) 列出平衡式

理論上，無機氮在水域中有四種不同存在型態：NO_3^-、NO_2^-、NH_4^+、NH_3，因此其包括了NH_4^+/NO_3^-、NH_4^+/NO_2^-、NO_2^-/NO_3^-、NH_4^+/NH_3間之平衡關係，其平衡關係式如下：

$$\frac{1}{6}NO_2^- + \frac{4}{3}H^+ + e^- \rightleftharpoons \frac{1}{6}NH_4^+ + \frac{1}{3}H_2O \qquad K = 1.62\times10^{15} \qquad (5\text{-}101)$$

$$\frac{1}{2}NO_3^- + H^+ + e^- \rightleftharpoons \frac{1}{2}NO_2^- + \frac{1}{2}H_2O \qquad K = 1.41\times10^{14} \qquad (5\text{-}102)$$

$$\frac{1}{8}NO_3^- + \frac{5}{4}H^+ + e^- \rightleftharpoons \frac{1}{8}NH_4^+ + \frac{3}{8}H_2O \qquad K = 8.13\times10^{14} \qquad (5\text{-}103)$$

$$NH_4^+ \rightleftharpoons NH_3 + H^+ \qquad K = 5.50\times10^{-10} \qquad (5\text{-}104)$$

由於為水溶液，故須考慮水之氧化還原

$$O_{2(g)} + 4\,H^+_{(aq)} + 4\,e^- \rightleftharpoons 2\,H_2O_{(l)} \qquad K = 10^{83.1} \tag{5-105}$$

$$2\,H_2O_{(l)} + 2\,e^- \rightleftharpoons H_{2(g)} + 2\,OH^-_{(aq)} \qquad K = 10^{-28} \tag{5-106}$$

(2) 導出繪圖方程式

由 $p\varepsilon = p\varepsilon^o - \frac{1}{n}\log\frac{\text{還原劑}}{\text{氧化劑}}$，因此（5-101）、（5-102）、（5-103）、（5-105）、（5-106）式分別為

$$p\varepsilon = 15.2 - \frac{4}{3}pH - \frac{1}{6}\log\frac{[NH_4^+]}{[NO_2^-]} \tag{5-107}$$

$$p\varepsilon = 14.2 - pH - \frac{1}{2}\log\frac{[NO_2^-]}{[NO_3^-]} \tag{5-108}$$

$$p\varepsilon = 14.9 - \frac{5}{4}pH - \frac{1}{8}\log\frac{[NH_4^+]}{[NO_3^-]} \tag{5-109}$$

$$p\varepsilon = 20.8 - pH + \frac{1}{4}\log P_{O_2} \tag{5-110}$$

$$p\varepsilon = 0 - pH - \frac{1}{2}\log P_{H_2} \tag{5-111}$$

當 $P_{O_2} = 0.21\text{atm}$、$P_{H_2} = 1\text{atm}$，則式（5-110）及（5-111）分別為

$$p\varepsilon = 20.6 - pH \tag{5-112}$$

$$p\varepsilon = -pH \tag{5-113}$$

又由式（5-104）知

$$\frac{[NH_3][H^+]}{[NH_4^+]} = K = 5.50 \times 10^{-10}$$

因此，$pH = 9.3 - \log \frac{[NH_4^+]}{[NH_3]}$ (5-114)

⑶ 繪圖並決定邊界

當式（5-107）中之$[NH_4^+] = [NO_2^-]$時，可畫出NH_4^+與NO_2^-穩定存在之分界線，在此線之上NO_2^-爲主要物種，在此線之下NH_4^+爲主要物種。同理由式（5-108）、（5-109）與（5-114）各式可畫出有關各型態存在之分界線。再由式（5-110）與（5-111）畫出水之穩定界線圖。將部分繪圖線擦去即完成穩定場圖，如圖 5-6 所示。由圖 5-6 知在高 $p\varepsilon$ 及高 pH 值之水域中氮主要以NO_3^-存在，若在此區域引入NH_3，則將氧化成硝酸鹽，然而在實際環境中，由於此反應速率極慢，故需要硝酸菌之催化。反之，若在低 $p\varepsilon$ 值區域引入NH_3，則十分穩定，不過在 $pH < 9$ 時，NH_3即轉變爲NH_4^+。NO_2^-在自然水域存在之區域很小，其穩定存在受 $p\varepsilon$ 值嚴格控制。在充氧水域中氮均以NO_3^-存在，而高濃度之NO_3^-對嬰兒健康上有危害。

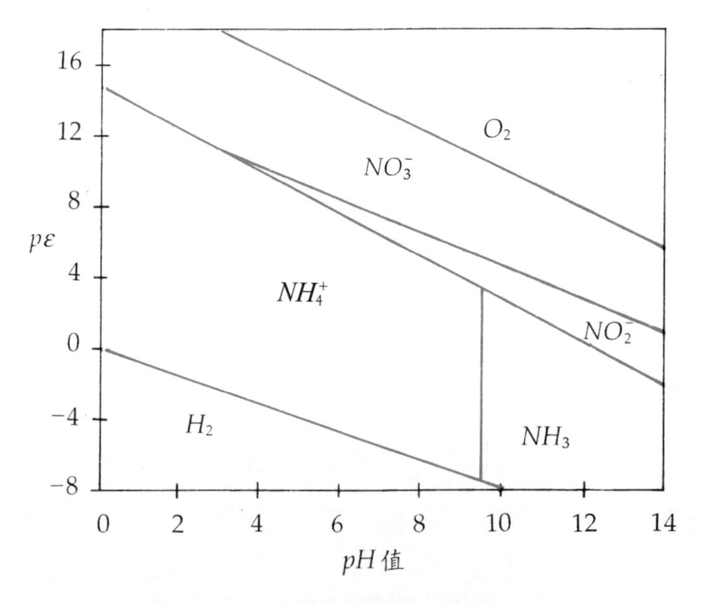

圖 5-6　水中無機氮各型態之$p\varepsilon-pH$圖

硝酸鹽常在嬰兒胃中還原成亞硝酸，並與血紅素結合，造成輸氧之障礙，而引起嬰兒皮膚變藍（俗稱藍嬰症）。若水域受到污染造成部分缺氧，而使 $p\varepsilon$ 降至 8～4 之間，此時 NO_2^- 則極可能存在。

重金屬是水域中污染物之重要成員，它們在水中之性質及遷移與其存在之形態有密切之關係。在沒有氧化還原之情況下，重金屬的存在形態主要與水中之 pH 值有關，在有氧化還原反應情況下，則同時與 pH 值及 $p\varepsilon$ 值有關，例題 5-14 說明如何繪製鐵在水溶液中之穩定場圖。

【例 5-14】

某水域中溶解狀態鐵之總濃度 $C_{T,Fe} = 1.0 \times 10^{-5}$，若鐵屬可以 Fe^{3+}、Fe^{2+}、$Fe(OH)_{3(S)}$、$Fe(OH)_{2(S)}$ 存在，試繪出其 $p\varepsilon - pH$ 圖。

【解】

⑴ 找出平衡方程式

可能有下列之平衡方程式存在

$$①\ Fe^{3+} + e^- \rightleftharpoons Fe^{2+} \qquad K = 1.26 \times 10^{13} \tag{5-115}$$

$$②\ Fe(OH)_{2(S)} \rightleftharpoons Fe^{2+} + 2\,OH^- \qquad K_{sp} = 7.9 \times 10^{-16} \tag{5-116}$$

$$③\ Fe(OH)_{3(S)} \rightleftharpoons Fe^{3+} + 3\,OH^- \qquad K_{sp} = 6.3 \times 10^{-38} \tag{5-117}$$

$$④\ Fe(OH)_{3(S)} + H^+ + e^- \rightleftharpoons Fe(OH)_{2(S)} + H_2O \qquad K = 4.17 \times 10^4 \tag{5-118}$$

$$⑤\ Fe(OH)_{3(S)} + 3\,H^+ + e^- \rightleftharpoons Fe^{2+} + 3\,H_2O \qquad K = 7.9 \times 10^{17} \tag{5-119}$$

⑵ 導出繪圖方程式

由式（5-115）得

$$p\varepsilon = 13.0 - \log \frac{[Fe^{2+}]}{[Fe^{3+}]} \tag{5-120}$$

由（5-116）式得

$$Fe^{2+}][OH^-]^2 = K_{sp} = 7.9\times10^{-16}$$

$$[Fe^{2+}]\left(\frac{K_w}{[H^+]}\right)^2 = 7.9\times10^{-16}$$

$$\frac{[Fe^{2+}]}{[H^+]^2} = 7.9\times10^{12}$$

$$pH = 6.45 - \frac{1}{2}\log[Fe^{2+}] \qquad (5\text{-}121)$$

由（5-117）式得

$$[Fe^{3+}][OH^-]^3 = K_{sp} = 6.3\times10^{-38}$$

$$[Fe^{3+}]\left(\frac{K_w}{[H^+]}\right)^3 = 6.3\times10^{-38}$$

$$pH = 1.6 - \frac{1}{3}\log[Fe^{3+}] \qquad (5\text{-}122)$$

由（5-118）式可導出

$$p\varepsilon = 4.62 - \log\frac{1}{[H^+]}$$

$$p\varepsilon = 4.62 - pH \qquad (5\text{-}123)$$

由（5-119）式可導出

$$p\varepsilon = 17.9 - \log\frac{[Fe^{2+}]}{[H^+]^3}$$

$$p\varepsilon = 17.9 - 3\,pH - \log[Fe^{2+}] \qquad (5\text{-}124)$$

(3) 繪圖並決定邊界

①Fe^{2+} 與 Fe^{3+} 穩定存在之邊界線：

由於在界線上 $[Fe^{2+}]=[Fe^{3+}]$，將其代入式（5-120），得 $p\varepsilon=13.0$，此線在 $p\varepsilon=pH$ 圖中是一與 pH 軸平行之直線，亦是 Fe^{2+} 與 Fe^{3+} 穩定存在之邊界線，其與 pH 值無關。

②Fe^{2+} 與 $Fe(OH)_{2(S)}$ 穩定存在之邊界線：

由於在界線上，因此 $[Fe^{2+}]=1.0\times10^{-5}$M，將其代入式（5-121），得 $pH=8.95$，此線在 $p\varepsilon=pH$ 圖上式爲一與 $p\varepsilon$ 軸平行之直線。當 $pH>8.95$ 時 Fe^{2+} 則以 $Fe(OH)_{2(S)}$ 形式存在。這裡沒有氧化還原反應發生，因此與 $p\varepsilon$ 值值無關。

③ 同 (b) 並令 $[Fe^{3+}]=1\times10^{-5}$M 代入（5-122）式即得 $pH=3.26$ 之繪圖線。該線亦與 $p\varepsilon$ 值無關，是 Fe^{3+} 與 $Fe(OH)_{3(S)}$ 之穩定存在界線，亦即 $pH<3.26$，Fe^{3+} 爲主要穩定存在之物質；$pH>3.26$ 則 Fe^{3+} 皆以 $Fe(OH)_{3(S)}$ 形式存在。

④$Fe(OH)_{3(S)}$與 $Fe(OH)_{2(S)}$之穩定存在界線：

式（5-123）之方程式，即$p\varepsilon=4.62-pH$，在 $p\varepsilon-pH$ 圖上即爲 $Fe(OH)_{3(S)}$ 與 $Fe(OH)_{2(S)}$ 之穩定存在界線，此線與 $p\varepsilon$ 及 pH 值皆有關，意指 $Fe(OH)_{3(S)}$ 及 $Fe(OH)_{2(S)}$ 之互相轉換與溶液之$p\varepsilon$ 及 pH 值有關。分界線之上 $Fe(OH)_{3(S)}$ 爲主要穩定存在物質，分界線下 $Fe(OH)_{2(S)}$ 爲主要穩定存在物質。

⑤Fe^{2+} 與 $Fe(OH)_{3(S)}$ 穩定存在之邊界線：

由式（5-124）並令 $[Fe^{2+}]=1.0\times10^{-5}$M 得 $p\varepsilon=22.9-3\,pH$ 之繪圖線，此線即爲 $Fe(OH)_{3(S)}$ 及 Fe^{2+} 之分界線。分界線之上 $Fe(OH)_{3(S)}$ 爲主要穩定存在之物質，分界線之下 Fe^{2+} 爲主要穩定存在之物質。由於與 $p\varepsilon$ 及 pH 值皆有關，意指 Fe^{2+} 與 $Fe(OH)_{3(S)}$ 之互相轉換與溶液之 $p\varepsilon$ 及 pH 值有關。

將以上各線繪圖後，並將水之穩定邊界繪出。依照各物質可能存在之邊界，刪除部分不必要之邊界線，並將超出水穩定邊界之其他邊界線皆刪除，即得圖 5-7 之$p\varepsilon-pH$穩定場圖。從圖 5-7 可以清楚看見，在含有溶解性鐵系化合物之水域中，其主要存在著Fe^{2+}、Fe^{3+}、$Fe(OH)_{3(S)}$ 及 $Fe(OH)_{2(S)}$ 四種形態，隨著水域之 $p\varepsilon$ 值與 pH 值之變化，而各有其穩定存在的區域。

其中 $Fe(OH)_{2(S)}$ 在水中穩定存在之區域很小，只有在地下水中才主要以 $Fe(OH)_{2(S)}$ 之形式存在。在 pH 大於 2 之水中，主要以Fe^{2+}、$Fe(OH)_{3(S)}$ 及 $Fe(OH)_{2(S)}$ 存在。在水之 pH 大於 5 且有相當溶氧（即$p\varepsilon$較大時）時，$Fe(OH)_{3(S)}$ 為主要之物質。

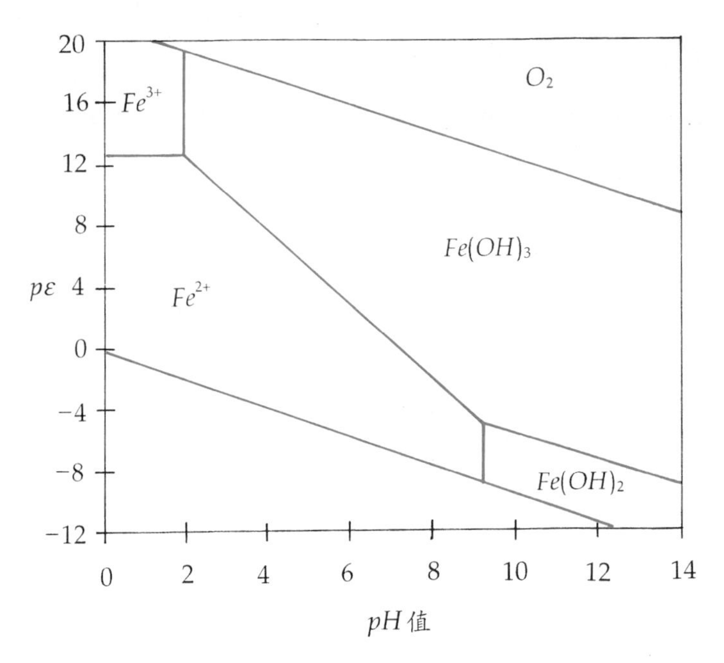

圖 5-7　水域中鐵系物質之$p\varepsilon-pH$穩定場圖

重金屬之$p\varepsilon-pH$穩定場圖，對研究重金屬之遷移轉化有很大之幫助。從鉻化物之穩定場圖，我們可知在強酸性自然環境中不存在六價鉻的化合物。因為需在很高的 $p\varepsilon$ 值（$p\varepsilon > 20$），這些物質才能存在，而這樣高的電位在地表之自然環境幾乎不存在。在含六價鉻的酸性工業污水排出的局部地區可能有這樣狀況，但不會很穩定。當其進入自然水體後，則很快被還原為Cr^{3+}。在鹼性環境中，由於 Cr^{3+} 可以轉化為 Cr^{6+}，因此 Cr^{6+} 可能存在。在正常 pH 的天然水中 Cr^{3+} 及 Cr^{6+} 可以互相轉化，因此很多學者建議，鉻之水質標準應根據總鉻，而不能只根據 Cr^{6+} 來判定。

5-7 氧化還原反應在環工上之應用

氧化還原化學在環工上常應用於廢水之處理及污染物之分析。在廢水處理方面，主要是藉由氧化劑或還原劑之加入使廢水中之有害物質轉變成另一種無害物質或毒性較小之物質。這些污染物常包括各種有機物及無機物：常見之無機物以Mn^{2+}、Fe^{2+}、S^{2-}、CN^{-}、SO_3^{2-}等還原劑及CrO_4^{2-}、$Cr_2O_7^{2-}$等氧化劑最常見，有機物則以酚、臭味、色度、毒性有機物爲主。在污染物分析方面，主要以重金屬離子、有機物之分析爲主。環工上常用爲氧化還原化學分析法或電化學分析法以分析這些物質。以下將分別舉例說明。

5-7-1 電鍍廢水之處理

電鍍廢水主要含有酸、鹼、有毒之重金屬（如鉻、鎘、鎳、鋅、銅等）及劇毒之氰化物（cyanide）等，影響所及，不但造成農漁損害，污染飲用水源，且可破壞環境，損及人體健康。電鍍廢水處理方法很多，包括電解法、化學法、離子交換法等，其中以傳統之化學法較爲常用。主要方法是將電鍍廢水中之六價鉻及氰化物分別還原及氧化，因爲六價鉻還原爲三價鉻後，三價鉻之毒性較低（約爲六價鉻之5/1000），因此可用化學沉澱法在鹼性條件將其沉澱，而氰化物通常係用氧化劑將之氧化爲較無毒之氰酸鹽離子（CNO^{-}），氰酸鹽離子之毒性較氰化物低1000倍。氰酸鹽離子則可進一步氧化爲CO_2及N_2，其他金屬離子可使用化學沉澱法去除之，茲分別說明：

1. 氰化物之處理

氰化物對魚類之毒性極高，對人及微生物之毒性較低，目前飲用水之標準爲0.01mg/L。魚類之致死劑量爲0.02mg/L，而對人之致死劑量爲180～200mg。因此氰化物排放於環境所受之限制，乃因其對魚類之毒性，而非對人類或微生物。

一般工業過程中之氰化物，大部分是以氰化鈉（$NaCN$）或氰酸（HCN）之形式使用。由於 $NaCN$ 在水中易水解成氰酸，而氰酸爲弱酸，在不同之 pH 值則有不同之解離程度。一般而言，當水中之 $pH < 7$ 時，則氰酸大部分以 HCN 形式存在，在 $pH > 11.5$ 時，則以 CN^- 形式存在。氰化物之化學處理通常以鹼性加氯法爲主，使用之氧化劑可爲液氯（Cl_2）、次氯酸鈉（$NaOCl$）及漂白粉（$CaOCl_2$）。氧化一般過程可分爲兩階段，第一階段係將 CN^- 氧化爲 CNO^-，由於 CNO^- 之毒性僅爲 CN^- 之千分之一，因此若非嚴格要求，氧化至此一程度即可達到減毒要求。第二階段係將 CNO^- 再繼續氧化成爲完全無毒之 N_2 及 CO_2。此二階段之反應式如下：

(1) 以氯氣爲氧化劑

第一階段反應：$CN^- \rightarrow CNO^-$

$$CN^- + Cl_2 \rightleftharpoons CNCl + Cl^- \qquad (5\text{-}125)$$

$$CNCl + 2\,OH^- \rightleftharpoons CNO^- + Cl^- + H_2O \qquad (5\text{-}126)$$

$$\text{全反應}\ Cl_2 + 2\,OH^- + CN^- \rightleftharpoons CNO^- + 2\,Cl^- + H_2O \qquad (5\text{-}127)$$

在此反應中首先係將 CN^- 氧化爲 $CNCl$，此步驟在任何 pH 值反應皆極快速，然而 $CNCl$ 與 CN^- 之毒性相等，因此必須在鹼性條件（$pH > 8.5$）使其轉化爲毒性較低之 CNO^-，若此時已達到排放標準之規定，則處理至此階段即可。否則第二階段繼續加氯仍爲必要。

第二階段反應：$CNO^- \rightarrow N_2, CO_2$

$$2\,CNO^- + 4\,OH^- + 3\,Cl_2 \rightleftharpoons 6\,Cl^- + 2\,CO_2 + N_2 + 2\,H_2O \qquad (5\text{-}128)$$

此反應之 pH 值在間 7.0～8.0，反應僅需 10～15 分鐘即可完成。若 pH 值在 9.0～9.5 間則需 30 分鐘反應才可完成。

(2) 以次氯酸鈉爲氧化劑

第一階段反應：$CN^- \rightarrow CNO^-$

$$NaCN + NaOCl \rightleftharpoons NaCNO + NaCl \quad (5\text{-}129)$$

第二階段反應：$CNO^- \rightarrow N_2, CO_2$

$$2\,NaCNO + 3\,NaOCl_2 + 2\,NaOH \rightleftharpoons 2\,Na_2CO_3 + N_2 + 3\,NaCl + H_2O \quad (5\text{-}130)$$

(3) 以漂白粉爲氧化劑

第一階段反應：$CN^- \rightarrow CNO^-$

$$NaCN + CaOCl_2 \rightleftharpoons NaCNO + CaCl_2 \quad (5\text{-}131)$$

第二階段反應：$CNO^- \rightarrow N_2, CO_2$

$$2\,NaCNO + 3\,CaOCl_2 + H_2O \rightleftharpoons N_2 + Ca(HCO_3)_2 + 2\,CaCl_2 + 2\,NaCl \quad (5\text{-}132)$$

假設以上各反應皆反應完全，則可由計量關係計算出理論上之需氯量，例如 1g/L CN^- 氧化所需之液氯量，可由式（5-127）及式（5-128）計算出。

第一階段氧化：$CN^- \rightarrow CNO^-$

$$\frac{1\text{ g }CN^-}{\text{L}} \times \frac{1\text{ mole }CN^-}{26\text{ g }CN^-} \times \frac{1\text{ mole }Cl_2}{1\text{ mole }CN^-} \times \frac{71\text{ g }Cl_2}{1\text{ mole }Cl_2} = 2.73\text{ g}Cl_2/\text{L}$$

第二階段氧化：$CNO^- \rightarrow N_2$

$$\frac{1\text{ g }CN^-}{\text{L}} \times \frac{1\text{ mole }CN^-}{26\text{ g }CN^-} \times \frac{1\text{ mole }CNO^-}{1\text{ mole }CN^-} \times \frac{3\text{ mole }Cl_2}{2\text{ mole }CNO^-} \times \frac{71\text{ g }Cl_2}{1\text{ mole }Cl_2}$$

$$= 4.09\ Cl_2/\text{L}$$

故 CN^- 完全氧化理論需氯量爲 6.82gCl_2/L。同理由式（5-129）、（5-130）可計算 $NaOCl$ 之量；由式（5-131）、（5-132）可計算 $CaOCl_2$ 之使

用量。表 5-4 爲氧化 1 kg/L 氰化物之理論需氯量。但事實上廢水中含有極多會消耗氧化劑之物質，因此理論量僅能供參考。

表 5-4 氧化 1kg/L 氰化物之理論需氯量

氧化階段	一階段氧化 $CN^- \rightarrow CNO^-$			二階段氧化 $CN^- \rightarrow N_2$		
氧化劑	Cl_2	$NaOCl$	$CaOCl_2$	Cl_2	$NaOCl$	$CaOCl_2$
理論需氯量 kg/L	2.73	2.86	4.88	6.82	7.16	12.21

2. 含鉻廢水之還原反應

含鉻金屬廢水，一般以 Cr^{3+} 及 Cr^{6+} 形態存在，其中以 Cr^{6+} 之溶解度高且毒性大，其致死劑量約爲 1.5～1mg，目前公共給水的標準爲 0.05mg/L。通常工業上使用六價鉻大都以重鉻酸鈉（$Na_2CrO_7 \cdot H_2O$）或三氧化鉻（CrO_3）之形式加入，其中三氧化鉻在水中可水解成鉻酸（H_2CrO_4），因其爲弱酸，故在水中隨 pH 之改變而解離成 $HCrO_4^-$ 或CrO_4^{2-}。在 pH 值爲 1.5 至 4.0 之間，$HCrO_4^-$ 佔優勢，在 $pH = 6.5$ 時 $HCrO_4^-$ 與 CrO_4^{2-} 等量存在，而在高 pH 值 CrO_4^{2-} 以佔優勢。鉻之電鍍廢水通常爲酸性，故以 $HCrO_4^-$ 較佔優勢。在處理含鉻金屬廢水時，主要係將 Cr^{6+} 還原成 Cr^{3+} 之低溶解性離子，再加鹼提高 pH 使產生 $Cr(OH)_3$ 沉澱而去除。現分別討論說明。

(1) 步驟一：還原 Cr^{6+} 爲 Cr^{3+}

在此反應中常用之還原劑爲二氧化硫（SO_2）亞硫酸氫鈉（$NaHSO_3$），及偏重亞硫酸鈉（$Na_2S_2O_5$），有關之反應式如下：

使用SO_2爲還原劑之反應式

$$SO_2 + H_2O \rightleftharpoons H_2SO_3 \quad (5\text{-}133)$$

$$2\,H_2CrO_4 + 3\,H_2SO_3 \rightleftharpoons Cr_2(SO_4)_3 + 5\,H_2O \quad (5\text{-}134)$$

使用 $NaHSO_3$ 爲還原劑之反應式

$$NaHSO_3 \rightleftharpoons Na^+ + HSO_3^- \quad (5\text{-}135)$$

$$HSO_3^- + H_2O \rightleftharpoons H_2SO_3 + OH^- \quad (5\text{-}136)$$

形成的 H_2SO_3 再與 Cr^{6+} 進行氧化還原反應，反應如下：

$$2\,H_2CrO_4 + 3\,H_2SO_3 \rightleftharpoons Cr_2(SO_4)_3 + 5\,H_2O \quad (5\text{-}137)$$

使用偏重亞硫酸鈉爲還原劑之反應式
偏重亞硫酸鈉（$Na_2S_2O_5$）加入水後，需先水解爲亞硫酸氫鈉。

$$Na_2S_2O_5 + H_2O \rightleftharpoons 2NaHSO_3 \quad (5\text{-}138)$$

因此偏重亞硫酸鈉還原 Cr^{6+} 之反應式與上述之 $NaHSO_3$ 相同，即根據式（5-135）、（5-136）、（5-137）之步驟進行。

由以上之反應式可知三種還原劑於水中皆產生 H_2SO_3，而亞硫酸乃爲眞正還原 Cr^{6+} 之還原劑，因此水中 H_2SO_3 量愈多，則還原性愈強。因爲 H_2SO_3 在水中將隨 pH 之增加而解離成還原力較低的 HSO_3^- 及 SO_3^{2-}，因此在較低 pH 值時未解離之亞硫酸濃度較高，反應速率較快。在 pH 值爲 2~3 時鉻還原反應具有最大速率。通常爲使反應之 pH 值在 3 以下，必須加入硫酸使廢水之 pH 值降至所需之程度，且在處理過程中亦需控制在此 pH。此處加入之硫酸除了調整 pH 值之外，一部分乃用於轉變還原劑成 H_2SO_3。調整 pH 值所需加之 H_2SO_4 劑量，可直接由廢水以硫酸滴定估算，而用於轉變還原劑成 H_2SO_3 所需加入之硫酸劑量可依方程式（5-136）、（5-137）之計量方式計算出。另外 H_2SO_4 本身之解離亦將影響 H_2SO_4 加入之劑量。H_2SO_4 在 $pH > 3$ 時僅以 SO_4^{2-} 存在，$pH = 2$ 時以 HSO_4^- 及 SO_4^{2-} 等量存在，在 $pH = 1$ 時主要以 HSO_4^- 存在。因此若反應欲控制在 $pH = 3$ 時，並以亞硫酸氫鈉爲還原劑所需加入之硫酸劑量包括：

①將廢水滴定至 $pH = 3$ 之酸滴定量。

②將 $NaHSO_3$ 轉變爲 H_2SO_3 之 H_2SO_4 量。由式（5-137）知還原 2mole H_2CrO_4需 3mole H_2SO_3 ，而 3mole H_2SO_3 可由 3mole $NaHSO_3$與 1.5mole H_2SO_4 反應而來。此關係可以下列方程式表示之

$$3NaHSO_3 + 1.5\ H_2SO_4 + 2\ H_2CrO_4 \rightarrow Cr_2(SO_4)_3 + 1.5\ Na_2SO_4 + 5\ H_2O \tag{5-139}$$

若反應欲控制在 $pH = 2$ 時，並以亞硫酸氫鈉爲還原劑，則所需加入之硫酸劑量，除需考慮上述兩項因素外，亦需考慮在 $pH = 2$ 時 $SO_4^{2-} \cong HSO_4^-$，因此式（5-139）右邊所產生之 1.5 mole $NaSO_4$ 需另有 0.5mole 之 H_2SO_4，才能使水溶液中之 $SO_4^{2-} \cong HSO_4^-$。因此必須將式（5-139）修正爲

$$3NaHSO_3 + 2\ H_2SO_4 + 2\ H_2CrO_4 \rightarrow Cr_2(SO_4)_3 + Na_2SO_4 + NaHSO_4 + 5\ H_2O \tag{5-140}$$

同理可推論，若以 $Na_2S_2O_5$ 爲還原劑，反應控制在 $pH = 3$ 時，將 $Na_2S_2O_5$ 轉變爲 H_2SO_3 之硫酸量可依下列方程式計算

$$1.5\ Na_2S_2O_5 + 1.5\ H_2SO_4 + 2\ H_2CrO_4 \rightarrow Cr_2(SO_4)_3 + 1.5\ Na_2SO_4 + 3.5\ H_2O \tag{5-141}$$

若反應控制在 $pH = 2$ 時，將 $Na_2S_2O_5$ 轉變爲 H_2SO_3 之硫酸量以下列方程式計算

$$1.5Na_2S_2O_5 + 2H_2SO_4 + 2H_2CrO_4 \rightarrow Cr_2(SO_4)_3 + Na_2SO_4 + NaHSO_4 + 3.5H_2O \tag{5-142}$$

若以 SO_2 爲還原劑，由於其不需任何硫酸即可水解爲 H_2SO_3，故僅需考慮調整 pH 值之硫酸劑量即可。

至於理論上還原劑之使用量，可依式（5-134）、（5-139）、（5-140）、（5-141）或（5-142）計算即可。若有其他異於 Cr^{6+} 而會消耗還原劑之物質存在，則多消耗之還原劑量必須一併考慮。例如若水中有溶氧，則溶氧會將 H_2SO_3 氧化為 H_2SO_4，其反應式如下：

$$H_2SO_3 + \frac{1}{2}O_2 \rightleftharpoons H_2SO_4$$

因此若水中有 1g 溶氧則會多消耗 5g 之亞硫酸。

(2) 步驟二：使 Cr^{3+} 成 $Cr(OH)_3$ 沉澱

六價鉻還原之反應通常在酸性溶液進行，因此當 Cr^{6+} 還原為 Cr^{3+} 後，則須加鹼來提高 pH 以使 $Cr(OH)_3$ 沉澱。由於 $Cr(OH)_3$ 在 pH 為 7.5～10.0 範圍內溶解度最小，因此通常在此步驟加鹼調整 pH 在之 8.5～9.0 間，此時溶解鉻之濃度達到最低。所需加入之鹼劑量係由下列幾項因素決定：

① 調節 pH 至鹼性之鹼劑量：此可由滴定廢水估算。

② Cr^{3+}沉澱所需之鹼劑量：此可以下列反應式之計量關係求得（以石灰$Ca(OH)_2$為例）。

$$Cr_2(SO_4)_3 + 3\,Ca(OH)_2 \rightarrow 2\,Cr(OH)_3\downarrow + 3\,CaSO_4 \qquad (5\text{-}143)$$

③ 若第一步驟使用過量之還原劑如 $NaHSO_3$ 或 H_2SO_3，其所消耗之鹼劑量：此可由下列反應式之計量計算求得

$$2NaHSO_3 + Ca(OH)_2 \rightarrow CaSO_3 + Na_2SO_3 + 2\,H_2O \qquad (5\text{-}144)$$

$$H_2SO_3 + Ca(OH)_2 \rightarrow CaSO_3 + 2\,H_2O \qquad (5\text{-}145)$$

④ 中和原廢水中之溶氧所產生之 H_2SO_4 的鹼劑量：如以下之反應式

$$H_2SO_3 + \frac{1}{2}O_2 \rightleftharpoons H_2SO_4 \qquad (5\text{-}147)$$

$$H_2SO_4 + Ca(OH)_2 \rightarrow CaSO_4 + 2\,H_2O \qquad (5\text{-}148)$$

⑤其他重金屬離子一併沉澱所需之鹼劑量：如Fe^{2+}、Cu^{+}、Zu^{2+}等沉澱所需消耗之鹼量。
將所有會消耗鹼劑量之因素總合起來，即爲所需鹼之劑量。

【例 5-15】

一鍍鉻清洗水 $pH = 6.5$，含 Cr^{3+} 爲 82mg/L，而總鉻濃度爲 102mg/L（若只含Cr^{3+}及Cr^{6+}兩種），$DO = 6.0$ mg/L。(1)若使用 SO_2 爲還原劑，而反應在 $pH = 3$ 進行，計算所需之SO_2量。(2)若原廢水滴定至 $pH = 3$ 時需 26mL、0.1N H_2SO_4，當使用$NaHSO_3$爲還原劑，反應在 $pH = 3$ 進行時，則每升溶液需加入多少 meq 之H_2SO_4？

【解】

(1)

①以 SO_2 爲還原劑時，反應式如下

$$SO_2 + H_2O \rightarrow H_2SO_3$$

$$2\,H_2CrO_4 + 3\,H_2SO_3 \rightarrow Cr_2(SO_4)_3 + 5\,H_2O$$

由 Cr^{6+} 所消耗之 SO_2 可計算如下

$$\frac{(102-82)\text{ mg } Cr^{6+}}{\text{L}} \times \frac{1\text{g } Cr^{6+}}{1000\text{ mg } Cr^{6+}} \times \frac{1\text{ mole } Cr^{6+}}{52\text{ g } Cr^{6+}} \times \frac{3\text{ mole } H_2SO_3}{2\text{ mole } Cr^{6+}}$$

$$\times \frac{1\text{ mole } SO_2}{1\text{ mole } H_2SO_3} \times \frac{64\text{g } SO_2}{1\text{ mole } SO_2} \times \frac{1000\text{ mg } SO_2}{1\text{ g } SO_2} = 37\text{ mg } SO_2/\text{L}$$

②由溶氧所消耗之 SO_2 爲

$$H_2SO_3 + \frac{1}{2}O_2 \rightarrow H_2SO_4$$

$$\frac{6\text{ mg } O_2}{\text{L}} \times \frac{1\text{ g } O_2}{1000\text{ mg } O_2} \times \frac{1\text{ mole } O_2}{32\text{ g } O_2} \times \frac{1\text{ mole } H_2SO_3}{\frac{1}{2}\text{ mole } O_2}$$

$$\times \frac{1\ mole\ SO_2}{1\ mole\ H_2SO_3} \times \frac{64g\ SO_2}{1\ mole\ SO_2} \times \frac{1000\ mg\ SO_2}{1\ g\ SO_2} = 24\ mg\ SO_2/L$$

則總共需 37mg/L + 24 mg/L = 61 mg SO_2/L

(2)$pH = 3$，以 $NaHSO_3$ 爲還原劑，所需消耗之 H_2SO_4 有二項

① 調節 pH 所需消耗之 H_2SO_4，由滴定求之

$$26\ mL \times 0.1eq/L = 2.6\ meq/L$$

② 轉變 $NaHSO_3$ 爲 H_2SO_3 所需之 H_2SO_4，可以下式計算

$$3\ NaHSO_3 + 1.5\ H_2SO_4 + 2\ H_2CrO_4 \rightarrow Cr_2(SO_4)_3 + 1.5\ Na_2SO_4 + 5\ H_2O$$

$$\frac{20\ mg\ Cr^{6+}}{L} \times \frac{1\ g\ Cr^{6+}}{1000\ mg\ Cr^{6+}} \times \frac{1\ mole\ Cr^{6+}}{52\ g\ Cr^{6+}} \times \frac{1.5\ mole\ H_2SO_4}{2\ mole\ Cr^{6+}}$$

$$\times \frac{2\ eq\ H_2SO_4}{1\ mole\ H_2SO_4} \times \frac{10^3\ meq}{1eq} = 0.58\ meq/L$$

共消耗之硫酸爲 2.6 + 0.58 = 3.18 meqH_2SO_4/L

【例 5-16】

上題中若 Cr^{6+} 還原成 Cr^{3+} 後，欲加$Ca(OH)_2$以使$Cr(OH)_3$沉澱，所需之$Ca(OH)_2$爲多少 mg/L，假設需 100mg/L 之$Ca(OH)_2$才能中和水樣至 pH = 8.5（$Cr(OH)_3$溶解度最低之 pH 值）。

【解】

所需加入之鹼劑量與下列幾項因素有關

(1) 調節 pH 值所需之$Ca(OH)_2$ = 100 mg/L。

(2)Cr^{3+} 沉澱所需之鹼量以下列方程式計算

$$Cr_2(SO_4)_3 + 3\ Ca(OH)_2 \rightarrow 2\ Cr(OH)_3 \downarrow\ + 3\ CaSO_4$$

$$\frac{102\ mg\ Cr^{3+}}{L} \times \frac{1\ g\ Cr^{3+}}{1000\ mg\ Cr^{3+}} \times \frac{1\ mole\ Cr^{3+}}{52\ g\ Cr^{3+}} \times \frac{3\ mole\ Ca(OH)_2}{2\ mole\ Cr^{3+}}$$

$$\times \frac{74\ g\ Ca(OH)_2}{1\ mole\ Ca(OH)_2} \times \frac{1000\ mg\ Ca(OH)_2}{1\ g\ Ca(OH)_2} = 218\ mg/L Ca(OH)_2$$

(3) 中和溶氧所產生H_2SO_4之$Ca(OH)_2$量為

$$H_2SO_3 + \frac{1}{2} O_2 \rightarrow H_2SO_4$$

$$H_2SO_4 + Ca(OH)_2 \rightarrow CaSO_4 + 2\ H_2O$$

$$\frac{6\ mg\ O_2}{L} \times \frac{1\ g\ O_2}{1000\ mg\ O_2} \times \frac{1\ mole\ O_2}{32\ g\ O_2} \times \frac{1\ mole\ H_2SO_3}{\frac{1}{2}\ mole\ O_2}$$

$$\times \frac{1\ mole\ Ca(OH)_2}{1\ mole\ H_2SO_4} \times \frac{74\ g\ Ca(OH)_2}{1\ mole\ Ca(OH)_2} \times \frac{1000\ mg\ Ca(OH)_2}{1\ g\ Ca(OH)_2}$$

$$= 27.8\ mg/L\ Ca(OH)_2$$

(4) 由於無多餘之還原劑，及其他會消耗 $Ca(OH)_2$ 之離子。因此總共 $Ca(OH)_2$之消耗量 100 + 218 + 27.8 = 345.8 mg/L。

5-7-2 折點加氯法除氨

折點加氯法以去除氨，係由早期研究用氯氣消毒之經驗演變而來。氯常被用於消毒以殺死水中細菌，其殺菌效率與氯之濃度（C）與接觸時間（t）有關，當其他因素固定不變時，則消毒力可由下式表示：

$$殺菌率 \propto C^n \times t \ (n > 0) \tag{5-149}$$

式（5-149）之重點是：接觸時間長可用低濃度之氯，而接觸時間短時，則要有高濃度之氯才能得到相同之殺菌效果。然而氯加入水中常會與許多其他物質反應，有些反應極快，有些反應很慢。這些反應會使加氯消毒之問題複雜化，例如氯會與Fe^{2+}、Mn^{2+}及NO_2^-等無機性還原劑反應，又會與不飽和有機物質形成加成反應，氯亦會與酚類化合物反應形成臭味物質。另外氯亦常與水中之腐植物質反應形成許多含有鹵素化之化合物，其中最令人關心的是致癌性強的三鹵甲烷（THMS），水源中規定其濃度不可超出 100μg/L。因此加氯量必須先滿足這些反應需求後，才能發揮消毒功能。當瞬間氯需求滿足後，加入水中之氯則快速的與水反應形成次氯酸（$HOCl$）及鹽酸（HCl）。

$$Cl_2 + H_2O \rightleftharpoons HOCl + H^+ + Cl^- \tag{5-150}$$

其平衡常數

$$K = \frac{[H^+][Cl^-][HOCl]}{[Cl_2]} = 4 \times 10^{-4} (\text{在 } 25^\circ C) \tag{5-151}$$

次氯酸（$HOCl$）是一種弱酸，其溶解水中會部分解離如下：

$$HOCl \rightleftharpoons H^+ + OCl^- \tag{5-152}$$

$$K = \frac{[H^+][OCl^-]}{[HOCl]} = 2.7 \times 10^{-8} (\text{在 } 25^\circ C) \tag{5-153}$$

當加氯濃度低於 1.0mg/L，且 $pH > 3$ 時，水中含氯物種主要爲 $HOCl$ 及 OCl^-，其中若 pH 低於 7.5 時 $HOCl$ 爲主要物種，而 pH 高於 7.5 時 OCl^- 爲主要物種。一般認爲 $HOCl$ 之殺菌能力遠大於 OCl^-—殺死 E Coli 的效率，$HOCl$ 大約是 OCl^- 的 80～100 倍。$HOCl$ 和 OCl^- 稱爲自由有效氯（free aviailable chlorine），自由有效氯對微生物有很好的殺菌效果，然而當水中含有氨氮時，氯會與氨氮形成一氯胺（monochloramine）、二氯胺（dichloramine）、三氯胺（trichloramine），其反應視本身之相對量及 pH 的範圍而定，反應如下：

$$NH_4^+ + HOCl \rightarrow NH_2Cl(\text{一氯胺}) + H_2O + H^+ \tag{5-154}$$

$$NH_2Cl + HOCl \rightarrow NHCl_2\text{（二氯胺）} + H_2O \tag{5-155}$$

$$NHCl_2 + HOCl \rightarrow NCl_3\text{（三氯胺）} + H_2O \tag{5-156}$$

此類氯胺稱爲結合有效氯（combined available chlorine）。結合有效氯的殺菌效果比自由有效氯低，但仍可將微生物殺死。上列各反應之生成，依據於 pH 值、溫度、接觸時間及氯量對氮量之比率而定。一般情況爲 $pH > 8.5$ 以一氯胺存在爲主，$4.5 < pH < 8.5$ 以一氯胺及二氯胺混合爲主，$pH = 4.5$ 時以二氯胺爲主，$pH < 4.4$ 則產生三氯胺。至於氯量對氮量之比率亦影響氯胺之形成。在氯氣與氨之莫耳數比爲 1：1 時，會形成一氯胺及二氯胺，其相對量與 pH 有關，而較低 pH 對形成二氯胺較有利。氯氣比氨之莫耳數增加時，則會形成少量之三氯胺（在低 pH 時較有利），而且會將部分氨氧化成 N_2。當 pH 值爲 6～7 時，而氯氣與氨之莫耳數比爲 1.5：1 時，則氨將完全氧化成氮氣而去除。其去除方程式如下：

$$NH_4^+ + HOCl \rightarrow NH_2Cl + H_2O + H^+ \tag{5-157}$$

$$2\,NH_2Cl + HOCl \rightarrow N_{2(g)} + 3H^+ + 3\,Cl^- + H_2O \tag{5-158}$$

亦可將（5-157）及（5-158）式合併成

$$2\,NH_4^+ + 3\,HOCl \rightarrow N_2 + 3\,H_2O + 3\,HCl + 2\,H^+ \tag{5-159}$$

式（5-159）亦可與式（5-150）合併成

$$2\,NH_4^+ + 3\,Cl_2 \rightarrow N_2 + 6\,HCl + 2\,H^+ \tag{5-160}$$

一般而言，氯氨之量在氯氣與氨之莫耳數比 1：1 時爲最多，而在氯氣對氨之莫耳數爲 1.5：1 降至最少，此時如繼續加氯，則自由餘氯開始出現；水中加氯至此，所有氨都變成 N_2 或較高氧化態之化合物，此種加氯方式稱爲“折點加氯”（break-point chlorination），此特殊之加氯曲線如圖 5-8 所示。

圖 5-8 爲含氨水溶液之加氯曲線，橫軸爲加氯量，縱軸爲餘氯量，當水中無任何耗氯物質存在時，餘氯量應等於加氯量，即爲圖中虛線部分。然而由於水中含有前述多項耗氯物質，因此實際餘氯曲線（圖中實線部分）在虛線（零需氯曲線）之下。當瞬間氯需求滿足後，加氯量增加則餘氯量亦增加，然而此時之餘氯幾乎全爲氯胺之結合氯，由圖可知在 Cl_2：NH_3-N 之莫耳比爲 1：1 達到最高點，但是當加氯量繼續增加則氯胺依式（5-158）轉化爲 N_2，因此曲線開始下降，至氯氣比氨之莫耳比爲 1.5：1 時達到最低點 - 此稱爲折點，此時氨完全去除。因此再增加氯劑量則餘氯量又上升，而此時餘氯主要以自由氯形式存在。由此曲線可明顯看出，氨要完全去除，則加氯量須超過折點。而且超過折點所加之氯大部分與自由氯形式存在，因此消毒效果最佳。

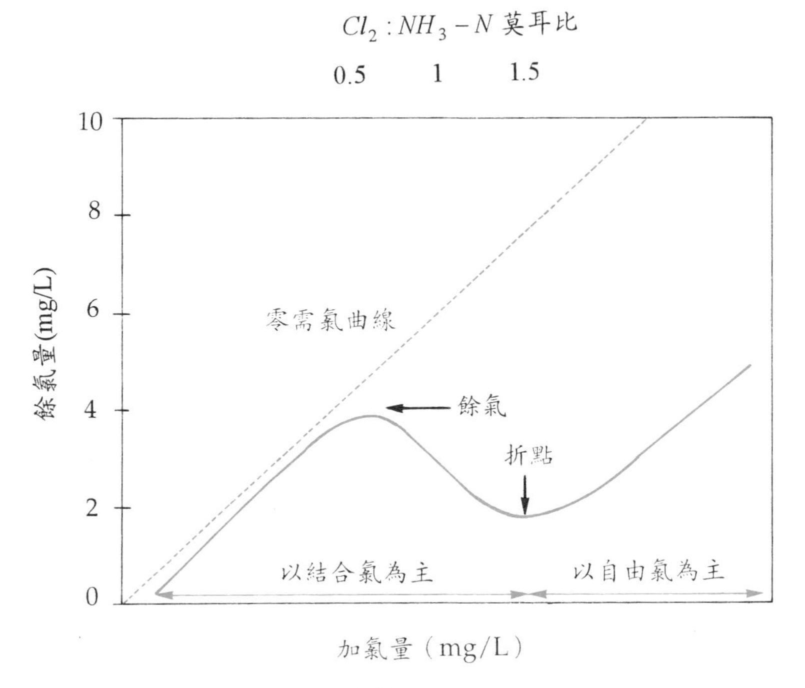

圖 5-8 典型之折點加氯曲線

由式（5-160）可計算除氨之理論需氯量，理論上折點 Cl：N 之原子比爲 3：1，因此顯示每 1g 之氮需 7.6g 之氯才能作用完全。另外由式（5-160）知除氯過程會產生強酸，因此會破壞水中之鹼度。由式（5-160）知去除 2 莫耳之氨離子可產生 8 莫耳氫離子，而每莫耳氫離子可消耗 0.5mole 鹼度（以 $CaCO_3$ 計），故欲去除 1g/L 氮則會消耗 14.3g/L 之碳酸鈣鹼度。其次由式（5-160）亦知氨去除後，水中之溶解固體量會增加，因爲原先水溶中僅有 NH_4^+，而氨去除完後水中僅剩 HCl 及 H^+。由式（5-160）知水溶液由原先 2mole NH_4^+(質量 36g）轉變爲 6mole HCl（質量 219g）及 2mole H^+（質量 2g），因此總共增加了溶解固體 185g。因此處理 1g 氮會增加 6.6g 之溶解固體。若產生之酸以石灰 $Ca(OH)_2$ 來中和則每處理 1g 氮會增加 12.2g 之溶解固體。

【例 5-17】

一工業廢水含 NH_3 12mg/L，欲用折點加氯法去除，若其總鹼度爲 120mg/L（以 $CaCO_3$ 計），則 (1) 需用多少 mg Cl_2/L？(2) 水中是否有足夠之鹼度以避免 pH 之變化，若無則需多少 $Ca(OH)_2$ 才能夠保持其緩衝性？(3) 反應後增加多少溶解固體（不計加 $Ca(OH)_2$ 所增加之溶解固體）？

【解】

$$(1)\ 12\ \text{mg}\ \frac{NH_3}{\text{L}} = 12 \times \frac{14}{17} = 9.9\ \text{mg}\ N/\text{L}$$

$$\frac{9.9\ \text{mg}\ N}{\text{L}} \times \frac{7.6\ \text{mg}\ Cl}{1\ \text{mg}\ N} \times \frac{1\ \text{mmole}\ Cl}{35.5\ \text{mg}\ Cl} \times \frac{\frac{1}{2}\ \text{mmole}\ Cl_2}{1\ \text{mmole}\ Cl} \times \frac{71\ \text{mg}\ Cl_2}{1\ \text{mmole}\ Cl_2}$$

$$= 75.2\ \text{mg}\ Cl_2/\text{L}$$

$$(2)\ \frac{9.9\ \text{mg}\ N}{\text{L}} \times \frac{14.3\ \text{mg}\ CaCO_3}{1\ \text{mg}\ N} = 141.57\ \text{mg}\ CaCO_3$$

不足之鹼度爲 $141.57 - 120 = 21.57$ mg $CaCO_3$/L

由 $Ca(OH)_2$ 補充

$$21.57 \text{ mg } CaCO_3/\text{L} \times \frac{Ca(OH)_2\text{克當重量}}{CaCO_3\text{克當重量}} = 21.57 \times \frac{74/2}{100/2}$$

$$= 15.96 \text{ mg } Ca(OH)_2/\text{L}$$

(3) $\frac{9.9 \text{ mg } N}{\text{L}} \times \frac{6.6 \text{ mg } TDS}{1 \text{ mg } N} = 65.34 \text{ mg/L}$ 之 TDS

5-7-3 化學需氧量（COD）

化學需氧量（chemical oxygen demand, COD）係指水中有機物在酸性及高溫條件下，經由強氧化劑將其氧化成 CO_2 及 H_2O，所消耗之氧化劑量換算成相當之氧量。此分析試驗與 BOD 一樣廣泛地用於顯示水中有機污染物之污染程度。BOD 分析時有機物受微生物分解，同時消耗溶氧，因此溶氧之消耗量與水中有機物量成正比，然而若無微生物之催化，有機物則無法直接由氧氣予以分解，因此在化學需氧量分析中，有機物係以強氧化劑分解，氧化劑之消耗量再換算成相當之氧消耗量。

COD 分析中所用之氧化劑，如重鉻酸鉀（$K_2Cr_2O_7$）、高錳酸鉀（$KMnO_4$）、碘酸鉀（KIO_3）、硫酸鈰[$Ce(SO_4)_2$]等均曾被廣泛研究過，但目前僅重鉻酸鉀及高錳酸鉀常被使用。我國行政院環保署公佈之標準方法爲重鉻酸鉀迴流法，此方法中爲使重鉻酸鉀可以完全氧化有機物，溶液要高溫且強酸性，但如此狀況下，水樣中原有的及經消化作用產生的揮發性有機物常會因揮發而損失一部份，因此通常使用迴流冷凝器以防止揮發性有機物之逸失。使用重鉻酸鉀爲氧化劑雖可完全氧化各種不同之有機物成 CO_2 及 H_2O，但是對低分子量之脂肪酸則必須加入銀離子觸媒以幫助氧化，而芳香族碳氫化合物及吡啶（pyridine）化合物則在任何狀況下皆不易分解。

重鉻酸鉀迴流法是將水樣以硫酸試劑酸化，本試劑除硫酸外並加入有硫酸銀（Ag_2SO_4）之催化劑，然後加入過量、已知濃度的重鉻酸鉀溶液並進行迴流加熱程序，這個程序使水樣中之有機物氧化成 CO_2 及 H_2O，而其中之重鉻酸鹽則還原成三價鉻離子，其反應通式如下：

$$C_nH_aO_bN_c+dCr_2O_7^{2-}+(8d+c)H^+ \xrightarrow{\triangle} nCO_2+\frac{a+8d-3c}{2}H_2O+cNH_4^+ +2dCr^{3+} \quad (5\text{-}161)$$

其中 $d=\frac{2}{3}n+\frac{a}{6}-\frac{b}{3}-\frac{c}{2}$

任何 COD 分析法中，爲確保所有的有機物都能完全被氧化分解成 CO_2 及 H_2O，必須使用超量之氧化劑，重鉻酸鉀迴流法亦不例外。過量之重鉻酸鉀則使用硫酸銨亞鐵來進行反滴定，終點顯示則使用菲羅林（Ferroin）當指示劑，反應式如下：

$$6\,Fe^{2+}+Cr_2O_7^{2-}+14\,H^+ \rightarrow 6\,Fe^{3+}+2\,Cr^{3+}+7\,H_2O \quad (5\text{-}162)$$

此滴定過程中由於最初重鉻酸鉀是過量的，因此溶液爲很深之橘黃色。當重鉻酸根被還原成Cr^{3+}則會有顏色變化，尤其滴定至當量點時，重鉻酸根之橘黃色完全消失，取代之爲Cr^{3+}之綠色。當超過當量點則Fe^{2+}與菲羅林形成極強之紅棕色。因此滴定過程顏色變化爲橘黃色→綠色→紅棕色。當溶液由綠色轉紅棕色時即爲當量點。

由上述之滴定結果即可知溶液中重鉻酸鉀之剩餘量，當與重鉻酸鉀之使用量比較，則可求出重鉻酸鉀之消耗量，亦即溶液中有機物之量。所以如果沒有外來的有機物干擾時，則上述所測得之結果就代表水樣中有機物之眞正值，但由於不可能排除試劑及使用器材含有少量之有機物，因此試劑空白之同時測定是需要之步驟。*COD* 分析時通常同時進行二組實驗，一組爲水樣實驗，另一組爲空白實驗（以蒸餾水取代水樣）。兩組實驗同時經過重鉻酸鉀氧化、硫酸銨亞鐵滴定等步驟後，再將空白試驗硫酸銨亞鐵之滴定當量減去水樣試驗之硫酸銨亞鐵滴定當量，則可得水樣中有機物所消耗之氧化劑當量，此氧化劑當量再換算成相當之氧量，即可計算出溶液之 *COD*，其計算式如下：

$$COD\,(\,mg\,O_2/L\,) = \frac{(\,A - B\,) \times N \times 8000}{V} \tag{5-163}$$

A：空白試驗之硫酸銨亞鐵滴定體積（mL）

B：水樣試驗之硫酸銨亞鐵滴定體積（mL）

N：硫酸銨亞鐵之當量濃度

V：水樣之體積（mL）

此式中8000之換算因子乃是因爲氧一當量爲8000mg之故。

COD分析常受水樣中還原性之無機離子所干擾，因爲該等離子會在COD分析中被氧化而致使分析結果產生很大誤差。氯鹽在大部分廢水中的濃度很高，干擾最嚴重，其與重鉻酸鉀會發生下列反應：

$$6\,Cl^- + Cr_2O_7^{2-} + 14\,H^+ \rightarrow 3Cl_2 + 2\,Cr^{3+} + 7\,H_2O$$

此干擾可於加入硫酸試劑前先加入硫酸汞（$HgSO_4$）試劑來消除，此作用乃因 Hg^{2+} 與 Cl^- 結合可形成低游離性的 $HgCl_2$ 沈澱，但當鹵離子濃度過高時（大於2000mg/L），這種去除干擾物的方法並不適用。

COD分析因爲以強氧化劑代替微生物來分解有機物，因此無法區別生物可氧化性及生物不可氧化性有機物，但是該方法不受廢水毒性之影響，並可分析抗生物分解性之有機物。況且COD分析約3小時即可在一般實驗室完成，而BOD分析則需耗時5天，因此需要迅速得到水質資料以供分析研判時，COD測定尤具實用價值。由於具有以上之特點，因此COD分析被廣泛地用在工業廢水分析及各事業放流水稽查、處分等事務中，尤其在污染取締工作上，常具有時效性。由於試驗結果迅速，故COD試驗亦廣泛應用於廢水處理設備操作上。在污水處理工程上，如污染負荷之計算、設計各處理單位之體積、污水處理效率之評估等，COD值常被用於取代BOD值。

【例 5-18】

一 COD 分析試驗得下列之實驗數據

空白試驗（Blank）滴定用掉硫酸銨亞鐵 12.3mL

水樣試驗滴定用掉硫酸銨亞鐵 8.3mL

水樣體積爲 20mL

標定 0.25N 重鉻酸鉀 100mL 需使用硫酸銨亞鐵 10.5mL

試計算 COD 值 = ？ mgO_2/L

【解】

由 $N_1V_1 = N_2V_2$

$$0.25 \times 10 = N_2 \times 10.5$$

$N_2 = 0.238$（硫酸亞鐵銨之當量濃度）

由

$$\frac{(A - B) \times N \times 8000}{V} = \frac{(12.3 - 8.3) \times 0.238 \times 8000}{20} = 381 \text{ mg } O_2/\text{L}$$

5-7-4 電化測定

電學的分析法係利用 5-4 節中已說明之電化學原理來作化學物質之定性定量分析稱電化測定（electro chemical measurements），這方法在水與廢水分析上非常有用，因其能連續監視與記錄。利用電化學原理分析可分爲二個不同種類：1. 電位分析法（potentiometric method），此方法通常使用一離子電極與一參考電極於溶液中，並測量通過這些電極的電位，進而測出溶液中離子之濃度，例如氯離子、氟離子、氫離子等；2. 極譜分析法（polarographic analysis），此方法係利用外加電壓進行電解，並由通過溶液之電流與溶液濃度之關係而進行離子之定性定量分析。茲分別說明如下：

1. 電位分析法

電位分析法係依照5-4節中之賈法尼電池（Galvanic cell）之原理設計出來的分析方法。在賈法尼電池中有二電極：一稱爲陽極-進行氧化反應，該電極之電位爲 ε_{ox}。另一稱爲陰極-進行還原反應，該電極之電位稱爲 ε_{re}。將兩電極及一鹽橋構成一電池，則電池之電位稱爲 ε_{cell}，該值可由電壓計量得。電池及兩極之化學反應式可分別以下面方程式表示之：

$$\text{陽極}\ A_{(S)} \rightarrow A^{+}_{(aq)} + e^{-} \qquad \varepsilon_{ox} \tag{5-164}$$

$$\text{陰極}\ B^{+}_{(aq)} + e^{-} \rightarrow B_{(S)} \qquad \varepsilon_{re} \tag{5-165}$$

$$\text{全反應}\ A_{(s)} + B^{+}_{(aq)} \rightarrow A^{+}_{(aq)} + B_{(s)} \qquad \varepsilon_{cell} \tag{5-166}$$

而 $$\varepsilon_{cell} = \varepsilon_{ox} + \varepsilon_{re} \tag{5-167}$$

兩半反應之Nernst方程式分別如下：

$$\varepsilon_{ox} = \varepsilon^{o}_{ox} - \frac{RT}{nF}\ln[\,A^{+}\,] \tag{5-168}$$

$$= \varepsilon^{o}_{ox} - \frac{0.059}{n}\log[\,A^{+}\,] \quad (25℃) \tag{5-169}$$

$$\varepsilon_{re} = \varepsilon^{o}_{re} - \frac{RT}{nF}\ln\frac{1}{[\,B^{+}\,]} \tag{5-170}$$

$$= \varepsilon^{o}_{re} - \frac{0.059}{n}\log\frac{1}{[\,B^{+}\,]} \quad (25℃) \tag{5-171}$$

其中 ε^{o}_{ox} 及 ε^{o}_{re} 爲標準氧化及標準還原電位，此標準電位可將電極及標準氫電極（*SHE*）連接而求得，或查表5-2而求得。

若式（5-169）中之 $[A^{+}]$ 爲已知，則 ε_{ox} 即可求得。若將式（5-171）代入式（5-167）可得下列之方程式

$$\varepsilon_{cell} = \varepsilon_{ox} + \varepsilon^{0}_{re} - \frac{0.059}{n}\log\frac{1}{[\,B^{+}\,]}$$

在式（5-172）中 ε_{cell} 可由電位計量得，ε^{o}_{re} 可查表，ε_{ox} 可計算出，因此 B^{+}

之濃度即可求得，此即為電位分析之原理。A^+ 離子之電極，因為濃度可控制，又稱為參考電極（reference electrode），而 B^+ 離子電極稱為待測電極，又稱為指示電極（indicator electrode）。目前最常用之參考電極之一是甘汞電極（calomel electrode）如圖 5-9 所示。

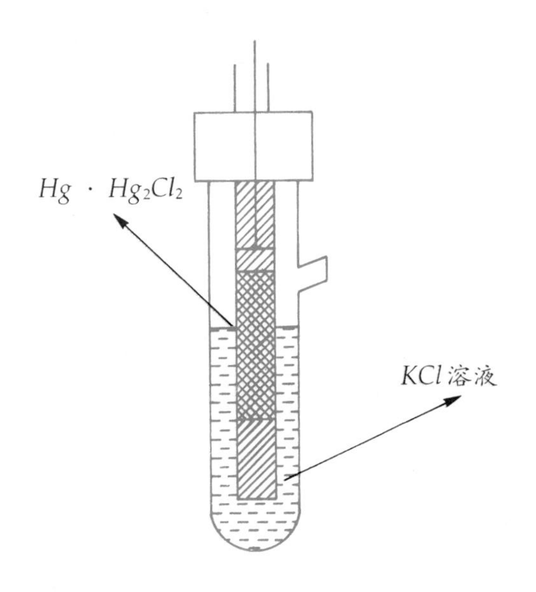

圖 5-9　甘汞參考電極

此電極含有汞密接微溶性的 Hg_2Cl_2，其再和 KCl 水溶液相接觸，可以 $Hg|Hg_2Cl_2|KCl_{(C)}|$ 表示，其半反應如下：

$$Hg + Cl^- \rightleftharpoons \frac{1}{2} Hg_2Cl_2 + e^- \tag{5-173}$$

Nernst 方程式為

$$\varepsilon = \varepsilon^o - \frac{0.059}{1} \log \frac{1}{[Cl^-]} \tag{5-174}$$

隨著Cl^-濃度不同，甘汞電極有三種形式，即KCl之濃度爲1.0N、0.1N及飽和的三種情況。此三種電極之電位分別列於表5-5，其中以飽和電極最常被用，稱爲飽和甘汞參考電極，以SCE表示之。

表5-5 甘汞參考電極在25℃之電位

KCl的濃度	ε(V)
0.1N	−0.334
1.0N	−0.281
飽和（saturated）	−0.242

若將甘汞電極與離子電極相連接，則可用於分析不同離子，如圖5-10所示，圖5-10爲氯離子電極與甘汞電極所構成之氯離子分析裝置。

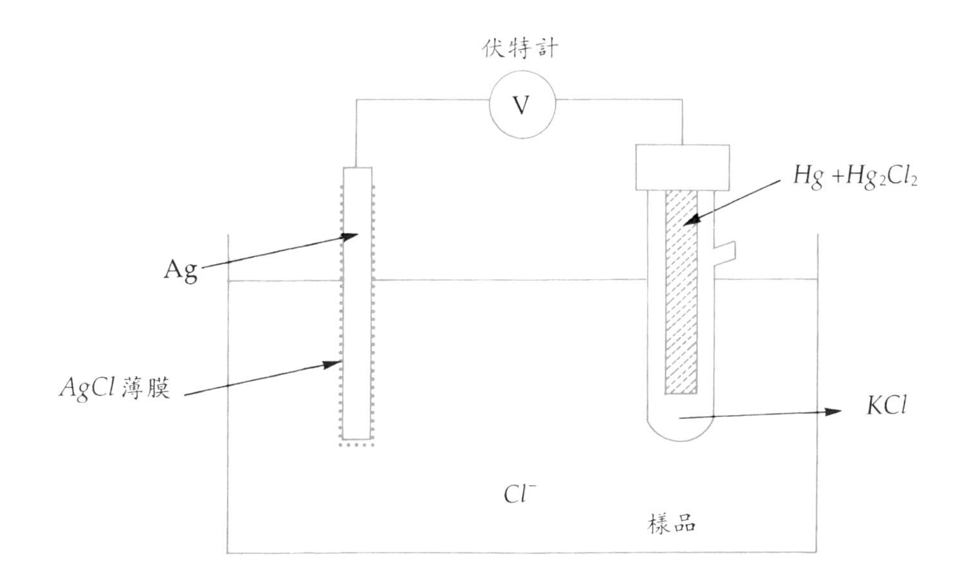

圖5-10 電化分析氯離子濃度之裝置

參考電極：飽和甘汞電極（*SCE*）
指示電極：$AgCl + e^- \rightarrow Ag + Cl^-$

$$\varepsilon_{cell} = \varepsilon_{Cl^-} + \varepsilon_{SCE} = \varepsilon_{SCE} + \varepsilon^0_{Cl^-} - \frac{0.059}{n}\log[Cl^-]$$
$$= \varepsilon^* - 0.059\log[Cl^-] \quad (5\text{-}175)$$

上式中 ε^* 爲定值，由上式知只要電池經過標準氯離子溶液校準後，便可用於量測未知溶液氯離子濃度。

當連接甘汞電極與玻璃氫離子電極即構成一 *pH* 計，可用於分析未知溶液之 *pH* 值，其構造如圖 5-11 所示。

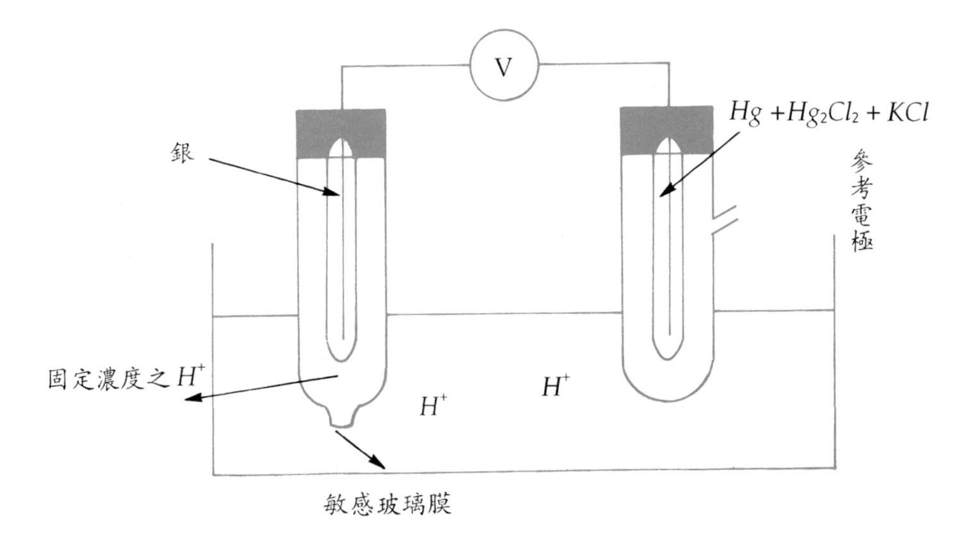

圖 5-11 *pH* 計之裝置

玻璃氫離子電極爲密閉之玻璃管，含一極敏感之玻璃膜尖端，玻璃電極內的電解質是已知強度的酸溶液，另有一銀線作爲導電用。在此電極無化學反應產生，電位實際上是由玻璃膜內外兩邊之 $[H^+]$ 差異所產生。如下所示：

$$\varepsilon_{glass} = \varepsilon_{glass}^{o} - 0.059 \log \frac{[H^+]_{外}}{[H^+]_{內}} \tag{5-176}$$

經與飽和甘汞電極相連接，且$[H^+]_{內}$爲固定濃度，則ε_{cell}可以下式表示之

$$\varepsilon_{cell} = \varepsilon_{glass} + \varepsilon_{SCE} = \varepsilon_{SCE} + \varepsilon_{glass}^{o} - 0.059 \log [H^+]_{外}$$

$$= \varepsilon^{*} - 0.059 \log [H^+]_{外} \tag{5-177}$$

由上式，只要經過標準氫離子溶液校正後，便可量測未知溶液之氫離子濃度。

由以上之討論，可知欲分析某一離子必須使用特定之電極，且不能被溶液其他成份所影響。另外，需注意的是上述之 Nernst 方程式雖以濃度表示，但實際上應該是活性，因此電位分析所得之值，應是離子之活性，若理想溶液則活性與濃度相同，若非理想溶液則必須做校正。

2. 極譜分析法

以滴汞電極（dropping mercury electrode, DME）。電解代測物質的稀溶液，根據得到之電壓電流曲線進行之分析方法，稱爲極譜分析。極譜分析之簡單裝置如圖 5-12 所示。AB 爲滑線電阻，兩極間之電壓（通常爲 0～3V）可藉移動接觸點 C 來調節，此電壓維持通過溶液的電流，電壓隨時可由伏特計 V 讀出，電流則在安培計 I 顯示。

極譜分析中所用之鈍性電極爲滴汞電極，此電極含一毛細管，在操作時，金屬汞由汞槽依定速率滴下，使用之參考電極爲飽和甘汞電極（SCE）。分析時汞經毛細管以 10 秒內 2～3 滴之速度滴落，並移動接觸點 C，使兩極之外加電壓自零逐漸增加，當電壓未達到足以還原溶液中離子前，溶液中只有微小電流通過，稱爲殘餘電流。當外加電壓增至足以還原溶液中離子時，此時滴汞電極上產生還原作用，其電壓增加而電流徒生，且循 $V = IR$

（ohm定律），兩電極之反應分別如下：

滴汞電極 $M^{+n} + ne^- + Hg \rightleftharpoons M(Hg)$

甘汞電極 $2\,Hg + 2\,Cl^- \rightleftharpoons Hg_2Cl_2 + 2\,e^-$

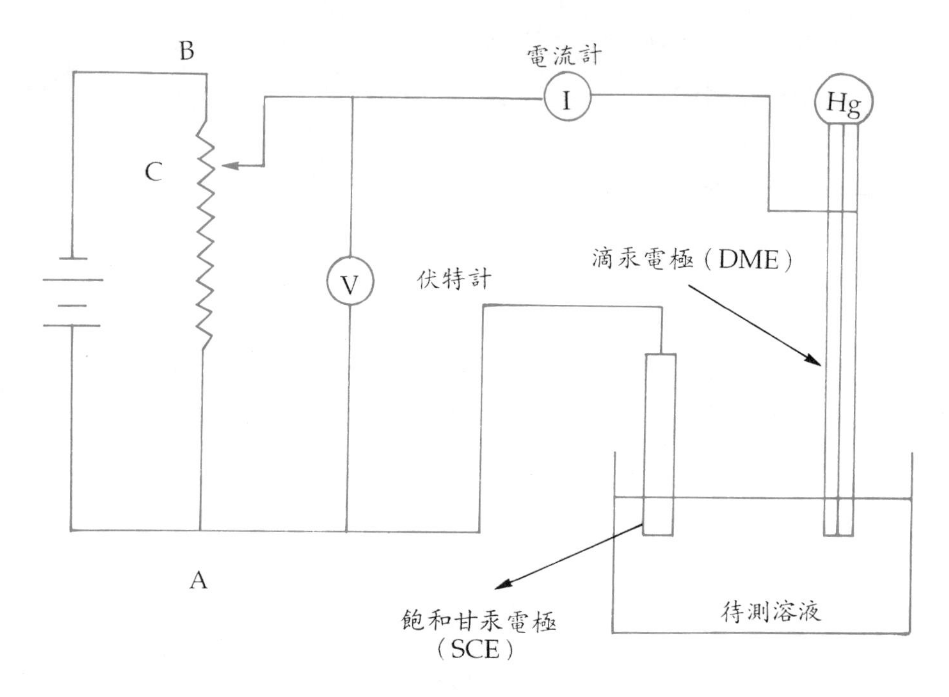

圖5-12　極譜分析之簡單裝置圖

當電壓增至一定數值時，電流則趨於一極限值，而不再增大，此時之電流稱爲極限電流，極限電流現象之產生乃因陰極面積極小，電流密度極大，在鈍性電極附近的離子很快被消耗掉，因此表面離子濃度近於零，此時溶液中的離子必須藉擴散作用才能達到電極附近，因此電流被離子擴散到達電極表面之過程所限制，故電流漸趨於一定値，即爲極限電流。

離子之極譜波圖（電流-電壓圖）如圖5-13所示。極限電流與殘餘電流之差爲擴散電流，其與溶液中之離子濃度成正比，可作爲定量基礎。當擴散電流達一半時所對應的電位稱爲半波電位$E_{1/2}$。此電位與離子之標準還原電位有關，可用來決定被還原物的特性，不同離子具有不同的$E_{1/2}$，此即爲定性之依據。如此，由離子的半波電位可確認離子，並由擴散電流來決定離子濃度。若溶液中有數個可還原離子，到達每個半波電位時即發生電流上升，如圖 5-14 所示。在各個圖形能充分的分散而不相互干擾下，半波電位可各別指出特定離子之存在。

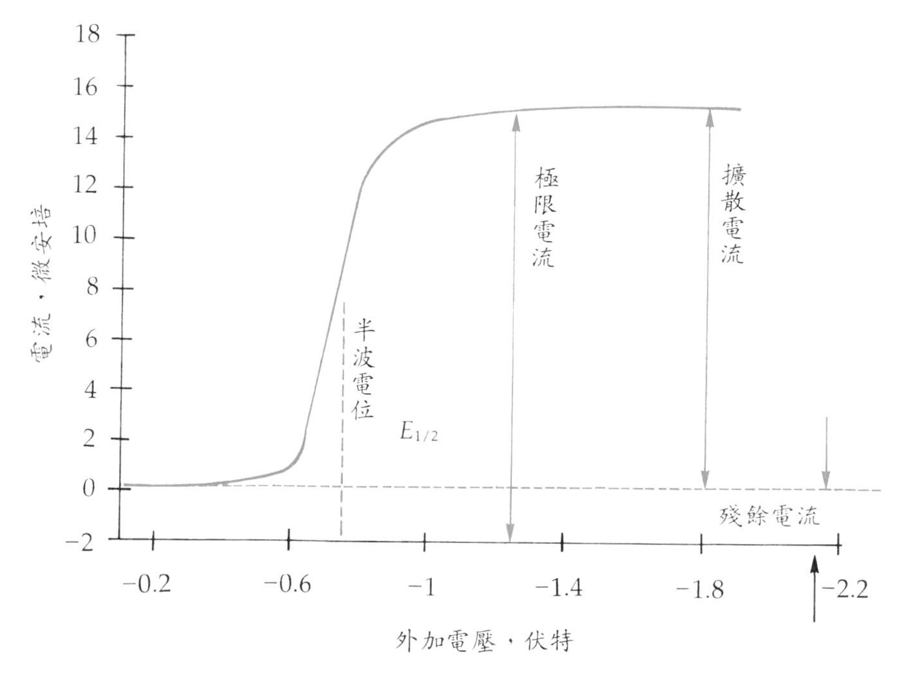

圖 5-13　鎘離子之極譜波圖

利用極譜儀作定量分析的基礎是溶液之擴散電流（i_d）與濃度成正比之故，擴散電流 i_d 可以 Ilkovic 公式表示爲：

$$i_d = 607\, nD^{\frac{1}{2}}m^{\frac{2}{3}}t^{\frac{1}{3}}C \qquad (5\text{-}178)$$

式中　n　：電子轉移數

D ：被還原離子之擴散係數（cm^2/s）

m ：汞滴之流量（mg/s）

t ：汞滴滴落的時間（s）

C ：離子濃度（mmole/L）

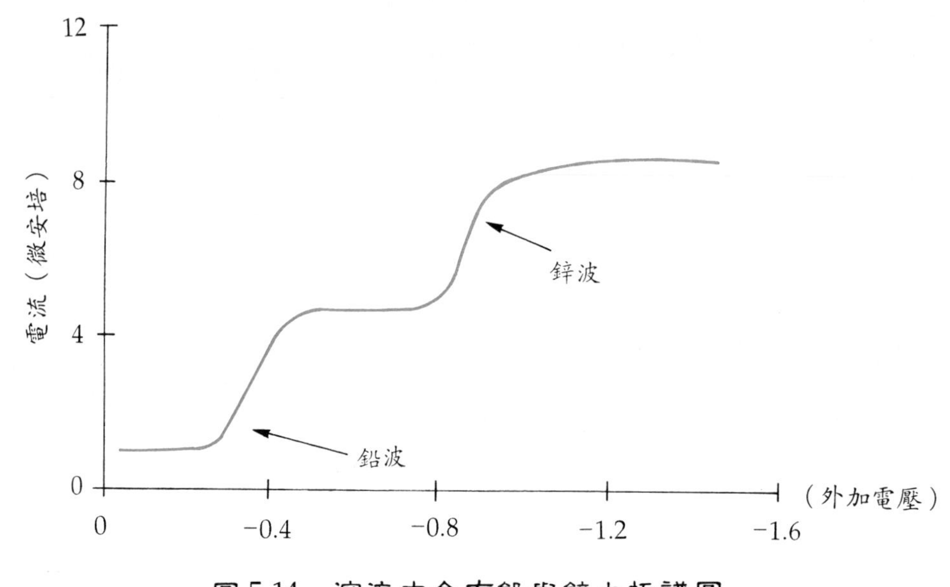

圖 5-14　溶液中含有鉛與鋅之極譜圖

由式（5-178）知當 n 、 D 、 m 、 t 爲定值時，i_d 與 C 成正比，因此可根據擴散電流做離子濃度之定量分析。

本章習題

1. 試用適當半反應來完成 H_2S 氧化為 S，且 Fe^{3+} 還原為 Fe^{2+} 的氧化還原反應。

   Ans： $H_2S + 2\,Fe^{3+} \rightleftharpoons S + 2\,Fe^{2+} + 2H^+$

2. 試用適當半反應來完成 CH_3CH_2OH 氧化為 CO_2，且 NO_3^- 還原為 NO_2^- 的氧化還原反應。

   Ans： $CH_3CH_2OH + 6\,NO_3^- \rightleftharpoons 2\,CO_2 + 6NO_2^- + 3H_2O$

3. 試問可利用 $O_{3\,(g)}$ 將 NH_4^+ 氧化為 NO_3^- 嗎？試證明之

   Ans：可以， $E^o = 1.188V$

4. 已知：

   $Fe^{2+} + 2e^- \rightleftharpoons Fe_{(s)}$ ；$E^o = -0.44V$

   $Fe^{3+} + e^- \rightleftharpoons Fe^{2+}$ ；$E^o = +0.77V$

   求半反應

   $Fe^{3+} + 3\,e^- \rightleftharpoons Fe_{(s)}$ 的 E^o 為何？

   Ans：$-0.037V$

5. 由下數據

   $Ag^{+2} + e^- \rightleftharpoons Ag^+$ ；　$E^o = +2.0V$　$pE^o = +33.8$

   $Ag^+ + e^- \rightleftharpoons Ag_{(s)}$ ；　$E^o = +0.8V$　$pE^o = +13.5$

   計算下面反應之 E^o and pE^o (25℃)

   $Ag^{+2} + 2e^- \rightleftharpoons Ag_{(s)}$

Ans: $E^0 = 1.4V$；$pE^o = +23.7$

6. 含水溶液中，加入過錳酸根（MnO_4^-）離子反應，形成SO_4^{-2}與MnO_2，以下為半反應式

$MnO_4^- + 4H^+ + 3e^- \rightleftharpoons MnO_2 + 2H_2O$ .... (1)

$SO_3^{-2} + H_2O \rightleftharpoons SO_4^{-2} + 2H^+ + 2e^-$ .... (2)

求 (1) 平衡半反應式，得出全反應式。

(2) 已知初始濃度 $[SO_3^{-2}] = 0.5N$，試求需多少 mL 的 0.2N 過錳酸根溶液可以與 100mL 的SO_3^{-2}溶液完全反應。

Ans：$2MnO_4^- + 2H^+ + 3SO_3^{-2} \rightleftharpoons 2MnO_2 + H_2O + 3SO_4^{-2}$； 250mL

7. 使用銅管做為輸送自來水的管線時，應設法避免管線的腐蝕而釋出銅離子，請比較下列四種水質條件下何者最易造成銅管的腐蝕？何者最不易？

(1) $P_{O_2} = 0.21atm, pH = 6,$

(2) $P_{O_2} = 0.21atm, pH = 5.5$

(3) $P_{O_2} = 1atm, pH = 7$

(4) $P_{O_2} = 0.5atm, pH = 6$

（$O_2 + 4H^+ + 4e^- \rightleftharpoons 2H_2O \quad E^o = 1.23V$；假設水溫為 25℃）

Ans：(2)$P_{O_2} = 0.21atm, pH = 5.5$ 最容易，$P_{O_2} = 1atm, pH = 7$ 最不易。

8. $1MH_2SO_4$ 及 0. 01$MK_2Cr_2O_7$ 溶液共 100mL 加入 20mL0. 1M Fe^{2-}計算：$C_{T,Fe(II)}$

已知：$Fe^{3+} + e^- \rightleftharpoons Fe^{2+}$，$E^o = 0.68V$

$Cr_2O_7^{2-} + 14H^+ + 6e^- \rightleftharpoons 2Cr^{3+} + 7H_2O$，$E^o$，$= 1.33V$

Ans：$C_{T,Fe(II)} = 1.05 \times 10^{-14}M$

9. 試繪出 pE-pH 圖以說明在一水環境中錳（Mn^{+2}, MnO_2, MnO_4^-）的優勢物種形式。

10. 試繪出 pE-pH 圖以說明在一水環境中鐵（Fe^{+3}, Fe^{+2}, Fe）的優勢物種形式。

11. 試導出 pE-pH 圖中 SO_4^{-2}/H_2S 線之方程式。

(Hint:可由查表找出 SO_4^{-2}/H_2S 之半反應式及 pE^o 值後再導出方程式，或是以 SO_4^{-2}/H_2S 之半反應式及熱力學之 ΔG_f^o 值計算 pE^o 值後再導出方程式)

Ans : $pE = 5.12 - 5/4\,pH$

12. 試導出 pE-pH 圖中 CO_2/CH_4 線之方程式。

(Hint：可由查表找出 CO_2/CH_4 之半反應式及 pE^o 值後再導出方程式，或是以 CO_2/CH_4 之半反應式及熱力學之 ΔG_f^o 值計算 pE^o 值後再導出方程式)

物　　種	ΔG_f^o (kJ/mole)
$CO_{2\,(g)}$	−394.4
$H_2O_{\,(l)}$	−237.2
$CH_{4\,(g)}$	−50.79
$H^+_{(aq)}$	0.00

Ans : $pE = 2.87$-pH

13. 考慮錳 Mn^{+2} 由 $O_{2\,(g)}$ 氧化成為 $MnO_{2\,(s)}$ 的情況。(1) 試由查表找出 MnO_2 還原為 Mn^{+2} 及 O_2 還原成 H_2O 之半反應式及 pE^o 值後再導出 pE-pH 方程式 (2) $pH = 7.0$，總溶解錳濃度為 10^{-2}M，欲使 Mn^{+2} 為主要優勢物種，所需氧之最小分壓為？atm (3) $pH = 7.0$, 在正常壓力下 (氧之分壓為 0.21atm)， 何種錳之形式 (Mn^{+2} 或 $MnO_{2\,(s)}$) 為熱力學上有利的物種？

Ans : (1) $pE = 20.45$-$2pH$-$1/2\log\,[Mn^{+2}]$，$pE = 20.77$-pH-$1/4\,\log P_{O_2}$,

(2) $P_{O_2} = 5.25\times 10^{-26}$ atm

(3) $[Mn^{+2}] = 5.01\times 10^{-15}$， $MnO_{2\,(s)}$ 為主要優勢物種

14. 放流水出口 $pH = 7.8$，25℃經一無經驗之生手取回實驗室，置於陽光充分照射的地方，水樣發生變化，發現 $pH = 10$，實驗室之大氣含氧量約 40 %，假設反應

$$4e^- + 4H^+ + O_{2\,(g)} \rightleftharpoons 2H_2O \quad ,\ pE^o = 20.8$$

為水樣之主要反應則氧化還原電位之變化？

Ans：0.14V

15. 有一電鍍廢水之$pH = 7$, 且含CrO_4^{2-} 10^{-3}M，若以Na_2SO_3還原變成Cr^{3+}並以$Cr(OH)_3$沉澱，而使CrO_4^{2-}之濃度小於10^{-5} M。今以氧化還原電位做為程序控制之指標試問程序控制之終點電位應在何範圍內?$Cr(OH)_3$之 $K_{sp} = 10^{-30}$，$HCrO^{4-}$之 $K_a = 10^{-6.5}$。

   Ans：$-8.65 < pE < 4.8$

16. COD試驗中，有機質完全氧化後殘餘之$Cr_2O_7^{2-}$可以 Fe^{2+} 滴定測量。當$C_{T,Cr_2O_7} = 10^{-4}$， $C_{T,Cr(III)} = 10^{-4}$，$C_{T,Fe(II)} = 10^{-8}$，$C_{T,Fe(III)} = 10^{-5}$ ，及 $[H^+] = 1$ M，$Cr_2O_7^{2-}$之還原反應是否已達平衡？

   （$E^o_{Fe(III)/Fe(II)} = 0.68$ V；$E^o_{Cr^{6+}/Cr^{3+}} = 1.33$ V）。

   Ans：未達平衡

17. 當 $pH = 8$ 之好氧性（$P_{O_2} = 0.21$atm）堆肥中，其NO_3^-，與NH_4^+之比例為多少？

   Ans：$NH_4^+/NO_3^- = 10^{-61.4}$

18. 試求下列反應在標準狀態下之電池電位、自由能變化及平衡常數

   $$5\,H_2S_{(g)} + 6\,H^+_{(aq)} + 2\,MnO^-_{4(aq)} \rightarrow 2\,Mn^{2+}_{(aq)} + 5\,S_{(s)} + 8\,H_2O_{(l)}$$

   Ans：$\Delta G^o = -316$kcal/mole， $K = 3.32 \times 10^{232}$

19. 若上題各物種之濃度如下：$P_{H_2S} = 0.2$atm，$pH = 7$，$[MnO_4^-] = 10^{-4}$M，$[Mn^{2+}] = 10^{-5}$ 試求其在25℃時之電位、自由能變化。

   Ans：E = 1.24V，$\Delta G = -286$kcal/mole

20. 一河流之水質分析得 $DO = 8$mg/L, $SO_4^{-2} = 48$mg/L, $pH = 7$， 此河水之HS^-約為多少？

   SO_4^{-2}/HS^-之 $pE^0 = 4.25$；$O_{2\,(g)}$ / H_2O 之 $pE^0 = 20.75$

   Ans：$< 10^{-20}$M

21. 二級放流水含 15mg NH_3-N/L，假設放流水唯一發生之反應是NH_3氧化成$N_{2\,(g)}$，(1)若要自由餘氯為 1.0mg Cl_2/L，需要加多少氯劑量（以 mg Cl_2/L 計）？ (2)反應完全後，有多少氯離子（mg /L）加入放流水？（假設 $Cl_{2\,(g)}$ 為氯之來源）(3)假設最初 NH_3以 NH_4^+型式出現，需加多少消石灰$Ca(OH)_2$ mole/L 才能使 pH

值保持不變。

(1) 115.1mg Cl_2/L(2)114.12mgCl^-/L (3) 2.14mmole $Ca(OH)_2$/L

22. (1) 何謂自由餘氯（free chlorine residuals）及結合餘氯（combined chlorine residuals）？

(2) 試繪折點加氯曲線（break-point chlorination curve），並做詳細之說明。

(3) 水之 pH 值，對氯氣之消毒效果有何影響？並請加以解釋。

(4) 請問加氯消毒之最主要副產品為何？並述其生成機構。

23. 利用化學計量法，計算兩段式鹼性加氯處理電鍍廢水時，所需之氯及 $NaOH$ 量。廢水組成如下：$pH = 10.5$, $Cu^{2+} = 12$ mg /L, $Fe^{3+} = 4$ mg / L, $Ni^{2+} = 50$ mg / L, $CN^- = 20$ mg / L。

24. 何謂參考電極？何謂指示電極？並各舉一例說明之。

1. 黃汝賢等，環工化學，1996，三民書局，台北。
2. 黃秀蓮，環境分析與監測，1987，科技圖書股分有限公司，台北。
3. 萬其超，電化學，1980，台灣商務印書館，台北。
4. 樊邦棠，環境工程化學，1994，科技圖書股份有限公司，台北。
5. 陳靜生編，水環境化學，1992，曉園出版社，台北。
6. Benefield, L. D., Judkins, J. F. and Weand, B. L., Process Chemistry for Water and Wastewater Treatment, Prentice-Hall, Inc., N. J., 1982.
7. Rieger, P. H., Electrochemistry, Chapman & Hall, Inc., New York, 1994.
8. Sawyer, C. N. and McCarty, P. L., Chemistry for Environmental Engineering, 3rd ed., McGraw-Hill, Inc., New York, 1978.
9. Skoog, D. A., West, D. M. and Holler, F. J., Fundamentals of Analytical Chemistry, 5th ed., Saunders College Publishing, New York, 1988.
10. Snoeyink, V. L. and Jenkins, D., Water Chemistry, John Wiley and Sons, Inc., New York, 1980.
11. Stumm, W. and Morgan, J. J., Aquatic Chemistry, Wiley-Interscience, New York, 1981.

複合化學與溶解沉澱平衡

Chapter 6

☆ 緒論

☆ 複合反應

☆ 溶解度平衡

☆ 難溶鹽溶解度之影響因子

6-1 緒　　論

溶解與沉澱現象在水質化學中扮演很重要之角色。岩石和礦物質之溶解決定了自然水的組成，而礦物質之沉澱則可改變自然水的組成。了解鹽類物質溶解和沉澱之影響因素及嫻熟溶解平衡之計算將有助於環境工程師選擇最佳條件，以便從水中去除硬度、重金屬、有機污染物及無機鹽類。另外水解金屬鹽之膠凝及污染物之表面吸附現象亦需藉由了解溶解度之特性來加以解釋。值得注意的是，溶解沉澱之問題往往受到水中存在之水合平衡、水解平衡、錯合平衡及吸附—脫附平衡等因素之影響而更形複雜。廢水成份中若有混合可形成複合物之物質，則此等複合物之形成往往將干擾處理或增加殘餘金屬濃度，例如含鐵離子之廢水與含氰離子之廢水混合會有 $Fe(CN)_6^{4-}$ 之複合物形成，因此除氰前，含氰化物之廢水應與其他廢水分離。另外必須了解的是，固体結晶性粒徑大小及離子間之相互作用亦會影響固体溶解度之大小。由於影響因素相當多，因此水中沉澱物之眞正溶解度及最佳 pH 常與理論計算所得者往往不相符，因此常須作個別試驗研究以評估可行之處理方式。近年來由於重金屬污染所引起之公害病日趨嚴重，例如汞污染所引起之水　病及鎘污染所引起之骨痛病等，使得重金屬污染問題受到極大關注。溶解沉澱及複合平衡對於重金屬在水環境中之遷移轉化機構問題之探討有很大幫助。

6-2 複合反應

6-2-1 複合反應之命名與定義

複合反應（complexation）的定義是指一金屬離子爲中心原子，和供應電子對的配位基（ligands）化合生成複合物（complex）或螯合物（chelate）

的作用。在水環境中存在著多種多樣的天然和人工合成的配位基，它們能與重金屬離子形成穩定度不同的錯合物或螯合物，對重金屬鹽類在水中之溶解度有很大影響，也對重金屬元素在水環境中的遷移有很大的影響。有人認為，金屬離子配位複合物的溶解度可能是影響重金屬遷移的最重要因素。金屬離子（包括 H^+）均有一個低能量之外層空軌道，這些空軌道可形成配位鍵。水環境中有很多無機及有機之配位基。這些配位基可能帶負電或中性，而最後之複合物則可能帶中性、正電或負電。主要的無機配位基有 H_2O、OH^-、X^-、CN^-、NH_3、CO_3^{2-}、HCO_3^-、SO_4^{2-}、$H_2PO_4^-$、S^{-2}等。主要的有機配位基有包括動植物組織的天然降解產物，如含羥基的醣類、含羧基的酸類及胺基酸類、醇類（$-OH$）、偶氮基（$-N=N-$）、環氮基（N^-）、腐植酸（humic acid）等，及人工合成且常出現在生活廢水中之洗滌劑，如NTA、EDTA等。配位基的分子或離子中至少有一個原子具有一對或一對以上之未共用電子；或分子中有 π 電子，能提供給中心金屬離子上之空軌域，使金屬離子之電子分佈呈近似鈍氣組態。形成複合物之配位基數目因離子而異，例如 Ni（II）與 CO 形成複合物$[Ni(CO)_4^{2+}]$，配位數為4；但 Ni（II）與1，10一二氮菲形成複合物時，配位數為6。又如 Fe（III）之水合複合物$[Fe(H_2O)_6^{3+}]$，配位數為6；Fe（III）之氰基複合物$[Fe(CN)_6^{3-}]$，配位數亦為6；但 Fe（III）之氯基複合物$[Fe(Cl)_4^-]$，配位數為4。一般水環境中最常見之配位數為6，也有4及2的，其他配位數較為少見。Bard曾於1966年就複合離子之配位基數目提出一原則：可與金屬離子結合之最大配位基數目常為此金屬離子電荷數之兩倍，而最大配位數很少大於6，如四價金屬離子之配位數通常為6。

複合作用中的配位基，若只能提供一處和中心金屬離子形成配位鍵者，如 H_2O、OH^-、Cl^-和CN^-，稱為單一配位基（unidentate ligand）。如下列複合反應中的CN^-離子即是。

$$Cd^{2+} + CN^- \rightleftharpoons CdCN^+ \qquad (6\text{-}1)$$

若能提供兩處以上以形成配位鍵者，則稱爲多位配位基（multidentate）或螯合劑（chelating agents）。單一配位基在自然水體中較不重要，而較重要的是螯合劑之螯合作用。複合物只含一個中心金屬離子稱爲單核複合物（mononuclear complexes)，如果超過一個中心離子或分子即稱爲多核複合物（mutinuclear complex），例如 $[Al(H_2O)_5\,OH]^{2+}$ 爲單核複合物，而兩分子之此複合物聚合形成 $[Al(H_2O)_8\,(OH)_2]^{4+}$ 即爲多核複合物。其反應結構式如圖 6-1。

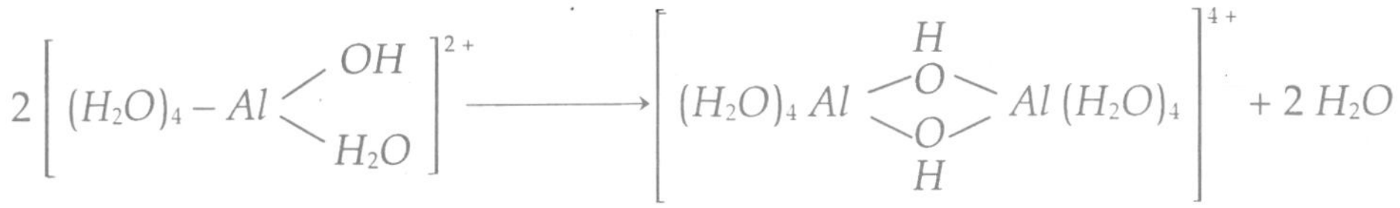

$$2\left[(H_2O)_4-Al\begin{matrix}\diagup OH\\ \diagdown H_2O\end{matrix}\right]^{2+}\longrightarrow\left[(H_2O)_4\,Al\begin{matrix}H\\ \diagup O \diagdown\\ \diagdown O \diagup\\ H\end{matrix}Al\,(H_2O)_4\right]^{4+}+2\,H_2O$$

圖 6-1 單核及多核氫氧基水基鋁（*III*）複合物之結構

6-2-2 螯合劑之種類及作用

水環境中常見之螯合劑有天然螯合劑，包括腐植酸及胺基酸等；人工螯合劑包括 NTA（Nitrilotriacetic acid)，EDTA（ethylene diamine tetra acetic acid），及聚磷酸鹽等。

1. 腐植酸

腐植酸是自然界中最常出現且爲極重要之配位基，它們是非常複雜且種類繁多的有機物質，大都是動植物被生物分解完後殘餘之物質，大量出現在土壤、海洋底泥、煤、石灰岩或其他任何含有許多動植物被生物分解之處。一般它們是以萃取時之溶解度作爲分類標準。用水或有機溶劑將土壤或煤碳等含腐植性物質之樣品溶解，去除雜質後，用強鹼萃取，不可萃取之殘餘物稱爲腐植素（humin），而萃取液加無機酸使其沉澱，沉澱物稱爲腐植酸（humic acid)，而在酸性液中殘留之有機物質稱爲黃酸（fulvic acid）。由於所採樣品之差異，其特性及組成差異極大，分子量從數百的黃酸至數萬的腐植酸及腐植物質。這些物質包括含有碳結構的芳香族及許多官能基和氧原子，其組成範圍為含碳 50～65％，氫 4～6％，其餘大部分為氧元素，其結構通常極為複雜。圖 6-2 為黃酸化合物的代表型式，化學簡式為$C_{20}H_{15}(COOH)_6(OH)_5(CO)_2$，分子量為 666。

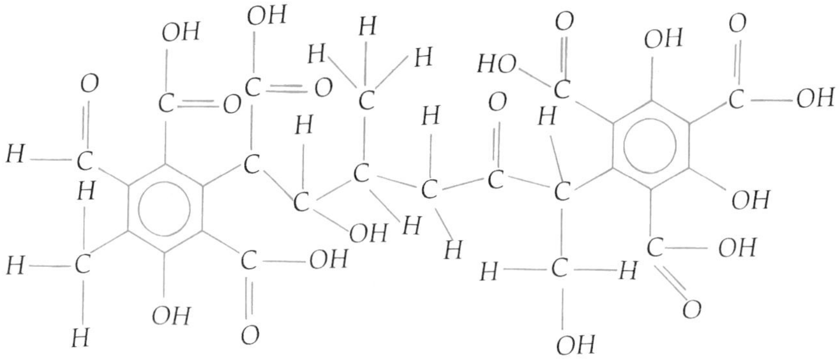

圖 6-2　黃酸之化學結構

此類物質由於它們的酸鹼、吸附、複合等特性，且具有可溶或不可溶性質，會與其他物種進行離子交換而影響水質。分子內之羧酸基、酚之羥基、醇之羥基和羰基會與金屬離子螯合形成複合物。圖 6-3 為腐植酸類物質和金屬離子之螯合形態。

Fe^{+3}和Al^{+3}會與腐植質有強烈的鍵結，而Mg^{2+}則較弱，其他離子諸如Ni^{2+}、Pb^{2+}、Ca^{2+}、Zn^{2+}亦會出現在腐植物之複合物中。

自 1970 年以後，科學家發現自來水中一種致癌物質──三鹵甲烷（trihalomethane, 簡稱 THMS 如$CHCl_3$、$Br\text{-}CH_2Cl$等）後，腐植性物質愈受注意，原因是一般相信 THMS 是腐植物質出現於自來水加氯消毒系統中而形成的。因此欲減少此致癌物，應儘可能在氯化消毒前先去除腐植物質。

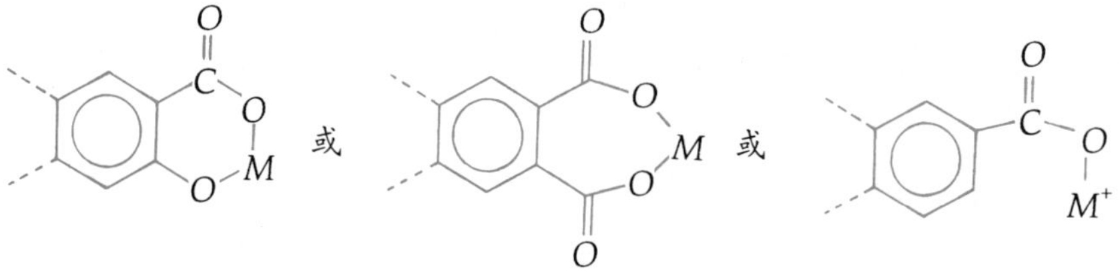

圖 6-3 重金屬 M^{2+} 與腐植質之螯合形態

2. NTA 及 EDTA

NTA（Nitrilotriacetic acid）為一種三質子酸簡示為 H_3T，其結構為：

$$HOOCH_2C-N\begin{matrix} \diagup CH_2COOH \\ \diagdown CH_2COOH \end{matrix}$$

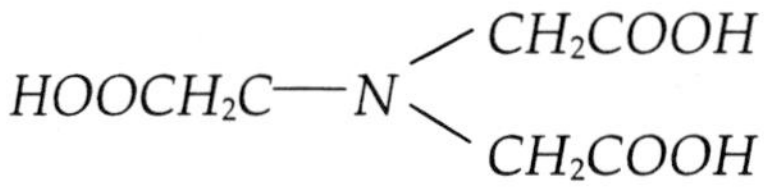

NTA 之鈉鹽，$N(CH_2COONa)_3$ 可作為商業洗衣劑成分，其主要作用是與水之硬度（Ca^{2+}、Mg^{2+}）成分形成複合物，防止其與清潔劑分子本身反應而減低清潔劑之功效。如此之作用稱為隔離作用（sequestration），因此 NTA 之類化合物又稱"隔離劑"。其通常可取代聚磷酸鹽的用途。

EDTA（ethylene diamine tetra-acetic acid）為一種四質子酸簡示為 H_4Y，其結構為：

$$\begin{matrix} HOOCH_2C \diagdown \\ HOOCH_2C \diagup \end{matrix} N-CH_2CH_2-N \begin{matrix} \diagup CH_2COOH \\ \diagdown CH_2COOH \end{matrix}$$

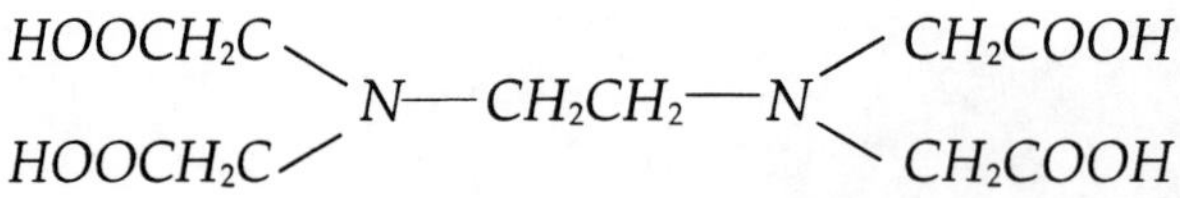

EDTA 常被使用於清潔劑、工業廢水處理及核反應器污染物之清潔及溶出試劑。

NTA 及 EDTA 皆為多質子弱酸，因此隨著水中之 pH 值增加，會起不同階段之解離作用，NTA 之解離平衡如下：

$$H_3T \rightleftharpoons H^+ + H_2T^- \tag{6-2}$$

$$K_{a1} = \frac{[H^+][H_2T^-]}{[H_3T]} = 2.18 \times 10^{-2} \qquad pK_{a1} = 1.66 \tag{6-3}$$

$$H_2T^- \rightleftharpoons H^+ + HT^{2-} \tag{6-4}$$

$$K_{a2} = \frac{[H^+][HT^{2-}]}{[H_2T]} = 1.12 \times 10^{-3} \qquad pK_{a2} = 2.95 \tag{6-5}$$

$$HT^{2-} \rightleftharpoons H^+ + T^{-3} \tag{6-6}$$

$$K_{a3} = \frac{[H^+][T^{-3}]}{[HT^{2-}]} = 5.25 \times 10^{-11} \qquad pK_{a3} = 10.28 \tag{6-7}$$

這些平衡方程式表示未複合之NTA可能隨pH質之變化以H_3T、H_2T^-、HT^{2-}、T^{-3}四種形式在水溶液中存在。如同$H_2CO_3/HCO_3^-/CO_3^{2-}$系統，NTA物種亦可以物種分佈圖表示其隨$pH$變化之關係。表6-1爲NTA物種在特定$pH$值之分佈率，而圖6-4爲物種分佈率$\alpha$值與$pH$值之關係圖。

表6-1 不同pH值下NTA之物種分佈率

pH值	α_{H_3T}	$\alpha_{H_2T^-}$	$\alpha_{HT^{2-}}$	$\alpha_{T^{3-}}$
$pH < 1.0$	1.00	0.00	0.00	0.00
$pH = pK_{a1}$	0.49	0.49	0.02	0.00
$pH = \frac{1}{2}(pK_{a1} + pK_{a2})$	0.16	0.68	0.16	0.00
$pH = pK_{a2}$	0.02	0.49	0.49	0.00
$pH = \frac{1}{2}(pK_{a2} + pK_{a3})$	0.00	0.00	1.00	0.00
$pH = pK_{a3}$	0.00	0.00	0.50	0.50
$pH > 12$	0.00	0.00	0.00	1.00

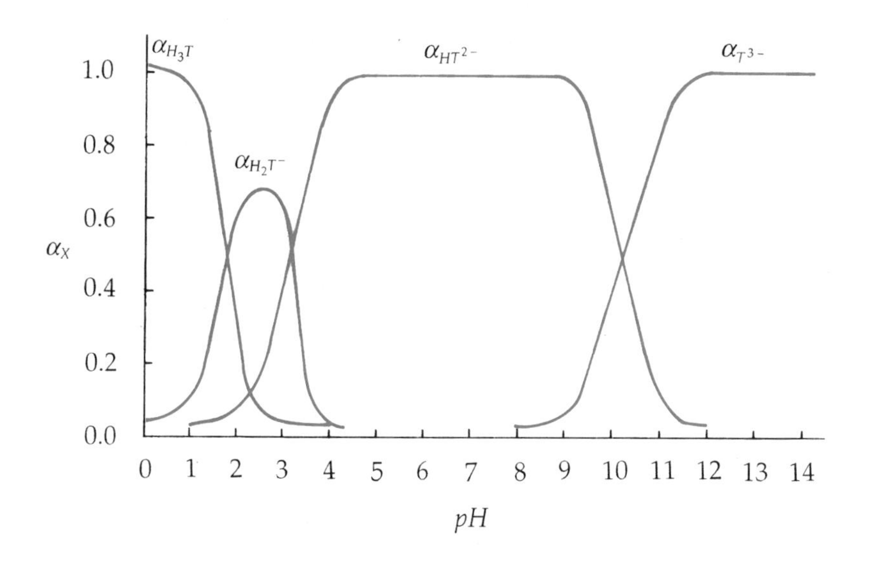

圖 6-4　水體中 NTA 在不同 pH 值下之物種分佈圖

NTA 之鈉鹽爲很強之螯合劑可和水內 Pb^{2+} 、 Ca^{2+} 、 Cd^{2+} 等陽離子產生螯合作用，如圖 6-5 之四面體結構。因此鍋爐水處理中常用做冷卻水系統之鐵、錳等之沈積控制，故很重要。

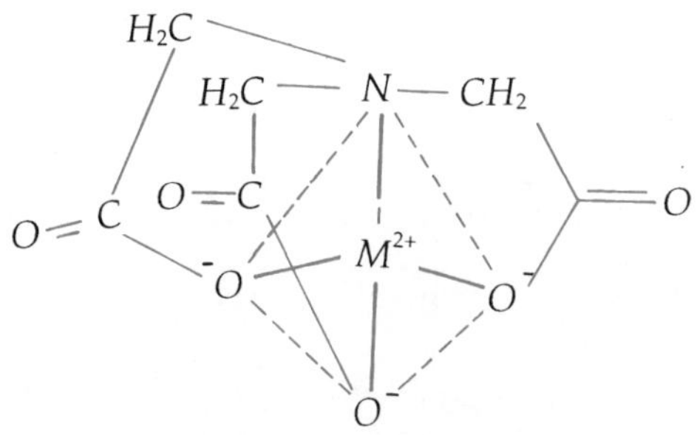

H_2C
H_2C — N — CH_2
O=C　O=C　C=O
^-O　M^{2+}　O^-
O^-

圖 6-5　NTA 與二價金屬離子螯合之四面體結構

EDTA 與 NTA 一樣，依水溶液之 pH 值不同，而起四階段不同之解離作用，其解離方程式如下：

$$H_4Y \rightleftharpoons H_3Y^- + H^+ \qquad K_{a1} = 1.02 \times 10^{-2} \tag{6-8}$$

$$H_3Y^- \rightleftharpoons H_2Y^{2-} + H^+ \qquad K_{a2} = 2.14 \times 10^{-3} \tag{6-9}$$

$$H_2Y^{2-} \rightleftharpoons HY^{3-} + H^+ \qquad K_{a3} = 6.92 \times 10^{-7} \tag{6-10}$$

$$HY^{3-} \rightleftharpoons Y^{4-} + H^+ \qquad K_{a4} = 5.5 \times 10^{-11} \tag{6-11}$$

約在 $pH = 10$ 以上時，以 Y^{4-} 存在，在 $pH = 7 \sim 9$ 時以 HY^{3-} 存在，在 $pH = 4 \sim 5$ 時以 H_2Y^{2-} 的狀態存在。其中只有 Y^{4-} 離子可與 +1 價以外的金屬離子結合成安定之水溶性螯合物，如以 M^{m+} 代表金屬離子，則其反應如下：

$$Y^{4-} + M^{m+} \rightleftharpoons MY^{m-4} \tag{6-12}$$

EDTA 可與二價離子形成八面體螯合物，如圖 6-6 所示。

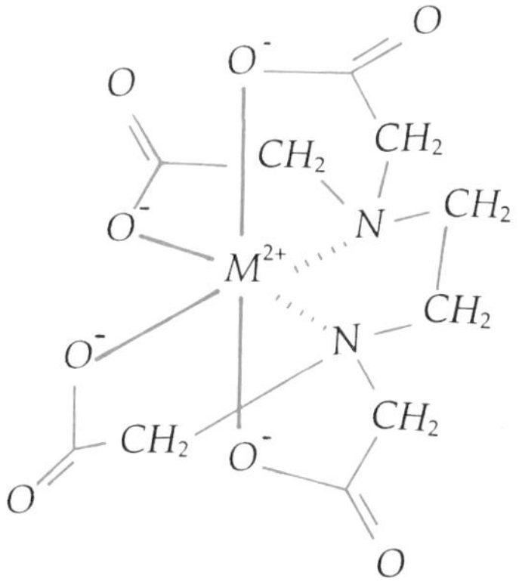

圖 6-6 EDTA 與二價金屬離子螯合之八面體結構

EDTA 可與放射性金屬離子如 $^{60}Co^{2+}$ 、 Am^{3+} 、 CM^{3+} 和 Th^{4+} 形成很強之螯合物，因此常用於放射性污染物之清除。

EDTA 及 NTA 常出現於家庭污水及工業廢水中，由於是強螯合劑，因此阻止重金屬離子以氫氧化物、碳酸鹽、磷酸鹽、硫化物等形態沉澱，且常能使重金屬從沉積物中溶解出來，複合反應會增加重金屬從廢棄物處置堆滲出，且降低傳統生物處理槽重金屬去除之效率。

3. 聚磷酸鹽

聚磷酸鹽大多使用於水處理、硬水軟化、清潔劑之添加劑上。聚磷酸鹽可與鍋爐水中之 Ca^{2+} 及 Mg^{2+} 形成複合物而以溶解或懸浮形態存在，此效應可減少鍋爐內 $CaCO_3$ 沉澱物產生，通常作為"初級處理劑"。若適當的用多磷酸鹽軟化水，Ca^{2+} 及 Mg^{2+} 則不會與清潔劑分子結合而形成沉澱。近年來由於優養化的問題已禁止使用含聚磷酸鹽隔離劑之清潔劑。

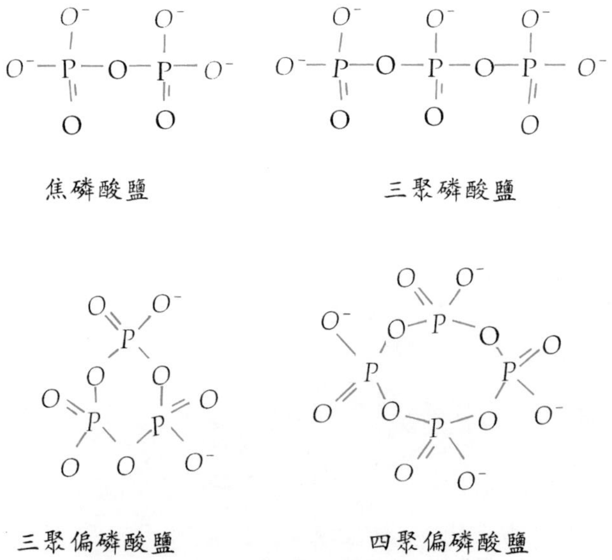

焦磷酸鹽　　三聚磷酸鹽

三聚偏磷酸鹽　　四聚偏磷酸鹽

圖 6-7　直鏈及環狀聚磷酸鹽

聚磷酸鹽包括兩種型式，一種是直鏈式聚磷酸鹽，另一種是環狀聚磷酸鹽，都是由磷酸根PO_4^{3-}離子，聚合產生的聚合物。常見之聚磷酸鹽如圖6-7所示。

所有的聚磷酸鹽在水中都水解成正磷酸，其水解速率受許多因子影響，如pH、溫度及酵素等。最簡單的聚磷酸鹽水解反應為

$$H_4P_2O_7 + H_2O \rightleftharpoons 2\ H_3PO_4 \tag{6-13}$$

此種水解，據研究證實亦可由藻類及微生物所催化。

直鏈聚磷酸鹽較環狀聚磷酸鹽為優良的螯合劑，甚至能與鹼金屬離子螯合。直鏈聚磷酸鹽在$pH = 4.5$以上時會與金屬離子形成穩定之複合物。因此常用於鍋爐水處理中當作初級處理劑。

4. 其他螯合劑

螯合劑1,10—二氮菲是COD試驗滴定之終點指示劑，每個分子中有兩個氮原子有未共用電子對，故有兩個複合位置，三個分子的1,10—二氮菲會與二價鐵離子形成紅色之複合物，如圖6-8所示。

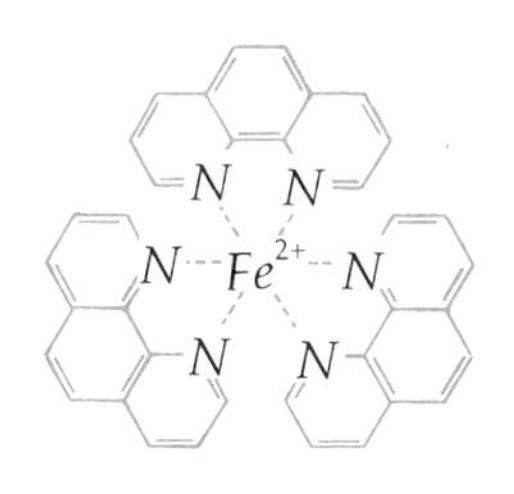

圖6-8　1,10二氮菲與Fe^{2+}形成之紅色複合物

另外，Eriochrome Black T（EBT）為硬度分析時所用之指示劑，其易與Ca^{2+}及Mg^{2+}形成複合物，EBT-Mg（II）複合物如圖6-9所示為紅色複合物，當滴定終點時其解離成EBT之藍色物質。因此溶液由紅變藍即為滴定

終點。

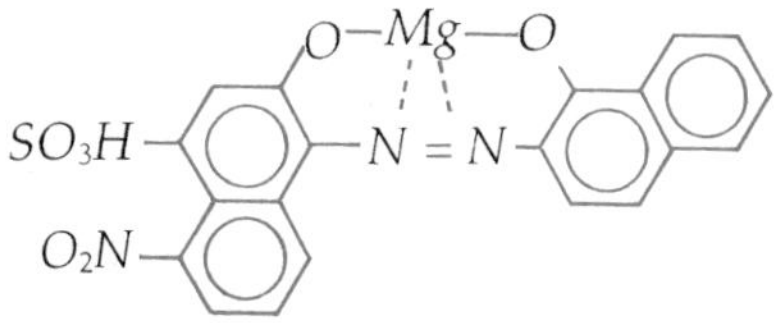

圖 6-9　EBT 與 Mg^{2+} 形成之紅色複合物

6-2-3　複合物之穩定性及穩定常數

1. 穩定性

一般複合物的穩定性，取決於下列三個因素。

(1) 配位基性質。

(2) 金屬離子的電荷與半徑。

(3) 金屬在元素週期表之位置。

配位基形成穩定性複合物之能力不同，像磷酸根、氫氧基及碳酸根等配位基，是強力複合物形成者，但是ClO_4^-、NO_3^-離子形成複合物之傾向很小。例如，三價鉻的四種複合物，即$[CrCl_6]^{3-}$、$[Cr(H_2O)_6]^{3+}$、$[Cr(NH_3)_6]^{3+}$及$[Cr(CN)_6]_o^{3-}$它們的晶體場分裂能（Δ_o）數值分別為 162、213、259 與 314kJ/mole。另外研究亦指出由強配位基CN^-組成之複合物，其分裂能比弱配位基Cl^-幾乎高一倍，故其複合物之穩定性也高很多。常見配位基之分裂能 Δ_o，大小順序如下：

$I^- < Br^- < Cl^- < NO_3^- < F^- < H_2O \approx C_2O_4^{2-} < EDTA < NH_3 \approx$ 吡啶 $<$ 乙二胺 $<$ 聯吡啶 $<$ 鄰菲羅林 $< NO_2^- < CN^- < CO$

分裂能 Δ_o 之大小亦常隨離子電荷增加而增大，例如複合物$[Fe(H_2O)_6]^{2+}$與 $[Fe(H_2O)_6]^{3+}$ 的分裂能分別為 124 及 164kJ/mole。一般而言、M^{3+} 複合物

比 M^{2+} 複合物之穩定性要高上一倍。金屬離子複合物之穩定性通常與金屬離子電荷成正比。鹼金屬形成的複合物穩定性最小，實際上除水以外很少跟其他配位基形成複合物，但是過渡金屬離子如 Cr^{2+} 、 Cr^{3+} 、 Fe^{2+} 、 Fe^{3+} 及 Ni^{2+} 可與廣泛不同之配位基形成複合物。

同族過渡元素之複合物，從上至下複合物的穩定性增加。例如 $[Cr(CN)_6]_0^{3-}$ 、 $[Rh(NH_3)_6]^{3+}$ 及 $[Ir(NH_3)_6]^{3+}$ ，它們的分裂能依次爲 275 、 406 、 450kJ/mole ，因此穩定性 $[Ir(NH_3)_6]^{3+} > [Rh(NH_3)_6]^{3+} > [Co(NH_3)_6]^{3+}$ 。

關於螯合物之穩定性，與官能基有關，最重要的螯合基團與金屬離子之親和力順序爲：

$$-O^- > -NH_2 > -N=N- > N\equiv > -COO^- > -O- >> -C=O$$

螯合物之穩定性亦與形成環之大小有關，複合物含有 5- 及 6- 圓環時最穩定。例如 $EDTA^{4-}$ 及 1,10- 二氮菲複合物含有五圓環，穩定性即優於四圓環的碳酸基及硫酸基複合物。以上雖爲基本原則，但是仍有太多例外情形。

2. 穩定常數

複合物之穩定性可由穩定常數（stability constant）來決定，穩定常數亦稱形成常數（formation constant），有以下兩種基本表達形式：

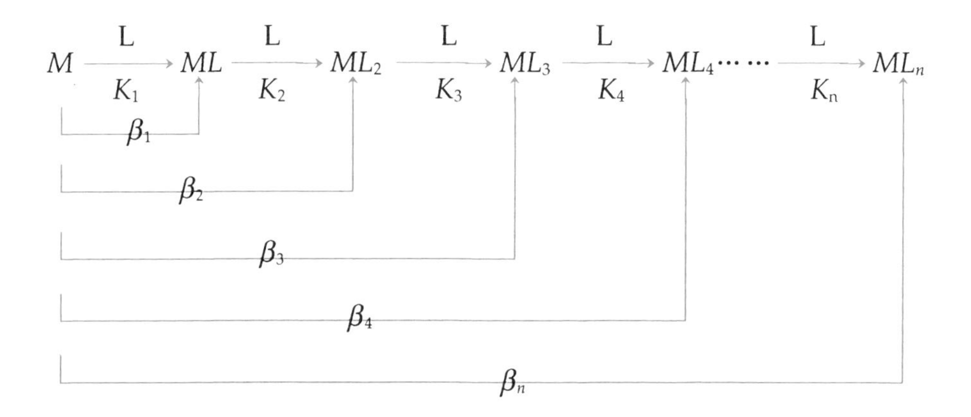

式中 K_1、K_2⋯爲複合物的逐級形成常數（stepwise formation constant），亦就是它的逐級穩定常數；β_1、β_2、β_3爲相應的總複合反應之總形成常數（overall formation constant），或稱累積常數（accumulative formation constant），其中

$$\beta_1 = K_1$$

$$\beta_2 = K_1 \cdot K_2$$

$$\beta_3 = K_1 \cdot K_2 \cdot K_3$$

$$\vdots$$

$$\beta_n = K_1 \cdot K_2 \cdot K_3 \cdots K_n$$

注意在複合物形成反應中，平衡常數爲形成常數非爲解離常數（dissociation constant），後者用於溶解平衡。

若水中有 Hg^{2+} 及 Cl^- 時，二者會形成不解離但可溶解之複合離子，其平衡式如下：

$$Hg^{2+} + Cl^- \rightleftharpoons HgCl^+ \qquad K_1 = 5.6 \times 10^6 \tag{6-14}$$

$$HgCl^+ + Cl^- \rightleftharpoons HgCl_2^0 \qquad K_2 = 3 \times 10^6 \tag{6-15}$$

$$HgCl_2^0 + Cl^- \rightleftharpoons HgCl_3^- \qquad K_3 = 10 \tag{6-16}$$

$$HgCl_3^- + Cl^- \rightleftharpoons HgCl_4^{2-} \qquad K_4 = 9.3 \tag{6-17}$$

和上述各式相關之平衡關係式如下：

$$\frac{[HgCl^+]}{[Hg^{2+}][Cl^-]} = K_1 = 5.6 \times 10^6 \tag{6-18}$$

$$\frac{[HgCl_2^0]}{[HgCl^+][Cl^-]} = K_2 = 3 \times 10^6 \tag{6-19}$$

$$\frac{[HgCl_3^-]}{[HgCl_2^0][Cl^-]} = K_3 = 10 \quad (6\text{-}20)$$

$$\frac{[HgCl_4^{2-}]}{[HgCl_3^-][Cl^-]} = K_4 = 9.3 \quad (6\text{-}21)$$

若將以上各式依次合併，可得總形成反應式爲：

$$Hg^{2+} + Cl^- \rightleftharpoons HgCl^+ \qquad \frac{[HgCl^+]}{[Hg^{2+}][Cl^-]} = \beta_1 = K_1 \quad (6\text{-}22)$$

$$Hg^{2+} + 2\,Cl^- \rightleftharpoons HgCl_2^0 \qquad \frac{[HgCl_2^0]}{[Hg^{2+}][Cl^-]^2} = \beta_2 = K_1 K_2 \quad (6\text{-}23)$$

$$Hg^{2+} + 3\,Cl^- \rightleftharpoons HgCl_3^- \qquad \frac{[HgCl_3^-]}{[Hg^{2+}][Cl^-]^3} = \beta_3 = K_1 K_2 K_3 \quad (6\text{-}24)$$

$$Hg^{2+} + 4\,Cl^- \rightleftharpoons HgCl_4^{2-} \qquad \frac{[HgCl_4^{2-}]}{[Hg^{2+}][Cl^-]^4} = \beta_4 = K_1 K_2 K_3 K_4 \quad (6\text{-}25)$$

由於 β_4 爲 $HgCl_4^{2-}$ 之形成常數，因此 β_4 之倒數即爲 $HgCl_4^{2-}$ 之解離常數，又稱不穩定常數（instability constant, K_{inst}）。表 6-2 所列爲不同金屬離子及配位基之逐級穩定常數。

【例 6-1】

若某一水源中 Cl^- 濃度爲10^{-3} M，$HgCl_2^0$之含量恰爲飲用水可接受的濃度10^{-8}M，試求水中各汞（II）複合離子之濃度。

【解】

由式（6-19）

$$[HgCl^+] = \frac{[HgCl_2^0]}{K_2 \cdot [Cl^-]} = \frac{10^{-8}}{3 \times (10^6)(10^{-3})} = 3.3 \times 10^{-12}\ \text{M}$$

由式（6-18）

$$[Hg^{2+}]=\frac{[HgCl^{+}]}{K_1\cdot[Cl^{-}]}=\frac{3.3\times10^{-12}}{5.6\times10^{6}\times10^{-3}}=5.9\times10^{-16}\ \text{M}$$

由式（6-20）

$$[HgCl_3^{-}]=K_3\,[HgCl_2^{0}]\,[Cl^{-}]=10\times10^{-8}\times10^{-3}=10^{-10}\ \text{M}$$

由式（6-21）

$$[HgCl_4^{2-}]=K_4\,[HgCl_3^{-}]\,[Cl^{-}]=9.3\times10^{-10}\times10^{-3}=9.3\times10^{-13}\ \text{M}$$

由計算結果發現水中大多數的汞均以中性的 $HgCl^{0}_{2(aq)}$存在，極少數爲離子態。

表 6-2　不同金屬離子及配位基之逐級穩定常數

配位基	金屬離子	lg K_1	lg K_2	lg K_3	lg K_4
Cl^-	Ag^+	3.45	2.22	0.33	0.04
	Cd^{2+}	2.00	0.60	0.10	0.30
	*Cu^{2+}	2.80	1.60	0.49	0.73
	Fe^{2+}	0.36	0.04		
	Fe^{3+}	1.48	0.65	−1.40	−1.92
	Zn^{2+}	−0.50	−0.50	−0.25	−1.0
	Hg^{2+}	6.75	6.48	1.00	0.97
	Sn^{2+}	1.51	0.73	−0.21	−0.55
	Pb^{2+}	1.60	0.18	−0.10	−0.30
F^-	Al^{3+}	6.13	5.02	3.85	2.74
	Be^{2+}	5.89	4.94	3.56	1.99
	Cd^{2+}	0.30	0.20	0.70	
	*Fe^{3+}	5.30	4.46	3.22	2.00
	*UO_2^{2+}	4.59	3.34	2.56	1.36

表 6-2 不同金屬離子及配位基之逐級穩定常數

配位基	金屬離子	lg K_1	lg K_2	lg K_3	lg K_4
NH_3	Ag^+	3.32	3.92		
	Cd^{2+}	2.51	1.96	1.30	0.79
	Cu^{2+}	3.99	3.34	2.73	1.97
	Hg^{2+}	8.80	8.70	1.00	0.78
	Ni^{2+}	2.67	2.12	1.61	1.07
	Co^{2+}	1.99	1.51	0.93	0.64
	Zn^{2+}	2.18	2.25	2.31	1.96
SO_4^{2-}	Ag^+	1.30			
	Al^{3+}	3.73			
	Zn^{2+}	2.80			
	Cd^{2+}	2.17	1.37		
	*Hg^{2+}	1.34	1.10		
	Fe^{3+}	4.04	1.30		
	*Cu^{2+}	1.03	0.10	1.17	
	UO_2^{2+}	1.75	0.90	0.86	
OH^-	Ag^+	2.30	1.90	1.22	
	Ca^{2+}	1.51			
	Cd^{2+}	6.08	2.62	−0.32	0.04
	Cu^{2+}	6.0	7.18	1.24	0.14
	Fe^{3+}	11.5	9.30		
	Hg^{2+}	11.51	11.15		
	Mg^{2+}	2.60			
	Mn^{2+}	3.40			
	Pb^{2+}	7.82	3.06	3.06	
	Zn^{2+}	4.15	6.00	4.11	1.26
HS^-	Ag^{2+}	13.6	4.10		
	Cd^{2+}	7.55	7.06	1.88	2.36

*指在離子介質數據

6-2-4 複合離子不同形態之分佈

複合離子不同形態在水環境中之分佈情形可以濃度對數圖來表示。近年來氯離子被認爲是天然水中重金屬的最穩定複合劑（complex agent），因此探討氯離子之濃度對重金屬複合物之影響極爲重要，現以Hg^{2+}及Cl^-之複合反應爲例，Hg^{2+}及Cl^-形成複合離子之總形成反應式如（6-22）、（6-23）、（6-24）、（6-25）式所示。由此四式得知

$$[HgCl^+]=[Hg^{2+}][Cl^-]\cdot K_1 \tag{6-26}$$

$$[HgCl_2^0]=[Hg^{2+}][Cl^-]^2\cdot K_1K_2 \tag{6-27}$$

$$[HgCl_3^-]=[Hg^{2+}][Cl^-]^3\cdot K_1K_2K_3 \tag{6-28}$$

$$[HgCl_4^{2-}]=[Hg^{2+}][Cl^-]^4\cdot K_1K_2K_3K_4 \tag{6-29}$$

若$[Hg^{2+}]=10^{-7}$M、$K_1=5.6\times10^6$、$K_2=3\times10^6$、$K_3=10$、$K_4=9.3$代入 (6-26)、(6-27)、(6-28)、(6-29) 得

$$[HgCl^+]=10^{-7}\times5.6\times10^6\times[Cl^-]=0.56\times[Cl^-] \tag{6-30}$$

$$[HgCl_2^0]=10^{-7}\times5.6\times10^6\times3\times10^6\times10\times[Cl^-]^2=1.68\times10^6\times[Cl^-]^2 \tag{6-31}$$

$$[HgCl_3^-]=10^{-7}\times5.6\times10^6\times3\times10^6\times[Cl^-]^3=1.68\times10^6\times[Cl^-]^3 \tag{6-32}$$

$$[HgCl_4^{2-}]=10^{-7}\times5.6\times10^6\times3\times10^6\times10\times9.3\times[Cl^-]^4=1.56\times10^8\times[Cl^-]^4 \tag{6-33}$$

由（6-30）、（6-31）、（6-32）、（6-33）兩邊各取一log得

$$-\log[HgCl^+]=0.26+pCl^- \tag{6-34}$$

$$-\log[HgCl_2^0]=-6.23+2\,pCl^- \tag{6-35}$$

$$-\log[HgCl_3^-]=-7.23+3\,pCl^- \tag{6-36}$$

$$-\log[HgCl_4^{2-}]=-8.2+4\,pCl^- \tag{6-37}$$

由此可知，Cl^- 的濃度直接影響各種氯汞離子之濃度，現將以上結果繪製如圖 6-10。

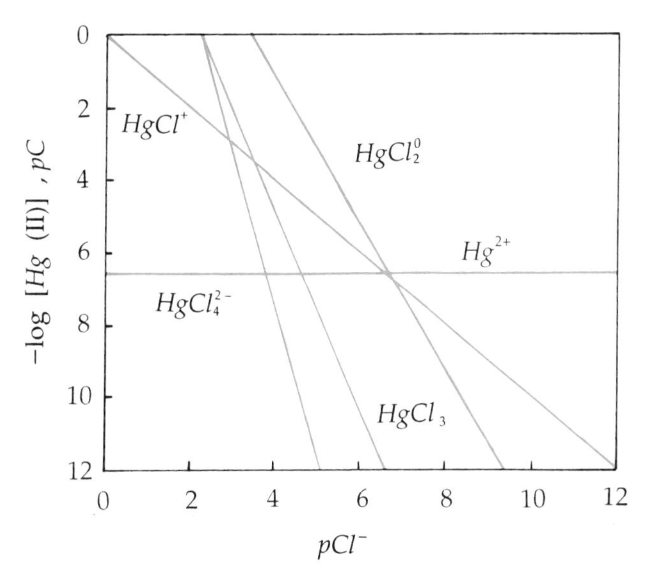

圖 6-10 氯濃度對氯汞複合離子濃度影響之濃度對數圖

由圖 6-10 中可清楚看出，在氯溶液中氯汞複合離子各形態之變化。若 Hg^{2+} 濃度改變，例如 $[Hg^{2+}]=10^{-9}$M 時，各形態之相對濃度不變，只是各曲線向下移動 2 個對數單位。

此濃度對數圖之縱軸若以複合物所佔之相對百分率 α 表示，則稱為分佈圖（distribution diagram），如圖 6-11 所示，此圖之繪製法如下：假設總莫耳濃度為C_T，則

$$C_T=[Hg^{2+}]+[HgCl^+]+[HgCl_2^0]+[HgCl_3^-]+[HgCl_4^{2-}]$$

再由（6-34）至（6-37）各式，求出在一定 pCl^- 下各物種的濃度。各物種之比例，分別用α_0、α_1、α_2、α_3、α_4表示，則

$$\alpha_0 = \frac{[Hg^{2+}]}{C_T} \tag{6-38}$$

$$\alpha_1 = \frac{[HgCl^{+}]}{C_T} \tag{6-39}$$

$$\alpha_2 = \frac{[HgCl_2^{0}]}{C_T} \tag{6-40}$$

$$\alpha_3 = \frac{[HgCl_3^{-}]}{C_T} \tag{6-41}$$

$$\alpha_4 = \frac{[HgCl_4^{2-}]}{C_T} \tag{6-42}$$

將各比率對 pCl^- 作圖即可。

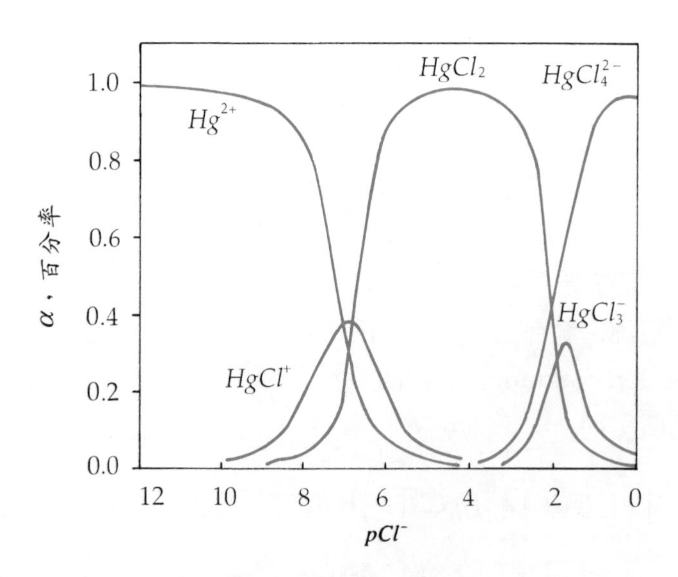

圖 6-11　氯汞複合物之分佈圖

氯對重金屬的複合程度，決定於Cl^-的濃度，也決定於金屬離子對Cl^-的親和力（affinity）。Cl^-對Hg的親和力最強。不同形態之氯汞複合物都可在較低的Cl^-濃度下形成。據Hahne等人研究指示，當Cl^-的濃度僅爲10^{-9}M（3.5×10^{-5}ppm）時$HgCl^+$即開始形成，當Cl^-之濃度大於10^{-7}M（1.1×10^{-3}ppm）時形成$HgCl_2$。如此低的Cl^-濃度幾乎在所有淡水和正常土壤中即可遇到。當Cl^-的濃度大於10^{-2}M（350ppm）時便形成$HgCl_3^-$及$HgCl_4^{2-}$。此情形與Zn、Cd、Pd形成氯之複合物不同，它們必須在較高Cl^-濃度下才可形成，此三種金屬之MCl^+形複合離子必須在$Cl^->10^{-3}$M（35ppm）時才能形成，而MCl_3^-及MCl_4^{2-}型複合離子必須在$Cl^->10^{-1}$M（3500ppm）才會形成。氯離子對以上四種金屬之複合能力依序爲：$Hg>Cd>Zn>Pb$。

【例6-2】

在自然水域中，NH_3之濃度通常在10^{-5}M～10^{-7}M間；而在都市污水中NH_3之濃度的變化範圍一般在$10^{-3.5}$M～$10^{-5.5}$M之間；在厭氧污染中，NH_3的濃度大爲增高，NH_3之濃度可降至$10^{-2.5}$M～10^{-4}M之間，試問當$[Cu^{2+}]=10^{-7}$M時，各狀況下之氨銅之複合離子如何變化。

【解】

Cu^{2+}與NH_3形成複合離子之總形成反應式如下：

$$Cu^{2+}+NH_3 \rightleftharpoons [CuNH_3^{2+}] \qquad \beta_1=9.8\times10^3 \tag{6-43}$$

$$Cu^{2+}+2NH_3 \rightleftharpoons [Cu(NH)_2^{2+}] \qquad \beta_2=2.2\times10^7 \tag{6-44}$$

$$Cu^{2+}+3NH_3 \rightleftharpoons [Cu(NH)_3^{2+}] \qquad \beta_3=1.2\times10^{10} \tag{6-45}$$

$$Cu^{2+}+4NH_3 \rightleftharpoons [Cu(NH)_4^{2+}] \qquad \beta_4=1.1\times10^{12} \tag{6-46}$$

由式（6-43）因此 $\dfrac{[Cu(NH_3)^{2+}]}{[Cu^{2+}][NH_3]}=\beta_1=9.8\times10^3$

$$[Cu(NH_3)^{2+}]=9.8\times10^3[Cu^{2+}][NH_3]=9.8\times10^3\times10^{-7}[NH_3]$$

$$= 9.8 \times 10^{-4}[\ NH_3\ ]$$

$$-\log[\ Cu(NH_3)^{2+}\ ] = 3.01 + pNH_3 \tag{6-47}$$

同理由式（6-44）、（6-45）、（6-46），可分別求得

$$-\log[\ Cu(NH_3)_2^{2+}\ ] = -0.34 + 2\ pNH_3 \tag{6-48}$$

$$-\log[\ Cu(NH_3)_3^{2+}\ ] = -0.38 + 3\ pNH_3 \tag{6-49}$$

$$-\log[\ Cu(NH_3)_4^{2+}\ ] = -5.04 + 4\ pNH_3 \tag{6-50}$$

由式（6-47）、（6-48）、（6-49）及（6-50）可繪製如圖 6-12 之濃度對數圖。

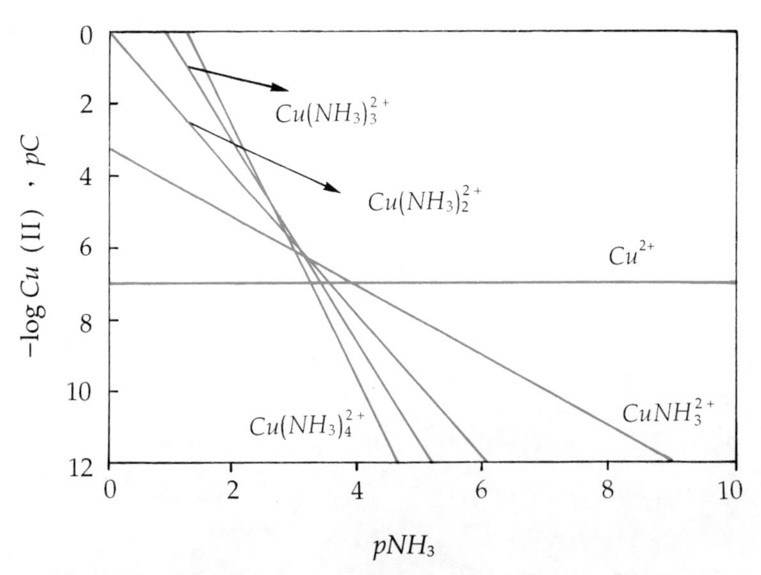

圖 6-12　NH_3 濃度對銅各複合離子濃度之對數圖

由 6-12 圖知，在自然水域（$pNH_3 = 5 \sim 7$ 間）Cu^{2+} 爲主要物種，在都市活水中（$pNH_3 = 3.5 \sim 5.5$ 間）Cu^{2+}、$CuNH_3^{2+}$ 與 $Cu(NH_3)_2^{2+}$ 均可能存在，

在厭氧污泥中（$pNH_3 < 4$），銅之複合離子遠超過 Cu^{2+}，主要以 $Cu(NH_3)_4^{2+}$ 及 $Cu(NH_3)_3^{2+}$ 形式存在。在 $pH = 2.5$ 時，體係中 Cu^{2+} 只佔 0.10％。所以在厭氧環境中，重金屬的溶解度及毒性會因複合物之形式而增加。

6-2-5 混合配位基之複合物

在自然水及廢水中，常會遇到有數種配位基同時存在之情況。它們能同時與水中某一金屬離子形成複合物，因此彼此之間常有競爭或交換作用，而形成混合配位基之複合物。處理這類問題計算並不困難。只要知道每一配位基與金屬離子間各階段之平衡關係及平衡常數，即可求出不同複合物各形態在一定濃度的配位基下的存在比例。例如 Hahne 曾指出在鹽鹼土溶液中 Cl^- 的含量高達 42600 ～ 103000ppm，在此情況下，Hg 主要以 $HgCl_2$ 的形式存在，但這種土壤的 pH 通常在 8 ～ 9 之間，因此重金屬也可發生水

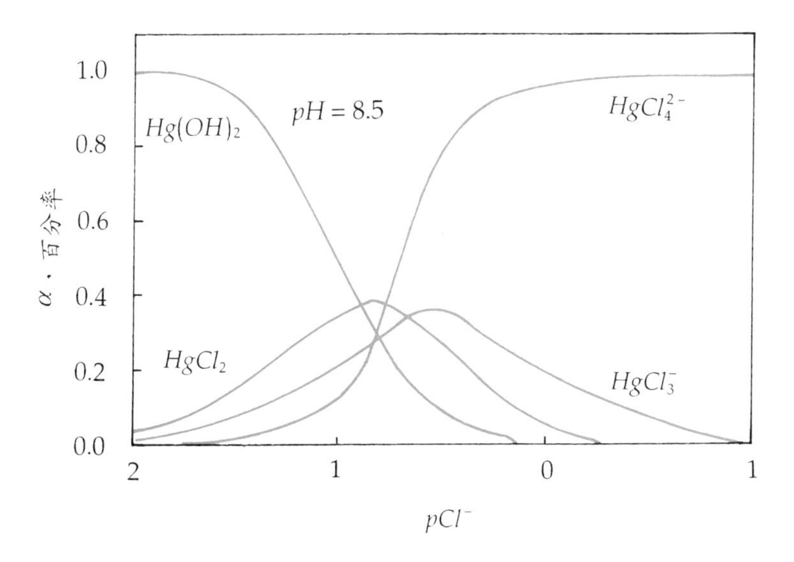

圖 6-13 pH 為 8.5 時在不同氯離子濃度下汞的羥基複合物與氯化複合物的分佈

解（hydrolysis）生成羥基複合物，此時羥基與氯離子對重金屬發生競爭複合作用。Hahne 對這兩種作用之聯合平衡進行計算，並繪製濃度對數圖，如圖 6-13 所示。

另外在不同pH及Cl^-濃度下各物種之分佈情形亦可以優勢面積圖來表示，圖 6-14 爲不同 pH 及Cl^-濃度下汞複合物之優勢面積圖。

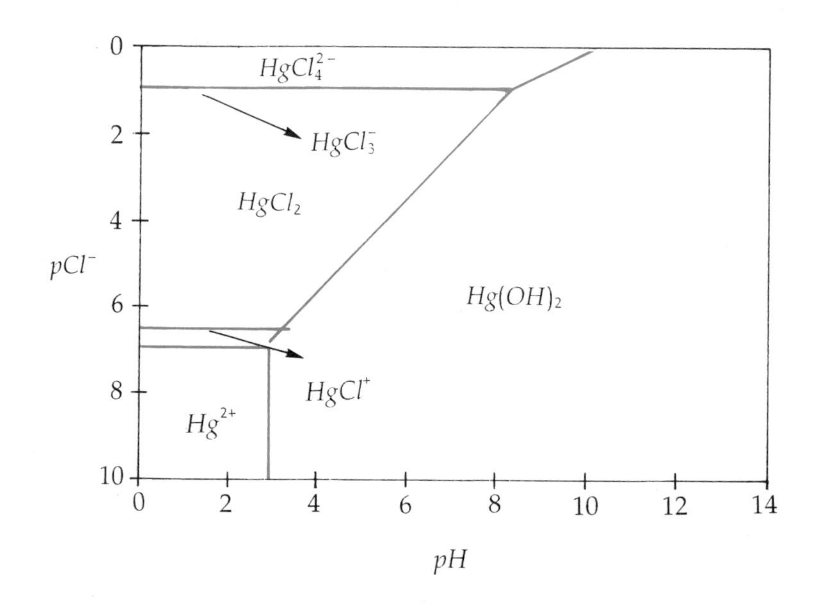

圖 6-14　不同 pH 及 Cl^- 濃度下汞複合物之優勢面積圖

圖 6-14 之繪製步驟如下：

1. 寫出各物種之平衡關係式及平衡常數

$$Hg^{2+} + Cl^- \rightleftharpoons HgCl^+ \qquad K_1 = 5.6 \times 10^6 \tag{6-51}$$

$$HgCl^+ + Cl^- \rightleftharpoons HgCl_2^0 \qquad K_2 = 3.0 \times 10^6 \tag{6-52}$$

$$HgCl_2^0 + Cl^- \rightleftharpoons HgCl_3^- \qquad K_3 = 10 \tag{6-53}$$

$$HgCl_3^- + Cl^- \rightleftharpoons HgCl_4^{2-} \qquad K_4 = 9.3 \tag{6-54}$$

$$Hg^{2+} + 2OH^- \rightleftharpoons Hg(OH)_2 \qquad K_1' = 4.57 \times 10^{22} \tag{6-55}$$

$$HgCl^+ + 2OH^- \rightleftharpoons Hg(OH)_2 + Cl^- \qquad K_2' = 8.1 \times 10^{15} \tag{6-56}$$

$$HgCl_2^0 + 2OH^- \rightleftharpoons Hg(OH)_2 + 2Cl^- \qquad K_3' = 1.5 \times 10^{16} \tag{6-57}$$

$$HgCl_3^- + 2OH^- \rightleftharpoons Hg(OH)_2 + 3Cl^- \qquad K_4' = 4.6 \times 10^{21} \tag{6-58}$$

$$HgCl_4^{2-} + 2OH^- \rightleftharpoons Hg(OH)_2 + 4Cl^- \qquad K_5' = 4.9 \times 10^{21} \tag{6-59}$$

2. 由以上各式導出繪圖方程式

例如由（6-51）式

$$\frac{[HgCl^+]}{[Hg^{2+}][Cl^-]} = 5.6 \times 10^6 \tag{6-60}$$

當 $[HgCl^+] = [Hg^{2+}]$ 代表兩物種濃度相等之直線，（6-60) 式可變為

$$-\log\ [Cl^-] = +6.75 \tag{6-61}$$

又如由式（6-56) 式

$$\frac{[Hg(OH)_2][Cl^-]}{[HgCl^+][OH^-]^2} = 8.1 \times 10^{15} \tag{6-62}$$

$$[Cl^-] = 8.1 \times 10^{15} [OH^-]^2 \times \frac{HgCl^+}{Hg(OH)_2}$$

當 $[HgCl^+] = Hg(OH)_2$ 時

$$Cl^- = 8.1 \times 10^{15} \times \left(\frac{K_W}{[H^+]}\right)^2$$

$$-\log [Cl^-] = 12.1 - 2\,pH \tag{6-63}$$

同理，求得各式之繪圖方程式，即可繪製如圖 6-14 之優勢面積圖。

在淡水中，正常情況下 pCl^- 值在 2 ～ 4 之間，由圖 6-14 可看出，若 $pH > 7$ 時，則優勢物質爲 $Hg(OH)_2$；若 $pH < 7$ 時，則優勢物質爲 $HgCl_2$。對於海水而言，pCl^- 通常介於 0 與 1 間，此種情況下，$HgCl_4^{2+}$ 爲優勢物種，只有在 $pH > 10$ 時，才有 $Hg(OH)_2$ 存在。圖中之斜線爲兩種配位基競爭效應曲線，例如當 $pCl^- = 3$ 時，則競爭分界點在 $pH = 6.8$。此說明 Cl^- 及 OH^- 對 Hg（II）有激烈之競爭。

當配位基爲 3 個以上時，情況較爲複雜，而且要作三維圖也較困難。但在自然水域及廢水中，要同時考慮三個配位基之競爭效應情況較少，因在競爭中，二個以上之配位基均佔優勢者，實際較少發生。

水中除了配位基之間有競爭外，中心離子亦彼此競爭。例如 Mg^{2+} 及 Ca^{2+} 對 EDTA 之競爭。鈣離子與 EDTA 複合物之穩定常數（$K = 5.0 \times 10^{10}$）遠大於鎂離子與 EDTA 複合物之穩定常數（$K = 5.0 \times 10^{8}$）。

另外須指出，溶液中之金屬亦可形成金屬之多核複合物，其中鐵與鋁最容易，其反應如下：

$$2FeOH^{2+} \rightleftharpoons Fe_2(OH)_2^{4+} \tag{6-64}$$

$$2AlOH^{2+} \rightleftharpoons Al_2(OH)_2^{4+} \tag{6-65}$$

這類複合物的形成在利用鐵鹽或鋁鹽爲混凝劑來處理廢水時相當重要。

6-2-6 金屬離子之水解作用

所謂水解作用（hydrolysis）係指水之解離成氫離子及氫氧根離子。而金屬離子之水解作用即是金屬離子從水中奪取氫氧根離子而使水解離。一般而言，金屬離子在水溶液中係以水合離子形式存在，如 Al^{3+} 離子實際上爲 $[Al(H_2O)_6^{3+}]$ 形式存在。若水合離子中之金屬離子的離子電位小（即半徑大、電荷低），則此類金屬水合離子不易水解，大都以簡單水合離子存在。反之，若金屬離子之離子電位大（即半徑小，電荷高），則這些金屬的水合離子，易從水中奪取 OH^- 以使水解離。隨著水溶液 pH 之增大，這些金屬之水合離子可形成不同形式之羥基複合離子。其反應如下：

$$M(H_2O)_m^{n+} + XH_2O \rightleftharpoons [M(H_2O)_{m-x}(OH)_x]^{n-x} + XH_3O^+ \quad (6\text{-}66)$$

式(6-66)可簡化成

$$M^{n+} + XOH^- \rightleftharpoons M(OH)_x^{n-x} \quad (6\text{-}67)$$

因此可看出金屬離子的水解作用，實際上即爲羥基對金屬離子之複合作用。因此有關金屬離子之水解過程及其平衡常數表示方法，可以逐級反應式或總反應式表示。現以 Hg^{2+} 金屬離子爲例，其逐級水解反應如下：

$$Hg^{2+} + OH^- \rightleftharpoons HgOH^+ \qquad K_1^* \quad (6\text{-}68)$$

$$HgOH^+ + OH^- \rightleftharpoons Hg(OH)_2 \qquad K_2^* \quad (6\text{-}69)$$

$$Hg(OH)_2 + OH^- \rightleftharpoons Hg(OH)_3^- \qquad K_3^* \quad (6\text{-}70)$$

$$Hg(OH)_3^- + OH^- \rightleftharpoons Hg(OH)_4^- \qquad K_4^* \quad (6\text{-}71)$$

式中 K_1^*、K_2^*、K_3^*、K_4^* 爲逐級水解之平衡常數。

水解之總反應如下：

$$Hg^{2+} + OH^- \rightleftharpoons Hg(OH)^+ \qquad {}^*\beta_1 = K_1^* \quad (6\text{-}72)$$

$$Hg^{2+} + 2OH^- \rightleftharpoons Hg(OH)_2 \qquad {}^*\beta_2 = K_1^* \cdot K_2^* \quad (6\text{-}73)$$

$$Hg^{2+} + 3OH^- \rightleftharpoons Hg(OH)_3^- \qquad {}^*\beta_3 = K_1^* \cdot K_2^* \cdot K_3^* \quad (6\text{-}74)$$

$$Hg^{2+} + 4OH^- \rightleftharpoons Hg(OH)_4^{2-} \qquad {}^*\beta_4 = K_1^* \cdot K_2^* \cdot K_3^* \cdot K_4^* \quad (6\text{-}75)$$

各形態之複合離子所佔之百分率可計算如下：

令離子之總濃度爲 C_T

$$C_T = [Hg^{2+}] + [Hg(OH)^+] + [Hg(OH)_2] + [Hg(OH)_3^-] + [Hg(OH)_4^{2-}] \quad (6\text{-}76)$$

由式（6-72）至（6-75）將 $[Hg(OH)^+]$ 、 $[Hg(OH)_2]$ 、 $[Hg(OH)_3^-]$ 、$[Hg(OH)_4^{2-}]$化成 $[Hg^{2+}]$ 之函數，並代入式（6-76) 得

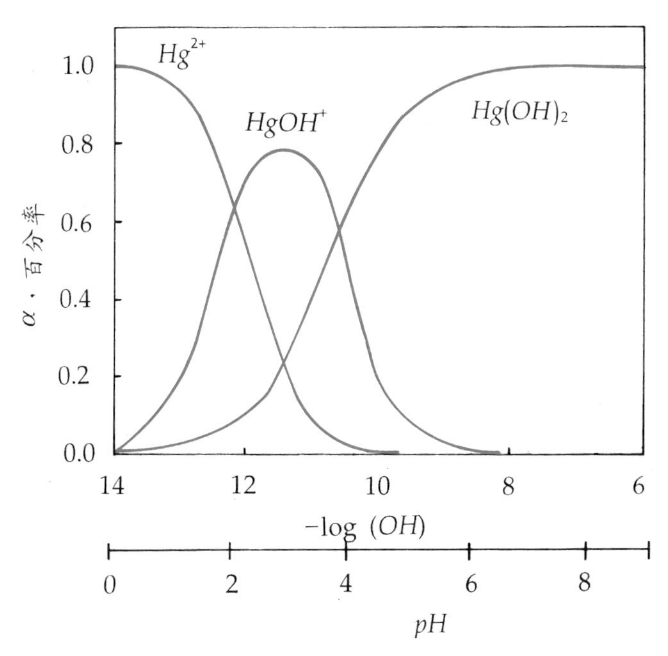

圖 6-15 在不同 pH 值下，Hg 之羥基複合離子之分佈圖

$$C_T = [Hg^{2+}]\left(1 + \beta_1^*[OH^-] + \beta_2^*[OH^-]^2 + \beta_3^*[OH^-]^3 + \beta_4^*[OH^-]^4\right) \quad (6\text{-}77)$$

$$\alpha_0 = \frac{[Hg^{2+}]}{C_T} = \frac{1}{B} \quad (6\text{-}78)$$

$$\alpha_1 = \frac{Hg(OH)^+}{C_T} = \frac{1}{B} \times \beta_1^*[\,OH^-\,] \quad (6\text{-}79)$$

$$\alpha_2 = \frac{Hg(OH)_2}{C_T} = \frac{1}{B} \times \beta_2^*[\,OH^-\,]^2 \quad (6\text{-}80)$$

$$\alpha_3 = \frac{Hg(OH)_3^-}{C_T} = \frac{1}{B} \times \beta_3^*[\,OH^-\,]^3 \quad (6\text{-}81)$$

$$\alpha_4 = \frac{Hg(OH)_4^{2-}}{C_T} = \frac{1}{B} \times \beta_4^* [\ OH^- \ ]^4 \tag{6-82}$$

其中 $B = \left(1 + \beta_1^* [\ OH^- \ ] + \beta_2^* [\ OH^- \ ]^2 + \beta_3^* [\ OH^- \ ]^3 + \beta_4^* [\ OH^- \ ]^4\right)$

由上式可知，對某一金屬而言，各形態複合離子佔金屬總量的百分率與總濃度無關，而是 pH 及平衡常數的函數。

利用式（6-78) 至（6-82) 可繪製在不同 pH 下各複合離子之分佈曲線，如圖 6-15 所示即爲一例。

6-3 溶解度平衡

6-3-1 鹽類之溶解度與溶解度積

水對許多物質具有很強之溶解能力，是一很好的溶劑。若與其他液體比較，可發現水具極高之介電常數，而且是強極性分子，因此許多鹽類化合物易溶於水中，然而鹽類化合物在水中之溶解度則有不同，有些鹽類化合物，如 $NaCl$，在水中之溶解度極高，但是有些鹽類化合物，如 $PbSO_4$，則在水中之溶解度極低。一般而言，極性大的離子鍵化合物的溶解力比極性小的共價鍵化合物溶解力更強。如在硫酸鹽中，金屬離子與SO_4^{2-}爲離子鍵，其溶解度則遠較共價鍵的金屬硫化物爲高。對離子化合物而言，溶解度隨著離子半徑的增大和電荷的減少而增加，如鈉化合物Na_3PO_4、Na_2SO_4、Na_2CO_3則較鈣化合物$Ca_3(PO_4)_2$、$CaSO_4$、$CaCO_3$溶解度高；而鹼土金屬化合物，如 MgF_2、CaF_2、BaF_2，則比鹼金屬化合物，如 NaF、KF，難溶。相互結合的離子半徑之差別愈小，則其離子化合物之鍵結愈強，即越難溶解。Ba^{2+}、Pb^{2+}、Sr^{2+}（離子半徑分別爲 1.35Å、1.26Å、1.13Å）與SO_4^{2-}（離子半徑 2.95Å）和CrO_4^{2-}（離子半徑爲 3.00Å）均形成難溶化合物，其中以硫酸鋇最難溶，因爲離子半徑相差最小。Mg^{2+}（離子半徑爲 0.65Å）與SO_4^{2-}的半徑相差很大，故 $MgSO_4$ 極易溶解。

物質之溶解度大於1克/100克水，則該物質稱爲“易溶物”，而溶解度小於0.01克/100克水之物質則稱“難溶物”。當離子化合物溶於水中時，其表面離子即繼續不斷地移入水中，直到完全溶解或達到飽和而不再溶解。所謂“難溶物”即指其飽和濃度很低，且很快達到飽和，因此對一難溶離子化合物 A_xB_y 在飽和水溶液中常存在著下列之電解平衡：

$$A_xB_y \rightleftharpoons x \cdot A^{y+} + y \cdot B^{x-} \tag{6-83}$$

其平衡常數可以表示如下：

$$K = \frac{\{A^{y+}\}_{eq}^{x}\{B^{x-}\}_{eq}^{y}}{\{A_xB_{y(S)}\}_{eq}} \tag{6-84}$$

固相之活性度可視爲定值，這是因爲飽和溶液中僅固體表面才與離子的平衡有關，且於達到平衡時，離子離開固體表面的速率與溶液沈澱的速率相等。因此 $\{A_xB_{y(S)}\}$ 項併入常數 K 中，因此式（6-2）成爲

$$K_a = \{A^{y+}\}_{eq}^{x}\{B^{x-}\}_{eq}^{y} \tag{6-85}$$

若於理想溶液則活性等於濃度，因此式（6-3）可以下式表示

$$K_{sp} = [A^{y+}]_{eq}^{x}[B^{x-}]_{eq}^{y} \tag{6-86}$$

其中 K_{sp} 稱爲溶解度積常數（solubility product constant），係指難溶離子化合物飽和溶液中相應離子的莫耳濃度（molarity）的乘積。因此難溶化合物 HgS 在水中解離平衡可以下式表示

$$HgS_{(S)} \rightleftharpoons Hg^{2+}_{(aq)} + S^{2-}_{(aq)} \tag{6-87}$$

其溶解度積常數$K_{sp} = [Hg^{2+}]_{eq}[S^{2-}]_{eq}$。對於較複雜的化合物，例如$Ca_3(PO_4)_2$，其解離方程式可表示如下：

$$Ca_3(PO_4)_2 \rightleftharpoons 3\,Ca^{2+} + 2\,PO_4^{3-} \tag{6-88}$$

其溶解度積則爲 $K_{sp} = [\,Ca^{2+}\,]_{eq}^3\,[\,PO_4^{3-}\,]_{eq}^2$

大多數難溶鹽的溶解度積常數可由一般化學教科書中查得。表 6-3 爲環境工程化學中較爲常見難溶鹽之溶解度積常數表。

表 6-3 標準溶解度積常數

平衡方程式	K_{sp} 在 25℃	環境工程中的重要性質
$MgCO_3 \rightleftharpoons Mg^{2+} + CO_3^{2-}$	4×10^{-5}	除去硬度，鍋垢
$Mg(OH)_2 \rightleftharpoons Mg^{2+} + 2\,OH^-$	9×10^{-12}	除去硬度，鍋垢
$CaCO_3 \rightleftharpoons Ca^{2+} + CO_3^{2-}$	5×10^{-9}	除去硬度，鍋垢
$Ca(OH)_2 \rightleftharpoons Ca^{2+} + 2\,OH^-$	8×10^{-6}	除去硬度
$CaSO_4 \rightleftharpoons Ca^{2+} + SO_4^{2-}$	2×10^{-5}	燃料氣體除硫
$Cu(OH)_2 \rightleftharpoons Cu^{2+} + 2\,OH^-$	1.6×10^{-19}	去除重金屬
$Zn(OH)_2 \rightleftharpoons Zn^{2+} + 2\,OH^-$	4.5×10^{-17}	去除重金屬
$Ni(OH)_2 \rightleftharpoons Ni^{2+} + 2\,OH^-$	2×10^{-16}	去除重金屬
$Cr(OH)_3 \rightleftharpoons Cr^{3+} + 3\,OH^-$	6×10^{-31}	去除重金屬
$Al(OH)_3 \rightleftharpoons Al^{3+} + 3\,OH^-$	5.0×10^{-33}	凝結
$Fe(OH)_3 \rightleftharpoons Fe^{3+} + 3\,OH^-$	6×10^{-38}	凝結，去除鐵腐蝕
$Fe(OH)_2 \rightleftharpoons Fe^{2+} + 2\,OH^-$	1.8×10^{-15}	凝結，去除鐵腐蝕
$Mn(OH)_3 \rightleftharpoons Mn^{3+} + 3\,OH^-$	1×10^{-36}	去除錳離子
$Mn(OH)_2 \rightleftharpoons Mn^{2+} + 2\,OH^-$	8×10^{-14}	去除錳離子
$Ca_3(PO_4)_2 \rightleftharpoons 3\,Ca^{2+} + 2\,PO_4^{3-}$	1×10^{-27}	去除磷酸根離子
$CaHPO_4 \rightleftharpoons Ca^{2+} + HPO_4^{2-}$	3×10^{-7}	去除磷酸根離子
$CaF_2 \rightleftharpoons Ca^{2+} + 2\,F^-$	3×10^{-11}	氟化
$AgCl \rightleftharpoons Ag^+ + Cl^-$	3×10^{-10}	氯化物分析
$BaSO_4 \rightleftharpoons Ba^{2+} + SO_4^{2-}$	1×10^{-10}	硫酸分析

取自蕭蘊華等譯之“環境工程化學”第四版，1995。

6-3-2 溶解度計算

由於難溶鹽之溶解反應是一平衡反應，因此可利用如第三章之基本平衡原理計算其溶解度及離子之平衡濃度。如下面例題可說明溶解度及平衡之計算：

【例 6-3】

25℃時$CaSO_{4(S)}$之 K_{sp} 爲 1.96×10^{-4}，爲理想溶液，試決定其溶解度及飽和硫酸鈣中 Ca^{2+} 之平衡濃度。

【解】

可依下列幾步驟來解：

(1) 寫出適當之反應式

$$CaSO_{4(S)} \rightleftharpoons Ca^{2+}_{(aq)} + SO^{2-}_{4(aq)} \quad (6\text{-}89)$$

$$H_2O_{(l)} \rightleftharpoons H^+ + OH^- \quad (6\text{-}90)$$

(2) 寫出平衡常數式

$$K_{sp} = [Ca^{2+}][SO_4^{2-}] = 1.96 \times 10^{-4} \quad (6\text{-}91)$$

$$K_W = [H^+][OH^-] = 1 \times 10^{-14} \quad (6\text{-}92)$$

(3) 列出其他方程式

$$\text{C.B} \quad 2[Ca^{2+}] + [H^+] = 2[SO_4^{2-}] + [OH^-] \quad (6\text{-}93)$$

$$\text{M.B} \quad C_{T,Ca^{2+}} = [Ca^{2+}] \qquad C_{T,SO_4^{2+}} = [SO_4^{2-}] \quad (6\text{-}94)$$

(4) 利用簡略法求解

由於溶液爲中性，所以$[H^+] = [OH^-]$

代入 (6-93) 式

$$2[Ca^{2+}] = 2[SO_4^{2-}] \tag{6-95}$$

代入（6-91）式

$$K_{sp} = [Ca^{2+}][SO_4^{2-}] = [Ca^{2+}]^2 = 1.96 \times 10^{-4} \tag{6-96}$$

$$[Ca^{2+}] = 1.4 \times 10^{-2}\ \text{M}$$

由於飽和溶液中 Ca^{2+} 之平衡濃度即爲溶解度，所以

$$溶解度(S) = 1.4 \times 10^{-2}\ \text{M}$$

依據上面簡化原則，一般普通化學教科書皆以下面方式解之：先列出溶解方程式，並假設溶解之前$[Ca^{2+}]$、$[SO_4^{2-}]$等於0，若溶解度假設爲S，依據方程式之計量關係，因此Ca^{2+}及SO_4^{2-}之飽和濃度各爲S，如下所示：

	$CaSO_{4(S)} \rightleftharpoons$	$Ca^{2+}_{(aq)}$	+	$SO^{2-}_{4(aq)}$
未溶解前濃度		0		0
設溶解度為S則濃度之改變		+S		+S
平衡濃度		S+0		S+0

因此 $K_{sp} = S \times S = 1.96 \times 10^{-4}$ $S = 1.4 \times 10^{-2}\ \text{M}$

【例6-4】

25℃時，$Cd(OH)_2$之溶解度積爲5.9×10^{-15}，試求$Cd(OH)_2$之溶解度及Cd^{2+}之飽和濃度（不計離子強度）。

【解】

⑴ 寫出適當之反應式

$$Cd(OH)_2 \rightleftharpoons Cd^{2+}_{(aq)} + 2\,OH^-_{(aq)} \tag{6-97}$$

$$H_2O_{(l)} \rightleftharpoons H^+ + OH^- \quad (6\text{-}98)$$

⑵ 寫出平衡常數式

$$K_{sp} = [Cd^{2+}][OH^-]^2 = 5.9 \times 10^{-15} \quad (6\text{-}99)$$

$$K_W = [H^+][OH^-] = 1 \times 10^{-14} \quad (6\text{-}100)$$

⑶ 列出其他方程式

C.B $\quad 2[Cd^{2+}] + [H^+] = [OH^-]$ (6-101)

M.B $\quad C_{T,Cd^{2+}} = [Cd^{2+}]$ (6-102)

⑷ 利用簡略法求解

由於溶液爲鹼性，假設 $[H^+] << [OH^-]$，代入（6-101）式得

$$2[Cd^{2+}] = [OH^-] \quad (6\text{-}103)$$

式（6-103）代入（6-99）式，得

$$[Cd^{2+}](2[Cd^{2+}])^2 = K_{sp}$$

$$4[Cd^{2+}]^3 = 5.9 \times 10^{-15}$$

$$[Cd^{2+}] = 1.14 \times 10^{-5}\ \text{M}$$

$$[OH^-] = 2.28 \times 10^{-5}\ \text{M}$$

$$[OH^-] = 2.28 \times 10^{-5}\ \text{M} > [H^+] = 4.38 \times 10^{-10}\ \text{M}$$

故假設成立

由於1mole $Cd(OH)_2$解離產生1 mole $[Cd^{2+}]$及2 mole $[OH^-]$。故$Cd(OH)_2$之溶解度與$[Cd^{2+}]$之濃度相同。

上述簡略法可簡化爲下面方式求解

	$Cd(OH)_2 \rightleftharpoons$	Cd^{2+}	$+ 2\,OH^-$
未溶解前濃度		0	0
設溶解度為S則濃度之改變		+S	+2S
平衡濃度		S+0	2S+0

因此 $K_{sp} = S \times (2S)^2 = 4S^3 = 5.9 \times 10^{-15}$ $S = 1.14 \times 10^{-5}\,\text{M}$

值得注意的是溶解度積與容積度兩個名詞常被混淆。溶解度積是平衡常數，無單位，其值與溫度有關。而溶解度是在已定條件下，溶於溶液中溶質之最大量，通常以 mole/L 或 mg/L 表示。溶解度不等於溶解度積，但是彼此是相關的，由溶解度積可計算溶解度，但是由溶解度積之大小判定溶解度大小則非絕對，此可由下面例題清楚看出。

【例 6-5】

已知硫酸鋇（$BaSO_4$）在25℃時之 $K_{sp} = 1\times 10^{-10}$，而氟化鈣（$CaF_2$）之 $K_{sp} = 3 \times 10^{-11}$，試計算此兩者在之飽和溶解度。

【解】

$BaSO_4$ 之解離平衡式及 K_{sp} 分別如下：

$$BaSO_{4(S)} \rightleftharpoons Ba^{2+}_{(aq)} + SO^{2-}_{4(aq)}$$

$$K_{sp} = [\,Ba^{2+}\,]_{eq}\,[\,SO_4^{2-}\,]_{eq}$$

由方程式知每一莫耳 $BaSO_4$ 溶解時，可生成1莫耳的 Ba^{2+} 與1莫耳 SO_4^{2-}，設 $BaSO_4$ 之溶解度爲 S，則 $[Ba^{2+}] = [SO_4^{2-}] = S$，將其代入溶解度積式後可得

$$[\,Ba^{2+}\,]_{eq}\,[\,SO_4^{2-}\,]_{eq} = S^2 = K_{sp} = 1 \times 10^{-10}\,\text{M}$$

所以 $S = 1\times 10^{-5}$，且 $BaSO_4$ 之溶解度爲 1×10^{-5} M
同理，CaF_2 之解離平衡式及 K_{sp} 分別如下：

$$CaF_2 \rightleftharpoons Ca^{2+} + 2\,F^-$$

$$K_{sp} = [\,Ca^{2+}\,]_{eq}[\,F^-\,]_{eq}^2$$

由方程式知每一莫耳 CaF_2 溶解時，可生成1莫耳的 Ca^{2+} 與2莫耳 F^-，設 CaF_2 之溶解度爲 S，則

$$[\,Ca^{2+}\,] = S\text{、}[\,F^-\,] = 2S$$

$$[\,Ca^{2+}\,]_{eq}[\,F^-\,]_{eq}^2 = (\,S\,)(\,2S\,)^2 = K_{sp} = 3\times 10^{-11}$$

所以 $S = 1.96\times 10^{-4}$，且 CaF_2 之溶解度爲 1.96×10^{-4}M

由上可知，CaF_2 的溶解度約爲 $BaSO_4$ 的20倍。溶解度較大的 CaF_2，其 K_{sp} 值反而較小。

【例6-6】

已知氯化銀（$AgCl$）在25℃時之 $K_{sp} = 1\times 10^{-10}$，而鉻酸銀（$Ag_2CrO_4$）之 $K_{sp} = 2.5\times 10^{-12}$，平衡時那一種鹽之溶解度較大。

【解】

設 $AgCl$ 溶解度爲 S，則 $[\,Ag^+\,] = [\,Cl^-\,] = S$

$$K_{sp} = 1\times 10^{-10} = [\,Ag^+\,]_{eq}[\,Cl^-\,]_{eq} = S^2$$

所以 $S = 10^{-5}$ M
設 Ag_2CrO_4 之溶解度爲 X，則 $[\,Ag^+\,] = 2X$、$[\,CrO_4^{2-}\,] = X$

故 $K_{sp} = 2.5\times 10^{-12} = [\,Ag^+\,]_{eq}^2[\,CrO_4^{2-}\,] = (\,2X\,)^2\cdot X$

$$X = 8.6\times 10^{-5}\ \text{M}$$

因此，雖然 Ag_2CrO_4 溶解度積較 $AgCl$ 小，但是 Ag_2CrO_4 溶解度較 $AgCl$ 大 8 倍，Ag_2CrO_4 溶液中$[Ag^+]$較 $AgCl$ 溶液中之$[Ag^+]$大了將近 17 倍。

銀量滴定法分析水中氯離子則利用此事實。該法係以硝酸銀溶液滴定水中之氯離子，並以微量之K_2CrO_4當指示劑，以分析氯鹽之濃度。由於$AgCl$溶解度較 Ag_2CrO_4 微小，因此滴定時 $AgCl$ 先行沈澱（白色沈澱）。當足夠之 Ag^+ 加入後，Cl^-濃度降至小於10^{-5}M，Ag^+ 即與CrO_4^{2-}以 Ag_2CrO_4 紅色固體沈澱，此即表示當量點已到。

6-3-3 溶解度之濃度對數圖

1. 金屬碳酸鹽之濃度對數圖

將溶解平衡以濃度對數圖表示，對了解溶解度有很大幫助。圖 6-16 爲金屬碳酸鹽之濃度對數圖，圖中各線之繪圖方程式係由各鹽之溶解度積導出，乃爲碳酸根濃度對各飽和陽離子濃度間之關係圖。溶解度積式爲

$$[M^{2+}][CO_3^{2-}] = K_{sp} \tag{6-104}$$

$$-\log[M^{2+}] = \log CO_3^{2-} - \log K_{sp} = -pCO_3^{2-} - \log K_{sp} \tag{6-105}$$

將各金屬鹽之 K_{sp} 代入式（6-105），則得繪圖方程式。

由圖 6-16 可看出 Pb^{2+} 之溶解度最低，而 Mg^{2+} 之溶解度最高，且相當低濃度之碳酸根，便可去除大多數二價陽離子，因此在水處理程序中常以CO_3^{2-}沈澱硬度及重金屬離子。當 $[M^{2+}]$ = $[CO_3^{2-}]$ 時，亦即CO_3^{2-}離子之濃度與金屬離子濃度線相交時，即爲該鹽在純水中之溶解度。

2. 金屬氫氧化物之濃度對數圖

大多數重金屬之氫氧化物的溶解度很小，因此除非水中存在其他複合劑，否則一般重金屬離子均可被鹼所沈澱，此沈澱法爲處理重金屬廢水最

常用之方法。當用此法沈澱重金屬時，pH 值是成敗關鍵，溶液中殘留重金屬離子之濃度與 pH 值的關係，亦可由濃度對數圖表示。例如$M_n(OH)_n$之解離平衡式如下：

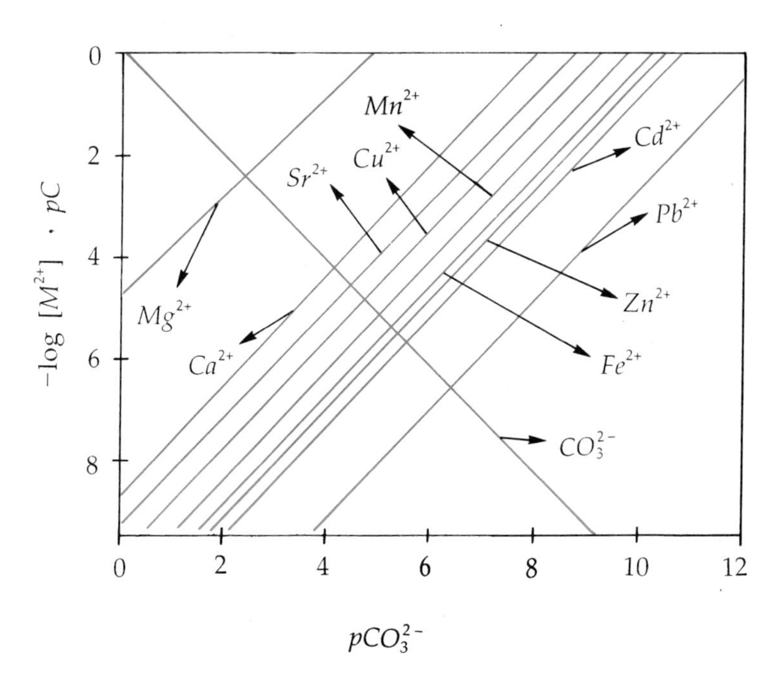

圖 6-16　25℃時各金屬碳酸鹽之濃度對數圖

$$M_n(OH)_n \rightleftharpoons M_n^{+n} + nOH^- \quad (6\text{-}106)$$

$$[M^{+n}][OH^-]^n = K_{sp} \quad (6\text{-}107)$$

$$-\log[M^{+n}] = npH + n\log K_W - \log K_{sp} \quad (6\text{-}108)$$

將 K_W 及 K_{sp}（如表 6-4）代入（6-108）式，可得繪圖方程式，將方程式繪圖後得圖 6-17 之濃度對數圖。由圖可看出不同 pH 值時溶液中重金屬離子之殘留濃度。又可根據各金屬離子所要求之允許殘留濃度，選擇沈澱的 pH

值。例如若溶液中殘留之金屬離子濃度控制為 10^{-6}M，則各金屬離子沈澱時所應控制的理論 *pH* 值，即是如圖 6-17 中虛線與各線之交點。由圖亦可看出，*pH* 值愈高時，理論上，溶液殘留之金屬離子濃度愈低，亦即沈澱愈多，但實際上，當 *pH* 值過高時，許多氫氧化物會有再溶解現象，主要原因是形成氫氧基複合離子。因此若欲正確地選擇與控制沈澱時之 *pH* 值，則需建立複合離子之濃度對數圖。

表 6-4　金屬氫氧化物之溶度積（25℃）

氫氧化物	K_{sp}
$AgOH$	1.6×10^{-8}
$Al(OH)_3$	5.0×10^{-33}
$Ba(OH)_2$	5.0×10^{-3}
$Ca(OH)_2$	8.0×10^{-6}
$Cd(OH)_2$	2.2×10^{-14}
$Cr(OH)_2$	2.0×10^{-16}
$Cr(OH)_3$	6.3×10^{-31}
$Cu(OH)_2$	1.6×10^{-19}
$Fe(OH)_2$	1.8×10^{-15}
$Fe(OH)_3$	6.0×10^{-38}
$Hg(OH)_2$	4.8×10^{-26}
$Mg(OH)_2$	8.9×10^{-12}
$Pb(OH)_2$	4.2×10^{-15}
$Th(OH)_4$	4.0×10^{-45}
$Zn(OH)_2$	4.5×10^{-17}

【例 6-7】

試利用圖 6-18 中之濃度對數圖求蒸餾水中 (1)$Ca(OH)_{2(S)}$及 (2)$Mg(OH)_2$之溶解度。

【解】

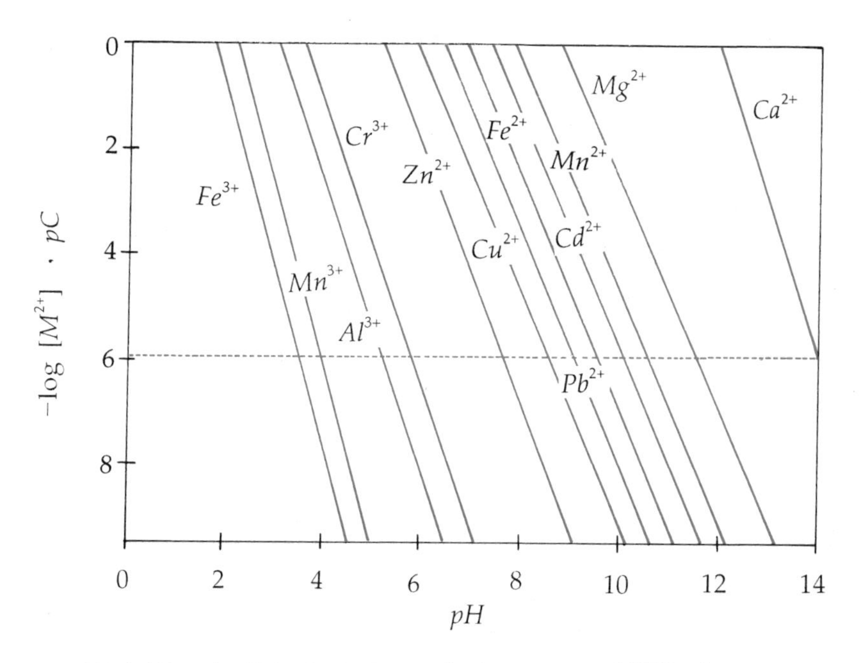

圖 6-17　金屬氫氧化物之濃度對數圖（25℃）

圖 6-18 爲$Ca(OH)_{2(S)}$、$Mg(OH)_2$及 H_2O 之平衡關係圖，根據此圖可由下面之簡略法求解

(1)$Ca(OH)_{2(S)}$平衡之電荷平衡式爲

$$2[Ca^{2+}]+[H^+]=[OH^-]$$

假設　$2[Ca^{2+}]>>[H^+]$

所以　$2[Ca^{2+}]=[OH^-]$

$$0.3+\log[Ca^{2+}]=\log[OH^-]$$

$$-\log[Ca^{2+}]-0.3=14-pH$$

繪出 Ca^{2+} 與濃度線平行且相距 0.3 單位之線，如圖 6-18 之虛線 a，由圖中知此線與$[OH^-]$之交點（$pH = 12.3$），此點滿足 $2[Ca^{2+}] >> [H^+]$之假設，因此爲平衡點，此時 Ca^{2+} 之濃度爲平衡濃度，由圖知爲10^{-2} M。因爲溶解度 $S = [Ca^{2+}]$，故溶解度 $S = 10^{-2}$ M。同理可求得，$Mg(OH)_2$之溶解度爲 $10^{-3.8}$ M。

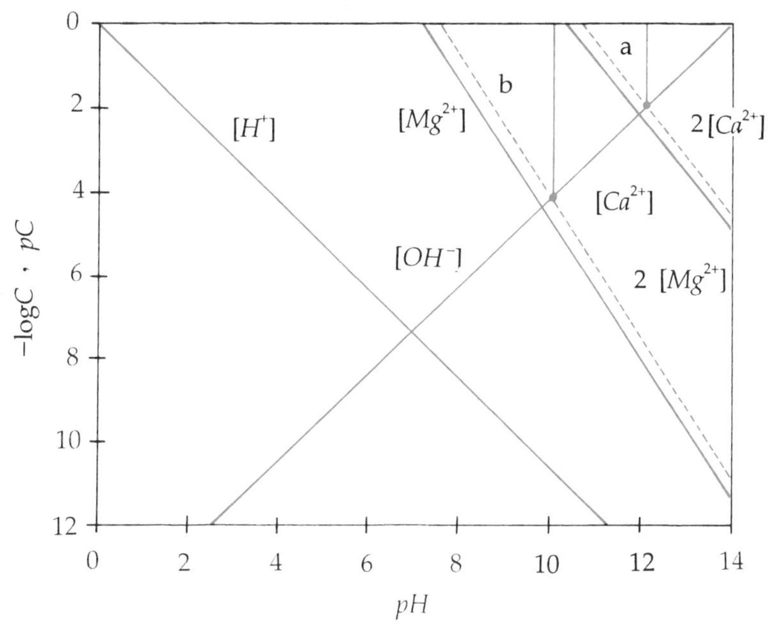

圖 6-18 $Ca(OH)_{2(S)}$ 及 $Mg(OH)_2$ 平衡之濃度對數圖

3. 金屬氫氧化物複合離子之濃度對數圖

在飽和溶液中，各種羥基錯合物所能存在的最大濃度，同前節中氫氧化物溶解後生成金屬離子的最大濃度一樣，直接決定於溶液之 pH 值。建立各種羥基錯合離子之平衡濃度與 pH 值之關係圖即爲濃度對數圖，現以 $Zn(OH)_2$ 爲例說明金屬氫氧化物複合離子的濃度對數圖之繪製法。$Zn(OH)_2$ 之解離反應方程式如下：

$$Zn(OH)_2 \rightleftharpoons Zn^{2+}_{(aq)} + 2\,OH^-_{(aq)} \qquad K_{sp} = 8 \times 10^{-18} \tag{6-109}$$

若形成複合離子，其反應如下：

$$Zn^{2+} + OH^- \rightleftharpoons ZnOH^+ \qquad K_1 = 1.4 \times 10^4 \tag{6-110}$$

$$ZnOH^+ + OH^- \rightleftharpoons Zn(OH)_2^o \qquad K_2 = 1 \times 10^6 \tag{6-111}$$

$$Zn(OH)_2^o + OH^- \rightleftharpoons Zn(OH)_3^- \qquad K_3 = 1.3 \times 10^4 \tag{6-112}$$

$$Zn(OH)_3^- + OH^- \rightleftharpoons Zn(OH)_4^{2-} \qquad K_4 = 1.8 \times 10^1 \tag{6-113}$$

另外 H_2O 之解離方程式

$$H_2O \rightleftharpoons H^+ + OH^- \qquad K_W = 1 \times 10^{-14} \tag{6-114}$$

上述方程式之平衡式分別為

$$[Zn^{2+}][OH^-]^2 = K_{sp} = 8 \times 10^{-18} \tag{6-115}$$

$$\frac{[ZnOH^+]}{[Zn^{2+}][OH^-]} = K_1 = 1.4 \times 10^4 \tag{6-116}$$

$$\frac{Zn(OH)_2^o}{[ZnOH^+][OH^-]} = K_2 = 1 \times 10^6 \tag{6-117}$$

$$\frac{[Zn(OH)_3^-]}{[Zn(OH)_2^o][OH^-]} = K_3 = 1.3 \times 10^4 \tag{6-118}$$

$$\frac{[Zn(OH)_4^-]}{[Zn(OH)_3^-][OH^-]} = K_4 = 1.8 \times 10^1 \tag{6-119}$$

$$[H^+][OH^-] = K_W = 1 \times 10^{-14} \tag{6-120}$$

導出繪圖方程式，由式（6-115)

$$[Zn^{2+}][OH^-]^2 = K_{sp}$$

$$-\log[Zn^{2+}] = -\log K_{sp} + 2\log[OH^-] \quad (6\text{-}121)$$

由式（6-120） $\log[H^+] + \log[OH^-] = -14$ (6-122)

式（6-122）代入（6-121）得

$$-\log[Zn^{2+}] = -10.9 + 2\,pH \quad (6\text{-}123)$$

由式（6-116）知

$$\frac{[ZnOH^+]}{[Zn^{2+}][OH^-]} = K_1 = 1.4 \times 10^4$$

$$-\log[ZnOH^+] = -\log K_1 - \log[Zn^{2+}] - \log[OH^-] \quad (6\text{-}124)$$

將（6-122）及（6-123）式代入（6-124）式得

$$-\log[ZnOH^+] = -1.05 + pH \quad (6\text{-}125)$$

以類似方法可求出

$$-\log[Zn(OH)_2^o] = 6.95 \quad (6\text{-}126)$$

$$-\log[Zn(OH)_3^-] = 16.84 - pH \quad (6\text{-}127)$$

$$-\log[Zn(OH)_4^{2-}] = 29.6 - 2\,pH \quad (6\text{-}128)$$

將（6-123）、（6-125）、（6-126）、（6-127）、（6-128）繪圖，就得圖 6-19 之濃度對數圖。圖 6-19 中之各直線代表飽和溶液中各種溶解性複合物之濃度，超出這些濃度時就會發生沈澱。因此，它們就是各種溶解化合態轉入沈澱之分界線。綜合這些直線，可以得到如圖中包圍著陰影區域的一條曲線，他代表飽和溶液中各種溶解複合物濃度的總和，也就是金屬溶解物的飽和濃度。對鋅而言，此總濃度

$$C_T = [Zn^{2+}] + [ZnOH^+] + [Zn(OH)_2^o] + [Zn(OH)_3^-] + [Zn(OH)_4^{2-}] \quad (6\text{-}129)$$

若欲計算此 C_T 值，可在特定 pH 值情況下由式（6-123）、（6-125）、（6-126）、（6-127）、（6-128）分別求出各溶解物之濃度再代入（6-129）式即可。

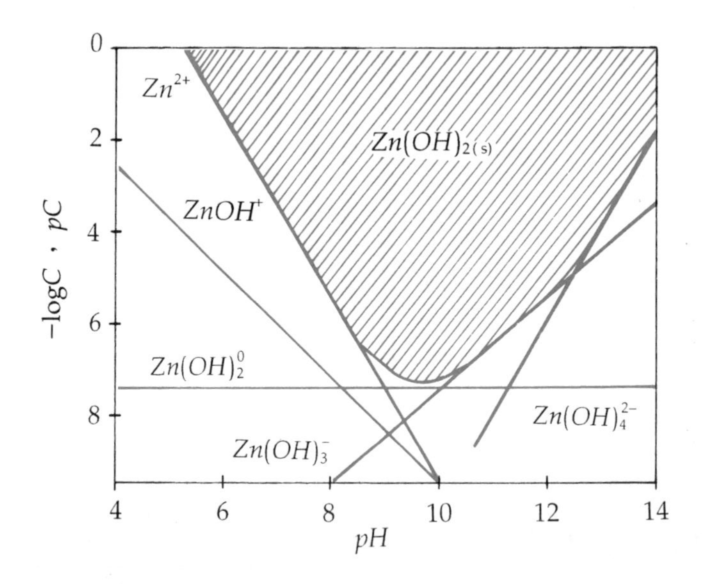

圖 6-19　25℃時 $Zn(OH)_{2(S)}$ 溶解平衡之溶解物的濃度對數圖

上述之綜合曲線也就是金屬溶解物總量的溶解與沈澱分界線，在某一 pH 值，總量超過分界線時就會發生氫氧化物沈澱。由圖 6-19 亦可看出，在低 pH 值時，主要以 Zn^{2+} 形式存在，其次爲 $ZnOH^+$，在高 pH 值時，主要以 $Zn(OH)_4^{2-}$ 存在，其次爲 $Zn(OH)_3^-$。由此可知，如果不考慮複合離子之形成，而單獨根據式（6-109）計算 $[Zn^{2+}]$ 濃度，將有很大誤差。從圖中亦可看出，$Zn(OH)_2$ 溶解度最小之 pH 值爲 9.40，在此 pH 值時溶解之 Zn 總濃度爲 1.6

$\times 10^{-7}$M，而各溶解複合離子濃度分別是：$Zn(OH)_2^o$的濃度爲 1.1×10^{-7}M，$Zn(OH)_3^-$爲 3.6×10^{-8}M，Zn^{2+} 爲 1.3×10^{-8}M。理論上當環境工程師以沈澱方法處理重金屬離子時，上述之溶解圖可作爲適當 pH 值選擇之參考，例如欲以加石灰沈澱一含 Zn^{2+} 而濃度爲10^{-2}M 之電鍍廢水，則可直接由圖中查出在 $[Zn^{2+}]=10^{-2}$M時，$Zn(OH)_2$在 pH 值大於 6.9 時開始沈澱，若欲使 Zn^{2+} 濃度降至10^{-5}M，pH 值需升高至 7.9。

【例 6-8】

表 6-5 爲三價鐵金屬離子之氫氧基複合離子之形成常數，試利用此表繪出濃度對數圖，並說明其意義。

表 6-5 三價鐵金屬離子之氫氧基複合離子之形成常數

反應	log K	
$Fe^{3+} + H_2O \rightleftharpoons FeOH^{2+} + H^+$	−2.16	(6-130)
$Fe^{3+} + 2\,H_2O \rightleftharpoons Fe(OH)_2^+ + 2\,H^+$	−6.74	(6-131)
$Fe(OH)_{3(S)} \rightleftharpoons Fe^{3+} + 3\,OH^-$	−38	(6-132)
$Fe^{3+} + 4\,H_2O \rightleftharpoons Fe(OH)_4^- + 4\,H^+$	−23	(6-133)
$2\,Fe^{3+} + 2\,H_2O \rightleftharpoons Fe_2(OH)_2^{4+} + 2\,H^+$	−2.85	(6-134)

【解】

由式（6-132）

$$[Fe^{3+}][OH^-]^3 = K_{sp}$$

$$-\log[Fe^{3+}] = -\log K_{sp} + \log[OH^-]^3$$

$$-\log[Fe^{3+}] = -4 + 3\,pH \qquad (6\text{-}135)$$

再由式（6-130）

$$\frac{[FeOH^{2+}][H^+]}{[Fe^{3+}]} = K_1$$

$$-\log[FeOH^{2+}] = -\log K_1 + \log[H^+] - \log[Fe^{3+}]$$

$$-\log[FeOH^{2+}] = -1.84 + 2\,pH \tag{6-136}$$

同理求得

$$-\log[Fe(OH)_2^+] = 2.74 + pH \tag{6-137}$$

$$-\log[Fe(OH)_4^-] = 19 - pH \tag{6-138}$$

$$-\log[Fe_2(OH)_2^{4+}] = -5.2 + 4\,pH \tag{6-139}$$

將（6-135）至（6-139）各式繪圖得圖 6-20。

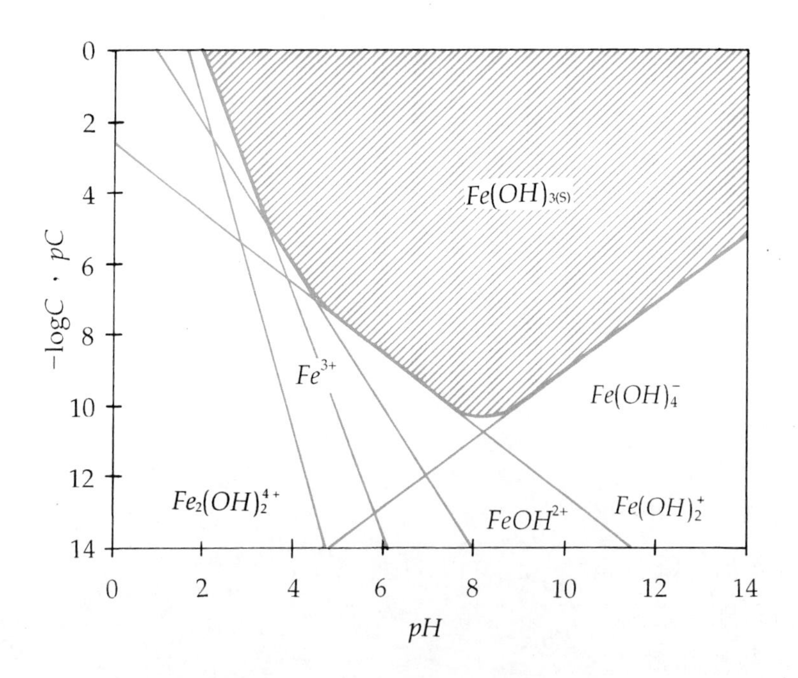

圖 6-20　25℃ $Fe(OH)_{3(S)}$ 溶解平衡之溶解物的濃度對數圖

由6-20圖可以看出，$Fe(OH)_{3(S)}$之溶解度在pH約為8.4時達到最小，pH大於8.4或小於8.4則溶解度隨之上升。產生此種現象的原因在於許多金屬氫氧化物不但可以形成複合陽離子，而且可形成複合陰離子，這些複合離子的產生都會使金屬氫氧化物的溶解度增大。隨著溶液pH值升高，複合陽離子的作用逐漸下降，而複合陰離子之作用逐漸上升，因而在某pH值會出現最低溶解度，pH值再升高時，因複合陰離子之增多而使溶解度上升。這類氫氧化物稱為兩性物質（ampholyte）。Zn^{2+}、Cu^{2+}、Fe^{2+}、Cr^{3+}、Fe^{3+}等皆能形成兩性氫氧化物。

6-3-4 反應商數（Q）與溶解度積（K_{sp}）

反應商數（Q）係指難溶鹽水溶液中，離子的容積莫耳濃度的乘積，因此對（6-83）式之反應，即$A_xB_y \rightleftharpoons x \cdot A^{y+} + y \cdot B^{x-}$，其反應商數$Q$為

$$Q = [A^{y+}]^x [B^{x-}]^y \tag{6-140}$$

而K_{sp}則為溶液達到最終平衡狀態時，離子的容積莫耳濃度的乘積。本質上，溶解度積常數（K_{sp}）表示特定情況下，離子可有濃度乘積之最大值。因此當$Q = K_{sp}$時表示溶液已達平衡狀態，此時稱為飽和溶液。若$Q > K_{sp}$時，表示反應會往減少離子濃度之方向進行以達平衡狀態，因此溶液會產生沈澱，此溶液稱為過飽和溶液。當$Q < K_{sp}$時，表示反應會往增加離子濃度方向進行以達平衡，因此溶液會有固體溶解，此溶液稱為未飽和溶液。

6-3-5 狀況溶解度積

難溶鹽之溶解度積係其飽和溶液中游離離子之濃度乘積，但是由於複合離子之形成，而且實際分析實驗時所能測定的往往是溶解物的總濃度而非單僅游離離子之濃度，因此工程應用上常是使用總溶解物種濃度的乘積來代替單純游離離子之乘積。總溶解物種濃度的乘積稱為狀態溶解度積（conditional solubility product）其定義如下：

$$P_S = (C_{T,M})(C_{T,A}) \tag{6-141}$$

式中 P_S　：狀態溶解度積

$C_{T,M}$：所有複合金屬離子 M 之總濃度

$C_{T,A}$：所有複合陰離子 A 之總濃度

若游離金屬離子（M^+）所佔之百分率以α_M表示，而游離陰離子（A^-）所佔之百分率以α_A表示。則

$$[M^+] = \alpha_M \times C_{T,M}$$

$$[A^-] = \alpha_A \times C_{T,A}$$

因此 $K_{sp} = [M^+][A^-] = \alpha_M \cdot \alpha_A \cdot C_{T,M} \cdot C_{T,A} = \alpha_M \cdot \alpha_A \cdot P_S$　(6-142)

6-4　難溶鹽溶解度之影響因子

6-4-1　溶解度之溫度效應

由例題（6-3）及（6-4）之計算中，我們知道溶解度之大小與溶解度積（K_{sp}）有密切關係，而 K_{sp} 其實就是反應之平衡常數。在第二章 3-13 節中，我們已知平衡常數與溫度有關，因此難溶鹽之溶解度將受溫度影響。溶解度積與溫度之關係可由 Van't Hoff 方程式來決定，即

$$\ln\frac{K_{sp1}}{K_{sp2}} = \frac{\Delta H^o}{R}\left[\frac{1}{T_2} - \frac{1}{T_1}\right] \tag{6-143}$$

由上式可以看出，對放熱反應（$\Delta H < 0$），溫度升高（$T_2 > T_1$），則平衡常數會變小，（$K_{sp2} < K_{sp1}$）。對吸熱反應（$\Delta H > 0$）而言，則剛好相反。因此對放熱反應，溫度升高溶解度則減少，例如 $CaCO_3$、$Ca_3(PO_4)_2$、$CaSO_4$ 及

$FePO_4$ 等皆是此種情形。

【例 6-9】

25℃時磷酸鈣之溶解度積常數爲 1.0×10^{-27}，試求 50℃時$Ca_3(PO_4)_2$之 K_{sp} 值。已知

	$Ca_3(PO_4)_2$	$\rightleftharpoons$	$3\,Ca^{2+}$	+	$2\,PO_4^{3-}$
ΔH_f^o (kJ/mole)	−4138		−542.96		−1277

【解】

$$\Delta H^o=[\,2\times\Delta H_f^o(\,PO_4^{3-}\,)+3\times\Delta H_f^o(\,Ca^{2+}\,)\,]-[\,1\times\Delta H_f^o(\,Ca_3(PO_4)_2\,)\,]$$

$$=[\,2\times(-1277\,)+3\times(-542.96\,)\,]-[\,1\times(-4138\,)\,]$$

$$=-2554-1628+4138=-44\text{kJ}=-10.52\text{ kcal}$$

$$\ln\frac{K_{sp}}{1.0\times10^{-27}}=\frac{-10.52}{1.987\times10^{-3}}\left[\frac{1}{298}-\frac{1}{323}\right]$$

$$K_{sp}=2.53\times10^{-28}$$

故溫度增加，$Ca_3(PO_4)_2$之溶解度反而降低。

6-4-2 共同離子效應

當水溶液中含有與溶解固體相同離子時，則固體之溶解度將會降低，此一效應稱爲共同離子效應（the common ion effect）。例如在 $CaCO_3$ 之飽和溶液中若加入 Na_2CO_3 則 $CaCO_3$ 溶解度會降低，此可由勒沙特略原理來解釋。$CaCO_3$ 之溶解平衡式如下：

$$CaCO_{3(S)}\rightleftharpoons Ca^{2+}_{(aq)}+CO^{2-}_{3(aq)} \tag{6-144}$$

由於在飽和溶液中已達平衡，因此加入CO_3^{2-} 離子將破壞原有平衡，所

以反應會往 $CaCO_3$ 沈澱方向進行以消除外加之干擾（此處即增加之CO_3^{2-}），因此 $[Ca^{2+}]$ 將減少，亦即 $CaCO_3$ 之溶解度將減少。此效應可以下面例題之計算來印證。

【例 6-10】

25℃飽和 $CaCO_{3(S)}$ 溶液之溶解度為多少，若於此溶液中加入 25g/L Na_2CO_3，則碳酸鈣之溶解度又為多少，試比較之。若 25℃時 $CaCO_{3(S)}$ 之 $K_{sp} = 8.9 \times 10^{-9}$而離子強度修正可忽略不計。

【解】

$CaCO_{3(S)}$之溶解平衡方程式為：

$$CaCO_{3(S)} \rightleftharpoons Ca^{2+}_{(aq)} + CO^{2-}_{3(aq)}$$

設溶解度為 S，則 $[Ca^{2+}] = [CO_3^{2-}] = S$

$$K_{sp} = 8.9 \times 10^{-9} = S^2 = 9.4 \times 10^{-5}\ \mathrm{M}$$

當加入 $\dfrac{25\mathrm{g}\ Na_2CO_3}{\mathrm{L}} = \dfrac{25\mathrm{g}\ Na_2CO_3}{\mathrm{L}} \times \dfrac{1\ \mathrm{mole}\ Na_2CO_3}{106\ \mathrm{g}\ Na_2CO_3} = 0.236\mathrm{M} \cdot Na_2CO_3$

因為完全解離所以 $[CO_3^{2-}] = 0.236\mathrm{M}$

在此情況，假設 $CaCO_{3(S)}$ 之溶解度為 S

則 $[Ca^{2+}] = S = [CO_3^{2-}] = 0.236 + S$

$$K_{sp} = 8.9 \times 10^{-9} = S\,(0.236 + S)$$

$$S = 3.38 \times 10^{-8}\ \mathrm{M}$$

由上計算可知由於 Na_2CO_3 之加入，使得 $CaCO_{3(S)}$ 之溶解度顯著的降低許多。

6-4-3 異離子效應

異離子效應（diverse ion effect）是指非相關離子對難溶鹽溶解度之效應，雖然此等離子在溶質平衡中不直接參與沈澱反應，但是卻會影響難溶鹽之溶解度，通常是增加其溶解度。其原因主要是此非相關離子之存在會影響微溶離子的有效濃度或活性所致。現以 $CaCO_3$ 爲例說明：$CaCO_{3(S)}$ 之溶解平衡方程式如下：

$$CaCO_{3(S)} \rightleftharpoons Ca^{2+}_{(aq)} + CO^{2-}_{3(aq)} \qquad (6\text{-}145)$$

其 $K_{sp} = \{Ca^{2+}\}\{CO_3^{2-}\}$ (6-146)

$$K_{sp} = r_{Ca^{2+}}[Ca^{2+}] \cdot r_{CO_3^{2-}}[CO_3^{2-}] \qquad (6\text{-}147)$$

$$[Ca^{2+}][CO_3^{2-}] = \frac{K_{sp}}{r_{Ca^{2+}} \cdot r_{CO_3^{2-}}} \qquad (6\text{-}148)$$

當異離子存在時則溶液之離子強度增加，造成活性係數 r 小於 1，故 Ca^{2+} 及 CO_3^{2-} 之濃度因此增加。

【例 6-11】

25℃時$AgCl_{(S)}$在純水中之溶解度爲 1×10^{-5}M，若在 0.1M 之 $NaNO_3$ 溶液中，其溶解度爲何？

【解】

$AgCl$ 之溶解度積 $K_{sp} = \{Ag^+\}\{Cl^-\} = r_{Ag^+}[Ag^+] \cdot r_{Cl^-}[Cl^-]$

$$\text{離子強度} = \frac{1}{2}\Sigma CiZi^2 = \frac{1}{2}(1\times10^{-5}\times1^2 + 1\times10^{-5}\times1^2) = 1\times10^{-5}$$

$$\log r_{Ag^+} = \log r_{Cl^-} = -0.509\times1^2\times\sqrt{1\times10^{-5}}$$

$$r_{Ag^+} = r_{Cl^-} = 0.996$$

$$K_{sp} = 0.996\times1\times10^{-5}\times0.996\times1\times10^{-5} = 9.93\times10^{-11}$$

在 0.1M $NaNO_3$ 溶液中由於 $NaNO_3$ 完全解離，因此 $[Na^+]=0.1$M、$[NO_3^-]=0.1$M，而相對之下 $[Ag^+]$ 及 $[Cl^-]$ 之濃度可忽略不計。

所以離子強度 $I=\frac{1}{2}\sum CiZi^2=\frac{1}{2}(0.1\times1^2+0.1\times1^2)=0.1$

$$\log r_{Ag^+}=\log r_{Cl^-}=\frac{-0.509\,Z^2\sqrt{I}}{1+\sqrt{I}}=\frac{-0.509\times1^2\sqrt{0.1}}{1+\sqrt{0.1}}$$

$$r_{Ag^+}=r_{Cl^-}=0.75$$

設溶解度爲 S

$$\frac{K_{sp}}{r_{Ag^+}\,r_{Cl^-}}=\frac{9.93\times10^{-11}}{0.75\times0.75}=[Ag^+][Cl^-]=S^2$$

$$S=1.3\times10^{-5}\text{ M}$$

比較以上之計算知 $AgCl$ 之溶解度在 $NaNO_3$ 之水溶液中比在純水中高。

6-4-4 螯合劑對難溶鹽溶解度之影響

含清潔劑之家庭廢水或電鍍廢水等來源之 NTA、EDTA 螯合劑進入水體生態系統中將會從水中固體物如 $PbCO_3$、$Pb(OH)_2$ 等溶出毒性金屬離子，並以螯合物形態存在於水溶液中。如果經過一段時間，NTA、EDTA 等螯合重金屬鹽生物降解後，則會放出重金屬離子，導致受水體之毒性。重金屬的溶出程度與金屬螯合物的穩定度、水中螯合劑濃度、pH 及不溶性沈澱物之本質皆有關係，茲以下面例子說明螯合劑對難溶鹽溶解度之影響。

【例 6-12】

若一水體中含有 $Pb(OH)_2$ 沈澱物，在 $pH=8.0$ 時 $Pb(OH)_2$ 之溶解度爲多少？若水中有 25mg/L 之 NTA 存在時則 $Pb(OH)_2$ 之溶解度是否增加？25℃時 $Pb(OH)_2$ 之 $K_{sp}=1.61\times10^{-20}$。

【解】

(1) 若無 NTA 螯合劑存在時

$[Pb^{2+}][OH^-]^2 = K_{sp}$

$PH = 8.0$，所以 $[OH^-] = 1\times 10^{-6}$

$[Pb^{2+}][1\times 10^{-6}]^2 = 1.61\times 10^{-20}$

$$[Pb^{2+}] = \frac{1.61\times 10^{-8}\text{ mole } Pb^{2+}}{\text{L}} \times \frac{207\text{g } Pb^{2+}}{1\text{ mole } Pb^{2+}} \times \frac{1000\text{ mg}}{1\text{ g}}$$

$$= 3.33\times 10^{-3}\text{ mg/L}$$

(2) 若有 NTA 存在時，由於 $pH = 8.0$ 時根據圖 6-4 可看出 NTA 主要以二價陰離子 HT^{2-} 存在。因此 $Pb(OH)_2$ 與 HT^{2-} 反應時之反應式如下：

$$Pb(OH)_{2(S)} + HT^{2-} \qquad PbT^- + OH^- + H_2O \tag{6-149}$$

此反應是由下列四反應式合併而來

$$Pb(OH)_2 \rightleftharpoons Pb^{2+} + 2\,OH^- \quad K_{sp} = [Pb^{2+}][OH^-]^2 = 1.61\times 10^{-20} \tag{6-150}$$

$$HT^{2-} \rightleftharpoons H^+ + T^{3-} \quad K_{a3} = \frac{[H^+][T^{3-}]}{[HT^{2-}]} = 5.25\times 10^{-11} \tag{6-151}$$

$$Pb^{2+} + T^{3-} \rightleftharpoons PbT^- \quad K_f = \frac{[PbT^-]}{[Pb^{2+}][T^{3-}]} = 2.45\times 10^{11} \tag{6-152}$$

$$+)\ H^+ + OH^- \rightleftharpoons H_2O \quad \frac{1}{K_W} = \frac{1}{1\times 10^{-14}} \tag{6-153}$$

$$Pb(OH)_2 + HT^{2-} \rightleftharpoons PbT^- + OH^- + H_2O \qquad K$$

所以式（6-149) 之平衡常數 K 可由下式計算出

$$K=\frac{[PbT^-][OH^-]}{[HT^{2-}]}=\frac{K_{sp}\cdot K_{a3}\cdot K_f}{K_W}=2.07\times10^{-5} \quad (6\text{-}154)$$

$$\frac{[PbT^-]}{[HT^{2-}]}=\frac{K}{[OH^-]}=\frac{2.07\times10^{-5}}{1.0\times10^{-6}}=20 \quad (6\text{-}155)$$

又 $C_{T,NTA}=[PbT^-]+[HT^{2-}]\cong\frac{25\text{mg NTA}}{\text{L}}\times\frac{1\text{ g}}{10^3\text{ mg}}\times\frac{1\text{ mole}}{257\text{ g}}=9.7\times10^{-5}\text{ M}$ (6-156)

由（6-155）及（6-156）二式聯立

得 $[PbT^-]=9.24\times10^{-5}\text{ M}\cong20\text{ mg }Pb^{2+}/\text{L}$

由以上之計算知。當 NTA 存在時有 20mg/L Pb^{2+} 溶解出，此值遠比無 NTA 存在時所溶解出之 Pb^{2+}（33.3×10^3mg/L）為多。但值得注意的是，當無 NTA 存在時溶解之鉛離子是以自由 Pb^{2+} 離子存在水中，而有 NTA 存在時鉛離子係以 PbT^- 形式溶解於水中。又由式（6-155）知當 pH 增加 PbT^- 之相對量會減少。

【例 6-13】

若水溶液中有碳酸根存在，在適當之 pH 範圍及鹼度狀況下，Pb^{2+} 易以 $PbCO_3$ 固體沈澱物出現。若水中含 2mg/L NTA，在 $pH=7$ 時 NTA 是否會溶出 Pb^{2+}。（NTA 鹽之 $MW=257$，H_2CO_3 之 $pK_{a1}=6.35$、$pK_{a2}=10.33$，$PbCO_3$ 之 K_{sp} 在 25℃時為 5.25×10^{-11}）。

【解】

在 $pH=7$ 時水中之碳酸根系統主要是以 HCO_3^- 之形式存在，而 NTA 主要以二價陰離子 HT^{2-} 存在，因此 $PbCO_3$ 與 HT^{2-} 反應時之反應式如下：

$$PbCO_{3(S)}+HT^{2-}\rightleftharpoons PbT^-+HCO_3^- \quad (6\text{-}157)$$

此反應可由下列反應式合併而來

$$PbCO_3 \rightleftharpoons Pb^{2+} + CO_3^{2-} \quad K_{sp} = 1.48 \times 10^{-13} \tag{6-158}$$

$$HT^{2-} \rightleftharpoons H^+ + T^{3-} \quad K_{a3} = 5.25 \times 10^{-11} \tag{6-159}$$

$$Pb^{2+} + T^{3-} \rightleftharpoons PbT^- \quad K_f = 2.45 \times 10^{11} \tag{6-160}$$

$$+)\ CO_3^{2-} + H^+ \rightleftharpoons HCO_3^- \quad \frac{1}{K_{a2}} = \frac{1}{4.69 \times 10^{-11}} \tag{6-161}$$

$$PbCO_{3(S)} + HT^{2-} \rightleftharpoons PbT^- + HCO_3^- \quad K \tag{6-149}$$

因此式（6-149）之平衡常數

$$K = \frac{K_{sp} \cdot K_{a3}^{'} \cdot K_f}{K_{a2}} = 4.06 \times 10^{-2} \tag{6-162}$$

$$\frac{[PbT^-][HCO_3^-]}{[HT^{2-}]} = K$$

$$\frac{[PbT^-]}{[HT^{2-}]} = \frac{K}{[HCO_3^-]} \tag{6-163}$$

由式（6-163）知 Pb^{2+} 是否溶解出來與 $[HCO_3^-]$ 之濃度有關。$[HCO_3^-]$ 愈大則 PbT^- 愈小，亦即 NTA 溶解 $PbCO_3$ 之傾向愈低。

【例 6-14】

若 1×10^{-3}mole $CaCl_2$，0.1mole $NaOH$，0.1 mole Na_3T 混合並稀釋至 1L，則在此溶液中之游離 Ca^{2+} 濃度爲多少？

【解】

$$Ca^{2+} + T^{3-} \rightleftharpoons CaT^- \quad K = 1.48 \times 10^8$$

由於平衡常數相當大，因此假設 Ca^{2+} 大部分轉化爲 CaT^-，所以

$$[CaT^-] \cong 1.0 \times 10^{-3}\ \text{M}$$

而$[T^{3-}] = 0.100 - 1.0 \times 10^{-3}\ \text{M} = 0.099\ \text{M}$

$$K = \frac{[CaT^-]}{[Ca^{2+}][T^{3-}]} = \frac{1.0 \times 10^{-3}}{[Ca^{2+}] \times 0.099} = 1.48 \times 10^{8}$$

$$[Ca^{2+}] = 6.83 \times 10^{-11}\ \text{M}$$

6-4-5 酸鹼競爭平衡對溶解度之影響

討論難溶鹽之溶解度時，若解離之陰離子為弱酸根，由於其易與水中氫離子結合成弱酸，因此當水中之 pH 下降時，則難溶鹽之溶解度會增加，此類陰離子包括碳酸根（CO_3^{2-}）、磷酸根（PO_4^{3-}）及硫化物（S^{2-}）等。此種酸鹼競爭平衡對溶解度之影響，可由下面例題討論說明。

【例 6-15】

計算 PbS 在 $pH = 3$ 及 $pH = 10$ 水溶液中之溶解度。PbS 在 25℃ 之 $K_{sp} = 6.9 \times 10^{-29}$ 而 H_2S 之 $K_{a1} = 1 \times 10^{-7}$、$K_{a2} = 1.3 \times 10^{-13}$。

【解】

此系統之平衡反應如下：

$$PbS \rightleftharpoons Pb^{2+} + S^{2-} \qquad K_{sp} = [Pb^{2+}][S^{2-}] = 6.9 \times 10^{-29} \tag{6-164}$$

$$S^{2-} + H^+ \rightleftharpoons HS^- \qquad \frac{1}{K_{a2}} = \frac{[HS^-]}{[S^{2-}][H^+]} = \frac{1}{1.3 \times 10^{-13}} \tag{6-165}$$

$$HS^- + H^+ \rightleftharpoons H_2S \qquad \frac{1}{K_{a1}} = \frac{[H_2S]}{[HS^-][H^+]} = \frac{1}{1 \times 10^{-7}} \tag{6-166}$$

由質量平衡式知，若溶解度為S

$$S = [Pb^{2+}] = [H_2S] + [HS^-] + [S^{2-}] \tag{6-167}$$

由（6-165）及（6-166）得知

$$[H_2S]=\frac{[H^+][HS^-]}{K_{a1}}=\frac{[H^+]^2[S^{2-}]}{K_{a1}\cdot K_{a2}} \tag{6-168}$$

$$[HS^-]=\frac{[H^+][S^{2-}]}{K_{a2}} \tag{6-169}$$

將（6-168）、（6-169）代入（6-167）式

$$S=[Pb^{2+}]=[S^{2-}]+\frac{[H^+][S^{2-}]}{K_{a2}}+\frac{[H^+]^2[S^{2-}]}{K_{a1}\cdot K_{a2}}$$

$$=[S^{2-}]\left(1+\frac{[H^+]}{K_{a2}}+\frac{[H^+]^2}{K_{a1}\cdot K_{a2}}\right)$$

$$=\frac{K_{sp}}{[Pb^{2+}]}\left(\frac{K_{a1}\cdot K_{a2}+[H^+]K_{a1}+[H^+]^2}{K_{a1}\cdot K_{a2}}\right)$$

$$=\frac{K_{sp}}{[Pb^{2+}]}\times\frac{1}{\alpha_2} \tag{6-170}$$

重新整理式（6-170）得

$$S^2=\frac{K_{sp}}{\alpha_2}\quad\therefore S=\left(\frac{K_{sp}}{\alpha_2}\right)^{1/2} \tag{6-171}$$

由式（6-171）知當 $\alpha_2=1$ 時，亦即水中無任何可消耗 S^{2-} 之酸存在，則 $S=(K_{sp})^{1/2}=8.3\times10^{-15}$M

若水中有酸會與 S^{2-} 結合成 HS^- 或 H_2S，則 $\alpha_2<1$，因此溶解度會增加。當 $pH=3$ 時

$$\alpha_2=\frac{K_{a1}K_{a2}}{K_{a1}K_{a2}+[H^+]K_{a1}+[H^+]^2}$$

$$= \frac{(1\times10^{-7})(1.3\times10^{-13})}{(1\times10^{-7})(1.3\times10^{-13})+(10^{-3})\times(1\times10^{-7})+(10^{-3})^2}$$

$$= 1.3\times10^{-14}$$

由式（6-171）知 PbS 之溶解度$(S) = 7.3\times10^{-8}$ M 。

當 $pH = 10$ 時

$$\alpha_2 = \frac{(1\times10^{-7})(1.3\times10^{-13})}{(1\times10^{-7})(1.3\times10^{-13})+(10^{-10})\times(1\times10^{-7})+(10^{-10})^2}$$

$$= 1.3\times10^{-3}$$

由式（6-171）知 $S = \left(\frac{6.9\times10^{-29}}{1.3\times10^{-3}}\right)^{1/2} = 2.3\times10^{-13}$ M

由以上計算知 PbS_2 之溶解度在 $pH = 3$ 時較 $pH = 10$ 時高出很多。

【例 6-16】

計算 CaC_2O_4 在 $pH = 3$ 及 $pH = 7$ 之之溶解度各爲多少。CaC_2O_4 在 25℃ 之 $K_{sp} = 2.6\times10^{-9}$，而 $H_2C_2O_4$ 之 $K_{a1} = 5.6\times10^{-2}$，$K_{a2} = 6.2\times10^{-5}$。

【解】

同例題 6-14 之推導得知溶解度可以下式表示之

溶解度 $S = \left(\frac{K_{sp}}{\alpha_2}\right)^{1/2}$

當 $pH = 3$ 時

$$\alpha_2 = \frac{K_{a1}K_{a2}}{K_{a1}K_{a2}+[H^+]K_{a1}+[H^+]^2} = 0.057$$

溶解度 $= 2.1\times10^{-4}$M

當 $pH = 7$ 時 $\alpha_2 = 1.0$

$S = 5.1 \times 10^{-5}\text{M}$

6-4-6 形成複合離子對溶解度之影響

溶液中若有會與鹽類中的陽離子或陰離子形成可溶性複合離子的物種時，則鹽類之溶解度則大大增加，例如6-3-3節中曾討論金屬氫氧化物之複合離子。由於複合離子之存在，因此鹽類溶解度之計算不能單是計算游離金屬離子之濃度，必須計算所有可溶性金屬離子之濃度，包括複合離子。現以下面例子說明。

【例6-17】

若 pH 控制在10時，$Cd(OH)_2$在水中之溶解度爲多少？（25℃）

【解】

已知之反應有：

$$Cd(OH)_{2(S)} \rightleftharpoons Cd^{2+} + 2\,OH^- \qquad \log K_{sp} = -13.65 \tag{6-172}$$

$$Cd(OH)_{2(S)} \rightleftharpoons CdOH^+ + OH^- \qquad \log K_1 = -9.49 \tag{6-173}$$

$$Cd(OH)_{2(S)} \rightleftharpoons Cd(OH)^0_{2(aq)} \qquad \log K_2 = -9.42 \tag{6-174}$$

$$Cd(OH)_{2(S)} + OH^- \rightleftharpoons Cd(OH)_3^- \qquad K_3 = -12.97 \tag{6-175}$$

$$Cd(OH)_{2(S)} + 2OH^- \rightleftharpoons Cd(OH)_4^{2-} \qquad \log K_4 = -13.97 \tag{6-176}$$

若未形成複合物時，則溶解度可計算如下

$$[\,Cd^{2+}\,][\,OH^-\,]^2 = K_{sp} = 10^{-13.65}$$

$$[\,Cd^{2+}\,][\,10^{-4}\,]^2 = 10^{-13.65}$$

$$[\,Cd^{2+}\,] = 10^{-5.65} = 2.2 \times 10^{-6}\ \text{M}$$

若形成複合物時

溶解度$S = C_{T,Cd} = [Cd^{2+}] + [CdOH^{+}] + [Cd(OH)_2^0] + [Cd(OH)_3^-] + [Cd(OH)_4^{2-}]$ (6-177)

由式（6-172）至（6-176）運算得知各複合離子之濃度如下：

$$[Cd^{2+}] = \frac{K_{sp}}{[OH^-]^2} = \frac{-13.65}{(10^{-4})^2} = 10^{-5.65} \quad (6\text{-}178)$$

$$[CdOH^+] = \frac{K_1}{[OH^-]} = \frac{10^{-9.49}}{10^{-4}} = 10^{-5.49} \quad (6\text{-}179)$$

$$[Cd(OH)_2^0] = K_2 = 10^{-9.42} \quad (6\text{-}180)$$

$$[Cd(OH)_3^-] = [OH^-] \times K_3 = 10^{-4} \cdot 10^{-12.97} = 10^{-16.97} \quad (6\text{-}181)$$

$$[Cd(OH)_4^{2-}] = [OH^-]^2 \times K_4 = 10^{-8} \cdot 10^{-13.97} = 10^{-21.97} \quad (6\text{-}182)$$

將式（6-178）至（6-182）代入式（6-177）
得溶解度 $S = 5.46 \times 10^{-6}$
由計算得知有複合離子形成時$Ca(OH)_2$之溶解度增加了一倍。

【例6-18】

若一工業廢水含有Cu^{2+}，其總氨氮濃度為（$NH_4^+ - NH_3 - N$）為100mg/L，試問pH為9時，總溶解銅濃度為多少？若水中無氨氮存在時，$Cu(OH)_2$之溶解度為多少？（假設Cu^{2+}不形成氫氧複合離子）。

【解】

已知之反應有

$$Cu(OH)_{2(S)} \rightleftharpoons Cu^{2+} + 2\,OH^- \qquad K_{sp} = 1.58 \times 10^{-19} \quad (6\text{-}183)$$

$$Cu^{2+} + NH_3 \rightleftharpoons CuNH_3^{2+} \qquad K_1 = 2.04 \times 10^4 \quad (6\text{-}184)$$

$$Cu^{2+} + 2\,NH_3 \rightleftharpoons Cu(NH_3)_2^{2+} \qquad K_2 = 9.55 \times 10^7 \quad (6\text{-}185)$$

$$NH_4^+ \rightleftharpoons NH_3 + H^+ \qquad K_a = 5.50 \times 10^{-10} \quad (6\text{-}186)$$

$$H_2O \rightleftharpoons H^+ + OH^- \qquad K_W = 1\times10^{-14} \tag{6-187}$$

若有氨銅複合物形成時，則溶解度之計算如下

溶解度 $S = C_{T,Cu} = [Cu^{2+}] + [CuNH_3^{2+}] + [Cu(NH_3)_2^{2+}]$ (6-188)

由式（6-183）運算得知

$$[Cu^{2+}] = \frac{K_{sp}}{[OH^-]^2} = \frac{K_{sp}}{K_W^2}[H^+]^2 = 1.58\times10^9[H^+]^2 \tag{6-189}$$

由式（6-184）運算並代入式（6-189）得

$$CuNH_3^{2+} = K_1\times[Cu^{2+}][NH_3] = 2.04\times10^4\times1.58\times10^9[H^+]^2\times[NH_3] \tag{6-190}$$

若 α_1 為 NH_3 所佔之百分率，則

$$[NH_3] = \alpha_1\times C_{T,NH_3} \tag{6-191}$$

$$C_{T,NH_3} = \frac{100\text{ mg N}}{\text{L}}\times\frac{1\text{ g}}{1000\text{ mg}}\times\frac{1\text{ mole N}}{14\text{ g N}} = 7.1\times10^{-3}\text{ M} \tag{6-192}$$

$$\alpha_1 = \frac{1}{1+\frac{H^+}{K_a}} \tag{6-193}$$

將（6-192）及（6-193）代入（6-191）所得之式再代入式（6-190）則得

$$CuNH_3^{2+} = 2.29\times10^{10}[H^+]^2\left(\frac{1}{1+\frac{H^+}{K_a}}\right) \tag{6-194}$$

同理求得

$$Cu(NH_3)_2^{2+} = 7.60 \times 10^{12} [H^+]^2 \left(\frac{1}{1 + \frac{H^+}{K_a}} \right)^2 \quad (6\text{-}195)$$

將 $pH = 9$ 帶入（6-189）、（6-194）、（6-195）式中，分別求出溶解銅之濃度，再代入（6-188）式，可求得總溶解銅濃度 $= 9.69 \times 10^{-7}$ M。

若無氨氮存在時，則$Cu(OH)_2$溶解度可計算如下：

$$[Cu^{2+}][OH^-]^2 = 1.58 \times 10^{-19} = K_{sp}$$

$$[Cu^{2+}][1 \times 10^{-5}]^2 = 1.58 \times 10^{-19}$$

$$[Cu^{2+}] = 1.58 \times 10^{-9}$$

因此若有複合離子形成，$Cu(OH)_2$之溶解度增加。

6-4-7 綜合因素對溶解度之影響

由前面各節之討論，可清楚知道當水溶液中有螯合劑、酸鹼競爭、複合離子之形成，則會影響難溶鹽之溶解度，當金屬離子進行水解作用時亦會增加溶解度。因此溶解度之計算必須考慮以上這些因素的共同影響，如此才能較準確估計溶解度。以下例子可說明這些因素之共同影響。

【例 6-19】

同例題 6-17，除了氨銅之複合離子外，若同時考慮 Cu^{2+} 之水解作用，則$Cu(OH)_2$最小溶解度之 pH 值為何？

【解】

除上題中各反應式外，亦須增加水解反應式，即

$$2\,Cu(OH)_{2(S)} \rightleftharpoons [Cu_2(OH)_2^{2+}] + 2\,OH^- \qquad K_1' = 2.51 \times 10^{-21} \quad (6\text{-}196)$$

$$Cu(OH)_{2(S)} + OH^- \rightleftharpoons Cu(OH)_3^- \qquad K_2' = 2.51 \times 10^{-4} \quad (6\text{-}197)$$

$$Cu(OH)_{2(S)} + 2\,OH^- \rightleftharpoons Cu(OH)_4^{2-} \qquad K_3' = 2.00 \times 10^{-3} \quad (6\text{-}198)$$

總溶解度爲各溶解離子，包括自由離子及複合離子之和。其計算如下：

$$C_{T,Cu}=[Cu^{2+}]+[CuNH_3^{2+}]+[Cu(NH_3)_2^{2+}]+[Cu_2(OH)_2^{2+}]+[Cu(OH)_3^-]+[Cu(OH)_4^{2-}] \tag{6-199}$$

由式（6-196）、（6-197）、（6-198）可求得各氫氧基銅複合離子之濃度如下：

$$Cu_2(OH)_2^{2+}=\frac{K_1^{'}}{[OH^-]^2}=2.51\times10^7[H^+]^2$$

$$Cu(OH)_3^-=2.51\times10^{-4}\times[OH^-]=\frac{2.51\times10^{-18}}{[H^+]}$$

$$Cu(OH)_4^{2-}=\frac{2.00\times10^{-31}}{[H^+]^2}$$

將以上各式即式（6-189），（6-194），（6-195）代入式（6-199），得

$$C_{T,Cu}=1.58\times10^9[H^+]^2+2.29\times10^{10}[H^+]^2\left(\frac{1}{1+\frac{H^+}{K_a}}\right)$$

$$+7.60\times10^{12}[H^+]^2\left(\frac{1}{1+\frac{H^+}{K_a}}\right)^2+2.51\times10^7[H^+]^2+\frac{2.51\times10^{-18}}{[H^+]}+\frac{2.00\times10^{-31}}{[H^+]^2} \tag{6-200}$$

由式（6-200）以$-\log C_{T,Cu}$對pH作圖，得圖6-21。由圖6-21知$pH=10.2$時，銅之最小溶解度爲2.51×10^{-8} M。

6-4-8 藍氏飽和指標

當水中含有鈣離子及碳酸根離子時，往往會在加熱後形成非溶解性碳酸鈣，反應如下：

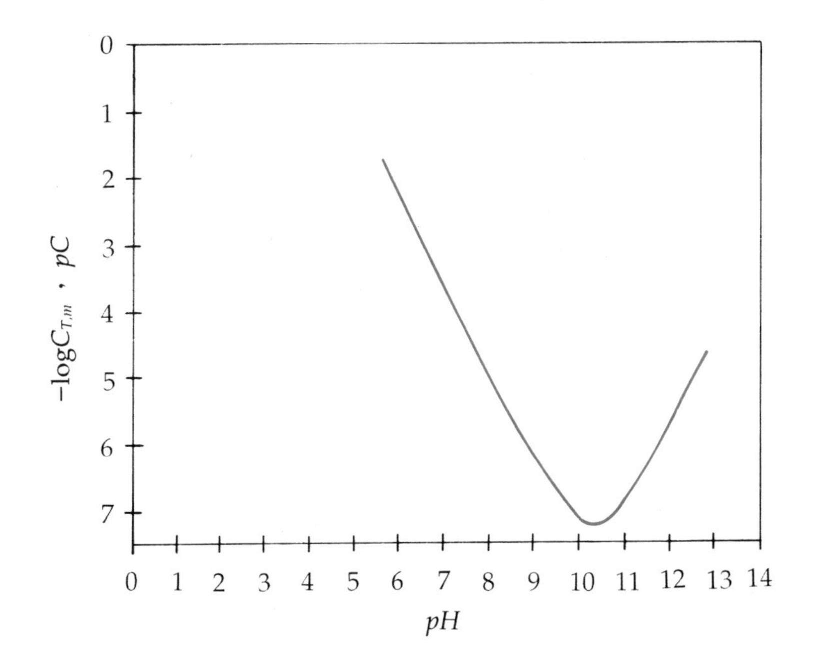

圖 6-21　氨氮濃度爲 7.1×10^{-3}M 時，$Cu(OH)_2 - NH_3 - H_2O$ 之總溶解度圖

$$Ca^{2+} + HCO_3^- \rightleftharpoons CaCO_{3(S)} + H^+ \tag{6-201}$$

此沈澱物易附著於加熱系統中，而降低熱傳送效率。特別是含鈣、鎂碳酸鹽和硫酸鹽之鹽類，對鍋爐用水系統有特別的傷害。然而輸送管表面若有 $CaCO_{3(S)}$ 之固體薄膜則具有防腐蝕作用，可達保護管線之目的。因此水工業中，水與碳酸鈣是否過飽和、未飽和或平衡則很重要。由式（6-201）可明顯看出此平衡與 pH 值有密切關係。因此水中之 pH 值是否與此反應達到平衡之理論 pH 值相等，則關係到 $CaCO_3$ 是否沈澱或溶解。藍氏飽和指標 (Langelier saturation index, LI) 之用途，即是用來指出是否發生沈澱或溶解。

LI 定義為 $pH - pH_S$

pH：水質實測之 pH 值

pH_s：為 $CaCO_{3(S)}$ 達到溶解平衡之理論 pH 值

如果 $LI = 0$，即指 $CaCO_{3(S)}$ 剛好在飽和狀態；如果 $LI > 0$，則指溶液爲過飽合，有 $CaCO_{3(S)}$ 沈澱之傾向；如果 $LI < 0$，則指溶液爲未飽合，有溶解 $CaCO_{3(S)}$ 之傾向。理論之 pH_s 值可由下列平衡反應式（即式 6-201）計算出：

$$Ca^{2+} + HCO_3^- \rightleftharpoons CaCO_{3(S)} + H^+ \qquad (6\text{-}201)$$

式（6-201) 之平衡常數值可由下列二反應式合併求出

$$Ca^{2+} + CO_3^{2-} \rightleftharpoons CaCO_{3(S)} \qquad \frac{1}{K_{sp}} \qquad (6\text{-}202)$$

$$+)\ HCO_3^- \rightleftharpoons H^+ + CO_3^{2-} \qquad K_{a2} \qquad (6\text{-}203)$$

$$Ca^{2+} + HCO_3^- \rightleftharpoons H^+ + CaCO_{3(S)} \qquad K$$

因此 $K = \dfrac{K_{a2}}{K_{sp}}$ (6-204)

又由平衡常數式知 $K = \dfrac{\{H^+\}}{\{Ca^{2+}\}\{HCO_3^-\}} = \dfrac{K_{a2}}{K_{sp}}$ (6-205)

若將式（6-205）中之活性以濃度表示之，則式（6-205）可以下式表示之

$$\frac{\{H^+\}}{r_{Ca^{2+}}[Ca^{2+}] \cdot r_{HCO_3^-}[HCO_3^-]} = \frac{K_{a2}}{K_{sp}} \qquad (6\text{-}206)$$

由於 pH_s 爲 $CaCO_3$ 達到溶解平衡之理論 pH 值故定義如下

$$pH_S = -\log\{H^+\}$$

因此式（6-206）可重新整理成下列方程式

$$pH_S = pK_{a2} - pK_{sp} + P\left[Ca^{2+}\right] + P\left[HCO_3^-\right] - \log r_{Ca^{2+}} - \log r_{HCO_3^-} \qquad (6\text{-}207)$$

【例 6-20】

水之性質如下，計算其 LI。

鈣 = 240mg/L 以 $CaCO_3$ 計

鹼度 = 190mg/L 以 $CaCO_3$ 計

$pH = 6.83$

溫度 = 25℃

TDS = 500mg/L

$K_{sp} = 10^{-8.3}$、$K_{a2} = 10^{-10.3}$

【解】

計算離子強度

(1) $I = \left(2.5 \times 10^{-5}\right) TDS = 2.5 \times 10^{-5} \times 500 = 0.0125\text{M}$

(2) 計算活性係數

$$\log r_{Ca^{2+}} = -A \cdot Z^2\left(\frac{\sqrt{I}}{1+\sqrt{I}}\right) = -0.509 \times 2^2 \times \frac{\sqrt{0.0125}}{1+\sqrt{0.0125}} = -0.205$$

$$\log r_{HCO_3^-} = -0.509 \times 1^2 \times \frac{\sqrt{0.0125}}{1+\sqrt{0.0125}} = -0.051$$

(3) 轉換$\left[Ca^{2+}\right]$濃度

$$\left[Ca^{2+}\right] = 240\text{mg } CaCO_3 \times \frac{20\text{ g } Ca^{2+}}{50\text{ g } CaCO_3} \times \frac{1\text{ g } Ca^{2+}}{1000\text{ mg } Ca^{2+}} \times \frac{1\text{ mole } Ca^{2+}}{40\text{ g } Ca^{2+}}$$

$$= 2.4 \times 10^{-3}\text{ M}$$

(4) 將鹼度轉換爲HCO_3^-

由於 $pH = 6.83$，因此水中鹼度幾乎全以HCO_3^-存在

$$[Alk] = [OH^-] + [HCO_3^-] + 2[CO_3^{2-}] - [H^+] \cong [HCO_3^-]$$

$$190 \text{ mg } CaCO_3/\text{L} \times \frac{1 \text{ g}}{1000 \text{ mg}} \times \frac{1 \text{ eq}}{50 \text{ g}} = 3.8 \times 10^{-3} \text{ eq/L}$$

因此 $[HCO_3^-] = 3.8 \times 10^{-3}\text{M}$

$$pH_S = pK_{a2} - pK_{sp} + P[Ca^{2+}] + P[HCO_3^-] - \log r_{Ca^{2+}} - \log r_{HCO_3^-}$$

$$= -\log 10^{-10.3} + \log 10^{-8.3} - \log(2.4 \times 10^{-3}) - \log(3.8 \times 10^{-3})$$

$$- (-0.205) - (-0.051)$$

$$= 10.3 - 8.3 + 2.62 + 2.42 + 0.205 + 0.051$$

$$= 7.30$$

$$LI = 6.83 - 7.30 = -0.47$$

因 LI 為負，故水中 $CaCO_3$ 未飽和，因此$CaCO_{3(S)}$有溶解之傾向。

1. 氯化鋁之水解方程式如下：

$$AlCl_{3(s)} + 6\ H_2O \rightarrow Al(H_2O)_6^{3+} + 3\ Cl^-$$

若僅考慮$Al(H_2O)_6^{3+}$之第一段解離

$$Al(H_2O)_6^{3+} + H_2O \rightarrow [Al(OH)(H_2O)_5]^{2+} + H_3O^+ \quad K = 1.4 \times 10^{-5}$$

試問 0.1M 氯化鋁水溶液之 pH 值為何？

Ans：$pH = 2.9$

2. 假設磷酸鐵在 25℃下之溶解度積常數（K_{sp}）為 1.26×10^{-18}，試求 50℃時 $FePO_{4\ (s)}$ 之 K_{sp} 值。

Ans：K_{sp}（50℃）$=1.09 \times 10^{-19}$

3. 已知鉻酸銀之溶解度積為 2.5×10^{-12}，試問溶解度為何？在 0.01 M 之 Na_2CrO_4 溶液中，試問鉻酸銀之溶解度為何？

Ans：$S = 8.5 \times 10^{-5}$ mole/L；$S = 7.9 \times 10^{-6}$ mole/L

4. 試推導密閉系統中 $AgCN$ 溶解度（S）為 pH 之函數，其關係式如下。

$$S = \left[\frac{K_{sp}}{\alpha_1} \right]^{\frac{1}{2}} = \left[\frac{K_{sp}\left([H^+] + K_a \right)}{K_a} \right]^{\frac{1}{2}}$$

5. 求 25℃ $Ag_2CrO_{4(s)}$ 在蒸餾水中溶解度。說明 $HCrO_4^-$ 的形成如何影響溶解度。$HCrO_4^-$ 之 K_a 為 $10^{-6.5}$。$Ag_2CrO_{4(s)}$ 之 $K_{sp} = 10^{-11.6}$

[不考慮 H_2CrO_4，$\alpha_1 = CrO_4^{-2} / C_{T,CrO}$，$\alpha_0 = HCrO_4^- / C_{T,CrO}$]

Ans：$S = 8.57 \times 10^{-5}$，$\left(\dfrac{K_{sp}}{4\ \alpha_1} \right)^{\frac{1}{3}} (2 - 2\ \alpha_1 - \alpha_0) + [H^+] - \dfrac{K_W}{[H^+]} = 0$

$pH = 8.2$，溶解度增加

6. 欲以鋁鹽去除溶液中之磷酸（$C_{T,PO_4} = 10^{-4}$ mole/L），其 pH 應控制為何？已知 $AlPO_4$ 之 $K_{sp} = 10^{-21}$，$Al(OH)_3$ 之 $K_{sp} = 10^{-33}$；磷酸之 $K_1 = 10^{-2.1}$，$K_2 = 10^{-7.2}$，$K_3 = 10^{-12.3}$。

   Ans : pH 小於 6.45

7. ⑴於密閉系統中 $CaCO_{3(s)}$ 與蒸餾水平衡時之溶解度為何（25℃）？⑵若系統開放於大氣，$P_{CO_2} = 10^{-3.5}$ atm，求 25℃時碳酸鈣之溶解度。

   Ans :⑴碳酸鈣溶解度 $S = 1.27 \times 10^{-4}$ mole/L，pH9.95；⑵碳酸鈣溶解度 $S = 5.0 \times 10^{-4}$M，$pH = 8.3$

8. 在自然水中重金屬鉛亦可能以 $PbCO_3$ 狀態存在，若水之 $pH = 7$ 而且含有 25mg/L 之 NTA 鹽（$MW = 257$），若 H_2CO_3 之 $PK'_{a1} = 6.35$，$PK'_{a2} = 10.33$, $PbCO_3$ 之 $K_{sp} = 1.48 \times 10^{-13}$，$PbT^-$ 之 $K_f = 2.45 \times 10^{11}$，$H_3T$ 之 $K_{a3} = 5.25 \times 10^{-11}$，求⑴溶解鉛（$II$）之濃度（亦即 PbT^-）為？mg/L，⑵說明 $[HCO_3^-]$ 濃度對 NTA 溶解金屬鉛之影響。[Hint : $pH = 7$ 時 HCO_3^- 為主要碳酸物種，其濃度為 1×10^{-3}mole/L]

   Ans :⑴ 20mg/L，⑵ $[HCO_3^-]$ 濃度愈高，NTA 溶解 $PbCO_3$ 之傾向愈小

9. 一廢水含 1.00×10^{-3}M Na_2HT（即 NTA 鈉鹽），當其排入一含過量 $CaCO_{3(s)}$ 之廢水井中時，即產生下列之平衡反應

   $HT^{2-}_{(aq)} + CaCO_{3(s)} \rightarrow CaT^-_{(aq)} + HCO^-_{3(aq)}$

   假設 HT^{2-} 與 $CaCO_{3(s)}$ 為幾近完全反應，求 CaT^-、HCO_3^-、HT^{2-} 之平衡濃度。$CaCO_{3(s)}$ 之 $K_{sp} = 4.47 \times 10^{-9}$，其他可用之方程式如下：

   ⑴ $Ca^{2+} + HT^{2-} \rightarrow CaT^- + H^+$ $\quad K_1 = 7.75 \times 10^{-3}$

   ⑵ $HCO_3^- \rightarrow H^+ + CO_3^{2-}$ $\quad K_2 = 4.69 \times 10^{-11}$

   Ans : $[CaT^-] = [HCO_3^-] = 1.0 \times 10^{-3}$，$[HT^{2-}] = 1.35 \times 10^{-6}$

10. 討論影響碳酸鈣在水中溶解量的因素，並說明水中其他化學物種對其溶解量的影響。

11. $Na_2S_{(s)} \rightarrow 2\,Na^+_{(aq)} + S^{-2}_{(aq)}$ 試說明：

   ⑴共同離子效應 ⑵輔助電解質效應，並說明對上述反應之影響。

12. 試繪 $Cu\text{-}NH_3$ 之濃度對數圖，並用濃度對數濃度圖求各種 $Cu\text{-}NH_3$ 複合物的濃度，若 $[Cu^{2+}] = 10^{-5}$ mol e/ L ， $[NH_3] = 10^{-4}$ mole/L 可用之平衡常數如下

$9.8 \times 10^3 = [CuNH_3^{2+}] / [Cu^{2+}][NH_3]$ ；

$2.2 \times 10^3 = [Cu(NH_3)_2^{2+}] / [CuNH_3^{2+}][NH_3]$

$5.4 \times 10^2 = [Cu(NH_3)_3^{2+}] / [Cu(NH_3)_2^{2+}][NH_3]$

$9.3 \times 10^1 = [Cu(NH_3)_4^{2+}] / [Cu(NH_3)_3^{2+}][NH_3]$

Ans : $[CuNH_3^{2+}] = 10^{-5}$ ， $[Cu(NH_3)_2^{2+}] = 2.5 \times 10^{-6}$ ，

$[Cu(NH_3)_3^{2+}] = 10^{-7}$ ， $[Cu(NH_3)_4^{2+}] = 10^{-9}$

13. $Ca_3(PO_4)_{3(s)}$ 在水中達成平衡，且不含其他弱酸或弱鹼， $pH = 8.6$, 不考慮複合物下：(1) 求 Ca 在水中之溶解度 (S) ，(2) 若加入 HCl 時，溶解度 (S) 會增加，減少或不變。 $K_{sp} = 1 \times 10^{-27}$, $pH = 8.6$ 時 $\alpha_3 = 1.84 \times 10^{-4}$

Ans : $S = 1.46 \times 10^{-4}$M, 增加

14. 水溶液中 CO_2 和大氣達成平衡 (CO_2 分壓為 3.16×10^{-4}atm, $K_H = 10^{-1.5}$) ，亦和 $CaCO_{3(s)}$ 平衡， $pH = 8.1$ 時，不考慮複合物下：求 Ca 在水中之溶解度 (S) 。 $CaCO_{3(s)}$ 之 $K_{sp} = 5.0 \times 10^{-9}$ ， H_2CO_3 之 $K_{a1} = 4.3 \times 10^{-7}$ ， $K_{a2} = 4.7 \times 10^{-11}$ ， $pH = 8.1$ 時 $\alpha_0 = 1.80 \times 10^{-2}$ ， $\alpha_1 = 0.976$, $\alpha_2 = 5.78 \times 10^{-3}$

Ans : 62.3mg/L

15. 一電鍍廢水中， $[Zn^{2+}] = 10^{-3}$ M。若加入石灰用來調整 pH 值。問在何 pH 值下， Zn^{2+} 才會形成沈澱？又若欲將 Zn^{2+} 降到小於 10^{-5} M, 其所需控制的 pH 值為何？（hint : 參考圖 6-19）

Ans : $pH = 6.9$ 、 $pH = 7.9 \sim 11.2$

16. 廢水含有高濃度可溶性之銅 (II) ，若發生最小 $Cu(OH)_2$ 溶度時之 pH 為 10.2 ，假設常數平衡, 總氨氮濃度（$NH_4^+ - NH_3 - N$）為 100mg/L 。試求在此 pH 時總溶解銅之濃度為何？不考慮離子強度校正，溶液溫度為 25℃ 。

（若 $NH_4^+ - NH_3$ 系統之 $\alpha_1 = 0.89$ ，可用之平衡常數如下）

(1) $10^{-18.8} = [Cu^{2+}][OH^-]^2$ (2) $10^{-20.6} = [Cu_2(OH)_2^{2+}][OH^-]^2$

(3)$10^{-3.6} = [Cu(OH)_3^-] / [OH^-]$ (4)$10^{-2.7} = [Cu(OH)_4^{2-}] / [OH^-]^2$

(5)$10^{4.31} = [CuNH_3^{2+}] / [Cu^{2+}][NH_3]$ (6)$10^{7.98} = [Cu(NH_3)_2^{2+}] / [Cu^{+2}][NH_3]^2$

Ans : $10^{-7.6}$ mole/L = 0.0016 mg/L

17. 一生產程序中產生之廢水其中含溶解鉛 10mg/L， 處理上若鉛以硫化鉛形式沈澱，C_T 代表總平衡硫化物濃度 $= 1.0 \times 10^{-5}$ mole/L，若達最小溶鉛濃度所需之 $pH = 10.5$，則在此條件下有多少 mg/L 的鉛已被沈澱出。可使用之方程式如下。

(1)$K_{sp} = 10^{-28.16} = [Pb^{2+}][S^{2-}]$ (2)$10^{4.9} = [PbOH^+] / [H^+]$

(3)$10^{-4.5} = Pb(OH)_2^0$ (4) $10^{-15.4} = [Pb(OH)_3^-][H^+]$

(5)$10^{-7} = [H^+][HS^-] / [H_2S]$ (6) $10^{-12.9} = [H^+][S^{2-}] / [HS^-]$

(7)$\alpha_0 = (1 + K_1 / [H^+] + K_1K_2 / [H^+]^2)^{-1} = [H_2S] / C_T$

(8)$\alpha_1 = ([H^+] / K_1 + 1 + K_2 / [H^+])^{-1} = [HS^-] / C_T$

(9)$\alpha_2 = ([H^+]^2 / K_1K_2 + [H^+] / K_2 + 1)^{-1} = [S^{2-}] / C_T$

Ans : 4.8mg/L

18. 計算下列特性之水的 Langelier 指數：總鹼度 $= 8 \times 10^{-4}$ eq / L，$[Ca^{2+}] = 3 \times 10^{-4}$ M，$pH = 9.6$ 及總溶解固體 = 250 mg /L。考慮離子強度效應；溫度 = 25℃。

Ans : L.I.= 0.82

19. COD 分析時常加硫酸汞（$HgSO_4$）以去除氯離子之干擾，Hg^{+2} 可與 Cl^- 形成複合離子。通常 0.4g $HgSO_4$ 加入 20mL 水樣以及 40mL 其他藥劑，如果水樣含 1000mg Cl^-/L，試計算溶液中氯基汞（II）複合離子及游離氯離子各為多少？由於 COD 分析之 pH 極低（$pH < 1$），氫氧基汞（II）複合離子不易生成。忽略離子強度效應，溶液溫度為 25℃。

$Hg^{2+} + Cl^- \rightarrow HgCl^+$ $\beta_1 = 10^{7.15}$

$Hg^{2+} + 2Cl^- \rightarrow HgCl_2^0$ $\beta_2 = 10^{14.05}$

$Hg^{2+} + 3Cl^- \rightarrow HgCl_3^-$ $\beta_3 = 10^{15.05}$

$Hg^{2+} + 4Cl^- \rightarrow HgCl_4^{2-}$ $\beta_4 = 10^{15.75}$

Ans : $HgCl^{+} = 6 \times 10^{-3}$, $HgCl_2^0 = 1.59 \times 10^{-3}$, $HgCl_3^{-} = 4.8 \times 10^{-10}$, $HgCl_4^{2-} = 8 \times 10^{-17}$, $Cl^{-} = 3 \times 10^{-8}$

參考資料

1. 陳靜生，水環境化學，1992，第一版，曉園出版社，台北市。
2. 石清陽，環境化學概論，1995，第一版，台灣復文興業股份有限公司，台南市。
3. 樊邦棠，環境工程化學，1994，第一版，科技圖書公司，台北市。
4. Manahan, S. E., Fundamental of Environmental Chemistry, Lewis Publishers, Michigan, 1993.
5. Sawyer, C. N. & McCarty, P. L., Chemistry for Environmental Engineering, 3rd ed., McGraw-Hill, Inc., New York, 1978.
6. Snoeyink, V. L. and Jenkins, D., Water Chemistry, John Wiley and Sons, Inc., New York, 1980.
7. Stumm, W. and Morgan, J. J., Aquatic Chemistry, Wiley-Interscience, New York, 1981.
8. BeneField, L.D., Judkins, Jr. J. F. and Weand, B. L., Process Chemistry for Water and Wastewater Treatment, Prentice-Hall, New Jersey, 1982.
9. Morel, F. M. M., Principles of Aquatic Chemistry, Wiley-Interscience, New York, 1983.

土壤環境化學

Chapter 7

☆ 緒論

☆ 土壤之形成

☆ 土壤之主要化學性質

☆ 土壤污染

☆ 農藥在土壤中之作用

☆ 重金屬在土壤中的化學行為

7-1 緒　論

地球可被分成三個基本部分，由內而外依次為富含鐵礦的地核，中間熔融狀態的地函，以及最外層的地殼。人類真正與地球接近的部分是在地殼，厚度僅5～40公里，僅佔地球的一小部分，但卻是人類的生活基地，人們由此取得生活所需的食物、礦物及燃料等資源，與人類生活息息相關。

地殼是由岩石組成，岩石卻在自然條件下，經長期風化作用（物理、化學、生物作用）形成土壤。土壤包含許多種生命物質，除了無機礦物、有機物外，土壤尚有空氣和水份；是人類和生物繁衍生息的場所；是不可替代的農業資源和重要生態之因素。自然界的生態系統所以能夠綿延不斷、生生不息，土壤扮演極重要角色。大部分的綠色植物必須株根於土壤，藉由它所提供源源不斷的水分和養料，再經由光合作用合成各種有機物質，以維持生命，並提供人類及其它動物充足的食物和飼料。土壤除了可生產食物外，又能承受、容納及轉化人類從事各種活動所產生的廢棄物（包括污染物）。不僅是廢棄物之直接污染，其它如廢水、空氣污染物或經液體與空氣之傳送亦會造成土壤污染。例如發電廠煙道逸散出來的污染物，肥料、農藥及其它施用於地面上的物質，都終回歸到土壤。

土壤本身有涵容及中和污染物的能力，因為土壤中有許多化學及生化反應可減低污染物的傷害能力，這些反應包括氧化還原、水解、酸鹼作用、沉澱、吸附，以及生物降解等。因此由大氣或水體進入土壤的污染物，有相當一部分會經由這些反應而解毒，另有一小部分會從土壤中重新進入大氣和水體中。雖然土壤中有涵容有害物質的能力，然而因為土壤的流動性及擴散性均不如水或空氣，且其稀釋污染之能力亦較有限且速度緩慢，因此一旦遭受污染，且超過自然涵容能力時，其復原的工作則相當困難。另外由於土壤栽植之農作物會吸收土壤中污染物，並經由食物鏈的傳遞過程，會對人體造成傷害。其次由於污染物在土壤中之遷移轉化亦可能對飲用水源及地下水源造成危害，因此研究土壤污染化學極爲重要。土壤污染物之形成、遷移、轉化、降解和累積過程涉及許多化學原理，探討這些污染物在土壤中之化學行爲，反應機構、歷程和歸宿乃爲環境化學很重要之一部分。本章將分別介紹與環境工程有關的土壤污染化學，包括土壤之形成及組成、土壤化學作用、土壤污染來源及危害。其次對重要金屬污染及農藥污染之化學作用亦將詳加說明。

7-2 土壤之形成

由本質上而言，土壤是由地球表面的岩石在自然條件下經過長時間的風化作用而形成的。所謂岩石即爲多種礦物的集合體。而風化作用即爲巨大的堅硬岩石，在自然力的作用下逐漸破碎成細碎顆粒物的過程。此種整體過程不可避免地也伴隨著組成與性質的改變，最終形成土壤。

7-2-1 岩石之種類

地球的固體外層是由許多物質所組成，地殼的構成物質，通稱爲「岩石」。岩石之名稱與性質，則由成岩原因、質地、構造、含有礦物種類及比例而決定。但岩石暴露於地殼大氣中者，始能成爲土壤的母質（parent material）。

岩石可分爲：火成岩（igneous rocks）、沈積岩（sedimentary rocks）及變質岩（metamorphic rocks）三大類。

地球內部的溫度和壓力都很高，所有組成物質（包括礦物和岩石）都是熔融狀態的液體，名爲岩漿（magma）。火成岩即由於岩漿侵入地殼內部，或流出地表面，造成熔岩（lava），再經冷卻凝固而造成，如玄武岩（basalt）及花崗岩等都是。其中的礦物包括石英（quartz，SiO_2）、輝石（pyroxene，$(Mg, Fe)SiO_3$）、長石（feldspar，$(Ca, Na, K)AlSi_3O_8$）、橄欖石（olivine，$(Mg, Fe)SiO_4$）及磁鐵礦（Fe_3O_4）等。

火成岩是所有岩石中最原始的岩石。沈積岩是由原來已形成的岩石，受到風化作用後形成碎屑，或由生物的遺骸等，再經侵蝕（erosion）、沈積（sedimentation）、及石化（lithification）等作用而造成的岩石。這類的岩石都呈層狀（layer），最先沈積者在下部，時代較老；層次越上者則時代越新。當岩石沈積的時候，往往含有生物沈積的遺骸，埋沒後常可以完好保存，歷久就變成化石（fossil）；在火成岩中則多無化石存在。原來的火成岩或沈積岩，再受到高溫高壓的作用，可以改變原來岩石的結構或組織，或使部分礦物消失，而產生新的礦物，因而成爲另一種與原岩不同的岩石，稱爲變質岩。火成岩、沈積岩和變質岩三者間都有一定的關係，當時間和地質條件發生改變以後，任何一類岩石都可變爲另一類岩石，圖 7-1 表示岩石的循環圖。

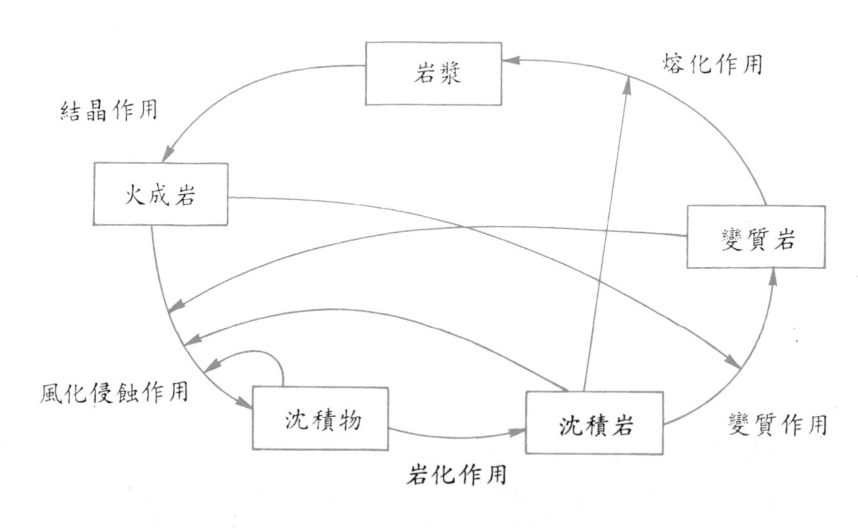

圖 7-1　岩石循環圖

7-2-2　風化和土壤

岩石暴露在空氣中，可以看到它慢慢的變顏色；或者由堅硬變爲鬆散，這是岩石的腐爛，地質上叫做風化（weathering）和氣候具有密切的關係。

風化作用是指地面或地面附近的岩石，因爲和空氣（主要作用爲空氣中所含有的二氧化碳和氧氣）與水分接觸，或者因爲生物活動的影響，就發生了化學和物理作用，而改變了這些岩石的物理性狀和化學成分，最終導致剝落現象。風化作用有物理、化學和生物風化三種，常同時進行，很難加以明確劃分，風化的結果使大塊岩石變爲岩層，最後粉碎成土壤。

1. 風化的物理作用

物理風化爲一種機械崩解作用（disintegration）。有很多物理條件都會造成岩石風化，例如由地球表面溫度變化而引起岩石中不同礦物因其膨脹係數不同（如石英的熱膨脹係數爲 7.5×10^{-6}，正長石爲 2.0×10^{-5}），而在礦物的接觸面產生的張力所致；或是侵入岩縫隙中的水，反覆凍解與結凍（在結冰時體積膨脹，有時可產生達 960kg/cm^2 的壓力），而使岩石崩裂。此外，乾濕氣候交替，礦物的水合及脫水、風蝕、雨蝕、冰蝕等皆可能引起物理風化。

2. 風化的生物作用

植物的根如果插入石縫中，當其生長時體積膨脹，可促使岩石破裂。植物的根部分泌出酸液可促使礦物溶解，而攝取其中之養分。甲蟲、蚯蚓、小鼠、螞蟻、昆蟲等在岩屑或土中活動，亦可以使岩石碎屑和土壤鬆動，亦有助於機械式風化的進行；同時也可以把地下的岩屑帶到地面上來，使之容易發生化學變化。

3. 化學的風化作用

化學的風化作用即爲化學的分解作用，它可以說是腐蝕作用。岩石受到化學的風化作用，不僅外型破壞散開，其內容礦物成分之化學組成及性質亦會改變。化學風化主要有溶解、沈澱、水解、水化、CO_2 侵蝕、複合反應及氧化還原反應，茲分述如下：

⑴ 溶解反應

水為良好的溶劑，能緩慢溶解礦物。在完全乾燥環境下風化速度很慢，水的介入可使反應速率增加數百倍。礦物遭水溶解而消失，即為溶解作用。礦物被溶解時，釋放出來的金屬離子，如鈣、鉀、鎂、鈉等則較易被溶解而流失，其未被移去之物質則逐漸形成土壤。溶解作用是普遍存在的現象。即使像雲母礦物，似乎是不溶於水，但實際上它的溶解度仍有 0.00294g。石膏之溶解反應如下：

$$CaSO_4 \cdot 2\,H_2O_{(S)} \xrightarrow{H_2O} Ca^{2+}_{(aq)} + SO^{2-}_{4(aq)} + 2\,H_2O \tag{7-1}$$

⑵ 水合／脫水反應

水合作用使整個水分子被吸收在礦物表面組織中，但是水並不成為礦物分子構造中的一部分。所以水合作用使礦物因吸水而膨脹，但是加熱就可以除去這些含水。水合作用可以使礦物的體積增加，使之更容易崩解。硬石膏（Anhydrite）變成含水石膏（Gypsum）就是水合作用之結果。其反應式如下：

$$\underset{\text{硬石膏}}{CaSO_{4(S)}} + 2\,H_2O \rightleftharpoons \underset{\text{石膏}}{CaSO_4 \cdot 2\,H_2O} \tag{7-2}$$

赤鐵礦（Fe_2O_3）亦因水合作用變為褐鐵礦（$Fe_2O_3 \cdot x\,H_2O$）

$$2\,Fe_2O_{3(S)} + 3\,H_2O \rightleftharpoons 2\,Fe_2O_3 \cdot 3\,H_2O \tag{7-3}$$

⑶ 水解反應

水解反應與上述之水合反應是兩種最重要的化學風化作用。這個化學作用為水加入礦物構造中，水分子解離成氫離子（H^+）及氫氧離子（OH^-），氫離子將礦物中之金屬離子置換出來而與氫氧離子結合成鹽類，於是礦物被分解之作用。岩石中最容易水解的是矽酸鹽類。例如花崗岩中之鉀長石水解後，產生高嶺石或氫氧鋁石，最後成為土壤中之粘粒，岩石中之矽酸鹽被分解，岩石自然會崩潰。長石因水解作用風化成黏土礦物（高嶺土）可以用下列方程式說明。

$$2\ KAlSi_3O_8 + 2\ H^+ + H_2O \rightarrow Al_2Si_2O_5(OH)_4 + 2\ K^+ + 4\ SiO_2 \quad (7\text{-}4)$$

鉀長石　　　　　　　　　高嶺土（黏土礦物）

⑷酸水解反應

礦物常受酸類氫離子之作用而分解，如空氣中之二氧化碳（CO_2）溶於水中成爲碳酸，酸與鹽類礦物接觸時，鹽類的金屬離子與碳酸根結合成爲碳酸鹽而被溶解，鹽類礦物遂被分解。例如石灰岩中方解石之酸化水解之化學方程式如下：

$$CaCO_{3(S)} + H_2O + CO_{2(aq)} \rightarrow Ca^{2+}_{(aq)} + 2\ HCO^-_{3(aq)} \quad (7\text{-}5)$$

方解石　　　　　　　　鈣離子

在自然界中常有其他酸之存在，如有機酸、硝酸、硫酸及磷酸等，這些酸類也可以發生同樣的酸化作用，而破壞岩石中的礦物。上節中長石之水解風化在酸中進行之速率更快，其反應式如下：

$$2\ KAlSi_3O_8 + H_2CO_3 + H_2O \rightarrow Al_2Si_2O_5(OH)_4 + K_2CO_3 + 4\ SiO_2 \quad (7\text{-}6)$$

鉀長石　　　　　　　　　高嶺土（黏土礦物）

在此反應中，鉀長石中之鉀離子爲氫離子所交換而分離成爲易溶解之鉀離子；一部分的矽成爲矽酸或溶解矽質；氫氧離子則和剩餘的矽酸鋁化合成高嶺土的黏土礦物。高嶺土爲較穩定之次生礦物，所以風化的最後產物土壤大部分是黏土礦物組成。其他礦物，如含磷礦物與含鈣、鎂等礦物，均可經由 CO_2 的侵蝕與水解作用而分解成較易溶性簡單無機鹽類，如以下反應：

$$Ca_3(PO_4)_2 + CO_2 + H_2O \rightarrow 2\ CaHPO_4 + CaCO_3 \quad (7\text{-}7)$$

$$2\,Mg_2SiO_4 + CO_2 + 2\,H_2O \rightarrow H_2Mg_3Si_2O_8 \cdot H_2O + MgCO_3 \qquad (7\text{-}8)$$

橄欖石　　　　　　　　酸式蛇紋石

$$H_2Mg_3Si_2O_8 \cdot H_2O + 3\,CO_2 + 2\,H_2O \rightarrow 3\,MgCO_3 + 2\,H_4SiO_4 \qquad (7\text{-}9)$$

$$MgCO_3 + CO_2 + H_2O \rightarrow Mg(HCO_3)_2 \qquad (7\text{-}10)$$

⑸ 氧化反應

岩石中的礦物和大氣中或水中的氧常發生氧化作用，氧化作用在自然界中爲普遍存在的現象，尤其是在潮濕條件下，岩石中有很多礦物均有被氧化的可能，其中以含鐵礦物最易被氧化。鐵鎂礦物如輝石、角閃石、橄欖石、黑雲母等矽酸鹽礦物極易被氧化，其二價鐵變爲三價鐵，使岩石表面呈紅色或黃棕色，而整個矽酸鹽亦因之分解。例如黃鐵礦之氧化：

$$2\,FeS_2 + 7\,O_2 + 2\,H_2O \rightarrow 2\,FeSO_4 + 2\,H_2SO_4 \qquad (7\text{-}11)$$

所生成之 H_2SO_4 可更進一步幫助水解，對岩石的腐蝕性極強，更容易使岩石發生腐爛。另外輝石反應成褐鐵礦之反應如下：

$$2\,FeSiO_3 + O_2 + 2\,H_2O \rightarrow 2\,FeO(OH)_2 + 2\,SiO_2 \qquad (7\text{-}12)$$

輝石　　　　　　　　褐鐵礦　溶解二氧化矽

其他如碳酸水解後，再氧化者亦有如下式之反應：

$$Fe_2SiO_4 + 4\,CO_{2(aq)} + 4\,H_2O \rightarrow 2\,Fe^{2+} + 4\,HCO_3^- + H_4SiO_4 \qquad (7\text{-}13)$$

$$4\,Fe^{2+} + 8\,HCO_3^- + O_{2(g)} \rightarrow 2\,Fe_2O_{3(S)} + 8\,CO_2 + 4\,H_2O \qquad (7\text{-}14)$$

⑹ 複合反應

岩石礦物中之金屬離子亦常與配位體形成複合反應而使礦石分解，如白雲母與草酸根之複合反應如下：

$$K_2(Si_6Al_2)Al_4O_{20}(OH)_{4(S)} + 6\ C_2O_{4(aq)}^{2-} + 20\ H^+$$
$$\rightarrow 6\ AlC_2O_{4(aq)}^{+} + 6\ Si(OH)_4 + 2\ K^+ \quad (7\text{-}15)$$

岩石的化學風化過程大致爲上述之幾種反應，岩石經過上述之反應所產生的鈉、鈣、鉀及鎂等元素多半成爲溶解物而流入地下水。鐵則多被氧化成不易溶解的氧化鐵礦物。其餘鋁矽和氧等就水合成黏土礦物。黏土礦物是化學風化過程使岩石逐步分解所產生的次生礦物，它們顆粒較小，一般小於0.1μm，成膠質體之分散狀態，膠質體是可以長期懸浮在液中，化學性能強且帶電荷的小粒子，因而具有強的吸附能力。又有黏性及可塑性，同時極爲疏鬆而有大量空隙，故有蓄水性及蓄氣性，又能提供可溶性鹽類爲植物之營養源。

岩石經過物理、化學與生物同時作用之風化過程，即形成土壤。

7-2-3 土壤的組成

土壤是地球表面由岩石風化而成的疏鬆層，就組成分而言，土壤是由礦物質、有機質、微生物、水分和空氣五個部分組成；按物質狀態而言，土壤是一個含有固相、液相及氣相之多成分體系。固相成分包括無機及有機兩種成分。無機成分的大小可由很微小之膠體（＜2μm）到大石礫（＞2mm）及石頭。它包含許多原生（primary）和次生（secondary）的土壤礦物：氧化物、矽酸鹽、硫酸鹽、鹵化物、硫化物、磷酸鹽及硝酸鹽等。有機成分包括不同分解程度之植物及動物殘體、腐殖質、細菌、黴菌等土壤生物之細胞與組織及這些生物群所合成、分泌之物質。一般土壤固相中有機物佔5％，無機物佔95％。當然也有一些特殊的例子，如泥炭土壤有機物佔95％，其他也有有機物少於1％者。雖然通常有機成分在土壤中之存在量遠小於無機成分者，但它可顯著地改變土壤的性質。土壤之液相成分係指土壤中的水分溶入Na^+、K^+、Ca^{2+}、Mg^{2+}、NO_3^-、SO_4^-、HCO_3^-等離子所構成之土壤溶液。氣相成分係指土壤孔隙率扣除液相成分的氣體，其成分和空氣中之氣體相近。

1. 礦物質

土壤中的礦物按其成因及風化程度，可分爲原生礦物及次生礦物兩類。原生礦物爲組成岩石的原有礦物，雖因風化過程但仍未改變其化學組成。土壤中重要的原生礦物有石英（quartz，SiO_2）、長石（feldspars，$MAlSi_3O_8$，M代表Na^+、K^+和Ca^{2+}）、雲母類（micas）、輝石類（pyroxenes）、角閃石（omphiboles）、橄欖石（olivine）和一些其他礦物包括磁鐵礦、電氣石、金紅石及鋯石等；爲土壤中較粗之顆粒（粒徑1～0.001mm）。次生礦物爲原生礦物經化學風化作用分解而成的新礦物，次生礦物已失去母岩的性質。次生礦物是土壤中最主要的部分，一般的次生礦物包括碳酸鹽和硫礦物，層狀矽酸鹽和各種氧化物。

方解石（calcite，$CaCO_3$）爲土壤中含量最豐之碳酸鹽礦物，石膏（gypsum，$CaSO_4 \cdot 2H_2O$）、黃鐵礦（pyrite，FeS_2）爲土壤中之常見含硫礦物。層狀矽酸鹽又稱黏土礦物爲顆粒極小（一般小於0.25μm），具有膠體性質；且爲土壤中最重要也是最複雜的次生礦物。黏土礦物主要成分爲鋁矽酸鹽，具有片狀晶體結構，晶體是由矽氧四面體和鋁氧八面體的原子層所構成的。

根據原子層結合方式的不同，黏土礦物可分爲三大類：

⑴ 高嶺石（kaolite）類

是由一層八面體矽氧層疊在一層四面體鋁氧層所構成。這類礦物稱爲1：1層狀矽酸鹽，其晶層間之距離很小，內部空隙不大。高嶺石的晶層一面是緊密堆積之OH^-基，另一面是O原子露出於表面，晶層與晶層間有氫鍵之連接力（如圖7-2）。高嶺石的構造式可以$Al_4Si_4O_{10}(OH)_8$表示之，其理論成分爲：SiO_2 46.54％，Al_2O_3 39.50％，H_2O 13.96％。

⑵ 蒙脫石（Montmorillonite）類

是由兩層矽氧八面體層夾一層鋁氧四面體層所構成，這類礦物又稱2：1層狀矽酸鹽（圖7-3）。這類黏土礦物的晶體間結合不緊，內部空隙大。這類礦物可因吸水而自由膨脹。蒙脫石之化學式$Al_4(Si_4O_{10})_2(OH)_4 \cdot nH_2O$，其理論成分爲：$SiO_2$ 66.7 %，Al_2O_3 28.3 %，H_2O 5 %。

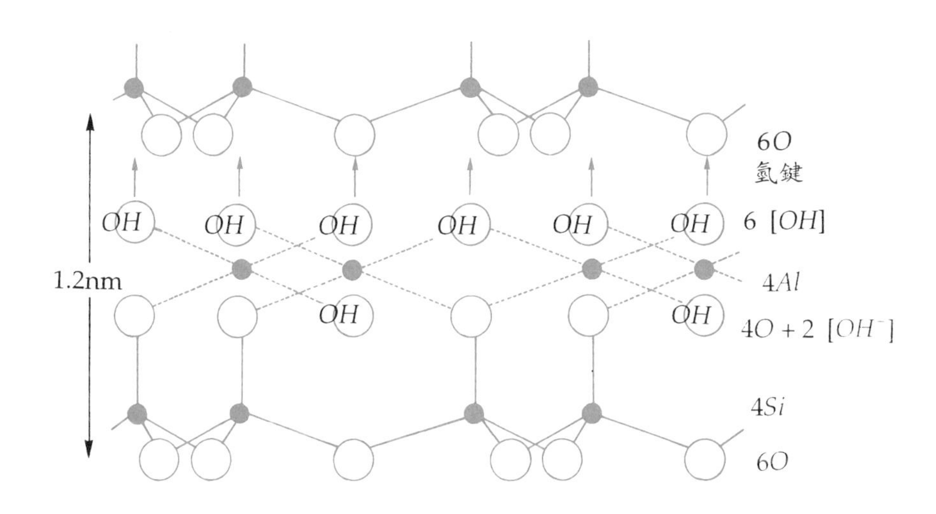

圖 7-2　1：1 型黏土礦物結構（高嶺石）

(3) 伊利石（Illite）

伊利石又稱雲母，其晶格與蒙脫石相似，亦爲 2：1 型礦物。不同之處在於伊利石的四面體中有部份 Si^{4+} 被 Al^{3+} 置換，減少的正電荷由處在兩層間的 K^+ 所補償，並將相鄰的兩晶層緊緊結合在一起（圖 7-4）。這類礦石之化學結構爲 $K_2Al_4(Si_6Al_2)O_{20}(OH)_4$。除黏土礦物外，次生礦物亦包括含水氧化物如，褐鐵礦（$Fe_2O_3 \cdot nH_2O$）、水合赤鐵礦（$2Fe_2O_3 \cdot H_2O$）、針鐵礦（$Fe_2O_3 \cdot H_2O$）。其他常見之含水氧化物膠體還有二氧化矽凝膠，如蛋白石（$SiO_2 \cdot nH_2O$）；成膠膜態包裹於土粒表面之含水氧化錳膠體，如水錳礦（$Mn_2O_3 \cdot H_2O$）等。

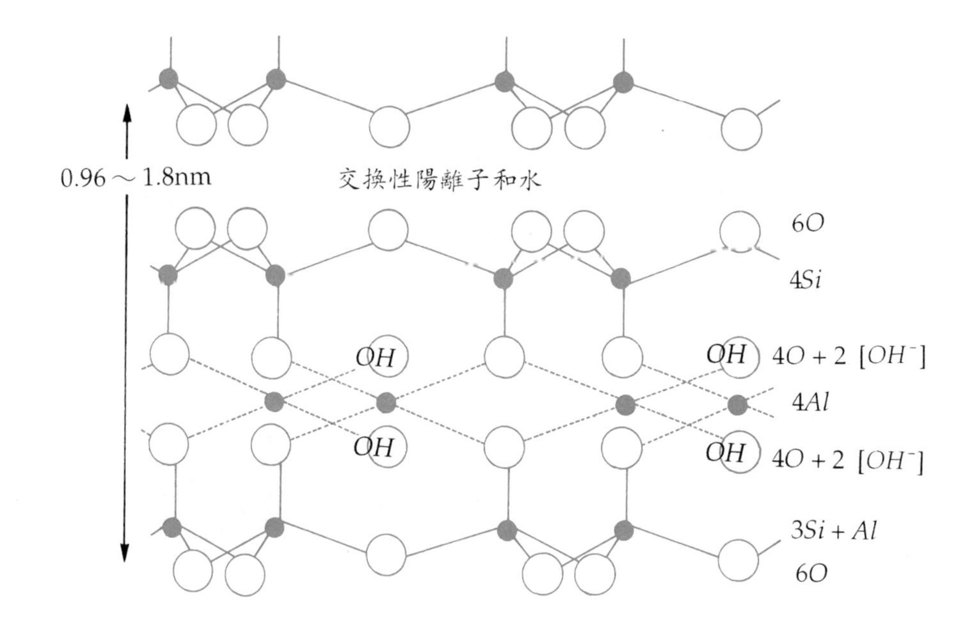

圖 7-3　2：1 型黏土礦物結構（蒙脫石）

土壤之無機膠體是植物養分和水的儲藏處，可提供植物生長的需要。尤其無機土壤膠質會吸收土壤中有毒性物質，進行去毒功能，阻止植物壞死，因此是決定土壤生產力的重要因素。

2. 土壤中之有機質

土壤有機質的來源，主要爲植物與動物之殘體或動物之排泄物，經土壤微生物分解成蛋白質、碳水化合物（包括澱粉、纖維素及半纖素等多醣類及單醣類），單寧酸、木質素、脂肪、蠟質、鞣質、多元酚及醌類物質。一部分簡單的脂肪族化合物重新合成爲較複雜之物質，再與多元酚和醌

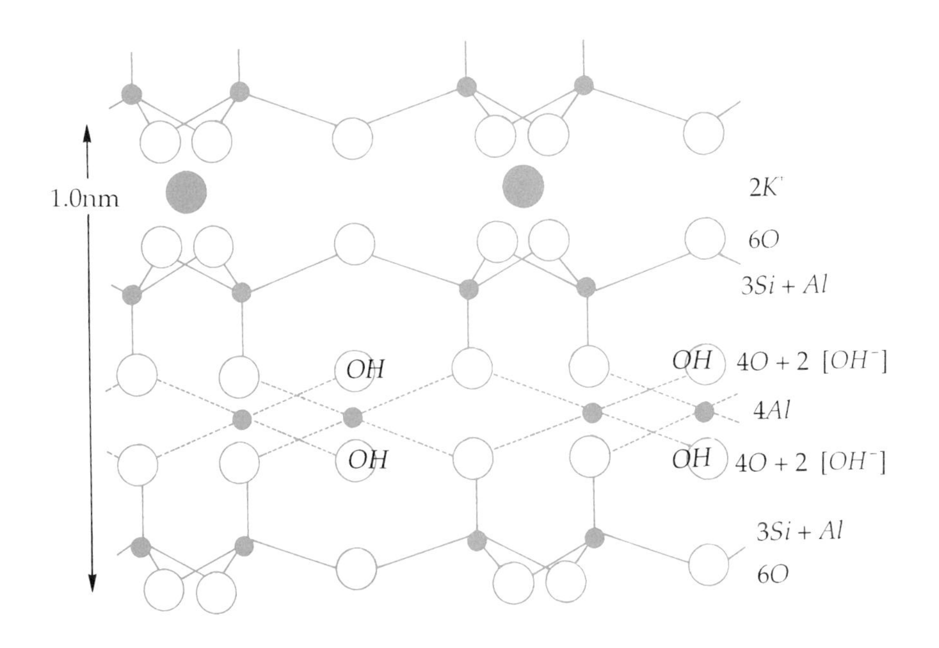

圖 7-4 伊利石結構

等縮合成芳香族的腐植質（humus）——一種棕色或暗棕色無定形的有機膠體物質。圖 7-5 爲腐植質的可能形成機制。腐植質在稀酸和稀鹼中的溶解程度不同，可分成三類：黃酸（Fulvic acid）可溶於稀鹼及稀酸（pH =1）；腐植酸（humic acid）可溶於稀鹼，但於稀酸中（pH =1）沈澱。腐植素（humin）不溶於稀酸與稀鹼。黃酸及腐植酸可再依其溶解度細分爲白腐酸（crenic acid）、阿波克連腐酸（Apocrenic acid）及褐色腐植酸（brown humic acid），灰色腐植酸（gray humic acid）。腐植質之化學結構目前尚未十分明瞭，但其碳與氧的含量、酸度及聚合程度均系統性地隨分子量而改變。圖 7-6 爲腐植質之分類及化學性質。許多天然水的褐黃色通常是由於含有較易溶的黃酸存在。腐植酸會被酸與高價陽離子沈澱。

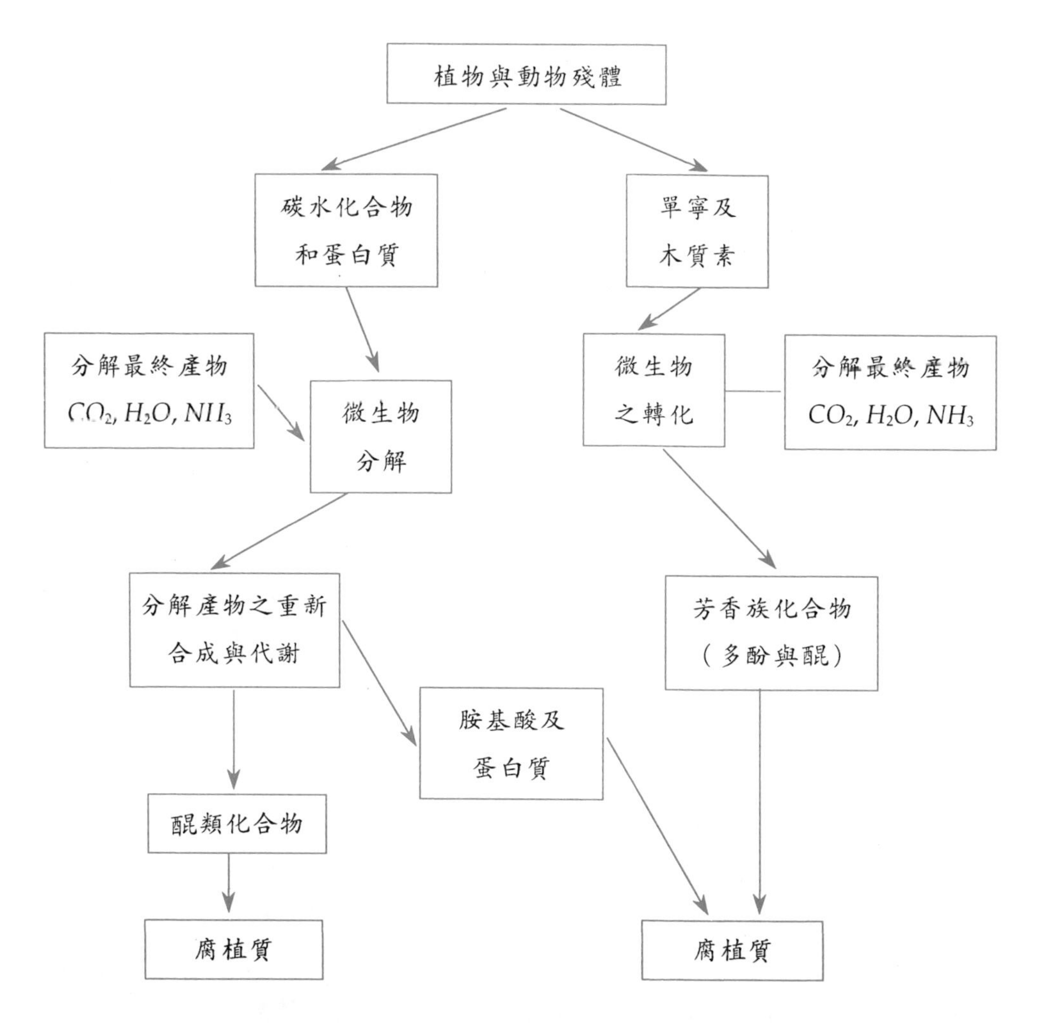

圖 7-5　土壤腐植質的可能形成機制（修改自 F.E.Bear,1964）

雖然腐植質在土壤中佔的比例並不大，卻對土壤的性質有很大的影響，這些影響包括：可以將植物生長所需的金屬離子鍵結在土壤中以供植物使用；增加土壤中水分的儲存；提供氮、磷及硫給植物生長；作爲土壤微生物及動物的能量來源，並促進良好之土壤構造；增加土壤吸附有機化合物；使土壤有緩衝性。與次生礦物比較，腐植質具有較大的比表面積及較高的陽離子交換量。腐植質的陽離子交換量可達 150～300mg/100g ，次生礦物之陽離子交換量約85～150mg/100g。陽離子交換量係指每100g土壤所能吸著陽離子重量而言，其反應式如下：

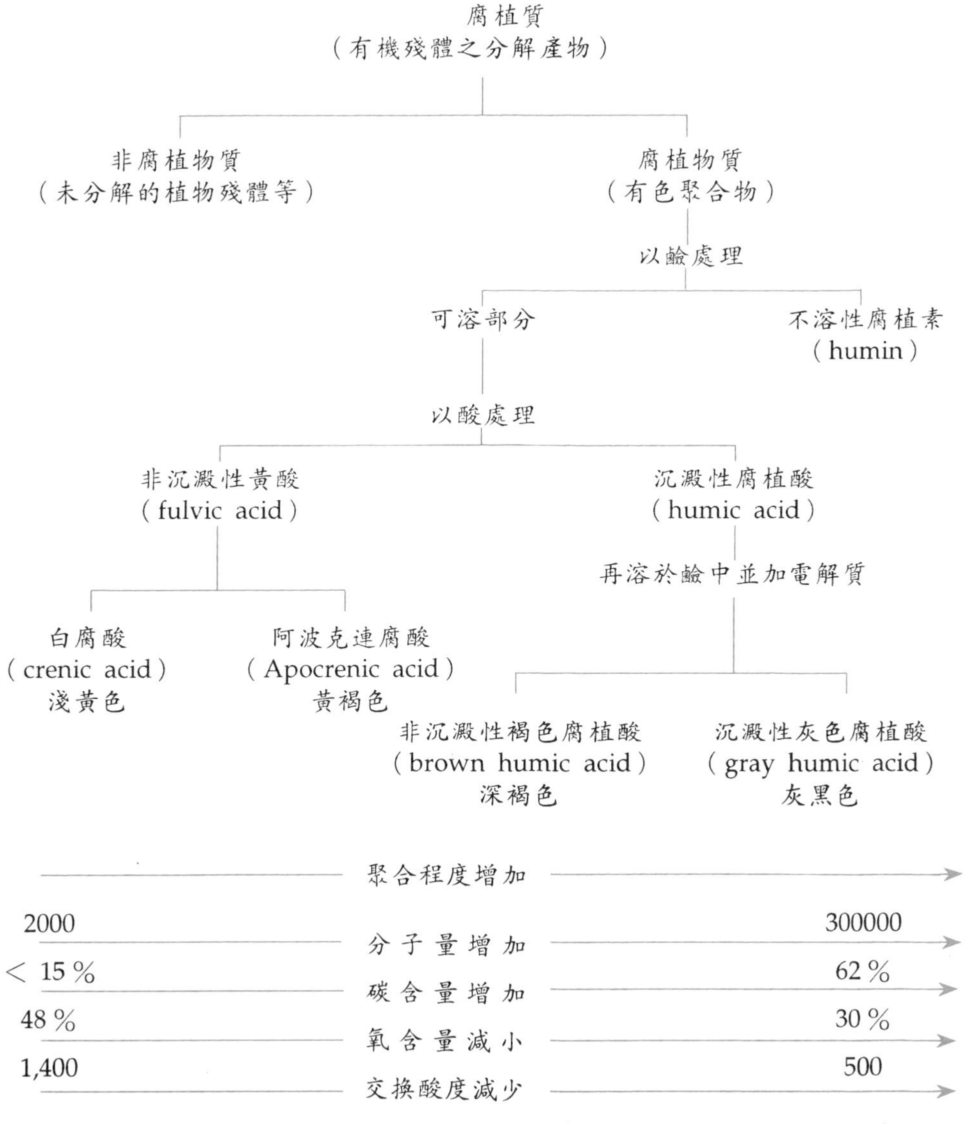

圖7-6　腐植物質之分類及化學性質（修改自F.J.Stevenson,1982）

$$(\text{腐植質})M_1 + M_2^{n+} \rightleftharpoons (\text{腐植質})M_2 + M_1^{n+} \tag{7-16}$$

M_1 及 M_2 爲陽離子。

此種對多價陽離子的吸附力使腐植質對重金屬之遷移、轉化具有很大影響。含重金屬的水流經富含腐植質的土壤時，大部分的金屬離子都會被腐植質所吸收，因此土壤滲出的水會變得非常潔淨。腐植質對溶解度小的殺草劑及其他農藥之污染行爲亦有重大影響。表 7-1 摘要了腐植質之一般性質及其對土壤之相關影響。

3. 土壤中之微生物

土壤中含有多種微生物，這些微生物在幾乎沒陽光情況下，在土中進行各種活動，諸如分解有機質，分解土壤中之農藥等。土壤中之微生物種類依其重要性大致可分爲⑴細菌、⑵眞菌、⑶放射菌、⑷藻類、⑸原生動物、⑹濾過性病毒等六類。又微生物可根據其攝取碳源之不同，可粗略分成兩大類即異營性（heterotrophic）及自營性（autotrophic）。大部分土壤微生物屬於異營性，這類微生物藉由分解有機質以獲得生存所需之能源及生長之碳源。自營性微生物利用光能或無機物以獲得生存所須之能源，生長所須之碳源則來自於 CO_2 或簡單之有機化合物。本類微生物只有藻類及一些細菌屬之。

⑴ 土壤細菌

細菌爲單細胞最小而最簡單的生物，它在土壤中之數量及種類要比任何土壤微生物爲多，其重要性也最大。一公克肥沃土壤中往往有十億個之多。大部分的土壤細菌，必須從土壤空氣中獲得氧氣，此類細菌稱爲好氧菌（aerobes），某些細菌能適應於有氧及缺氧的條件，是爲兼氣性菌（facultative aerobes），其他細菌則不能生存於有氧氣條件下，是爲厭氣性菌（anaerobes）。細菌可分爲兩類，一爲自營性細菌，包括亞硝化菌、硝化菌、硫化菌、鐵化菌及氫化菌。異營性細菌包括氮素固定菌及以固定性氮爲食料之細菌。土壤有機質之變化，多賴細菌之作用。土壤礦物質之變

表 7-1　腐植質之一般性質及在土壤中之相關影響

（摘自 F.J.Stevenson,1982）

性　質	短　評	對土壤影響
顏色	許多土壤典型黑色乃由有機質引起。	可保溫暖。
水分保持	有機質能保持高至其自身 20 倍重量的水分。	有助於防止乾燥與收縮，改善砂質土壤之水分保持。
與黏土礦物結合	連結土粒成為構造單位稱為團粒。	允許氣體交換，穩定構造，增加通透性。
螯合	與 Cu^{2+}、Mn^{2+}、Zn^{2+} 及其他高價陽離子形成穩定複合物。	緩衝微量元素對高等植物之有效性。
水中溶解度	有機質之不溶性乃部分由於其與粘粒連結，二價及三價陽離子與有機質之鹽類亦不溶，分離之有機質則部分溶於水。	極少有機質為經由淋溶損失。
pH 關係	有機質緩衝土壤 *pH* 在微酸、中性及鹼性範圍。	有助於維持土壤中一相同之反應（*pH*）。
陽離子交換	腐植質之分離部分的總酸度，在 3000 至 14000 mmole kg^{-1}範圍。	增加土壤之陽離子交換容量（CEC），許多土壤 CEC 之 20～70％乃由於有機質引起。
礦化作用	有機質分解產生 CO_2、NH_4^+、NO_3^-、PO_4^{-3}及 SO_4^{-2}。	植物生長所需養分來源之一。
與有機分子結合	影響農藥之生物活性、持久性及生物可分解性。	改變農藥有效控制之施用量。

化如硝化作用、硫素氧化作用及氮之固定作用，亦賴細菌之活動，故細菌在土壤與植物營養上頗多貢獻。

(2) 土壤眞菌

土壤眞菌主要有三類，即黴菌、蕈菌及酵母菌，其中以黴菌在土壤中最爲重要。黴菌在各層土壤中均有發現，但在通氣良好有機質多之表土中繁殖更多，以一般土壤而言，一公克土中約含有一百萬個。黴菌為異營性微生物，對有機質分解能力頗強，凡纖維、澱粉、膠體、木質素、蛋白質及醣類等都能分解，尤其對於腐植質之生成貢獻最大。

⑶ 土壤放射菌

放射菌介於細菌與眞菌之間，土壤中的微生物以放射菌繁殖最多，一公克乾土中可多至一千五百萬至二千萬個，放射菌有分解有機物之能力，可使複雜之木質素等分解成為腐植質，因而使不易被植物吸收利用之有機質氮素，變成可被植物吸收之氮素，對於土壤肥沃力影響亦大。大部份放射菌為好氧性，通常對酸度甚為敏感，土壤 pH 低於 5 時生長將受限制。

⑷ 土壤藻類

多數土壤藻類為單細胞植物，含有葉綠素，可行光合作用，增加土壤的有機質，有些藻類可分解土壤有機物。主要的土壤藻類有綠藻、藍綠藻及矽藻等。藻類需要陽光，所以常在陽光充足之表土中繁殖，每公克可達十萬個。藻類最主要功能在促進細菌及黴菌分解植物殘體，合成腐植質。

⑸ 土壤中之原生生物

原生生物屬單細胞，為最簡單之動物，主要有纖毛蟲、鞭毛蟲、變形蟲等三種。原生動物可吞食老弱細菌，而使土壤中常維持活潑的細菌發育，又可吞食病菌及有害菌，以致間接的提高土壤之生產力。但它對土壤有機物之分解作用不大。

土壤中之微生物主要是擔任分解作用之角色，主要功能在於植物養分之循環以及能量之流動。對於地球生態環境中，碳、氮、硫及磷等元素之循環亦扮演極重要角色。其對土壤中污染物之轉化和降解亦有很大之貢獻。

4. 土壤中的水及空氣

土壤含有無數眾多之間隙，隨土壤溼度之不同，其中充滿了不同含量的水分及氣體。土壤內的水，係位於土壤內較大的空隙和小洞中以及黏土礦物層與層之間。在土壤水分中則含有溶解之氣體、水溶性有機質及無機鹽等。通常我們把土壤中的水分稱爲土壤溶液，植物所吸收之養分可以說全部來自於土壤溶液。土壤之水分狀態會影響土壤之各種性質，如土壤構造、質地、孔隙分布及通氣性等物理性狀。當土壤中之水分逐漸達到飽和，也就是大部分空隙都被水分佔滿時，土壤的氧氣變更稀少，再加上微生物分解有機物之呼吸過程的耗氧，土壤中氧氣被耗盡，此時土壤結構會崩潰而不適合植物生長。因此，除水稻外大部分作物不適合種植於含飽和水分之土壤。另外，土壤水分亦影響土壤之膠體、土壤反應、土壤溶液等化學性質及微生物之活性與有機物之分解性質。例如土壤含飽和水時，其還原電位降低（$p\varepsilon$值，在$pH=7$，由13.6降至1以下），使得原本不溶於水之鐵、錳氧化物被還原成可溶性金屬離子而流失，其反應如下：

$$MnO_2 + 4\,H^+ + 2\,e^- \rightarrow Mn^{2+} + 2\,H_2O \tag{7-17}$$

$$Fe_2O_3 + 6\,H^+ + 2\,e^- \rightarrow 2\,Fe^{2+} + 3\,H_2O \tag{7-18}$$

高濃度溶解性 Fe^{2+} 和 Mn^{2+} 離子則對植物之生長有害。

土壤空隙間若沒有充滿水分則會有氣體，這些氣體組成稱爲土壤空氣。土壤空氣和一般大氣之組成不同。在海平面乾燥空氣含有21％的氧氣和0.03％二氧化碳，但是土壤空氣中之含氧比例較低，有時甚至可低於15％，相反地，二氧化碳之含量較高，約0.5％，此乃是因爲植物的根及土壤生物之呼吸作用，亦即將有機物分解成 CO_2 及 H_2O，同時消耗氧氣，及雨水帶入空氣中之 CO_2 所造成。土壤氧氣對土壤中各種化合物存在的狀態有很大影響，當土壤空氣不流通時，或如上述之含飽和水時，常使物質處於還原狀態，這些物質累積到一定程度則會有毒害，如 H_2S、Fe^{2+}、Mn^{2+} 之累積。土壤缺氧則會影響根部之呼吸作用，間接影響水分、養分的吸收。並且有機物因在厭氧下分解而產生乙醇或甲烷之氣體。

7-3 土壤之主要化學性質

土壤爲一極爲複雜的多相體系，具有物理、化學、生化等特有性質，土壤之化學性質主要是由土壤膠體所引起。土壤中的黏土礦物及有機質中的腐植質都是形成土壤膠體之主要物質，前者稱爲無機膠體，後者稱爲有機膠體。這些膠體上可進行無數的化學反應，包括吸附、離子交換、酸鹼中和、氧化與還原、溶解與沈澱及複合等反應。這些反應關係著污染物在土壤中之遷移、分配及轉化。

7-3-1 土壤的電荷

土壤電荷主要集中在膠體表面，在正常自然環境中大部分土壤膠體（黏土礦物、有機膠體、含水氧化物等）帶負電，只有少數膠體，如含水氧化鋁、鐵，在酸性條件下帶正電荷。這些電荷之形成主要由於金屬離子之同構取代和膠體表面之官能基的離子化兩者所造成的。由於產生電荷之機制不同，分別產生了土壤的永久（permanant）和 *pH* 依賴（*pH*-dependent）電荷，又稱可變電荷（changeable charge）兩類。

1. 永久電荷

土壤礦物之負電荷主要是由同晶替換作用所致，如矽氧四面體的 Si^{4+}（半徑爲 0.041nm）被 Al^{3+}（半徑爲 0.050nm）代替；由於替代離子之半徑相近，因此替代後之晶體構造不變，此稱爲同晶替代作用（或同構取代）。鋁氧八面體中之 Al^{3+}（離子半徑爲 0.057nm）亦可被離子半徑相近之 Fe^{3+} 、 Mg^{2+} 與 Fe^{2+}（離子半徑分別爲 0.064nm ， 0.065nm ， 0.076nm）所代替。此種代替結果所產生之電荷不受介質所影響，故稱爲永久性電荷，其電荷之多寡決定於晶格中同晶替代的多少，以蒙脫石爲例，每單位晶格約有 0.06 個電荷。理論上，此種同晶替代作用可使晶體呈中性、帶正電或負電。實際上，在黏土礦物中進行之同晶替代時，常常是低價替代高價（Al^{3+} 替代 Si^{4+}，Mg^{2+} 與 Fe^{2+} 代替 Al^{3+}），因此黏土礦物一般帶負電性。

2. 依賴電荷／可變電荷

黏土礦物之表面負電荷，除一部分爲永久性負電荷之外，另有一部分爲可變性負電荷，其隨環境之 pH 而改變。因此亦稱爲 pH 依賴電荷，其產生之原因雖然尚不很清楚，一般認爲是由於晶體表層之 OH 基中的 H^+ 在鹼性條件下解離所致。如：

$$\equiv Si - OH + H_2O \rightarrow \equiv Si - O^- + H_3O^+ \tag{7-19}$$

可變負電荷受 pH 值的影響很大，例如，高嶺土在土壤介質 $pH > 5$ 的環境中，OH 基解離出 H^+，使膠體帶負電荷；在土壤介質 $pH < 5$ 的環境中整個 OH 基解離出來，使膠體帶正電荷。此種既能解離出 OH^- 離子；也能解離出 H^+ 離子之膠體稱爲兩性膠體（amphoteric colloid）。含水氧化鐵，鋁亦是兩性膠體，其反應如下：

$$Al(OH)_2^+ + H_2O \xrightleftharpoons{H^+} Al(OH)_3 \xrightleftharpoons{OH^-} Al(OH)_2O^- + H_2O \tag{7-20}$$

除了黏土礦物及含水氧化鐵外，腐植膠體（humic colloid）之電荷亦爲可變負電荷，其主要來源是膠體表面之官能基（包括氫氧基 $-OH$，羥基 $-COOH$，酚基 $-C_6H_4OH$，和胺基 $-NH_2$）之質子化（protonation）或脫質子化（deprotonation）而來，隨著環境 pH 的變化，電荷能爲正的、或負。當此類膠體之正電荷和負電荷相等，則膠體表面之電荷爲零，此時介質之 pH 值稱爲零電荷點（zero point of charge, ZPC）或等電點（isoelectric point）。$pH >$ ZPC 時膠體帶負電荷，$pH <$ ZPC 時膠體帶正電荷。因此在通常的土壤 pH 範圍內，膠體之 ZPC 越小則越容易帶負電荷。表 7-2 爲常見礦物之 ZPC。由表知氧化矽和氧化錳易帶負電荷；氧化鐵和氧化鋁易帶正電荷。

表 7-2　常見礦物之等電點（轉引自 Stumm 等，1980）

物質	等電點（pH）	物質	等電點（pH）
αAl_2O_3	9.1	$\delta-MnO_2$	2.8
$\alpha-Al(OH)_3$	5.0	$\beta-MnO_2$	7.2
$\gamma-AlOOH$	8.2	SiO_2	2.0
CuO	9.5	$ZrSiO_4$	5
Fe_3O_4	7.8	鉀長石	2-2.4
$\alpha-FeOOH$	6.7	高嶺石	4.6
“$Fe(OH)_3$” 無定形	8.5	蒙脫石	2.6
MgO	12.4	鈉長石	2.0

土壤之終電荷係由永久電荷和 pH 依賴電荷來決定，此兩種電荷之相對貢獻，則由土壤膠體之組成與土壤生成時之離子環境決定。對於 2：1 之礦石，同晶取代產生之永久電荷影響較大，但 1：1 型礦石由 pH 依賴性電荷之影響較大。蒙脫石屬於 2：1 型礦石，其由同晶取代所產生的負電荷遠超過晶體表層 OH 解離之 pH 依賴負電荷。土壤的電荷特性與污染物在土壤膠體上的吸附性質、離子交換能力及複合性能有密切的關係。（見表 7-3）

表 7-3　各種礦石之性質

礦物種類	晶型	化學式	層電荷	陽離子交換容量（毫克當量/100g）	比表面積 $\times10^3$ m^2/kg	膨脹性	電荷之 pH 依賴性	膠體活性
高嶺石	1：1	$Al_4SiO_4O_{10}(OH)_8$	0	3-15	10-20	否	強	低
蒙脫石	2：1	$Al_4(Si_4O_{10})_2(OH)_4{\cdot}nH_2O$	0.25-0.6	60-100	600-800	是	小	極高
伊利石	2：1	$K_2Al_4(Si_6Al_2)O_{20}(OH)_4$	1.0	20-40	70-120	否	中	中

7-3-2 土壤之吸附作用

吸附（absorption）係指某一相中的離子或分子在另一相的表面發生凝聚或濃縮的現象。土壤膠體具有極強之吸附能力主要原因有三：

1. 表面吸附能很大

物體的任何分子間都有相互吸引力。物體內部之分子與其四周分子之吸引力互相抵銷，故分子的能量不受影響。但物體之表面分子與其周圍分子之吸引力不均衡，故使表面分子具有多餘引力，因而具有表面能。表面能越大，其吸附作用越強。表面能的大小決定於物體裸露之表面積。每單位重量物體之表面積稱爲比表面積（specific surface）。如半徑爲 r 的球型土粒，其重量爲$\frac{4}{3}\pi r^3 \times 2.65$(平均比重)，其表面積爲$4\pi r^2$，故其比表面積爲：

$$\text{比表面積} = \frac{\text{面積}}{\text{重量}} = \frac{4\pi r^2}{\frac{4}{3}\pi r^3 \times 2.65} = 1.13 \times \frac{1}{r}\ (cm^2/g)$$

因此半徑越小，比表面積越大。因爲土壤之膠體粒極微小，故表面積相當大，表面能很大，因此吸附能力強，關於黏土礦物之比面積大小，常因測量時選用之標本和純度和使用之測量方法不同而差異頗大。戴爾（Dyal）曾計算黏土之比表面積：高嶺石在 10～20m²/g，蒙脫石在 600～800m²/g，伊利石在 70～120m²/g（參考表 7-3），關於腐植質和游離氧化鐵之比表面積研究得很小。鮑爾計算土壤腐植質之比表面積，約爲 700m²/g，新沈澱氫氧化鐵爲 300m²/g。

2. 帶有電荷

由於環境中大部分膠體帶有負電荷，所以在自然界中易吸附陽離子。

3. 具有多種配位基

黏土礦物或金屬氧化物表面常含有 M≡OH 基團，而土壤腐植質膠體表面，則有多種含氧、含氮之配位官能基，如羥基（–OH）、羰基（>C=O）、羧基（$-COO^-$）和胺基（$-NH_2$）等具有螯合作用及複合作用的官能基因此易與重金屬離子形成共價配位鍵。

吸附作用中被吸附的物質稱爲吸附質（absorbate），而用來吸附之固體，則被稱爲吸附劑（absorbent）。土壤污染化學中土壤即爲吸附劑而污染物如重金屬離子，或有機污染物即爲吸附質。吸附作用有物理性、化學性與交換性吸附。

1. 物理性吸附

物理性的吸附，乃藉著分子間的凡德瓦力（van der waals force），氫鍵（hydrogen bond）及疏水鍵（hydrophobic interaction）之作用使吸附劑與吸附質結合。凡德瓦力作用包括永久偶極（permanent dipole），誘導偶極（induced dipole）及瞬間偶極（instant dipole）引起各種分子間的相互作用。這些作用事實上存在於一切吸附過程中，但其作用力相當弱，故與其他作用力相比往往是微不足道。然而對大分子之有機吸附質而言，凡德瓦力則扮演極重要角色。氫鍵是一種特殊的偶極 - 偶極間相互作用，當土壤組成分和有機吸附質具有 NH-OH 基團或 N 和 O 原子時易形成氫鍵，在此氫原子充當了兩個負電性原子之間的橋樑。土壤中之有機膠體和黏土礦土，前者含有豐富的羰基、羥基和胺基等官能基，它和後者表面的氧原子均能與有機分子以氫鍵相結合，如：

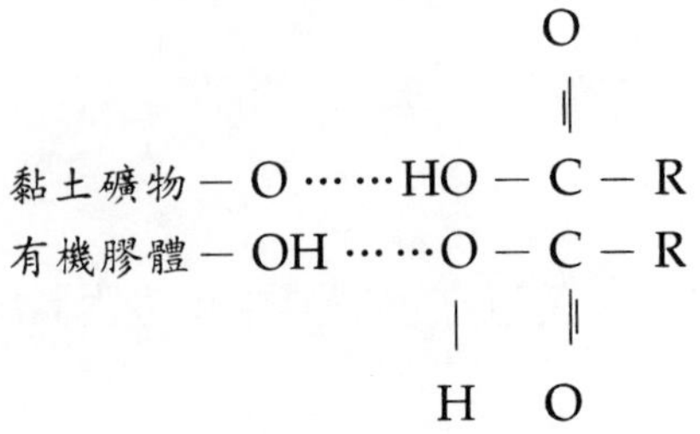

```
                              O
                              ‖
黏土礦物 − O ·····HO − C − R
有機膠體 − OH ·····O − C − R
                       |      ‖
                       H      O
```

疏水性吸附只與土壤中之有機質有關，由於有機質表面具有疏水表面，因此土壤溶液中之非極性或弱極性有機物分子被極性水分子“排擠”出去，它們容易在上述疏水表面聚集形成疏水吸附（hydrophobic absorption），此種吸附過程只與有機分子極性有關，其強度不隨 pH 改變而變化。

2. 化學性吸附

化學性吸附的力量較強，相當於形成化合物的鍵能，這種吸附主要是由土壤膠體及吸附質間形成共價鍵所致，例如農藥分子配位體常與黏土礦物上各種金屬形成配位錯合物；重金屬離子常與有機膠體或金屬氧化物表面形成複合吸附。若以 $\equiv S-OH$ 代表土壤表面，則表面複合反應式為：

$$m(\equiv S-OH) + M^{n+} \rightleftharpoons (\equiv S-O)_m M^{n-m} + mH^+ \quad (7\text{-}21)$$

$$\equiv S-OH + M^{n+} + mH_2O \rightleftharpoons \equiv S-M(OH)_{m+1}^{n-m} + mH^+ \quad (7\text{-}22)$$

$$M^{n+} + mH_2O \rightleftharpoons M(OH)_m^{n-m} + mH^+ \quad (7\text{-}23)$$

$$\equiv S-OH + M(OH)_m^{n-m} \rightleftharpoons \equiv S-M(OH)_{m+1}^{n-m} \quad (7\text{-}24)$$

3. 交換性吸附

交換性吸附，是指吸附質與吸附劑表面具有電荷之引力。土壤大部分膠體帶負電荷，故易吸附各種陽離子。在吸附過程中，膠體每吸收一部分陽離子，同時也放出等當量的其他陽離子，所以叫做陽離子交換吸附。陽離子交換吸附是一種可逆反應，而且可迅速地達到平衡，此種交換不受溫度影響，並且在酸、鹼條件下均可進行。雖然理論上各種陽離子皆可被帶負電荷之土壤膠體吸附，但吸引力則有所不同，陽離子交換吸附能力可受到下列幾種因素之影響：

(1) 電荷密度的影響

膠體粒子表面之負電荷對陽離子的吸引力可以庫侖定律敘述：

$$F = \frac{q \cdot q'}{D \cdot r^2} K \tag{7-23}$$

此處 F 代表吸引力或排斥力（單位牛頓），q 及 q' 爲離子電荷量（庫侖），r 爲電荷間之距離（公尺），D是介電常數（在25℃時，水爲78），而K是比例常數。因此由式知，當土壤溶液中之陽離子電荷愈大，半徑愈小，亦即電荷密度（charge density）愈高，對負電性土壤膠體之吸附力愈高。然而在溶液中之陽離子常有水合現象，離子半徑（或結晶半徑）較小之脫水離子其單位體積的電荷密度較大，因此吸水能力較強，致使其水合半徑遠大於離子半徑。隨著水合半徑的增加，電荷密度相對減小，因此其對膠體之吸附能力亦隨之減少；或是其從膠體被釋放出來之能力增大。表7-3爲離子電荷及半徑大小與在土壤吸附之相關性。由此表數據可知金屬離子交換吸附親和力的順序爲：

$$Th^{4+} > La^{3+} \approx \text{"}H\text{"}(Al^{3+}) > Sr^{2+} \approx Ba^{2+} > Cs^{+} \approx Mg^{2+} > Rb^{+}$$

$$> K^{+} \approx NH_4^{+} > Li^{+} \approx Na^{+}$$

⑵ 溶質濃度的影響

交換親和力較小的陽離子，如果在溶液中的濃度較大，也可以置換出吸附力較強，但濃度較小的陽離子。交換作用也服從於質量作用定律（mass action law）。

⑶ 吸附劑和吸附質種類的影響

有機物質對二價金屬離子有較高的吸附力，而對重金屬離子之吸附力大於鹼土金屬與鹼金屬的吸附力：

$$Pb^{2+} > Cu^{2+} > Ni^{2+} > Co^{2+} > Zn^{2+} > Mn^{2+} > Ba^{2+} > Ca^{2+}$$

$$> Mg^{2+} > NH_4^{+} > K^{+} > Na^{+}$$

黏土礦石對二價金屬離子之吸附力，據海倫 - 法拉赫研究（1977）其順序如下：

表 7-3 離子電荷及半徑大小與吸附性之相關性

離子	脫水離子之結晶半徑	被銨或鉀離子所釋放百分比
Li^{+}	0.068	68
Na^{+}	0.097	67
K^{+}	0.133	49
NH_4^{+}	0.143	50
Rb^{+}	0.147	37
Cs^{+}	0.167	31
$"H"(Al^{3+})$	(?)	15
Mg^{2+}	0.066	31
Ca^{2+}	0.099	29
Sr^{2+}	0.122	26
Ba^{2+}	0.134	27
Al^{3+}	0.051	15
La^{3+}	0.102	14
Th^{4+}	0.102	2

修正自 H. Jenny and R. F. Reitemeier, 1935

蒙脫石 $Ca^{2+} > Pb^{2+} > Cu^{2+} > Mg^{2+} > Cd^{2+} > Zn^{2+}$

高嶺石 $Pb^{2+} > Ca^{2+} > Cu^{2+} > Mg^{2+} > Zn^{2+} > Cd^{2+}$

伊利石 $Pb^{2+} > Cu^{2+} > Zn^{2+} > Ca^{2+} > Cd^{2+} > Mg^{2+}$

而黏土礦石對陰離子之吸附與礦石中 SiO_2/R_2O_3（R 代表其他元素如 Al, Fe）比率關係密切，比率愈大，其吸附陰離子之作用愈小。

(4) 水解作用的影響

金屬離子的水解產物（羥基複合離子）的交換吸附力大於簡單離子，如：

$CuOH^{+} > Cu^{2+}$ ， $FeOH^{2+} > Fe^{3+}$

(5)pH 值影響

環境的 pH 值會影響膠體的吸附容量，由於 pH 值將影響膠體表面−OH 基之解離，因此會影響膠體表面之負電荷，進而影響其交換容量。當 pH 值大時，膠體表面之 OH 解離多，負電荷多，陽離子吸附較強。pH 值小時，陽離子之吸附較弱。研究顯示，高嶺石與蒙脫石在 $pH = 2.5 \sim 6$ 之吸附容量分別為 4 與 95（meq/100g）。在 $pH = 7$ 時，高嶺石與蒙脫石之吸附容量分別為 10 與 100（meq/100g）。
土壤中陽離子之交換可用下列反應通式表示之：

$$A^+ + Soil - B^+ \rightleftharpoons Soil - A^+ + B^+ \tag{7-26}$$

此方程式稱為 Kerr 方程式

其平衡式為 $$K_{A/B} = \frac{[S - A^+][B^+]}{[S - B^+][A^+]} \tag{7-27}$$

其中 $K_{A/B}$ 稱之為離子選擇係數（Selectivity Coefficient）亦稱之為 Gapton 交換常數，有時以 α 表示。若 $k_{A/B} > 1$ 時表示膠體優先選擇 A^+；若 $k_{A/B} < 1$ 時，則膠體優先選擇 B^+；$k_{A/B} = 1$ 表示膠體對 A^+ 與 B^+ 的選擇性相等，換言之，A^+ 與 B^+ 不能用交換法分離；$k_{A/B} = 0$，表示 A^+ 完全不被膠體吸附交換；$k_{A/B} >> 1$ 或 $k_{A/B} << 1$，表示 A^+ 與 B^+ 兩種離子很容易用交換法分離。把上式重新整理得

$$k_{A/B} = \frac{\frac{[S - A^+]}{[A^+]}}{\frac{[S - B^+]}{[B^+]}} = \frac{\frac{\text{平衡時每克膠體吸附}A^+\text{量}\ (C_{A_1})}{\text{平衡時每毫升溶液中殘留}A^+\text{量}\ (C_{A_2})}}{\frac{\text{平衡時每克膠體吸附}B^+\text{量}\ (C_{B_1})}{\text{平衡時每毫升溶液中殘留}B^+\text{量}\ (C_{B_2})}} = \frac{D_a}{D_b}$$

D_a 稱為 A^+ 的分配係數（partition coefficient），D_b 稱為 B^+ 的分配係數（partition coefficient）。D 可以由實驗中求得。例如將一定量 A^+ 溶於一定量的水中，加入 1 克膠體，攪拌至平衡，測出溶液中殘留 A^+ 的量，即可求

得 D_a。

膠體吸附離子的比例可依下式計算

$$\frac{\text{膠體吸附離子總量}}{\text{溶液中之離子總量}} = \frac{C_1 \cdot G}{C_2 \cdot V} = D \cdot \frac{G}{V}$$

式中 C_1：每克膠體吸附的離子量

C_2：每毫升溶液中殘留的離子量

G：膠體之總克數

V：溶液的總體積（毫升）

【例 7-1】

若有交換量爲每克 6 毫克當量的 M^+ 型膠體 2g 與 80mL，濃度爲 0.02mole/L NH_4Cl 溶液做離子交換，試求其交換比例，設$K_{A/B}$ =2.0。

【解】

$$R^-M^+ + NH_4^+ \rightleftharpoons R^-NH_4^+ + M^+$$

$$K_{A/B} = \frac{[R^-NH_4^+][M^+]}{[R^-M^+][NH_4^+]}$$

$$D = \frac{[R^-NH_4^+]}{[NH_4^+]} = K_{A/B} \cdot \frac{[R^-M^+]}{[M^+]}$$

設膠體中有 x 毫克當量之 M^+ 被 NH_4^+ 交換出來，則溶液中 M^+ 的濃度爲

$$[M^+] = \frac{x}{80}$$

未被交換之 $[R^-M^+] = 12 - x$

所以 $D = 2.0 \times \dfrac{12 - x}{\dfrac{x}{80}}$

若 NH_4^+ 全部交換，則 $x = 80 \times 0.02 = 1.6$ 毫克當量

$$D = 2.0 \times \frac{12 - 1.6}{\frac{1.6}{80}} = 1040$$

$$\frac{\text{膠體上}NH_4^+\text{總量}}{\text{溶液中}NH_4^+\text{總量}} = D \cdot \frac{G}{V} = 1040 \times \frac{2}{80} = 26$$

土壤陽離子之交換容量（cation exchange capacity, CEC）是指每百公克土壤所含之全部交換性陽離子，以毫克當量數（meq/100g 乾土）表示之。土壤陽離子交換容量除受土壤膠體種類、數量及組成影響外，還受測定時抽出液種類、濃度、pH 值等影響。CEC 之測定通常是將定量之土壤樣品以含有可取代礦物上陽離子之鹽溶液淋洗，以取代在所有交換位置上之交換性陽離子，而在淋洗過程中被移出的離子，則加以分析以得到土壤原始的交換性陽離子組成。如此得到之交換性陽離子量通常較土壤礦物上眞正可交換之陽離子來得多，原因是部分溶解性鹽亦被交換之故，如圖 7-7 如示。

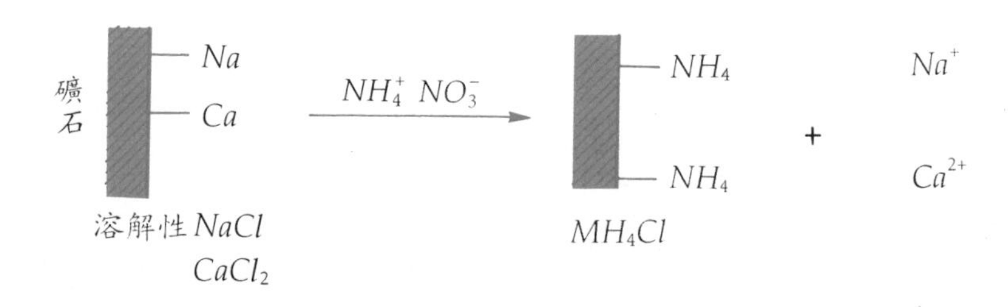

圖 7-7　離子交換示意圖

CEC 指連接於礦物上之陽離子，但NH_4^+之加入使溶解性之 $NaCl$ 及 $CaCl_2$ 也受交換，因此計算時應扣除。

依電性中和原則溶解性鹽之正離子與負離子當量應相等，因此，土壤之 CEC 爲淋洗液中全部陽離子之分析量減去溶解性鹽之陰離子量。

CEC＝（淋洗液中全部陽離子之分析量
　　－淋洗液中溶解性鹽陰離子之分析量）　(7-28)

【例 7-2】

將 160g 之水飽和土壤溶液（100g 乾土含 $60cm^3$ 之水），以 NH_4NO_3 溶液淋洗。淋洗液中之 Na^+ = 3.40meq/100g，Ca^{2+} = 22.12meq/100g，Cl^- = 0.28meq/100g；求此土之 CEC。

【解】

沖洗液中全部陽離子分析量

= 3.4 + 22.12 = 25.52 meq/100g

由溶解鹽而來之陽離子總量 = 0.28 meq/100g

CEC = 25.52 −0.28 = 25.24 meq/100g

4. 吸附方程式

土壤之吸附作用有物理性、化學性及交換性吸附，而實際狀況下往往是此三者之組合。事實上，要區分此三種作用亦極困難。幸而在吸附程序之分析及設計上並不需此種分類資料，僅須以等溫吸附模式即可定量描述土壤在一定溫度及壓力吸附溶質之特性。等溫吸附實驗通常是把已知量之吸附質加入已知量的吸附劑體系中，任何吸附質被從平衡溶液中移除，則假設已被吸附，但其體系必須達到平衡。如此以吸附質之量與其平衡濃度函數繪圖，即得等溫吸附圖，這些等溫吸附圖可能有不同之形狀，是與吸附劑（固體）與吸附質之親和力有關。三種吸附模式常被運用在描述吸附數據，它們是：Langmuir, Freundlich 及 Brunaur-Emmett-Teller（BET）方程式。

(1)Langmuir 等溫吸附模式，係假設吸附位置位於吸附劑表面；且吸附質專一的吸附於吸附位置，而且假設沒有化學反應；每一吸附位置僅爲單層分子吸附；每一吸附位置具有相等之親和力，且一個位置上被吸附分子之存在，並不影響其餘位置之吸附效應。Langmuir 方程式一般之表示法爲：

$$\frac{X}{m}=\frac{KCb}{1+KC} \tag{7-29}$$

此處　C＝吸附後溶液中剩餘之物質濃度（mg/L）

K＝常數，與鍵結強度有關

b＝最大的溶質吸附量（完全的單層分子）

X＝被吸附物質之量（mg 或 g）

m＝吸附劑重量（mg 或 g）

X/m 即每單位重量之吸附劑所吸收溶質的重量。
由式（7-29），取其倒數可得：

$$\frac{1}{(X/m)}=\frac{1}{b}+\frac{1}{Kb}\cdot\frac{1}{C} \tag{7-30}$$

或

$$\frac{C}{(X/m)}=\frac{1}{Kb}+\frac{1}{b}\cdot C \tag{7-31}$$

若吸附依循 Langmuir 等溫模式，則吸附數據 1/（x/m）對 $1/c$ 繪圖，應可得一直線，由其斜率與截距可求得 K 及 b 值。

⑵Freundlich 等溫吸附模式係由 Freundlich 在 1926 深入研究吸附現象，所得之一經驗公式。Freundlich 發現許多稀釋溶液的吸附行爲很適用於此方程式

$$\frac{X}{m}=KC^{1/n} \tag{7-32}$$

x＝被吸附溶質之量（mg 或 g）

m＝吸附劑重量（mg 或 g）

C＝吸附後，溶液中剩餘溶質濃度（mg/L）

K 及 n 爲常數，隨溫度與溶質而異，故在不同溶質及溫度下需校正。
若將式（7-32）兩側各取對數

$$\log\left(\frac{X}{m}\right)=\log K+\frac{1}{n}\log C \tag{7-33}$$

若吸附數據依循 Freundlch 模式，則 log（x/m）對 logC 繪圖，可得一直線，且由其斜率及截距，也可決定 n 及 K 值。Freundlich 方程式在超過實驗範圍之部分，其適用性並不保證完全可靠，因此其不能預測最大吸附容量。儘管如此 Freundlich 方程式在環境工程上應用最廣，可做爲土壤對農藥吸附行爲之預期模式。

(3)BET 等溫吸附模式適用於多層吸附，其假設爲分子在吸附劑表面，可有超過一層之吸附，而每一層適用 Langmuir 等溫吸附模式，因此形成更複雜之方程式：

$$\frac{X}{m}=\frac{ACX_m}{(C_S-C)\left[1+(A-1)\frac{C}{C_S}\right]} \tag{7-34}$$

x＝被吸附之溶質量（mg 或 g）

m＝吸附劑重量（mg 或 g）

X_m＝形成完全單層時之溶質量比（mg/g）

C_s＝溶質飽和濃度（mg/L）

C＝平衡時溶液中溶質之濃度（mg/L）

A＝描述溶質與吸附劑表面交換能量之常數

式（7-34）又可改寫成

$$\frac{C}{\frac{X}{m}(C_S-C)}=\frac{1}{AX_m}+\frac{A-1}{AX_m}(C/C_S) \tag{7-35}$$

若吸附依循 BET 等溫吸附模式，則 $C/(C_S-C)(X/m)$ 對 C/C_S 繪圖可得一直線，其斜率爲 $(A-1)/AX_m$，截距爲 $1/AX_m$。

BET 方程式也常被利用來敍述土壤溶液中離子之吸附行爲，在相當高蒸汽壓下，BET 方程式亦常被用來敍述農藥分子之吸附行爲。

以上三方程式除可應用於土壤之吸附之外，亦可應用於廢水處理之吸附及空氣之吸附。在某一特定的吸附例子，究竟用何種等溫線求解，可將其吸附數據作圖，並選用最可獲致直線之等溫方程式。

【例 7-3】

將不同重量之土壤樣品，加於六個燒杯中，進行吸附實驗。每杯加入 200mL，濃度為 250mgCOD/L 之工業廢水，第七杯則不加任何土壤。試由下列吸附數據，決定是否遵循 Langmuir 等溫吸附式，並決定常數值。

燒杯	土壤重 mg（m）	廢水體積 mL	最終 COD mg/L（C）
1	804	200	4.70
2	668	200	7.0
3	512	200	9.31
4	393	200	16.6
5	313	200	32.5
6	238	200	62.8
7	0	200	250

【解】

若遵循 Langmuir 等溫吸附模式則

$$\frac{1}{(X/m)}=\frac{1}{b}+\frac{1}{Kb}\cdot\frac{1}{C}$$

(1) 由數據計算 X 及 X/m

燒杯 1：

$$X=(250\text{mg/L}-4.70\text{mg/L})\times\frac{200\text{mL}}{1000\text{mL/L}}=49.06\text{ mg}$$

$$\frac{X}{m}=\frac{49.06\text{mg}}{804\text{mg}}=0.061\text{ mg/mg}$$

同法求得各燒杯之 X 及 X/m 值如下：

燒杯	最終 COD mg/L（C）	被吸附物重量（mg）	X/m（mg/mg）	$\frac{1}{(X/m)}$	$\frac{1}{C}$
1	4.70	49.06	0.061	16.4	0.21
2	7.0	48.6	0.073	13.7	0.14
3	9.31	48.1	0.094	10.6	0.11
4	16.6	46.7	0.118	8.5	0.06
5	32.5	43.5	0.139	7.2	0.03
6	62.8	37.4	0.157	6.4	0.02
7	250	0	0	–	0.004

(2) 將 $\frac{1}{(X/m)}$ 對 $\frac{1}{C}$ 繪圖，如圖 7-8

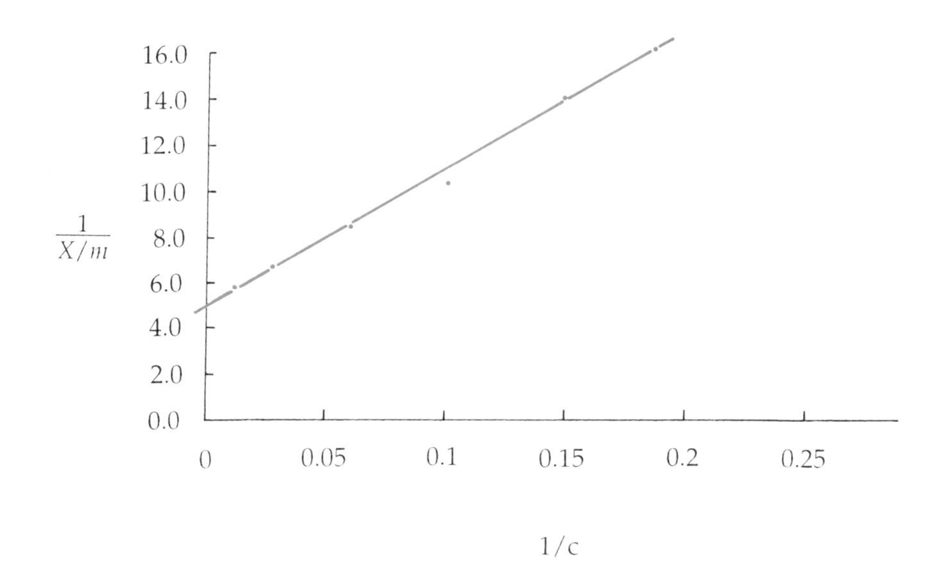

圖 7-8 Langmuir 方程式圖

(3) 決定常數 K 及 b 值

截距 $= \frac{1}{b} = 5.3$

$b = \frac{1}{5.3} = 0.189$

斜率 $= 52.6 = \frac{1}{Kb}$，且 $b = 0.189$

$K = 0.101$

(4) Langmuir 方程式

$$\frac{1}{X/m} = \frac{1}{0.189} - \frac{1}{(0.101)(0.189)} \cdot \frac{1}{C} = 5.3 - \frac{52.6}{C}$$

7-3-3 土壤的酸鹼性

土壤的酸鹼性是土壤極爲重要之化學性質，因它與土壤養分之有效性有相當密切之關係，因此影響植物之生長。土壤的 pH 值變動範圍很大，可自 $pH = 3.5$ 至 $pH = 10$。泥碳土的極端酸度可小至 $pH = 3$，鹼土之極端鹼度可大至 $pH = 11$。酸性土之中又可因其程度分爲微酸性、中酸性及強酸性數種。鹼性土之中亦可因其程度分爲微鹼性、中鹼性及強鹼性數種。一般土壤之酸鹼分佈等級如圖 7-9。

一般多雨地區的耕地土壤大部分呈酸性反應，根據調查，台灣 $pH < 5.6$ 的耕地土壤約佔耕地總面積的一半，而 $pH = 5.6 \sim 6.5$ 者也約佔四分之一。土壤酸化的原因很多。大致可分爲兩類，其一爲化學因素另一類爲生化因素。化學因素包括

1. 礦物的風化過程產生無機酸。位於黃鐵礦或硫黃礦地區的土壤，經風化形成多量的硫酸，土壤 pH 值可達 3 以下。其反應如下：

$$FeS_2 + \frac{7}{2}O_2 + H_2O \rightarrow Fe^{2+} + 2\,H^+ + 2\,SO_4^{2-} \qquad (7\text{-}36)$$

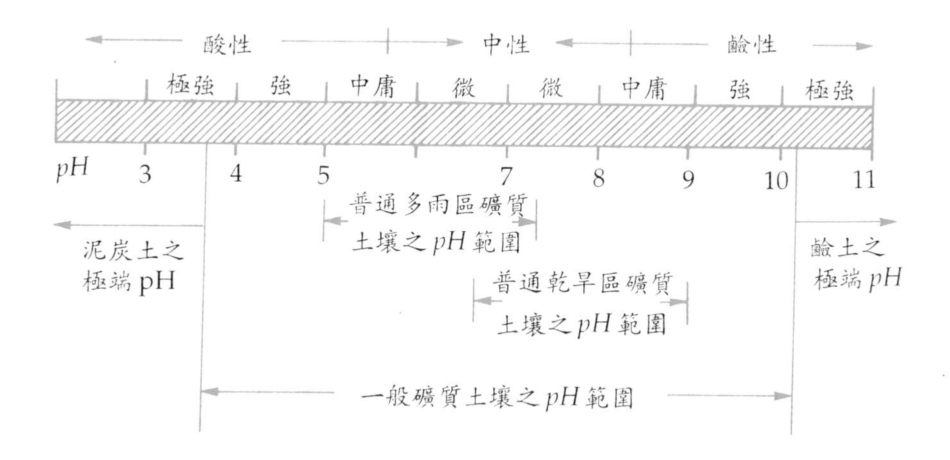

圖 7-9 土壤酸鹼度之分佈等級

這種土壤由於酸度很高不適合作爲種植。一種可測試土壤硫酸根形成多寡的試驗，是以 30 %的 H_2O_2 氧化土壤中之 FeS_2 使產生硫酸根，其反應如下：

$$FeS_2 + \frac{15}{2} H_2O_2 \rightarrow Fe^{3+} + H^+ + 2\,SO_4^{2-} + 7\,H_2O \tag{7-37}$$

經過上述反應，如果土壤的 pH 值小於 3.0，且產生硫酸根濃度大，則顯示成爲酸性土壤的潛力大；如果 pH 大於 3.0，顯示土壤中 FeS_2 的量不多，或是土壤中有足夠的鹼可中和所產生的酸。

2. 土壤膠體吸附之 H^+、Al^{3+} 等被其它陽離子交換出來。此種交換如圖 7-10所示，會增加土壤之酸性。當 Al^{3+} 釋放後，會經過水解作用產生氫離子，使土壤溶液之 pH 值大大降低。交換土壤膠粒上的 Al^{3+} 是造成土壤酸性之最主要原因。

3. 土壤之鹽基飽和率。土壤膠體上除了氫及鋁外之其他陽離子，稱爲交換性鹽基，可中和土壤酸度。當土壤膠體上所吸附之陽離子，全部爲鈣、鉀、鎂、鈉及銨等，稱爲鹽基飽和膠體，假如其中一部分是氫離子，則稱爲鹽基不飽和膠體。

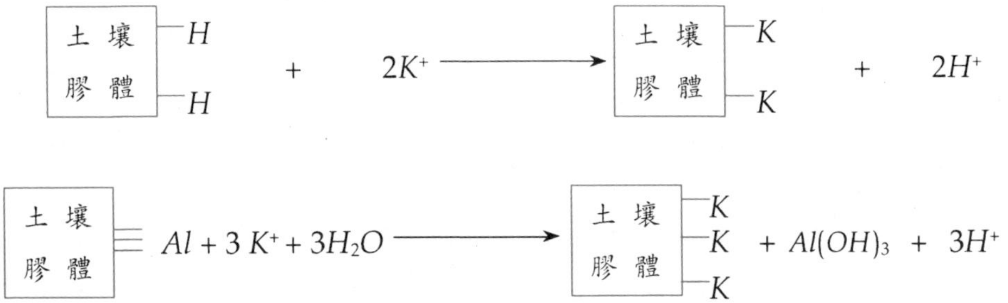

$$\boxed{\text{土壤膠體}}\begin{matrix}-H\\-H\end{matrix} + 2K^+ \longrightarrow \boxed{\text{土壤膠體}}\begin{matrix}-K\\-K\end{matrix} + 2H^+$$

$$\boxed{\text{土壤膠體}}\equiv Al + 3K^+ + 3H_2O \longrightarrow \boxed{\text{土壤膠體}}\begin{matrix}-K\\-K\\-K\end{matrix} + Al(OH)_3 + 3H^+$$

圖 7-10　土壤膠體之 H^+ 及 Al^+ 之交換作用

鹽基飽和百分率（percent base saturation），即土壤膠體所吸收之鹽基元素所作總吸收力的百分數，例如鹽基飽和百分率爲 80 %，即表明總吸收力之五分之四爲鹽基，而五分之一爲氫離子。鹽基不飽和程度愈大，土壤酸性越強。鹽基飽和百分率爲一頗重要的土壤參數，其定義如下：

$$\text{鹽基飽和百分率} = \frac{(\text{交換性}Ca, Mg, Ma, K) \times 100}{\text{在}pH = 7\text{或}8.2\text{時之}CEC} \tag{7-38}$$

不同鹽基對土壤 pH 值的影響不同，鈉飽和土壤的 pH 值較鈣鎂飽和的土壤高得多。在一定條件下土壤 pH 值和土壤鹽基飽和度存在著一定的相關性。

【例 7-4】

某土壤 $pH = 5$ 時，有 50mmole（+）的交換性鹽基（鈣、鎂、鈉及鉀），10 mmole（+）的交換性酸度，在 $pH = 7$ 時 CEC 爲 80，在 $pH = 8.2$ 時爲 100。試求其在 $pH = 7$ 及 8.2 時之鹽基飽和百分率。

【解】

$pH = 7$ 時之鹽基飽和百分率 $= \frac{50}{80} = 62\ \%$

$pH = 8.2$ 時之鹽基飽和百分率 $= \frac{50}{100} = 50\ \%$

4. 肥料之影響。施用之肥料亦可影響土壤之酸鹼度，如施用硫酸銨時，經硝化作用而產生硝酸與硫酸。如施用硝酸鈉、硝酸鈣、氰氮化鈣之類，結果則相反，因土壤內增加鹽基的積聚，加速鹼性反應。

5.CO_2之淋洗及鹽基之損失。位於多雨地區土壤，雨水滲入土壤而將CO_2帶入土壤。CO_2遇水會形成碳酸，碳酸可再分解爲H^+及HCO_3^-增加土壤酸性。多雨亦會造成土壤的淋洗作用，將交換性陽離子洗出土壤，使土壤鹽基飽和度降低，吸附性氫離子增加，而導致土壤酸化。可以圖 7-11 表示之：

圖 7-11 CO_2之淋洗及鹽基之損失

6. 生化因素爲土壤酸化之另一重要因素。微生物分解有機物，如異營性細菌在有氧條件下分解有機物會產生大量CO_2，在厭氧條件會產生多種有機酸。土壤中之自營性細菌能將土壤中硫化物轉換爲硫酸等。

土壤鹼化的過程大致與酸化過程相反。例如土壤中鈣、鎂、鈉及鉀的重碳酸鹽和碳酸鹽的水解作用則可產生較多的氫氧根離子，這是土壤呈鹼性反應之最直接原因。含有中性硫酸鹽（如Na_2SO_4）之土壤，在有機物和厭氧菌作用下，硫酸鹽可被還原爲硫化鈉，然後與碳酸鈣作用轉化爲碳酸鈉，再經水解後產生OH^-離子，亦能使土壤呈強鹼性。在乾旱地區及半乾旱地區土壤，因雨水不足以洗出吸附的鹽基，與雨水多之地區情形相反，鹽類量積聚，土壤多傾向於中性或鹼性。

從整體視之，土壤儘管pH值的變動範圍較大，但從局部視之，土壤卻具有很強的緩衝能力。土壤中有碳酸、矽酸、磷酸、各種弱酸鹽及腐植質，因此構成一良好的緩衝系統。土壤之pH值如發生顯著改變，即表示土壤之環境已發生激烈之變化，此種變化對植物養分之有效性有嚴重之影響，因此不利於植物之生長與發展。大部分的植物在中性土壤的生長良好，但有些植物卻有不同生長所需之土壤pH範圍。如茶樹在$pH = 6.0$以上土壤生長就不好。一般而言，豆科作用就較不耐於酸性土壤中生長。

7-3-4 土壤之氧化還原反應

土壤中由於有多樣的氧化還原體系的存在和固相物質之參與，其氧化還原過程常較純溶液更複雜，而且土壤中氧化還原反應不僅包含了純化學反應，在很多場合下還有生物的參與。土壤中之氧化還原性質可以用土壤的 *Eh* 值來衡量，但由於體系複雜，因此直接計算土壤的 *Eh* 值是困難的。所以土壤的 *Eh* 值通常是實際測定獲得的。旱地土壤的 *Eh* 值一般爲 +400 至 +700 毫伏特，水田土壤大致爲 +300 至−200 毫伏特。在一般自然條件下，*Eh* 值低於 300 毫伏特時爲還原狀況。土壤之 *Eh* 值常受下列因素之影響：

1. 土壤之通氣性。土壤之通氣良好時，土壤溶液中之溶解氧亦多，土壤之 *Eh* 值較高。在排水不良之土壤中，氣體所佔比例少而且氧氣的濃度低，故 *Eh* 值亦低，因此淹水水稻田之 *Eh* 值可降低至負值。

2. 土壤之 *pH* 值。土壤氧化還原反應與土壤之 *pH* 的關係極大，*pH* 值對 *Eh* 值之理論關係式爲

$$\varepsilon_h = \varepsilon_h^o - 0.059\, pH$$

3. 土壤中易分解的有機物含量。土壤中有機質多時，因好氧分解而形成還原環境。因此 *Eh* 值下降。

4. 土壤中易氧化或易還原的無機物質含量。易氧化的無機物多，則由耗氧多而形成還原環境，而 *Eh* 值下降；反之易還原的無機物多則易形成氧化環境而使 *Eh* 值相對提高。

土壤中之氧化還原反應對土壤重金屬之遷移轉化有很大之影響。由於氧化還原之進行，重金屬離子之價數改變，因此影響其溶解度，例如浸水土壤中（還原環境）鐵、錳、鉬之溶解度提高，而鋅銅之溶解度下降。

一般而言，在 *Eh* 值大的土壤中，金屬常以高價形態存在。高價金屬化合物，一般比相應的低價化合物容易沉澱，故也較難遷移，危害也輕，例如 *Fe*、*Mn*、*Sn*、*Co*、*Pb*、*Mo* 與 *Hg* 等；在 *Eh* 值很小土壤中，如淹水土壤之還原環境中，*Cu*、*Zn*、*Cd* 與 *Cr* 等也能形成難溶化合物固定於土

壤中，因此較難遷移，危害較輕。因爲在淹水條件下，SO_4^- 還原爲S^{2-}，後者與上述重金屬離子會形成硫化物而沈澱。其反應式如下：

$$SO_4^{2-} + 8\,H^+ + 8\,e^+ \rightleftharpoons S^{2-} + 4\,H_2O \tag{7-40}$$

$$\varepsilon_h = 0.159 - 0.059pH - 0.0074\log\frac{[SO_4^{2-}]}{[S^{2-}]} \tag{7-41}$$

$$M^{+2}\,(\,Cu^{2+}, Zn^{2+}, Cd^{2+}, Cr^{2+}\,)\, + S^{2-} \rightleftharpoons MS \tag{7-42}$$

很顯然，當土壤 Eh 值下降，$[S^{2-}]$ 增加時，有利重金屬的固定。另外如在酸性還原土壤中，Mn^{2+} 濃度會增加，造成對植物之毒害。

各類物質在土壤中之 $p\varepsilon - pH$ 穩定圖可以依第五章中之方法繪製。如此則可知在不同環境下佔優勢物種之分配圖。

氧化還原反應對土壤養分供應亦有明顯影響。一般土壤的 Eh 值在 200～700 毫伏特時，養份供應正常；$E_h >$ 700 毫伏特時，有機質迅速被氧化分解，因此養份貧乏；$E_h <$ 410 毫伏特時，反硝化作用開始發生；$E_h <$ 200 毫伏特時，土中有強烈的還原作用，NO_3^- 開始消失，而產生大量的 NO_2^-，因此產生毒害。

氧化還原作用亦會影響土壤之酸鹼性，一般而言，氧化作用可使土壤酸化，而還原作用可使鹼化。

土壤中個別之氧化還原極多，無法全部列舉，表 7-4 爲浸水土壤中重要半反應之平衡常數。

7-4 土壤污染

7-4-1 土壤污染來源

土壤之污染來源是多方面的，污染物質大多是由受污染的水和受污染的空氣，也有一部分是由某些農業措施（如施用農藥及化學肥料）而帶進土壤的。根據我國環保署之統計資料，台灣地區因廢污水導致之土壤污染約占 80 %，因空氣污染物降落造成之土壤污染約占 13 %，其餘係由農藥、肥料、酸雨、廢棄物（包括一般及有害的廢物所造成）。

表 7-4　浸水土壤中重要半反應之平衡常數

反應物	半反應方程式	log K
氧氣	$\frac{1}{4}O_{2(g)} + H^+ + e^+ \rightarrow \frac{1}{2}H_2O_{(l)}$	20.77
氫氣	$H^+ + e^- \rightarrow \frac{1}{2}H_{2(g)}$	0
硝酸鹽	$\frac{1}{2}NO_3^- + H^+ + e^- \rightarrow \frac{1}{2}NO_2^- + \frac{1}{2}H_2O_{(l)}$	14.15
軟錳礦	$\beta MnO_2 + 4H^+ + 2e^- \rightarrow Mn^{2+} + 2H_2O$	42.2
水錳礦	$rMnOOH + 3H^+ + e^- \rightarrow Mn^{2+} + 2H_2O$	24.6
黑錳礦	$Mn_3O_4 + 8H^+ + 2e^- \rightarrow 3Mn^{2+} + 4H_2O$	61.1
氫氧錳礦	$Mn(OH)_2 + 2H^+ \rightarrow Mn^{2+} + 2H_2O$	15.2
赤鐵礦	$\frac{1}{2}Fe_2O_3 + 3H^+ + e^- \rightarrow \frac{3}{2}H_2O + Fe^{2+}$	12.57
磁鐵礦	$Fe_3O_4 + 8H^+ + 2e^- \rightarrow 3Fe^{2+} + 4H_2O$	33.1
硫酸還原	$SO_4^{2-} + 10H^+ + 8e^- \rightarrow H_2S + 4H_2O$	40.6
硫酸還原	$SO_4^{2-} + 9H^+ + 8e^- \rightarrow HS^- + 4H_2O$	33.8
有機物	$\frac{1}{4}CO_{2(g)} + H^+ + e^- \rightarrow \frac{1}{4}CH_2O + \frac{1}{4}H_2O$	−1.2

1. 污染水造成的土壤污染

河川或圳道水爲農田灌溉之水源，由於工、礦業廢水不先經處理便排入其中，使得河川及圳道水受到污染，進而導致土壤的污染。某些工業排放之廢水是引起重金屬污染的原因之一，例如鹼氯工廠、塑膠工廠的廢水都是汞的污染源；電鍍廠、油漆顏料廠、電池、照相材料業、製革等化工、醫藥、農藥之工業水，都是汞、砷、鎘、鉛、鋅、鉻和銅等各種重金屬之污染源。塑膠、石化、紙廠、電鍍、染整、製革、食品、肥料等工廠的廢水皆能使農田的水溶性鹽分增高，而增加其導電度；食品與酵母製造工廠的廢水生化需氧量常超過2000ppm，極易造成土壤缺氧現象。此外含酸、鹼及鹽的污水進行土壤亦會使土壤發生酸化或鹽鹼化，導致土壤肥力下降。以石化、肥料、農藥等工業廢水灌溉，將會引起酚、氰和農藥等有機物之污染。

2. 空氣污染引起的土壤污染

空氣污染物如含硫燃料燃燒釋放的SO_2進入土壤成SO_4^{2-}存於土壤內；大氣中的氮氧化物進入土壤後被氧化成NO_3^-而沈集於土壤內，兩者都使土壤發生酸化現象。這些污染物主要是來自煤及石油的燃燒。另外礦業開採所造成之空氣污染物亦常造成土壤污染，例如鐵礦石冶煉過程所加入之螢石（氟化鈣）造成空氣中之氟污染，隨著降雨而使土壤中易溶性氟含量增加。其他重金屬、有機污染物和農藥亦可通過工廠煙霧和灰塵經過沈降或降雨而進入土壤。例如汽、機車排放的鉛顆粒常污染公路兩旁的土壤。

3. 農業措施造成的土壤污染

為提高農作物的產量，往往需要向農田施放大量的化學肥料（包括氮、磷、鉀肥；微量元素及其他添加劑）及農藥。但過量將會造成土壤污染。施用氮肥過量，將導致土壤中硝酸鹽及亞硝酸鹽含量急劇增加；施用磷肥將同時向土壤引進砷、鎘、汞、銅、鉻等金屬元素。長期施用磷肥可導致它們在土壤的累積，其中尤以鎘和砷的潛在危險最大。台灣許多農地使用豬糞尿為肥料，豬糞尿為一高濃度有機廢水，其生化需氧量通常皆高達10000ppm以上，進入土壤後，造成土壤缺氧現象。超量使用亦使土壤的pH

值昇高，導電度增高，交換性鉀及可溶性鋅及錳均增加，有機物不完全分解而產生有毒物質，這種不良影響，都將導致產量的降低。

農藥之使用亦常造成土壤污染。砷劑被當作農藥使用已有多年歷史，如除草劑（甲基砷酸鈉、二甲基砷酸鈉）、殺蟲劑（如砷酸鉛、砷酸鈣等）、和殺菌劑（如鐵鉀砷酸銨、甲基砷酸鈣）等常造成土壤中砷之累劑。台灣水稻的稻熱病常使用的有機汞劑爲普遍有效的殺蟲劑，常造成土壤中汞之累積，並爲植物吸收，經由食物鏈濃縮到人體中而發生危害。其次有機氯殺菌劑，由於其殘留期長達數年，且生物濃縮值可高達百萬倍，故常在土壤中累積。農藥的施用使得害蟲的天敵逐漸減少和增強了昆蟲的抗藥性，在這種情況下，必需增加農藥用量才能有功效，但同時增加土壤受農藥污染的程度。土壤之各污染物質種類及來源列於表 7-5。

7-4-2　土壤污染物質之種類

如表 7-5 所示，土壤中之污染物質主要有無機物及有機物兩種類。無機物質主要有重金屬類之汞、鎘、鉛、鉻、銅、鋅和鎳等；其次有水溶性鹽類如 $NaCl$、Na_2SO_4、$MgSO_4$、$CaSO_4$、$MgCl_2$ 等；另有非金屬類的砷、銻、氟、氮、磷、硫等元素。有機物質則有酚、氰及各種合成農藥等。農藥的種類很多，根據用途可分爲除草劑、殺蟲劑、殺茵劑、殺鼠劑、殺線蟲劑、土壤薰蒸劑、落葉劑、植物生長調節劑、引誘劑、外激素及反激素等等。最主要的農藥品種爲除草劑、殺蟲劑與殺茵劑。除草劑爲農藥中第一大類。按其化學結構可分爲十五大類。例如：脂肪族羧酸及其鹽；芳氧基烷屬羧酸及其衍生物；芳香族羧酸及其衍生物；羧酸醯胺、醯替苯胺；醛、酮及醌類；酚及醚、脲及硫脲衍生物等。殺蟲劑有有機氯劑、有機磷劑、氨基甲酸酯類、合成除蟲菊酯類等。土壤污染物除了對作物之影響外，亦常常經由食物鏈進入各類生物中造成各種的危害。

表 7-5 土壤污染物質之種類及來源

	污染物	主要來源
無機污染物	砷	含砷農藥、硫酸、化肥、醫藥、玻璃等工業廢水
	鎘	冶煉、電鍍、染料等工業廢水、肥料雜質、含鎘廢氣
	銅	冶煉、銅製品生產等廢水、含銅農藥
	鉻	冶煉、電鍍、製革、印染等工業廢水
	汞	製鹼、汞化物生產等工業廢水、含汞農藥、金屬汞蒸氣
	鉛	顏料、冶煉等工業廢水、汽車防爆劑燃燒排氣、農藥
	鋅	冶煉、鍍鋅、紡織等工業廢水、廢渣、含鋅農藥、磷酸鹽肥料
	鎳	冶煉、鍍鋅、煉油、染料等工業廢水
	氟	氟矽酸鈉、磷肥生產等工業廢水、化肥污染等
無機污染物	鹽鹼	紙漿、纖維、化學工業等污水
	酸	硫酸、石化業、酸洗、電鍍等工業廢水
有機污染物	酚類	煉油、合成苯酚、橡膠、化肥、農藥生產等工業廢水
	氰化物	電鍍、冶煉、印染工業廢水、肥料
	3.4-苯並芘，苯，丙烯醛等	石油、煉焦等工業廢水
	三氯乙醛、三氯乙酸	農藥場廢水，廢酸
	石油	石油開採、煉油廠、輸油管漏油
	有機農藥	農藥生產及使用
	多氯聯苯	人工合成品及生產工業廢氣廢水
	有機懸浮物及含氮物質	都市污水、食品、纖維、紙漿廢水

7-4-3 土壤污染物之影響

1. 土壤重金屬污染之影響

工業廢水中所含砷、鉻、汞、鎘、鉛和鎳等重金屬沈積在土壤中，會影響植物的生長和發育。例如：灌溉水中的鎘、鉛、砷對水稻之生長有抑制作用。灌溉水中的鎘、鉛含量對水稻受害的臨界濃度爲400ppm，也就是說以超過400ppm濃度的水長期灌溉，水稻的生育會明顯受阻，產量銳減；當土壤中鎘含量達25ppm以上，鉛含量達400～500ppm以上時，水稻生長受阻礙。土壤中無機砷的添加達12ppm時，水稻生長即受到抑制，加入量愈大受抑制作用也愈顯著，加入量達40ppm時，水稻的產量減少50％，加入量達160ppm時，水稻即不能生產。重金屬對土壤微生物亦會產生不利的影響。其中以 Hg 、 Ag 離子對微生物的毒性最強。通常濃度在1ppm時，就能抑制許多細菌的繁殖。各種金屬離子對微生物的毒性的順序是 $Hg > Cd > Cr > Pb > Co > Cu$ 。

土壤之重金屬污染會經由植物之吸收，或經由再溶解於水中，最後再濃縮累積到生物體內。例如水稻對 Cd 的吸收是極大的，在溶液中 Cd^{2+} 濃度只有0.0082ppm時，糙米中 Cd 的濃度仍可達4.2ppm，其濃縮係數高達512。此外鎘在水中低於0.1ppm，大豆葉部已有9ppm之鎘累積，玉蜀黍更高達90ppm。當人體內累積一定量的重金屬就會產生中毒，例如人體內每100mL血液中含鉛量大於120μg時，就會呈鉛中毒，導致慢性腎炎、痛風、鉛腦症、全身痙攣、紅血球紫色點狀、貧血等病症。人體如產生鎘中毒，則有骨骼酸痛，不良於行，慢性骨折現象，終日呻吟哀號，這就是所謂「痛痛病」。土壤的汞污染是另一重要例子，歷史發生過「水俣病」事件，即是由汞污染引起的。此是由於人民食用含汞的魚貝類而發生中毒，經分析發現當時魚貝殼中含有30至102ppm的甲基汞，而造成此項危害。

2. 氮肥及含氯農藥之影響

大量使用氮肥會使土壤的硝酸鹽和亞硝酸鹽含量上升，硝酸鹽和亞硝酸鹽經植物吸收進入體內，除了引起甲狀腺機能降低，維生素A缺乏外，亞硝胺還能致癌。亞硝胺形成主要原因係亞硝酸鹽在胃液之酸性條件下和二級胺作用產生的。

3. 可溶性無機鹽類之影響

塑膠、石化、紙廠、食品、肥料等工廠的廢水，會增高農田的水溶性鹽分、增加導電度。土壤如含有多量水溶性之鹽類，如氯化鈉、硫酸鈉、硫酸鎂、硫酸鈣、氯化鎂等，達乾土量之0.2％，則稱爲鹽土。如土壤含超量鹽分或超量交換 Na^+ 及 Mg^{2+}，即謂之鹼土。鹽土及鹼土均呈鹼性反應，尤以鹼土之鹼性反應較鹽土爲強，對作物危害亦較大。鹽鹼土中鹽類會妨礙作物之滲透作用。此乃由於水溶性鹽之存在，使土壤溶液之滲透壓加高，根部細胞不但不能任意吸收水分，且細胞內的液體向土壤溶液中移動，引起原生質萎縮。鹽鹼土之過量 Na^+ 及 Mg^{2+} 離子會妨礙植物新陳代謝作用。根據試驗，如飽和度達到75％時，菜豆即不能生長。Na^+ 飽和度在45％以上時，植物吸收 K^+ 之能力即銳減。而 Mg^{2+} 之危害程度則較 Na^+ 爲強。通常土壤工作者提出以鈉吸附比（sodium adsorption ratio, SAR）來描述灌溉水和土壤溶液相對的含鈉狀況：

$$SAR = \frac{[Na^+]}{\{[Ca^{2+} + Mg^{2+}]/2\}^{1/2}} \tag{7-43}$$

高鈉含量的灌溉水有造成高交換性鈉土壤傾向，因此鈉危害程度亦較大，當 $SAR > 20$ 則表示土壤易受鈉危害。

肥料中之無機性可溶鹽會造成土壤酸化，因此植物營養要素的溶解度或有效性降低，如磷的溶解度，在中性時最高，酸性最低；另外土壤 pH 值低時，有害重金屬之溶解度大，作物亦受其害。

4. 農藥污染之影響

農藥中因常含有砷、汞等有害元素，常經土壤被植物吸收，而影響植物之生長，更可經由食物鏈、生物濃縮而進入人體、畜產及野生動物，造成不良之影響。近年來由於用藥量不斷增加，食品中農藥含量也隨之增大，特別是有機氯農藥（如六六六、DDT），由於其殘留期長達數十年，且其生物濃縮值可達百萬倍，極易濃縮在人體脂肪中，具有潛在危險性，已知高劑量的有機氯農藥會造成神經中樞、肝臟和腎臟等人體組織的嚴重危害。

7-5 農藥在土壤中之作用

農藥進入土壤後，與土壤中的固體、氣體、液體物質發生一系列化學、物理化學和生物化學的反應過程。在這些過程中，土壤農藥有三種歸宿：

1. 被土壤吸附而殘留在土壤中。
2. 在土壤中進行氣遷移和水遷移，最後被作用、吸收。
3. 在土壤中發生化學、光化和生物降解。

7-5-1 土壤對農藥的吸附作用

農藥分子在土壤中的吸附行為有(1)離子交換、(2)配位基交換、(3)凡得瓦力作用、(4)疏水性結合及(5)氫鍵結合等作用機制。這些吸附作用，既取決於農藥本身的性質與化學結構，也取決於土壤顆粒物的性質及結構。就土壤顆粒而言，影響因素主要是黏土礦物、有機質的含量、組成特徵以及矽鋁氧化物及水合物的含量。這些物質或者經由電荷特性，或者借助有機腐植質上之氧、氮、硫的官能基，或者憑藉巨大的比表面積對農藥分子進行吸附。土壤有機物質和各種黏土礦物對非離子型農藥吸附能力的順序是：

有機膠體＞蒙脫石＞伊利石＞高嶺土

就農藥分子而言，分子結構、電荷特性及水溶液是影響吸附的主要因素，農藥分子中與吸附有關的化學特徵結構因素包括：

1. 官能基的性質：農藥分子結構中帶有R_2N-、$CONH_2$、$-OH$、$-NHCOR$、$-NH_2$、$-OCOR$與$-NHR$等官能基。

2. 取代基的性質及他們的相對位置。

3. 不飽和鍵的存在。

正是由於這些化學結構上的不同，各類農藥分子在土壤中吸附機理及程度有很大的差別。農藥分子依其能否形成帶電荷分子，可分爲離子型和非離子型兩大類，前者又可依其所帶電荷的不同及受pH條件之影響的差別分爲陽離子型農藥、弱鹼型農藥及酸性農藥。陽離子農藥爲強鹼性化合物，如聯□比啶類除草劑：敵草快和對草快（paraquat），具有很高溶解度，可與土壤腐植質上陽離子進行交換作用而吸附，亦可吸附於黏土礦物。此類農藥尤其容易被蒙脫石所吸附，且吸附量可以達到蒙脫石的陽離子交換量，吸附後也不易被無機陽離子所取代。弱鹼性農藥在膠體表面的吸附可以三種方式進行，即離子交換、疏水作用和氫鍵作用，其中最重要的是離子交換。這類分子在適當條件下能接受質子而帶正電荷，再與土壤中的腐植質和黏土礦物進行陽離子交換吸附。這種作用與環境pH條件密切相關。當pH遠高於此種農藥共軛酸之pK_a時，由於質子化程度低，交換吸附作用很弱；當pH與pK_a值相等時，有50％的弱鹼性農藥被質子化而帶正電荷，此時交換吸附最強；當pH較低時，游離H^+及黏土礦物釋放出來之Al^{3+}濃度增加，他們與質子化弱鹼性農藥競爭吸附，因此農藥在土壤表面的吸附逐漸減弱。

酸性農藥多含有羧基或酚基，這種基團的離子化可導致帶電荷的陰離子，這種離子化趨勢取決於酸性有機物的pK_a值及體系之pH條件。由於土壤膠體主要爲負電性，因此土壤膠體對酸性農藥的吸附，明顯低於對陽離子型農藥和弱鹼性農藥的吸附。大多數這類農藥只能在酸性條件下，此時主要以分子態存在，並藉分子吸附力而結合。

非離子型農藥主要被土壤之有機膠體吸附，其中有機氯農藥在水中的溶解度最低，他們在土壤膠體表面以分子吸附爲主，且疏水作用亦爲主導作用。因此有機氯農藥的吸附直接受土壤有機質含量影響。以極難溶的DDT

為例，它最容易被富含有有機質的膠體吸附，其他各類含氯農藥的吸附行為與 DDT 相仿，唯一例外是林丹（Lindan），它對有機膠體表面之親和性要比其他有機氯化合物小的多。這與它在水中的較高溶解度有關。有機磷農藥不僅能被有機膠體吸附，還可以附著在黏土礦物表面。容易極化的分子以及具有含氧基和胺基分子，能與黏土礦物上的交換性陽離子進行配位結合，或與土壤有機質及黏土礦物以氫鍵方式結合，例如氫鍵對氨基甲酸苯酯的吸附有舉足輕重的作用。表 7-6 為農藥之分類表及其溶解度。

表 7-6 農藥的分類及其溶解度表（W. D. Gvenzi, 1974）

類　別	有機化合物	典型污染物	溶解度（ppm）	pK_a
離子型	聯吡啶季鹽	敵草快	7.0×10^5	
		對草快	7.0×10^5	
	三嗪類	莠去津	35	1.68
		撲滅津	4.8	1.85
		西瑪津	5.0	1.65
		撲草淨	40	4.05
		撲草通	677	4.28
	三唑類	殺草強	2.8×10^5	4.17
離子型（酸性）	苯氧基酸	2,4-D	650	2.80
	苯酸	麥草畏	4500	1.93
		滅草平	700	3.40
	酚	地樂酚	52	4.40
	皮考啉酸	毒莠定	430	1.90
非離子型	有機氯化合物	PCB	0.001-0.77	
		DDT	0.001-0.04	
		異狄氏劑	0.1-0.23	
		狄氏劑	0.1-0.25	

表 7-6 農藥的分類及其溶解度表（續）（W. D. Gvenzi, 1974）

類　別	有機化合物	典型污染物	溶解度（ppm）	pK_a
非離子型	有機氯化合物	艾氏劑	0.01-0.2	
		毒殺芬	0.4	
		林丹	7.3-10.0	
	有機磷化合物	氯丹	0.009	
		七氯	0.056	
非離子型	二硝基苯胺類	對硫磷	24	
		二嗪農	40	
		磺樂靈	0.6	
		氟草胺	0.5	
	苯基氨基甲酸酯	氟樂靈	0.05	
		苯胺靈	250	
		氯苯胺靈	88-102	
	苯脲類	西維因	40-99	
		非草隆	2900-3850	
		滅草隆	230	
	醯替苯胺同系物	敵草隆	42	
		伏草隆	90	
		利谷隆	75	
		毒草安	700	
		敵草隆	500	
	苯醯胺	草乃敵	260	
	硫代氨基甲酸酯	EPTC	370-375	
		CDEC	92	

農藥在土壤中的吸附作用，通常以吸附等溫線表示，最常用的是以 Freundlich 等溫吸附方程式

$$\log\left(\frac{X}{m}\right) = \log K + \frac{1}{n}\log C$$

X ：被吸附溶質之量（mg 或 g）

M ：吸附劑重量（mg 或 g）

C ：吸附後，溶液中剩餘溶質濃度（mg/L）

K 及 n 為常數

或 Langmuir 等溫方程式

$$\frac{1}{(X/m)} = \frac{1}{b} + \frac{1}{Kb}\cdot\frac{1}{C}$$

式中，X、m、C、K 同上，b 爲最大溶質吸附量。

做定量描述，對大多數農藥而言，以上二種吸附模式極爲適用。

7-5-2 土壤中農藥之遷移

農藥在環境中的遷移，取決於農藥本身的物理化學性質與其存在環境的條件。土壤中之農藥通常可以通過揮發、溶解和擴散等方式在土壤間遷移，也可以通過作物的表皮和根系吸收，導致對作物的污染，再通過食物鏈濃縮，導致對人體動物的污染。農藥揮發作用的大小主要取決於農藥蒸汽壓和環境的溫度，有機磷和某些氨基甲酸酯類農藥的蒸汽壓很高，有機氯農藥則較低。有些研究用農藥在水中的溶解度與在空氣中的飽和濃度之比值，作爲衡量各種農藥擴散性的指數。當此值小於 10^4 時，農藥在土壤中的移動主要以蒸汽擴散的形式遷移；當比值大於 10^4，則主要以水相擴散爲主。農藥在水中的溶解度亦影響其遷移性質。離子型之農藥在水中之溶解度較高，而非離子型之農藥，如 DDT，水中之溶解度較小，一般只有 ppm 至 ppb 的水準。許多農藥特別是有機氯農藥，多數爲脂溶性，它們在脂肪

中之溶解度常比在水中大數百萬倍，因此極易在生物體中累積。研究上常以化合物的辛醇／水系統的分配係數來判別有機物之生物富集的可能性。表 7-7 為一些常見農藥與某些有機物在水中的溶解度及它們在辛醇／水系統中之分配係數。由表可知多數農藥以溶解態遷移可能性極小。

表 7-7 某些化合物的溶解度及在正辛醇／水中之分配係數

化合物	溫度（℃）	溶解度（ppm）	正辛醇／水分配係數	化合物	溫度（℃）	溶解度（ppm）	正辛醇／水分配係數
p,p'-DDT	20	0.0033	1.55×10^6	伏殺磷	20	2.12	2.0×10^4
P,p'-DDE	20	0.0040	4.89×10^5	毒死蜱	20	4.76	2.04×10^4
2,4-D	25	890	6.46×10^2	苯	22	820	1.35×10^2
2,4,5,2' 5'-PCB	24	0.010	1.29×10^5	甲苯	16	470	4.90×10^2
				苯甲酸	18	2700	74.13
2,4,5,2',4' 5'-PCB	24	0.00095	5.25×10^6	苯乙酸	20	16600	25.70
4,4'-PCB	20	0.062	3.80×10^5				

大多數的農藥不易溶於水，故其在水相中的遷移主要是吸附在土壤顆粒物上，隨逕流或侵蝕所產生的機械遷移而進行。農藥大多沈積在土壤表層約 30 釐米內，因此一般不易造成地下水污染，但容易因沖刷而進入地面水中，造成水域的嚴重污染。

7-5-3 土壤中農藥的降解

農藥的降解為十分複雜過程。主要有光化學降解作用（包括輻射降解），純化學降解作用及微生物降解作用。上述三個分解機構可能分別發生，但經常是同時發生。

1. 光化學降解作用

由於土壤的透光率很低，光化學降解反應之發生在土壤表面上，作用較小。光線照射農藥分子時，只有當其輻射能大於分子內之特定鏈的解離能時，由輻射引起該鍵之解離才可能發生。就農藥之化學鍵結而言，只有太陽輻射的可見光和紫外光範圍才可能激發其光解反應。在太陽光線中波長為290至450nm的部分，才有足夠的能量使農藥分子激發而發生各種反應。除了輻射波長外，農藥分子自身的化學性質也有相當程度上決定了光化學反應發生的可能性。許多含氯農藥的最大吸收波長在紫外光部分，它們卻不易在地表環境中發生光解，但也有一些農藥的最大吸收波長在可見光與近紫外光部分，它們便容易在環境中發生光降解。表7-8是數種典型的除草劑在水中對光線的最大吸收波長。它們吸收近紫外光就會發生一定程度的光解。

表7-8 數種除草劑在水中對光線的最大吸收波長

農藥	分子結構式	λ_{max}(nm)
2,4-D	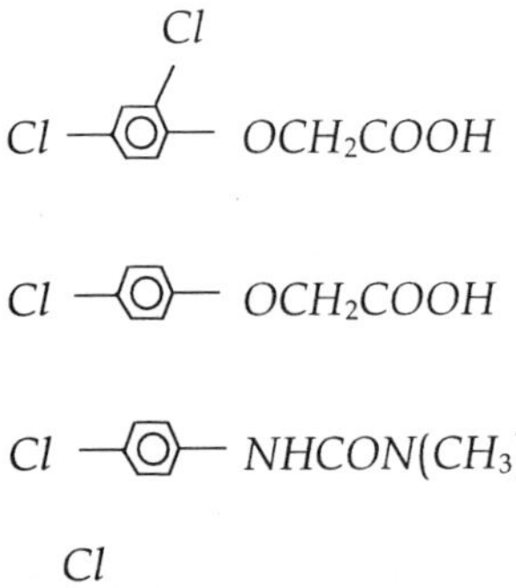 Cl —⟨◯⟩— OCH_2COOH（環上另有一 Cl）	238291
4-CPA	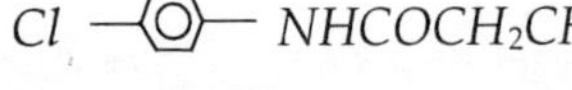 Cl —⟨◯⟩— OCH_2COOH	289
滅草隆	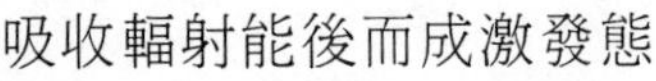 Cl —⟨◯⟩— $NHCON(CH_3)_2$	244
propanil	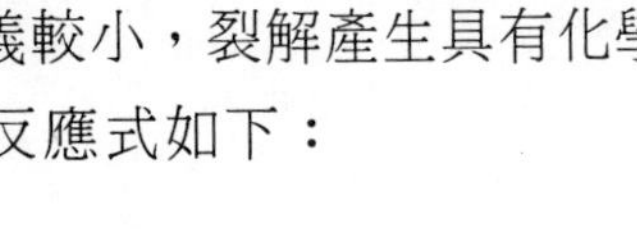 Cl —⟨◯⟩— $NHCOCH_2CH_3$（環上另有一 Cl）	248

農藥分子在吸收輻射能後而成激發態，之後則產生裂解或重排，重排對農藥降解的意義較小，裂解產生具有化學活性的自由基（free radical）為最重要過程，其反應式如下：

$$RX \xrightarrow{h\nu} RX^{*} \longrightarrow R\cdot + X\cdot$$

之後則引導一系列反應發生。圖7-12爲DDT在己烷中之降解反應機制。在254nm的紫外光照射下，DDT迅速降解爲DDE、DDD和酮類化合物。如圖7-12所示，吸收了輻射能的DDT分子首先裂解產生游離基，後者再與其他分子作用。

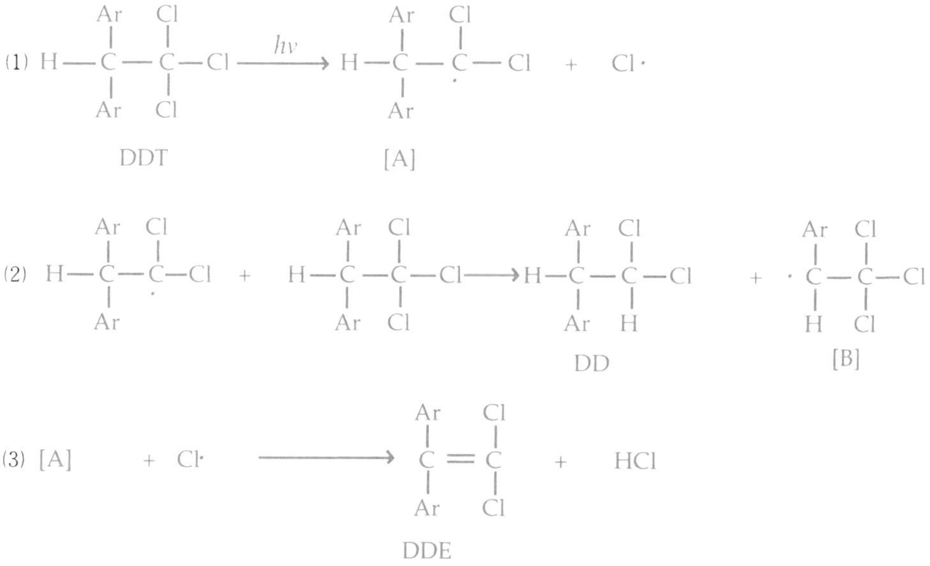

(1) $$\underset{\text{DDT}}{H-C(Ar)_2-CCl_2-Cl} \xrightarrow{h\nu} \underset{[A]}{H-C(Ar)_2-\dot{C}Cl-Cl} + Cl\cdot$$

(2) $$\underset{[A]}{H-C(Ar)_2-\dot{C}Cl-Cl} + H-C(Ar)_2-CCl_2-Cl \longrightarrow \underset{\text{DD}}{H-C(Ar)_2-C(Cl)(H)-Cl} + \underset{[B]}{\cdot C(Ar)(H)-CCl_2-Cl}$$

(3) $$[A] + Cl\cdot \longrightarrow \underset{\text{DDE}}{(Ar)_2C=CCl_2} + HCl$$

(4) $DDT + Cl\cdot \longrightarrow [B] + HCl$

(5) $[A] + [B] \longrightarrow DDT + DDE$

其中 Ar = —⟨◯⟩— Cl

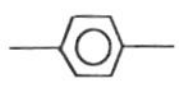

圖7-12　DDT在己烷溶液中的光解（A.R.Moiser,1969）

絕大多數農藥的光化學降解研究，是在實驗室條件下進行的，一般都選用氙燈做光源，因爲氙燈的光源特徵與太陽光十分相似。圖7-13是水溶液中用75瓦氙燈光解呋喃丹、甲基對硫磷與r-666三種農藥的實驗結果。由圖之曲線知，三種農藥的光化學降解動力學均屬一級反應；遵循一級反應式

$$\ln C = \ln C_0 - kt$$

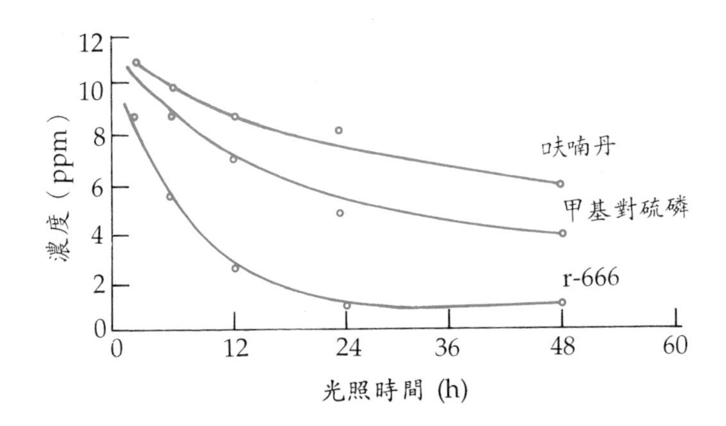

圖7-13　三種農藥在水中的光化學降解曲線

由實驗數據求出在30℃時，此三種農藥之速率常數依次爲：6.8×10^{-2}，2.5×10^{-2}與11.7×10^{-3}；而半衰期$t_{1/2}$依次爲10.2小時，27.7小時與59.2小時。它們光解順序爲：呋喃丹＞甲基對硫磷＞r-666。雖然以上實驗是在定壓實驗室中進行，在天然條件下發生此類反應的機會要少得多。然而在太陽輻射作用下，此類光化學降解的意義仍不能低估。常常農藥在光化降解後，變得易受微生物攻擊；換句話說，光化學作用在某些情況下很可能是生物分解過程的開端。

2. 農藥之化學降解作用

農藥在土壤中之化學降解反應主要有氧化還原及水解反應爲主。這類化學反應常依農藥品種不同，而反應降解難易亦不同，例如有機磷酸酯與

馬拉硫磷等有機磷農藥在土壤中很容易水解降解，而DDT與六六六等有機氯農藥則難水解。有機磷及有機硫農藥大多數是酯類，酯類極易水解，其水解通常受酸、鹼催化。因此環境之pH對酯類水解有決定性的影響。有機氯農藥的化學降解主要是還原反應，在還原條件下加速了它們降解過程中的關鍵性步驟。這步驟常受二價鐵離子的催化作用。農藥中之DDT之化學降解很可能就是在二價鐵離子的催化作用下完成的。一般而言，還原條件有利於有機氯農藥的降解，但其難易程度亦隨著農藥品種而不同。通常從各種有機農藥之還原電位，可判斷它們發生還原脫氯反應之難易程度，從而確定它們在相同環境條件下降解的快慢。表7-9列舉了若干有機農藥及有機氯化物的還原電位。由表7-9中知林丹的還原電位為−1.520伏特，而DDE的還原電位為−1.757伏特，因此林丹比DDE更容易還原。實際實驗結果顯示證明，林丹確實比DDE更容易降解。從表中亦可看出，在環境中殘留期很長的多氯聯苯化合物具有很低的還原電位。

表7-9 一些有機氯化物的還原電位（F.A.Beland,1976）

化合物	還原電位（V）
六氯苯	−1.322
五氯苯	−1.573
林丹	−1.520
DDT	−1.240
DDD	−2.068
DDE	−1.757
2-一氯聯苯	−2.097
2,4-二氯聯苯	−1.987
2,3,5-三氯聯苯	−1.783
2,3,4,5-四氯聯苯	−1.679
1,2,4-三氯萘	−1.565
1,2,3,4-四氯萘	−1.393

3. 土壤中農藥的生物分解

在農藥之微生物代謝過程中，有機物是作為其它代謝過程中的能源。對於土壤微生物而言，大多數農藥在環境中的存在時間並不長，這易降低微生物的適應性，進而影響微生物分解能力。但當微生物慢慢適應環境中新出現化合物後，即可以這些農藥當作碳源和能源進行代謝作用。表 7-10 列舉了一些能夠利用某些人工合成的除莠劑，作為它們唯一的碳源和能源的微生物。

表 7-10　能降解除莠劑的微生物（希金斯，1975）

微生物	能降解的除莠劑
Pseudomonas	TCA, 2,4D, PCP, DNOC, 對草快，敵草快，滅草隆
Corynebacterium	2,4-D, 對草快
Achromobacter	2,4-D, 2,4,5-T, MCPA
Bacillus	茅草枯，滅草隆
Arthrobacter	TCA, 2,4-D, 2,4,5-T, DNOC, 茅草枯
Flarobacterium	2,4-D, 2,4-DB, 茅草枯，馬來醯月井
Nocardia	2,4-D, 2,4-DB, 茅草枯，敵稗
Trichoderma	TCA, 毒莠定，茅草枯
Aspergillus	2,4-D, 氟樂靈，毒莠定，茅草枯，滅草隆

農藥種類繁多，而且又不斷地有新合成之化合物釋放到環境中。不同化合物之生物化學降解途徑千變萬化，即使同一化合物在不同環境下分解途徑亦不同。然而，分解過程中的許多基本生化反應皆有共同特徵。以下介紹幾項基本反應。

⑴ 氧化反應

此類反應全過程極為複雜，包括一系列　催化的步驟，其中最重要的一類是加氧　（oxygenase）。他所催化的加氧反應一般形式為：元素氧中的一個氧原酶與基質結合，而另一個氧原子與氫作用生成水，如下列之反應式：

$$RH + NADPH + H^+ + O_2 \rightarrow ROH + NADP^+ + H_2O$$

(2) 還原反應

此類反應係由酶催化之還原反應，包括有脫氯化氫酶及還原脫氯酶催化有機氯農藥之脫氯化氫反應及脫氯反應、硝基還原酶催化芳族硝基化合物還原為胺、可遞脫氫酶催化酮還原為醇等之各種反應。

(3) 水解反應

此類反應是利用水解酶催化酯或醯胺類之水解反應。許多醯胺類殺蟲劑及有機磷酯農藥之生物降解過程皆是由此酶催化水解開始。

(4) 苯環裂解反應

苯環裂解反應通常包括兩個基本步驟，首先是在加氧酶的作用下生成具有兩個鄰位羥基的化合物，然後再發生苯環的斷裂。此亦是芳香族群之農藥分解的主要路徑。

(5) 脫烷基反應

一般而言，與碳原子直接相連的烷基不易受微生物攻擊。但許多有機化合物中含有氮、氧或硫原子相連接的烷基，它們可能因微生物的作用在脫烷基反應中直接脫落。甲苯胺殺蟲劑常在微生物作用進行此類反應。

其他反應亦包括環氧化反應、氨基加氧、氧化脫氮等等各種反應。

7-6 重金屬在土壤中的化學行為

重金屬是具有潛在危害的重要污染物。與其他許多污染物不同，重金屬污染的威脅在於它不能被微生物所分解。相反的，生物體可累積重金屬，並且把某些重金屬轉為毒性更大的金屬 - 有機金屬化合物。重金屬的環境污染問題受到人們極大的關注，重金屬在土壤之化學行為亦已被深入研究，本節中將做簡單的介紹。重金屬元素很多，在環境污染中所說的重金屬主要是指汞、鎘、鉛、鉻以及類金屬砷等生物毒性顯著的元素，也指具有一定毒性的一般重金屬，如鋅、銅、鎳、鈷、錫等。目前，最引起人們注意的是：汞、鎘、鉛、鉻、砷等，以下分別介紹這些重金屬在土壤環境中的化學行為。

7-6-1 汞

汞（Hg）在土壤中存在的形態相當多，有無機汞化合物：HgS、$Hg(OH)_2$、$HgCO_3$、$HgSO_4$、$HgCl_2$、$Hg(NO_3)_2$和金屬汞；有機汞化合物：甲基汞、有機汞農藥、與腐植質結合的有機汞化物及芳香族汞化物。以上這些汞化合物中以甲基汞、$HgCl_2$、$Hg(NO_3)_2$之溶解度較大，遷移機會亦較大。其他大多是難溶性並被土壤所固定。

在旱地土壤裡（氧化環境），汞主要以$HgCl_2$、$Hg(OH)_2$狀態存在；當土壤$pH > 7$時，汞主要以難溶性的$Hg(OH)_2$或HgO存在。此外土壤溶液中有Cl^-時，可與汞形成多種可溶性複合鹽，而提高汞之遷移力。在淹水地區，Hg常易和土壤內之S^{2-}形成HgS而牢牢固定在土壤中。值得注意的是在汞化合物中，$HgCl_2$和其他含汞鹽類可在微生物之作用下轉化成毒性更強之甲基汞或二甲基汞。甲基汞和二甲基汞具有揮發性，且與土壤膠體之親和力小，因此甲基化作用可增大汞在土壤的遷移性，使它由表土逸出。甲基汞之毒性甚高，研究指出，成人（體重70公斤）每天攝取300微克甲基汞即會出現中毒症狀。圖**7-14**為汞在自然環境中之轉化。

7-6-2 鎘

鎘（Cd）在土壤環境中較單純，僅以二價Cd^{2+}存在，鎘對生物無益，並非生物體質之必要元素，毒性相當高，僅1mg/L即可能對生物造成傷害，會引起痛痛病、高血壓及血管方面之疾病。於鹼性及還原性強之土壤中，鎘易形成$Cd(OH)_2$及CdS等沉澱物，且可與磷肥料反應生成$Cd_3(PO_4)_2$難溶化合物，均可減少鎘之遷移。至於在氧化環境中則易形成 $CdSO_4$ 之可溶性化合物，而增加鎘的遷移性。因此在乾旱田地作物較易吸收鎘。水稻在淹水還原條件下對鎘之吸收量減少。

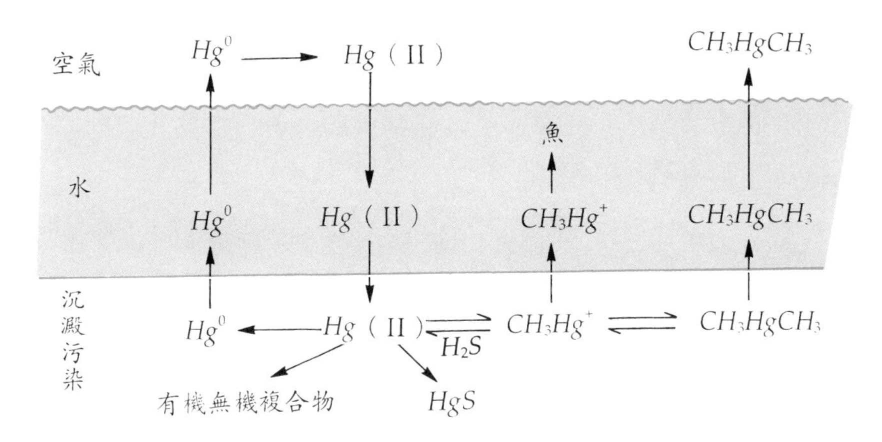

圖 7-14　汞在自然環境中之轉化（M.R Winfrey 等 1990）

7-6-3　鉛

目前所知土壤中的鉛（Pb）主要以$Pb(OH)_2$和 $PbCO_3$ 的固體形式存在，可溶性的鉛含量極低。據報導，進入土壤的可溶性鉛將迅速地形成難溶化合物而被土壤固定。實驗指出：將 2784ppm 硝酸鉛加入土壤中經三天後可溶性鉛量降至 17ppm。隨著土壤之氧化還原電位升高，土壤可溶性的鉛降低。*pH* 對土壤中可溶性含鉛量亦影響，在酸性土壤中含量較高；在鹼性土壤中以及含磷量和有機質含量較高之土壤中，鉛常形成氫氧化物或磷酸鹽類沈澱並吸附、固定在土壤中，而大大減低其遷移性和植物吸收度。

7-6-4　鉻

土壤中之鉻（Cr）一般以三價（Cr^{3+}/CrO_2^-）和六價（$Cr_2O_7^{2-}/CrO_4^{2-}$）存在，其中三價鉻之毒性遠低於六價鉻。鉻會引起肺癌及皮膚過敏等症狀。

三價鉻在土壤中比較穩定，而六價鉻必須在很高之氧化還原電位（＞1.2伏特）下才能存在，而這樣高的電位在自然界是不存在的。土壤中之六價鉻極易於還原性高之環境中被還原。因此$Cr_2O_7^{2-}$在水田中易迅速的還原成三價鉻化合物，而以$Cr(OH)_3$形式固定在土壤中，因而減低了鉻之遷移性及植物之吸收度。另外土壤若有帶正電之膠體粒子，即可吸附$Cr_2O_7^{2-}$、CrO_4^{2-}等六價鉻，而減低其遷移性。據報導，各種黏土礦物對六價鉻之吸附順序大致爲：高嶺石＞伊利石＞蒙脫石。

7-6-5　砷

砷（*As*）在土壤中大都以陰離子之形式存在，而且與土壤之無機膠體或有機膠體相結合，因此溶於水中之量極小。土壤中之砷有四種價態，分別爲+5、+3、0、−3等，其中0及−3較少存在。在氧化環境下，大都以*As*（V）的砷酸形態存在，如H_3AsO_4、$H_2AsO_4^-$、$HAsO_4^{2-}$及AsO_4^{3-}。在還原條件下，如淹水稻田，則砷酸另還原爲*As*（*III*）之亞砷酸（H_3AsO_3、$H_2AsO_3^-$及$HAsO_3^{2-}$）。因此砷在土壤中的溶解度與土壤之*pH*，*Eh*有關。*pH*上升，增加砷的溶解度，鹼性條件下，通常變成可溶性砷。*Eh*下降，增加土壤砷的可溶性，因此三價砷在土壤中遷移較大，三價砷之毒性通常較五價砷大，對人體而言，亞砷酸鹽之毒性通常較砷酸鹽大60倍以上。在淹水土壤中砷可被微生物還原成*AsH*而逸出土壤，亦可被細菌（如甲烷菌）作用轉化成二甲基砷。

1. 寫出CEC之定義。
2. CEC與pH、有機物含量、土壤種類有何關係。
3. 請說明影響土壤進行陽離子交換的因子？
4. 將200g之水飽和土壤樣品（$W = 100mL/100g$之乾土），以1N NH_4NO_3溶液淋洗。淋洗液中有2.10meq之Na^+，24.60meq之Ca^{2+}，5.9meq之Mg^{+2}，8.3meq之K^+，0.13meq之Cl^-，0.13meq之SO_4^-，求此土壤之CEC。
5. 何謂土壤？其主要組成份為何？
6. 黏土礦物有三大類，試闡述之。
7. 水區之土壤和旱地土壤之pE值有何不同？
8. 下列現象，何者是造成土壤更鹼性的主因：
   (1) 植物根部移去金屬離子。
   (2) 飽和CO_2的水進入土壤。
   (3) 土壤內黃鐵礦的氧化。
   (4) 施以$(NH_4)_2SO_2$肥料。
   (5) 施以KNO_3肥料。
9. 農藥在土壤內降解之三種方式為何？
10. 土壤內Cd、As之主要形態為何？
11. 在淹水稻田中，水稻對Cd之吸收量為增加或減少，試解釋之。
12. 土壤中含有大量黃鐵礦（FeS_2）的土稱為硬耐火黏土，過氧化氫加入此種土壤中會生成硫酸鹽，可作為土壤含硫酸根多寡的測試，試寫出此測試中發生的化學反應。
13. 何種情況下，土壤會發生以下兩個反應？

$$MnO_2 + 4\,H^+ + 2\,e^- \rightarrow Mn^{2+} + 2\,H_2O$$

及 $Fe_2O_3 + 6H^+ + 2e^- \rightarrow 2Fe^{2+} + 3H_2O$

試述兩種由上述反應所造成的負面影響。

14. 土壤腐植質在土壤中造成的四大影響？
15. 土壤中之腐植質含有黃酸（fulvic acid），腐植酸（humic acid）及腐植素（humin），試問三者如何分開？
16. 將不同重量之土壤，加於六個燒杯中，進行吸附實驗，每杯含有 500mL 工業廢水，其最初之 TOC 為 150mg/L，若燒杯經 4 小時之攪拌，再分析穩定狀況下之殘留 TOC 之濃度，試根據下列數據，判斷是否符合 Langmnir 或 Freundlich 等溫線，並計算其常數。

杯號	土壤重（g）	最終 *TOC*（mg/L）
1	0	150
2	75	105
3	175	70
4	250	54.5
5	500	28.3
6	1000	12.5

17. 區別離子、共價、氫和凡德瓦鍵，何種形式的鍵在矽酸鹽構造中最為主要？
18. 何謂等電點？永久電荷，*pH* 依賴電荷（可變電荷）？
19. 什麼是使得土壤中有 *pH* 依賴電荷之官能基？
20. 試舉例說明矽酸鹽礦物的同晶取代作用。
21. 土壤為何常帶負電荷？那些因子會影響土壤的陽離子交換？
22. 土壤的那些性質可以減緩土壤中鉛進入地下水層？
23. 試以化學式舉例說明土壤的陽離子交換容量（CEC）。
24. 土壤對離子性污染物之作用方式，一般相信以離子交換及庫倫引力為主要作用機制，而對於非離子低極性之污染物則常以物理性吸附為主，試問兩者各有何特性？

25. 試述 Langmuir 等溫吸附模式之基本假設為何？
26. 豬糞尿排入土壤中對土壤有何影響？
27. 農藥在土壤中如何降解？
28. 下列因素，何者對鎘從土壤中移除有利，並略述其理由：
    (1) 土壤中黏土含量高。
    (2) 土壤中陽離子交換容量大。
    (3) 土壤中有機物含量大。
    (4) 土壤浸水。
    (5) 土壤中有鹼性硫化物。
29. 土壤之 *Eh* 值對重金屬之遷移有何影響？
30. 某 M^+ 型膠體的交換量為 5 毫克當量，與 40 毫升 0.005mole/L $CdCl_2$ 溶液作離子交換，試求殘留在溶液中 Cd^{2+} 之含量百分率，若已知離子選擇係數 $K_{A/B} = 1.36$。

    Ans：0.014％

參考文獻

1. 樊邦棠，環境工程化學，1994，第二版，科技圖書股份有限公司，台北。
2. 高秋實、袁書玉，環境化學，1991，第二版，科技圖書股份有限公司，台北。
3. 石清揚，環境化學概論，1995，初版，台灣復文興業公司，台南。
4. 林郁欽等，環境科學慨論，1996，初版，高立圖書公司，台北。
5. 章裕民，環境工程化學，1995，初版，文京圖書公司，台北。
6. 陳靜生，水環境化學，1986，初版，曉園出版社，台北。
7. 何春蓀，普通地質學，1996，第七版，五南圖書出版有限公司，台北。
8. 林木連，土壤肥料，1995，第二版，地景企業股份有限公司，台北。
9. 王光遠，土壤與肥料講義，1991中華函授學校。
10. Colin Baird, Environmental Chemistry, 1995, W. H. Freeman and Company.
11. S. E. Manahan, Environmental Chemistry, 6th Ed., 1996, Lewis publishers. USA.
12. H. L. Brown. et. al. Soil Chemistry, 2nd ed., 1985, John Wiley&Sons Inc. USA.
13. P.O'Neil, Environmental Chemistry, 2nd ed., 1993, Chapman&Hall, Japan.
14. A. M. Elprince, Chemistry of Soil Solution, 1986, Van Nostrand Reinhold, New York, USA.

空氣環境化學

Chapter 8

☆ 緒論

☆ 大氣的結構

☆ 大氣的化學組成

☆ 大氣中之污染物

☆ 大氣中之光化反應

☆ 其他大氣污染問題

8-1 緒　論

大氣與人類生活息息相關，它爲人類提供所需的氧氣，也提供了二氧化碳供植物行光合作用以合成有機物供人類食用。它亦能吸收來自外太空的宇宙射線及太陽來的大部份電磁輻射，濾除波長小於 290nm 之紫外線，使人類免受其傷害。即使如此過去人類對大氣之研究僅止於對大氣中發生的一些宏觀現象（如雲、雨、風、雪等等）的描述，並探討其發展之規律及對其之預測，但對大氣中之化學作用則較少探討。近 40 年來，由於多起空氣污染事件，如城市的光化學煙霧、酸雨形成，溫室效應所引起全球氣候暖化的問題，使得大氣化學逐漸受到人們的重視。當大氣環境遭受污染時，要想解決環境污染問題，必須了解污染物的來源與形成，污染物在環境中的存在狀態及其分布、遷移與變化的規律，污染物對環境產生的危害，以及如何消除及控制污染等。因此大氣化學研究的對象不僅包括大氣中的微觀化學過程，還包括全球尺度的大氣運動、大氣與地表生物圈（包括人類自身）和海洋的相互作用，以及大氣與其他星體和空間的相互作用。欲完整的介紹大氣化學之全面內容幾乎是不可能的。本章僅就大氣之基本組成、大氣污染物之種類及這些污染物在大氣中之化學行爲做一簡單介紹。另外對目前大家關心的光化學煙霧、酸雨形成，臭氧層的破壞等現象之成因加以探討。

8-2 大氣的結構

地球外界的大氣圈，按其垂直方向可分爲四個層次：對流層（troposphere）、平流層（stratosphere）、中氣層（mesosphere）、熱溫層（thermosphere），參照圖 8-1。

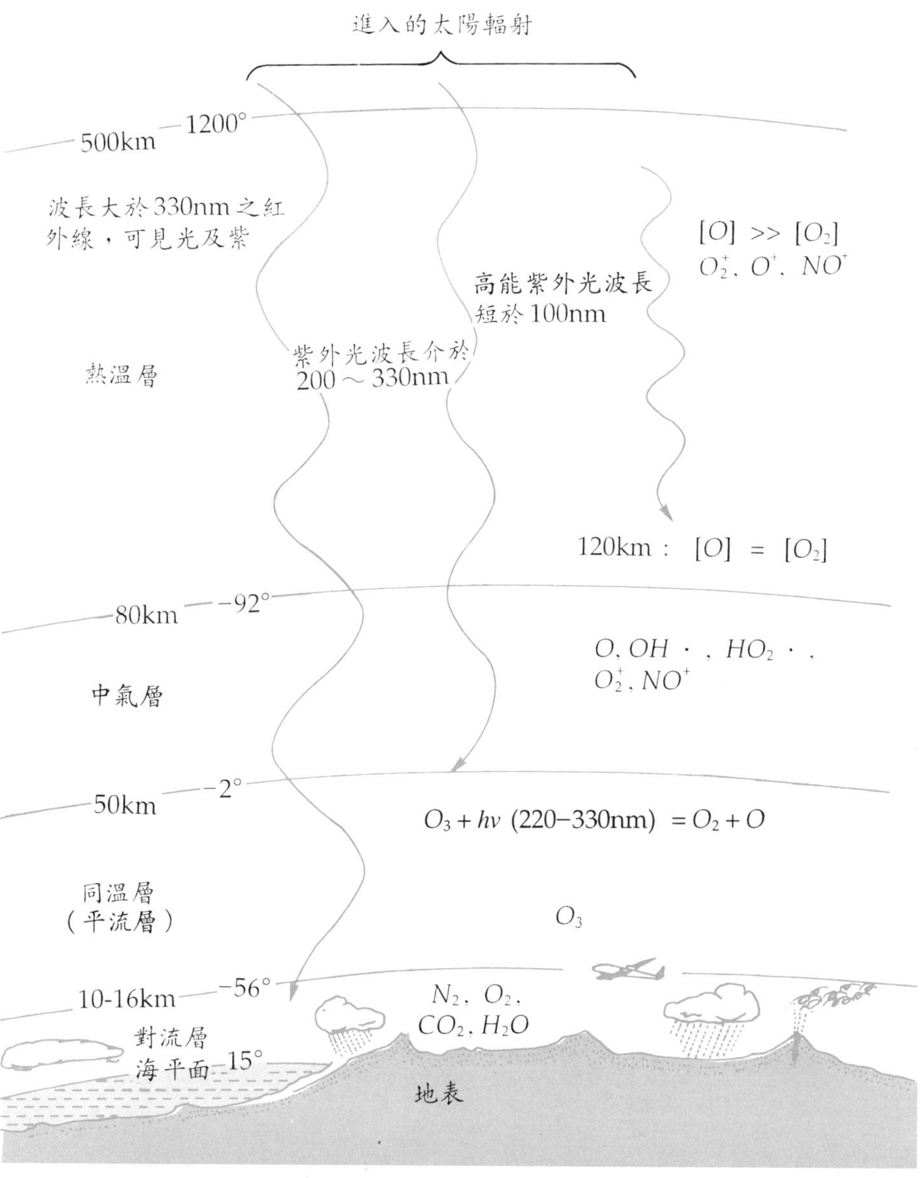

圖 8-1 大氣層之構造（摘自 Manahan，1996）

8-2-1 對流層

對流層是大氣的最低層，厚度隨緯度而異，赤道附近約16公里，南北極約8公里。對流層相對於大氣圈總厚度而言，非常薄，但是由於重力作用及氣體壓縮性，因此整個大氣層質量卻有75％集中於此層。對流層受到風的擾動影響，因此其分布相當均勻，且大部份大氣現象（包括雲、雨、霧、雹等）皆發生於此層。對流層的另一特徵是溫度隨高度增加而逐漸下降，在最上層達−56℃。在對流層頂部溫度梯度造成一極爲明顯的分界線，此稱爲對流層頂（tropopause），由於此處溫度很低，使水汽凝結，故大氣中之水一般不會超過對流層此一高度，因此水汽與塵埃等多聚集在對流層中，而且很少與上層氣體混合。

8-2-2 平流層

由對流層頂至距地面的約50公里內之區域稱爲平流層。此層剛開始溫度極爲穩定，到30-50公里高度爲−55℃。再向上溫度隨高度增加而升高。到層頂遞增至−2℃的最高溫。此種現象是由於分布於該層的臭氧強烈吸收紫外線的緣故。此層之氣體組成與對流層類似，但較爲特別的是水與臭氧的濃度。水汽比對流層低約100倍，但是臭氧剛好相反的爲對流層的100倍。臭氧層存在於平流層中15至35公里內形成一厚度約20公里的厚層，它會吸收波長230～330nm之太陽輻射，因此有保護地球生物之功能。近年來臭氧層已明顯的破壞，引起人們的嚴重關切。如果這現象持續進行，人類暴露於大量、危險的紫外線下，會增加皮膚癌的機率及基因突變等傷害。由於平流層的溫度分布是下冷上熱，所以在此層中沒有對流擴散運動，而且大氣穩定。一但火山爆發之飛灰及人類污染物進入此層，易以懸浮存在，並且停留很長時間，甚至達數年之久。

8-2-3 中氣層

由平流層以上距地面50至80公里的區域稱爲中氣層。此層溫度再次繼續下降，最低溫度−92℃。此乃由於此層吸收輻射之物種減少，尤其是臭氧濃度極稀薄所致。

8-2-4 熱溫層

在溫度高於80公里以上，有溫度驟然升高的改變，此爲熱溫層的開始。此層有許多離子化氣體往外延伸至1600公里處，溫度在此層相當高，乃是由於不斷受高能量之太陽及宇宙射線之衝擊的緣故。在熱溫層中，大氣在太陽紫外線及宇宙射線之作用下發生電離子，使大氣分子（主要爲氮與氧）變成帶電荷之離子，故又稱電離層（ionosphere），電離層能夠將電磁波反射回地球，所以該層對全球的無線電訊有重大意義，此電離層亦是北極光出現之地方，該現象是由於大量的太陽與宇宙射線引起離子化氣體放出可見光之故。

大氣層之盡頭沒有明顯的界限，由地表往上，壓力密度逐漸減少，直到與眞空之星際空間併合。在大氣頂部，空氣極爲稀薄，因地心引力很小，空氣能自由擴散至太空。表8-1爲大氣層及它們的特性。

表 8-1 大氣層和它們的特性

大氣層	溫度範圍 (℃)	高度範圍 (km)	重要化學物種
對流層	15～−60	0～ (8～16) [1]	N_2，O_2，CO_2，H_2O
平流層	−60～−2	～50	O_3
中氣層	−2～−92	50～80	O_2^+，NO^+，O
熱溫層	−92～1200	80～	O_2^+，O^+，NO^+

[1] 對流層高度為8km（兩極），～16km（赤道）

大氣的密度隨高度而改變，若把大氣視爲理想氣體處理，並以M代表

大氣的分子量，則可得

$$\frac{dp}{dH}=\frac{-g\rho M}{RT} \tag{8-1}$$

將式（8-1）積分得

$$P_h=P_0\cdot e^{\frac{-Mgh}{RT}} \tag{8-2}$$

P_h = 大氣在某高度的壓力

P_0 = 海平面的壓力

M = 大氣平均莫耳質量 (28.97g/mole)

g = 重力加速度 (981cm/sec^2)

h = 高度 (cm)

R = 理想氣體常數 (8.314×10^7 erg/K · mole)

由式（8-2）得知，大氣壓力隨高度而遞減的規律，是按指數率而變化的。

將方程式（8-2）兩邊取對數而 h 以 km 爲單位，得：

$$\log P_h=\frac{-Mgh\times10^5}{2.303\,RT}+\log P_0 \tag{8-3}$$

若海平面之壓力爲 1atm，代入式（8-3），可簡化爲

$$\log P_h=\frac{-Mgh\times10^5}{2.303\,RT} \tag{8-4}$$

圖 8-2 乃以 P_h 對高度（h）及溫度（T）所繪之圖形。由圖可知氣溫隨高度呈非線性變化，氣壓隨高度亦非線性變化。在很高的高度，由於氣壓很低，以致於反應性物種與可能反應物產生碰撞前之行徑距離，也就是平

均自由徑（mean free path）非常長。因此一般活性分子可存在很長的一段時間而不反應。在海平面微粒之平均自由徑爲 1×10^{-6}cm 遠小於在高度 500 公里微粒之平均自由徑 1×10^{6} cm，在這高度的的氣壓較海平面的氣壓小數個級數。

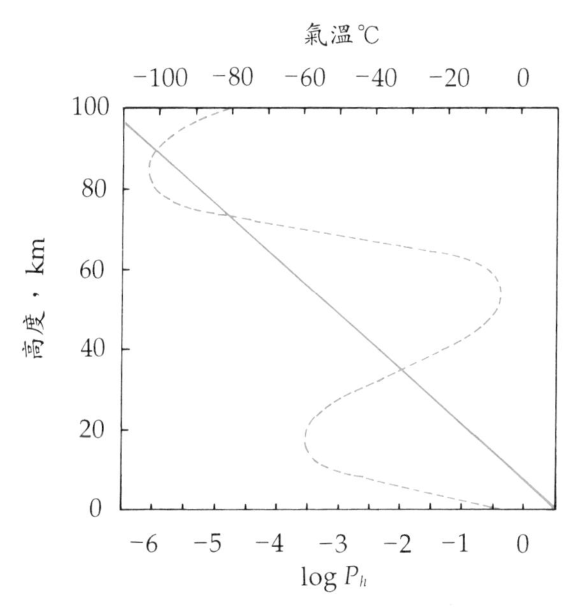

圖 8-2　壓力、溫度和高度之相對改變曲線

8-3　大氣的化學組成

爲評估大氣的質量，或爲研究大氣的污染現象，首先必須了解未被污染大氣的組成。在大氣化學中，通常用兩種方法來表示大氣成份的濃度。對於氣體成份，最常用的方法是混合比法。所用之單位稱爲混合比單位，有質量混合比單位和體積混合比單位兩種。對於理想氣體（大氣很接近理想氣體），混合比單位具有守恆性質，即它們不因混合氣體溫度和壓力的變化而變化。大氣的主要成份濃度一般用體積百分比來表示之。其它微成份的濃度一般很低，所以有時用體積的百萬分之一（ppm,10^{-6}）來表示其濃

度，例如 100ppm 的二氧化碳表示在 $10^6 m^3$ 的大氣中存有 $100m^3$ 的二氧化碳氣體。有時還需用更小的單位，如 ppb（即十億分之一，10^{-9}）及 ppt（萬億分之一，10^{-12}）來表示。另一種表示濃度的方法是用單位體積空氣中所含某種成分的物質質量來表示，氣溶膠粒子的濃度常用這種方法表示。有時也用這種方法表示一些低揮發性氣體成份的濃度。單位爲 mg/m^3，$\mu g/m^3$，ng/m^3。此種表示方法之缺點是會因測量時之大氣狀態不同而改變其值。因此，爲了使觀測結果能相互比較，通常要把觀測時的濃度化成標準狀況（STP）下的濃度。其換算方法係利用理想氣體體積換算公式將採樣體積換算成標準狀態下的體積，再計算其濃度，體積換算公式爲

$$V_0 = V_t \frac{273}{273 + t} \cdot \frac{P}{10132.5} \tag{8-5}$$

其中 V_0 是標準狀況（STP）下（$t_0 = 0$℃，$P_0 = 1atm$）的體積（單位爲 m^3），V_t 是採樣體積（單位爲 m^3），t 是採樣時之溫度，P 是採樣時之大氣壓力（Pa）。

對於理想氣體，混合比單位表示之氣體成份之濃度，與用單位體積中該成份的質量數之濃度，兩者是可互換的，換算公式爲：

$$X_i = \frac{V_n}{M} D_i \tag{8-6}$$

X_i：用混合比單位表示某氣體成份濃度

D_i：相對應之單位體積空氣中該成份的質量數表示的濃度

V_n：氣體之莫耳體積。（若在 STP 下（0℃，1atm）則 $V_n = 22.4L$）

M：氣體之克分子量

若 X_i 用 ppm，ppb，和 ppt 爲單位時，則其對應之 D_i 單位爲 mg/m^3，$\mu g/m^3$，和 ng/m^3。依照 SI 制在 25℃，1atm 壓力下，常見氣體成份之 $\mu g/m^3$ 和 ppm（V/V）之互換因子列於表 8-2。

表 8-2 常見污染物濃度的混合比單位（ppm）與$\mu g/m^3$單位間的換算因子（25℃，760mmHg）

污染物	ppm（V/V）→ $\mu g/m^3$ 下表值×10^3	$\mu g/m^3$ → ppm（V/V）下表值×10^3
NH_3	0.70	1.44
CO_2	1.80	0.56
CO	1.15	0.87
Cl_2	2.90	0.34
HCl	1.49	0.67
HF	0.82	1.22
H_2S	1.39	0.72
CH_4	0.66	1.53
NO_2	1.88	0.53
NO	1.23	0.81
O_3	1.96	0.51
PAN	4.95	0.20
SO_2	2.62	0.33

清潔而乾燥的空氣主要是由氮（N_2）、氧（O_2）、和氬（Ar）三種元素所組成，它們佔整個大氣組成之99.9%以上。氮氣佔78.09%，氧氣佔20.94%，氬氣佔0.93%。其他次要成份，其濃度在1ppm至1%之間，包括二氧化碳（CO_2）、水汽（H_2O）、甲烷（CH_4）、氦氣（He）、氖氣（Ne）、氪（Kr）等。此外尚有一些痕微成份，其濃度在1ppm以下，主要有氫（H_2）、臭氧（O_3）、氙（Xe）、一氧化二氮（N_2O）、氧化氮（NO）、二氧化氮（NO_2）、氨氣（NH_3）、二氧化硫（SO_2）、一氧化碳（CO）以及氣溶膠等。（如表8-3所示）。

表 8-3　大氣的組成

化學成份	體積混合比	總質量數 /$10^6 t$	壽　　命
氮 (N_2)	78.09 %	4220000000	～10^6年
氧 (O_2)	20.94 %	1290000000	～5×10^3年
氬 (Ar)	0.93 %	72000000	～10^7年
二氧化碳 (CO_2)	0.033 %	2700000	5～6 年
氖 (Ne)	18.18ppm	70000	～10^7年
氦 (He)	5.24ppm	4000	～10^7年
氪 (Kr)	1.14ppm	16200	～10^7年
氙 (Xe)	0.08ppm	2000	～10^7年
氫 (H_2)	0.5ppm	290	6～8 年
甲烷 (CH_4)	1.4ppm	4600	～10 年
一氧化二氮 (N_2O)	0.25ppm	1700	～25 年
一氧化碳 (CO)	0.1ppm	540	0.2～0.5 年
臭氧 (O_3)	0.025ppm	190	～2 年
二氧化硫 (SO_2)	0.002ppm	2	～2 天
硫化氫 (H_2S)	0.002ppm	1	～0.5 天
氨 (NH_3)	0.006ppm	21	～5 天
氣溶膠	0.001～1ppm	2	～10 天

大氣是由多種氣體混合而成的，其中包括恆定的、可變的、與不定的組成。恆定組成分之壽命通常大於 1000 年，包括氮氣、及氬、氖、氦、氪、氙等幾種惰性氣體。由於接近地面的大氣中，這部份的氣體已充分混合，所以這些氣體成份的比例在地球表面之任何地方，都可以認爲是恆定不變的。可變的成分，其壽命等於幾年到十幾年，它們是二氧化碳、甲烷、氫氣、一氧化氮及臭氧等。這些氣體的含量隨著地區、季節、氣象及人類活動等因素的改變而不斷改變著，例如二氧化碳之含量，近年來已增加至 0.033

%。大氣中二氧化碳含量的增加對氣候帶來一定的影響。不定的組成即爲一些變化很快的成分，其壽命小於一年，它們是水汽，一氧化碳、一氧化氮、氨、二氧化硫、硫化氫、氣溶膠等等。在大氣化學中我們不大關心氮與氧以及惰性氣體等長壽命的成分，而注重於研究那些短壽命的微量成份和痕量成份，由表8-2中知，在潔淨的大氣中，這些氣體的含量是非常低的，但是這些成份卻積極的參與大氣中各種的化學過程。另外許多微量與痕量成份不僅化學活性強，而且據高輻射活性，即對太陽輻射和地表紅外輻射有很強的吸收作用。它們濃度雖低，但對地-氣系統的能量收支卻有著不容忽視的作用，它們的變化將會引起一系列天氣氣候效應和環境效應。近幾年來，人類的生產活動，明顯的影響了這些微量和痕量成份的變化，並且顯現出極爲不良的影響。例如大量的燃燒煤及石油等化石燃料產生了大量的二氧化碳，再加上森林砍伐和土地利用，已使二氧化碳的濃度在過去二百年間增加了70ppm，即25%以上。同時燃燒化石燃料所產生的大量氮氧化物、硫氧化物、煙塵以及各種有毒揮發性物質，這些物質的排放，改變了大氣的原有組成。當大氣中這些有害物質超過一定濃度並持續一段時間後，就會對人體健康、動植物生長及工農業生長等產生直接或間接的不良影響及危害。

這些人爲產生的成份在大氣中的化學轉化過程及其對自然大氣的影響一直是大氣化學的重要研究內容之一，這也就是我們通常所說的大氣污染化學，大氣污染物及其化學作用，將在往後陸續討論。

【例8-1】

台北市某天SO_2之平均濃度爲30ppb，請問二氧化硫在大氣中所佔之莫耳分率爲多少？其濃度以$\mu g/m^3$表示時爲多少？（假設溫度爲25℃）

【解】

$$(1)30\ \text{ppb} = \frac{30\text{g}\ SO_2}{10^9\text{g空氣}}$$

$$莫耳分率 = \frac{\frac{30}{64}}{\frac{30}{64} + \frac{10^9}{29}} = 1.3 \times 10^{-8}$$

(2) 由表 8-2 得知 1ppm $SO_2 = 2.62 \times 10^3$ $\mu g/m^3$

$$30\text{ ppb} = 30 \times 10^{-3}\text{ppm} = 30 \times 10^{-3} \times 2.62 \times 10^3 \mu g/m^3 = 78.36 \mu g/m^3$$

或由公式（8-6）

$$30 = \frac{22.4 \times \frac{298}{273}}{64} \times D_i \qquad D_i = 78.36\ \mu g/m^3$$

8-4　大氣中之污染物

大氣污染物種類很多，其物理與化學性質非常複雜，對人體和動植物的傷害作用也不盡相同。大氣污染物的分類有多種方法，按來源不同，可分爲自然來源污染物與人爲來源污染物；按污染物的型態不同，可分爲氣體污染物、液體污染物與固體污染物；按污染物之性質不同，可分爲化學污染物、物理污染物與生物污染物；按污染物的化學組成不同，可分爲無機污染物與有機污染物；按人類社會活動功能不同，可分爲工業污染物、農業污染物、交通運輸污染物與生活污染物。也有人把大氣污染物分爲一次污染物（primary air pollutant）或二次污染物（secondary air pollutant）。

一次污染物，如燃燒化石燃料直接排放出來之二氧化硫及煙塵，是由於自然來源及人類活動直接排入大氣中而未改變物理化學性質之污染物。二次污染物是由一次污染物與大氣中之物質經由化學反應或物理作用而產生者，例如硫酸或硝酸係由硫化物及氮氧化物氧化而來之新污染物。

大氣污染物亦可按其在大氣中之運動狀況分爲固定污染源與流動污染源。固定污染源是指從固定地點排放出者，例如燃燒化石燃料的工廠，是主要固定污染源。流動源指交通工具，例如汽車、火車、飛機與輪船等排放之污染源。它們與固定污染源比較，雖然排放量較小，而且分散流動，但由於數量大且使用頻繁，所以排放總量亦不容忽視。在交通運輸工具中，汽車是最大的污染源。汽車排放的污染物中，主要成份爲一氧化碳（CO）、氮氧化物（NO_X）與碳氫化合物（HC）等。

由各種污染源產生之污染物相當多，目前在對流層中發現之污染物有數百種，但較爲人注意之主要污染物分爲以下九類。

1. 碳氧化物：一氧化碳（CO）及二氧化碳（CO_2）

2. 硫氧化物：二氧化硫（SO_2）及三氧化二硫（S_2O_3）

3. 氮氧化物：一氧化氮（NO），二氧化氮（NO_2）及一氧化二氮（N_2O），除 N_2O 外統稱 NO_X。

4. 揮發性有機物（volatile organic compounds, VOCs）：數以百計之有機物如甲烷（CH_4）、苯（C_6H_6）等碳氫化合物（HC）、甲醛（CH_2O）、氟氯碳化物（$CFCs$），和含溴之海龍化合物等。

5. 懸浮微粒物質（suspend particulate matter, SPM）：數以千計的固體微粒，如煙塵、粉塵、花粉、石綿、鉛、砷、鎘、硝酸根（NO_3^-）和硫酸根（SO_4^{2-}）和含化學物質之液體水滴，如硫酸（H_2SO_4），油滴，PCBs，戴奧辛（dioxins）和各種殺蟲劑（pesticides）等。

6. 光化學氧化劑：臭氧（O_3）、PANs（peroxyacyl nitrates），過氧化氫（H_2O_2）、氫氧自由基（hydroxyl radicals）等。

7. 輻射物質：氡（Rn^{222}）、碘（I^{131}）、Sr^{90}，和其他以氣體或懸浮微粒形式進入大氣之輻射同位素。

8. 熱：由任何形式能量轉換者，尤其是由汽車、工廠、家庭、能量工廠燃燒化石燃料產生之熱。

9. 噪音：由機動車、飛機、火車、工廠機器等等所產生者。

當前對環境品質影響較大的，被一般工業國家視爲主要污染物的有一氧化碳、氮氧化物、硫氧化物、VOC（主要爲碳氫化合物），和懸浮固體（粉塵）等五種一次污染物，這些爲被列入空氣品質標準的污染物。其他主要污染物尚有臭氧（二次污染物），鉛等。空氣污染物中，粉塵與二氧化硫佔40％，一氧化碳佔30％，二氧化氮、碳氫化合物及其他氣體佔30％。世界每年排入空氣中的幾種主要污染物的數量，列於表8-4。

表 8-4 世界每年排放之數種氣體之總量

污染物	污染源	排放量（億噸）
煤粉塵	燒煤設備	1.08
SO_2	燒油、燒煤設備	1.46
CO	汽車、工廠設備之不完全燃燒	2.20
NO_2	汽車、工廠設備之高溫下燃燒	0.53
HC	汽車、內燃機及石油化工廢氣	0.88
H_2S	化工設備廢氣	0.03
NH_3	工廠廢氣	0.04

以下分別討論上述幾種具有代表性的污染物

8-4-1 一氧化碳及二氧化碳

一氧化碳（CO）是無色、無味、無刺激性，但是相當有毒的氣體。一氧化碳主要來自燃料（煤、石油、碳、和天然氣）的不完全燃燒。碳之單質或化合物的燃燒過程中常可簡化爲下列二次燃燒過程：

$$2\,C_{(S)} + O_{2(g)} \rightarrow 2\,CO_{(g)} \quad \Delta G^{o} = -274.6\ \text{KJ/mole} \tag{8-7}$$

$$2\,CO_{(g)} + O_{2(g)} \rightarrow 2\,CO_{2(g)} \quad \Delta G^{o} = -514.2\ \text{KJ/mole} \tag{8-8}$$

從（8-7）及（8-8）視之，CO是燃燒過程中之中間產物。對熱力學而言，（8-8）式更易發生。當供氧不足時主要生成一氧化碳，只有在氧氣充足時才能全部生成二氧化碳。實際燃燒過程中總是存在局部供氧不足的現象，再加上式（8-7）之反應比（8-8）之反應式的速率快十倍。因此必然有一氧化碳的生成。一氧化碳的人為排放量極大，全世界每年排放的一氧化碳總量為2.20億噸，如表8-4所示，是世界排放量最多的一種污染物質，其中以交通運輸工具（主要是汽車）排放的比例最高，約佔一氧化碳排放總量的78％。

大氣中的一氧化碳除去來自人類活動外，自然界中甲烷的氧化、海洋與陸地上各種動植物的代謝及殘骸的降解等，也產生不少一氧化碳。但是幾個世紀以來，地面大氣層中*CO*的濃度一直未有變化，歷史上也沒有因自然界產生大量*CO*而造成災害的事例。因此可以假設在整個大氣層中，*CO*之產生與消除過程是平衡的。雖然*CO*能被氧化成CO_2，但在一般條件下，反應速度很慢。因此可推知，空氣中必定存在著大量消除*CO*之某些途徑，不過目前這些轉變過程和機制還不太清楚。近期研究結果說明，土壤能從大氣中消除大量的*CO*。科學家發現土壤中有不少細菌具有轉化*CO*為CO_2的功能。由於城市內缺少土壤地面，所以會使一氧化碳累積危害。因此有人建議在*CO*發生量較多的地區使土壤裸露，如此可以促進對*CO*污染的淨化作用。

*CO*的化學性質在常溫下並不活潑，但其可藉由和血紅素（hemoglobin）結合而抑制動物之呼吸作用，*CO*對血紅素的親和力比O_2大200至300倍，因此當吸入後*CO*，血液輸送O_2之能力會降低，因而引起缺氧現象。O_2與*CO*對血紅素（*Hb*）之競爭反應如下：

$$Hb_{(l)} + O_{2(g)} \rightleftharpoons HbO_{2(l)} \tag{8-9}$$

$$Hb_{(l)} + CO_{(g)} \rightleftharpoons HbCO_{(l)} \tag{8-10}$$

兩式相減得

$$CO_{(g)} + HbO_{2(l)} \rightleftharpoons HbCO_{(l)} + O_{2(g)} \tag{8-11}$$

式（8-11）之平衡常數K_c = 218（37℃），可知$CO_{(g)}$極易從血紅素中置換出O_2。

血液中形成 $HbCO$ 之多少，取決於周圍空氣之 CO 濃度與接觸時間，其公式如下

$$HbCO\% = \frac{CO^{0.858}\, t^{0.63}}{19.73}$$

式中 CO 的濃度以 ppm 計， t 以小時計

大氣中二氧化碳之來源有來自火山爆發、動植物的呼吸、有機體的腐爛及森林火災等，其中 90 % 是來自呼吸作用（動物或植物細胞氧化有機物質）。此來源常被綠色植物之光合作用所平衡。大氣中之增加，主要是由化石燃料及生物資源的燃燒所貢獻的，每年共有 10 億公噸之 CO_2 由此途徑進入大氣中。

CO_2 被視爲是無毒無害的氣體，但是其由人爲活動而逐年上升的濃度（每年增加 0.4 %）所造成的全球暖化的現象，將有極爲嚴重災害性的影響。CO_2 爲產生溫室效應最爲主要之氣體。無論源自何者來源所產生的 CO_2，其在空氣中主要受兩個因素的制約。一爲植物光合作用的吸收利用，另一爲海洋的吸收。CO_2 溶於海水中，以碳酸鹽或碳酸氫鹽的形式儲存於海洋中，海洋中的 CO_2 又按亨利定律而變化，以保持與空氣中 CO_2 的平衡。海洋中所含的 CO_2 量大約爲大氣中的 60 倍。CO_2 的溶解常使海水酸性增加，海水的酸度增加會加快沉積物礦石之侵蝕過程，進而影響海洋生物的營養成份，這對生物造成長遠的影響。大氣中 CO_2 濃度之增高，亦會影響岩石之風化作用。

8-4-2 含硫化合物

空氣中主要的含硫化合物有 SO_2、SO_3、H_2SO_4、H_2S、硫醇、亞硫酸鹽、硫酸鹽及含有機硫之氣溶膠等。大氣中硫化物之天然來源包括海水蒸發、含硫土壤之風化侵蝕、火山爆發及生物性釋放的硫化氫（H_2S）和其他含硫有機物。每年含硫化合物之總排放量有一億八千萬噸，人爲排放量僅佔總排放量之四分之一。雖然如此，在都會區有 90 % 之含硫化物係人爲來

源。人爲來源之含硫化物主要是 SO_2，爲含硫化石燃料之燃燒及硫化礦物冶鍊時所產生。燃燒時可燃性硫即產生 SO_2 之排放，其中雖然也同時生成 SO_3，但數量很少，只佔約 5％。

SO_2 爲無色、腐蝕性的氣體，對人體健康及動、植物有直接的危害。當其進入大氣中可進一步氧化成 SO_3，進而溶於水中而產生硫酸。SO_2 在空氣中存在的時間與溫度有關。在乾燥空氣中可存在一至二週，在潮濕空氣中，只能存在一至二小時，平均約五天左右，它擴散輸送之距離是有限的。可是一但被氧化成 SO_3 後，由於後者的強親水性，因而與空氣微粒和液滴形成酸霧，它的毒性比 SO_2 大十倍，而且在空氣中可存在數週之久，並能長距離輸送，常達一千公里之外。就空氣污染污染物排放量來看，SO_2 僅次 CO 而居第二位，就危害性而言，SO_2 則佔首位，是全球性空氣污染中的一個大問題。

H_2S 主要來自天然源，是含硫有機物之分解與土壤、沼澤地、沉積物中之硫酸鹽在厭氧環境中被還原菌還原所形成。產生之 H_2S 多數又被空氣中的氧化劑所氧化，最終又以硫酸鹽型態隨降雨回至地面。圖 8-3 爲大氣中各種主要型態之硫化物之循環示意圖。

硫在環境中的循環主要靠兩類反應來完成，一類爲化學氧化及光化學氧化，其將 H_2S、SO_2 等氧化成硫酸鹽而回到地表；另一類爲將無機硫酸根生物還原爲有機硫，再經厭氧降解爲 H_2S 排入大氣，後者再經氧化成 SO_2 而完成循環。

8-4-3 氮氧化物

大氣中存在之含氮化合物，主要有 NH_3、NO、NO_2 及 N_2O。NO 爲活性極強的氣體，在大氣中可繼續氧化成一種紅棕色氣體 NO_2。大氣中之 NO 及 NO_2 通常以 NO_X 表示之。

NO_X 是對流層中爲害最大的氮氧化物。其中 NO 的天然源主要來自土壤

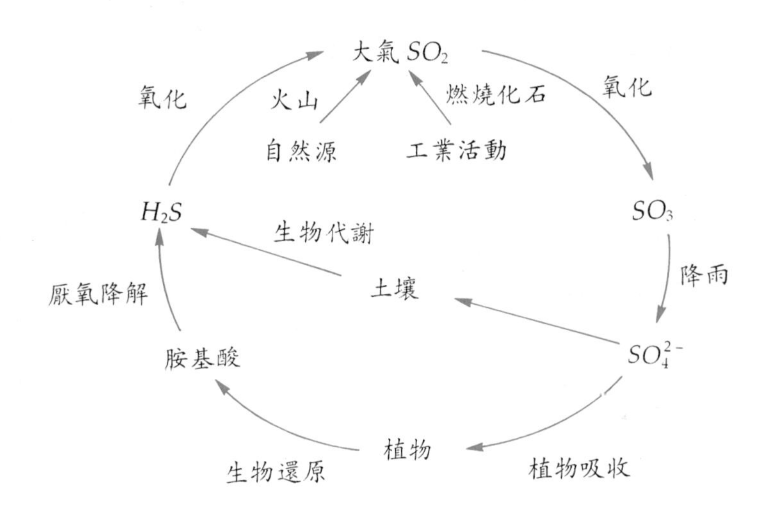

圖 8-3　硫之循環示意圖

中或水中微生物氧化含氮化合物及空氣中氨之氧化。人為源主要為燃料在氧氣存在下高溫燃燒所產生的，其他人為源尚有硝酸廠、氮肥廠之生產過程中所排放之氮氧化物，據估計每生產一噸硝酸，要排放約 25 公斤的氮氧化物。有機中間體廠或金屬冶鍊廠等常用大量的硝酸，也會產生大量之氮氧化物，並排放至大氣中。據估計全世界每年 NO_X 人為排放量（以 NO_2 計）約為 52×10^6 噸。其中燃煤佔 51％，石油佔 43％，天然氣 4％，其他佔 2％。燃燒過程中 NO 的生成反應極為複雜，其反應機制如下：

首先是氧原子的生成。在高溫燃燒情況下，有下列兩種方式可以獲得氧原子：

1. 經由氧的分解

$$O_2 \rightarrow 2O \tag{8-12}$$

2. 一氧化碳與氫氧自由基反應，生成氫自由基

$$CO + OH \cdot \rightarrow CO_2 + H \cdot \tag{8-13}$$

生成的氫自由基再與氧氣反應，生成氧原子

$$H\cdot + O_2 \rightarrow OH\cdot + O \tag{8-14}$$

氧原子產生後，會發生下列連鎖反應

$$N_2 + O \rightarrow NO + N \tag{8-15}$$

$$N + O_2 \rightarrow NO + O \tag{8-16}$$

與反應式（8-16）相比，反應式（8-15）的速度很慢。所以，反應式（8-15）是整個連鎖反應的關鍵步驟。一氧化氮的生成速度取決於氮原子之生成速度。由於反應式（8-15）是吸熱反應，而且其活化能很高。因此必須高溫下才能發生。實驗結果證明，當燃燒溫度低於1500℃時，NO 生成量極少，當燃燒溫度高於1500℃時，反應速度明顯增快，而且隨著溫度升高，反應速度呈指數關係增加，如圖 8-4 所示。

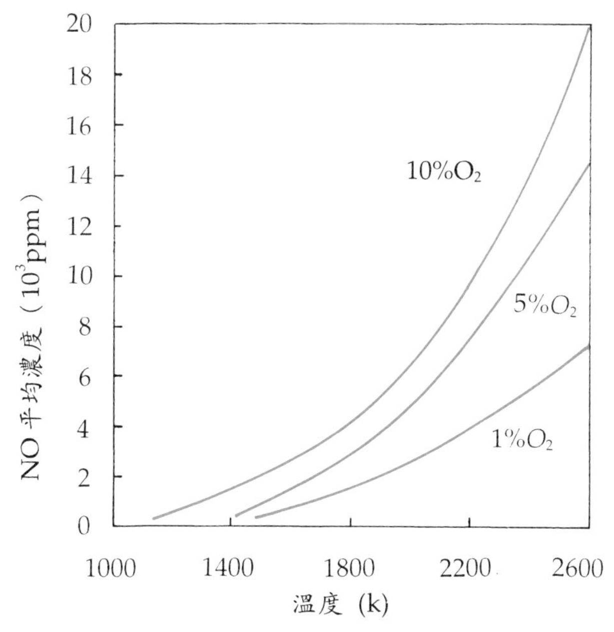

圖 8-4 燃燒溫度與煙氣中 NO 濃度之關係

實驗證明，一氧化氮的生成量除受燃燒溫度影響之外，還與燃燒氣體在高溫區的停留時間，以及燃燒氣體中氧的含量有關。爲減少燃燒過程中一氧化氮的生成量，在可能情況下，應該盡量降低燃燒溫度，同時也應該盡可能地縮短燃燒氣體在高溫區的停留時間。

空氣中之 NH_3 不是主要污染物，它來自生物腐爛及肥料。在對流層中 NH_3 極易氧化爲 NO_X，是郊區 NO_X 的主要來源。

N_2O 是硝酸鹽及氨肥經微生物脫氮作用的中間物，其化學穩定性很大，對人體無害，一般未被視爲污染物，故不包括在 NO_X 中，但其有吸收紫外光的特性，現已證明它也是產生溫室效應的氣體之一。

NO 爲無色、無刺激性與不活潑的氣體，毒性不大，還沒有任何 NO 毒害之事例曾經被報導過。它如 CO 一樣也能與血紅素結合生成 $HbNO$，使血液輸氧能力下降。NO_2 爲紅棕色有刺激性臭味之氣體，其毒性很強，約爲 NO 的 4 至 5 倍。它對呼吸器官有強烈的刺激作用，能迅速破壞肺細胞，可能是引起肺氣腫及肺癌的病因之一。

NO_X 最主要的危害在於它能引起酸雨及引發光化學煙霧。後者往往產生一系列二次污染物，它們對人類與動植物均能產生更大的傷害。

8-4-4 揮發性有機物

揮發性有機物（VOC）爲存在大氣中之有機物，其種類相當多，主要有碳氫化合物（HC），及鹵化烴類化合物。碳氫化合物之自然源爲植物排出之萜烯類化合物（terpenes，$C_{10}H_{15}$），及二甲基丁二烯（isoprene，C_5H_8），但由自然溼地、稻田及微生物所釋放出之甲烷（CH_4）乃爲最大的天然來源。據研究，從 1978 至 1987 迄十年間，在低層大氣中，甲烷之濃度已上升 11％，雖然對環境並無直接危害，但 CH_4 濃度的增加會強化溫室效應。碳氫化合物之人爲來源主要是燃料的不完全燃燒及溶劑之蒸發，其中以汽車之排放量最多，佔總排放量之 48％。其次爲來自於工業生產及固定燃燒污染源佔 16％，而有機溶劑之蒸發佔 9％。

碳氫化合物的種類十分繁雜，一般而言，包括烷、烯、炔、芳烴及多環芳烴。它們的通式依次爲C_nH_{2n+2}、C_nH_{2n}、C_nH_{2n-2}及C_nH_{2n-6}($n \geq 6$)。在環境污染中，多環芳烴（PAH）是一類極爲重要的碳氫化合物。

許多碳氫化合物毒性極低，其中只有乙烯直接對植物有害。眾所週知，碳氫化合物常與NO_X協同作用，是形成危害人體健康的光化學煙霧的主要成分。人們對碳氫化合物的重視也是由此而產生的。現在有些國家大氣質量標準不是以碳氫化合物的有害作用爲根據，而是以因碳氫化合物的存在而可能產生的光化學氧化劑的濃度爲依據。

除了碳氫化合物之外，近年來大氣中之鹵化烴化合物亦極受重視，人們關心的重點包括氟氯碳（Chlorofluro Carbon，CFC）化合物對平流層臭氧濃度的影響，HCl對酸沉降之貢獻，大氣中高劑量的有毒殺蟲劑，含氯有機溶劑在對流層中降解之中間產物之問題。表8-5列舉幾種大氣中最重要的鹵化烴化合物，及它們在南、北半球所測得之濃度，同時亦標示其來源。由表中可知除了CH_3Cl、CH_3Br和CH_3I三種甲基鹵烷有來自於海洋之自然源外，大部份環境中之鹵化烴幾乎全是人爲來源。許多鹵化烴可當作溶劑及殺蟲劑，而且極易揮發至空氣中。鹵化烴的毒性非常大，其中氯化烴更是脂溶性，會破壞胰臟，長期累積會致癌。每年排放最大量之致癌鹵化烴化合物爲二氯甲烷，排放量爲每年52,000公噸。很多鹵化烴化合物可在對流層中降解，尤其是含有$C=C$雙鍵及易脫離之H原子者，常會受大氣中之OH自由基的氧化。但是對那些不與OH自由基或對流層中之化學物質作用之化合物，常會擴散至平流層中，並在該處發生光化學反應而破壞臭氧層。這類氟氯碳化合物對環境的影響，近年來已引起極大關注。氟氯碳化物通式爲$C_nH_{2n-x-y}F_xCl_y$的化合物，其中$x+y \leq 2n+2$。常見之氟氯碳化合物有CFC −11、CFC −12、CFC −13、CFC −22、CFC −113、CFC −114與CFC −115，這些物質之化學性質極穩定，因此常作爲冷煤、噴霧劑、溶劑、發泡劑等。它們在對流層中之壽命很長，不易分解，例如CFC −11爲65至75年；CFC −12爲110至130年；CFC −13爲90年等。但是在平流層當中則易受短波長之光分解。

表 8-5　鹵化烴之種類及在 1977 年之量測濃度

（取自 J. F Seinfeld, 1986）

化合物	濃度（ppt）			來　　源
	北半球平均	南半球平均	全球平均	
CCl_2F_2 (CFC −12)	230 ± 25.5	210 ± 25.1	220	人為源
CCl_3F (CFC −11)	133 ± 13.4	119 ± 11.7	126	人為源
CCl_2FCClF_2 (CFC −113)	19 ± 3.5	18 ± 3.1	18	人為源
$CClF_2CClF_2$ (CFC −114)	12 ± 1.9	10 ± 1.3	11	人為源
$CHCl_2F$ (CFC −21)	5 ± 2.6	4 ± 1.0	4	人為源
SF_6	0.31 ± 0.04	0.27 ± 0.01	0.29	人為源
CCl_4	122 ± 4.9	1.9 ± 4.0	120	人為源
CH_3CCl_3	113	75	94	人為源
CH_3Cl	611± 83.7	615 ± 1.03	613	90％自然源 10％人為源
CH_3I	2 ± 1.0	2 ± 1.2	2	自然源
$CHCl_3$	14 ± 7.0	≦ 3	8	人為源
CH_2Cl_2	44 ±(14.0)	20 ± 4.0	32	人為源
C_2HCl_3	16 ± 8.0	＜ 3	8	人為源
C_2Cl_4	40 ± 12.0	12 ± 3.0	26	人為源
CH_3Br	5-20	−	5-20	人為源、 自然源
CH_2BrCH_2Br	5	−	5	人為源

8-4-5　粒狀物

粒狀物（particulate matter）是指，除純水外，存在於大氣中並大於分子尺寸（～2Å）之固體或液體類物質。粒狀物的來源很多，主要有幾個方面：化石燃料的燃燒，煤、礦石等固體物質的粉碎、研磨等加工過程，風沙、土壤微粒、海鹽微粒等之一次污染物。大氣粒狀物也有來自於二次污染物，例如大氣中的二氧化硫、氮氧化物及碳氫化合物等在大氣中進行一系列化學反應，轉化而成的硫酸鹽、硝酸鹽及光化學煙霧等。粒狀物是空氣中最嚴重的污染物之一，也是自古以來對人類危害最早的一種污染物。一次粒狀物的天然來源估計每天約 4.41×10^6噸，人爲來源每天約 0.3×10^6噸；二次粒狀物的天然來源估計每天約5.6×10^6噸，人爲來源每天約0.37×10^6噸。

目前粒狀污染物的分類尚無統一的方法，有人按粒狀物的沉降速度及粒子大小將其分爲兩類，即降塵（dustfall）與懸浮微粒（suspend particulates）。粒徑大於 10μm 的粒狀物，由於體積大與質量重，在重力作用下能很快地降落到地球表面，通常稱爲降塵（亦稱落塵）。直徑小於 10μm 的粒狀物，由於體積小與質量輕，能長時間漂浮於大氣中，所以稱爲懸浮微粒，它們常以氣溶膠（aerosol）之形式長期漂浮於空中。氣溶膠是指以固態或液態微粒爲分散相，以氣體爲分散介質而形成之穩定體系，它是一種不均勻的分散體系。氣溶膠具有膠體性質，對光線具有散射作用。分散相的粒徑大部份小於 1 μm，它們在氣體介質中做布朗運動，不因重力作用而沉降。固態氣溶膠爲物質在高溫下蒸發或昇華後，以氣態進入空氣中，再冷凝成粒徑在 0.001 ～ 10μm 間之固體微粒，通稱爲煙（smoke），例如鉛煙、煤煙、及飄塵等。液態氣溶膠常溫下是液態物質，是由飛濺與噴射等原因霧化所形成，或是過飽和蒸氣冷凝而成，或由於氣體污染物轉化而成的細小液滴。空氣中常見的液態氣溶膠有薄霧（mist）、濃霧（fog）及靄（haze）等。當煙與霧之固液混合態氣溶膠形成時，即構成所謂之煙霧（smog）。表 8-6 列舉常見之粒狀物種類及定義。

氣溶膠的顆粒大小，變動範圍較大，而且顆粒之大小，直接關係著氣溶膠的三大重要特性，即化學活性、在空氣中之懸浮時間及在肺部的附著性。一般而言，顆粒愈小，上述各種性質均增強，但並不一定爲線性關係。

表 8-6　大氣粒狀物的種類及定義

名　稱	粒　徑	物態	生成機制、現象
粉塵（微塵，dust）	1～100μm 以上	固體	機械粉碎的固體微粒，風吹揚塵，風沙。
煙（煙氣，fume）	0.01～1μm	固體	由昇華、蒸餾、熔融及化學反應等產生的蒸氣，凝結而成的固體顆粒。如熔融金屬、凝結的金屬氧化物，汽車排氣、煙草燃燒、硫酸鹽等。
灰（ash）	1～200μm	固體	燃燒過程中產生的不燃性微粒，如煤、木材燃燒時產生的矽酸鹽顆粒，粉煤燃燒時產生的飛灰等。
霧（fog）	2～200μm	液體	水蒸氣冷凝生成的顆粒小水滴或冰晶水平視程小於 1km。
靄（mist）	＞10μm 介於霧與霾之間	液體	與霧相似，氣象上稱輕霧。水平視程在 1-2km 之內，使大氣呈灰色。
霾（haze）	～0.1μm	固體	乾的塵或鹽粒懸浮於大氣中形成，使大氣混濁呈淺藍色或微黃色。水平視程小於 2km。
煙塵（燻煙，smoke）	0.01～5μm	固體與液體	含碳物質，如煤炭燃燒時產生碳粒、水、焦油狀物質，及不完全燃燒的灰份所形成的混合物，如果煤煙中失去了液態顆粒，即成為煙炭（soot）
煙霧（smog）	0.001～2μm	固體	此名詞由Smoke和Fog兩詞合成的，原意為污染空氣中煤煙與自然霧的混合體。粒徑在2μm以下。現泛指各種妨礙視程（能見度低於2km）的大氣污染現象。光化學煙霧產生的顆粒物，粒徑常小於0.5μm，使大氣呈淡褐色。

不同的粒狀物沉降至地面的時間如下，粒徑為 10μm 的粒狀物一般需 4 ～ 9 小時；粒徑為 1μm 的需 19 ～ 98 天；粒徑為 0.4μm 的需 120 ～ 140 天。沉降速率與粒徑大小有密切的關係，可依史脫克定律（Stokes` law）計算，沉降速率式如下式：

$$V = \frac{g\, d^2 (\rho_1 - \rho_2)}{18\, \eta} \tag{8-17}$$

其中 V 是沉降速率（cm/sec），d 為顆粒直徑（cm），g 為重力加速度（980cm/sec^2），ρ_1 為顆粒密度（g/cm^3），ρ_2 為空氣密度（g/cm^3），η 為空氣之黏滯度 = 170×10^{-6} g/cm · sec。由於粒狀污染物之密度通常並不清楚，所以傳統上 ρ_1 會被假設為 1g/cm^3。

【例 8-2】

在一大氣壓下及 0℃的空氣中，懸浮粒子之直徑為 10μm，密度為 1g/cm^3，試求該粒子之沉降速率，已知在 0℃時，空氣之黏度為 170.8 微泊（1 微泊 = 10^{-6}g/cm · sec），密度為 1.29g/L。

【解】

由公式 $V = \dfrac{g\, d^2 (\rho_1 - \rho_2)}{18\, \eta}$

$$= \frac{980\text{cm/sec}^2 \times (10 \times 10^{-6}\text{m} \times 100\text{cm/m})^2 (1.0\text{g/cm}^3 - 1.29 \times 10^{-3}\text{g/cm}^3)}{18 \times 170 \times 10^{-6}\text{g/cm} \cdot \text{sec}}$$

$$= \frac{980 \times (10^{-3})^2 \times 1}{18 \times 170 \times 10^{-6}}\ \text{cm/sec}$$

$$= 3.2 \times 10^{-1}\ \text{cm/sec}$$

氣溶膠之組成十分複雜，有的氣溶膠含有 40 ～ 50 種元素。存在的形態有硫酸鹽、硝酸鹽、有機化合物、多種微量元素之氧化物及鹽類。它們的化學組成，各都市不同。大體為無機物佔 50 ～ 80 %，有機物佔 10 ～ 20

%（其中苯化合物約爲5%），生物質佔2～10%（包括細菌、孢子、花粉等）。

粒狀物引起的大氣污染及對人體的危害與下列因素有關：

⑴粒狀物的濃度：大氣中粒狀物之濃度愈大，對人體危害愈大。

⑵粒狀物的化學成分：粒狀物長期漂浮於大氣中，其中含有多種有害化學物質，隨著粒徑減小，有害物質如*Pb*、*Cd*、*Cr*、*As*、*Ni*、*Mn*及多環芳香烴 (*PAH*) 的濃度顯著增加。

⑶粒狀物的大小：由顆粒大小來看，直徑在0.1～10μm間之懸浮微粒危害最大。因大於10μm的粒狀物，被鼻毛或呼吸道黏液排除。小於0.1μm的微粒由於擴散作用及布朗運動被黏附在上呼吸道表面，能夠隨痰排出。只有0.1～10μm之間的粒狀物會直接沉積於肺泡，並可能進入血液而輸送至全身，而引起疾病。

8-4-6 光化學氧化劑

光化學氧化劑是指空氣中氧化性很強的一組化合物。這組化合物除了臭氧外，尚有過氧化物、過氫氧化物、醛類及過氧醯基硝酸酯（peroxyacetylnitrate，PAN）等。它們不是直接排入空氣中之一次污染物，而是由NO_x與*HC*等污染物經由太陽光之光化學氧化作用而產生的二次污染物，這類的污染物催淚性很強、毒性很大，是很危險的空氣污染物。

雖然在環境中有很多人爲的途徑可產生臭氧，但是臭氧的主要來源是由高空的紫外線強輻射引起O_2及NO_2分解出單重態氧原子（singlet oxygen）而引發之一連串光化學反應所產生，其反應之機制如圖8-5所示。單重態之氧發生後，可與另一氧分子形成臭氧，而且在此過程中，亦藉由*HC*之移除*NO*而產生*PAN*，*PAN*爲臭氧之外的另一強光化學氧化劑。臭氧在平流層中累積，可吸收紫外光，爲生物圈之最佳屏障，但是在對流層中之臭氧活性極大，爲很強之氧化劑，會傷害植物（影響光合作用）；損害建築物（如油漆、橡膠及塑膠）及敏感的人體組織（如眼睛及肺部）。

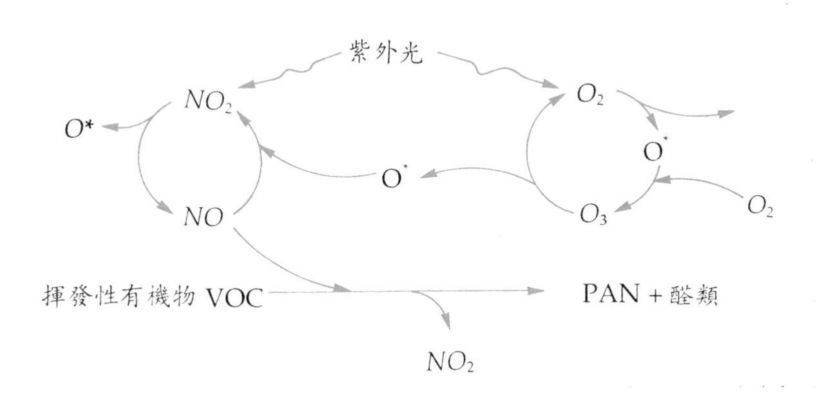

圖 8-5 形成臭氣及 *PAN* 之光化學反應

近年來，由於平流層中之臭氧逐漸減少，使得人類及生物均受到嚴重之威脅。尤其 260 至 320nm 之紫外線對生物之 *DNA* 有嚴重影響，會導致腫瘤，據估計平流層 O_3 減少 10％，全世界可能會增加十萬人得皮膚癌，所以極值得大家重視。

圖 8-5 中反應之反應式：

1. $O_2 + UV \rightarrow O^* + O^*$ （單重態氧原子）
2. $NO_2 + UV \rightarrow NO + O^*$
3. $O^* + O_2 \rightarrow O_3$
4. $O_3 + NO \rightarrow O_2 + NO_2$
5. $NO + VOC \rightarrow NO_2 + PAN +$ 醛類

淨反應：

$$NO_2 + UV + VOC + O_2 \rightarrow NO_2 + O_3 + PAN + \text{醛類}$$

8-5 大氣中之光化反應

大氣中之化學反應可分爲兩類：一類是由太陽光照射所引起稱爲光化

學反應；一類即是一般的化學反應，亦稱熱反應，主要是以氧化反應爲主。一般的熱反應係由分子碰撞產生活化而引起的。所有此類反應之特徵是當反應時所伴生的自由能減少才能引起反應（因自由能減少是自發反應的條件），若反應時自由能增加則不可能自然發生反應。此類反應之活化能源於分子碰撞，故反應速度的溫度係數較大，通常溫度升高10℃，反應速度大約增加2～3倍。光化學反應是化學分子在光的作用下進行化學反應。由於此類反應之活化能源自於光能，故反應速度的溫度係數很小，通常溫度升高10℃，反應速度只增加0.1～1倍。光化學反應的另一特徵是它可以向著系統自由能增加的方向進行。光化學反應是由化學物質吸收光子之能量所引起的一連串化學反應，因此我們先討論光子之能量。

8-5-1 光子之能量

光是具有二元性，亦即具有電磁波的特性，同時亦具有粒子的特性。因此光具有能量亦具有波長，其能量與相對應之波長遵守下列方程式

$$E = hv = h \cdot \frac{c}{\lambda} \tag{8-18}$$

其中 h 爲普朗克常數（6.626×10^{-34}J/sec · mole），c 爲光速（3×10^{8} m/sec），λ 爲光之波長（nm，$1\text{nm} = 10^{-9}\text{m}$），$v$爲頻率，$E$ 爲能量（J）。

由（8-18）式知光子的能量與光之波長成反比，當波長愈長時則能量也愈小。圖 8-6 列舉輻射波之波長。

8-5-2 光化學反應程序

光化學反應程序主要包括兩步驟，一爲原子或分子之吸收光子，二爲原子或分子吸光後之效應。由於光子具有能量，因此一分子吸收足夠的輻射能時，往往可使其發生化學變化。分子接受光能後，可能發生三種基本效應

1. 使分子斷鍵形成自由基，例如

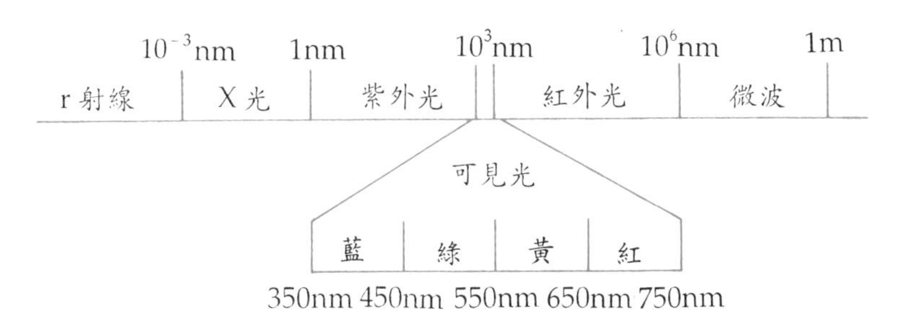

圖 8-6 電磁波光譜

$$Cl_2 + h\nu \rightarrow 2Cl\cdot \quad (8\text{-}19)$$

2. 使原子或分子被電離而形成離子，例如

$$NO + h\nu \rightarrow NO^{+} + e^{-} \quad (8\text{-}20)$$

3. 電子被激發躍遷而產生不穩定之激發分子，例如

$NO_2 + h\nu \rightarrow NO_2^{*}$（以物種上方*表示激態分子）

一般化學鍵的鍵能均大於 150kJ/mole（見表 8-7），所以波長 >800nm 之光子不易引起解離型之光化學反應，因此在地面上或對流層中，光化學反應並不普遍。波長介於 100nm 至 800nm 之可見光及紫外光，其能量爲 96 至 960kJ/mole，可容易引起離解型反應。尤其是波長爲 300nm 之紫外線，其能量相當於 400kJ/mole，尤其容易。至於波長小於 100nm 的光子，能量太高，會造成分子之蛻變或衰變，屬於核化學領域，而不屬於光化學範疇。

在高層大氣中，由於紫外線強烈，光解與光電離反應十分普遍，結果產生許多高能量之中間物，可引發一系列光化學反應，如表 8-8 所示。

當一分子吸收一光子後，在分子系統中亦將引起一相當能量之電子躍遷，因而使分子處於電子激發狀態，亦稱電激態。穩定分子中之價電子在

表 8-7 一些常見之鍵能與斷裂波長（轉自樊邦棠，1994）

鍵	鍵能（千焦／摩）	λ_{max}（納米）	鍵	鍵能（千焦／摩）	λ_{max}（納米）
$H-H$	435.9	274.4	$C \equiv C$	690.3	173.3
$H-O$	428.0	279.5	$C=O$	753.1	158.8
$HO-OH$	201.6	593.2	$N=N$	460.2	259.9
$H-Cl$	431.4	277.3	$C-N$	284.5	420.5
$H-Br$	366.5	326.4	$C-H$	335.1	357.0
$H-I$	298.3	401.0	$C-S$	276.1	433.2
$H-SH$	384.9	310.8	$C-Cl$	326.3	366.6
$H-CH_2OH$	385.7	310.1	$C-F$	497.9	240.3
$H-CH_3$	435.1	274.9	$Cl-Cl$	242.2	493.8
$H-OC_6H_5$	376.5	317.7	$Br-Br$	192.9	620.3
$H-C_6H_5$	426.7	280.3	$I-I$	151.0	792.1
$C-O$	1070.2	111.8	$Cl-CH_3$	336.8	355.2
$C-C$（脂肪族）	338.9	353.0	$Br-CH_3$	277.8	430.6
C－C	418.4	285.9	$I-CH_3$	220.1	543.6

正常狀況皆填充在能量較低的成鍵軌道（bonding orbital）及非成鍵軌道（non bonding orbital），且同一軌道僅能有左旋及右旋之兩個電子佔據，此時電子處於基態（ground state）。當這些電子吸收特定光能後（通常必須是兩能階之差的能量，此處是在紫外光或可見光之範圍），其中的一個電子可躍遷至一個較高能階之空軌道。有時躍遷的電子旋轉方向維持與原軌道的另一電子相反方向，稱爲激發單重態（excited singlet），此外，也有躍遷的電子旋轉方向相同於原軌道的另一電子旋轉方向，稱爲激發三重態（excited triplet state）。圖 8-7 所示爲分子中電子之激發狀況。

表 8-8 高層大氣中某些高能物種之形成能量及斷裂波長

類 別	反應	E（千焦／摩）	λ_{max}(納米)
光解分子碎片	$NO_2 \rightarrow NO + O$	305.0	392
	$O_2 \rightarrow O + O$	494.1	242
	$H_2O \rightarrow H + OH$	502.1	238
	$NO \rightarrow N + O$	630.1	198
	$N_2 \rightarrow N + N$	940.9	127
光電離過程	$NO \rightarrow NO^- + e^-$	902.0	130
	$O_2 \rightarrow O_2^+ + e^-$	1109.1	108
	$O \rightarrow O^+ + e^-$	1314.2	91.0
	$H \rightarrow H^+ + e^-$	1314.1	91
	$N_2 \rightarrow N_2^+ + e^-$	1510.0	79.2

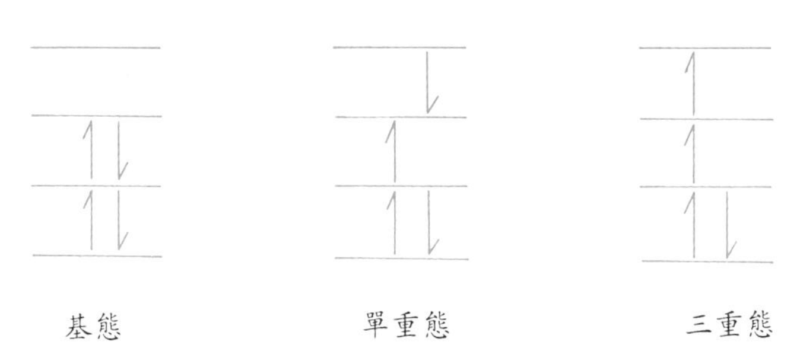

圖 8-7 分子中電子之激發狀況

處於激發態的電子，極不穩定其壽命極短，三重態的生存期爲10^{-3}至20秒，單重態的生存期爲10^{-5}至10^{-6}秒。這些激態電子會以三種不同方式回至穩定的基態，這三種方式是發光、放熱及能量轉移。一般情況是激態的生存期愈長，能量轉移之可能性愈大，三重態的生存期比單重態的生存期長，因此三重態分子較易參加能量轉移，而引發化學過程。激發態電子回基態所伴隨之物理化學現象如下：

1. 激發態分子的解離，如

$$O_2^* \rightarrow O + O \tag{8-21}$$

2. 藉物理衰變（physical quenching）將能量傳給另一分子或原子（M），再以熱方式消散其接受之能量

$$O_2^* + M \rightarrow O_2 + M \text{（具較高轉換能）} \tag{8-22}$$

3. 藉電磁輻射將能量釋放而發光（luminescence）

$$NO_2^* \rightarrow NO_2 + \text{（螢光或磷光）} \tag{8-23}$$

4. 藉轉換作用將激態電子能量轉移至另一分子，造成分子間能量轉移，如

$$O_2^* + Na \rightarrow O_2 + Na^* \tag{8-24}$$

此種轉移常伴隨著第二分子之發生化學變化，如

$$Xe^* + H_2 \rightarrow Xe + 2H \tag{8-25}$$

這類反應稱爲光敏性反應（photosensitized reaction）或光催化反應。光敏性反應之反應物通常不能直接吸收某波長的光而進行反應，因此需加入能吸光之添加物（又稱光敏劑），由後者把光能傳給反應物使反應能夠進行，光敏反應在難分解有機物降解之研究上極有前途。對染料、多氯聯苯、某些含氯農藥及多環芳烴（PAH），若能找到有效的光敏劑，即可能利用太陽能進行污染物的光催化降解。

5. 由失去電子產生光電離反應

$$N_2^* \rightarrow N_2^+ + e^- \tag{8-26}$$

光之吸收可引起光化學反應，但是必須遵守光化學之二大定律

1. 光化學第一定律

光化學第一定律係由 Grotthus 與 Draper 所提出，故又稱 Grotthus-Draper 定律。此定律謂：僅有被吸收之光才能有效的產生化學變化。例如，由 H_2O 之鍵能可預測只需 428kJ/mole 之能量即可使 H_2O 斷鍵，這相當於 $\lambda = 280nm$ 之光子，似乎只要可見光即可，但實際上在一般情況下，水並不能被光解，原因之一就是水不吸收可見光。

爲了應用光化學第一定律，需要知道吸收光引起化學變化時，其所吸收光之量爲若干。若我們令 I_0 代表進入介質之光的強度，而 I 代表透過光之強度，則被吸收之光強度爲 $I_a = I_0 - I$，對於溶液或氣體而言，其透過光之強度可由 Beer 定律來表示，即

$$I = I_0 \cdot e^{-\epsilon cl} \tag{8-27}$$

吸收之光爲 $$I_a = I_0\left(1 - e^{-\epsilon cl}\right) \tag{8-28}$$

c：吸光物質之濃度

l：光經過介質之厚度

ϵ：莫耳消光係數（molar extinction coefficient）

2. 光化學第二定律

此係由愛因斯坦所提出的，又稱愛因斯坦的光化學當量定律(the Einstein law of photochemical equivalence）。此定律謂：吸收一光子之初級光化學反應中，只能活化一個分子或一個原子。一個原子或一個分子吸收一光子所獲得之能量，依輻射光之頻率（或波長）而定，即依浦朗克（planck）關係式$\Delta E = h\nu$所定。每莫耳所吸收之能量爲$\Delta E = N_A h\nu$，亦稱一「愛因斯坦」，其中 N_A 爲亞佛加厥數，其中 波長λ的大小可用下式表示

$$\Delta E = \frac{1.196 \times 10^{16}}{\lambda}\ erg \cdot mole^{-1} \tag{8-29}$$

各種波長之光所含每愛因斯坦的能量列於表 8-9。

表 8-9　各種波長之光每愛因斯坦之能量

波長 (nm)	光譜範圍	每愛因斯坦能量 (kJ/mole)
0.1	X-射線	1.196×10^6
100	紫外線	1,196
200	紫外線	598.1
300	紫外線	398.7
400-450	可見光（紫）	299-265.8
450-500	可見光（藍）	265.8-239.2
500-575	可見光（綠）	239.2-208.0
575-590	可見光（黃）	208.0-202.7
590-650	可見光（橘）	202.7-184.0
650-750	可見光（紅）	184.0-159.5
800	紅外線	149.5
900	紅外線	132.9
1,000	紅外線	119.6

由上述討論，我們知光化學過程爲原子或分子吸收光子，使電子變成激發態，由激發態電子在回到基態電子所引發之變化過程，此過程稱爲初級光化學過程。在初級光化學過程中，激發態分子往往會產生活性中間物，如自由基，這些活性中間物會進一步引發其他化學反應，這種情況稱爲二級過程，又稱暗反應。例如氫和溴在常溫下的光化學反應，可以表示爲：

$$Br_2 + h\nu \rightarrow Br_2^* \tag{8-30}$$

$$Br_2^* + M \rightarrow Br_2 + M \tag{8-31}$$

$$Br_2^* \rightarrow Br_2 + h\nu \quad (8\text{-}32)$$

$$Br_2^* \rightarrow 2Br \quad (8\text{-}33)$$

$$2Br + H_2 \rightarrow 2HBr \quad (8\text{-}34)$$

$$2Br + M \rightarrow Br_2 + M \quad (8\text{-}35)$$

式中（8-31）、（8-32）爲初級光化學過程；（8-34）、（8-35）爲二級光化過程。

8-5-3 量子產率

從上一小節我們看到，分子吸收光子而被激發，但激發分子十分不穩定，壽命也很短，有些在參加反應之前即失去能量而被去活化，而無法導致化學反應，因此被吸收光子數與被活化會參與反應之分子數不相等。爲了衡量一個化學反應中光輻射之效率，我們需要引進一個量子產率(quantum yield）的概念。從化學反應的角度來看，參加反應的分子數應當等於活化分子數，所以我們把一個光化學反應的量子產率（以 Φ 表示之）定義爲：

$$\Phi = \frac{\text{參加反應的分子數}}{\text{被吸收的光子數}} = \frac{\text{參加反應的莫耳數}}{\text{被吸收光子之愛因斯坦數}}$$

對於初級反應過程，根據光化學第二定律，其量子產率 Φ 總是小於 1。由於初級過程中最多只有一次性產物，或根本就沒有反應發生，故最大量子效率爲 1，也可以爲 0，多數情況是小於 1。但是初級反應的產物還可能再與反應物反應，因此參加反應的反應物分子數可能大大增加，因而二次光化學反應之量子產率可能大於 1。表 8-10 爲某些氣相光化學反應的量子產率。

表 8-10 氣相光化學反應的量子產率

反應	吸收光波長（微米）	量子產率
$2NH_3 \rightarrow N_2 + 3H_2$	～0.210	～0.2
$3O_2 \rightarrow 2O_3$	～0.209	～3
$H_2S \rightarrow H_2 + S$	～0.208	～1
$2SO_2 + O_2 \rightarrow 2SO_3$	0.22～0.32	～1
$CH_3COCH_3 \rightarrow CO + C_2H_6$	0.300	～0.3
$SO_2 + Cl_2 \rightarrow SO_2Cl_2$	0.420	～1
$2HI \rightarrow H_2 + I_2$	0.207～0.282	～2
$2HBr \rightarrow H_2 + Br_2$	0.207～0.253	～2
$2NOCl \rightarrow 2NO + Cl_2$	0.365～0.630	～2
$2Cl_2O \rightarrow 2Cl_2 + O_2$	0.313～0.436	～3.5
$CO + Cl \rightarrow COCl$	0.400～0.436	～10^3
$H_2 + Cl_2 \rightarrow 2HCl$	0.400～0.436	～10^5

8-5-4 大氣中之自由基

1. 自由基之定義

大氣中的高能量電磁輻射可使共價鍵斷裂，斷裂的方式有兩種，一種是共價鍵中的成對電子完全歸於其中一原子團上而形成離子化原子團，此稱為電離反應；另一方式，是共價鍵的成對電子均分，並分別留於兩個原子團，常叫自由基。自由基反應性很強，易與其他物質作用，而產生另一個自由基，因此自由基反應大都是鏈鎖反應（chain reaction）。鏈鎖過程通常分為引起（initiation）、傳遞（propagation）及終止（termination）三步驟。例如甲烷的光氯化反應即是鏈鎖反應。

引起 $Cl_2 + h\nu \rightarrow 2Cl\cdot$ (8-36)

傳遞

$Cl\cdot + CH_4 \rightarrow HCl + CH_3\cdot$ (8-37)

$CH_3\cdot + Cl_2 \rightarrow CH_3Cl + Cl\cdot$ (8-38)

終止反應 $CH_3\cdot + Cl\cdot \rightarrow CH_3Cl$ (8-39)

$Cl\cdot + Cl\cdot \rightarrow Cl_2$ (8-40)

$CH_3\cdot + CH_3\cdot \rightarrow CH_3CH_3$ (8-41)

2. 自由基之種類及產生方式

空氣中自由基之種類繁多，包括有氫氧自由基（$HO\cdot$）、過氧氫基（$HO_2\cdot$）、氧自由基（$O\cdot$）、氫自由基（$H\cdot$）、烴氧自由基（$RO\cdot$）、過烴氧自由基（$RO_2\cdot$）及烴自由基（$R\cdot$）等。這些自由基之主要產生途徑如下：

(1)$HO\cdot$自由基之來源，有下列幾項重要來源

① HNO_2光解

$$HONO + h\nu \xrightarrow{\lambda < 400\ nm} HO\cdot + NO\cdot \quad (8\text{-}42)$$

② H_2O_2光解

$$H_2O_2 + h\nu \xrightarrow{\lambda < 370nm} 2HO\cdot \quad (8\text{-}43)$$

③O_3之光解

$$O_3 + h\nu \xrightarrow{\lambda < 315nm} O_2 + O^* \tag{8-44}$$

$$O^* + H_2O \longrightarrow 2HO \cdot \tag{8-45}$$

④過氧自由基與 NO 反應為

$$HO_2 \cdot + NO \longrightarrow NO_2 + HO \cdot \tag{8-46}$$

⑤H_2O 之光解

$$HO_2 + h\nu \xrightarrow{\lambda < 238nm} H \cdot + HO \cdot \tag{8-47}$$

(2)HO_2 自由基的來源

① $HCHO$ 之光解

$$HCHO + h\nu \xrightarrow{\lambda < 320nm} H \cdot + HCO \cdot \tag{8-48}$$

$$HCO \cdot + O_2 \longrightarrow HO_2 \cdot + CO \tag{8-49}$$

② $HO \cdot$ 與 CO 之作用

$$HO \cdot + CO \longrightarrow CO_2 + H \cdot \tag{8-50}$$

$$H \cdot + O_2 \longrightarrow HO_2 \cdot \tag{8-51}$$

③ H_2O_2 之光解再與 H_2O_2 反應

$$H_2O_2 + h\nu \longrightarrow 2HO \cdot \tag{8-52}$$

$$HO \cdot + H_2O_2 \longrightarrow H_2O + HO_2 \cdot \tag{8-53}$$

④烴類被臭氧氧化

$$RH + O_3 \longrightarrow RO\cdot + HO_2\cdot \tag{8-54}$$

(3) 烴類自由基（$R\cdot$）、烴氧自由基（$RO\cdot$）與過烴氧自由基（$RO_2\cdot$）之來源

① 醛類光解

$$RCHO + h\nu \longrightarrow R\cdot + HCO\cdot \tag{8-55}$$

② 酮類光解

$$R_1COR_2 + h\nu \longrightarrow R_1\cdot + R_2\cdot + CO \tag{8-56}$$

$$R_1COR_2 + h\nu \longrightarrow R_1\cdot + R_2CO\cdot \tag{8-57}$$

③ 過氧亞硝酸酯之光解

$$R-\overset{\overset{\displaystyle O}{\|}}{C}OONO + h\nu \longrightarrow R-\overset{\overset{\displaystyle O}{\|}}{C}-O\cdot + NO_2 \tag{8-58}$$

$$RONO + h\nu \longrightarrow RO\cdot + NO\cdot \tag{8-59}$$

④ 烷基過氧化物之光解

$$ROOR' + h\nu \longrightarrow RO_2\cdot + R'\cdot \tag{8-60}$$

$$ROOR' + h\nu \longrightarrow R\cdot + R'\cdot + O_2 \tag{8-61}$$

$$ROOR' + h\nu \longrightarrow RO\cdot + R'O\cdot \tag{8-62}$$

⑤ 烴氫基（$RO\cdot$）及過氧自由基（$RO_2\cdot$）之轉化

$$RO\cdot + NO \longrightarrow R\cdot + NO_2 \tag{8-63}$$

$$RO_2\cdot + NO \longrightarrow RO\cdot + NO_2 \tag{8-64}$$

$$RO_2 \cdot + R'H \longrightarrow ROOH + R' \cdot \tag{8-65}$$

8-5-5 氮氧化物在大氣中的反應

大氣中氮氧化合物主要有N_2O、NO及NO_2，其中NO及NO_2是造成大氣污染的主要含氮化合物，一般稱為NO_X。大氣化學反應可轉化NO_X為硝酸、無機硝酸鹽、有機硝酸鹽及過氧醯基硝酸酯（PAN），它們在大氣污染化學中有著重要的作用。

1.N_2O之反應

N_2O在低層大氣中含量雖多，但比較穩定，一般不視作污染物，但在較高的對流層及平流層中，它會被原子氧或臭氧氧化，生成一氧化氮。

$$N_2O + O^* \longrightarrow 2NO \tag{8-66}$$

這是上層大氣中一氧化氮的天然來源。在上層大氣中，N_2O也可發生光解為：

$$N_2O + h\nu \longrightarrow N_2 + O^* \tag{8-67}$$

這是N_2O在上層大氣中被消除的一個途徑。

2.NO之反應

大氣中NO的氧化有以下兩條途徑，以第一途徑最為主要：

(1)NO氧化成NO_2

雖然NO_X在一開始排放至大氣的形式為NO，但在大氣中臭氧可將NO很迅速的氧化為NO_2

$$O_3 + NO \longrightarrow NO_2 + O_2 \tag{8-68}$$

即使反應物濃度很低，這個反應進行得也很迅速。例如 NO 與 O_3 濃度均爲 0.1ppm 時，全部氧化僅需約二十小時。NO 至 NO_2 之轉化亦可經由與一些自由基（例如 $HO\cdot$，$HO_2\cdot$ 或 $RO_2\cdot$ 等）的反應轉化，例如

$$RO_2\cdot + NO \longrightarrow RO\cdot + NO_2 \quad (8\text{-}69)$$

但生成之 NO_2 可吸收可見光及紫外光，在光波長低於 398nm 時會有光解產生

$$NO_2 + h\nu \longrightarrow NO + O^* \quad (8\text{-}70)$$

此外，大氣中的一氧化碳與氫氧自由基對轉化爲亦有促進作用，其反應過程爲

$$OH\cdot + CO \longrightarrow CO_2 + H\cdot \quad (8\text{-}71)$$

$$H\cdot + O_2 \longrightarrow HO_2\cdot \quad (8\text{-}72)$$

$$HO_2\cdot + NO \longrightarrow NO_2 + OH\cdot \quad (8\text{-}73)$$

(2)NO 氧化爲 $HONO$（亞硝酸）

一氧化氮可被氫氧自由基氧化爲亞硝酸。

$$NO + OH\cdot \rightleftharpoons HONO \quad (8\text{-}74)$$

這條氧化途徑不太重要。生成的 $HONO$ 同時也會發生光解，又重新生成 NO 與氫氧自由基。

亞硝酸也可由 NO、NO_2 與水蒸氣之間的反應生成

$$NO + NO_2 + H_2O \longrightarrow 2HONO \quad (8\text{-}75)$$

3.NO_2 之反應

大氣中，NO_2 可氧化成硝酸（HNO_3）及過氧硝酸（HO_2NO_2）及其有機鹽。

⑴轉化爲 HNO_3

NO_2 可與 $OH\cdot$ 作用，轉化爲硝酸

$$NO_2 + OH\cdot \longrightarrow HONO_2 \tag{8-76}$$

其他反應尚有

$$NO_2 + O_3 \longrightarrow NO_3 + O_2 \tag{8-77}$$

$$NO_2 + NO_3 \longrightarrow N_2O_5 \tag{8-78}$$

$$N_2O_5 + H_2O \longrightarrow 2HONO_2 \tag{8-79}$$

⑵NO_2 轉化爲過氧乙醯硝酸酯（PAN）與過氧硝酸（HO_2NO_2）

NO_2 會與過氧自由基形成過氧乙醯硝酸酯，這是大氣中消除 NO_2 的主要途徑

$$CH_3\overset{\overset{\displaystyle O}{\|}}{C}OO\cdot + NO_2 \rightleftharpoons CH_3-\overset{\overset{\displaystyle O}{\|}}{C}-O-ONO_2\ (PAN) \tag{8-80}$$

$$HO_2\cdot + NO_2 \rightleftharpoons HO_2NO_2$$

這兩個反應均是可逆反應，它們對 NO_2 的轉化程度取決於其生成物的熱穩定程度，及其反應的速度。PAN 由於較穩定（半衰期約爲 1 小時），因而在 NO_2 轉化過程中極重要，亦是主要的二次污染物。圖 8-8 爲主要氮氧化物在大氣中之轉化作用。

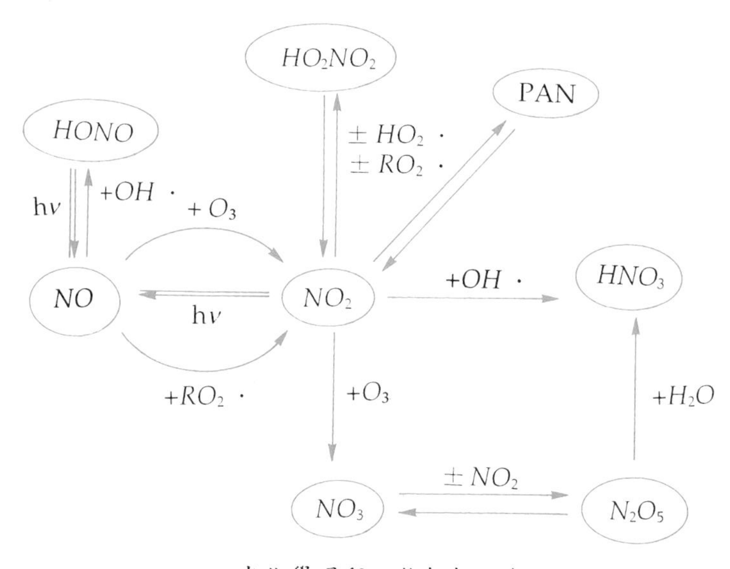

光化學過程→熱氣相反應

圖 8-8 大氣中主要氮氧化合物之轉化作用

8-5-6 碳氫化合物大氣中的反應

大氣中的有機化合物有烷烴、烯烴、芳香烴、醛與酮。這些有機物進入大氣後，產生一系列之光化學反應，形成多種二次污染物，在大氣污染物化學中極爲重要。茲分別說明如下：

1. 烷烴化合物在大氣中之反應

烷烴化合物可與大氣中之氧原子及氫氧基自由基反應，其主要反應爲脫氫反應，形成烷基自由基

$$RH + O \longrightarrow R\cdot + OH\cdot \tag{8-81}$$

$$RH + OH\cdot \longrightarrow R\cdot + H_2O \tag{8-82}$$

2. 烯烴化合物在大氣中之反應

烯烴化合物可與氧原子行加成反應，形成一個不穩定的環氧化合物，該化合物易分解成烷基自由基與醯基自由基

$$R_1R_2C{=}CR_3R_4 + O \longrightarrow R_1R_2C{-}CR_3R_4\ (\text{環氧，}O\text{ 橋接}) \longrightarrow R_1{-}\overset{R_2}{\underset{R_3}{C}}\cdot + R_4{-}\overset{O}{\overset{\|}{C}}\cdot + \text{其他} \tag{8-83}$$

若與氫氧自由基反應，則先行加成形成自由基，再內部自由基移轉，形成氧化產物

$$R_2C{=}CR_2 + HO\cdot \longrightarrow H{-}\overset{OH}{\underset{R}{C}}{-}\overset{R}{\underset{R}{C}}\cdot \longrightarrow \text{氧化產物} \tag{8-84}$$

與臭氧反應，則產生斷裂反應而形成醛類或酮類化合物

$$R_2C{=}CR_2 + O_3 \longrightarrow R_2C{=}O + R{-}\overset{R}{\underset{\cdot}{C}}{-}O{-}O \tag{8-85}$$

$$R{-}\overset{R}{\underset{\cdot}{C}}{-}O{-}O \longrightarrow RO\cdot + R{-}\dot{C}{=}O \tag{8-86}$$

$$R{-}\overset{R}{\underset{\cdot}{C}}{-}O{-}O\cdot + NO \longrightarrow R_2C{=}O + NO_2 \tag{8-87}$$

3. 芳香烴化合物在大氣中之反應

氧原子與芳香烴作用會引起鏈鎖反應，但機制尚不清楚，產物可觀察到過氧化物、酸、及醇。氫氧自由基與芳香烴反應，可脫去其側鏈上的 α 氫原子，例如

$$C_6H_5CH_2CH_3 + OH\cdot \longrightarrow C_6H_5\dot{C}H_2CH_3 + H_2O \quad (8\text{-}88)$$

亦可進行加成反應，其產物爲酚

$$C_6H_6 + OH\cdot \longrightarrow C_6H_6(H)(OH)\cdot \quad (8\text{-}89)$$

$$C_6H_6(H)(OH)\cdot + O_2 \longrightarrow C_6H_5OH + HOO\cdot \quad (8\text{-}90)$$

臭氧與芳香烴的反應速度並不太快，故此途徑影響不大。

4. 醛與酮類在大氣中之反應

在波長大於300nm的陽光照射下，醛以鏈鎖反應方式產生光解

$$RCHO + h\nu \longrightarrow R\cdot + HCO\cdot \xrightarrow{2O_2} ROO\cdot + CO + HOO\cdot \quad (8\text{-}91)$$

醛類亦可與 $HO\cdot$ 反應如下：

$$RCHO + HO\cdot + O_2 \longrightarrow R-\overset{\overset{\large O}{\|}}{C}-O-O\cdot + H_2O \quad (8\text{-}92)$$

此反應之反應速率與氫氧自由基和丙烯反應之速率一樣快，此反應不但是大氣中除去醛的一個重要反應，亦是光化學煙霧形成的一個重要步驟。

醛類亦可與氧原子反應。產生醯基自由基與氫氧自由基

$$O + RCHO \longrightarrow R-\overset{\overset{\large O}{\|}}{C}\cdot + HO\cdot \tag{8-93}$$

8-5-7 大氣中氧的反應

對流層的氧氣在地球表面扮演重要角色。燃燒反應需要氧的參與，好氧性生物分解有機物質亦需要氧氣，氧化性風化亦會消耗氧氣。然而由上述過程中消耗之氧氣會藉植物之光合作用，回到大氣中。

在平流層中，由於空氣較稀薄，同時紫外光的量上升，氧之光解反應頻繁。氧氣在此層中易光解成氧原子。

$$O_2 + h\nu \xrightarrow{\lambda < 234nm} O^*（三重態）+ O^*（單重態） \tag{8-94}$$

大氣中氧原子可以基態（O）及激發態（O^*）的型態存在，它可經由臭氧的光解作用而產生

$$O_3 + h\nu \xrightarrow{\lambda > 320nm} O_2 + O^*（三重態） \tag{8-95}$$

$$O_3 + h\nu \xrightarrow{\lambda < 320nm} O_2 + O^*（單重態） \tag{8-96}$$

處於激發態的氧原子可釋出636nm，630nm及558nm波長的可見光，而回到基態，這種放射光稱爲大氣光（air glow）。單重態之氧原子若在第三體（如N_2或O_2分子）之碰撞下，易轉成三重態氧原子並放出磷光，結果平流層之原子氧之濃度相當高，因此三重態氧原子再與O_2結合而產生O_3

$$O + O_2 + M \longrightarrow O_3 + M^* \tag{8-97}$$

此反應之速率常數在25℃時為5.6×10^{-34}立方厘米／分子・秒，速率不大，但非常重要，它組成了O_2-O_3循環，是平流層中存在臭氧層之主要原因。也是氧原子消除的主要途徑。

若平流層中有$HO\cdot$及NO存在亦可當作催化劑促使臭氧分解，其反應如下：

$$HO\cdot + O_3 \longrightarrow O_2 + HOO\cdot \tag{8-98}$$

$$HOO\cdot + O \longrightarrow HO\cdot + O_2 \tag{8-99}$$

$$NO + O_3 \longrightarrow NO_2 + O_2 \tag{8-100}$$

$$NO_2 + O \longrightarrow NO + O_2 \tag{8-101}$$

此二臭氧降解之總反應為

$$O_3 + O \longrightarrow 2O_2 \tag{8-102}$$

在此反應中$HO\cdot$及NO僅扮演催化劑之功能。

8-5-8 光化學煙霧

光化學煙霧（photochemical smog）主要是由燃燒汽油之汽車排放廢氣所引起的一種大氣污染現象，為現代大都市空氣污染的新現象。在1940年最先出現於美國洛杉磯市，在50年代亦在美國其他都市，日本、加拿大、西德、澳洲、荷蘭等國的一些大都市中也相繼出現過。其為一種具有強烈刺激性之淺藍色煙霧，具強氧化性，能使橡膠裂開，植物葉子產生褐斑並枯萎，空氣能見度降低，使人眼睛刺激紅腫。它會造成咳嗽、氣喘，對呼吸道黏膜系統產生刺激，損害肺部功能。

該煙霧主要是汽車排放之污染物在強日光照射作用下，產生一系列之光化學反應所形成。通常有毒刺激物出現之高峰在中午或午後，在污染區域之下風處往往可瀰漫擴散到數百公里。

在探討光化學煙霧之成因過程，洛杉磯數種污染物之日變化情況曾被量測，其變化示於圖 8-9。由圖 8-9 知，在早晨 7 點鐘左右，車輛來往最頻繁的時刻，*CO* 與 *NO* 出現最高峰；下午 6 點鐘後，由於下班車輛多，也有一小峰，但是濃度較低；NO_2 與 O_3 的高峰值出現在上午 10 點至 12 點左右，比 *NO* 及 *CO* 延遲 3 至 4 小時，傍晚時 NO_2 也有一小峰時，但日落後立刻消失；O_3 在下午則不出現峰值。由 NO_2 與 O_3 最高峰延遲出現可以推測，它們不是直接由污染源排放的一次污染物，而是在日光照射下光化學反應的二次污染物。由此數據，科學家原先企圖以 NO_2、*NO* 與 O_3 的光解循環及其動力模型來解釋光化學煙霧的形成機制。

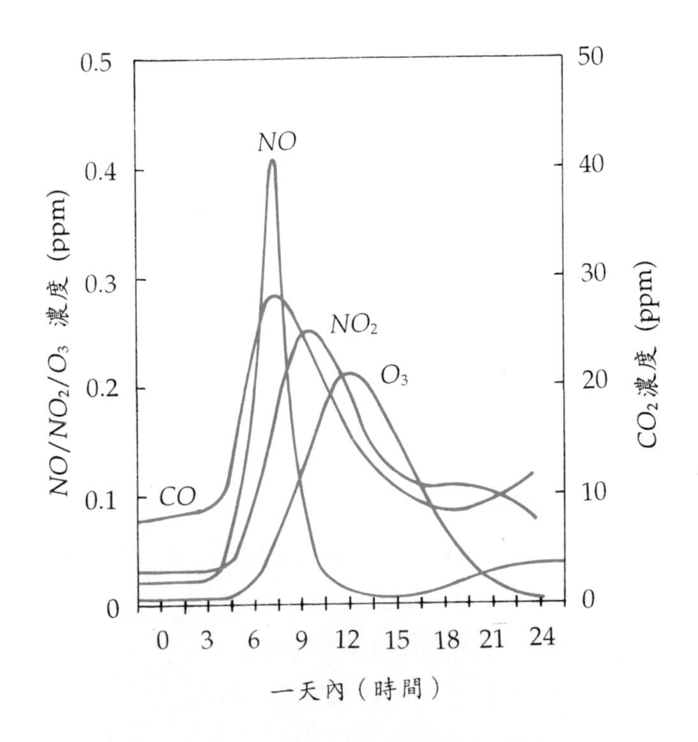

圖 8-9 洛杉磯空氣中的數種空氣污染物之日變化情況

NO_2-NO-O_3之光解循環模式是假定大氣中只含有NO與NO_2。當含有NO_2及NO的大氣，在陽光照射下，可產生下列幾個反應：

1. 最初之光解反應產生氧原子

$$NO_2 + h\nu(\lambda 290 \sim 420\text{nm}) \xrightarrow{k_1} NO + O\text{（三重態）} \qquad (8\text{-}103)$$

2. 氧物種的反應（M為能量吸收第三體）

$$O + O_2 + M \xrightarrow{k_2} O_3 + M \qquad (8\text{-}104)$$

3. 生成的O_3與NO反應，生成NO_2與O_2

$$O_3 + NO \xrightarrow{k_3} NO_2 + O_2 \qquad (8\text{-}105)$$

探討以上之動力學反應式，可假設大氣中NO及NO_2的起始濃度分別為$[NO]_0$與$[NO_2]_0$，當反應開始後，NO_2的瞬時轉化速率可由下式表示之

$$\frac{d[NO_2]}{dt} = -k_1[NO_2] + k_3[O_3][NO] \qquad (8\text{-}106)$$

因空氣中O_2之濃度可視為恆定，因此將$[O_2]$視為常數，則系統中其他四種物質（NO、NO_2、O與O_3）之濃度待定，我們可寫出NO、O與O_3的瞬時速率方程式，分別為：

$$\frac{d[NO]}{dt} = k_1[NO_2] - k_3[O_3][NO] \qquad (8\text{-}107)$$

$$\frac{d[O_3]}{dt} = k_2[O][O_2][M] - k_3[O_3][NO] \qquad (8\text{-}108)$$

$$\frac{d[O]}{dt} = k_1[NO_2] - k_2[O][O_2][M] \qquad (8\text{-}109)$$

氧原子是反應性非常強的自由原子，在很短的時間內，即已達到穩定

狀態（steady state），而且生成速率與消耗速率相等。由於不隨時間變化，所以

$$\frac{d[O]}{dt}=0 \tag{8-110}$$

由式 (8-109）得到

$$0=k_1[NO_2]-k_2[O]_{ss}[O_2][M] \tag{8-111}$$

由（8-111），得到穩定狀態之氧原子濃度$[O]_{ss}$

$$[O]_{ss}=\frac{k_1[NO_2]}{k_2[O_2][M]} \tag{8-112}$$

由（8-112）知，$[O_2]_{ss}$之值隨$[NO_2]$之濃度而變化，但是在穩定狀態之任何時刻，其濃度卻保持恆定。

將式（8-112）代入（8-108）式，得

$$\frac{d[O_3]}{dt}=k_1[NO_2]-k_3[O_3][NO] \tag{8-113}$$

由於在穩定狀態，所以$[O_3]$之濃度亦爲定值，因此

$$\frac{d[O_3]}{dt}=0$$

由式（8-113），得到穩定狀態之臭氧濃度 $[O_3]_{ss}$

$$[O_3]_{ss}=\frac{k_1[NO_2]}{k_3[NO]} \tag{8-114}$$

由質量守恆得知

$$[NO]_0 + [NO_2]_0 = [NO] + [NO_2] \quad (8\text{-}115)$$

由式（8-105）之反應式知 O_3 與 NO 是 1：1 計量反應，因此

$$[NO]_0 - [NO] = [O_3]_0 - [O_3]_{SS} \quad (8\text{-}116)$$

$$[NO] = [NO]_0 - [O_3]_0 + [O_3]_{SS} \quad (8\text{-}117)$$

將式（8-117）代入（8-115）式，並重新整理得

$$[NO_2] = [NO_2]_0 + [O_3]_0 - [O_3]_{SS} \quad (8\text{-}118)$$

將（8-118）及（8-117）代入（8-114）式，得

$$k_3[O_3]_{SS}^2 + \{k_3[NO]_0 - [O_3]_0 + k_1\}[O_3]_{SS} - k_1([NO]_0 + [O_3]_0) = 0 \quad (8\text{-}119)$$

由式（8-119），解二次方程式

$$[O_3]_{SS} = \frac{-1}{2}([NO]_0 - [O_3]_0 + k_1/k_3) + \frac{1}{2}\{([NO]_0 - [O_3]_0 + k_1/k_3)^2$$
$$+ 4\,k_1/k_3\,([NO_2]_0 + [O_3]_0)\}^{1/2} \quad (8\text{-}120)$$

若 $[O_3]_0 = [NO]_0 = 0$ 則式（8-120）可簡化為

$$[O_3]_{SS} = \frac{1}{2}\{[(k_1/k_3)^2 + (4\,k_1/k_3)\cdot[NO_2]_0]^{1/2} - k_1/k_3\} \quad (8\text{-}121)$$

由式（8-121）知，當 $[NO_2]_0 = [O_3]_0 = 0$ 時則 $[O_3]_{SS} = 0$，這即說明當大氣中無 NO_2 時就無法產生氧原子，也就無臭氧產生。因此 NO_2 之濃度對臭氧之產生具有很大影響。若當 k_1/k_3 設一定值（如 $k_1/k_3 = 0.01$ppm），則可由式（8-121）計算不同 $[NO_2]_0$ 下，O_3 在穩定狀態之濃度。表 8-11 列舉一些計算值。

表 8-11 不同起始濃度所對應的在穩定狀態的濃度*

$[NO_2]_0$，ppm	$[O_3]_{SS}$，ppm
0.1	0.027
1.0	0.095

$^*k_1/k_3 = 0.01ppm$，$[NO]_0 = [O_3]_0 = 0$

由表 8-11. 知當$[NO]_0 = [O_3]_0 = 0$，而 NO_2 之起始濃度爲 0.1ppm 時，$[O_3]_{SS}$ =0.027ppm。且 NO_2 之起始濃度愈高，$[O]_{SS}$則越高。因此若欲得到高臭氧之穩定濃度，則大氣中之起始氮氧化物（NO_X）必須轉化爲 NO_2。然而大氣中 NO_X 大都爲 NO，而不是 NO_2，況且 $[NO_2]$ 的濃度也常不超過 0.1ppm，然而實際量測之臭氧濃度$[O_3]$卻往往大於 0.027ppm。顯然的無法單純由 NO_2-NO-O_3 循環模式來解釋臭氧之量測值。因此科學家推測尚有其他重要反應與光化學煙霧中之高臭氧濃度有關，現在已經知道烯烴類碳氫化合物在形成光化學煙霧佔很重要地位。而且除了臭氧外，亦有其他高氧化性之過氧化物（如PAN）及醛類產生出來。1953 年美國加州工業大學的 Haagensmit 首先提出一解釋洛杉磯煙霧形成之機制，他認爲洛杉磯煙霧是強陽光照射，而引發了存在於空氣中的烯烴類碳氧化合物及氮氧化合物間的光化學反應所造成。同時還指出空氣中之 HC 與 NO_X 的主要來源是汽車廢氣。圖 8-10 爲形成煙霧物種濃度與時間變化概述圖。

光學煙霧之形成機制非常複雜但可簡化如下：

$$NO_2 + h\nu \longrightarrow NO + O^* \tag{8-122}$$

$$O_2 + O + M \longrightarrow O_3 + M \tag{8-123}$$

$$O_3 + NO \longrightarrow NO_2 + O_2 \tag{8-124}$$

$$O + RH \longrightarrow R\cdot \text{（多種自由基）+ 產物（包括醛類）} \tag{8-125}$$

$$O_3 + RH \longrightarrow R\cdot + \text{產物（包括醛類）} \tag{8-126}$$

（$R\cdot$ 為一可能含氧或不含氧之自由基）

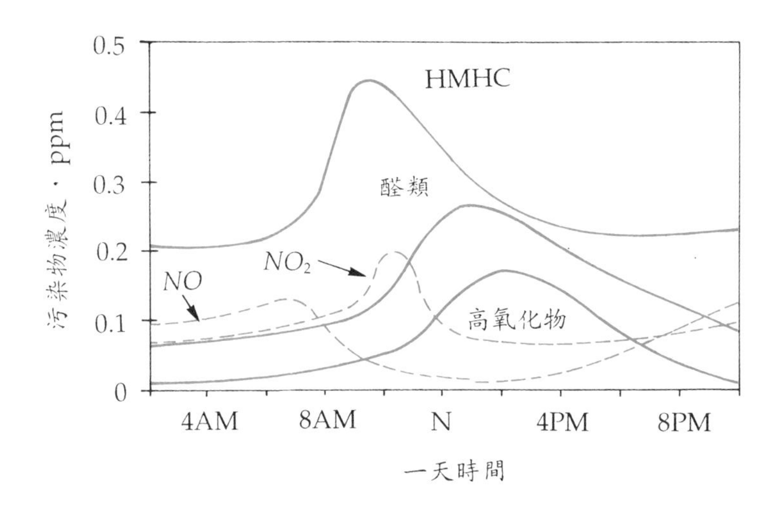

圖 8-10 形成煙霧之物種濃度與時間變化概述圖（Manahan，1996）

$$R\cdot + NO_2 \longrightarrow NO_2 + \text{其它產物（包括 PAN）} \quad (8\text{-}127)$$

圖 8-11 所示爲光化學煙霧形成的簡要流程圖。

光化學煙霧之基本反應，目前已知有三、四百多種，以下僅列舉幾種以供參考

(1) $2NO + O_2 \longrightarrow 2NO_2$ (8-128)

(2) $NO_2 + h\nu \longrightarrow NO + O$ (8-129)

(3) $O + O_2 \longrightarrow O_3$ (8-130)

(4) $O + H_2O \longrightarrow 2HO\cdot$ (8-131)

(5) $CO + HO\cdot + O_2 \longrightarrow CO_2 + HOO\cdot$ (8-132)

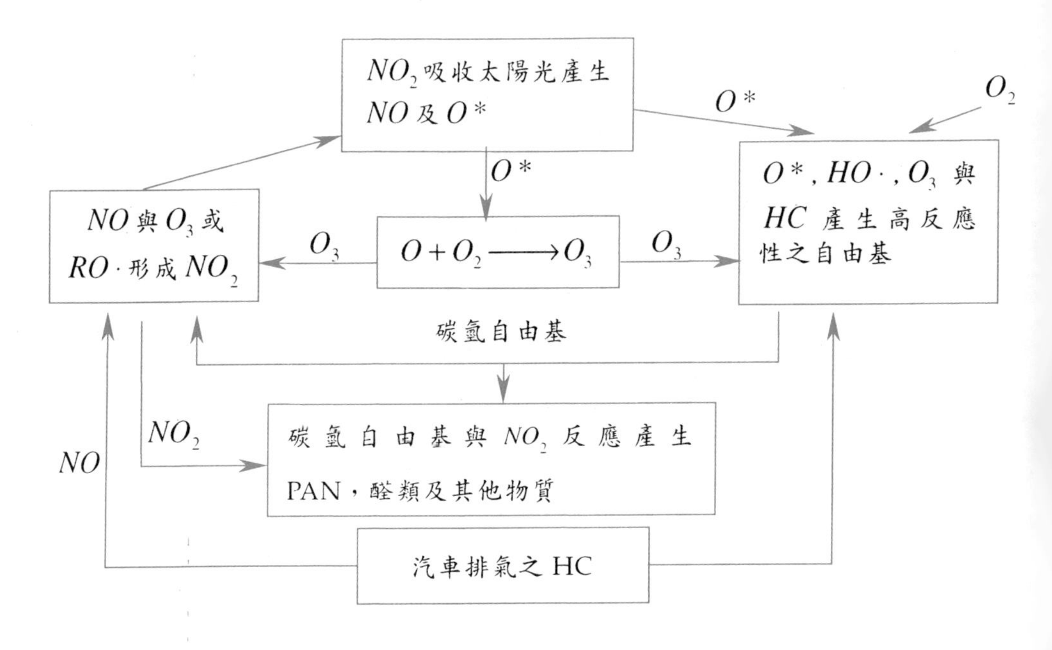

圖 8-11　光化學煙霧形成的簡要流程圖

(6) $HOO\cdot + NO \longrightarrow HO\cdot + NO_2$ (8-133)

(7) $RCHO + HO\cdot + O_2 \longrightarrow R-\overset{\overset{\displaystyle O}{\|}}{C}-OO\cdot + H_2O$ (8-134)

(8) $H_2CO + HO\cdot + O_2 \longrightarrow CO + HOO\cdot + H_2O$ (8-135)

(9) $RCHO + h\nu + 2O_2 \longrightarrow ROO\cdot + CO + HOO\cdot$ (8-136)

(10) $RCH = CH_2 + O_3 \begin{cases} \longrightarrow RCHO + \cdot CH_2O_2\cdot \\ \longrightarrow HCHO + RCHOO\cdot \end{cases}$ (8-137)

(11) $ROO\cdot + NO \longrightarrow RO\cdot + NO_2$ (8-138)

(12) $R\overset{\overset{\displaystyle O}{\|}}{C}OO\cdot + NO + O_2 \longrightarrow ROO\cdot + NO_2 + CO_2$ (8-139)

$$\text{(13) } RCOO\cdot + NO_2 \rightarrow R-\overset{\overset{\displaystyle O}{\|}}{C}-O-ONO_2 \tag{8-140}$$

由以上知，實際光化學煙霧形成的過程極爲複雜，產生之產物亦相當繁多。但概括而言，影響光化學煙霧的主要因素有：

1. 碳氫化合物的活性，以烯烴反應最快，其次是有側鏈的芳香烴。

2. 吸收光能的引發劑，以 NO_2 最爲重要，其次是醛類，特別是甲醛及乙醛。

3. NO_2 與 HC 的濃度比，許多研究說明，它們的莫耳濃度比爲 1：1 及 1：3 時，引起的反應最快，產生的影響也最大。

【例 8-3】

大氣光化學煙霧，依照基本光化學循環

$$NO_2 + h\nu \xrightarrow{k_1} NO + O$$

$$O + O_2 + M \xrightarrow{k_2} O_3 + M$$

$$O_3 + NO \xrightarrow{k_3} NO_2 + O_2$$

穩定態 O_3 之濃度 $[O_3]_{SS} = \dfrac{k_1[NO_2]}{k_3[NO]}$

假設各污染源廢氣之 $\dfrac{[NO_2]}{[NO_X]} = 0.1$

已知 $\dfrac{k_1}{k_3} = 0.01\text{ppm}$，$[O_3]_{SS} = 120\text{ppb}$。請計算大氣環境中穩定狀態時 $\dfrac{[NO_2]}{[NO]}$ 之比例

並和污染源 NO_2 之百分比比較，解釋其原因。

【解】

$$[O_3]_{SS}=\frac{k_1[NO_2]}{k_3[NO]}$$

$$0.12\text{ppm}=0.01\frac{[NO_2]}{[NO]}$$

$$\frac{[NO_2]}{[NO]}=12\text{，}[NO_2]=92.3\ \%$$

表示穩定狀態時 NO_X 中以 NO_2 爲主要物種，

在原污染源中 $\frac{[NO_2]}{[NO_X]}=0.1$

亦即 $\frac{[NO_2]}{[NO_2]+[NO]}=0.1$ 因此 $\frac{[NO_2]}{[NO]}=\frac{1}{9}$

$$[NO_2]=10\ \%$$

很明顯的原先污染物中之 NO 在穩定態時已大部份轉換成 NO_2。

8-5-9 平流層中臭氧層之破壞

在 8-5-7 節中我們已知自然過程中臭氧的形成及破壞達到一種動力平衡狀態，因此平流層中之臭氧濃度一直維持一定的濃度。自從 1970 年中期科學家已公認長期大量使用氟氯碳化合物（chloro-fluro Carbons, CFC）。是破壞臭氧層的主要污染物。CFC 之商品名爲氟利昂（freon），最早於 1930 年間被合成出來。常見之 CFC 有 $CFCl_3$（氟利昂 11），CF_2Cl_2（氟利昂 12）$C_2F_3Cl_3$（氟利昂 113）和 $C_2F_4Cl_2$（氟利昂 -114）。這些化合物具極易液化，相當穩定、無毒性、不易燃、揮發性高等特性。因此常被使用於冰箱、冷氣機；當作冷煤以取代毒性極強的液態二氧化硫（SO_2）和（NH_3）。大量的 CFC 亦被用作發泡劑、噴霧劑及電子板之清潔溶劑。在高峰期，光是美

國就有 1.5×10^6 公噸／每年的產量。大多數的商業用或工業用 CFC 最終皆排放於大氣中。由於其性質穩定，CFC 有足夠的時間擴散至平流層中，隨後發生光解並產生 $Cl\cdot$ 自由基，而導致 O_3 轉變為 O_2，其反應如下：

$$CFCl_3 + h\nu \xrightarrow{\lambda < 226nm} CFCl_2\cdot + Cl\cdot \tag{8-141}$$

$$CF_2Cl_2 + h\nu \xrightarrow{\lambda < 221nm} CF_2Cl\cdot + Cl\cdot \tag{8-142}$$

$$Cl\cdot + O_3 \longrightarrow ClO\cdot + O_2 \tag{8-143}$$

$$ClO\cdot + O \longrightarrow Cl + O_2 \tag{8-144}$$

總反應為

$$O_3 + O \longrightarrow 2O_2 \tag{8-145}$$

以上之氧原子係由分子氧和臭氧之光解產生，已在 8-5-7 節討論過。值得注意的是 Cl 自由基在此過程中具有催化劑的功能，其不會被消耗掉。Cl 自由基在平流層中之滯留時期約為二年，據計算每個 Cl 自由基能摧毀 1～10 萬個臭氧分子。$ClO\cdot$ 在以上過程中為一中間產物（intermediate）。近年來在平流層中已可偵測到 $ClO\cdot$，而且臭氧減少越嚴重地區，$ClO\cdot$ 之濃度卻越高，因此更加證實上面臭氧破壞之反應機制。

另一威脅臭氧層的物質是氮氧化物，其中 N_2O 性質非常穩定，在空氣中能存在很多年，且不被雨水所沖刷，可順利擴散到平流層中而發生下列光化學反應。

$$N_2O + h\nu \xrightarrow{\lambda < 250nm} \begin{cases} NO + N \\ N_2 + O\text{（單重態）} \end{cases} \tag{8-146}$$

$$N_2O + O \longrightarrow 2NO \quad (8\text{-}147)$$

NO能破壞臭氧

$$NO + O_3 \longrightarrow NO_2 + O_2 \quad (8\text{-}148)$$

$$NO_2 + O \longrightarrow NO + O_2 \quad (8\text{-}149)$$

（8-148）及（8-149）二式之總反應 $O_3 + O \longrightarrow 2O_2$ (8-150)

在此過程中 NO 是催化劑，而 NO_2 是中間物。NO_2 亦可與 ClO 反應形成氯硝酸酯 ($ClONO_2$)：

$$ClO + NO_2 \longrightarrow ClONO_2 \quad (8\text{-}151)$$

此物質相當穩定，但是卻是 Cl_2 之穩定來源，對南、北極上空之臭氧層破壞亦有很大影響。近年來在南極上空平流層中，發現有一股稱爲極漩渦（polar vortex）之氣流在冬季常盤旋著。由於氣候寒冷，因此其中氣體凝結成固體，形成所謂極平流層雲（polar stratospheric cloud, PSC）此 PSC 即當作一異相催化劑，促使由地面逸散至平流層之 HCl 與 $ClONO_2$ 在固相上反應，而釋放出更多氯分子：

$$HCl + ClONO_2 \longrightarrow Cl_2 + HNO_3 \quad (8\text{-}152)$$

當春季來臨，太陽光使氯分子分裂成氯原子：

$$Cl_2 + h\nu \longrightarrow 2Cl\cdot \quad (8\text{-}153)$$

進而破壞臭氧層。這現象使南極平流層之臭氧減少了 50％。

8-6 其他大氣污染問題

8-6-1 酸雨

由清潔大氣之組成來看，人們認爲足以影響降水酸度的大氣自然成分只有 CO_2。當雨水穿過大氣並吸收 CO_2 而達平衡濃度時，由於生成少量的 H_2CO_3，結果使降水的 pH 值偏酸性。因在正常情況下，0℃大氣 CO_2（330ppm）與純水處於平衡狀態時，溶液 pH 值等於 5.6，因此 pH 等於 5.6 便被定爲未受人類活動影響的自然降水的 pH 值，而成爲酸雨的判別標準，人們習慣地稱 pH 值小於 5.6 的降雨爲酸雨。

近年來由酸雨的組成，如表 8-12 所示，發現硫酸是酸雨的主要貢獻者，硝酸次之，而氫氯酸居第三位。其中硫酸與硝酸佔酸雨中總酸量的 90 %以上，酸雨中硫酸與硝酸比約爲 2：1。因此，人們普遍認爲酸雨的形成和發展是由於人爲向大氣排放 SO_2 和 NO_X 逐年增加的結果。尤其 SO_2 最爲嚴重。

表 8-12 pH4.25 酸雨中各種離子濃度數值

陽離子濃度		陰離子濃度	
離子	當量 eq/L × 10^6	離子	當量 eq/L × 10^6
H^+	56	SO_4^{2-}	51
NH_4^+	10	NO_3^-	20
Ca^{2+}	7	Cl^-	12
Na^+	5		總 數 83
Mg^{2+}	3		
K^+	2		
	總 數 83		

氣態的 SO_2 與 NO_X 在大氣中可氧化爲不易揮發的硫酸與硝酸，溶於雲滴或雨滴成爲降水成分。這一過程通常認爲主要發生在異相氣溶膠界面上，亦可在均一氣相或液相中進行。它們的轉化速率受氣溫、輻射、相對溼度以及大氣成份等因素的影響，機制相當複雜。SO_2 往往與塵埃、煙霧同時排放。觸煤氧化作用是 SO_2 轉化的主要途徑，即在塵埃上 Mn 與 Fe 等金屬作爲觸煤劑，SO_2 經放熱氧化爲 SO_3，其反應如下：

$$2SO_2 + O_2 \xrightarrow{\text{表面}} 2SO_3 \tag{8-154}$$

亦可與平流層中之臭氧反應：

$$SO_2 + O_3 \longrightarrow SO_3 + O_2 \tag{8-155}$$

SO_2 亦可進行光化學反應，如：

$$SO_2 + h\nu \longrightarrow SO_2^* \tag{8-156}$$

$$SO_2^* + O_2 \longrightarrow SO_4 \tag{8-157}$$

$$SO_4 + SO_2 \longrightarrow 2SO_3 \tag{8-158}$$

當與水結合時即形成，其反應式爲

$$SO_3 + H_2O \longrightarrow H_2SO_4 \tag{8-159}$$

大氣中之 NO 與 O_3 反應，很快被氧化爲 NO_2，NO_2 可被水吸收成爲硝酸，或是繼續氧化，形成一系列中間產物，最後才轉變爲 HNO_3。如以下之反應：

$$NO + O_3 \longrightarrow NO_2 + O_2 \tag{8-160}$$

$$2NO_2 + H_2O \longrightarrow 2HNO_3 \tag{8-161}$$

$$NO_2 + HO\cdot \longrightarrow HNO_3 \tag{8-162}$$

大氣中之 SO_2 及 NO_X 的增加確實使降水酸度增加，但是單用 SO_2 和 NO_2 的污染並不能完全解釋酸雨現象。例如中國南方一些城市降雨之值很低，但是在北方一些大氣 SO_2 及 NO_X 濃度同樣高的都市降水卻接近中性。此乃因為酸雨之形成不僅取決於水中酸性物質之含量，而且還取決於鹼性物質之含量，實際降水的酸度應是此兩種物質相互中和的結果。例如氨是空氣中常見唯一之氣態鹼，它能直接中和空氣中的酸性氣溶膠或雨水中之酸，使降雨的酸度降低，亦即 pH 值增高。另外 Ca^{2+} 、 Mg^{2+} 亦為可能中和酸雨之鹼性離子，尤其是 Ca^{2+} 。近年來有學者認為氣溶膠中之 CaO 可由下列反應，中和降雨之酸性：

$$CaO + H_2O \longrightarrow Ca(OH)_2 \tag{8-163}$$

$$Ca(OH)_2 + H_2CO_3 \longrightarrow CaCO_3 + 2\,H_2O \tag{8-164}$$

$$Ca(OH)_2 + H_2SO_4 \longrightarrow CaSO_4 + 2\,H_2O \tag{8-165}$$

因此有人認為鹼度下降，特別是 Ca^{2+} 濃度下降，應視為酸雨的指標。Hondry 曾依此提出一計算降水 $[H^+]$ 的經驗公式：

$$[H^+] = 0.56\left[SO_4^{2-}\right] + 0.29\left[NO_3^-\right] - 0.56\left[Ca^{2+}\right] - 0.36\left[Mg^{2+}\right]$$

但是由於酸雨具有明顯區域性環境的性質，天然降雨的基本 pH 值是不相同的。因此，以上之經驗式，只提供作一種參考。

目前人類對於酸雨污染的認識，還處於初始階段，許多關鍵性的問題尚未研究清楚，如大氣中 SO_2 、 NO_X 轉變為SO_4^{2-}、NO_3^-之機制；SO_2 與 NO_X 排放源及造成酸沉降的相關性等皆尚待研究。

8-6-2 溫室效應

太陽光之輻射光譜由長波長至短波長，包括有微波、紅外光、可見光、紫外光及X射線。當太陽光照射地球時，若入射之太陽輻射能完全到達地表並保留於地球上，這地球早在很久以前就已汽化了。幸運地，當太陽光透過大氣層時，大約有50％之輻射能會被大氣層之氣體及粒狀物吸收。一半入射之太陽輻射會以直接或被雲、氣體、微粒散射到達地表，這些輻射主要為短波輻射（紫外光及可見光），這些輻射能一部份直接反射回太空，另一部份則會被吸收後以長波輻射（主要為紅外光，Infrared，IR）形式返回太空。反射的輻射中，有一部份會被二氧化碳及水等氣體所吸收，這些氣體吸收了輻射之後，會再度以輻射方式往四面八方釋放出能量，其中有一半會再度回到地面。如此，這些原本會逃至外太空的輻射能量便能被留在地球表面，使地表之平均溫度維持在15℃左右。這樣的機制使地表成為適合生物生長的環境。因為這種吸收太陽能並保留其能量的情形十分類似溫室作用，所以稱為溫室效應（green house effect）。

而上述的二氧化碳及水稱為溫室氣體。目前已知之溫室氣體，除水及CO_2外，尚包括甲烷（CH_4）、一氧化二氮（N_2O）及氟氯碳化合物（CFC）。這些氣體之所以會吸收紅外光主要是由於分子的振動及轉動之故。

所有分子皆會振動，甚至在低溫下亦然。就如同電子之能階是量化的（quantized），分子之振動能階亦是量化的。當分子欲從低振動能階轉移至高振動能階時必須吸收紅外光（IR）。但是並非所有振動分子皆會吸收紅外光，僅有那些分子在振動時，同時會有可變性的電雙極（dipole moment）才能吸收紅外光。因此，同原子分子如N_2及O_2，不會吸收紅外光，因為無論如何振動，其電雙極不會改變。相反地，異原子分子在振動時其電雙極改變，因此會吸收紅外光。多原子分子CO_2如H_2O及有多種振動方式，且振動時電雙極會改變因此會吸收紅外光。H_2O之振動方式及電雙極如圖8-10所示。

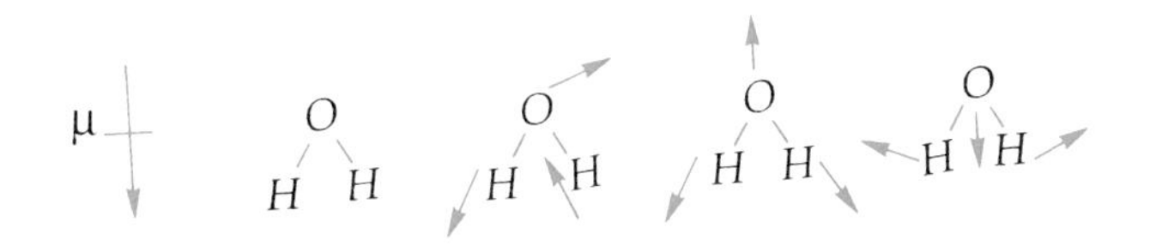

圖 8-10　水分子之三種不同振動模式，及其電雙極（μ），當振動方式改變時，μ亦隨著改變

上述幾種溫室氣體中，只有水在大氣中之量我們無法控制，其他氣體則可藉人爲因素而提升，以增強溫室效應。例如，自從 1958 年起 CO_2 之量已增加了 10％，CH_4 每年增加 1％。這些氣體對溫室效應之貢獻之比例爲：CO_2 5％，CH_4 及 CFC_S 分別爲 15~20％，N_2O 而約爲 6％。

二氧化碳是燃燒含碳化合物，如化石燃料、木材等的主要產物。二氧化碳同時提供綠色植物之光合作用，但是人類砍伐樹木及燃燒木材的速度遠大於樹木之生長，因此二氧化碳逐漸增加並累積於大氣層中。甲烷的自然源爲厭氧細菌的分解作用、稻米醱酵等。近年來由於家畜數目（包括牛、羊、豬）增加，垃圾掩埋場增加，都使甲烷在大氣層中累積。一氧化氮主要來自生物活動，但大量的燃燒化石燃料，使用化學肥料，亦增加不少排放量。CFC 主要爲人爲來源，已在前面介紹過。

溫室氣體原本就會吸收輻射，並釋放輻射能量至地表，使地表溫度被提高。由於大氣層中累積越來越多的溫室氣體，使得溫室效應的程度日趨提高。理論上，這使得地表的平均溫度在提高中，也就是所謂的全球暖化（global warming），很多科學家預測在未來的 50～100 年間，地球溫度將增加 1.5～4℃。雖然二氧化碳等溫室氣體之濃度的確在上升，但是否因此而引起全球溫暖化，甚或全球溫暖化現象是否存在，迄今仍無一致定論。由於其影響之地理尺度之大，牽涉的環境變因很多，使得溫室效應及全球溫暖化成爲最受爭議的一個環境問題，需要各學術領域進行更多的研究。

$$Br_2^* \rightarrow Br_2 + h\nu \quad (8\text{-}32)$$

$$Br_2^* \rightarrow 2Br \quad (8\text{-}33)$$

$$2Br + H_2 \rightarrow 2HBr \quad (8\text{-}34)$$

$$2Br + M \rightarrow Br_2 + M \quad (8\text{-}35)$$

式中（8-31）、（8-32）為初級光化學過程；（8-34）、（8-35）為二級光化過程。

從上一小節我們看到，分子吸收光子而被激發，但激發分子十分不穩定，壽命也很短，有些在參加反應之前即失去能量而被去活化，而無法導致化學反應，因此被吸收光子數與被活化會參與反應之分子數不相等。為了衡量一個化學反應中光輻射之效率，我們需要引進一個量子產率(quantum yield）的概念。從化學反應的角度來看，參加反應的分子數應當等於活化分子數，所以我們把一個光化學反應的量子產率（以 Φ 表示之）定義為：

$$\Phi = \frac{\text{參加反應的分子數}}{\text{被吸收的光子數}} = \frac{\text{參加反應的莫耳數}}{\text{被吸收光子之愛因斯坦數}}$$

對於初級反應過程，根據光化學第二定律，其量子產率 Φ 總是小於 1。由於初級過程中最多只有一次性產物，或根本就沒有反應發生，故最大量子效率為 1，也可以為 0，多數情況是小於 1。但是初級反應的產物還可能再與反應物反應，因此參加反應的反應物分子數可能大大增加，因而二次光化學反應之量子產率可能大於 1。表 8-10 為某些氣相光化學反應的量子產率。

本章習題

1. 碳之燃燒過程可簡化為下列反應式：

$$2C_{(s)} + O_{2(g)} \longrightarrow 2CO_{(g)} \quad \Delta G^o = -274.6\text{KJ/mole} \tag{8-7}$$

$$2CO_{(g)} + O_{2(g)} \longrightarrow 2CO_{2(g)} \quad \Delta G^o = -514.2\text{KJ/mole} \tag{8-8}$$

   就熱力學而言，（8-8）式比（8-7）式易發生，試問在燃燒過程中為何還有$CO_{(g)}$之存在。

2. 在標準狀況（STP）下，空氣的密度為$0.0013\,g/cm^3$，黏度為 171 微泊，粒子的密度$1\,g/cm^3$，試求顆粒物直徑分別為 2 微米（μm）與 20 微米，其沉降速率？這種粒狀物在一千公尺高空時，理論上能分別在空中停留多少時間？
3. 某一工廠每年燃燒量為 1470 公噸，煤中含硫份為 1.8%，在除塵過程中脫硫效率為 60%，試計算每年排入空氣中之SO_2量，若SO_2全部轉換為SO_3，試問空氣中會產生多少硫酸氣溶膠？
4. 若工廠環境中之CO含量分別為 0.25%及 0.35%，連續停留半小時及三小時，則該工廠之工人血液中之$HbCO$的含量為多少？
5. 在生成煙霧的鏈鎖反應中，PAN 是在哪一步驟產生的？
6. 解釋氫氧基$HO\cdot$對乙烯（$H_2C=CH_2$），及甲烷（CH_4）有什麼不同的反應。
7. 大氣化學中何謂一次污染物；何謂二次污染物。在光化學反應過程，何謂二級光化學過程。
8. 下列何因素或物質在空氣中會對PAN（peroxy acetyl nitrate）之產生有利：(a) 光線(b) NO (c) CCl_2F_2 (d) CH_3CHCH_3。
9. 若以 RH，RCHO 分別代表烷類及醛類有機物

   (1)說明 RH 與 OH 自由基反應產生過氧自由基之機制。

   (2)說明 RCHO 與 OH 自由基反應產生過氧自由基之機制。

(3) 說明 $RCHO$ 光分解反應

10. 在煙霧產生的一天時間內，以下之物種各在何時產生其當天濃度之最高值：NO、過氧化物、NO_2、碳氫化合物。
11. 酸雨的形成原因為何：為何它是屬於一種二次污染物？
12. 何謂光化學煙霧？其形成的原因為何？
13. 寫出 CFC 影響臭氧層濃度降低之反應機構。
14. 氫氧自由基（$HO\cdot$）在大氣中之來源有哪些？
15. 光化學煙霧之基本光化學循環，試導出在穩定狀態（Steady-state），當 $[O_3]_0 = [NO]_0 = 0$（起始濃度為零）時，$[O_3]_{SS}$ 之濃度公式。
16.

(1) 說明基本光化學反應循環，NO_2-NO-O_3 cycle。

(2) 推導 O_3 在穩定狀態（steady-state）時之濃度。

(3) 就上述之基本循環及 $[O_3]_{SS}$，可得 $[O_3]_{SS}$ 與 $[NO_2]/[NO]$ 成正比。請就汽車排放廢氣中 NO_2、NO 之比例，討論 $[O_3]_{SS}$ 是否構成臭氧污染問題。已知 $k_1/k_3 = 0.1$ppm（一般都市大氣環境 O_3 之空氣品質標準小時值限制為 0.12ppm）。

17. 何謂酸雨？略述酸雨的主要成份。
18. 試述 SO_2、NO_X、Ca^{2+} 及 NH_3 對酸雨有何影響。

1. 王明星，大氣化學，1992，初版，明文書局股份有限公司，台北。
2. 陳德鈞等著，大氣污染化學，1991，初版，科技圖書股份有限公司，台北。
3. 高秋實、袁書玉，環境化學，1991，第2版，科技圖書股份有限公司，台北。
4. 樊邦棠，環境工程化學，1994，第2版，科技圖書股份有限公司，台北。
5. 石清陽，環境化學概論，1995，初版，台灣復文興業股份有限公司，台南。
6. 章裕民，環境工程化學，1995，初版，文京圖書有限公司，台北。
7. 高秋實、袁書玉，環境化學，1991，科技圖書股份有限公司，台北。
8. 曲格平，環境科學基礎知識，1993，地景企業股份有限公司，台北。
9. 孫嘉福等譯，環境化學，1986，高立圖書公司，台北。
10. 章裕民，環工化學，1996，初版，文京圖書有限公司，台北。
11. C. Baird, Environmental Chemistry, 1st. ed., W. H. Freeman and Company，USA, 1995.
12. S. E. Manahan, Environmental Chemistry, 6th. ed., Lewis. Publishers, USA, 1996.
13. J. H. Seinfeld, Atmospheric Chemistry and Physics of Air Pollution, John Wiley and Sons, New york, 1986.
14. R. P. Wayne, The Chemistry of the Atmospheres, Oxford University Press, New York, 1991.

附錄 I

ΔH_f° 及 ΔG_f° 值（25℃）（續）

表列之 ΔH_f° 及 ΔG_f° 值以 Kcal/mole 表示。任何元素之焓及生成自由能在標準狀態下均定為零（表中未列）。

分子式	狀　　態	ΔH_f°	ΔG_f°
Aluminum			
Al^{3+}	aq	−127	−116
$AlPO_4$ berlinite	c*	−404.4	−382.7
AlO_2^-	aq	−219.6	−196.8
$Al(OH)^{2+}$	aq		−165.9
$Al(OH)_3$	amorphous	−305	
$Al(OH)_4^-$	aq	−356.2	−310.2
$Al_2(SO_4)_3 \cdot 6H_2O$	c	−1269.53	−1104.82
Ammonium			
NH_3	g	−11.02	−3.94
NH_4^+	aq	−31.67	−18.97
NH_4OH	aq	−87.50	−63.04
NH_4HCO_3	c	−203.0	−159.2
NH_4Cl	c	−75.15	−48.51
NH_4NO_3	c	−87.37	−43.98
Cadmium			
Cd^{2+}	aq	−17.3	−18.58
$CdCl_2$	aq	−98.04	−81.28
$CdCl_3^-$	aq	−134.1	−116.4
$Cd(CN)_2$	aq	53.9	63.9

* c：固體狀態；g：氣體態；aq：水溶液；l：液體

ΔH_f° 及 ΔG_f° 值（25℃）（續）

分子式	狀　態	ΔH_f°	ΔG_f°
$Cd(CN)_4^{2-}$	aq	102.3	121.3
$CdCO_3$	c	−179.4	−160.0
$Cd(NH_3)_4^{2+}$	aq	−107.6	−54.1
$CdOH^+$	aq		−62.4
$Cd(OH)_2$	c	−134	−113.2
	aq	−128.08	−93.73
$Cd(OH)_3^-$	aq		−143.6
$Cd(OH)_4^{2-}$	aq		−181.3
Calcium			
Ca^{2+}	aq	−129.77	−132.18
$CaCO_3$	c	−288.45	−269.78
	aq		−262.76
CaO	c	−151.9	−144.4
$Ca(OH)_2$	c	−234.80	−214.22
$CaSO_4$	c	−340.27	−313.52
	aq		−312.67
$CaHPO_4$	c	−435.2	−401.5
$Ca(H_2PO_4)_2$	c	−744.4	−672
$Ca_3(PO_4)_2$	c	−986.2	−929.7
$CaOH^+$	aq		−171.55
$CaHCO_3^+$	aq		−273.67
$Ca(OCl)_2$	c	−178.6	

ΔH_f° 及 ΔG_f° 值（25℃）（續）

分子式	狀　態	ΔH_f°	ΔG_f°
Carbon			
CN^-	aq	36.0	41.2
HCN	g	32.3	29.8
CO_2	g	−94.05	−94.25
CO_3^{2-}	aq	−161.84	−126.17
HCO_3^-	aq	−165.39	−140.26
H_2CO_3	aq	−167.22	−148.9
$HCNO$	aq	−34.9	−23.3
CNO^-	aq	−34.9	−23.3
Chlorine			
Cl_2	g	0	0
HCl	aq	−39.95	−31.37
Cl^-	aq	−39.95	−31.37
$HOCl$	aq	−27.83	−19.11
OCl^-	aq	−25.6	−8.8
Chromium			
Cr^{2+}	aq	−34.3	−42.1
Cr^{3+}	aq	−61.2	−51.5
$Cr_2O_7^{2-}$	aq	−364.0	−315.4
$Cr(OH)_2$	c		−140.5
$Cr(OH)_3$	c	−247.1	−215.3
$Cr(OH)_2^+$	aq		−151.2
Copper			
Cu^+	aq	12.4	12.0
Cu^{2+}	aq	15.39	15.53

ΔH_f° 及 ΔG_f° 值（25℃）（續）

分子式	狀　態	ΔH_f°	ΔG_f°
$Cu(CN)_2^-$	aq		61.6
$Cu(CN)_3^{2-}$	aq		96.5
$Cu(NH_3)^{2+}$	aq	−9.3	3.72
$Cu(NH_3)_2^{2+}$	aq	−34.0	−7.28
$Cu(NH_3)_3^{2+}$	aq	−58.7	−17.48
$Cu(NH_3)_4^{2+}$	aq	−83.3	−26.60
$Cu(OH)_2$	c	−106.1	−85.3
CuS	c	−11.6	−11.7
Cu_2S	c	−19.0	−20.6
Cu_2SO_4	c	−179.2	−156
$CuSO_4$	c	−184.00	−158.2
$CuCO_3$	c	−142.2	−123.8
	aq		−119.9
$Cu(CO_3)_2^{2-}$	aq		−250.5
Hydrogen			
H_2	g	0	0
H^+	aq	0	0
OH^-	aq	−54.97	−37.59
H_2O	l	−68.31	−56.68
Iron			
Fe^{2+}	aq	−21.0	−20.30
Fe^{3+}	aq	−11.6	−1.1
$FeCl_3$	c	−95.48	−79.84
$Fe(OH)_2$	c	−135.8	−115.57
$FeOH^+$	aq	−77.6	−66.3

ΔH_f° 及 ΔG_f° 值（25℃）（續）

分子式	狀　態	ΔH_f°	ΔG_f°
FeS	c	−23.9	−24.0
$FeSO_4$	c	−221.9	−196.2
$FeCO_3$	c	−178.70	−161.06
$Fe(OH)_3$	c	−196.7	−166.5
$FeOH^{2+}$	aq	−67.4	−55.91
$Fe(OH)_2^+$	aq		−106.2
$FePO_4$	c	−299.6	−272
$Fe_2(SO_4)_3$	c	−617	
Lead			
Pb^{2+}	aq	0.39	−5.81
Pb^{4+}	aq		72.3
$Pb(OH)_2$	c	−123.0	−100.6
$Pb(OH)_3^-$	aq		−137.6
$PbCO_3$	c	−167.3	−149.7
$Pb_3(OH)_2(CO_3)_2$	c		−406.0
PbS	c	−22.54	−22.15
$PbSO_4$	c	−219.50	−193.89
$PbHPO_3$	c	−234.5	−208.3
$Pb_3(PO_4)_2$	c	−620.3	−581.4
Magnesium			
Mg^{2+}	aq	−110.41	−108.99
$MgCO_3$	c	−266.0	−264.0
	aq		−239.85
$Mg(OH)_2$	c	−221.0	−199.27
$MgOH^+$	aq		−150.10
$MgHCO_3^+$	aq		−250.88

ΔH_f° 及 ΔG_f° 值（25°C）（續）

分子式	狀　態	ΔH_f°	ΔG_f°
$MgSO_4$	c	−350.5	−280.5
	aq		−289.55
$MgNH_4PO_4$	c		−390.0
Manganese			
Mn^{2+}	aq	−53.3	−54.4
MnO_2	c	−124.2	−111.1
MnO_4^{2-}	aq		−120.4
$Mn(OH)_2$	c	−166.2	−147.0
$MnCO_3$	c	−212.0	−194.3
	aq	−213.9	−179.6
Nickel			
Ni^{2+}	aq	−12.9	−10.9
$Ni(OH)_2$	c	−128.6	−108.3
NiS	c		−17.7
$NiCO_3$	c	−158.7	−147.0
Nitrogen			
NO_2^-	aq	−25.4	−8.25
NO_3^-	aq	−49.37	−26.43
HNO_2	aq	−28.5	−13.3
HNO_3	aq	−49.56	−26.61
Oxygen			
O_2	g	0	0

ΔH_f° 及 ΔG_f° 值（25℃）（續）

分子式	狀　態	ΔH_f°	ΔG_f°
Phosphorus			
PO_4^{3-}	aq	−306.9	−245.1
HPO_4^{2-}	aq	−310.4	−261.5
$H_2PO_4^-$	aq	−311.3	−271.3
H_3PO_4	aq	−308.2	−274.2
$P_2O_7^{4-}$	aq	−542.8	−458.7
$HP_2O_7^{3-}$	aq	−543.7	−471.6
$H_2P_2O_7^{2-}$	aq	−544.6	−480.5
$H_3P_2O_7^-$	aq	−544.1	−483.6
$H_4P_2O_7$	aq	−542.2	−485.7
Silicon			
SiO_2	c	−205.4	−192.4
H_4SiO_4	aq		−300.3
$H_3SiO_4^-$	aq		−286.8
Sodium			
Na^+	aq	−57.28	−62.59
$NaCl$	c	−98.23	−91.78
Na_2CO_3	c	−270.3	−250.4
	aq		−251.4
$NaHCO_3$	c	−226.5	−203.6
	aq		−202.56
$NaOH$	aq		−99.23
$NaCO_3^-$	aq		−190.54
$NaSO_4^-$	aq		−240.91

ΔH_f 及 ΔG_f 值（25℃）（續）

分子式	狀　態	ΔH_f°	ΔG_f°
Sulfur			
S^{2-}	aq	7.9	20.5
HS^-	aq	−4.2	2.88
H_2S	g	−4.93	−8.02
SO_4^{2-}	aq	−216.90	−177.34
HSO_4^-	aq	−211.70	−179.34
H_2SO_4	aq	−216.90	−177.34
SO_2	g	−70.96	−71.79
SO_3^{2-}	aq	−151.9	−116.1
Zinc			
Zn^{2+}	aq	−36.43	−35.18
$Zn(NH_3)_4^{2+}$	aq		−73.5
$Zn(OH)_2$	c	−153.42	−132.31
$ZnOH_3^-$	aq		−78.9
$ZnOH^+$	aq		−165.95
$Zn(OH)_4^-$	aq		−205.23
$ZnCO_3$	c	−94.26	−174.85
ZnS	c	−48.5	−47.4

來源：Garrels, R.M. and Christ, C.L., Solutions, Minerals, and Equilibria, Freeman, Cooper and Company, San Francisco, California (1965).

Lange's Handbook of Chemistry, Edited by John A. Dean, McGrawHill Book Company, New York, N.Y. (1973).

Rossini, F.D., Wagmen, D.D., Evans, W.H., Levine, S. and Irving, J., "Selected Values of Chemical Thermodynamic Properties", National Bureau of Standards Circular 500, U.S. Department of Commerce (1952).

附録 II

酸之電離常數（25℃）

酸	平衡反應	K
Acetic	$CH_3\overset{O}{\overset{\parallel}{C}}-OH+H_2O=H_3O^++CH_3\overset{O}{\overset{\parallel}{C}}-O^-$	$1.8\times10^{-5}(K_a)$
Aluminum ion	$Al^{3+}+2H_2O=H_3O^++AlOH^{2+}$	$1.4\times10^{-5}(K_{h1})$
Ammonium ion	$NH_4^++H_2O=H_3O^++NH_3$	$5.6\times10^{-10}(K_h)$
Carbonic	$H_2CO_3^*+2H_2O=H_3O^++HCO_3^-$	$4.2\times10^{-7}(K_{a1})$
	$HCO_3^-+H_2O=H_3O^++CO_3^{2-}$	$4.8\times10^{-11}(K_{a2})$
Chromic	$H_2CrO_4+H_2O=H_3O^++HCrO_4^-$	$1.8\times10^{-1}(K_{a1})$
	$HCrO_4^-+H_2O=H_3O^++CrO_4^{2-}$	$3.2\times10^{-7}(K_{a2})$
Chromium(III) ion	$Cr^{3+}+2H_2O=H_3O^++CrOH^{2+}$	$1\times10^{-4}(K_{a1})$
Hydrochloric	$HCl+H_2O=H_3O^++Cl^-$	$1\times10^{6}(K_a)$
Hydrocyanic	$HCN+H_2O=H_3O^++CN^-$	$4.8\times10^{-10}(K_a)$
Hydrofluoric	$HF+H_2O=H_3O^++F^-$	$6.9\times10^{-4}(K_a)$
Hydrosulfuric	$H_2S+H_2O=H_3O^++HS^-$	$1\times10^{-7}(K_{a1})$
	$HS^-+H_2O=H_3O^++S^{2-}$	$1.3\times10^{-13}(K_{a2})$
Hypochlorous	$HOCl+2H_2O=H_3O^++OCl^-$	$3.2\times10^{-8}(K_a)$
Iron(III) ion	$Fe^{3+}+2H_2O=H_3O^++FeOH^{2+}$	$4.0\times10^{-3}(K_{h1})$
Iron(II) ion	$Fe^{2+}+2H_2O=H_3O^++FeOH^+$	$1.2\times10^{-6}(K_{h1})$
Magnesium ion	$Mg^{2+}+2H_2O=H_3O^++MgOH^+$	$2\times10^{-12}(K_{h1})$
Nitric	$HNO_3+H_2O=H_3O^++NO_3^-$	$1\times10^{2}(K_a)$
Nitrous	$HNO_2+H_2O=H_3O^++NO_2^-$	$4.5\times10^{-4}(K_a)$
Phosphoric	$H_3PO_4+H_2O=H_3O^++H_2PO_4^-$	$7.5\times10^{-3}(K_{a1})$
	$H_2PO_4^-+H_2O=H_3O^++HPO_4^{2-}$	$6.2\times10^{-8}(K_{a2})$
	$HPO_4^{2-}+H_2O=H_3O^++PO_4^{3-}$	$2.0\times10^{-13}(K_{a3})$
Sulfuric	$H_2SO_4+2H_2O=H_3O^++HSO_4^-$	large (K_{a1})

酸之電離常數（25°C）(續)

酸	平衡反應	K
	$HSO_4^- + 2H_2O = H_3O^+ + SO_4^{2-}$	$1.26 \times 10^{-2} (K_{a2})$
Zinc ion	$Zn^{2+} + H_2O = H_3O^+ + ZnOH^+$	$2.5 \times 10^{-10} (K_{a1})$

陰離子酸及分子酸之常數以 K_a 表示，陽離子酸用 K_h 表示，K_h 符號乃強調常用以說明下列反應通式之水解一詞

$$Me^{m+} + 2H_2O = H_3O^+ + Me(OH)^{(m-1)+}$$

來源：Moeller, T. and O'Connor, R., Ions in Aqueous Systems, McGraw-Hill Book Company, New York, N.Y. (1972).

附錄III

鹼之電離常數（25℃）

鹼	平衡反應	K
Ammonia	$NH_3 + H_2O = NH_4^+ + OH^-$	$1.8 \times 10^{-5} (K_b)$
Carbonate ion	$CO_3^{2-} + H_2O = HCO_3^- + OH^-$	$2.1 \times 10^{-4} (K_{h1})$
	$HCO_3^- + H_2O = H_2CO_3^* + OH^-$	$2.4 \times 10^{-8} (K_{h2})$
Chromate ion	$CrO_4^{2-} + H_2O = HCrO_4^- + OH^-$	$3 \times 10^{-8} (K_{h1})$
Cyanide ion	$CN^- + H_2O = HCN + OH^-$	$2.1 \times 10^{-5} (K_h)$
Fluoride ion	$F^- + H_2O = HF + OH^-$	$1.5 \times 10^{-11} (K_h)$
Nitrate ion	$NO_3^- + H_2O = HNO_3 + OH^-$	$4.0 \times 10^{-16} (K_h)$
Nitrite ion	$NO_2^- + H_2O = HNO_2 + OH^-$	$2.2 \times 10^{-11} (K_h)$
Phosphate ion	$PO_4^{3-} + H_2O = HPO_4^{2-} + OH^-$	$5.0 \times 10^{-2} (K_{h1})$
	$HPO_4^{2-} + H_2O = H_2PO_4^- + OH^-$	$1.6 \times 10^{-7} (K_{h2})$
	$H_2PO_4^- + H_2O = H_3PO_4 + OH^-$	$1.3 \times 10^{-12} (K_{h3})$
Sulfate ion	$SO_4^{2-} + H_2O = HSO_4^- + OH^-$	$8.0 \times 10^{-13} (K_{h1})$
Sulfide ion	$S^{2-} + H_2O = HS^- + OH^-$	$7.7 \times 10^{-2} (K_{h1})$
	$HS^- + H_2O = H_2S + OH^-$	$1 \times 10^{-7} (K_{h2})$
Calcium hydroxide	$CaOH^+ = Ca^{2+} + OH^-$	$3.5 \times 10^{-2} (K_{b2})$
Magnesium hydroxide	$MgOH^+ = Mg^{2+} + OH^-$	$2.6 \times 10^{-3} (K_{b2})$

來源：Moeller, T. and O'Connor, R., Ions in Aqueous Systems, McGraw-Hill Book Company, New York, N.Y. (1972).

附錄IV

標準還原電位（25℃）

電極半反應	E°, Volts
$Ag^{+}+e^{-}=Ag$	+0.799
$Ag^{2+}+2e^{-}=Ag$	+1.98
$AgCl_{(s)}+e^{-}=Ag+Cl^{-}$	+0.22
$Al^{3+}+3e^{-}=Al$	−1.66
$AlO_2^{-}+2H_2O+3e^{-}=Al+4OH^{-}$	−2.35
$As+3H^{+}+3e^{-}=AsH_3$	−0.60
$H_3AsO_4+2H^{+}+e^{-}=H_3AsO_3+H_2O$	+0.56
$Au^{3+}+3e^{-}=Au$	+1.50
$Ba^{2+}+2e^{-}=Ba$	−2.90
$Be^{2+}+2e^{-}=Be$	−1.85
$BiO^{+}+2H^{+}+3e^{-}=Bi+H_2O$	+0.28
$Br_{2(aq)}+2e^{-}=2Br^{-}$	+1.09
$2HBrO_{(aq)}+2H^{+}+2e^{-}=Br_{2(aq)}+2H_2O$	+1.57
$2BrO^{-}+2H_2O+2e^{-}=Br_{2(aq)}+4OH^{-}$	+0.43
$BrO_3^{-}+6H^{+}+5e^{-}=\frac{1}{2}Br_{2(aq)}+3H_2O$	+1.50
$BrO_4^{-}+2H^{+}+2e^{-}=BrO_3^{-}+H_2O$	+1.76
$CO_{2(g)}+2H^{+}+2e^{-}=CO_{(g)}+H_2O$	−0.10
$C+4H^{+}+4e^{-}=CH_{4(g)}$	−0.13
$C_2H_{4(g)}+2H^{+}+2e^{-}=C_2H_{6(g)}$	+0.52
$CH_3OH_{(aq)}+2H^{+}+2e^{-}=CH_{4(g)}+H_2O$	−0.59
$HCHO_{(aq)}+2H^{+}+2e^{-}=CH_3OH_{(aq)}$	−0.19
$HCOOH_{(aq)}+2H^{+}+2e^{-}=HCHO_{(aq)}+H_2O$	−0.06
$CO_{2(g)}+2H^{+}+2e^{-}=HCOOH_{(aq)}$	−0.20
$2CO_{2(g)}+2H^{+}+e^{-}=H_2C_2O_{4(aq)}$	−0.49

表中除指明者外，元素均指在標準狀態，離子在水溶液中之活性爲 1

標準還原電位（25℃）(續)

電極半反應	E°, Volts
$CNO^- + H_2O + 2e^- = CN^- + 2OH^-$	−0.97
$(CNS)_2 + 2e^- = 2CNS^-$	+0.77
$C_6H_4O_{2(aq)} + 2H^+ + 2e^- = C_6H_4(OH)_{2(aq)}$	+0.70
$Ca^{2+} + 2e^- = Ca$	−2.87
$Ca(OH)_{2(s)} + 2e^- = Ca + 2OH^-$	−3.03
$Cd^{2+} + 2e^- = Cd$	−0.40
$Ce^{3+} + 3e^- = Ce$	−2.33
$Ce^{4+} + e^- = Cd^{3+}$	+1.49
$Cl_{2(g)} + 2e^- = 2Cl^-$	+1.360
$HClO + H^+ + e^- = \frac{1}{2}Cl_2 + H_2O$	+1.64
$ClO_3^- + 6H^+ + 5e^- = \frac{1}{2}Cl_2 + 3H_2O$	+1.47
$ClO_4^- + 2H^+ + 2e^- = ClO_3^- + H_2O$	+1.19
$Co^{2+} + 2e^- = Co$	−0.277
$Co^{3+} + e^- = Co^{2+}$	+1.82
$Co(OH)_3 + e^- = Co(OH)_2 + OH^-$	+0.17
$Cr^{2+} + 2e^- = Cr$	−0.91
$Cr^{3+} + 3e^- = Cr$	−0.74
$Cr^{3+} + e^- = Cr^{2+}$	−0.41
$\frac{1}{2}Cr_2O_7^{2-} + 7H^+ + 3e^- = Cr^{3+} + \frac{7}{2}H_2O$	+1.33
$Cs^+ + e^- = Cs$	−2.92
$Cu^+ + e^- = Cu$	+0.521
$\frac{1}{2}Cu_2O + \frac{1}{2}H_2O + e^- = Cu + OH^-$	−0.358
$Cu^{2+} + 2e^- = Cu$	+0.337
$Cu^{2+} + e^- = Cu^+$	+0.15
$Cu(OH)_2 + e^- = \frac{1}{2}Cu_2O + OH^- + \frac{1}{2}H_2O$	−0.080

標準還原電位（25°C）(續)

電極半反應	E°, Volts
$Cu^{2+} + I^- + e^- = CuI$	+0.86
$2D^+ + 2e^- = D_2$	−0.003
$F_2 + 2e^- = 2F^-$	+2.87
$F_2 + 2H^+ + 2e^- = 2HF_{(aq)}$	+3.06
$F_2O + 2H^+ + 4e^- = H_2O + F^-$	+2.15
$Fe^{2+} + 2e^- = Fe$	−0.440
$F^{3+} + e^- = Fe^{2+}$	+0.771
$Fe(CN)_6^{3-} + e^- = Fe(CN)_6^{4-}$	+0.36
$FeO_4^{2-} + 8H^+ + 3e^- = Fe^{3+} + 4H_2O$	+2.2
$FeO_4^{2-} + 2H_2O + 3e^- = FeO_2^- + 4OH^-$	+0.9
$2H^+ + 2e^- = H_2$	+0.000
$2H_2O + 2e^- = H_2 + 2OH^-$	−0.828
$H_2 + 2e^- = 2H^-$	−2.25
$\frac{1}{2} Hg_2^{2+} + e^- = Hg$	+0.789
$Hg^{2+} + 2e^- = Hg$	+0.854
$Hg^{2+} + e^- = \frac{1}{2} Hg_2^{2+}$	+0.920
$\frac{1}{2} Hg_2Cl_2(s) + e^- = Hg + Cl^-$	+0.27
$I_2(\text{aq or as } I_3^-) + 2e^- = 2I^-$	+0.54
$IO_3^- + 6H^+ + 5e^- = \frac{1}{2} I_2 + 3H_2O$	+1.20
$K^+ + e^- = K$	−2.92
$Li^+ + e^- = Li$	−3.03
$Mg^{2+} + 2e^- = Mg$	−2.37
$Mg(OH)_2 + 2e^- = Mg + 2OH^-$	−2.69
$Mn^{2+} + 2e^- = Mn$	−1.18
$MnO_4^- + 8H^+ + 5e^- = Mn^{2+} + 4H_2O$	+1.51

標準還原電位（25℃）(續)

電極半反應	E°, Volts
$N_2H_5^+ + 3H^+ + 2e^- = 2NH_4^+$	+1.27
$N_2H_4 + 2H_2O + 2e^- = 2NH_{3(aq)} + 2OH^-$	+0.1
$N_2 + 5H^+ + 4e^- = N_2H_5^+$	−0.23
$HN_3(aq) + 3H^+ + 2e^- = NH_4^+ + N_2$	+1.96
$HN_3(aq) + 11H^+ + 8e^- = 3NH_4^+$	+0.69
$\frac{1}{2}N_2 + H_2O + 2H^+ + e^- = NH_3OH^+$	−1.89
$\frac{3}{2}N_2 + H^+ + e^- = HN_3$	−3.40
$\frac{1}{2}N_2 + 4H^+ + 3e^- = NH_4^+$	+0.27
$2HNO_2 + 4H^+ + 4e^- = N_2O + 3H_2O$	+1.29
$HNO_2 + H^+ + e^- = NO + H_2O$	+1.00
$NO_2^- + H^+ + e^- = HNO_2$	+1.07
$NO_3^- + 2H^+ + e^- = NO_2^- + H_2O$	+0.81
$NO_3^- + 3H^+ + 2e^- = HNO_2 + H_2O$	+0.94
$NO_3^- + H_2O + 2e^- = NO_2^- + 2OH^-$	+0.01
$NO_3^- + 4H^+ + 3e^- = NO + 2H_2O$	+0.96
$NO_3^- + 6H^+ + 5e^- = \frac{1}{2}N_2 + 3H_2O$	+1.24
$NO_3^- + 6H_2O + 8e^- = NH_{3(aq)} + 9OH^-$	−0.13
$Na^+ + e^- = Na$	−2.71
$Ni^{2+} + 2e^- = Ni$	−0.250
$NiO_2 + 2H_2O + 2e^- = Ni(OH)_2 + 2OH^-$	+0.49
$H_2O_{2(aq)} + 2H^+ + 2e^- = 2H_2O$	+1.77
$O_2 + 4H^+ + 4e^- = 2H_2O$	+1.229
$O_2 + 2H_2O + 4e^- = 4OH^-$	+0.401
$O_2 + 2H^+ + 2e^- = H_2O_2$	+0.68
$O_3 + 2H^+ + 2e^- = O_2 + H_2O$	+2.07

標準還原電位（25℃）(續)

電極半反應	E°, Volts
$P + 3H_2O + 3e^- = PH_3 + 3OH^-$	−0.89
$H_2PO_2^- + e^- = P + 2OH^-$	−2.05
$PO_4^{3-} + 2H_2O + 2e^- = H_2PO_3^{2-} + 3OH^-$	−1.12
$H_3PO_4 + 2H^+ + 2e^- = H_3PO_4 + H_2O$	−0.28
$Pb^{2+} + 2e^- = Pb$	−0.126
$Pb^{4+} + 2e^- = Pb^{2+}$	+1.69
$PbO_2 + 4H^+ + 2e^- = Pb^{2+} + 2H_2O$	+1.46
$PbO_2 + H_2O + 2e^- = PbO + 2OH^-$	+0.28
$PbO_2 + 4H^+ + SO_4^{2-} + 2e^- = PbSO_4(s) + 2H_2O$	+1.685
$Ra^{2+} + 2e^- = Ra$	−2.92
$Rb^+ + e^- = Rb$	−2.92
$S + 2e^- = S^{2-}$	−0.48
$S + 2H^+ + 2e^- = H_2S$	+0.14
$2H_2SO_3 + 2H^+ + 4e^- = S_2O_3^{2-} + 3H_2O$	+0.40
$2SO_3^{2-} + 3H_2O + 4e^- = S_2O_3^{2-} + 6OH^-$	−0.58
$H_2SO_3 + 4H^+ + 4e^- = S + 3H_2O$	+0.47
$SO_4^{2-} + 4H^+ + 2e^- = H_2SO_3 + H_2O$	+0.17
$SO_4^{2-} + H_2O + 2e^- = SO_3^{2-} + 2OH^-$	−0.93
$S_4O_6^{2-} + 2e^- = 2S_2O_3^{2-}$	+0.09
$S_2O_8^{2-} + 2e^- = 2SO_4^{2-}$	+2.01
$Sb + 3H^+ + 3e^- = SbH_{3(g)}$	−0.51
$SbO^+ + 2H^+ + 3e^- = Sb + H_2O$	+0.21
$Sb_2O_5 + 6H^+ + 4e^- = 2SbO^+ + 3H_2O$	+0.58
$Se + 2H^+ + 2e^- = H_2Se_{(g)}$	−0.40
$Se + 2e^- = Se^{2-}$	−0.92
$SiO_3^{2-} + 3H_2O + 4e^- = Si + 6OH^-$	−1.70
$Sn^{2+} + 2e^- = Sn$	−0.14
$Sn^{4+} + 2e^- = Sn^{2+}$	+0.15

標準還原電位（25℃）(續)

電極半反應	E°, Volts
$Sn(OH)_6^{2-} + 2e^- = SnO(OH)^- + H_2O + 3OH^-$	−0.90
$Sr^{2+} + 2e^- = Sr$	−2.89
$Te + 2H^+ + 2e^- = H_2Te_{(g)}$	−0.72
$Te + 2e^- = Te^{2-}$	−1.14
$TeO_2 + 4H^+ + 4e^- = Te + 2H_2O$	+0.59
$Th^{4+} + 4e^- = Th$	−1.90
$Ti^{2+} + 2e^- = Ti$	−1.63
$TiO^{2+} + 2H^+ + e^- = Ti^{3+} + H_2O$	+0.1
$TiO^{2+} + 2H^+ + 4e^- = Ti + H_2O$	−0.89
$Ti^{3+} + 2e^- = Tl^+$	+1.25
$U^{3+} + 3e^- = U$	−1.80
$U^{4+} + e^- = U^{3+}$	−0.61
$UO_2^{2+} + 4H^+ + 2e^- = U^{4+} + 2H_2O$	+0.62
$V^{2+} + 2e^- = V$	−1.2
$V^{3+} + e^- = V^{2+}$	−0.26
$VO^{2+} + 2H^+ + e^- = V^{3+} + H_2O$	+0.34
$VO_2^+ + 2H^+ + e^- = VO^{2+} + H_2O$	+1.00
$XeO_3(g) + 6H^+ + 6e^- = Xe + 3H_2O$	+1.8
$H_4XeO_6 + 2H^+ + 2e^- = XeO_3 + 3H_2O$	+2.3
$Zn^{2+} + 2e^- = Zn$	−0.763

來源：Selley, N. J., Experimental Approach to Electrochemistry, John Wiley and Sons, New York, N.Y. (1977).

附錄V

溶度常數（25℃）

陰離子	平衡反應	K_{sp}
Carbonates		
$MgCO_3$	$MgCO_{3(s)} = Mg^{2+} + CO_3^{2-}$	4.0×10^{-5}
$NiCO_3$	$NiCO_{3(s)} = Ni^{2+} + CO_3^{2-}$	1.4×10^{-7}
$CaCO_3$	$CaCO_{3(s)} = Ca^{2+} + CO_3^{2-}$	4.7×10^{-9}
$MnCO_3$	$MnCO_{3(s)} = Mn^{2+} + CO_3^{2-}$	4.0×10^{-10}
$CuCO_3$	$CuCO_{3(s)} = Cu^{2+} + CO_3^{2-}$	2.5×10^{-10}
$FeCO_3$	$FeCO_{3(s)} = Fe^{2+} + CO_3^{2-}$	2.0×10^{-11}
$ZnCO_3$	$ZnCO_{3(s)} = Zn^{2+} + CO_3^{2-}$	3.0×10^{-11}
$CdCO_3$	$CdCO_{3(s)} = Cd^{2+} + CO_3^{2-}$	5.2×10^{-12}
$PbCO_3$	$PbCO_{3(s)} = Pb^{2+} + CO_3^{2-}$	1.5×10^{-13}
Chromate		
$CaCrO_4$	$CaCrO_{4(s)} = Ca^{2+} + CrO_4^{2-}$	7.1×10^{-4}
$PbCrO_4$	$PbCrO_{4(s)} = Pb^{2+} + CrO_4^{2-}$	1.8×10^{-14}
Fluoride		
MgF_2	$MgF_{2(s)} = Mg^{2+} + 2F^-$	8×10^{-8}
$CaFe_2$	$CaF_{2(s)} = Ca^{2+} + 2F^-$	1.7×10^{-10}
Hydroxide		
$Mg(OH)_2$	$Mg(OH)_{2(s)} = Mg^{2+} + 2OH^-$	8.9×10^{-12}
$Mn(OH)_2$	$Mn(OH)_{2(s)} = Mn^{2+} + 2OH^-$	2.0×10^{-13}
$Cd(OH)_2$	$Cd(OH)_{2(s)} = Cd^{2+} + 2OH^-$	2.0×10^{-14}
$Pb(OH)_2$	$Pb(OH)_{2(s)} = Pb^{2+} + 2OH^-$	4.2×10^{-15}
$Fe(OH)_2$	$Fe(OH)_{2(s)} = Fe^{2+} + 2OH^-$	1.8×10^{-15}
$Ni(OH)_2$	$Ni(OH)_{2(s)} = Ni^{2+} + 2OH^-$	1.6×10^{-16}

溶度常數（25℃）(續)

陰離子	平衡反應	K_{sp}
$Zn(OH)_2$	$Zn(OH)_{2(s)} = Zn^{2+} + 2OH^-$	4.5×10^{-17}
$Cu(OH)_2$	$Cu(OH)_{2(s)} = Cu^{2+} + 2OH^-$	1.6×10^{-19}
$Cr(OH)_3$	$Cr(OH)_{3(s)} = Cr^{3+} + 3OH^-$	6.7×10^{-31}
$Al(OH)_3$	$Al(OH)_{3(s)} = Al^{3+} + 3OH^-$	5.0×10^{-33}
$Fe(OH)_3$	$Fe(OH)_{3(s)} = Fe^{3+} + 3OH^-$	6.0×10^{-38}
Phosphate		
$MgNH_4PO_4$	$MgNH_4PO_{4(s)} = Mg^{2+} + NH_4^+ + PO_4^{3-}$	2.5×10^{-13}
$AlPO_4$	$AlPO_{4(s)} = Al^{3+} + PO_4^{3-}$	6.3×10^{-19}
$Mn_3(PO_4)_2$	$Mn_3(PO_4)_{2(s)} = 3Mn^{2+} + 2PO_4^{3-}$	1.0×10^{-22}
$Ca_3(PO_4)_2$	$Ca_3(PO_4)_{2(s)} = 3Mn^{2+} + 2PO_4^{3-}$	1.3×10^{-32}
$Mg_3(PO_4)_2$	$Mg_3(PO_4)_{2(s)} = 3Mg^{2+} + 2PO_4^{3-}$	10^{-32}
$Pb_3(PO_4)_2$	$Pb_3(PO_4)_{2(s)} = 3Pb^{2+} + 2PO_4^{3-}$	1.0×10^{-32}
Sulfate		
$CaSO_4$	$CaSO_{4(s)} = Ca^{2+} + SO_4^{2-}$	2.5×10^{-5}
$PbSO_4$	$PbSO_{4(s)} = Pb^{2+} + SO_4^{2-}$	1.3×10^{-8}
Sulfide		
MnS	$MnS_{(s)} = Mn^{2+} + S^{2-}$	7.0×10^{-16}
FeS	$FeS_{(s)} = Fe^{2+} + S^{2-}$	4.0×10^{-19}
NiS	$NiS_{(s)} = Ni^{2+} + S^{2-}$	3.0×10^{-21}
ZnS	$ZnS_{(s)} = Zn^{2+} + S^{2-}$	1.6×10^{-23}
CdS	$CdS_{(s)} = Cd^{2+} + S^{2-}$	1.0×10^{-28}
PbS	$PbS_{(s)} = Pb^{2+} + S^{2-}$	7.0×10^{-29}
CuS	$CuS_{(s)} = Cu^{2+} + S^{2-}$	8.0×10^{-37}
Cu_2S	$Cu_2S_{(s)} = 2Cu^+ + S^{2-}$	1.2×10^{-49}
Fe_2S_3	$Fe_2S_{3(s)} = 2Fe^{3+} + 3S^{2-}$	1×10^{-88}

來源：Moeller, T. and O'Connor, R., Ions in Aqueous Systems, McGraw-Hill Book company, New York, N.Y. (1972).

附錄VI

無機配位體金屬錯合物之累計生成常數

分子式	K_1	K_2	K_3	K_4	K_5
Ammonia					
Cadmium	$10^{2.65}$	$10^{4.75}$	$10^{6.19}$	$10^{7.12}$	$10^{6.80}$
Copper(I)	$10^{5.93}$	$10^{10.86}$			
Iron(II)	$10^{1.4}$	$10^{2.2}$			
Nickel	$10^{2.80}$	$10^{5.04}$	$10^{6.77}$	$10^{7.96}$	$10^{8.71}$
Zine	$10^{2.37}$	$10^{4.81}$	$10^{7.31}$	$10^{9.46}$	
Chloride					
Cadmium	$10^{1.95}$	$10^{2.50}$	$10^{2.60}$	$10^{2.80}$	
Iron(II)	$10^{0.36}$				
Iron(III)	$10^{1.48}$	$10^{2.13}$	$10^{1.99}$	$10^{0.01}$	
Lead	$10^{1.62}$	$10^{2.44}$	$10^{1.70}$	$10^{1.60}$	
Zine	$10^{0.43}$	$10^{0.61}$	$10^{0.53}$	$10^{0.20}$	
Cyanide					
Cadmium	$10^{5.48}$	$10^{10.60}$	$10^{15.23}$	$10^{18.78}$	
Copper(I)		$10^{24.0}$	$10^{28.59}$	$10^{30.30}$	
Fluoride					
Iron(III)	$10^{5.28}$	$10^{9.30}$	$10^{12.06}$		
Hydroxide					
Aluminum	$10^{9.27}$			$10^{33.03}$	
Cadmium	$10^{4.17}$	$10^{8.33}$	$10^{9.02}$	$10^{8.62}$	
Chromium(III)	$10^{10.1}$	$10^{17.8}$		$10^{29.9}$	
Iron(II)	$10^{5.56}$	$10^{9.77}$	$10^{9.67}$	$10^{8.58}$	
Iron(III)	$10^{11.87}$	$10^{21.17}$	$10^{29.67}$		
Lead(II)	$10^{7.82}$	$10^{10.85}$	$10^{14.58}$		
Magnesium	$10^{2.58}$				
Nickel	$10^{4.97}$	$10^{8.55}$	$10^{11.33}$		
Zinc	$10^{14.3}$	$10^{28.3}$	$10^{41.9}$	$10^{55.3}$	

來源：Lange's Handbook of Chemistry, Eited by John A. Dean, McGraw-Hill Book company, New York, N. Y., (1973).

附錄VII

國際原子量

元素	符號	原子序	原子量
Actinium	Ac	89	—
Aluminum	Al	13	26.9815
Americium	Am	95	—
Antimony	Sb	51	121.75
Argon	Ar	18	39.948
Arsenic	As	33	74.9216
Astatine	At	85	—
Barium	Ba	56	137.34
Berkelium	Bk	97	—
Berylium	Be	4	9.0122
Bismuth	Bi	83	208.980
Boron	B	5	10.811
Bromine	Br	35	79.904
Cadmium	Cd	48	112.40
Calcium	Ca	20	40.08
Californium	Cf	98	—
Carbon	C	6	12.01115
Cerium	Ce	58	140.12
Cesium	Cs	55	132.905
Chlorine	Cl	17	35.453
Chromium	Cr	24	51.996
Cobalt	Co	27	58.9332
Copper	Cu	29	63.546
Curium	Cm	96	—
Dysprosium	Dy	66	162.50
Einsteinium	Es	99	—

國際原子量（續）

元素	符號	原子序	原子量
Erbium	Er	68	167.26
Europium	Eu	63	151.96
Fermium	Fm	100	—
Flourine	F	9	18.9984
Francium	Fr	87	—
Gadolinium	Gd	64	157.25
Gallium	Ga	31	69.72
Germanium	Ge	32	72.59
Gold	Au	79	196.967
Hafnium	Hf	72	178.49
Helium	He	2	4.0026
Holmium	Ho	67	164.930
Hydrogen	H	1	1.00797
Indium	In	49	114.82
Iodine	I	53	126.9044
Iridium	Ir	77	192.2
Iron	Fe	26	55.847
Krypton	Kr	36	83.80
Lanthanum	La	57	138.91
Lead	Pb	82	207.19
Lithium	Li	3	6.939
Lutetium	Lu	71	174.97
Magnesium	Mg	12	24.312
Manganese	Mn	25	54.9380
Mendelevium	Md	101	—
Mercury	Hg	80	200.59
Molybdenum	Mo	42	95.94
Neodynium	Nd	60	144.24
Neon	Ne	10	20.183

國際原子量(續)

元素	符號	原子序	原子量
Neptunium	Np	93	—
Nickel	Ni	28	58.71
Niobium	Nb	41	92.906
Nitrogen	N	7	14.0067
Nobelium	No	102	—
Osmium	Os	76	190.2
Oxygen	O	8	15.9994
Palladium	Pd	46	106.4
Phosphorus	P	15	30.9738
Platinum	Pt	78	195.09
Plutonium	Pu	94	—
Polonium	Po	84	—
Potassium	K	19	39.102
Praseodymium	Pr	59	140.907
Promethium	Pm	61	—
Protactinium	Pa	91	—
Radium	Ra	88	—
Radon	Rn	86	—
Rhenium	Re	75	186.2
Rhodium	Rh	45	102.905
Rubidium	Rb	37	85.47
Ruthenium	Ru	44	101.07
Samarium	Sm	62	150.35
Scandium	Sc	21	44.956
Selenium	Se	34	78.96
Silicon	Si	14	28.086
Silver	Ag	47	107.868
Sodium	Na	11	22.9898
Strontium	Sr	38	87.62

國際原子量(續)

元素	符號	原子序	原子量
Sulfur	S	16	32.064
Tantalum	Ta	73	189.948
Technetiur	Tc	43	—
Tellurium	Te	52	127.60
Terbium	Tb	65	158.924
Thallium	Tl	81	204.37
Thorium	Th	90	232.038
Thulium	Tm	69	168.934
Tin	Sn	50	118.69
Titanium	Ti	22	47.90
Tungsten	W	74	183.85
Uranium	U	92	238.03
Vanadium	V	23	50.942
Xenon	Xe	54	131.30
Ytterbium	Yb	70	173.04
Yttrium	Y	39	88.905
Zinc	Zn	30	65.37
Zirconium	Zr	40	91.22

國家圖書館出版品預行編目資料

環境化學／施英隆著. --初版. --臺北市：五南圖書出版股份有限公司, 2000.02
面；　公分.

ISBN 978-957-11-2009-6（平裝）

1. 環境化學

367.4　89000600

5I01

環境化學

作　　者— 施英隆（160.1）
發 行 人— 楊榮川
總 經 理— 楊士清
總 編 輯— 楊秀麗
副總編輯— 王正華
責任編輯— 金明芬
出 版 者— 五南圖書出版股份有限公司
地　　址：106台北市大安區和平東路二段339號4樓
電　　話：(02)2705-5066　傳　　真：(02)2706-6100
網　　址：https://www.wunan.com.tw
電子郵件：wunan@wunan.com.tw
劃撥帳號：01068953
戶　　名：五南圖書出版股份有限公司
法律顧問　林勝安律師
出版日期　2000年 2 月初版一刷
　　　　　2023年 3 月初版十刷
定　　價　新臺幣640元